Leitfäden der Informatik

Eike Hagen Riedemann
Testmethoden für sequentielle und
nebenläufige Software-Systeme

Leitfäden der Informatik

Herausgegeben von

Prof. Dr. Hans-Jürgen Appelrath, Oldenburg
Prof. Dr. Volker Claus, Stuttgart
Prof. Dr. Dr. h.c. mult. Günter Hotz, Saarbrücken
Prof. Dr. Lutz Richter, Zürich
Prof. Dr. Wolffried Stucky, Karlsruhe
Prof. Dr. Klaus Waldschmidt, Frankfurt

Die Leitfäden der Informatik behandeln

- Themen aus der Theoretischen, Praktischen und Technischen Informatik entsprechend dem aktuellen Stand der Wissenschaft in einer systematischen und fundierten Darstellung des jeweiligen Gebietes.
- Methoden und Ergebnisse der Informatik, aufgearbeitet und dargestellt aus Sicht der Anwendungen in einer für Anwender verständlichen, exakten und präzisen Form.

Die Bände der Reihe wenden sich zum einen als Grundlage und Ergänzung zu Vorlesungen der Informatik an Studierende und Lehrende in Informatik-Studiengängen an Hochschulen, zum anderen an „Praktiker", die sich einen Überblick über die Anwendungen der Informatik(-Methoden) verschaffen wollen; sie dienen aber auch in Wirtschaft, Industrie und Verwaltung tätigen Informatikern und Informatikerinnen zur Fortbildung in praxisrelevanten Fragestellungen ihres Faches.

Testmethoden für sequentielle und nebenläufige Software-Systeme

Von Dr. rer. nat. Eike Hagen Riedemann
Universität Dortmund

 Springer Fachmedien Wiesbaden GmbH

Dr. rer. nat. Eike Hagen Riedemann

Geboren 1945 in Eitze bei Verden. Von 1964 bis 1966 Studium der Mathematik an der Universität Göttingen. Von 1967 bis 1970 Studium an der Universität Bonn mit Abschluß als Dipl.-Math. 1970 wiss. Mitarbeiter im „Institut für Theorie der Automaten und Schaltnetzwerke" der GMD in St. Augustin. Von Ende 1970 bis 1972 wiss. Mitarbeiter am Institut für Informatik der Universität Bonn, seitdem wiss. Mitarbeiter am Fachbereich Informatik der Universität Dortmund und dort 1979 Promotion zum Dr. rer. nat. 1981/82 beurlaubt für eine einjährige Projekttätigkeit im Softwarehaus mbp in Dortmund. 1986/1987 Vertretung der C4-Professur „Praktische Informatik" an der Universität-GH Paderborn.

Die Deutsche Bibliothek – CIP-Einheitsaufnahme

Riedemann, Eike Hagen:
Testmethoden für sequentielle und nebenläufige Software-Systeme /
Eike Hagen Riedemann. - Stuttgart : Teubner, 1997
  (Leitfäden der Informatik)
  ISBN 978-3-519-02274-9   ISBN 978-3-663-01500-0 (eBook)
  DOI 10.1007/978-3-663-01500-0

Vorwort

Seit einigen Jahren gibt es Qualitätsmanagement- und Qualitätssicherungsnormen für die Entwicklung, Lieferung und Wartung von Software (z. B. DIN ISO 9000–3) und ein fünfstufiges Reifegradmodell zur Bewertung des Entwicklungsprozesses einer Institution. Viele Software-Firmen und -Abteilungen haben sich seitdem ihren normgerechten Entwicklungsstandard zertifizieren lassen. Dennoch hat es keinen bemerkenswerten Sprung in der Qualität und Fehlerfreiheit der Softwareprodukte gegeben. Dies liegt vor allem daran, daß die oben zitierte DIN nur die Qualität des Entwicklungsprozesses und nicht die Qualität der erstellten *Produkte* im Auge hat und daß die meisten Institutionen noch nicht die beiden obersten Stufen des Reifegradmodells erreicht haben, bei denen erstmals quantitative und qualitative Produkteigenschaften betrachtet werden.

Daher konzentriert sich dieses Buch auf die Überprüfung entsprechender Produkteigenschaften, d. h. es werden Methoden und Verfahren vorgestellt, die Abweichungen (Fehler) aufdecken und beseitigen können. Die grundlegenden Konzepte werden durch entsprechende Problemstellungen motiviert, meistens formal definiert und umgangssprachlich und anhand von Beispielen und Abbildungen erläutert. Außerdem werden Angaben zu Vor- und Nachteilen (Kosten und Nutzen) der Testmethoden gemacht, mögliche Algorithmen werden vorgestellt und Eigenschaften der Verfahren werden bewiesen, wenn das im gegebenen Rahmen möglich ist, ansonsten wird auf entsprechende Quellen verwiesen.

Leserinnen und Leser — seien es Studierende an Universitäten oder Fachhochschulen, Personen in der Forschung oder in der Praxis (Software-Entwicklung oder -Management) — können dieses Buch daher zum Selbststudium verwenden und die dargestellten Methoden als Grundlage für die (Weiter-)Entwicklung entsprechender Werkzeuge verwenden. (Auf existierende Werkzeuge und Prototypen wird in diesem Buch nicht eingegangen, da dies den Rahmen sprengen würde und Werkzeuge schneller veralten als Methoden.)

Das Buch gliedert sich in vier Teile. Der einführende Teil I beginnt mit zwei Beispielen für den Programmtest. Es schließen sich zwei Kapitel an, die einen Überblick über die grundlegenden Problemstellungen und Lösungsansätze beim Testen geben. Teil II stellt in Kapitel 4 die „klassischen" unsystematischen, datenbereichsbezogenen und funktionsbezogenen Testmethoden vor. Neuere Konzepte zum Testen auf der Basis von Pfadausdrücken und algebraischen Spezifikationen enthält Kapitel 5. Kapitel 6 widmet sich dem Vergleich und der Bewertung dieser Testmethoden. Die Methoden in Teil II kommen überwiegend beim spezifikationsorientierten Testen vor. Sie können aber teilweise (in abgewandelter Form) auch beim implementations-orientierten Testen verwendet werden, das in Teil III abgehandelt wird. Dazu gehören Testmethoden, die sich am Kontrollfluß (Kapitel 7), am Datenfluß (Kapitel 8) oder an den Ausdrücken, Anweisungen und Daten (Kapitel 9) orientieren. Die Kapitel 10 und 11 vergleichen Kosten und Nutzen dieser Testmethoden.

Weitere Aspekte des Testens werden in Teil IV behandelt. In Kapitel 12 werden die — früh einsetzbaren — Techniken der statischen Analyse und die bisher nur theoretisch interessanten Techniken der symbolischen Ausführung und Verifikation vorgestellt. Kapitel 13 behandelt das praktisch relevante Testen von großen Programmsystemen durch Integrations- und Systemtests. Kapitel 14 stellt die neuartigen Probleme und Lösungsansätze zum Testen nebenläufiger Systeme vor. Da das Testen nur eine Diagnose liefert, die Therapie in Form der Fehlerbehebung aber das eigentliche Ziel ist, werden entsprechende Techniken in Kapitel 15 vorgestellt. Das Management des Testens auf der Grundlage von Komplexitätsmaßen für die (Test-)Aufwandsermittlung und die Auswahl von Testmethoden, die kombinierte Verwendung von Testmethoden sowie die Abschätzung der Restfehler und der Zuverlässigkeit sind Inhalte von Kapitel 16. Kapitel 17 faßt die Ergebnisse des Buches kurz zusammen und gibt einen Ausblick auf neue Herausforderungen für Softwaretestmethoden. Für weitergehende Studien ist eine Aufstellung von einschlägigen Zeitschriften und Standards sowie ein umfangreiches Literaturverzeichnis im Anhang zu finden.

Dozenten können jeden der vier Teile dieses Buches in ca. 24 Stunden präsentieren (z. B. im Sommersemester mit 12 Wochen à zwei Stunden pro Woche), wobei Teil I zusammen mit Kapitel 12 vorgetragen werden sollte.

Dieses Buch wurde aus mehreren Quellen gespeist. Aufgrund von Anregungen durch meine einjährige Tätigkeit in einem Dortmunder Softwarehaus habe ich im Wintersemester 1984/85 das Thema Softwaretesten zum Inhalt einer Vorlesung an der Universität Dortmund gemacht, zu der mein Kollege Herbert Schippers die Übungen beisteuerte. In den folgenden Jahren haben wir weitere Erfahrungen mit dem Einsatz und der Entwicklung von Testmethoden und Testwerkzeugen in Projekten, studentischen Projektgruppen und Diplomarbeiten gemacht. Auf Anregung des Teubner-Verlags entwickelten Herbert Schippers und ich Ende 1989 ein Konzept für eine erste Version eines Buches auf Grundlage des Vorlesungsskripts „Softwaretestmethoden". Herbert Schippers hat die erste Fassung der Kapitel 3 und 4 geschrieben, die anderen Kapitel wurden von mir beigesteuert und als Grundlage für entsprechende Vorlesungen vom Wintersemester 1990/91 bis zum Sommersemester 1996 verwendet und parallel dazu von mir überarbeitet und ergänzt. Für die vorliegende Fassung des Textes trage ich — nach dem Ausscheiden von Herbert Schippers aus dem „Buchprojekt" Ende 1990 — die alleinige Verantwortung.

Zu Stil und Rechtschreibung dieses Buches sind fünf Anmerkungen angebracht:

1. Die verwendeten Begriffe werden meistens in (numerierten) Definitionen explizit eingeführt oder aber durch Fettdruck hervorgehoben. Diese „Definitionen" sind nicht immer wie formale Definitionen im mathematischen Sinne zu verstehen, sondern oft als informelle, möglichst konkrete Begriffsbeschreibungen zu sehen. Ebenso verhält es sich mit Aussagen über Testmethoden, die teilweise als (numerierte) „Sätze" formuliert sind.

2. Da dieses Buch in deutscher Sprache geschrieben ist, werden — wenn immer möglich — deutsche Begriffe verwendet. Bei unüblichen deutschen Begriffen wird die englische Bezeichnung als Erläuterung in Klammern hinzugefügt.

3. Zur Behandlung des Problems mit den „männlichen" Berufsbezeichnungen gibt es bisher mehrere Ansätze:

   (a) einmaliger Hinweis darauf, daß z. B. mit „Softwaretester" auch Frauen gemeint sind,

   (b) konsequente Verwendung der männlichen und weiblichen Form (z. B. Softwaretester und Softwaretesterin),

   (c) neue Form mit großem „I" (z. B. SoftwaretesterIn),

   (d) Verwendung der rein weiblichen Form.

   Da diese Ansätze alle nicht befriedigen, habe ich habe mich für einen neuen Ansatz entschieden: In den Kapiteln 2 und 12 wird die rein weibliche oder eine neutrale Form, in den anderen Kapiteln nur die männliche oder eine neutrale Form verwendet.

4. Hervorhebungen werden folgendermaßen verwendet: **Fettdruck** für definierte Begriffe, *Kursivdruck* für die Betonung einzelner Wörter (als Lesehilfe) bzw. durchgängig zur Abgrenzung von Beispielen, <u>Unterstreichungen</u> als Gliederungshilfe, um Unterpunkte abzugrenzen, und in durchgängig kursiv geschriebenen Texten als Hervorhebung einzelner Wörter.

5. Die Rechtschreibung orientiert sich noch nicht an den neuen Rechtschreibregeln von 1997, daher wird z. B. das Wort „Testen" in der Form „Te-sten" und nicht als „Tes-ten" getrennt.

Dieses Buch wäre nicht zustande gekommen ohne die wohlwollende Unterstützung und Duldung durch meinen unmittelbaren Vorgesetzten, Prof. Dr. Bernd Reusch, und meine Familienmitglieder Bärbel, Sonja und Inga, die mir erlaubt haben, einen Teil meiner Arbeits- und Freizeit für dieses Buch zu verwenden. Zu danken habe ich auch dem Herausgeber, Prof. Dr. Volker Claus, und dem Lektor im Teubner-Verlag, Dr. Peter Spuhler, für ihre Anregungen, ihre Geduld und insbesondere für

8

ihr Verständnis für die Verzögerungen bei der Erstellung des Buches.

Vielen meiner (Ex-)Kolleginnen und Kollegen habe ich für ihre kritischen und konstruktiven Bemerkungen und Hinweise auf Fehler in einzelnen Kapiteln von Vorversionen des Buchtextes zu danken, insbesondere Wolfgang Ditt, Beate Fricke, Arnulf Mester und meinem GI-Kollegen Andreas Spillner. Ebenso danke ich meinen Diplomanden und den Hörerinnen und Hörern meiner Vorlesungen, André Deparade, Nicola Engel und Martin Pfeiffer, insbesondere aber Norbert Feldhaus und Uwe Tegethoff. Für die letzte Version des vollständigen Buchtextes haben sich dankenswerterweise Uli Mette und Andreas Wieck als Korrekturleser angeboten.

Eine Vorversion des Textes hat Uwe Halfter angefertigt (in Wordplus auf einem Atari). Die engültige Version des Textes und die Bilder wurden von Thomas Biskup in den letzten drei Jahren in unermüdlichem, nicht mit Geld zu bezahlendem Einsatz erstellt, außerdem hat er mit einer Fülle von kritischen Anmerkungen und Vorschlägen zur erheblichen Verbesserung der Qualität des Buches beigetragen.

Die Texte für dieses Buch wurden unter den Betriebssystemen Linux bzw. SunOS mit den Editoren „GNU Emacs" und Jove in Form von 21 Dateien erstellt, außerdem wurden mit Xfig 93 Dateien mit Abbildungen und Tabellen erzeugt. Der Platzbedarf dieser 114 Dateien beträgt ca. 2,2 MByte. Für das Sachverzeichnis wurde von Thomas Biskup ein eigenes Programm namens `MakeIndex` (in perl) geschrieben, da das existierende Programm (für die Behandlung deutscher Umlaute) regelmäßig mit einem Fehler (segmentation fault) vorzeitig beendet wurde.
Mit Hilfe von zwei Dateien mit allgemeinen Formatierungsdefinitionen (teub_def.tex und zusatz.tex) wurde daraus mit dem Übersetzer für LaTeX2e eine Datei im dvi-Format erzeugt, die anschließend in das postscript-Format umgewandelt und auf einem Laser-Drucker ausgedruckt wurde.

Das „Testproblem" für einen Text ist mindestens so schwierig wie für ein Programm, da die benutzten Textverarbeitungswerkzeuge mehr Fehler durchgehen lassen als die Übersetzer (Compiler) von Programmiersprachen. Einige Tippfehler oder auch gedankliche Fehler werden das Korrekturlesen (die „Text-Inspektion", vgl. Kapitel 12) vermutlich ebenfalls überlebt haben, obwohl viele „Inspekteure" (s. oben) beteiligt waren. Ich bin daher — wie die potentiellen Leser der nächsten Auflage dieses Buches — dankbar für jeden Korrekturvorschlag an meine Dienstadresse:

Universität Dortmund, Informatik I, Postfach 500 500, 44221 Dortmund
E-Mail: `riedeman@ls1.informatik.uni-dortmund.de`

Dortmund, im Juli 1997   Eike Hagen Riedemann

Inhalt

Teil I

Einführung

1 Beispiele für den Programmtest

„Lang ist der Weg durch das Lehren,
kurz und erfolgreich durch Beispiele."
— **Seneca**

Dieses Buch beschäftigt sich mit den Problemen und Lösungen, die beim Testen im weiteren Sinne auftreten, d. h. mit statischen und dynamischen Überprüfungsverfahren für Module und ganze Systeme.

Bevor die verschiedenen Verfahren und Überlegungen präsentiert werden, soll Ihnen die Gelegenheit gegeben werden, anhand eines kleinen Beispiels Ihre Testfähigkeit zu erproben. Sie sollten diesen Selbsttest unbedingt durchführen (s. Kapitel 1.1).

Die in diesem Buch vorgestellten Testverfahren sollen — wenn möglich — an *einem* Beispiel demonstriert werden (s. Kapitel 1.2), damit nicht für jedes Testverfahren stets neue Programmspezifikationen oder -implementationen vorgestellt werden müssen und sich die Testverfahren gut vergleichen lassen. Allerdings dürfen keine voreiligen Schlüsse gezogen werden: Testverfahren, die bei einem Beispiel besonders gut (oder schlecht) abschneiden, müssen nicht generell gut (oder schlecht) sein. Daher — und um die Komplexität der Beispiele zu begrenzen — werden oft noch weitere Beispiele vorgestellt, bei denen Stärken oder Schwächen der Testverfahren deutlich werden. Insbesondere für nebenläufige Programme ist ein anderes Standardbeispiel notwendig, da diese Klasse von Programmen andere Eigenschaften als sequentielle Programme hat (s. Kapitel 1.3).

1.1 Selbsttest

Stellen Sie sich vor, daß für das zu testende Programm folgende informelle Spezifikation vorliegt:

> „Das Programm liest drei ganzzahlige Werte ein, die als Längen der Seiten eines Dreiecks interpretiert werden. Das Programm druckt aus, welche Eigenschaft das Dreieck hat: spitzwinklig, stumpfwinklig, rechtwinklig, gleichschenklig oder gleichseitig."

Der Quelltext des Programms liegt noch nicht vor, aber dennoch sollten Sie sich schon Gedanken über das Testen machen.

<u>Testaufgabe 1:</u>
Gibt es Unklarheiten in der Spezifikation, die noch mit dem Auftraggeber geklärt werden müßten? Wenn ja, welche? Präzisieren Sie die Spezifikation in geeigneter Weise! (Um Sie nicht in Versuchung zu führen, finden Sie eine mögliche Lösung zu dieser und weiteren Testfragen nicht auf der jeweils nächsten Seite, sondern erst im Anhang A.1.)

Nachdem die Programmspezifikation eindeutig ist, können Sie sich nun dem eigentlichen Testproblem zuwenden.

<u>Testaufgabe 2:</u>
Geben Sie eine Reihe von Testdaten an, die Ihrer Meinung nach das Programm ausreichend testen!

Wenn Sie nicht alle im Anhang A.2 aufgeführten Testdaten notiert haben, trösten Sie sich: auch erfahrene, professionelle Programmierer denken i. allg. nur an die Hälfte aller Fälle[1].

Die im Anhang A.2 aufgeführten Testdaten 1 bis 38 bilden einen sehr gründlichen Test für das Programm. Dennoch würde ein fehlerfreier Test nicht unbedingt die Fehlerfreiheit des Programms gewährleisten. Dazu müßte man etwas über die Programmrealisierung wissen, z. B. ob die spezifizierten Fälle und ihre Grenzwerte im Programm entsprechend behandelt werden; falls nicht, sind weitere Tests notwendig.

Man kann vermuten, daß eine vernünftige Programmrealisierung ein einfaches Programm ergibt[2]. Trotzdem werden für einen „ausreichenden" Test schon sehr viele Testdaten gebraucht. Wie können aber große Programmsysteme mit Zehntausenden, Hunderttausenden oder sogar Millionen von Anweisungen „ausreichend" getestet werden? Wie kann die Mängel- und Fehlerfreiheit von Programmsystemen überprüft werden, für die keine mathematisch exakte Spezifikation (wie bei dem hier vorgestellten Dreiecksprogramm) vorliegt, sondern nur vage Anforderungen, organisatorische Vorgaben, Erfahrungswissen, betriebswirtschaftliche oder juristische Regeln? Was bedeutet es eigentlich, ein Programmsystem „ausreichend" zu testen oder zu überprüfen? Was bedeutet „Mängelfreiheit" und „Fehlerfreiheit" von Programmsystemen?

Die weiteren Kapitel dieses Buches geben auf diese und weitere Fragen eine Antwort, weisen aber auch auf die ungelösten Probleme hin.

---

[1] Dies ist jedenfalls die Aussage in Kapitel 1 des Buches von Myers (vgl. [Mye 79]). Dort werden 13 Testdaten für ein ähnliches Dreiecksprogramm angegeben, bei dem allerdings die Fälle *rechtwinklig*, *spitzwinklig* und *stumpfwinklig* nicht vorgesehen sind und kein Dialogprogramm vorgeschaltet wird.

[2] Weyuker/Ostrand stellen ein Programm vor, welches die in Anhang A.1 angegebene Spezifikation erfüllt (vgl. [WeO 80] und Übung 16.2).

1.2 Beispiel für ein sequentielles Programm

Für das Beispiel liegt folgende Spezifikation vor:

> „Ein einfacher Textformatierer hat die Aufgabe, einen Text, bestehend aus Wörtern, die durch Blank (BL) oder Newline (NL) getrennt sind, so in Zeilen zu formatieren, daß
>
> (a) keine Zeile mehr als MAXPOS Zeichen hat,
>
> (b) Zeilenumbrüche nur an BL- oder NL-Zeichen auftreten,
>
> (c) die Anzahl der Wörter je Zeile maximal ist.

Obige Spezifikation ist wieder ein „gutes" Beispiel für eine unvollständige und evtl. nicht korrekte Spezifikation — gemessen an den eigentlichen Anforderungen.

Testaufgabe 3:
Geben Sie eine vollständige, präzise Spezifikation für obigen Textformatierer an!

Eine mögliche Lösung dazu finden Sie im Anhang A.3. Sie dient in den folgenden Kapiteln als Vorgabe für Realisierungen. Sie sollten sich die Lösung erst ansehen, wenn Sie selbst zu einem Urteil gekommen sind.

Mit den ursprünglichen Anforderungen (a), (b) und (c) von oben und den zusätzlichen sechs Forderungen 1 bis 6 aus dem Anhang A.3 ist das Programmverhalten präzise und vollständig beschrieben. Allerdings gibt es sicher noch Wünsche und Anforderungen, die damit nicht erfüllt sind.

Testaufgabe 4:
Geben Sie wünschenswerte Änderungen oder Ergänzungen zu der bisherigen Spezifikation des Textformatierers an!

1.3 Beispiel für ein nebenläufiges Programm

Nebenläufige Programme haben besondere Eigenschaften und Fehler, die bei sequentiellen Programmen nicht auftreten können, z. B. die Blockierung von Teilprogrammen. Daher wird hier ein Beispielprogramm angegeben, daß einige dieser besonderen Probleme darstellt.

Bei der „klassischen" Version des Problems der **essenden Philosophen (dining philosophers)** gibt es fünf Philosophen, die einen eintönigen Lebensrhythmus haben, der nur aus einem Wechsel von *denken* und *essen* besteht. Das Essen geschieht an einem runden Tisch mit fünf Plätzen. In der Tischmitte steht eine Schüssel mit Spaghetti, die aber schwierig zu essen sind und daher zwei Gabeln erfordern. Es gibt zwischen zwei Plätzen nur je eine Gabel, also insgesamt nur fünf Gabeln (siehe Abbildung 1.1). Ein Philosoph kann demnach nur essen, wenn die beiden benachbarten Philosophen keine Gabeln zum Essen aufgenommen haben.

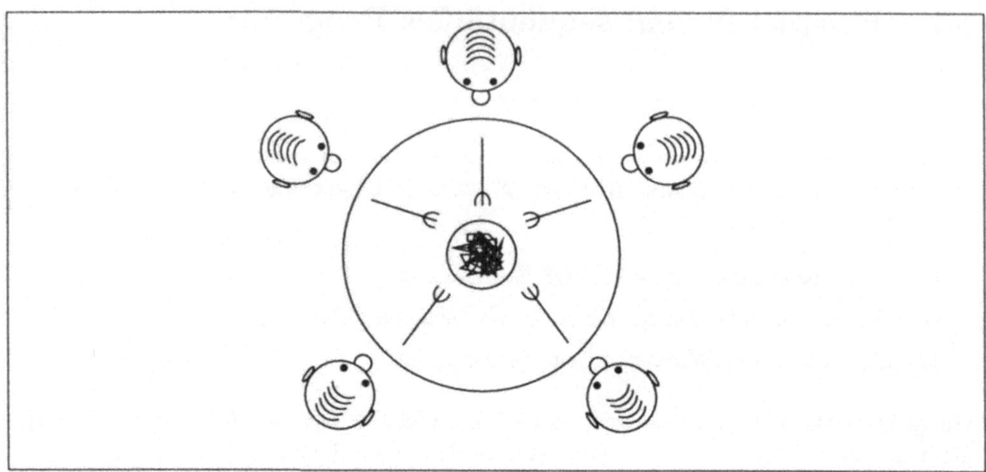

Abb. 1.1: Das „dining philosophers"-Problem

Man könnte nun eine geeignete Verhaltensstrategie ermitteln, bei der kein Philosoph beliebig lange auf das Essen warten muß (und somit verhungert). Stattdessen wird im folgenden von einer gegebenen Strategie ausgegangen. Diese Strategie ist sehr einfach und lautet:

> Jeder Philosoph hat einen festen Platz. Wenn er hungrig ist und essen will, nimmt er zuerst die linke Gabel auf und dann die rechte. Nach dem Essen legt er zuerst die linke Gabel und dann die rechte Gabel zurück auf den Tisch. Falls eine Gabel nicht verfügbar ist, wartet der Philosoph so lange, bis die Gabel verfügbar ist.

In Kapitel 14 (S. 396) wird z. B. überprüft (durch statische Analyse), ob bei der gegebenen Strategie ein Verhungern eines Philosophen möglich ist oder nicht.

2 Grundlegende Problemstellungen und Lösungsansätze

Dieses Kapitel beschäftigt sich damit, welche Ursachen und Auswirkungen fehlerhafte oder unangemessene Software hat, welche Arten von Fehlern entstehen und wie sie vermieden oder beseitigt werden können. Außerdem wird analysiert, welche Rolle dabei das Testen von Software spielt und welche Anforderungen daraus an das Verantwortungsbewußtsein von Testpersonen abgeleitet werden müssen.
Als roter Faden zieht sich dabei das folgende Begriffstripel durch dieses Kapitel:
Error — Fault — Failure[1], zu deutsch: Irrtum – Fehler – Fehlverhalten[2].

2.1 Ursachen unangemessener und fehlerhafter Software

> *„Der Mensch ist für den Irrtum geschaffen.*
> *Nur durch ungeheure Anstrengung*
> *entdeckt er einige Wahrheiten."*
> — **Friedrich der Große**

Dieses Unterkapitel beschäftigt sich mit Irrtümern und menschlichen Fehlleistungen beim Austauschen, Verarbeiten und Speichern der Informationen, die für die Entwicklung von Software notwendig sind. Zuerst werden die Probleme beim Austauschen und Verarbeiten von Informationen, bei der sogenannten **Kommunikation**, betrachtet. Die Sozialwissenschaften und die Psychologie unterscheiden drei Hauptformen der Kommunikation: intrapersonale, interpersonale und mediengebundene Kommunikation (s. [Mey 75], Bd. 14, S. 91 f.).
Unter **intrapersonaler** Kommunikation wird die Informationsverarbeitung innerhalb eines Menschen verstanden, also das Denken und Wahrnehmen. Der Informationsaustausch zwischen zwei (Gesprächs-)Partnerinnen[3] wird als **interpersonale**

---

[1] siehe dazu [BaS 87], S. 347 f. und [TLN 78], S. 3: „Error is a causative act producing a fault in a software, which, if evoked, would result in a symptomatic execution failure."

[2] Die Wörter Irrtum und Fehler sind sprachgeschichtlich verwandt: „fehlen" leitet sich ab von englisch „to fail" und (alt)französisch „fa(il)lir" ([mit der Lanze] verfehlen, sich irren). Seit dem 16. Jh. gibt es das Wort Fehler mit der Bedeutung Fehlschuß (Gegensatz: Treffer), erst ab dem 18. Jh. bedeutet es Versehen (Schreib- und Rechenfehler) bzw. bleibender Mangel.

[3] Wie im Vorwort angekündigt, wird in diesem Kapitel bei Personen- und Berufsbezeichnungen nur die weibliche (oder eine wirklich neutrale) Form benutzt.

Kommunikation bezeichnet. Unter **mediengebundener** Kommunikation wird der Austausch zwischen der meistens kleinen Gruppe von Kommunikatoren (z. B. Journalistinnen) und der häufig umfangreichen Gruppe von Rezipienten (z. B. Leserinnen einer Zeitung) verstanden. Bei der Entwicklung von Software treten alle drei Hauptformen der Kommunikation auf. Die in letzter Zeit zunehmende elektronische Versendung von Nachrichten mittels Verteilerlisten ist ein Grenzfall zwischen der zweiten und dritten Hauptform der Kommunikation, die Nutzung von Online-Hilfen, Handbüchern und News-Gruppen ein Beispiel für mediengebundene Kommunikation.

Die Information durchläuft bei der menschlichen und technischen Kommunikation jeweils mindestens drei Stufen (s. Abb. 2.1):

1. Verschlüsselung (Kodierung) der Information durch die absendende Person („Sprecherin"),

2. Übermittlung durch das Medium,

3. Entschlüsselung (Dekodierung und Interpretation) durch die empfangende Person („Hörerin").

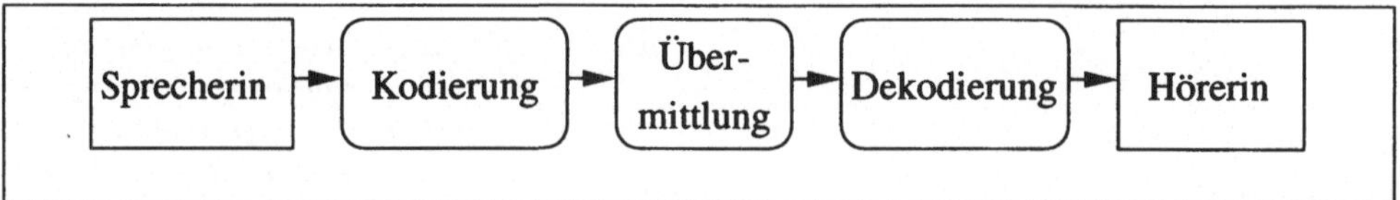

Abb. 2.1: Verarbeitungsstufen für die Information bei menschlicher Kommunikation

Bei jeder Kommunikationsform und auf jeder Stufe können Fehler gemacht werden. Bei der intrapersonalen Kommunikation kann etwa durch Ermüdung, Streß, mangelhafte Motivation oder Information eine Fehlleistung erfolgen.

BEISPIEL 2.1.1
Eine Programmiererin kann statt der Variablen BRUTTO *der Variablen* NETTO *einen Wert zuweisen, was als* **Identitätsirrtum** *bezeichnet wird.*

Beim interpersonalen Gespräch oder Schriftwechsel können folgende Fehler bzw. Irrtümer auftreten:

- Beim Verschlüsseln der Information kann ein **Erklärungsirrtum** auftreten, d. h., es wird nicht das gesagt oder geschrieben was eigentlich gemeint ist.

- Durch einen **Übermittlungsirrtum**, z. B. vom Sekretariat, wird die Information inkorrekt übermittelt.

• Durch einen **Entschlüsselungsirrtum** wird entweder (a) die Information vordergründig falsch gehört oder gelesen oder (b) den Signalen eine andere Bedeutung zugeordnet als von der absendenden Person gemeint. Das kann daran liegen, daß die Gesprächspartnerinnen nicht die gleiche (Fach-)Sprache sprechen.

BEISPIEL 2.1.2
Eine EDV-Spezialistin als Systemanalytikerin und eine Sachbearbeiterin in einer Bank können aneinander vorbeireden, weil sie jeweils Fachausdrücke verwenden, die von der Gegenseite falsch oder gar nicht verstanden werden.

Jede an der Kommunikation beteiligte Person braucht also ein gewisses Verständnis und Wissen von den Kenntnissen und Aufgaben der anderen Person[4]. Dazu kommt noch die Kenntnis und Berücksichtigung des situativen Rahmens.

BEISPIEL 2.1.3
Wenn als Ziel einer Systemanalyse eine Verschärfung der Arbeitsbedingungen oder sogar ein Wegfall der Arbeitsplätze vorgesehen ist, werden die Interviewpartnerinnen einer Systemanalytikerin nur unwillig antworten. Vermutlich werden sie die bestehenden Regelungen am Arbeitsplatz nur positiv beschreiben und keine Mängel zugeben. Die angespannte Situation bei einer Systemanalyse kann also die notwendige Kommunikation blockieren (siehe dazu auch [Mol 85]).

Durch fehlerhafte, aber auch durch fehlende Kommunikation können Mißverständnisse zwischen Absender und Empfänger auftreten. Das kann einen Irrtum über qualitative oder quantitative Eigenschaften der Software bewirken, was als **Inhaltsirrtum**[5] bezeichnet wird.

BEISPIEL 2.1.4
Der Versuch, den 150 Millionen Dollar teuren Satelliten „Intelsat 6" von einer Rakete vom Typ Titan 3 auszusetzen, ist wegen einer falschen Absprache bei der Entwicklung gescheitert. Die Rakete kann zwei Satelliten transportieren, hatte aber nur einen in der oberen Position geladen. Der Befehl, den ersten Satelliten auszusetzen, wurde nicht ausgeführt, weil die Computerfachleute damit den oberen Satelliten, die Verkabelungsfachleute aber den unteren (nicht vorhandenen) Satelliten meinten (s. SEN, Vol. 15, No. 3, Juli 1990, S. 14 f.).

Die aufgezeigten Kommunikationsprobleme können nicht nur zwischen den Personen auftreten, die die Software entwickeln und anwenden, sondern auch zwischen

---

[4]„Denn immer dann, wenn Software nicht von ein und denselben Personen entwickelt und genutzt wird, sind Interpretationsakte notwendig, die sich einerseits auf die erstellte Software-Dokumentation und andererseits auf die im Zuge der Programmausführung gewonnenen Daten beziehen." (s. [Luf 88], S. 145)

[5]Identitäts-, Erklärungs- und Inhaltsirrtum berechtigen übrigens nach §§118 und 119 BGB zur Anfechtung von Willenserklärungen — wie etwa dem Inhalt des Pflichtenhefts.

den einzelnen Personen eines Entwicklungsteams. Diese Kommunikationsprobleme verhindern die angemessene softwaretechnische Umsetzung von ursprünglichen Anforderungen und von späteren Anforderungen während der Wartungsphase.

Im folgenden werden die Probleme beim Speichern von Informationen, die **Gedächtnisprobleme**, die zu Fehlern in Softwaresystemen führen, betrachtet.

Beim konventionellen Programmieren wird versucht, „wie ein Computer zu denken". Bei komplexen Problemen erfordert dies nach David L. Parnas folgendes Vorgehen, das sich am Kontrollfluß und Datenfluß des Programms orientiert:

> „ ... Wenn die Reaktion des Computers von Bedingungen abhängt, die erst zur Laufzeit bekannt sind, ... müssen wir eine oder mehrere Aktionen markieren und uns merken, wie man dorthin gelangt. ... Wenn wir Schleifen in das Programm einführen, gibt es viele Wege, um zu einigen dieser Stellen zu gelangen, und wir müssen uns alle diese Wege merken. Wenn wir weiter durch den Algorithmus vordringen, erkennen wir den Bedarf an Information über frühere Ereignisse und erweitern (daher) unsere Datenstruktur um weitere Variablen. Wir müssen uns nun merken, was die Daten bedeuten und unter welchen Bedingungen die Daten relevant sind. ... Die Menge dessen, was wir uns merken müssen, wächst und wächst. Die einfachen Regeln, die definieren, wie wir zu bestimmten Stellen gelangen, werden komplexer. ... Die einfachen Regeln, die definieren, was die Daten bedeuten, werden komplexer, wenn wir andere Verwendungen für existierende Daten finden und neue Variablen hinzufügen. Schließlich machen wir einen Fehler." (Siehe [Par 85], zitiert nach [Mye 86], S. 63.)

Eine weitere Ursache für Komplikationen bei der Entwicklung von Software ist die **Komplexität** von Systemen mit Nebenläufigkeit (concurrency) und vielen unabhängigen Prozessen (multiprocessing). „Das Schreiben und Verstehen von sehr großen Echtzeitprogrammen", aber auch von komplexen integrierten oder verteilten Programmsystemen „durch *Denken wie ein Computer* ist daher außerhalb unserer intellektuellen Möglichkeiten." (Siehe [Par 85], zitiert nach [Mye 86], S. 64.)

Gestörte Informationsverarbeitung ist nicht die einzige Fehlerursache bei der Entwicklung von Software. Fehler in Programmen werden auch durch mangelndes **Problemverständnis** erzeugt. Gemeint sind hier Mängel oder „Unklarheit(en) in den Anwenderwissenschaften, die beim Versuch der Software-Entwicklung erst zutage treten, in Wirklichkeit aber schon vorher existierten" (s. [Lan 87], S. 280). Ein Beispiel für solche Mängel ist die Schachprogrammierung, bei der eine Theorie des strategischen Vorgehens in der mittleren Phase des Spiels fehlt. In diesem Fall kennt niemand die algorithmische Lösung. In anderen Fällen gibt es Lösungen, aber den Entwicklerinnen der Software sind sie nicht bekannt.

2.2 Manifestation von Softwarefehlern

„Erfahrungen sind Erinnerungen,
die man teuer bezahlen mußte.“
— **Werner Krauss**

Kapitel 2.1 hat die Ursachen für unangemessene und fehlerhafte Software aufgezeigt. Jetzt sollen die Auswirkungen des mangelnden Problemverständnisses, der Komplexität der Systeme, der menschlichen Irrtümer und Gedächtnisprobleme betrachtet werden. Es geht dabei um folgende Fragestellungen:

- Wie viele Fehler treten auf?

- Welche Fehler treten auf?

- Wann und weshalb werden die Fehler gemacht bzw. entdeckt?

Abschließend wird der Begriff des Fehlers problematisiert und vorläufig geklärt.

Die Zahl der erzeugten Fehler in Softwaresystemen ist erheblich. Diverse Studien ermitteln eine Fehlerrate von 30 bis 100 pro 1000 Anweisungen[6] im Quellcode (s. [Boe 81], S. 383, zitiert nach [Mye 86], S. 62, und [RDB 75]). Dies bezieht sich auf die während der Entwicklung gemachten Fehler.
Die Fehlerarten wurden in umfangreichen Untersuchungen (z. B. von Basili/Perricone, Chillarege, Endres, Glass, Rubey et al. und Thayer et al.) und in kleineren bzw. speziellen Untersuchungen (z. B. von Xu und Youngs) ermittelt (s. [BaP 84], [Ch& 92], [End 75], [Gla 81], [RDB 75], [TLN 78], [Xu 85], [You 74]).

In der Firma „TRW Systems und Energy“ in Kalifornien wurden z. B. vier Projekte mit Schwerpunkt Echtzeitprogrammierung untersucht (s. [TLN 78]). In den Projekten wurden je 173 bis 531 Routinen mit insgesamt 11.000 bis 115.000 Zeilen (Lines of Code) in den Sprachen JOVIAL, PWS und FORTRAN geschrieben. Zur Klassifizierung der Fehlerarten wurden 20 Fehlerkategorien mit insgesamt 164 Unterkategorien benutzt. Die häufigsten Kategorien, bei denen Fehler auftraten, sind in Abbildung 2.2 dargestellt.

Die Einzelergebnisse der oben genannten Untersuchungen sind nicht direkt vergleichbar, da man in der Praxis die aufgedeckten Fehler nach verschiedenen Firmenstandards klassifiziert und in sogenannten Problemberichten (problem reports) dokumentiert hat. Werden die Ergebnisse der Fehleruntersuchungen dennoch zusammengefaßt, ergeben sich die folgenden Aussagen über die häufigsten Fehlerarten, die bei den Prozentangaben eine große Schwankungsbreite haben: Datenbehandlung und

---

[6]Der genaue Wert der Fehlerrate hängt von der Größe des Systems, der Art der Software, der Definition des Begriffs „Fehler“ (genaueres s. S. 31), der Art der Fehlererfassung und anderen Faktoren ab.

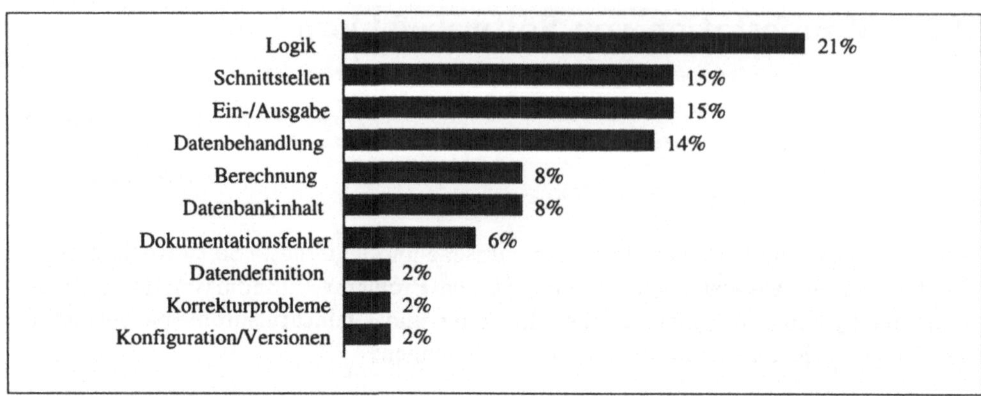

Abb. 2.2: Softwarefehler und ihre Manifestation in Projekten der Fa. TRW

-zugriff (10 bis 21%), Logik (10 bis 30%), Schnittstellen (7 bis 39%), Berechnungen (8 bis 41%), Datendefinitionen und -deklarationen (2 bis 17%), Ein-/Ausgabe (3 bis 15%), Dokumentation (6 bis 14%), Korrekturprobleme (2 bis 6%), sowie Spezifikation (6 bis 40%).

Die hier benutzte Klassifizierung ist leider nicht firmenübergreifend standardisiert, obwohl es erste Versuche dazu gibt[7]. Sinnvoll scheinen dagegen die sechs folgenden verschiedenen Klassifizierungen[8]:

1. Ursachen der Fehler,

2. Phase der Fehlerentstehung,

3. Phase der Fehlerentdeckung,

4. Fehlerart „Auslassung" oder „(In-)Korrektheit" (omission/commission),

5. Fehlerarten nach Programmkonstrukten klassifiziert (s. [BaR 87]),

6. Verteilung der Fehler auf die einzelnen Module.

Bei Klassifizierung 1 können Mißverständnisse oder die fehlerhafte Verwendung von Methoden oder Konstrukten in den folgenden Bereichen Fehler verursachen:

---

[7]IEEE Standard P-1044/D3 „A Standard Classification of Software Errors, Faults and Failures", Techn. Commitee on Software Engineering, unapproved draft, Dez. 1987 (zitiert nach [Ch& 92], S. 944 und 955)

[8]Ob eine Klassifizierung/Ermittlung der Verteilung der Fehler auf einzelne Programmiererinnen als sinnvoll anzusehen ist, hängt nicht nur von der Interessenlage ab (Arbeitgeber/Arbeitnehmer), sondern auch vom Effekt solcher Ermittlungen auf die notwendige Kommunikation zwischen den beteiligten Personen (vgl. Fußnote 12 in Abschnitt 12.1.3).

- Mißverständnisse im Anwendungs- oder Problembereich,

- fehlerhafte Verwendung von semantischen oder syntaktischen Regeln der benutzten Sprache,

- fehlerhafte Verwendung der Hardware- und Softwareumgebung des geplanten Systems,

- fehlerhaftes Behandeln von Informationen, z. B. fehlerhafte Dokumentation,

- fehlerhafte mechanische Transkription von Information, z. B. Tippfehler beim Wechsel des Darstellungsmediums oder des Darstellungsformats.

Für eine konstruktive Qualitätssicherung ist es wichtig, die Fehlerursachen zu erkennen und für die Zukunft möglichst zu beseitigen.

Bei den Klassifizierungen nach der Phase der Fehlerentstehung (2) oder Fehlerentdeckung (3) ist zu beachten, daß Fehler in jeder Phase der Entwicklung von Software — von der Anforderungsanalyse bis zur Inbetriebnahme und Pflege — auftreten können. In der Studie von Thayer et al. wird z. B. für jede Fehlerart untersucht, ob die Fehler überwiegend im Entwurf oder bei der Codierung gemacht werden. Insgesamt ergibt sich, daß 62% der Fehler beim Entwurf und 38% der Fehler bei der Codierung entstehen (s. [TLN 78]). Die Gültigkeit dieses Ergebnisses setzt natürlich voraus, daß bei der Erforschung der Fehlerursachen immer eine eindeutige „Schuldzuweisung" erfolgen kann. Wenn ein Komponentenentwurf beim Codieren falsch umgesetzt wird, kann dies aber mehrere Ursachen haben:

- der Entwurf ist unvollständig,

- der Entwurf ist ungenau,

- der Entwurf wird falsch interpretiert,

- es wird falsch codiert, obwohl der Entwurf richtig verstanden wurde.

Bei den ersten drei Ursachen ist die Schuldzuweisung aber unklar, da ein Kommunikationsproblem vorliegt. Daher wird nur die Phase der Fehlerentdeckung zweifelsfrei anzugeben sein.

Bei der Klassifizierung nach Fehlerarten (4) läßt sich ein Fehler nicht immer eindeutig an Konstrukten der Programmiersprache (5) festmachen. Daher muß eine Klassifizierung versucht werden, die für alle Programmarten und alle Phasen der Softwareentwicklung gültig ist. Sinnvoll scheint folgende Einteilung, wobei zusätzlich danach unterteilt wird, ob Angaben fehlen oder (vorhanden aber) falsch sind (s. [Ch& 92]):

1. Funktionsfehler:
   Ein Teil der Programmfunktionalität, der Benutzungs- oder Hardware-Schnitt-
   stellen oder der globalen Datenstrukturen fehlt, ist unvollständig oder falsch.
   Daher ist eine Entwurfsänderung notwendig.

2. Schnittstellenfehler:
   Die Interaktion zwischen den Programmkomponenten ist fehlerhaft, z. B. sind
   die Parameterlisten unvollständig oder falsch.

3. Algorithmusfehler:
   Algorithmusfehler beinhalten Effizienz- und Korrektheitsprobleme in einem lokalen Algorithmus, die ohne Entwurfsänderungen behoben werden können, z. B.
   durch eine andere Implementierung der Kontrollstruktur oder der lokalen Datenstruktur.

4. Zuweisungsfehler:
   Dies sind kleine Berechnungsfehler bei Initialisierungen oder Zuweisungen.

5. Abfragefehler:
   Durch fehlerhafte oder fehlende Abfragen ist die Programmlogik falsch.

6. Synchronisations- und Zeitfehler:
   Der Zugriff auf gemeinsame Ressourcen oder Echtzeit-Ressourcen ist fehlerhaft.

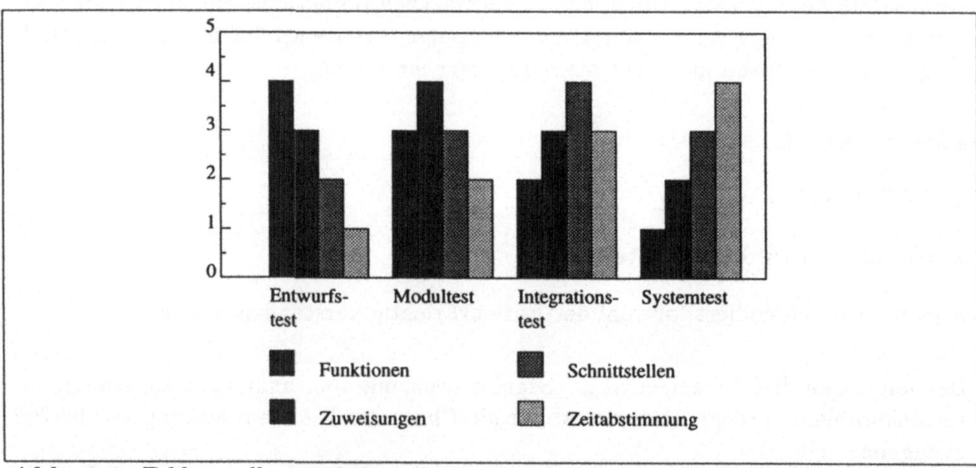

Abb. 2.3: Fehlerquellen und die relative Häufigkeit ihrer Entdeckung in verschiedenen Testphasen (nach [Ch& 92], S. 947)

7. Konfigurationsfehler:
   Bei größeren Systemen können Fehler bei der Verwendung von Bibliotheken, der
   Versionskontrolle oder dem Änderungsmanagement auftreten.

8. Dokumentationsfehler:
Die Dokumentation des Programmsystems weicht von der (korrekten) Realisierung ab.

Die genannten Fehlerarten kommen zwar in allen Phasen der Entwicklung vor, es liegt aber keine Gleichverteilung vor. Für Funktions-, Schnittstellen-, Zuweisungs- und Synchronisations-/Zeitfehler gilt z. B. der in Abb. 2.3 dargestellte Sachverhalt.

Für die Ursachenforschung sind die Fehlerarten zusammen mit der Entdeckungsphase ein wichtiges Hilfsmittel. Für die Verbesserung des Prozesses der Fehleraufdeckung ist aber zusätzlich eine Klassifikation nach **Fehlerauslösern** (triggers) notwendig. Bei einer Inspektion des Grobentwurfs (high level design) wird die Fehlererkennung etwa durch folgende Sichtweisen bei der Prüfung durch die Inspektionsgruppe ausgelöst:

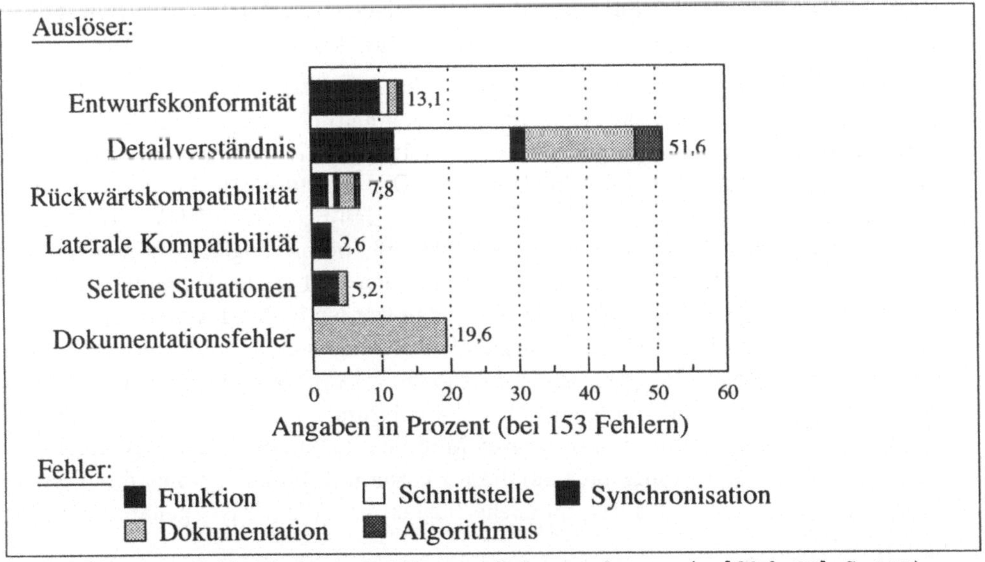

Abb. 2.4: Fehlerauslöser bei Entwurfsüberprüfungen (s. [Ch& 92], S. 953)

- Konformität mit den Anforderungen (Entwurfskonformität)

- Detailverständnis (Bedeutung von Operationen, Seiteneffekten, Nebenläufigkeit)

- Kompatibilität mit anderen Produkten (Rückwärtskompatibilität) [9]

---

[9]**Kompatibilität** bezeichnet die Verträglichkeit mit anderen Produkten der Entwicklung. Ein Teilprodukt (z. B. ein implementiertes Modul) ist **rückwärtskompatibel** (backward compatible), wenn es mit seiner Spezifikation und seinem Entwurf übereinstimmt. Das Modul ist **lateral** („seitlich") **kompatibel**, wenn es die Annahmen, die andere Module über seine Schnittstelle und sein Verhalten machen, erfüllt. Ein Sortier-Modul muß z. B. aufsteigend sortieren, wenn die aufrufenden Module dies erwarten.

- seltene Fälle und Situationen

- Inkonsistenzen und Unvollständigkeiten in der Dokumentation

Bei einer Untersuchung von 153 Fehlern hat sich z. B. der in Abbildung 2.4 dargestellte Zusammenhang zu den Fehlerarten ergeben.

Im Vergleich zu Standardverteilungen ist hier z. B. verdächtig, daß die Prüfung auf laterale Kompatibilität nur Funktionsfehler und keine Schnittstellenfehler aufgedeckt hat. Dies lag vermutlich an fehlenden Fähigkeiten des Inspektionsteams und nicht an der Verwendung einer Programmiersprache samt Compiler, die Schnittstellenfehler besser aufdecken (etwa PASCAL statt C).

Die Verteilung der Fehler auf die einzelnen Module (Klassifizierung 6) wurde z. B. von Endres untersucht (s. [End 75]). Dabei zeigt sich eine starke Häufung von Fehlern: in nur 21% der Module sind 78% der Fehler enthalten, während 26% der Module nur jeweils einen Fehler und 48% der Module keine Fehler enthalten.

Die Ergebnisse der Fehlerstudien können nicht repräsentativ sein, da die untersuchten Programme nicht repräsentativ sind und uneinheitliche Fehlerklassifizierungen benutzt wurden. Dennoch können die Fehlerstudien als Grundlage für angemessene Test- und Prüfmethoden verwendet werden: Die prozentualen Angaben zu den auftretenden Fehlern (s. oben bei Abb. 2.2) zeigen, daß bei der Testdatenerzeugung neben der klassischen Orientierung am Kontrollfluß, womit Logikfehler aufgedeckt werden können, eine Orientierung an der Spezifikation und an der Datenbehandlung und -definition nötig ist. Entsprechende Methoden werden in den Kapiteln 4, 5 und 9 vorgestellt. Schnittstellen- und Ein-/Ausgabefehler können durch eine statische Analyse oder durch spezielle Integrationstestmethoden erkannt werden (genaueres siehe Kapitel 12.2 und 13). Die Ergebnisse über die Häufung von Fehlern in den frühen Phasen der Entwicklung und in bestimmten Modulen ist Anlaß für eine entsprechende Konzentration des Testaufwands auf diese Phasen und Module, wobei das Testen in frühen Phasen meist nur durch manuelle Inspektion möglich ist (genaueres siehe Kapitel 12.1).

Eine andere Sichtweise ist erforderlich, wenn nicht nur der Aspekt der Funktion, sondern auch die Kriterien Leistung und Umfeld der Software als Orientierung dienen sollen. Ein Schachprogramm kann beispielsweise korrekt bzgl. der gegebenen Spezifikation sein; dennoch kann mangelnde Leistung als Fehler konstatiert werden, wenn das Schachprogramm den optimalen Zug nicht innerhalb von durchschnittlich vier Minuten berechnen und daher nicht gegen internationale Großmeister gewinnen kann. Das Umfeld der Software wirft besondere Klassifizierungsprobleme auf. Wie soll etwa entschieden werden, ob bei einem aufgetretenen Fehlverhalten ein Programmfehler, ein Bedienungsfehler oder nur ein Fehler in der Benutzerdokumentation der Software vorliegt. Ist es ein Fehler, wenn das Programm oder die Dokumentation nicht benutzungsfreundlich ist? Eine vorläufige Antwort auf diese Fragen kann durch folgende Festlegungen für Softwareprobleme erreicht werden:

- Die Nichterfüllung einer festgelegten Forderung, insbesondere eines Qualitäts- und Zuverlässigkeitsmerkmals, gilt als **Fehler** (vgl. DIN [EN] ISO 8402).
  Ob ein Leistungsmangel ein Fehler ist, hängt also davon ab, ob die erforderliche Leistung in der Anforderungsdefinition exakt (oder mit einem Toleranzintervall) festgelegt ist.

- Die Nichterfüllung einer beabsichtigten Forderung oder einer angemessenen Erwartung für den Gebrauch eines Softwareprodukts gilt als **Mangel**. Dazu gehören auch Forderungen bzw. Erwartungen an die Sicherheit der Software (vgl. DIN [EN] ISO 8402).
  In diesem Falle entspricht die Anforderungsdefinition also nicht den Forderungen bzw. Erwartungen der Auftraggeber. Ein Beispiel dafür ist die Forderung nach „Benutzungsfreundlichkeit", hinter der meist viele nicht genau spezifizierte Erwartungen stecken.

Dieses Buch konzentriert sich auf Methoden zum Aufdecken von Fehlern in der Funktionalität von Softwareprodukten. Methoden zur Überprüfung von Fehlern und Mängeln in der Leistung oder der Benutzungsschnittstelle werden nicht vorgestellt[10].

2.3 Fehlverhalten von Software und seine Kosten

Welchen Effekt haben die in Kapitel 2.2 aufgezeigten Fehler auf das Verhalten der Software? Wie wirkt sich dies auf die menschliche Gesellschaft aus? Mit diesen Fragen wird sich dieses Kapitel unter technischen, benutzungsorientierten, ökonomischen, gesellschaftlichen und politischen Gesichtspunkten beschäftigen. Dazu ist zusätzlich zu den Klassifizierungen von Kapitel 2.2 eine Einteilung des Fehlverhaltens unter dem Aspekt der Auswirkungen[11] nötig.

Die hier vorgenommene Einteilung der Fehler orientiert sich an Basili und Rombach bzw. Thayer et al. (vgl. [BaR 87], S. 350; [TLN 78]), welche die Schwere von Fehlern wie folgt kategorisieren:

1. kritisch: kompletter Ausfall der Produktion bzw. Aufgabe nicht erfüllbar,

2. hoch: deutliche Beeinträchtigung der Produktion, Leistung herabgesetzt,

3. mittel: Verhinderung der vollen Ausnutzung von Programmfähigkeiten, aber mit Kompensationsmöglichkeiten,

---

[10]Literatur zum Thema Benutzungsfreundlichkeit: siehe [Op& 88] und DIN [EN] ISO 9241, Teile 10 bis 17; zur Leistungsüberprüfung: siehe [Smi 90].

[11]Da die Auswirkungen vom Einsatz der Software und nicht von der Art der Fehler abhängen, wurde dies nicht in Kapitel 2.2 aufgeführt.

4. niedrig: geringe oder „kosmetische" Probleme, Leistung bleibt erhalten,

5. unproblematisch: nicht geforderte Softwareverbesserung.

Die aufgeführten fünf Auswirkungen des Softwarefehlverhaltens beziehen sich nur auf das unmittelbar betroffene Produktionssystem. Unter ökonomischen Gesichtspunkten ist aber eine Bewertung des Fehlverhaltens aufgrund der Kosten der notwendigen Korrektur- oder Ersatzmaßnahmen in der Software, im Produktionssystem und in der betroffenen Umgebung des Produktionssystems erforderlich. Der Fehlstart der Rakete „Ariane 5" am 4. 6. 1996 ist ein Beispiel dafür. Unter gesellschaftlichen und politischen Gesichtspunkten ist das Fehlverhalten danach zu bewerten, wie weit es das Wirtschaftssystem, das Gesellschaftssystem, die Umwelt, das Leben einzelner Menschen oder gar die Existenz der Menschheit bedroht. Falls letzteres der Fall ist, müssen die Auswirkungen als *katastrophal* angesehen werden.

Als nur ärgerlich oder störend sind die folgenden Auswirkungen einzustufen:

- Studierende der NC State University erhielten im Jahre 1988 falsche Gebührenrechnungen. Das Programm erzeugte zwar korrekte Rechnungen, adressierte sie dann aber an die falschen Studierenden (*SEN*, Vol. 13, No. 4, Okt. 1988, S. 9).

- Eine Frau wurde durch mysteriöse Telefonanrufe jeden Morgen um $4^{\underline{30}}$ Uhr geweckt. Die Britische Telecom überwachte ihre Leitung mehrere Monate lang und fand schließlich heraus, daß die Anrufe durch einen Programmierfehler in ihrem eigenen Testcomputer verursacht wurden (*SEN*, Vol. 18, No. 1, Jan. 1993, S. 6 f.).

- 41.000 Einwohner/innen von Paris wurden wegen Mord, Erpressung, Prostitution, Drogenhandel und anderer schwerer Verbrechen angeklagt. Allerdings wurden nur Geldstrafen von (umgerechnet) ca. 100 DM bis 300 DM verlangt. Der Fehler entstand durch die Vertauschung bzw. Veränderung der Standardcodes für Vergehen und Verbrechen beim Lesen von einem Magnetband (*SEN*, Vol. 14, No. 6, Okt. 1989, S. 3).

Als kritisch sind dagegen folgende Fehler einzustufen:

- Eine Bereichsüberschreitung (Overflow) „im Verbund mit fälschlicherweise vom Rechner als Steuerungsdaten interpretierten Statusmeldungen [hat] dazu geführt, daß die Rakete [Ariane 5] über das fehlerhafte Programm mit einer Kurskorrektur bedacht wurde. Diese führte[n] dann innerhalb der Rakete zu Gegenmaßnahmen in Form einer Schubkorrektur zur Gegensteuerung und letztendlich zur Aktivierung der automatischen Selbstzerstörung. Der Fehler existierte bereits in der Ariane 4, ist dort aber wegen anderer Beschleunigungswerte nie aufgetreten. Eine nachträgliche Simulation konnte die Ursache exakt reproduzieren. Vor dem Start hatte das ESA-Team von einer solchen Simulation abgesehen — aus Kostengründen." (Zitat aus der Zeitschrift *iX*, Sept. 1996, S. 32).

- Das Weltwirtschaftssystem war durch den Kollaps des Aktienhandels im Oktober 1987 und abrupte Kursschwankungen in der Folgezeit bedroht. Als eine Ursache davon wurde der automatische Aktienhandel durch Programme identifiziert. Laut San Francisco Chronicle vom 11. 5. 1988 kündigten daher fünf große Wallstreet-Banken an, auf diese Form des Aktienhandels zu verzichten, vier andere Banken wollten dies aber fortsetzen (*SEN*, Vol. 13, No. 3, Juli 1988, S. 9).

- Ein 99 Jahre alter Mann ließ im Jahre 1989 sein Blut in einem Krankenhaus untersuchen. Dabei wurde die Anzahl seiner weißen Blutkörperchen vom Computer als „normal" eingestuft, obwohl sie weit außerhalb der Norm lag. Des Rätsels Lösung: das Geburtsjahr war als 89 (und nicht 1889) eingegeben und als 1989 interpretiert worden. Für einen neugeborenen Säugling waren die Werte normal (*SEN*, Vol. 15, No. 2, April 1990, S. 5).

Die gesundheitsbedrohenden oder lebensgefährlichen Auswirkungen von Fehlern oder Mängeln in der Software zeigten sich z. B. auf folgende Weise:

- Anfang Juni 1988 flossen innerhalb von fünf Stunden etwa 20 Millionen Liter ungereinigtes Abwasser in den Fluß Willamette bei Portland, Oregon. Die Umweltverseuchung wurde durch einen Stromausfall des Computers verursacht, der die Pumpen abschaltete. Ein ähnlicher Fehler war 1985 schon einmal aufgetreten. Daraufhin war das System so konzipiert worden, daß die Operateure die Computerkommandos außer Kraft setzen konnten. Aber erst am 6. Juni 1988 wurde bemerkt, daß dies nur möglich war, wenn der Computer mit elektrischem Strom versorgt wurde. Fazit: Das Konzept eines vollständig sicheren Systems erfordert manuelle Eingriffsmöglichkeiten, die unabhängig vom Computersystem funktionieren (*SEN*, Vol. 13, No. 3, Juli 1988, S. 4).

- Am 3. Juli 1988 ließ der Kommandeur des Kreuzers „Vincennes" der U.S. Navy versehentlich einen iranischen Airbus abschießen, was den Tod von 290 Menschen zur Folge hatte. Der offizielle Untersuchungsbericht bemerkt, daß auf den Bildschirmen des Aegis-Systems die korrekten Werte angezeigt wurden (Flugzeug im Steigflug mit korrekter Geschwindigkeit auf richtigem Kurs). Unter dem Streß der Schlacht im persischen Golf wurden diese Angaben von einem jungen Offizier falsch interpretiert (als vermutlich militärisches Flugzeug im Sinkflug mit viel größerer Geschwindigkeit auf falschem Kurs). Diese Angabe gelangte auf mehreren Wegen zum Kapitän, so daß dieser von einer sicheren Information ausging. Das amerikanische „Risks Forum" schließt daraus, daß die Benutzungsschnittstelle vermutlich nicht sehr gut entworfen wurde. Ein Bericht mit „ungünstigen Testergebnissen" soll außerdem vorliegen (und dem US-amerikanischen Kongreß vorenthalten worden sein). Tom Wicker, ein Kolumnist der New York Times, zieht daraus folgende Schlüsse:

„Das Aegis-System im persischen Golf reagierte auf etwas, das jeder an Bord
der Vincennes wahrscheinlich schon einmal gesehen hatte und für das er trai-
niert worden ist: die Signatur eines zivilen Flugzeugs. Wie aber werden die
Mannschaften reagieren, die mit SDI oder ICBM [Interkontinentalraketen]
zu tun haben und die im Ernstfall etwas sehen werden, was niemand zuvor gesehen hat? Dafür, daß wir uns unerbittlich in eine Welt bewegen, die
von Computern kontrolliert wird, zahlen wir einen Preis. Unsere Fähigkeit,
über unser eigenes Schicksal zu bestimmen, scheint eher abzunehmen als
zuzunehmen." (*SEN*, Vol. 13, No. 4, S. 3 f.).

Die Häufigkeit des Fehlverhaltens von Software hängt natürlich von dem Aufwand
ab, der vor der Freigabe für das Vermeiden oder Beseitigen von Fehlern getrieben
wird. Damit beschäftigt sich das nächste Kapitel.

2.4   Vermeidung und Behebung von Fehlern

In Kapitel 2 wurde bisher behandelt, welche Ursachen die Softwarefehler haben, wie
häufig und in welcher Art sie auftreten und welche Auswirkungen sie haben. Können
diese Fehler nicht einfach durch größere Anstrengungen vermieden werden?

Wenn die Ursachenanalyse in Kapitel 2.1 richtig war, müßten dazu „nur"

- bessere Kommunikationsmethoden angewandt und psychologische Kommunika-
tionsblockaden verhindert werden;

- die Motivation des Entwicklungspersonals entscheidend verbessert und Ermüdung
und Streß abgebaut werden;

- Methoden und Werkzeuge entwickelt und angewandt werden, welche die Gedächtnisprobleme überwinden;

- das Anwendungs- und Problemverständnis, das Problemlösungsverhalten, die Be-
herrschung von Semantik und Syntax der benutzten Sprachen, das Verständnis der
Hardware- und Softwareumgebung, die Informations- und Dokumentationstech-
niken sowie das mechanische Umsetzen von Information entscheidend verbessert
werden;

- die Komplexität von Systemen mit Nebenläufigkeit bzw. mehreren Prozessoren
(multiprocessing) gemeistert werden.

Dies sind allgemeine Probleme der Softwaretechnik und der Menschenführung, die
über das Thema dieses Buches hinausgehen. Es werden daher im folgenden nur einige
Beispiele angeführt.

Eine funktionierende Kommunikation setzt eine gemeinsame Erfahrungswelt voraus. Diese wird z. B. bei neuartigen Anwendungen durch die Herstellung von Prototypen geschaffen. Die Gedächtnisprobleme bei der Programmiersprachenbeherrschung können z. B. durch syntaxgesteuerte Editoren oder ausreichende Compilermeldungen überwunden werden. Entsprechende Probleme mit Maschinenkonfigurationen oder Softwarevarianten lassen sich durch entsprechendes Konfigurationsmanagement mit geeigneten Projektbibliotheken bekämpfen.

Da die zuvor dargestellten Methoden aber nicht perfekt sind, können Fehler nicht vollständig vermieden werden. Allerdings führen die angegebenen Maßnahmen zu einer Fehlerreduzierung.

Es bleibt nun die Hoffnung, in einem nachfolgenden analytischen Prozeß alle Fehler zu finden. Dabei sollten die Fehler natürlich so früh wie möglich beseitigt werden, da es schwierig und somit kostenintensiv ist, in frühen Phasen entstandene Fehler erst in der Codierungs- und Testphase zu beheben (s. Abbildung 2.5)

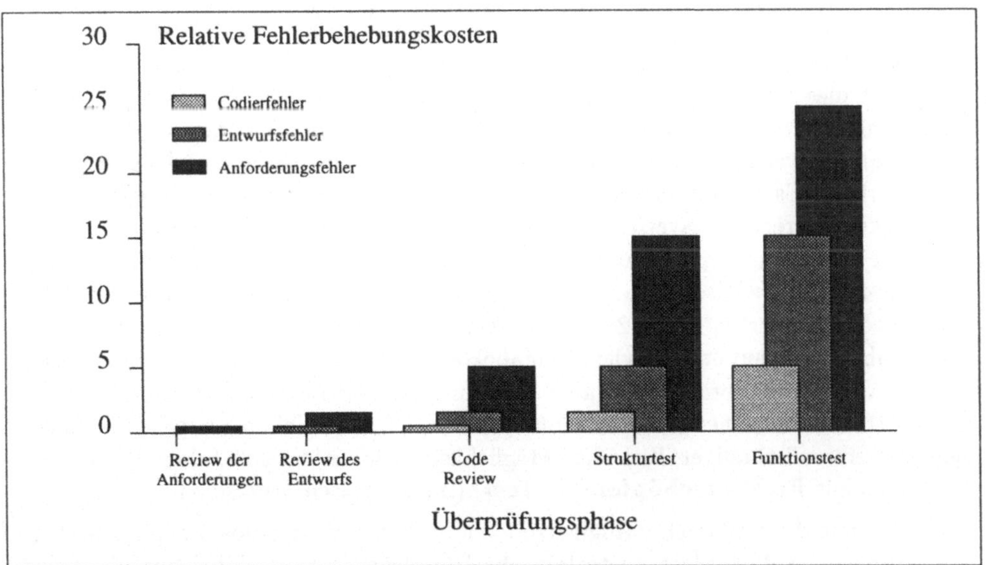

Abb. 2.5: Relative Fehlerbehebungskosten in Abhängigkeit vom Zeitpunkt der Überprüfung und Korrektur ([FLS 91a], S. 19, nach [Dun 84])

Mängel und Fehler in der Anforderungsdefinition können nur durch ein nochmaliges gedankliches Durchgehen und Durchspielen der Konsequenzen (**Review**) aufgedeckt werden. Fehler in der Systemspezifikation können durch ein ähnliches Vorgehen oder durch „Ausführung" der Spezifikation aufgedeckt werden, falls die Art der Spezifikation dies möglich macht. Es handelt sich dabei also um eine frühzeitige **Simulation** des geplanten Systemverhaltens. Mängel und Fehler in der Anforderungsdefinition und Systemspezifikation lassen sich damit aber offenbar nicht vollständig aufdecken:

die Reviews unterliegen den allgemeinen Problemen der Kommunikation zwischen Problemfachleuten und Softwareentwicklungsfachleuten, und es gibt keine systematischen Verfahren, komplexes Systemverhalten hinreichend zu simulieren.

Es bleibt die Hoffnung, wenigstens Programme abzuliefern, die keine Fehler mehr gegenüber der Systemspezifikation aufweisen. Ein solcher Nachweis könnte durch eine formale **Verifikation** des Programms, d. h. durch einen formalen Beweis der Korrektheit des Programms gegenüber der Spezifikation, erbracht werden. Dabei tritt aber eine Vielzahl von Problemen auf, von denen hier[12] nur zwei genannt seien:

- Fehler in Compiler, Betriebssystem oder Hardware werden nicht berücksichtigt.

- Ein fehlerhaftes Programm kann nicht als korrekt bewiesen werden. Der Beweisversuch liefert nur begrenzt Hinweise für die Fehlerbehebung: wenn ein Modul A nicht verifiziert werden kann, muß A nicht fehlerhaft sein — vielmehr können auch die Spezifikationen der Schnittstellen falsch sein.

Es bleibt also nur die Möglichkeit, durch eine systematische Analyse der Spezifikation, des Entwurfs und der Implementierung des Programms alle Fehler zu finden. Wie sieht dies z. B. bei der Implementierung aus? Wenn ein Programm z. B. 60 Fehler enthält, würde es ausreichen, das Programm mit 60 Testdaten zu testen, die jeweils ein Fehlverhalten aufdecken, und dann die Fehlerursache zu lokalisieren und zu beseitigen. Es müßte also nur dieser **ideale Test** angewendet werden. Leider gibt es kein Berechnungsverfahren, welches für ein beliebiges Programm und eine gegebene funktionale Spezifikation einen idealen Test erzeugt (s. [How 76])[13]. Diese Aussage ist auf praktische Programme nicht genau anwendbar, da sie nur mit beschränkten Zahlwerten (z. B. $2^{31} - 1$ als Maximalwert für Integer) rechnen können. Dabei gibt es also nur endlich viele Eingabekombinationen, die im Prinzip alle durchgespielt werden könnten. Das ist aber nicht praktikabel: Bei nur drei Eingabewerten von je 16 Bit und einer Testgeschwindigkeit von 0,0001 Sekunden pro Testdatum benötigt ein vollständiger Test aller Möglichkeiten schon ca. 900 Jahre. Dieser Test heißt also mit Recht **erschöpfender Test** (im doppelten Wortsinn).

Es bleibt nur die praktische Möglichkeit, die Software stichprobenartig statisch zu überprüfen oder dynamisch zu testen. Die Überprüfung kann dabei nur die Anwesenheit gewisser Typen von Fehlern ausschließen (sonst wäre es eine totale Verifika-

---

[12]genaueres siehe Kapitel 12.4

[13]Falls dies möglich wäre, könnte folgendermaßen die Äquivalenz von zwei Programmen P_1 und P_2 festgestellt werden, d. h. entschieden werden, ob sie dieselbe Funktion realisieren: Da Programme auch als Spezifikation interpretiert werden können, kann im Beweis P_1 als Spezifikation für P_2 gewählt werden. Wenn P_1 und P_2 nicht äquivalent sind, würde das Berechnungsproblem (für den idealen Test) eine Testdatenmenge mit Eingabewerten liefern, bei denen P_1 und P_2 verschiedene Ergebnisse liefern. (Wenn die Programme äquivalent sind, wird eine leere Testdatenmenge erzeugt, da es keine Eingabe gibt, bei denen sie abweichende Ergebnisse liefern.) Die Tatsache, ob die erzeugte Testdatenmenge leer ist (oder nicht), entscheidet also die Äquivalenz von P_1 und P_2. Dies ist aber schon für stets anhaltende Programme unentscheidbar.

tion). Das Testen kann sich ebenfalls nur an gewissen Typen von Fehlern orientieren oder stichprobenartig den Eingabebereich bzw. Eingabefolgen des Programms überdecken. Das kostengünstige Ermitteln geeigneter Eingaben für das Testen eines Programms stellt also ein typisches ingenieurwissenschaftliches Problem dar. Noch schwieriger scheint die Auswertung der Programmausgaben zu sein, denn nur durch einen Vergleich der Ausgaben des Programms mit den von der Spezifikation geforderten Ausgaben kann das Fehlverhalten festgestellt werden. Das Aufdecken von Fehlern stellt aber für das Programmierpersonal offenbar ein psychologisches Problem dar. Da Programmiererinnen ihre Tätigkeit (Spezifikation, Entwurf, Codierung) als konstruktiven Prozeß erleben, empfinden sie das Testen als einen destruktiven, ja geradezu sadistischen Prozeß (s. [Mye 79], Kap. 2), obwohl das Fernziel der Fehlerbehebung ehrenwert ist. Nach Gruenberger (s. [Gru 72]) macht eine Programmiererin daher folgende psychologische Phasen durch:

1. Optimismus: Testen ist nicht nötig; ich weiß, daß meine Programme perfekt sind.

2. Bockigkeit: Hoppla, mein „perfektes" Programm ist falsch. Ich will meine Programme aber nicht testen.

3. Dienst nach Vorschrift: Ich gebe kein Programm mehr für die Produktion frei. Ich teste und teste und teste ...

4. Kompromißbereitschaft: Es gibt einen goldenen Mittelweg. Die Kunst des Testens ist es zu wissen, wann mit dem Testen aufgehört werden kann.

Programmiererinnen müssen daher psychologisch geschult werden, um „selbstlos" (**egoless**) zu programmieren und zu testen (s. [Wei 71]). Die Bewertung von möglichen Fehlern muß dabei geändert werden. Eine Programmiererin sollte einen Fehler in dem von ihr geschriebenen Programm — nicht in „meinem" Programm — einfach als Mangel des Produkts ansehen, den es zu entdecken und zu verbessern gilt. Keinesfalls sollte das Erzeugen von Fehlern als charakterlicher Mangel des produzierenden Menschen aufgefaßt werden, den es zu verbergen gilt.
Das psychologisch angenehmere Testprinzip „zu zeigen, daß ein Programm korrekt ist", ist nicht erfolgversprechend; dies liegt daran, daß mit Testen nur das Vorhandensein von Fehlern, nicht aber die Fehlerfreiheit eines Programms gezeigt werden kann[14]. Nur das psychologisch unangenehmere destruktive Testen ist ein erfolgversprechender Prozeß: es ist relativ leicht, in einem großen Programm Fehler zu finden, und jeder gefundene Fehler motiviert die Testperson.
Aus der „Psychologie des Testens" wird oft gefolgert, daß Programmiererinnen nicht ihre eigenen Programme testen sollten. Ein zusätzliches Argument sind Mißverständnisse beim Interpretieren der Spezifikation der Anforderungen: die Programmiererinnen würden auch beim Testen — wie beim Programmieren — das funktionale

---

[14]Trotzdem haben Informatikerinnen eine Tendenz, viermal so viele „positive" Tests wie „negative" Tests auszuführen. Positive Tests zeigen nur, daß das Programm „läuft", negative Tests fordern es dagegen mit Sonderfällen und nicht gewünschten Eingaben heraus (s. [Le& 93], S. 210).

Verhalten des Programms als richtig ansehen, obwohl es nicht der Spezifikation entspricht. Auch Programmierorganisationen, wie z. B. Projekt-Teams, sollten nicht ihre eigenen Programme testen, da folgender Konflikt vorliegt: Die Organisation wird daran gemessen, ob sie das Programm in einem bestimmten Zeitraum und für bestimmte Kosten erstellen kann. Bei gründlichem Testen sinkt die Wahrscheinlichkeit, diese Anforderungen zu erfüllen.

Testen sollte also als eigenständige Aufgabe angesehen werden. Folgende **Organisationsschemata** sind dabei möglich (s. [Mil 78]):

- Testen durch eine Untergruppe des Projekts bzw. eine unabhängige Gruppe der Firma, die nur für das Testen Verantwortung trägt.

- Testen als Funktion der Kundin bzw. der Auftraggeberin (als Akzeptanztest),

- Testen durch eine unabhängige Vertragspartnerin, die im Auftrage der Kundin handelt. Dies wird **unabhängige Verifikation und Validierung** (independent verification and validation [IV&V]) genannt.

Die Forderung nach einer personellen Trennung der Programmier- und Testaufgabe ist umstritten. Die Trennung setzt eine gute Programmdokumentation und objektive Kriterien für die Mängel- und Fehlerfreiheit der Software voraus. Unter diesen Voraussetzungen ist es eine kostengünstige Alternative, Programme durch die entwickelnden Personen selbst testen zu lassen. Allerdings sollten unabhängige Personen die Testergebnisse begutachten (s. [GeH 88], S. 692). Programme können nicht nur durch Testen, d. h. durch Ausführen des Programms mit konkreten Daten, überprüft werden. Vielmehr kann der Programmtext auch durch sogenannte **Inspektion** direkt von Menschen untersucht werden (genaueres s. Kapitel 12.1). Können mit dieser Methode alle restlichen Programmfehler gefunden werden? Offenbar nein, denn neben den Kommunikations-, Konzentrations- und Wissensproblemen, die zu Fehlern beim Programmieren und beim Inspizieren führen können, gibt es noch das Problem der Täuschung . Dabei wird zwischen verschiedenen Arten der Täuschung unterschieden (s. [Zem 85]):

1. Bei der **Trick-** oder **Ablauftäuschung** weicht der Programmtext von dem ab, was normale Programmiererinnen denken. Dies erschwert z. B. beim Ausnutzen von Seiteneffekten (Trickprogrammierung) das Verständnis eines Programms.

2. Eine **Erwartungstäuschung** entsteht durch Prägung oder Prädisposition, d. h. durch eine bestimmte Erwartung, mit der eine Person an eine Aufgabe herangeht. Durch eine Kommentarzeile wird eine Testerin z. B. zu der Annahme verleitet, daß der Programmtext das bewirkt, was der Kommentar aussagt. (Bei der Inspektion sollte also die Kommentarzeile abgedeckt werden.)

3. Zu einer **Hemmungstäuschung** kommt es unter dem Eindruck einer Hemmung durch zuvor gelerntes Wissen. Die Aufgabenstellung kann z. B. fälschlicherweise erweitert oder durch vorgetäuschte Zusatzbedingungen eingeschränkt werden.
   Ein Stenograf im Bundestag hatte z. B. gerade gelernt, daß es „freie Arztwahl" heißen muß, obwohl sich dies bei einem Sachsen wie „freie Ortswahl" anhört. Um diesen Fehler nicht zu wiederholen, machte er dann aus dem Zwischenruf eines Saarländers „Sie predigen ja den letzten Beter aus der Kirche!", weil er seinen Dialekt für sächsisch hielt, den Satz „Sie predigen ja den letzten Peter aus der Kirche!". (Jedes Textdokument muß also unvoreingenommen betrachtet werden.)

4. Bei einer **Überdeckungstäuschung** überdeckt ein großer, starker oder überwiegender Eindruck einen kleinen, schwachen oder unbedeutenden Eindruck.
   Das Wort „Testmethodon" wird man z. B. richtig als „Testmethoden" lesen[15]. (Ein Vorgehen wie bei einer [Lese-]Anfängerin, welche die kleinsten Einheiten [die Buchstaben] betrachtet, vermeidet diese Täuschung.)

5. Eine **Wiederholungstäuschung** entsteht durch den Analogieschluß, daß scheinbar gleiche Vorgänge auch gleiche oder ähnliche Ergebnisse haben. Daher werden z. B. ähnliche Programmteile nicht mehr (oder nur flüchtig) geprüft, weil ein Programmteil schon als fehlerfrei beurteilt wurde.
   (Kopierte Programmteile sind also besonders sorgfältig zu betrachten — die Entstehungsgeschichte ist also wichtig — bzw. gleiche Teile sind bei der Verwendung von Klassen nur einmal — in einer Oberklasse — zu realisieren).

Weitere methodische Hinweise, wie man diesen Täuschungen entgehen kann, gibt G. Zemanek (s. [Zem 85]). Aber nur „Supertestpersonen" werden mit dieser Hilfe alle restlichen Fehler in einem größeren Programm finden.

2.5 Kosten und Nutzen des Testens

In Kapitel 2.4 wurden verschiedene Analysemethoden vorgestellt, mit denen Fehler in Programmen aufgedeckt bzw. die Fehlerfreiheit von Programmen in gewissen Fällen festgestellt werden kann. Dabei wurde erläutert, warum die Programmverifikation für große Programme nicht anwendbar ist und das Fehleraufdecken per Review und Inspektion nicht hundertprozentig zuverlässig ist. Damit ist das Testen von Programmen eine unverzichtbare Analysemethode zum Aufdecken von Fehlern.

Dieses Kapitel wird folgender Frage nachgehen: Welche Kosten sind mit dem Testen verbunden und welchen Nutzen hat das Testen? Das hängt natürlich davon ab, mit welchen Methoden gearbeitet wird und nach welchen Kriterien das Testen beendet wird. Für die in diesem Buch vorgestellten Methoden werden im Einzelfall in den entsprechenden Kapiteln Kosten und Nutzen aufgeführt. An dieser Stelle sollen nur

---

[15]in einem Informatikbuch — in einem Buch über Drogen aber wahrscheinlich als „Testmethadon"

pauschale Angaben über Erfahrungswerte aufgrund der bisherigen Praxis gemacht werden (die sich hoffentlich in der Zukunft verbessern lassen).

Schätzungsweise über 80% der Kosten der Datenverarbeitung sind Softwarekosten, da die Fortschritte im Softwarebereich in den letzten Jahrzehnten geringer waren als im Hardwarebereich (s. [Zwe 81], S. 3). Bei den Softwarekosten ist der Wartungsaufwand von Firmen ca. 40% bis 45% des Entwicklungsaufwands und sogar 70% pro Softwaresystem (s. [Boe 77], S. 7; [Can 81]). (Der Unterschied ist damit zu erklären, daß es viele Neuentwicklungen gibt, die noch keine Wartungskosten verursachen.) In Abhängigkeit von den Anforderungen, welche an die Zuverlässigkeit der Software gestellt werden, schwankt der Testaufwand zwischen 15% und 50% des Gesamtentwicklungsaufwands (s. [Boe 77], S. 8 und S. 10 f.).

Der Aufwand für das Testen bzw. Überprüfen hängt von neun Faktoren F_1 bis F_9 ab, d. h. es gilt näherungsweise:

$$\text{Prüfkosten} = (F_1 + F_2 + \cdots + F_9) * \text{Entwicklungskosten}$$

Es handelt sich dabei um folgende Faktoren (s. [RDB 75]):

F_1: Programmgröße .... Faktor 0,250 bis 0,050

F_2: Beginn der unabhängigen Überprüfung (Validierung) .. Faktor 0,125 bis 0,008

F_3: Vorhandensein von Werkzeugen .... Faktor 0,093 bis 0,000

F_4: Dokumentation des Programms .... Faktor 0,062 bis 0,016

F_5: Hardware und Systemsoftware .... Faktor 0,031 bis 0,016

F_6: Typ des Programms .... Faktor 0,031 bis 0,008

F_7: Vertrautheit mit Programm und Werkzeugen .... Faktor 0,031 bis 0,008

F_8: Informationsfluß zum Auftraggeber .... Faktor 0,031 bis 0,008

F_9: Hardwareressourcen .... Faktor 0,031 bis 0,008

Der Prüfaufwand ist bei kleinen Programmen prozentual größer als bei großen Programmen; beginnt das Überprüfen erst beim Fehlerbeseitigen, so ist der Aufwand am größten, während die Überprüfung von früher schon einmal überprüften (aber geänderten) Programmen den geringsten Faktor impliziert. Das Vorhandensein von Werkzeugen und eine gute Programmdokumentation vermindern ebenfalls den Prüfaufwand. Entsprechendes gilt für ausgereifte Hardware/Systemsoftware, Nicht-Echtzeit-Programme (im Gegensatz zu interaktiven oder Echtzeit-Anwendungen), einen freien Informationsaustausch mit dem Auftraggeber und im richtigen Moment und in ausreichender Menge verfügbare Hardware für Testläufe.

Für die Behebung eines Fehlers in der Anforderungsdefinition muß ein Betrag aufgewendet werden, der von der Entwicklungsphase abhängt, in welcher er entdeckt und beseitigt wird. Nach Stahl/Nomicos sind dies z. B. folgende Dollarbeträge (s. [StN 85], zitiert nach [GoT 86]):

Anforderungs- und Systemspezifikation .... 349 $
Entwurf .... 876 $
Codierung und Modultest .... 1.750 $
Test und Integration .... 12.782 $

Fehlerbehebung in späteren Phasen bedeutet also einen erhöhten Aufwand um den Faktor[16] 2,5 oder 5 oder sogar 37. Frühzeitiges Testen bzw. Überprüfen hat also einen hohen Nutzen.

Wie bereits erwähnt wurde, gibt es vor der Testphase etwa 30 bis 100 Fehler pro 1000 Anweisungen im Programm (s. Kapitel 2.2, S. 25). Ca. 95% dieser Fehler werden bis zur Auslieferung beseitigt, d. h. 28,5 bis 95 Fehler pro 1000 Anweisungen (s. [Mye 86], S. 65). Das ist zwar ein gewisser Erfolg, bedeutet aber, daß ca. 5% der Fehler trotz aller Anstrengungen noch vorhanden sind, pro 1000 Anweisungen also noch 1,5 bis 5 Fehler. Eine Spanne von nur 0,5 bis 3,3 Fehler pro 1000 Anweisungen gibt W. Myers an, während Valk dagegen 0,25 bis 10 Fehler angibt (s. [Mye 86], S. 62; [Val 87], S. 59). Ein großes Programmsystem mit 100.000 Anweisungen hat demnach noch etwa 25 bis 1.000 Fehler, wenn es in Betrieb genommen wird.

2.6 Leben mit Fehlern

> *„Diejenigen, die glauben, daß es leicht sein wird, Software zu entwerfen,*
> *und daß Fehler verschwinden werden,*
> *haben nicht die wirklichen Probleme angepackt.“*
> — **David L. Parnas**

Das vorherige Kapitel hat aufgezeigt, daß bei der Entwicklung von Software ein erheblicher Teil der Kosten für das Testen aufgewendet wird. Dennoch sind ausgelieferte Programme mit Fehlern behaftet, die erst während der Wartungsphase behoben werden können. Das Problem wird noch dadurch erschwert, daß bei der sogenannten Korrektur von Fehlern die Fehlerursachen oft nur z. T. behoben werden oder sogar neue Fehler in das Programm eingebaut werden. Das Problem verkleinert sich andererseits dadurch, daß viele Fehler geringe Auswirkungen haben, d. h. nur ca. 14% der Fehler sind schwerwiegend (s. [RDB 75], S. 152). Somit sind noch etwa

---

[16]Diese Faktoren ergeben sich aus obigen Zahlenwerten.

3 bis 140 schwerwiegende Fehler bei 100.000 Anweisungen vorhanden. Wie können und sollen die beteiligten Personen mit dieser Situation umgehen?

Eine Käuferin von Software kann sich auf die Gewährleistungspflicht des Herstellerbetriebs der Software berufen und auf rasche Korrektur der restlichen Fehler[17] in der Garantiezeit hoffen. Diese Hoffnung trügt aber oft, denn die Herstellerbetriebe können die in den vorherigen Unterkapiteln aufgezeigten Probleme aus prinzipiellen und wirtschaftlichen Gründen nicht lösen. Sie sichern daher nur wenige und schwache Eigenschaften des Produkts zu, indem sie z. B. im Kaufvertrag formulieren:

„Fa. CHAOS[18] leistet Gewähr dafür, daß die lizenzierte Software im wesentlichen entsprechend dem Benutzerhandbuch arbeitet, wie es zum Tage der Lieferung vorliegt. Die Verpflichtung von CHAOS im Rahmen des vereinbarten Gewährleistungszeitraums beschränkt sich darauf, das Mögliche zur Behebung etwaiger Fehler zu unternehmen und dem Lizenznehmer eine korrigierte Version der lizenzierten Software so bald wie möglich nach einer Fehlermeldung zur Verfügung zu stellen. CHAOS leistet keine Gewähr dafür, daß der Betrieb einer lizenzierten Software unterbrechungsfrei oder fehlerfrei erfolgt oder in der lizenzierten Software enthaltene Funktionen in den Kombinationen arbeiten, die der Lizenznehmer zur Lösung seiner Anforderungen gewählt hat.“

Das Produkthaftungsgesetz verringert die Möglichkeiten der Herstellerbetriebe, sich der Gewährleistung zu entziehen, erheblich. Es sind nur noch eng definierte Entlastungsmöglichkeiten bei der Haftung vorgesehen, etwa die objektive Unvorhersehbarkeit eines konkreten Fehlers nach dem Stand von Wissenschaft und Technik. Die Haftungsfrage wird somit zu einer Methodenfrage (s. [Koc 89], [KrE 92]). Allerdings liegt nach dem Produkthaftungsgesetz ein Fehler nur vor, wenn der gekaufte Gegenstand nicht die Sicherheit bietet, die erwartet werden darf. Ein Softwarefehler muß sich also auf Leben oder Gesundheit von Menschen auswirken (vgl. Beispiele aus Kapitel 2.3), einfache Rechenfehler fallen nicht unter die Produkthaftung.

Eine Käuferin von Software kann auf eine Art „Stiftung Warentest“ hoffen, die ihr hilft, den Kauf von sehr fehlerhaften Programmen zu vermeiden. In der Tat wurde eine „Gütegemeinschaft Software e. V.“ (GGS) ins Leben gerufen, die vom RAL (Deutsches Institut für Gütesicherung und Kennzeichnung e. V.) im August 1985 anerkannt wurde. Mit der Verleihung des Gütezeichens Software durch diese Institution wird zugleich auch das Zeichen „DIN-geprüft“ vergeben, da das Deutsche Institut für Normung e. V. die Prüfrichtlinien der GGS als Norm 66285 in sein Regelwerk

---

[17]Laut §459 Abs. 1 BGB besteht ein Fehler in der Abweichung von dem vertraglich vorausgesetzten oder gewöhnlichen Gebrauch. Dieser Begriff umfaßt also die Definition von Fehler und Mangel aus Kapitel 2.2. Genaueres zu in der Rechtsprechung anerkannten Fehlern und Mängeln findet sich in [Hül 94], Teil 2.

[18]Der Name der Firma wurde verändert, ist mir, E. R., aber bekannt.

übernommen hat[19]. Das Gütezeichen bestätigt die Übereinstimmung der Hersteller-
angaben mit dem Programm und der Dokumentation. Das Gütezeichen darf nur von
bestimmten Prüfstellen der GGS vergeben werden, die ihrerseits von der Gesellschaft
für Mathematik und Datenverarbeitung (GMD), einer Großforschungseinrichtung
des Bundes, anerkannt und überwacht werden (s. [Krü 85]).

Damit sind also alle Voraussetzungen gegeben für die **Zertifizierung**, d. h. die
Prüfung und Bewertung eines Software-Produkts oder eines Qualitätssicherungssys-
tems, mit dem die Erfüllung vorgegebener Anforderungen (z. B. Normkonformität)
nachgewiesen wird. Dabei wird bei Erfüllung der gestellten Anforderungen von einer unabhängigen Prüfstelle (z. B. TÜV) ein Zertifikat vergeben (s. [Wal 90]). Nach
dieser Definition kann also eine Zertifizierungsautorität anderen Organisationen das
Zertifizierungsrecht übertragen. Das Zertifizierungsrecht für COBOL-Compiler hat
z. B. die GMD vom Federal Software Testing Center der USA erhalten. Dies ist
zugleich ein Beispiel für eine Zertifizierung, die das Erfülltsein einer Norm (hier DIN
66028 und ISO 1989-1978 für COBOL) bestätigt, indem eine bestimmte **Normkon-
formitätsprüfung** angewandt wird.

Neuerdings verlagert sich der Schwerpunkt der Zertifizierungen von den für jedes
Produkt (und eigentlich jede Version) vorzunehmenden (teuren) Produktzertifizie-
rungen auf die einmalige Zertifizierung des *Entwicklungsprozesses* einer Organisation, die Software herstellt. Was für einen geordneten Ablauf des Prozesses unbedingt notwendig ist, wird in 20 Absätzen[20] der DIN ISO 9001 beschrieben, ergänzt
um Anwendungsrichtlinien in DIN ISO 9000–3 (s. [Lam 94]). Wegen der schwachen
Anforderungen dieser Normen orientiert man sich aber besser am Konzept des totalen Qualitätsmanagements (TQM), das in ein fünfstufiges Reifegradmodell für
Organisationen umgesetzt wurde. (Genaueres dazu siehe in Abschnitt 3.7).

Käuferinnen können also eine gewisse Verbesserung der Zuverlässigkeit von Software
erwarten. In der Bundesrepublik Deutschland sind Zertifikate bei öffentlichen Be-
schaffungen zwar noch nicht zentral vorgeschrieben; nach einem Beschluß des Rates
der Europäischen Gemeinschaft vom 22.12.1986 müssen die Mitgliedstaaten jedoch
solche Vorschriften erlassen (s. [Weg 87]).

Trotz aller (oder wegen fehlender) Zertifizierung können noch Fehler auftreten, da
alle diese Prüfungen nur falsifikationsorientiert arbeiten, d. h. die Korrektheit oder
Konformität des Programms natürlich nicht beweisen können (vgl. Kapitel 2.4).
Daher sind Käuferinnen nach Ablauf der Gewährleistungsfrist für Software auf die
Behebung der restlichen Fehler in der Wartungsphase angewiesen. Auch für die
Software-Entwicklung ist dies die letzte Möglichkeit der Fehlerbehebung, da im prak-
tischen Einsatz der Software immer wieder Eingaben getätigt werden, die beim Te-
sten nicht bedacht wurden. Der Abschluß eines Wartungsvertrages beinhaltet aber

---

[19]Die Norm ist mittlerweile durch DIN ISO/IEC 12119 abgelöst worden.

[20]Von der „Verantwortung der obersten Leitung" über „Prüfungen" bis zu „Statistischen Methoden".

nur die Korrektur von erkannten Fehlern und die Anpassung an neue Hardware und Systemsoftware.

Die Auswirkungen der Fehler auf den Geschäftsablauf der Kundenbetriebe sind damit noch nicht behoben. Man kann nur versuchen, das Risiko dafür zu verringern oder abzuwälzen. Dies kann durch technische und organisatorische Schadensverhütungsmaßnahmen geschehen und durch den Abschluß von Versicherungen, die die auftretenden Schäden und Verluste zum großen Teil decken. Von Versicherungen werden aber i. allg. nur Hardwareschäden versichert, das Wiederherstellen von Datenbanken muß z. B. selbst organisiert und finanziert werden (s. [Bre 88]).

Die geschilderte Vorgehensweise ist für kommerzielle, unkritische Software unter ökonomischen Gesichtspunkten sinnvoll. Den notwendigen Softwaretestkosten werden die Kosten durch den Einsatz der fehlerhaften Software gegenübergestellt. Wenn genau bekannt wäre, zu welchem Testaufwand (mit entsprechenden Testkosten) welche Einsatzfehlerkosten gehören, könnte ein ökonomisch optimaler Testaufwand berechnet werden. Da die Beziehungen aber nicht bekannt sind, müssen Vermutungen angestellt und die möglichen Kosten der Fehler grob klassifiziert werden[21].

Für Software, die fehlerfrei funktionieren muß, damit die Gesundheit oder das Leben von Menschen nicht gefährdet wird, stellt sich natürlich eine andere Frage als die der Kosten (obwohl es Institutionen gibt, die Gesundheit und Leben von Menschen in Geldbeträgen ausdrücken). Es stellt sich die Frage nach der Verantwortbarkeit solcher Software. Mit dem Philosophen Hans Jonas bin ich der Meinung, daß folgende Maxime beherzigt werden sollte: „Handle so, daß die Wirkungen deiner Handlung verträglich sind mit der Permanenz echten menschlichen Lebens auf Erden." (s. [Jon 89], vgl. [Ram 86]). In ähnlicher Weise hat es die amerikanische Organisation ACM (Association for Computing Machinery) in dem Entwurf eines Kodex für professionelles Verhalten und Ethik (Code of Ethics and Professional Conduct) vom 12. 2. 1992 ausgedrückt:

„Computerfachleute sollten sich verpflichten, ihre Wissenschaft zum Nutzen der Menschheit zu entwickeln, zu erweitern und zu benutzen und negative Folgen von Computersystemen — inklusive Gefahren für Gesundheit und Sicherheit — zu minimieren." (*CACM*, Vol. 35, No. 5, S. 95)

Wie verträgt sich das mit folgenden Erkenntnissen?

„Entgegen dem Mythos der Unfehlbarkeit von Rechensystemen können diese sehr wohl versagen und tun dies auch. Folglich kann die Zuverlässigkeit von rechnergestützten Systemen nicht als gesichert betrachtet werden. Diese Tatsache gilt für alle solche Systeme, deren Fehlverhalten ein besonderes öffentliches

---

[21]Der Fehlstart der „Ariane 5" (s. Kap. 2.3) ist ein Beispiel dafür, daß diese Klassifikation nicht funktioniert hat; die Simulationskosten wären sicher geringer gewesen als die Kosten durch den Verlust des Satelliten.

Risiko darstellt. Zunehmend hängen Menschenleben vom zuverlässigen Funktionieren von Systemen ab wie Steuersystemen für Luftverkehr und Hochgeschwindigkeitszüge, militärischer Waffenproduktion und Verteidigungssystemen sowie Gesundheitsversorgungs- und medizinischen Diagnosesystemen." (Resolution der ACM vom 8.10.1984, zitiert nach [Val 87], S. 62)

Im Sinne der Verantwortungsbeschränkung und Verantwortungsindividualisierung (s. [Wed 87], S. 325) mag es als Problem jedes einzelnen Menschen angesehen werden, ob er bei der Entwicklung und dem Testen solcher Systeme mitwirkt oder nicht. Es sollte aber doch einen öffentlichen Diskurs[22] darüber geben, ob und unter welchen Bedingungen diese Systeme eingesetzt werden dürfen. Diese Diskussion kann aber nur dann rational erfolgen, wenn die Entwickelnden von Software schonungslos erläutern, daß bei komplexen Systemen Unzuverlässigkeit prinzipiell unvermeidbar ist und daß ein hoher Grad von Zuverlässigkeit nur mit entsprechendem Aufwand erreichbar ist.

Ein Beispiel dafür ist die Auseinandersetzung um die Machbarkeit und die Risiken eines „Schutzschildes" gegen angreifende Raketen, wie sie der ehemalige US-Präsident Reagan gefordert und mit der Strategischen Verteidigungsinitiative SDI (Strategic Defense Initiative) gefördert hat. David L. Parnas, bekannt durch das Geheimnisprinzip bei der Verwendung von Datentypen, der in einem Beratungsausschuß der SDI-Organisation mitarbeitete, ging mit seiner Kritik an SDI in vorbildlicher Weise an die Öffentlichkeit. Er kritisierte, daß andere Wissenschaftler/innen weiter an SDI mitarbeiteten, da sie Geld für interessante Forschungen erhielten, obwohl ihnen klar war, daß SDI seine Aufgabe nicht erfüllen konnte (s. [Par 87], S. 9)[23]. Parnas wollte im Gegensatz zu seinen Kolleg(inn)en im Sinne seines Berufsethos „darauf bedacht sein, das eigentliche Problem anzugehen und nicht einfach meinen Vorgesetzten kurzfristig zufriedenzustellen" (s. [Par 87], S. 3). Konsequenterweise kündigte er seine Mitarbeit an SDI auf, da das Problem nicht zu lösen ist. Parnas erfüllte damit auch die Forderung des Arbeitskreises 8.3.3 („Grenzen eines verantwortbaren Einsatzes von Informationstechnik") der Gesellschaft für Informatik:

„Sehr wichtig ist das Verhalten der Entwickelnden gegenüber dem für die Anwendung verantwortlichen Management. Schwierigkeiten pflegen hierbei in der Regel dadurch zu entstehen, daß der Entwickler zuviel verspricht oder das Management zuviel erwartet. So kann eine realitätsgerechte Prüfung eines Software-Produkts mißlingen, wenn der verantwortliche Manager z. B. auf Grund irreführender Lektüre oder auf Grund von Messevorführungen zu hohe

---

[22] vgl. Präambel der „Ethischen Leitlinien der Gesellschaft für Informatik", *Inf.-Spektrum*, Band 16, Heft 4, 1993, S. 239 f.; s. auch [Lut 94], [Weh 94].

[23] Das Erreichen des Ziels, Angriffswaffen überflüssig zu machen, setzt voraus, daß die Zuverlässigkeit des Systems schon vor dem ersten Einsatz bekannt ist. Dies ist aber weder durch Testen noch durch Simulation möglich. Der Computereinsatz ist also nicht zu verantworten, da es nach einem Versagen von SDI im Ernstfall keine Möglichkeiten zur Fehlerkorrektur gibt (s. [Flo 85], S. 4).

Erwartungen an das System hat und der zuständige Experte, mit Rücksicht auf seine Position und seine Karriere, Grenzen des Systems mit einigen sybillinischen Worten andeutet, jedoch nicht präzise benennt. Entwickler müssen sich daher die Grenzen des jeweils Verantwortbaren deutlich machen und derart erkannte Unsicherheiten und Risiken gegenüber dem Management zur Sprache bringen" (s. [Co& 88], S. 698)

Die Auseinandersetzung mit Scheinlösungen, die vordergründig als verantwortbarer Entwurf erscheinen mögen, ist ebenfalls erforderlich. Einige Verteidiger/innen von SDI, die sich als Eastport-Gruppe bezeichneten, schlugen z. B. folgendes vor: Die von Parnas festgestellten Softwareprobleme seien durch „lose Koordination" zu lösen. Dieses Konzept entspricht in etwa der von C. Floyd aufgestellten Forderung, sich wegen der Undurchschaubarkeit großer Programmsysteme bewußt auf lose gekoppelte kleine Systeme zu beschränken (s. [Flo 85], S. 4). Parnas weist aber nach, daß ein SDI-System mit loser Koordination die eigentliche Aufgabe, Tausende angreifender Raketen zu vernichten, nicht erfüllen kann, da nur bei zentraler Koordination die Verteidigungswaffen effektiv eingesetzt werden können (s. [Par 87], S. 7 f.).

Auch bei Projekten, die nicht so spektakulär sind wie SDI, sollten die Entwicklerinnen ihre Verantwortung gegenüber den Käuferinnen bzw. Benutzerinnen wahrnehmen und Software nach bestem Wissen und Gewissen entwickeln und testen und die notwendige Zeit dafür gegenüber Projektmanagement und Käuferinnen mit dem Zitat von H. Zemanek verteidigen:

„Unsere Nanosekunden verleiten alle Beteiligten und Unbeteiligten zu dem Irrglauben, man könnte im Computer und mit Computerhilfe auf schnellstem Wege wirken und korrigieren. Gewiß, es gibt superschnelle Prozesse — aber nicht im Entwurfsvorgang und schon gar nicht für die Korrektur von Systemkonzepten. Es kann zu spät werden, einen mangelhaften Entwurf zu reparieren. Es kann zu spät werden, ihn zu ersetzen." (s. [Zem 78], S. 178)

3 Qualitätsmanagement-, Prüf- und Testmethoden im Überblick

Dieses Buch behandelt schwerpunktmäßig Software-Testmethoden. Diese Methoden bilden aber nur einen Teil der Maßnahmen, die für die Sicherung der Qualität von Software wichtig sind. Daher wird das Testen in Kapitel 3.2 in den Bereich des Qualitätsmanagements[1] eingeordnet und eine Abgrenzung zu den anderen Maßnahmen des Qualitätsmanagements gezogen. Vorher wird in Kapitel 3.1 das allgemeine Testziel und die grundsätzliche Vorgehensweise beim Testen betrachtet. Ein Überblick über die statischen und dynamischen Prüfmethoden, insbesondere über Teststrategien, Testansätze, Testmethoden, Testaktivitäten und Testphasen schließt sich in den Kapiteln 3.3 bis 3.6 an. Ein Einblick in Verfahren zur Bewertung und Verbesserung des Qualitätsmanagements, zur Bestimmung der Testgüte und zur Bestimmung des Testendes folgt in Kapitel 3.7 und 3.8.

Dieses Kapitel bietet einen groben Überblick über Testmethoden und zudem einen Blick auf Zusammenhänge und Randgebiete des Testens.

3.1 Ziel, Intention und Vorgehensweise des Testens

Beim Testen muß einerseits über das grundsätzliche Ziel des Testens und andererseits über die grundsätzliche Vorgehensweise des Testens Klarheit herrschen.
Für das grundsätzliche Ziel des Testens existieren verschiedene Begriffsbildungen mit verschiedenen Präzisionsgraden, die im folgenden vorgestellt und diskutiert werden:

„**Testen** ist jede Aktivität, die unseren Glauben bzw. unsere Zuversicht erhöht, daß das Programm sich so verhält, wie es sich verhalten soll." (Zitat aus [Het 72b], Hervorhebung von mir, E. R.)

Problematisch ist in obiger Formulierung der Passus „jede Aktivität, die unseren Glauben ... erhöht ... ". Damit könnten auch Werbemaßnahmen einer Firma gemeint sein, die die Software etwa mit dem Spruch „unsere Software wurde von den Redakteuren der DATAMATION zum Produkt des Jahres gewählt" anpreist. (Siehe dazu auch das Stichwort „Zertifizieren" in Kapitel 2.6.)

Präziser als obige Formulierung des Begriffs „Testen" sind die folgenden Begriffsbildungen:

---

[1] früher auch **Qualitätssicherung** genannt

„Der **Zweck des Testens** ist es zu zeigen, daß ein Programm die geforderten Funktionen korrekt ausführt." (Zitat aus [Mye 79], Hervorhebung von mir, E. R.)

„Der **Testvorgang** soll sicherstellen, daß ein Programm zuverlässig die (vorgegebene) Funktion realisiert." (Zitat aus [ABC 82], Hervorhebung von mir, E. R.)

Beide Begriffsbildungen gehen davon aus, daß die Anforderungsspezifikation als eine Menge von Funktionen beschrieben ist. Dies ist aber ein eingeengter Begriff von Anforderungsspezifikation. Neben der funktionalen Korrektheit sind auch andere Eigenschaften von Bedeutung wie z. B. die Einhaltung von Zeitbedingungen bezüglich der Abarbeitung von Funktionen eines Programms.

Folgende Begriffsbildung soll daher die für dieses Buch verbindliche Definition des Testziels sein:

DEFINITION 3.1.1 *(s. [Mil 78])*
Allgemeines **Ziel des Programmtestens** *ist es, die Qualität von Softwaresystemen durch systematisches Ausführen der Software unter sorgfältig kontrollierten Umständen zu erhöhen.*

Bei dieser Definition ist der Einwand zur ersten Begriffsbildung (aus [Het 72b]) ausgeräumt und die Einengung auf funktionale Korrektheit in den nächsten beiden Formulierungen (aus [Mye 79] und [ABC 82]) entfallen.
Die Definition 3.1.1 sagt auch etwas zur Vorgehensweise des Testens aus: „systematisch" und unter „sorgfältig kontrollierten Umständen" soll das Testen erfolgen. Dabei können zwei Arten von Vorgehensweisen unterschieden werden: die demonstrative und die destruktive. Bei der **demonstrativen** Vorgehensweise werden Testdaten mit dem Ziel ausgewählt, die Fehlerfreiheit des Programms nachzuweisen. Bei der **destruktiven** Vorgehensweise ist dagegen das Auffinden von Fehlern das primäre Ziel des Testens:

DEFINITION 3.1.2 *(s. [Mye 79])*
Testen *ist der Prozeß, ein Programm mit der Intention auszuführen, Fehler zu finden.*

Eine Testdatenmenge wird also gemäß Def. 3.1.2 nicht mit der Intention zusammengestellt, die Fehlerlosigkeit eines Programms nachzuweisen. Damit wird folgender Nachteil der demonstrativen Vorgehensweise vermieden: Die Testperson kann sich leicht in trügerischer Sicherheit wiegen, da diese Vorgehensweise nicht die Auswahl fehlerprovozierender Testdaten unterstützt.
Eine beliebige Vorgehensweise führt nicht unbedingt zu dem in der Definition 3.1.1 festgelegten Ziel, vielmehr ist beim Testen folgendes notwendig:

DEFINITION 3.1.3 *(vgl. [He& 84], Kap. 5.3.2; IEEE Std. 610.12 von 1990)*
Testen *ist eine (i. allg. stichprobenartige) Ausführung von Experimenten[2] mit dem Prüfgegenstand (ein Modul, Teilsystem oder Programmsysstem) unter spezifizierten Bedingungen.*

Zusammenfassend sei festgehalten: Die Definitionen 3.1.1, 3.1.2 und 3.1.3 sind die für dieses Buch gültigen Definitionen für das grundsätzliche Ziel und die grundsätzliche Intention und Vorgehensweise beim Testen (im engeren Sinn).

Da Fehlerfreiheit ein spezielles Qualitätsmerkmal ist (vgl. Kapitel 2.2, S. 31), wird in Kapitel 3.2 die Rolle des Testens innerhalb des erweiterten Rahmens des Qualitätsmanagements betrachtet. Dabei zeigt sich, daß Testen im engeren Sinn von Definition 3.1.3 nicht die einzige Möglichkeit ist, die Fehlerreduzierung oder sogar Fehlerfreiheit eines Softwareprodukts zu erreichen.
Um die geforderte Qualität der Software zu bestätigen oder zu widerlegen, ist beim Testen eine systematische Auswahl relevanter Testdaten notwendig. Dazu müssen geeignete Testkriterien (inklusive Meßverfahren) bereitgestellt werden, mit denen die Güte der durchgeführten Tests ermittelt werden kann. Damit werden sich (nach einem Überblick in Kapitel 3.3) die Kapitel 3.4 bis 3.6 beschäftigen.

3.2 Einordnung des Gebiets Testen in das Qualitätsmanagement

3.2.1 Aufgabe des Qualitätsmanagements

Aufgabe des Qualitätsmanagements ist es, definierte Qualitätsmerkmale für ein Softwareprodukt[3] zu erreichen. Die Grundbegriffe Qualität und Merkmal sind dabei folgendermaßen definiert:

DEFINITION 3.2.1.1
Qualität *ist die Gesamtheit von Eigenschaften und Merkmalen eines Produktes oder einer Tätigkeit, die sich auf deren Eignung zur Erfüllung festgelegter oder vorausgesetzter Erfordernisse beziehen.*

DEFINITION 3.2.1.2
Ein **Merkmal** *ist eine Eigenschaft, die das Unterscheiden von Einheiten einer Gesamtheit entweder in qualitativer oder quantitativer Hinsicht ermöglicht.*

---

[2] (altfranzösisch) test (von lateinisch testum = Geschirr, Schüssel) ist ein irdener Topf oder Tiegel für *alchimistische* Experimente

[3] Nach DIN ISO/IEC 12119 von August 1995 wird „Softwareprodukt" auch „Software-Erzeugnis" genannt.

Qualitätsmerkmale werden mit Hilfe von hierarchisch strukturierten Begriffsbäumen beschrieben und präzisiert. Diese Begriffsbäume unterteilen die Qualitätsmerkmale in feinere, untergeordnete Qualitätsmerkmale. Solche Begriffsbäume werden auch als **Qualitätsmodell** bezeichnet.

Das Ziel der Gliederung von Qualitätsmerkmalen in immer feinere Merkmale ist die Ableitung von Qualitätsmerkmalen aus quantitativen Kenngrößen, die leicht zu messen und zu bestimmen sind. Quantitative Kenngrößen sind z. B. die Anzahl der Systemebenen, die Anzahl der Knoten einer Baumhierarchie, die Anzahl von Modulen und die Anzahl der Parameter pro Schnittstelle. Leider ist es nicht möglich, jedes Qualitätsmerkmal grundsätzlich auf quantitative Größen abzubilden. In die Bewertung der Benutzbarkeit z. B. fließen oft subjektive Kriterien ein, d. h. allumfassende und meßbare Kenngrößen zur Bewertung der Benutzbarkeit können sicherlich nicht angegeben werden[4]. Allerdings bieten die Begriffsbäume eine gute Orientierungshilfe zur Bewertung von Qualitätsmerkmalen. Im folgenden wird eine mögliche Klassifizierung von Qualitätsmerkmalen vorgestellt.

DEFINITION 3.2.1.3 (PRODUKTQUALITÄT [FÜR SOFTWARE])
Die **Produktqualität** *setzt sich aus folgenden Qualitätsmerkmalen zusammen:*

1. **Funktionalität:** *Eine Menge von Merkmalen, die sich auf das Vorhandensein einer Menge von Funktionen und auf deren festgelegte Merkmale beziehen. Die Funktionen sind jene, die die festgelegten oder vorausgesetzten Erfordernisse erfüllen.*

2. **Zuverlässigkeit:** *Eine Menge von Merkmalen, die sich auf die Fähigkeit der Software beziehen, ihr Leistungsniveau unter festgelegten Bedingungen über einen festgelegten Zeitraum zu bewahren.*

3. **Benutzbarkeit:** *Eine Menge von Merkmalen, die sich beziehen*

   - *auf den Aufwand, der zur Benutzung erforderlich ist,*
   - *auf die individuelle Bewertung einer solchen Benutzung durch eine festgelegte oder vorausgesetzte Gruppe von Benutzern.*

4. **Effizienz:** *Eine Menge von Merkmalen, die sich auf das Verhältnis zwischen dem Leistungsniveau der Software und dem Umfang der eingesetzten Betriebsmittel unter festgelegten Bedingungen beziehen.*

5. **Änderbarkeit:** *Eine Menge von Merkmalen, die sich auf den Aufwand beziehen, der zur Durchführung vorgegebener Änderungen (Korrekturen, Verbesserungen oder Anpassungen) notwendig ist.*

---

[4]Mit der internationalen Norm DIN EN ISO 9241, Teile 10 bis 17, liegt aber immerhin eine Norm für die Gestaltung der Benutzungsschnittstelle vor.

6. **Übertragbarkeit:** *Eine Menge von Merkmalen, die sich auf die Eignung der Software beziehen, von einer Umgebung in eine andere übertragen zu werden.*

Die Merkmale Änderbarkeit und Übertragbarkeit lassen sich nicht durch Testen überprüfen, da man den „Aufwand" bei der Änderbarkeit und die „Eignung" für die Übertragbarkeit nicht durch Ausführen der Software testen kann. Das Merkmal Effizienz läßt sich durch Testen nur dann überprüfen, wenn z. B. beim Zeitverhalten genau definiert ist, welcher Durchsatz und welche Antwort- und Verarbeitungszeiten bei bestimmten Hardwarekonfigurationen gefordert werden. Ähnliches gilt für den Test der Benutzbarkeit. Von Benutzern und Entwicklern können allerdings aus subjektiver Sicht im Rahmen gewisser Richtlinien (z. B. [Op& 88]) Testdaten zur Überprüfung der „ergonomischen" Benutzbarkeit (Benutzungsfreundlichkeit), welche z. B. die Effizienz mit einschließt, ausgewählt werden. Die einzigen Merkmale, welche durch Testen systematisch und objektiv unterstützt werden können, sind die Zuverlässigkeit und die Funktionalität. Im folgenden werden daher die Qualitätsmerkmale Funktionalität und Zuverlässigkeit etwas genauer betrachtet.

DEFINITION 3.2.1.4 (MERKMALE DER FUNKTIONALITÄT)
Die Funktionalität ist abhängig von der Ausprägung folgender Qualitätsmerkmale eines Softwareprodukts:

1. **Angemessenheit:** *Ein Merkmal von Software, das sich auf das Vorhandensein und die Eignung einer Menge von Funktionen für spezifizierte Aufgaben bezieht.*

2. **Richtigkeit:** *Ein Merkmal von Software, das sich auf das Liefern der richtigen oder vereinbarten Ergebnisse oder Wirkungen bezieht.*

3. **Interoperabilität:** *Ein Merkmal von Software, das sich auf ihre Eignung bezieht, mit vorgegebenen Systemen zusammenzuwirken.*

4. **Ordnungsmäßigkeit:** *Ein Merkmal von Software, das bewirkt, daß die Software anwendungsspezifische Normen oder Vereinbarungen oder gesetzliche Bestimmungen und ähnliche Vorschriften erfüllt.*

5. **Sicherheit:** *Ein Merkmal von Software, das sich auf ihre Eignung bezieht, unberechtigten Zugriff (sowohl versehentlich als auch vorsätzlich) auf Programme und Daten zu verhindern.*

Das Merkmal „Angemessenheit" läßt sich z. T. durch einen (System-)Test überprüfen (genaueres siehe Kapitel 13.6) — jedenfalls das (Nicht-)Vorhandensein gewisser Funktionen. Die (Nicht-)Erfüllung des Merkmals „Richtigkeit" wird durch einen Test mit Soll-Ist-Vergleich festgestellt (genaueres siehe Abschnitt 3.5.4). Ob „Interoperabilität" (nicht) vorliegt, kann z. T. mit einem Schnittstellentest aufgedeckt werden. Die „Sicherheit" kann dadurch bestätigt oder widerlegt werden, daß Personen mit Hacker-Fähigkeiten das Gesamtsystem „testen". Die „Ordnungsmäßigkeit"

kann dagegen i. allg. nur durch Vergleich der Software und/oder ihrer Ergebnisse
mit den entsprechenden Vorgaben festgestellt werden, also nicht nur durch Testen
und einfaches Betrachten der Ausgaben.

DEFINITION 3.2.1.5 (MERKMALE DER ZUVERLÄSSIGKEIT)
Die **Zuverlässigkeit** *ist abhängig von der Ausprägung folgender Qualitätsmerkmale
eines Softwareprodukts:*

1. **Reife:** *Ein Merkmal von Software, das sich auf die Häufigkeit von Versagen durch
   Fehlzustände in der Software bezieht.*

2. **Fehlertoleranz:** *Ein Merkmal von Software, das sich auf ihre Eignung bezieht, ein spezifiziertes Leistungsniveau bei Nicht-Einhaltung ihrer spezifizierten
   Schnittstelle oder bei Software-Fehlern zu bewahren.*

3. **Wiederherstellbarkeit:** *Ein Merkmal von Software, das sich auf die Möglichkeit
   bezieht, bei einem Versagen mit angemessenem (Zeit-)Aufwand ihr Leistungsniveau wiederherzustellen und die direkt betroffenen Daten wiederzugewinnen.*

Jedes Untermerkmal der Zuverlässigkeit kann durch Testen überprüft werden. Voraussetzung für einen Test der Merkmale ist aber eine genaue Festlegung der Anforderungen zur Erreichung dieser Merkmale. So kann z. B. die Fehlertoleranz eines
Systems nur dann getestet werden, wenn die zu berücksichtigenden Verletzungen
der Schnittstellen und das geforderte Leistungsniveau des Systems genau festgelegt
sind.

3.2.2 Maßnahmen des Qualitätsmanagements

Mit Maßnahmen des Qualitätsmanagements werden die gewünschten Qualitätsmerkmale herbeigeführt oder überprüft. Dabei werden konstruktive und analytische Qualitätsmanagementmaßnahmen unterschieden.

DEFINITION 3.2.2.1
Konstruktive Qualitätsmanagementmaßnahmen *sind Methoden, Sprachen
und Werkzeuge, die dafür sorgen, daß das entstehende Produkt von vornherein bestimmte Eigenschaften besitzt.*

Die Verwendung abstrakter Datentypen und die modulare Erstellung von Software
unterstützt z. B. die Qualitätsmerkmale „Änderbarkeit" und „Übertragbarkeit". Die
Verwendung formaler Spezifikationen unterstützt das Qualitätsmerkmal „Richtigkeit" und damit die „Funktionalität" des Systems.

Da trotz der konstruktiven Qualitätsmanagementmaßnahmen Fehler nicht ausgeschlossen sind, müssen die Softwareprodukte noch nachträglich überprüft werden:

DEFINITION 3.2.2.2
Analytische Qualitätsmanagementmaßnahmen *sind diagnostische Maßnah-men, die der nachträglichen Überprüfung gewünschter Qualitätsmerkmale dienen.*

Die analytischen Qualitätsmanagement- bzw. Prüfverfahren lassen sich nach folgen-den Gesichtspunkten unterscheiden:

(a) Der Ablauf der Prüfung kann **statisch** (in der Reihenfolge, in welcher der Prüfgegenstand aufgeschrieben wurde) oder **dynamisch** (in der Reihenfolge der Ausführung des Prüfgegenstands) sein.

(b) Die Vorgehensweise bei der Prüfung kann **informell** (bei menschlicher Begut-achtung), **formal** (beim Einsatz mathematischer/logischer Verfahren) oder **ex-perimentell** (beim Beobachten des Verhaltens des Prüfobjekts) sein.

(c) Prüfungen können **vollständig** oder **stichprobenartig** sein.

(d) Der Prüfgegenstand und/oder der Gegenstand, gegen den geprüft wird [5], kann **formal** , teilweise formal oder **informell** beschrieben sein.

(e) Von der Beschreibungsform und der Vorgehensweise hängt es meistens ab, ob die Prüfung vollständig, teilweise oder nicht **automatisiert** erfolgen kann, d. h. ob Rechnerunterstützung möglich und sinnvoll ist.

3.3   Statische und dynamische Prüfverfahren

Die folgende Übersicht ist nach den Aspekten „Ablauf" und „Vorgehensweise" ge-gliedert. Die zusätzlichen Aspekte **Verantwortung** für die Prüfung (Entwickler oder Auftraggeber) und **Gegenstand** der Prüfung (Modul, Komponente, Software-System sowie Entwicklungs- und Qualitätsmanagementsystem) werden erst in Ka-pitel 3.6 und 3.7 behandelt.

3.3.1 Statische Prüfverfahren

Statische Verfahren umfassen folgende **informelle** Verfahren:

• Schreibtischtest durch eine Person,

• Audits, Reviews und Inspektionen durch Personengruppen.

---

[5]z. B. Programmcode gegen Programmentwurf

Diese menschliche Begutachtung wird meist vollständig durchgeführt, erfordert daher einen hohen Aufwand, deckt aber frühzeitig Fehler auf und enthält die sofortige Fehlerlokalisierung.

Inspektionen beinhalten beispielsweise genaues Gegenlesen, mündliches Erklären des Programms gegenüber einer Person oder mehreren Personen, Überprüfung des Programms anhand von Checklisten usw. (genaueres s. Kapitel 12.1).

Die **formalen** statischen Verfahren umfassen Verfahren, die sich auf Teilaspekte konzentrieren und automatisch durchführbar sind, und vollständige Verfahren. Im einzelnen sind dies:

Syntaxanalyse

Dabei werden syntaktische Konsistenzbedingungen überprüft, z. B. bei Schnittstellen zwischen einzelnen Softwarekomponenten. Diese Überprüfungen werden oft schon vom Übersetzungsprogramm (Compiler) durchgeführt.

Datenflußanalyse

Dies beinhaltet die Überprüfung des Datenflusses eines Programms oder der Spezifikation, z. B. Prüfung auf Datenflußanomalien wie die Referenzierung einer Variablen mit undefiniertem Wert (genaueres s. Kapitel 12.2).

Kontrollflußanalyse

Die Kontrollflußanalyse überprüft den Kontrollfluß eines Programms oder der Spezifikation, z. B. werden offensichtlich unendliche Schleifen oder nichterreichbare Codestücke aufgedeckt (genaueres s. Kapitel 12.2).

Formale Verifikation

Bei der formalen Verifikation wird mit mathematisch-logischen Verfahren die Korrektheit des Programms bzgl. der formalen Spezifikation gezeigt. Zuerst wird bewiesen, daß das Programm richtige Ergebnisse liefert, wenn es anhält. Für einen totalen Korrektheitsbeweis ist anschließend noch zu zeigen, daß das Programm nicht in eine endlose Schleife gerät. Der gesamte Beweis kann informell (per Hand) oder formal (mit einem automatischen Theorembeweiser) durchgeführt werden. In beiden Fällen gibt es gravierende theoretische und praktische Probleme (genaueres s. Kapitel 12.4).

Die formalen statischen Verfahren dienen außerdem dazu, Informationen aus der Programmstruktur abzuleiten, die beim Testen als Informationsbasis gebraucht werden. Dies sind z. B. der Kontrollflußgraph und der Datenflußgraph eines Programms (genaueres s. Kapitel 7 und 8).

3.3.2 Dynamische Prüfverfahren

Bei den dynamische Prüfverfahren lassen sich wiederum informelle und formale Verfahren unterscheiden.

Zu den **informellen** Verfahren gehört das manuelle Durchgehen eines Dokumentes mit Testfällen (**walkthrough**). Dabei wird gegenüber den (vollständigen) statischen informellen Verfahren einerseits Aufwand gespart, andererseits werden evtl. nicht alle Programmzweige angesprochen, so daß nicht alle Fehler aufgedeckt werden können. Zu den **formalen** Verfahren gehören die symbolische Ausführung und die Ausführung mit konkreten Daten, das Testen im engeren Sinn.

Bei der **symbolischen Ausführung** wird das Programmteil mit symbolischen Werten durchgerechnet. Die Sequenz $X := Y + Z$; $U := X * Y$ ergibt dabei z. B. (mit den symbolischen Anfangswerten x und y für X und Y) die Berechnungsfolge $X = y + z$ und $U = (y+z)*y = y^2 + yz$. Bei Entscheidungen im Programm, z. B. bei *if* $U > 0$ *then* ... *else* ..., muß für jeden Zweig eine eigene symbolische Rechnung durchgeführt werden, wobei die Entscheidungsbedingung der sogenannten **Pfadbedingung** hinzugefügt wird. Im Beispiel ist die Bedingung für den *then*-Zweig $U > 0$, d. h. nach obiger Sequenz $y^2 + yz > 0$, und für den *else*-Zweig $U \leq 0$, d. h. $y^2 + yz \leq 0$. Bei Schleifen kann nur eine vorher begrenzte oder interaktiv festgelegte Anzahl von Durchläufen berechnet werden. Am Ende der Berechnung erhält man für den ausgeführten Pfad im Programm die symbolisch berechneten Werte für die Variablen und eine Pfadbedingung, die angibt, unter welchen Bedingungen der Pfad ausgeführt wird. Wenn die Semantik der Programmiersprache formal beschrieben ist, kann eine symbolische Ausführung im Prinzip automatisch erfolgen. Die Pfadbedingung und die berechneten Variablenwerte können nur durch menschliche Begutachtung mit der Spezifikation verglichen werden, wobei fehlerhafte Ausdrücke — wie im Programm selbst — nicht immer sicher erkannt werden (genaueres s. Kap. 12.3).

Testen (im engeren Sinn) ist eine dynamische Prüfung der Software durch experimentellen Ablauf in der realen Umgebung (vgl. Definition 3.1.3). Wegen der Probleme oder Unzulänglichkeiten der statischen Verfahren und der symbolischen Ausführung ist das Testen unverzichtbar. Wünschenswert ist ein **idealer Test**, d. h. ein Test, der genau dann ein Fehlverhalten aufzeigt, wenn die Software tatsächlich einen Fehler enthält. Ein solch idealer Test existiert zwar, kann aber nur durch Zufall gefunden werden (vgl. Kap. 2.4). Da ein theoretisch möglicher **erschöpfender** Test aller Eingabekombinationen praktisch undurchführbar ist (vgl. Kap. 2.4), muß also mit möglichst idealen **Stichproben**[6] getestet werden.

Da ein Softwarefehler nur zu einem Fehlverhalten führt, wenn die fehlerhafte(n) Anweisung(en) durch die Testdaten ausgeführt werden, sind nur passend ausgewählte Testdaten zum Aufdecken der Fehler geeignet. Die Menge der Testdaten sollte dabei bei minimaler Testdatenanzahl eine maximale Menge von Fehlern aufdecken. Da dies konkurrierende Anforderungen sind, müssen geeignete **Testkriterien** für Testdatenmengen formuliert werden. Diese Kriterien (s. Kapitel 3.4) sollten sich ei-

---

[6]Stichprobe ist — historisch gesehen — ein Begriff aus dem Hüttenwesen (Abstich aus dem flüssigen Eisenerz im Hochofen machen). Dies reicht als Qualitätsüberprüfung, da die Materialeigenschaften im gesamten Hochofen nur sehr gering variieren. Bei einer digitalen Software ist das Verhalten aber diskontinuierlich, daher reicht *eine* Stichprobe nicht aus.

gentlich an den (im konkreten Fall unbekannten) Fehlern orientieren, können sich aber an den (bekannten) fehleranfälligen Konstrukten in der Software orientieren.

Die grundsätzlich möglichen Teststrategien und existierende Testansätze werden im folgenden Kapitel betrachtet.

3.4   Grundsätzliche Teststrategien und Testansätze

Bei einem systematischen Test auf Fehler müssen immer zwei Dokumente gegeneinander getestet werden, z. B. die Implementation (das Programm in Quellsprache) gegen die Spezifikation[7]. Die für einen solchen Test jeweils relevanten Dokumente werden **Testbasen** genannt. Abhängig von der Wahl der Testbasen sind die folgenden grundsätzlichen Strategien möglich: die spezifikationsorientierte oder die implementationsorientierte Vorgehensweise. Beide Teststrategien haben verschiedene Vorteile und Nachteile (s. Abschnitte 3.4.1 und 3.4.2) und ein gemeinsames Problem: Fehler in der Spezifikation können durch einen Test meistens nicht entdeckt werden. Ist nämlich bei einer fehlerhaften Spezifikation auch die Implementation fehlerhaft (also der Spezifikation nach richtig), so kann kein Fehler mittels Testen festgestellt werden. Das Problem wird damit verlagert: Es muß nachgewiesen werden, daß die Spezifikation die Anforderungen korrekt wiedergibt. Dies ist mit formalen Mitteln nur in eingeschränktem Umfang möglich. Es kann z. B. nur für einzelne Funktionen nachgewiesen werden, daß sie vollständig und widerspruchsfrei definiert sind, nicht aber, ob alle angeforderten Funktionen und Daten definiert sind[8].

3.4.1 Spezifikationsorientierter Test

Beim spezifikationsorientierten Test werden die Testfälle bzw. Testdaten durch Analyse der Spezifikation[9] erzeugt, ohne die interne Struktur des Programms zu berücksichtigen. Die Güte der erstellten Testdaten ist abhängig von der semantischen Aussagekraft der Spezifikation und von den angewandten Verfahren zur Testdatenauswahl auf Basis der Spezifikation. Der erste Punkt ist der entscheidende: angenommen, in der Spezifikation sind nur die Schnittstellen der Funktionen formal beschrieben (Wertebereich der Ein- und Ausgabeparameter usw.) und die Semantik der Funktionen nur informell. Dann können auch nur solche Testdaten systematisch erstellt werden, die die Korrektheit der Grenzen der Ein- und Ausgabebereiche der Funktion testen, aber keine Testdaten, die die Semantik der Funktion berücksichtigen (Einzelheiten siehe Abschnitt 3.4.3).

---

[7]Mängel — wie „Programmabsturz" und offensichtliches Fehlverhalten — können natürlich auch entdeckt werden, wenn nur das lauffähige Programm vorliegt.

[8]im Unterschied zum Merkmal „Angemessenheit" in der Definition (3.2.1.4) der Funktionalität, das sich auf *spezifizierte* Funktionen bezieht

[9]Anstelle der Spezifikation können auch (Benutzer-)Handbücher verwendet werden, z. B. beim Abnahmetest oder Beta-Test (genaueres siehe Kapitel 13.6).

Vorteile des spezifikationsorientierten Tests

- Nicht implementierte, aber spezifizierte Teile eines Programms können entdeckt werden.

- Ist eine aussagekräftige Spezifikation vorhanden, so können auch Testdaten zum Test semantischer Eigenschaften systematisch erstellt werden. (Globale semantische Eigenschaften sind z. B. formal aufgestellte Integritätsbedingungen bezüglich der verwalteten Daten des Systems.)

- Portierungen werden unterstützt. Die einmal auf Basis der Spezifikation erstellten Testdaten können wegen ihrer Implementationsunabhängigkeit zum Test verschiedener Portierungen benutzt werden.

Nachteile des spezifikationsorientierten Tests

- Zusätzlich implementierte Fallunterscheidungen, die in der Spezifikation nicht vorgesehen sind, können nur durch Zufall entdeckt werden.

- Ist die Spezifikation wenig aussagekräftig, so sind auch die Testdaten entsprechend unrepräsentativ. Hier wäre eine Transformation der Spezifikation in eine aussagekräftige, formalere Notation notwendig.

Anwendung auf nebenläufige Softwaresysteme
Die bestehenden spezifikationsorientierten Testmethoden für sequentielle Softwaresysteme können für den Test der sequentiellen Teile eines nebenläufigen Systems genutzt werden. Zum Test von Eigenschaften nebenläufiger Softwaresysteme — wie z. B. Verklemmung durch inkorrekte Synchronisation — sind sie aber nicht geeignet. Dafür müssen besondere Methoden entwickelt werden (genaueres s. Kapitel 14.4).

3.4.2 Implementationsorientierter Test

Beim implementationsorientierten Test werden die Testdaten durch strukturelle Analyse des Programms gewonnen. Die Testdatenmenge wird also vollständig von der internen Struktur des Programms abgeleitet. Beim implementationsorientierten Test ist i. allg. der Kontroll- und Datenfluß des Programms die Informationsbasis. Darauf beziehen sich Überdeckungskriterien, die eine relevante Teilmenge aller möglichen Programmpfade definieren. Eine hinreichende Testdatenmenge ist dann eine Menge von Eingabedaten, die alle über das Überdeckungskriterium bestimmten Programmpfade ausführen. Spezielle Techniken des implementationsorientierten Tests betrachten außerdem die Struktur der einzelnen Anweisungen des Programms genauer (s. Abschnitt 3.4.3).

Vorteile des implementationsorientierten Tests

- Eine automatische Unterstützung des Tests ist möglich, da das Programm eine Testbasis mit einer wohldefinierten Syntax und Semantik ist.

- Mit Hilfe des implementationsorientierten Tests können auch Programme ohne Vorhandensein einer ausreichenden Spezifikation „getestet" werden. Wenn die Spezifikation nur unvollständig oder nur in den Köpfen einiger Entwickelnder vorhanden ist, kann die Programmstruktur als Testbasis dienen, um wenigstens einen teilweise systematischen Test durchführen zu können. Dies ist allerdings kein objektiver Test, da anstatt einer Spezifikation die subjektive Vorstellung der Testperson vom gewünschten Programm als Entscheidungsgrundlage dafür dient, ob der Test einen Fehler aufgedeckt hat oder nicht.

- Durch einen implementationsorientierten Test können zusätzliche Fallunterscheidungen, die in der Spezifikation nicht vorgesehen sind, sowie notwendige Verfeinerungen und Implementationsdetails getestet werden.

Nachteile des implementationsorientierten Tests
Nicht implementierte Teile einer Spezifikation können durch den implementationsorientierten Tests nur zufällig entdeckt werden.

Anwendung auf nebenläufige Systeme
Bei nebenläufigen Systemen existiert aufgrund der nichtdeterministischen Eigenschaften der Systeme eine viel größere Menge von möglichen Anweisungsfolgen als bei sequentiellen Systemen. Im Prinzip können die sequentiellen Methoden zur Pfadauswahl und damit zur Testdatenerzeugung herangezogen werden. Die oben erwähnten Überdeckungsmaße würden aber eine viel zu große Menge von Testdaten erfordern. Deshalb können sequentielle Überdeckungmaße nur für die Überprüfung der sequentiell durchlaufenen Teile eines nebenläufigen Systems eingesetzt werden. Für die Überprüfung, ob nebenläufig durchlaufene Teile eines Systems korrekt kooperieren, sind andere Überdeckungsmaße erforderlich. Sie müssen nicht nur Testdaten zum Auffinden von Rechenfehlern bestimmen, sondern auch Testdaten zur Aufdeckung nicht gewünschter nebenläufiger Eigenschaften, wie z. B. Synchronisationsfehler (genaueres siehe Kapitel 14.4).

3.4.3 Überblick über bestehende Testansätze

Bei einer groben Einteilung lassen sich zwei Testansätze unterscheiden: der funktionale Testansatz („Black-Box"-Test) und der strukturelle Testansatz („White-Box"- oder „Glass-Box"-Test). Diese beiden Testansätze decken sich im Wesentlichen mit den in den Abschnitten 3.4.1 und 3.4.2 vorgestellten Teststrategien. Im Unterschied zum funktionalen Testansatz betrachtet die spezifikationsorientierte Teststrategie allerdings nicht nur das funktionale Verhalten eines Programms, sondern auch nicht-funktionale Eigenschaften wie z. B. die Einhaltung von Zeitbedingungen.

Zum funktionalen Testansatz gehören die folgenden Testmethoden:

- Datenbereichsbezogenes Testen (genaueres s. Kapitel 4.2)

- Testen von funktionalen Formen wie Sequenz, Fallunterscheidung, *while*- oder *repeat*-Schleife (genaueres s. Abschnitt 4.3.1)

- Entwurfsorientertes Testen (genaueres s. Abschnitt 4.3.2)

- Testen auf der Basis von Datenflußdiagrammen, Petrinetzen und endlichen Automaten (genaueres s. Abschnitt 4.3.3)

- Testen von Reihenfolgebedingungen (genaueres s. Kapitel 5.1)

- Testen auf der Basis von algebraischen Spezifikationen (genaueres s. Kapitel 5.2)

Zum strukturellen Testansatz gehören die folgenden Testmethoden:

- Kontrollflußbezogenes Testen (genaueres s. Kapitel 7 und 9.2)

- Datenflußbezogenes Testen (genaueres s. Kapitel 8).

- Ausdrucks-, anweisungs-, datenbezogenes Testen (genaueres s. Kap. 9.1, 9.4)

- Mutationsanalyse (genaueres s. Kapitel 9.3)

Die Testansätze lassen sich den Teststrategien folgendermaßen zuordnen: Die datenbereichsbezogenen Testmethoden und die Testmethoden auf der Basis anderer Spezifikationsformen sind dem funktionalen Testansatz zuzuordnen. Die kontrollflußbezogenen und datenflußbezogenen Testmethoden sind dem strukturellen Testansatz zuzuordnen. Das datenbereichsbezogene Testen kann in angepaßter Form (Betrachtung von Wegbereichen statt Datenbereichen) auch strukturell angewandt werden (genaueres s. Kapitel 16.3). Die Mutationsanalyse kann auch auf Spezifikationen (statt auf Programme) angewandt werden (s. [BuG 85]).

Zur Erhöhung der Zuverlässigkeit eines Tests sollten nicht nur Testmethoden einer einzigen Teststrategie bzw. eines einzigen Testansatzes angewandt werden, sondern verschiedene Strategien und Ansätze ausgewählt und kombiniert werden (genaueres s. Kapitel 16.2 und 16.3). Dabei sollte jeweils mindestens eine spezifikationsorientierte sowie eine implementationsorientierte Testmethode ausgewählt werden. Mit dieser Vorgehensweise können die Nachteile der einen Teststrategie durch die Vorteile der anderen Teststrategie ausgeglichen werden.

3.5   Testablauf

Während des Tests eines Softwareprodukts können verschiedene Aktivitäten unterschieden werden. Bei einer groben Betrachtungsweise sind dies die Testvorbereitung, die Testausführung und die Testauswertung, die zeitlich nacheinander durchgeführt werden. Diese Aktivitäten bilden zusammen einen Testzyklus. Für jede Testphase, also Modultest, Integrationstest und Systemtest, muß jeweils ein Testzyklus durchgeführt werden. Er wird solange wiederholt, bis mit der Testauswertung keine Fehler mehr entdeckt werden und die gewünschte Testgüte erreicht ist.
Bei der Testvorbereitung wird die Testplanung sowie die Erzeugung der Testdaten und der Testrahmen unterschieden.

3.5.1   Testplanung

Die (zuerst durchzuführende) Testplanung legt geeignete Maßnahmen zur Sicherstellung der gewünschten Qualitätsmerkmale fest. Dabei werden auch Maßnahmen definiert, die den Test durch vorbereitende Qualitätsmanagementsmaßnahmen, wie z. B. Syntaxanalyse, Kontrollflußanalyse, Datenflußanalyse und Überprüfung von Programmierrichtlinien, unterstützen. Zu den konstruktiven Maßnahmen gehört z. B. die Festlegung der zu benutzenden Programmiersprache. Zu den analytischen Maßnahmen des Tests (im folgenden **Testmaßnahmen** genannt) gehört die Festlegung der Testmethoden und die Festlegung der Abbruchkriterien für einen Test. Eine gute Testplanung legt auch die Durchführung des Tests fest:

- Bereitstellung von Werkzeugen, Methoden und Richtlinien zum Testen,

- Arbeitsplanung (wer führt welche Testmaßnahmen aus),

- Bereitstellung von geeigneten Ressourcen,

- Bestimmung von Personen, die die Testmaßnahmen kontrollieren und Hilfestellung bei der Durchführung geben (Testmanagement).

3.5.2   Testdatenerzeugung

Diese Aktivität generiert die Testdaten mit den in der Testplanung vorgegebenen Verfahren zur Testfall- oder Testdatenerzeugung. Zu jedem Eingabedatum wird anhand der Spezifikation ein gewünschtes Ergebnis, ein Solldatum, bestimmt.

Im folgenden werden die benutzten Begriffe Testfall, Testdatum, Eingabedatum, Solldatum usw. genauer definiert.

DEFINITION 3.5.2.1
Ein **Testfall** *beschreibt ein Testdatum durch seine relevanten Eigenschaften.*

Eine solche Beschreibung läßt meistens mehrere Testdaten zu einem Testfall zu.

BEISPIEL 3.5.2.1
*Ein Testfall besage, daß als Eingabe x ein ganzzahliger Wert aus dem Intervall
$18 \leq x \leq 65$ zu wählen ist. Dann ist jeder der 48 Werte aus der Reihe 18, 19, ...,
65 ein erlaubtes Eingabedatum eines Testdatums.*

DEFINITION 3.5.2.2
Ein **Testdatum** *ist aus einem Eingabe- und einem Solldatum zusammengesetzt.*

DEFINITION 3.5.2.3 (EINGABEDATUM/TESTWERT/EINGABE)
Ein **Eingabedatum** *ist ein Tupel von Werten für alle Eingabevariablen des Programms, wobei zusätzlich der Inhalt der Eingabedateien, der permanenten Datei-
en und Datenbanken spezifiziert ist. Die Komponenten des Eingabedatums heißen*
Testwerte. *In manchen Fällen (z. B. bei Dialogprogrammen) wird bei einem Programmablauf eine Folge von Eingabedaten verarbeitet, die einfach* **Eingabe** *heißt.*

Nur bei Programmen, die reine Funktionen berechnen, hängt das Berechnungser-
gebnis ausschließlich von den Eingabedaten ab. Alle anderen Programme berechnen
Ergebnisse, die auch vom inneren Zustand des Programms und seiner permanenten
Daten abhängen. Diese Werte müssen also auch in den Test mit eingehen.

Um die Auswertung der Tests zu verbessern, ist es wichtig, als Testdatum nicht nur
ein Eingabedatum, sondern auch ein Solldatum anzugeben.

DEFINITION 3.5.2.4
Ein **Solldatum** *ist ein[10] gemäß Spezifikation gewünschtes Ergebnis, daß erzeugt
werden sollte, wenn das Programm mit einem Eingabedatum ausgeführt wird.*

DEFINITION 3.5.2.5
Ein **Istdatum** *ist das Ergebnis, das erzeugt wird, wenn das (implementierte) Programm mit einem Eingabedatum ausgeführt wird.*

DEFINITION 3.5.2.6
Das **Ergebnis einer Programmausführung** *ist ein Tupel von Werten für alle
Ausgabevariablen, wobei außerdem der Inhalt der Ausgabedateien, der permanenten
Dateien und Datenbanken mit spezifiziert ist.*

---

[10]Bei einer funktionalen, eindeutigen Abhängigkeit des Soll-Ergebnisses vom Eingabedatum gibt
es nur ein („das") gewünschte(s) Ergebnis. In anderen Fällen — z. B. bei Berechnungen mit Ergebnissen vom Typ Real — gibt es eine relationale Abhängigkeit, d. h. eine Menge von erlaubten
Ergebnissen, z. B. alle Werte x mit $0 \leq x \leq 10^{-3}$. In diesem Fall ist als Solldatum diese Menge
anzugeben bzw. der Mittelpunkt des Intervalls und die maximal erlaubte Abweichung.

Ein Programm ist nur dann korrekt, wenn Istdatum und Solldatum bei allen Programmausführungen übereinstimmen[11]. Dies ist zu testen.

Bei einem systematischen Test muß der Eingabewertebereich eines Programms in geeignete Teilmengen (Testklassen) unterteilt werden. Die Eingabedatenmenge für das zu testende Programm besteht dann aus einer Stichprobe, d. h. aus mindestens einem Repräsentanten für jede Testklasse (vgl. Def. 3.1.3 auf Seite 49). Zu jedem Eingabedatum wird anhand der Spezifikation ein Solldatum bestimmt, d. h. ein komplettes Testdatum erzeugt. Die Menge dieser Testdaten bildet dann die **Testdatenmenge** für das zu testende Programm.

BEISPIEL 3.5.2.2
Ein Kontenverwaltungsprogramm einer Bank habe folgende Eingabevariablen:

- *Betrag (vom Typ Real[12] mit nichtnegativen Werten als erlaubte Eingabe),*

- *Vorgang (vom Typ Character mit den erlaubten Werten „E" bei Einzahlung und „A" bei Abheben eines Betrages),*

- *Konto-Identifizierung (vom Typ Integer, abgekürzt „Konto-Id") sowie*

- *Zugriff auf eine Datenbank, die für jedes Konto (jede „Konto-Id") den aktuellen Kontostand enthält (vom Typ Real).*

Ein Eingabedatum ist dann z. B. (90.10, „E", 532700, 350.00), wobei folgende Testwerte vorkommen: Betrag = 90.10, Vorgang = „E", Konto-Id = 532700 und Kontostand = 350.00 in der Datenbank für diese Konto-Identifizierung (der Rest ist hier ohne Bedeutung). Das Solldatum ist dann Kontostand = 440.10 für Konto-Id = 532700 in der Datenbank. (Der Rest ist irrelevant, sollte aber nicht verändert werden.) Eine spezifikationsorientierte Testklasse enthält z. B. alle Testdaten, die einen nichtnegativen Betrag, den Vorgang „E", und eine gültige Konto-Id beinhalten, für die es in der Datenbank einen Kontostand gibt.

3.5.3 Testrahmenerstellung

Die Testrahmenerstellung erzeugt die für die Durchführung von Modultests benötigten Treiber und Stellvertreter (engl. stubs). (Nur bei der Durchführung des abschließenden Systemtests sind keine Treiber und Stellvertreter notwendig.) Treiber ersetzen die Module, von denen das zu testende Modul normalerweise benutzt wird. Stellvertreter ersetzen die Module, auf die ein zu testendes Modul zugreifen muß, um seine Leistung zu realisieren (genaueres siehe Kapitel 13.3).

---

[11]bzw. das Istdatum in der Menge der Solldaten enthalten ist
[12]bzw. intern vom Typ *Integer*, wobei Pfennige gezählt werden und dies extern in Markbeträge umgerechnet/ausgegeben wird.

Treiber und Stellvertreter können als interaktive Schnittstelle zwischen der Testperson und dem zu testenden Objekt realisiert werden. Die Testperson kann über die Treiber das zu testende Modul mit Testdaten versorgen. Über die Stellvertreter gibt die Testperson die Daten ein, die ein Modul zu seiner Weiterarbeit benötigt.
Bei einer andere Realisierungsart lesen die Treiber und Stellvertreter die benötigten Daten automatisch aus einer zuvor erstellten Datei ein.

3.5.4 Testausführung und Testauswertung

Nach der Testvorbereitung erfolgt die Ausführung der Softwarekomponente mit den Testdaten. Bei imperativen, sequentiellen, deterministischen Programmen, die bei den üblichen Testverfahren vorausgesetzt werden, bereitet dies keine Probleme. Dabei können Testabläufe beliebig reproduziert werden, d. h. die wiederholte Eingabe gleicher Testdaten bewirkt die Ausführung derselben Anweisungsfolge. Das entfällt bei nichtdeterministischen Programmen, insbesondere nebenläufigen, verteilten oder Echtzeit-Programmen. Sie erfordern eine geeignete Testumgebung mit besonderen Teststeuerungsmaßnahmen und benötigen eventuell sogar zusätzliche Testhardware (genaueres s. Kapitel 14.5).

Die nachfolgende **Testauswertung** umfaßt folgendes:

1. Messung der **Testgüte**, d. h. den Grad der Erfüllung des Testkriteriums durch die Testdatenmenge (auch **Testwirksamkeitsmaß** genannt),

2. **Soll-Ist-Vergleich**, d. h. für jedes Testdatum ist das tatsächliche mit dem spezifizierten Ergebnis zu vergleichen, um ein Fehlverhalten festzustellen. Ein sogenanntes **Testorakel** muß dabei die Sollwerte aus der Spezifikation ableiten. Dabei gibt es die folgenden Möglichkeiten:

   (a) Ein Mensch fungiert als Testorakel, indem er ein vermeintliches Solldatum (anhand der Spezifikation) aus dem Eingabedatum ableitet. Je nach der Güte der Spezifikation und der Fähigkeit und Konzentration des Menschen ist dies mehr oder minder fehlerhaft.

   (b) Beim **diversitären** Testen wird das Programm von unabhängigen Entwicklungsgruppen mehrfach entwickelt und jede Programmversion wird gegen die anderen getestet. Damit werden alle Fehler entdeckt, die nur in einer Teilmenge der Versionen existieren; nur Fehler, die in jeder Programmversion vorhanden sind, werden nicht entdeckt. Je mehr Versionen erstellt und durch Tests miteinander verglichen werden, desto geringer ist die Wahrscheinlichkeit, daß Fehler auftreten, die in allen Versionen vorhanden sind.

   (c) Wenn formale Spezifikationen (z. B. algebraische Spezifikationen) vorliegen, kann daraus (fast) automatisch ein Prototyp erzeugt werden, gegen den — ähnlich wie beim diversitären Testen — getestet werden kann.

In jedem Fall kann der eigentliche Vergleich (Solldaten gegen Istdaten) automatisch erfolgen, wenn die Sollwerte zu den Eingabedaten vorliegen.

Tritt ein Fehlverhalten auf, so muß der verursachende Fehler lokalisiert und behoben werden (genaueres s. Kapitel 15). Nach der Fehlerkorrektur wird der Test erneut ausgeführt und ausgewertet (**Regressionstest**). Tritt kein Fehler auf, so muß überprüft werden, ob die gewünschte Testgüte erreicht ist und der Test beendet werden kann (siehe Kapitel 3.8 und genaueres in Kapitel 16.4 und 16.5). Ist die Testgüte nicht erreicht worden, müssen weitere Testdaten erstellt werden, d. h. der Testzyklus wird erneut durchlaufen.

3.6   Testphasen im Software-Entwicklungsprozeß

3.6.1   Testphasen

In allen Phasen der Softwareentwicklung (Anforderungsdefinition und -spezifikation, Entwurf und Modulimplementierung) sind jeweils einige passende (der in Kapitel 3.3 und 3.4 vorgestellten) Prüf- und Testverfahren anzuwenden. In jeder Phase können Beschreibungsregeln auf der jeweiligen Entwicklungsstufe verletzt werden, bei jedem Phasenübergang können (Transformations-)Fehler gemacht werden; beides ist durch statische Überprüfung festzustellen.
Der Testprozeß für ein implementiertes Programm kann in drei Phasen unterteilt werden, die zeitlich nacheinander durchgeführt werden: den Modultest, den Integrationstest und den Systemtest. Dabei wird das jeweilige Testobjekt (Modul, Teilsystem oder System) gegen seine Spezifikation (inklusive Schnittstellenspezifikation) getestet. (Die entsprechenden Testdaten für den Modul-, Integrations- und Systemtest sollten dabei schon in der entsprechenden, vorher durchgeführten Spezifikations- und Entwicklungsphase festgelegt werden.) Anschließend erfolgt eine Montierung der Module zu Komponenten, Subsystemen und schließlich dem gesamten System.

3.6.1.1 Modultest

Bei den bisherigen Betrachtungen waren die zu testenden Objekte Programme oder Teile von Programmen. Ein Programmteil wird als **Modul** bezeichnet, falls dieser Programmteil eine logisch separierbare Einheit mit klar definierten Schnittstellen darstellt. Die Menge aller Module eines Programms bildet ein (Modul-)**System**. Beim Modultest wird ein Modul individuell und unabhängig von den anderen Modulen des Systems getestet. Zur Durchführung eines Modultests sind Treiber und Stellvertreter (Platzhalter, engl.: stubs) notwendig (vgl. Abschnitt 3.5.3).

3.6.1.2 Integrationstest

Das Ziel des Integrationstests ist es, die Schnittstellen der Module untereinander zu testen und das Zusammenspiel der Module zu überprüfen. Der Integrationstest orientiert sich an der Benutzungshierarchie der Module. (Bei objektorientierten Programmen sind als Modulbeziehungen neben den Aufrufbeziehungen auch die Vererbungsbeziehungen zu beachten.)

Das Vorgehen kann nichtinkrementell oder inkrementell sein. Für das inkrementelle Testen sind zwei grundsätzliche Teststrategien zu unterscheiden: die absteigende Strategie und die aufsteigende Strategie (genaueres siehe Kapitel 13.3).

3.6.1.3 Systemtest, Abnahmetest und Regressionstest

Wenn alle Module integriert sind, wird ein abschließender, spezifikationsorientierter Systemtest durchgeführt. Beim **Systemtest** wird das gesamte System gegen die funktionalen und nichtfunktionalen[13] Systemanforderungen, welche in der Anforderungsspezifikation festgelegt sind, und gegen die Handbücher getestet. Wird das System von den Auftraggebern bzw. Benutzern getestet, ob es die ursprünglichen oder aktuellen Einsatzzwecke erfüllt, spricht man von einem **Abnahmetest**. In der sogenannten Wartungsphase werden verbliebene Fehler korrigiert und Funktionen bzw. Datenstukturen des Systems geändert oder ergänzt. Daher sind **Regressionstests** erforderlich, um unbeabsichtigte Verfälschungen des bisherigen Systemverhaltens aufzudecken.

3.6.2 Testen im Software-Entwicklungsprozeß

Ein **Testprozeß** ist die Durchführung aller Testphasen und Testaktivitäten zur Realisierung eines Gesamttests. Ein **Testprozeßmodell** beschreibt die grundsätzlichen Merkmale eines Testprozesses beziehungsweise einer Klasse von Testprozessen. Es werden zwei grundsätzliche Testprozeßmodelle, das Phasenmodell und das Lebenszyklusmodell, unterschieden.

Das **Phasenmodell** betrachtet Testen als eine eigenständige Phase im Softwarelebenszyklus, die *nach* der Entwicklung des Systems einsetzt. Nicht nur die Testausführung wird dieser Phase zugeordnet, auch die Testvorbereitung (Testplanung, Testdatenerstellung und Testrahmenerstellung) wird erst nach der Systementwicklung ausgeführt. Das Phasenmodell wird in der Praxis noch sehr häufig eingesetzt.

Das **Lebenszyklusmodell** betrachtet Testen nicht als eine getrennte Phase am Ende der Entwicklung der Software. Vielmehr werden die Testaktivitäten *parallel* zur

---

[13] Effizienz (z. B. Antwortzeitverhalten und Durchsatz unter normalen Bedingungen und bei Überlast), Benutzbarkeit und andere Qualitätsmerkmale (s. Def. 3.2.1.3 auf Seite 50 f.)

Entwicklung durchgeführt, in enger Verflechtung mit den frühen Phasen. Das Lebenszyklusmodell kann — im Unterschied zum Phasenmodell — die Informationen, die während der Erstellung eines Softwaresystems anfallen, gewinnbringend für den Testprozeß einsetzen und die während der Entwicklung erstellten Testdaten für die manuelle Überprüfung der Spezifikation verwenden. Das Lebenszyklusmodell ist daher dem Phasenmodell vorzuziehen. Nachteilig ist allerdings, daß die Anwendung des Lebenszyklusmodells aufwendiger ist als die Anwendung des Phasenmodells.

3.7 Überprüfung des Entwicklungs- und Qualitätsmanagementsystems

Mit den bisher vorgestellten Überprüfungs- und Testansätzen können Fehler zwar beseitigt, aber nicht verhindert werden. Außerdem kann es vorkommen, daß der Ablauf oder die Methoden des Überprüfens und Testens Schwächen aufweisen und somit viele Fehler unentdeckt bleiben. Daher sollte das Entwicklungs- und Qualitätsmanagementsystem selbst überprüft werden.

Dazu wurde vom Software Engineering Institut SEI im Auftrag des US-Verteidigungsministeriums ein **Reifegradmodell** (capability maturity model, CMM) entwickelt, welches den Entwicklungsprozeß in einer Institution bewertet und in fünf Stufen (1 = initial, 2 = reproduzierbar, 3 = definiert, 4 = beherrscht, 5 = optimierend) einteilt. Auf der „initialen" Stufe herrscht z. B. „weitgehendes Chaos. Es gibt keine definierte Vorgehensweise bei der Software-Erstellung und -Wartung ... Werkzeuge sind nicht vorhanden oder kommen nur sporadisch zum Einsatz. Änderungen an der Software werden nicht dokumentiert und unterliegen keinerlei Kontrolle ... " (s. [Hoh 95], S. 326). Auf der Stufe „reproduzierbar" ist dagegen ein einmal erzielter Erfolg wiederholbar, wenn es sich um vergleichbare Projekte handelt. Auf der höchsten Stufe („optimierend") ist die gesamte Organisation dagegen „auf kontinuierliche Prozeßverbesserungen ausgerichtet. Daten über die Wirksamkeit von Prozessen sind zur Durchführung von Kosten-Nutzen-Analysen und zur Empfehlung von Prozeßänderungen verfügbar. Innovationen, welche die besten Software-Engineering-Praktiken ausnutzen, werden identifiziert und unternehmensweit eingeführt ... " (s. [Hoh 95], S. 327).

Die Anforderungen der dritten Stufe („definiert") sind erfüllt, wenn der Software-Prozeß „standardisiert und konsistent [ist], weil sowohl die Aktivitäten des Software-Engineering als auch die des Management stabil und reproduzierbar sind ... " (s. [Hoh 95], S. 327). Diese Anforderungen entsprechen in etwa den Anforderungen der Norm ISO 9000-3, die allerdings auch das Umfeld des Software-Entwicklungsprozesses mit einbezieht. Betrachtet werden dabei folgende Qualitätsmanagementelemente (QM-Elemente):

- Führungselemente (Verantwortung der obersten Leitung, Schulung)

- phasenübergreifende QM-Elemente

  - systembezogene (z. B. Korrekturmaßnahmen)

  - allgemeine (z. B. Qualitätsaufzeichnungen)

  - produktbezogene (z. B. Prüfmittel, Lenkung fehlerhafter Produkte)

- phasenbezogene QM-Elemente (z. B. Vertragsprüfung, Beschaffung)

Aufbauend auf der CMM-Methode wurde in Europa als Ergebnis des ESPRIT-Projekts BOOTSTRAP ein ähnliches Bewertungsverfahren entwickelt. Dabei sollen sowohl die Fähigkeitsstufen von Organisationen als auch von Entwicklungs- und Wartungsmethoden untersucht und bewertet werden[14].

Fazit: Mit Reifegradmodellen und entsprechenden Bewertungen läßt sich — wie Untersuchungen zeigen — die Produktivität und Qualität der Software-Entwicklung steigern, und zwar durch systematische Prozeßverbesserung. Allerdings sind die Bewertungsergebnisse in der Regel nicht genau genug, um konkrete Verbesserungen ableiten zu können. Bei den Stufen 1 bis 3 wird nur der Entwicklungsprozeß — und nicht die Produktqualität — betrachtet und es werden keine speziellen Werkzeuge oder Methoden für die Produktherstellung verlangt. Daher könnte — überspitzt formuliert — ein Hersteller zertifiziert werden, der Schwimmwesten aus Beton fabriziert, wenn diese Westen in Übereinstimmung mit den dokumentierten Abläufen hergestellt werden[15]. Erst bei Stufe 4 und 5 werden quantitative bzw. qualitative Produkteigenschaften betrachtet. Es gibt allerdings wenig Erfahrungswerte mit diesen hohen Reifegraden und die Anforderungen dafür sind entsprechend vage formuliert. Daher besteht die Gefahr, daß sich Organisationen auf einer positiven Bewertung für Stufe 2 oder 3 „ausruhen", der tatsächliche Reifegrad der Entwicklung und des Qualitätsmanagements nicht ansteigt[16] und die Entwicklungsprodukte nicht die gewünschte Qualität besitzen. Daher müssen die Reifegrad-Modelle konkretisiert werden, d. h. neben dem prozeßbezogenen muß für das produktbezogene Qualitätsmanagement eine Menge von geeigneten Werkzeugen und Methoden zur Erreichung und Überprüfung der Produktqualität vorgeschrieben werden.

---

[14]Im Rahmen des SPICE-Projekts (Software Process Improvement and Capability Determination) sollen die verschiedenen Verfahren integriert und eine entsprechende ISO-Norm entwickelt werden.

[15]Tatsächlich zeigen (von 1992 bis 1995 vorgenommene) umfangreiche Messungen von kommerzieller Software folgendes: Die Existenz eines „konsistenten" Software-Entwicklungsprozesses (nach ISO 9001 zertifiziert) führt nicht zu qualitativ höherwertigen Softwareprodukten (mit weniger statisch erkennbaren Fehlern und weniger Verletzungen von Standards).

[16]Eine Organisation braucht (nach Underwood) 9 bis 14 Jahre, um von Stufe 1 nach Stufe 5 zu gelangen (s. [Und 95], S. 428).

3.8   Testmanagement

Zum Testmanagement gehört u. a. die Auswahl und Kombination der Testverfahren und die Entscheidung über die Beendigung des Testens.

Da es eine Vielzahl von Testverfahren und -kriterien gibt, ist eine Auswahl zu treffen. Dies kann durch Komplexitätsmaße gesteuert werden, die anzeigen, welche Programmkonstrukte besonders häufig und/oder mit hoher Komplexität vorkommen, so daß bestimmte Verfahren besonders geeignet oder ungeeignet sind (genaueres s. Kapitel 16.2).

Als Kombination von Test- und Prüfverfahren bietet sich i. allg. die (sequentielle) Ausführung in folgender Reihenfolge an:

1. statische Prüfung und (eventuell) symbolische Ausführung,

2. spezifikationsorientierter (insbesondere funktionaler) Test,

3. implementationsorientierter (struktureller) Test,

4. formale Verifikation (bei kritischer Software).

Es ist eine wichtige, aber schwer zu entscheidende Frage, wann der richtige Zeitpunkt für das Ende des Testens gekommen ist. Das in der Praxis meistbenutzte Kriterium ist ein Abbruch wegen Terminüberschreitung und Drängen des Auftraggebers, die Software endlich auszuliefern.
Wenn diese Zwänge nicht vorliegen, sollte stattdessen die erzielte Testgüte als Abbruchkriterium herangezogen werden. Sie kann aus benutzungsorientierter, fehlerorientierter und struktureller Sicht beurteilt werden.

1. Ein benutzungsorientiertes Verfahren zur Abschätzung der Testgüte ist die Verfolgung der **Fehleraufdeckungsrate** (gefundene Fehler pro Tag oder Woche) in der Testphase. Geht diese Rate gegen Null, wird mit dem Testen aufgehört. Dieses Kriterium ist sehr subjektiv, da nichts über die Testanstrengungen ausgesagt wird. Es sollte daher zusätzlich ein objektiveres Kriterium eingesetzt werden.

2. Eine fehlerorientierte Beurteilung der bisher benutzten Testdatenmenge erfolgt durch die Mutationsanalyse und die Fehlereinpflanzung.
   Bei der **Mutationsanalyse** wird zu einem Programm eine Menge von Mutanten erzeugt, die sich vom Originalprogramm nur in jeweils einer Kleinigkeit unterscheiden (z. B. $X := A + 2$ statt $X := A + 3$). Bei der **Fehlereinpflanzung** werden mehrere Fehler gleichzeitig in das Programm eingebaut („eingepflanzt") (genaueres siehe Kapitel 9.3 und Abschnitt 16.4.1).

3. Bei der strukturellen Sichtweise ist ein ausreichender (möglichst hundertprozentiger) **Überdeckungsgrad** bei den gewählten strukturellen Testkriterien eine Voraussetzung für die Beendigung des Testens.

3.9 Verwendete Quellen und weiterführende Literatur

Die **demonstrative Vorgehensweise** des Testens hat ihren zeitlichen Ursprung im Jahre 1957, als Charles Baker zum erstenmal „Debuggen" und Testen unterschied (s. [Bak 57]). Der Beitrag von Hetzel (s. [Het 72b]) liegt noch auf der gleichen Linie. Von Myers stammt die Definition der **destruktiven Vorgehensweise** des Testens (s. [Mye 79]. Die begriffliche Unterscheidung der demonstrativen und destruktiven Vorgehensweise stammt von Gelperin und Hetzel (s. [GeH 88]).

Ansätze zur **Klassifizierung von Qualitätsmerkmalen** wurden schon von Boehm et al. vorgestellt (s. [BBL 76]). Die hier angegebenen Definitionen von Produktqualität, Zuverlässigkeit und Funktionalität sind (meist wörtlich) den entsprechenden Angaben zu Qualitätsmerkmalen der Software in der DIN 66272 von Oktober 1994 entnommen worden. Die Definition der konstruktiven und analytischen Qualitätsmanagementmaßnahmen orientiert sich an Balzert (s. [Bal 82], S. 443 f.).

Die Klassifizierung der **Prüfverfahren** (Kap. 3.3) stammt von Hesse et al. (s. [He& 84]). Die Klassifizierung der **Testansätze** ist an die Klassifizierung von Sneed angelehnt (s. [Sne 88]). Die Unterscheidung des funktionalen und des strukturellen Testansatzes findet man schon bei Myers (s. [Mye 79]). Das funktionale Testen wurde zuerst von Howden (s. [How 86]) beschrieben. Der ablaufbezogene Testansatz wurde hier weiter verfeinert (in den kontrollflußbezogenen und den datenflußbezogenen Testansatz).

Die in Kapitel 3.4 bis 3.6 kurz vorgestellten **Testansätze**, **Testabläufe** und **Testphasen** werden in den folgenden Kapiteln genauer erläutert, allerdings nicht das **diversitäre Testen** (genaueres dazu s. [Kre 88], [NiG 90], [Vou 90], [Zei 86]). Die Unterscheidung der **Testprozeßmodelle** in Abschnitt 3.6.2 stammt von Gelperin und Hetzel (s. [GeH 88]).

Einen Überblick über das Reifegradmodell (**Capability Maturity Model**) und die Bewertung von Software-Entwicklungsprozessen gibt Liggesmeyer in [Lig 94]. Genauere Informationen dazu und zu den Weiterentwicklungen BOOTSTRAP und SPICE findet man bei Hohler, Kuvaja und Colette (s. [Hoh 95], [Kuv 95], [Col 95]). Die kritischen Bemerkungen zu den bisherigen Methoden und Modellen der Prozeßbewertung stammen von Hatton und Underwood (s. [Hat 95], [Und 95]).

Die in Kapitel 3.8 erwähnten Methoden zur Abschätzung der **Testgüte** und zur Beurteilung der Testdatenmenge wurden zuerst von Mills, Myers und DeMillo et al. vorgestellt (s. [Mil 72], zitiert nach [Mye 76], Kap. 18; [Mye 79], Kap. 6; [DLS 78]).

Zusammenfassung von Teil I

Anhand eines einfachen Programms zur Klassifikation von Dreiecken, das nur sieben Fälle behandelt, hat Kapitel 1 einen Eindruck von den Problemen des Testens vermittelt: bis zu 38 Testdaten sind für einen gründlichen Test sinnvoll. Damit ist aber trotzdem nicht klar, ob alle möglichen Fehler gefunden werden.

Kapitel 2 stellt Fallstudien über Art und Auftreten von Fehlern vor. Durch Irrtümer, Gedächtnisprobleme und mangelndes Problemverständnis erzeugen die Systementwickler etwa 30 bis 100 Fehler pro 1000 Anweisungen im Quellcode (s. Kapitel 2.1 und 2.2). Dies bewirkt ein Fehlverhalten, das oft nur ärgerlich ist aber manchmal auch kostenintensive oder sogar tödliche Auswirkungen hat (s. Kapitel 2.3). Mit konstruktiven Qualitätsmanagementmaßnahmen können die Fehlerquellen zwar eingedämmt werden, aber da es keine narrensicheren Methoden und Werkzeuge gibt, werden immer noch Fehler produziert (s. Kapitel 2.4). Es müssen also analytische Maßnahmen ergriffen werden, um die Fehler wenigstens anschließend zu beseitigen. Dazu müssen Test- und Überprüfungsmethoden möglichst frühzeitig eingesetzt werden, da die Kosten der Fehlerbeseitigung von ca. 350$ (bei früher Fehlererkennung) auf ca. 13.000$ pro Fehler (bei später Fehlerentdeckung) ansteigen (s. Kapitel 2.5). Da die (an sich ideale) formale Verifikation von fehlerhaften Programmen nicht möglich ist und ein vollständiger, erschöpfender Test aus Zeitgründen nicht praktikabel ist, müssen effektive und kostengünstige Test- und Überprüfungsverfahren eingesetzt werden, um möglichst alle (oder jedenfalls viele) Fehler aufzudecken. Solche Verfahren werden in Kapitel 3 kurz vorgestellt, die folgenden Abschnitte werden sie genauer behandeln: Die Teile II und III betrachten dynamische Verfahren, die Tests aus der Spezifikation des Programms ableiten bzw. aufgrund der Kenntnis der Struktur des implementierten Programms erzeugen. Teil IV enthält die statischen Verfahren, Verfahren zur Überprüfung von Systemen (insbesondere nebenläufigen Systemen) und Verfahren zum Lokalisieren und Beseitigen von Fehlern.

Der Einsatz der Test- und Prüfverfahren muß für den gesamten Softwarelebenszyklus und innerhalb jeder Phase sorgfältig geplant, ausgeführt und ausgewertet werden und das entsprechende Qualitätsmanagementsystem ist zu überprüfen (s. Kapitel 3.5 bis 3.7). Insbesondere sind für einen bestimmten Einsatzbereich die geeigneten Verfahren unter Kosten/Nutzen-Aspekten auszuwählen und geschickt zu kombinieren. Dazu gehören auch Verfahren, welche die Entscheidung liefern, ob der Test- und Überprüfungsprozeß beendet werden kann (s. Kapitel 3.8). Da der bisherige Methodeneinsatz nur ca. 95% der Fehler entdeckt und beseitigt (und sicher auch ein verbesserter Methodeneinsatz nicht alle Fehler behebt), müssen die Beteiligten mit Fehlern leben und sich die Entwickelnden von Software fragen, wie sie diese Situation verantworten können (s. Kapitel 2.6).

Teil II

Spezifikationsorientiertes Testen

Beim spezifikationsorientierten Test erfolgt die Testfallerstellung für ein Programm auf der Basis der Spezifikation des Programms. Mit den erstellten Testfällen werden Abweichungen zwischen dem spezifizierten (gewünschten) Verhalten eines Programms und dem implementierten Verhalten eines Programms getestet.

Voraussetzung für den spezifikationsorientierten Test ist das Vorhandensein einer präzisen und — wenn möglich — formalen Spezifikation. Unter einer **formalen Spezifikation** eines Programms wird eine Spezifikation verstanden, bei der die gewünschte Semantik des Programms mathematisch präzise beschrieben wird. Im Gegensatz dazu wird bei einer **informellen Spezifikation** die gewünschte Semantik des Programms in natürlicher Sprache oder in graphischer Notation beschrieben.

Beim spezifikationsorientierten Test werden die Methoden danach unterschieden, ob sie unsystematisch oder systematisch vorgehen. Bei den **unsystematischen** Methoden werden die Eingabedaten zufällig oder aufgrund von Erfahrung mit bekannten Fehlern ausgewählt (Kapitel 4.1). Die **systematischen** Methoden können eine informelle oder eine formale Spezifikationsbasis haben. Dabei wird die Menge der möglichen Eingabedaten eines Programms in geeignete Äquivalenzklassen aufgeteilt. Aus jeder Äquivalenzklasse werden ein oder mehrere Eingabedaten ausgewählt. Drei Gruppen von systematischen Methoden zur spezifikationsorientierten Testdatenerstellung werden hier vorgestellt: die datenbereichsbezogenen Testmethoden (Kapitel 4.2), die funktionsbezogenen Testmethoden (Kapitel 4.3) und Testmethoden auf der Basis formaler Spezifikationen, d. h. Pfadausdrücken (Kapitel 5.1) und algebraischen Spezifikationen (Kapitel 5.2).

Die Testansätze unterscheiden sich relativ stark, da die Semantik des Programms bei den verschiedenen Ansätzen sehr unterschiedlich modelliert wird. Beim datenbereichsbezogenen Testen wird beispielsweise nur der Wertebereich der Parameter formal beschrieben und die Berechnung der Funktionswerte nur informell. Beim funktionsbezogenen Testen wird die Komposition der Gesamtfunktion aus Einzelfunktionen beschrieben; beim Testen auf Basis von Pfadausdrücken werden die möglichen Reihenfolgen beschrieben, in denen die Einzelfunktionen aufgerufen werden können.

In Kapitel 4 und 5 werden die Testmethoden vorgestellt, in Kapitel 6 werden sie verglichen und bewertet. Dabei werden der Aufwand, die Voraussetzungen und die Art und Anzahl der Fehler, die damit aufgedeckt werden können, beschrieben.

4 Datenbereichsbezogenes und funktionsbezogenes Testen

4.1 Unsystematisches datenbereichs- oder funktionsbezogenes Testen

Zu den unsystematischen Methoden gehören das zufällige Testen (random test) und die Fehlererwartungsmethode (error guessing).

Zufälliges Testen
Beim zufälligen Testen wird wahllos eine Untermenge aller möglichen Eingabedaten des spezifizierten Eingabebereichs eines Programms gebildet. Die Zufallsstrategien zur Auswahl von Eingabedaten aus einem vorgegebenen Wertebereich unterscheiden sich darin, inwieweit die Häufigkeitsverteilung der Eingabedaten bei einer realen Anwendung des Programms berücksichtigt wird. Da die Behandlung von Ausnahmesituationen nur mit geringer Wahrscheinlichkeit durch Zufallsdaten getestet wird, sollte der zufällige Test mit dem Test von extremen und speziellen Eingabedaten kombiniert werden.

Fehlererwartungsmethode
Die Fehlererwartungsmethode versucht, den idealen Test zu approximieren (vgl. Kap. 2.4). Der Erfolg dieser Testmethode ist abhängig von der Erfahrung mit den wahrscheinlichen Fehlerquellen bei der Erstellung von Programmen.
Die Fehlererwartungsmethode beinhaltet folgendes Vorgehen:

1. Die Testperson legt eine Liste aller möglichen Fehler oder fehlerträchtigen Situationen an, die bei der Erstellung eines Programms auftreten können. Die Liste wird aufgrund der eigenen Erfahrungen beim Programmieren oder aufgrund von Berichten anderer Softwareentwickler erstellt (siehe Kapitel 2.2 über Fehlerhäufigkeiten).

2. Die Testperson versucht nachzuvollziehen, welche Überlegungen der Programmierer beim Lesen der Anforderungs- beziehungsweise Entwurfsspezifikation gehabt haben mag. Die Testperson konzentriert sich hierbei besonders auf Punkte, die der Programmierer nicht berücksichtigt oder falsch interpretiert haben könnte.

BEISPIEL 4.1.1
Ein Programm hat die Aufgabe, eine Liste von ganzzahligen Werten zu sortieren. Mögliche Eingabedaten nach der Fehlererwartungsmethode sind:

- *die leere Eingabeliste,*

- *eine Eingabeliste, die schon sortiert ist,*

- *eine Eingabeliste, deren Werte alle gleich sind,*

- *eine Eingabeliste, in der die Werte falsch herum sortiert sind.*

Da die Fehlererwartungsmethode sehr von der persönlichen Erfahrung der Testperson abhängig ist, wünscht man sich systematischere Methoden. Ziel der systematischen Methoden ist es, eine endliche Anzahl repräsentativer Testfälle zu finden, die eine gute Approximation an den vollständigen oder idealen Test darstellen.

4.2 Systematisches datenbereichsbezogenes Testen

Die datenbereichsbezogenen Testmethoden benutzen die spezifizierten Ein-/Ausgabe-Bereiche eines Programms als Basis zur Testdatenerstellung. Bei diesen Methoden werden Äquivalenzklassen, Grenzwerte, spezielle Werte und Ursache-Wirkungs-Graphen gebildet und für die Testdatengenerierung benutzt. Die Methoden sind auch unter dem Begriff **Black-Box-Test** bekannt.

4.2.1 Äquivalenzklassen

Die Methode der Äquivalenzklassenbildung legt fest, wie auf der Basis einer informellen Spezifikation systematisch Äquivalenzklassen gebildet werden und zu Testzwecken Eingabedaten mit Hilfe der Äquivalenzklassen bestimmt werden. Für die gebildeten Äquivalenzklassen sollte idealerweise gelten, daß der Test mit einem beliebigen Wert x aus einer Klasse K in Bezug auf die Fehleraufdeckung zu einem Test mit einem anderen Wert y aus der gleichen Klasse K äquivalent ist. Allerdings kann die Testperson nie sicher sein, daß alle Werte einer Klasse zueinander äquivalent sind.

Die Methode der **Äquivalenzklassenbildung** besteht aus drei Schritten:

1. Aufstellung von Eingabebedingungen.

2. Bildung von Äquivalenzklassen.

3. Definition von Eingabedaten mit Hilfe der Äquivalenzklassen.

Schritt 1: Eingabebedingungen aufstellen
Zuerst werden die Eingabebedingungen des Programms anhand einer informellen Spezifikation des Programms gebildet.
Eine Eingabebedingung ist hierbei gewöhnlich ein Satz oder ein Abschnitt der Spezifikation.

Schritt 2: Äqivalenzklassen bilden

Zu jeder Eingabebedingung werden die gültigen und ungültigen Äquivalenzklassen bestimmt. Die gültigen Äquivalenzklassen enthalten gültige Eingabewerte, die als Normalfall behandelt werden. Die ungültigen Äquivalenzklassen enthalten ungültige Eingabewerte, die eine Fehlerbehandlung erfordern.

<u>Richtlinien zur Bildung von Äquivalenzklassen:</u>

1. Ist ein geordneter Wertebereich für eine Eingabevariable vorgegeben, so bilden die Werte des Wertebereichs eine gültige Klasse. Die Werte unterhalb der unteren Bereichsgrenze sowie die Werte oberhalb der oberen Bereichsgrenze bilden jeweils eine ungültige Klasse.

   BEISPIEL 4.2.1
   Der Wertebereich enthalte Werte zwischen 10 und 20 für eine Eingabevariable x.

   Die gültige Äquivalenzklasse ist dann: $10 \leq x \leq 20$,
   die beiden ungültigen Äquivalenzklassen sind: $x < 10$ *und* $x > 20$.

2. Bei Datenstrukturen kann die Anzahl der Elemente der Datenstruktur vorgegeben sein.

   BEISPIEL 4.2.2
   Eine Liste enthalte 1 bis 255 Elemente, dann gilt:

   die gültige Äquivalenzklasse umfaßt 1 bis 255 Elemente,
   die beiden ungültigen Äquivalenzklassen enthalten 0 Elemente bzw. mehr als 255 Elemente.

3. Bei einer Eingabebedingung können alle erlaubten Werte verschieden behandelt werden. Dann wird für jeden Wert eine eigene Äquivalenzklasse gebildet. Die nicht erlaubten Werte bilden eine ungültige Äquivalenzklasse.

   BEISPIEL 4.2.3
   Erlaubte Werte des Typs Farbe seien rot, gelb, und grün. Dann gilt:

   die drei gültigen Äquivalenzklassen sind Klassen mit je einem Element: rot, gelb, grün;
   die ungültige Äquivalenzklasse enthält alle anderen Farben: blau, violett, braun, ...

4. Eine Eingabe kann Werte von verschiedenen Typen enthalten. Dann wird für jeden Typ eine gültige Äquivalenzklasse gebildet. Bei Zeichenfolgen, die aus Werten verschiedener Typen bestehen, können sich die Bedingungen auf bestimmte Positionen der Zeichenfolge beziehen. Hier muß jeweils eine Klasse gebildet werden, die die positionsabhängige Bedingung berücksichtigt und eine Klasse, die die positionsabhängige Bedingung nicht berücksichtigt.

BEISPIEL 4.2.4
Eine Zeichenfolge besteht aus Ziffern und/oder Buchstaben.
Wenn zu vermuten ist, daß Ziffern und Buchstaben in diesem Zusammenhang
eine unterschiedliche Bedeutung haben, dann gibt es zu dieser Bedingung die
beiden folgenden gültigen (Äquivalenz-)Klassen, die sich überschneiden[1]:

- *Zeichenfolgen, die Ziffern enthalten,*

- *Zeichenfolgen, die Buchstaben enthalten.*

Wenn Buchstaben und Ziffern gleich behandelt werden, dann reicht die Bildung
einer gültigen Äquivalenzklasse „alphanumerische Zeichen", die aus allen Ziffern
und Buchstaben besteht. Die ungültige Äquivalenzklasse besteht aus Zeichenfol-
gen, die Sonderzeichen enthalten.
Eine weitere Eingabebedingung sei, daß das erste Zeichen der Zeichenfolge ein
Buchstabe sein muß. Dann gibt es zusätzlich die gültige Äquivalenzklasse „erstes
Zeichen ist ein Buchstabe" und die ungültige Äquivalenzklasse „erstes Zeichen ist
kein Buchstabe".

Schritt 3: Eingabedaten definieren
Zur Definition der Eingabedaten mit Hilfe der gebildeten Äquivalenzklassen ist folgendes Vorgehen sinnvoll:

1. Jede gültige Äquivalenzklasse wird zwecks Identifizierung mit einer eindeutigen
   Zahl gekennzeichnet. Die zugehörigen ungültigen Äquivalenzklassen werden mit
   dieser Zahl und einem unterschiedlichen Buchstaben (a, b, c, etc.) gekennzeichnet.

2. Es wird ein Eingabedatum ausgewählt, so daß die einzelnen Komponenten (Testwerte[2]) des Eingabedatums möglichst viele der bisher nicht abgedeckten gültigen
   Äquivalenzklassen abdecken. Dieses Vorgehen wird solange wiederholt, bis alle
   gültigen Äquivalenzklassen abgedeckt sind.
   (Ein Eingabedatum **deckt eine Äquivalenzklasse ab**, wenn es als Komponente
   einen Testwert enthält, der ein Element der Äquivalenzklasse ist. Ein Eingabedatum kann also mehrere Äquivalenzklassen — für verschiedene Eingabebedingungen — *gleichzeitig* abdecken.)

3. Es ist ein Eingabedatum auszuwählen, welches *eine und nur eine* der bisher nicht
   abgedeckten ungültigen Äquivalenzklassen abdeckt. Dies bedeutet, daß das Eingabedatum genau einen Testwert enthält, der Element einer ungültigen Äquivalenzklasse ist. Alle anderen Testwerte des Eingabedatums müssen gültigen Äquivalenzklassen angehören.

---

[1]Daher sind diese Klassen keine Äquivalenzklassen im streng mathematischen Sinne, die ja über-
schneidungsfrei (disjunkt) sein müssen.
[2]siehe Definition 3.5.2.3 auf Seite 61

Dieses Vorgehen ist zu wiederholen, bis alle ungültigen Äquivalenzklassen abgedeckt sind.

Mit der Zuordnung von je einem individuellen Eingabedatum zu jeder ungültigen Äquivalenzklasse wird vermieden, daß ein Programm bei der Entdeckung einer fehlerhaften Eingabe weitere fehlerhafte Eingaben nicht mehr verarbeitet.

BEISPIEL 4.2.5

Mit einem Ausgabebefehl PRINT wird eine Datei auf einem Bildschirm ausgegeben. Der Befehl hat zwei Parameter: Dateiname und Zeilenanzahl. Beide Parameter müssen angegeben werden.

PRINT hat also folgende Syntax: `PRINT <Dateiname> <Zeilenanzahl>`

Der Dateiname besteht aus mindestens einem und bis zu sechs Zeichen, die Buchstaben oder Ziffern sein können. Das erste Zeichen des Dateinamens muß ein Buchstabe sein. Die Zeilenanzahl besteht aus mindestens einer und bis zu drei Ziffern. Die Zeilenanzahl ist größer als 0 und kleiner als 1000.

Tabelle 4.1 listet die Ergebnisse von Schritt 1 und 2 *auf: die Eingabebedingungen, die gültigen (Äquivalenz-)Klassen (mit einer fortlaufenden Nummer in Klammern) und die ungültigen (Äquivalenz-)Klassen (mit der entsprechenden Nummer-Buchstaben-Kombination in Klammern).*

Eingabebedingung	gültige Klasse	ungültige Klasse
Anzahl Parameter	zwei (1)	keine (1a), einer (1b), mehr als zwei (1c)
Dateiname (Länge)	1 bis 6 Zeichen (2)	0 Zeichen (2a), mehr als 6 Zeichen (2b)
Dateiname (Zeichen)	hat Buchstaben oder Ziffern (3)	hat sonstige Zeichen (3a)
Dateinamen (erstes Zeichen)	ist ein Buchstabe (4)	ist kein Buchstabe (4a)
Zeilenanzahl (Zeichen)	enthält nur Ziffern (5)	enthält Zeichen, das keine Ziffer ist (5a)
Zeilenanzahl (Ziffern)	1 bis 3 Ziffern (6)	mehr als 3 Ziffern (6a)[3]
Zeilenanzahl (Größe)	größer als 0 und kleiner als 1000 (7)	kleiner oder gleich 0 (7a), größer oder gleich 1000 (7b)

Tab. 4.1 Eingabebedingungen und (Äquivalenz-)Klassen

Schritt 3: *Eingabedaten definieren*

Im folgenden werden Eingabedaten und — in Klammern — die mit dem jeweiligen Eingabedatum abgedeckten Äquivalenzklassen angegeben.

---

[3]Bemerkung: Die Äquivalenzklasse „Anzahl der Ziffern ist 0" wird weggelassen, da sie Teil der Äquivalenzklasse 1b „Anzahl der Parameter ist 1" ist.

Eingabedatum zur Abdeckung aller gültigen Äquivalenzklassen:

```
PRINT abc1 22
```
$(1, 2, 3, 4, 5, 6, 7)$

Eingabedaten zur Abdeckung der ungültigen Äquivalenzklassen (die fehlerhaften Werte bzw. Zeichen sind unterstrichen):

1. `PRINT __` $(1a)$

2. `PRINT abc1 __` $(1b)$

3. `PRINT abc1 22 13` $(1c)$

4. `PRINT __ 22` $(2a)$[4]

5. `PRINT abcdefh 22` $(2b)$

6. `PRINT a-+ 22` $(3a)$

7. `PRINT 31a 22` $(4a)$

8. `PRINT abc1 abc` $(5a)$

9. `PRINT abc1 0456` $(6a)$

10. `PRINT abc1 0` $(7a)$

11. `PRINT abc1 1000` $(7b)$

BEISPIEL 4.2.6
Für den Textformatierer aus Kapitel 1.2 können Bedingungen B1 bis B4 angegeben werden, die sich auf das letzte eingelesene Zeichen z und das damit aufgebaute (Teil-)Wort w beziehen.

B1: z ist *BL, NL* oder *EOF (end of file)*, d. h. formal:
$(z \in \{BL, NL, EOF\})$;

B2: w hat höchstens *MAXPOS* Zeichen, d. h. formal:
$(L\ddot{a}nge(w) \leq MAXPOS)$;

B3: w paßt noch in die aktuelle, teilweise gefüllte Zeile, d. h. formal:
$(f + 1 + L\ddot{a}nge(w) \leq MAXPOS)$.
Dabei wird angenommen, daß die Zeile schon f Zeichen enthält und mit einem Wort ohne Blank aufhört.

B4: In der aktuellen Zeile sind schon Zeichen enthalten, d. h. $(f > 0)$.

Bedingung	gültige Klasse	ungültige Klasse
B1	(1): $z \in \{BL, NL, EOF\}$	(1a): $z \notin \{BL, NL, EOF\}$
B2	(2): $Länge(w) \leq MAXPOS$	(2a): $Länge(w) > MAXPOS$
B3	(3): $Länge(w) \leq MAXPOS - f - 1$	(3a): $Länge(w) > MAXPOS - f - 1$
B4	(4): $f > 0$	(4a): $f = 0$

Tab. 4.2 Äquivalenzklassen für den Textformatierer

Die in Tabelle 4.2 dargestellten Äquivalenzklassen können zu den vier Bedingungen gebildet werden (die Nummer der Klasse steht in Klammern vor der Bedingung).

Folgender Testfall deckt die gültigen Äquivalenzklassen 1 bis 4 ab:

   B1 und B2 und B3 und B4

Ein konkretes Testdatum für diesen Testfall wäre (bei $MAXPOS = 80$ und $f = 30$ Zeichen in der aktuellen Zeile) ein einzufügendes Wort mit der Länge 45 und dem aktuellen (Trenn-)Zeichen $z = BL$.

Folgende Testfälle decken je eine ungültige Äquivalenzklasse ab:

1. *B1 und B2 und B3 und (nicht B4)*   *[deckt (4a) ab]*

2. *B1 und B2 und (nicht B3) und B4*   *[deckt (3a) ab]*

3. *B1 und (nicht B2) und B4*   *[deckt (2a) ab]*

4. *(nicht B1) und B2 und B3 und B4*   *[deckt (1a) ab]*

Bei Testfall 3 ist zu beachten, daß „nicht B2" die Ungültigkeit von B3 (also „nicht B3") impliziert. Die dritte Forderung bei Schritt 3 der Methode der Äquivalenzklassenbildung (eine und nur eine ungültige Klasse abzudecken) ist also in diesem Fall zu modifzieren.

Konkrete Testdaten sind für obige Fälle 1 bis 4 z. B.:

1. $z = BL, Länge(w) = 55, MAXPOS = 80, f = 0$, *also*
   $Länge(w) \leq MAXPOS, Länge(w) \leq MAXPOS - f - 1 = MAXPOS - 1 = 79.$

2. $z = NL, Länge(w) = 55 \leq 80 = MAXPOS$, *also bei* $f = 30 > 0$:
   $55 = Länge(w) > MAXPOS - f - 1 = 49$

3. $z = EOF, Länge(w) = 82, MAXPOS = 80, f = 30 > 0$, *also*
   $Länge(w) > MAXPOS.$

---

[4]bzw. Äquivalenzklassen 1b und 4a

4. $z = D, MAXPOS = 80, f = 30 > 0, L\ddot{a}nge(w) = 45$, *also*
   $L\ddot{a}nge(w) = 45 \leq 80 = MAXPOS$ *und*
   $L\ddot{a}nge(w) = 45 \leq 49 = MAXPOS - f - 1$

Bei der Äquivalenzklassenmethode ist die Güte der Testdaten abhängig von der Aussagekraft der Spezifikation. Im Beispiel 4.2.5 wird bei der Äquivalenzklassenbildung beispielsweise die Eingabe führender Nullen für den zweiten Parameter zugelassen, da darüber in der informellen Spezifikation keine Aussage gemacht wird. Nur deshalb sind die ungültigen Äquivalenzklassen (6a) und (7b) verschieden. Verbietet man dagegen führende Nullen, beschreiben (6a) und (7b) dieselbe Klasse von Werten.

Die Ermittlung der Eingabedaten hängt nicht nur von der Anzahl der Eingabebedingungen ab, sondern auch von den Antworten auf folgende Fragen:

- Welche Werte aus einer Äquivalenzklasse sollen gewählt werden?

- Welche Kombinationen von Eingabebedingungen sollen getestet werden, d. h. welche Kombinationen von Testwerten bilden ein Eingabedatum?

Diese Fragen werden in den folgenden Abschnitten 4.2.2 und 4.2.3 beantwortet.

4.2.2 Grenzwerte und spezielle Werte

Für die Auswahl von Werten aus einer Äquivalenzklasse, deren Werte aus einer *geordneten* Menge stammen, empfiehlt sich die Methode der **Grenzwertanalyse**, die in zwei Schritten durchgeführt wird:

Schritt 1: Es werden Testwerte ausgewählt, die sich direkt auf oder neben den beiden Grenzen einer Eingabeäquivalenzklasse befinden.

Richtlinien für die Bestimmung der Testwerte für eine Eingabeäquivalenzklasse:

1. Repräsentiert die Äquivalenzklasse einen Wertebereich, so sind die gültigen Testwerte der größte und kleinste Wert des Wertebereichs. Die ungültigen Testwerte sind diejenigen Werte, die außerhalb und in nächster Nähe zum Wertebereich liegen. Für einen Wertebereich, der beispielsweise mit „$1 \leq x \leq 10$, x ganzzahlig" definiert ist, werden als gültige Testwerte 1 und 10 und als ungültige Testwerte 0 und 11 ausgewählt. Falls x reelwertig ist, werden als ungültige Testwerte dagegen $1 - \epsilon$ und $10 + \epsilon$ (mit kleinstmöglichem $\epsilon > 0$) gewählt.

2. Wenn eine Äquivalenzklasse eine gültige Anzahl von Werten repräsentiert, dann wird die kleinste und die größte gültige Anzahl von Werten ausgewählt. Die benachbarten Anzahlen (unterhalb der kleinsten gültigen und oberhalb der größten gültigen) sind die ungültigen Testwerte.

BEISPIEL 4.2.7
Besteht eine Liste minimal aus einem Element und maximal aus 255 Elementen, dann sind die gültigen Testwerte 1 und 255; die ungültigen Testwerte sind 0 und 256, falls die Implementation diese Werte zuläßt. (Andernfalls kann der Fehler der Grenzwertüberschreitung nicht vorkommen.)

Schritt 2: Zusätzlich zu den Eingabeäquivalenzklassen werden bei der Grenzwertanalyse auch die Ausgabeäquivalenzklassen betrachtet. Für die erwarteten Resultate eines Programms werden Ausgabebedingungen aufgestellt und zugehörige Ausgabeäquivalenzklassen gebildet.

Zur Bildung der Ausgabeäquivalenzklassen können die gleichen Richtlinien angewendet werden, die im Schritt 2 der Methode der Äquivalenzklassenbildung (Abschnitt 4.2.1) beschrieben wurden. Für die anschließende Bestimmung der Grenzwerte gelten im Prinzip die gleichen Richtlinien wie beim ersten Schritt. Die hier gebildeten Grenzwerte stellen allerdings Sollwerte der Ausgabedaten dar, für die entsprechende Eingabedaten bestimmt werden müssen. Es ist oft nicht möglich, für alle mit der Grenzwertanalyse bestimmten Sollwerte zu einer Ausgabeäquivalenzklasse die entsprechenden Eingabedaten zu erzeugen. Es kann beispielsweise sein, daß eine zu produzierende ungültige Ausgabe vom Programm nicht zugelassen wird.

BEISPIEL 4.2.8
Im folgenden sollen mit der Methode der Grenzwertanalyse Eingabedaten für den im Beispiel 4.2.5 beschriebenen PRINT-Befehl bestimmt werden.

Anwendung von <u>Schritt 1</u>:
Zuerst wird eine Tabelle aufgestellt, die für jede Äquivalenzklasse die mit der Grenzwertanalyse bestimmten gültigen und ungültigen Testfälle angibt (s. Tabelle 4.3)[5].

Äquivalenzklasse		gültige Testfälle	ungültige Testfälle
(1)	Anzahl der Parameter	2	1, 3
(2)	Länge des Dateinamens	1, 6	0, 7
(6)	Zeilenanzahl: 1 bis 3 Ziffern	1, 3	0, 4
(7)	0 < Zeilenanzahl < 1000	1, 999	0, 1000

Tab. 4.3 Gültige und ungültige Grenzwerte für den PRINT-Befehl

Eingabedaten, die zu den gültigen und ungültigen Testfällen passen, sind im folgenden aufgeführt. Für jedes Eingabedatum ist angegeben, ob die entsprechende Bedingung auch mit der Methode der Äquivalenzklassenbildung (siehe Beispiel 4.2.5 in Abschnitt 4.2.1) erfaßt würde.

---

[5]Die gültigen Äquivalenzklassen 3, 4, 5 aus Beispiel 4.2.5 und Tabelle 4.1 beschreiben keine geordneten Wertebereiche; daher gibt es dafür keine Grenzwerte.

*Zuerst werden in Tabelle 4.4 gültige Eingabedaten und in Klammern die Nummern
der entsprechenden Äquivalenzklassen angegeben.*

Testdaten zur Grenzwertanalyse	erfaßt bei Äquivalenzklassen?
(1) PRINT abc1 22	ja
(2) PRINT a 100	eventuell
(2) PRINT abcdef 200	eventuell
(6) PRINT abc 8	eventuell
(6) PRINT abc 345	eventuell
(7) PRINT abc 1	eventuell
(7) PRINT abc 999	eventuell

Tab. 4.4 Testdaten für gültige Äquivalenzklassen des PRINT-Befehls

*Nur beim ersten Eingabedatum stimmt die Bedingung „Anzahl der Parameter = 2"
mit der gültigen Äquivalenzklasse (1) aus Beispiel 4.2.5 überein. Bei den anderen
sechs Eingabedaten liegen die Testwerte in der gültigen Äquivalenzklasse, aber die
Äquivalenzklasse enthält noch andere Werte. Die Grenzwerte werden also bei der
Methode der Äquivalenzklassenbildung nur eventuell ausgewählt.*

Testdaten zur Grenzwertanalyse	erfaßt bei Äquivalenzklassen?
(1b) PRINT abc __	ja
(1c) PRINT abc 20 300	eventuell
(2a) PRINT __ 20	ja
(2b) PRINT abcdefg 20	eventuell
(6a) PRINT abc 4568	eventuell
(7a) PRINT abc 0	eventuell
(7b) PRINT abc 1000	eventuell

Tab. 4.5 Testdaten für ungültige Äquivalenzklassen des PRINT-Befehls

*In Tabelle 4.5 werden ungültige Eingabedaten angegeben. Nur beim ersten und drit-
ten Eingabedatum stimmen die Grenzwertbedingungen mit den ungültigen Äquivalenzklassen von Beispiel 4.2.5 überein: „ein Parameter" (Klasse 1b); „Länge des
Dateinamens: 0" (Klasse 2a). Bei den anderen Eingabedaten liegen die Grenzwerte
in den ungültigen Äquivalenzklassen, aber diese enthalten noch andere Werte. Daher können die Grenzwerte bei der Methode der Äquivalenzklassenbildung eventuell
gewählt werden.*

Anwendung von <u>Schritt 2:</u>
*Die Spezifikation des PRINT-Befehls sagt nichts über das Format der zu erwartenden
Druckausgabe aus. Die Spezifikation wird deshalb um folgende Angaben erweitert:*

1. *Es werden maximal 20 Seiten gedruckt.*

2. *Eine Seite enthält bis zu 45 Zeilen.*

3. *Mit Ausnahme der letzten Seite müssen immer volle Seiten gedruckt werden.*

Die folgenden Ausgabebedingungen können daraus abgeleitet werden:

1. *Es können X Seiten gedruckt werden, wobei $1 \leq X \leq 20$ gilt.*

2. *Die letzte Seite enthält Y Zeilen, wobei $1 \leq Y \leq 45$ gilt.*

3. *Die ersten X - 1 Seiten enthalten jeweils 45 Zeilen.*

Mit der Methode der Grenzwertanalyse ergeben sich folgende zu testende Ausgabewerte für X: 0, 1, 20, 21; für Y ergeben sich folgende Werte: 0, 1, 45, 46. Dazu sind Eingabedaten zu ermitteln, welche diese Ausgabewerte erzeugen. Dabei wird angenommen, daß die Datei mit Namen „abc" genügend Zeichen enthält, um mindestens 901 Zeilen zu füllen.

1. PRINT abc 0   *($X = 0$, $Y = 0$)*

2. PRINT abc 45   *($X = 1$, $Y = 45$)*

3. PRINT abc 900   *($X = 20$, $Y = 45$)*

4. PRINT abc 901   *($X = 21$, $Y = 1$)*

Der Ausgabewert $Y = 1$ wird auch mit folgendem Eingabedatum erzeugt:

5. PRINT abc 46

Dies bedeutet, daß die letzte zu druckende Seite eine Zeile enthalten sollte. Mit dem fünften Eingabedatum wird aber auch getestet, ob 46 Zeilen auf eine Seite gedruckt werden ($Y = 46$), welches einen ungültigen Ausgabewert darstellt.

BEISPIEL 4.2.9
Für den Textformatierer aus Kapitel 1.2 werden in Beispiel 4.2.6 (ab Seite 79) vier Bedingungen B1, B2, B3, B4 und jeweils vier gültige und ungültige Äquivalenzklassen angegeben (für das aktuell gelesene Zeichen z, für das aktuelle [Teil-]Wort w und die aktuelle Anzahl f der Zeichen in der Ausgabezeile):

*(B1): $z \in \{BL, NL, EOF\}$
(B2): $Länge(w) \leq MAXPOS$
(B3): $Länge(w) \leq MAXPOS - f - 1$
(B4): $f > 0$.*

Bedingung B1 bezieht sich auf eine Menge ohne Ordnung, also gibt es keine Grenzwerte; B2, B3 und B4 betreffen geordnete Werte, also gibt es Grenzwerte.

Für B2, B3 und B4 können die in Tabelle 4.6 aufgeführten Grenzwerte gebildet werden. Die Bedingungen B1 und B2 sind Eingabebedingungen, Bedingungen B3 und B4 lassen sich als Eingabe- und Ausgabebedingung auffassen. Weitere Ausgabebedingungen werden hier erst im Zusammenhang mit der Methode des folgenden Abschnitts 4.2.3 betrachtet.

Bedingung	Gültige Grenzwerte	Ungültige Grenzwerte
B2	$L\ddot{a}nge(w) = MAXPOS$	$L\ddot{a}nge(w) = MAXPOS + 1$
B3	$L\ddot{a}nge(w) = MAXPOS - f - 1$	$L\ddot{a}nge(w) = MAXPOS - f$
B4	$f = 1$	$f = 0$

Tab. 4.6 Gültige und ungültige Grenzwerte für den Textformatierer

Ein Test mit Grenzwerten ist ein Test mit Werten, die eine spezielle Bedeutung haben. Im folgenden soll der Begriff „spezielle Werte" aber in einem engeren Sinne benutzt werden. Dann sind spezielle Werte nur solche Werte, die unabhängig von der Äquivalenzklasseneinteilung eine Bedeutung haben. Die Bedeutung kann also nur vom allgemeinen Typ der Werte abhängen. Bei Zahlen haben z. B. die Werte 0 und 1 eine spezielle Bedeutung (neutrale Elemente der Addition und Multiplikation), bei Arrays sind dies entsprechende Arrays mit lauter Nullen oder lauter Einsen als Einträge, beim Typ „Character" ist es das Blank.
Unter dem Kombinationsgesichtspunkt sind folgende Tests zu betrachten:

1. Die Werte von Eingabevariablen mit ähnlicher Bedeutung sollten verschieden sein.

2. Die Eingabewerte für die Elemente eines Arrays sollten verschieden sein.

3. Wenn zwei Arrays A und B Elemente aus derselben Menge speichern, sollten Elemente in korrespondierenden Positionen verschieden sein; d. h. für alle möglichen Werte von i sollte gelten: $A(i) \neq B(i)$.

Alle drei Testarten 1 bis 3 erfüllen also die Regel „teste verschiedene Werte".

4.2.3   Ursache/Wirkungsgraphen

Die Grenzwertanalyse berücksichtigt nicht unbedingt den Test von *Kombinationen* von Eingabe- beziehungsweise Ausgabewerten. Die Betrachtung von Kombinationen kann für einen Test aber sinnvoll sein.

Das PRINT-Programm könnte z. B. derart implementiert sein, daß es einen Ausgabepuffer in der Größe von 900 Zeilen verwaltet, also die maximale Ausgabegröße einer Datei. Die korrekte Größe des Puffers könnte mit dem Befehl „PRINT abc 900" getestet werden, welcher die maximal zu druckende Größe einer Liste erzwingt. Dabei werden folgende Werte miteinander kombiniert: Seitenzahl = 20, Anzahl der Zeilen auf der letzten Seite = 45.

Der Test von Kombinationen von Eingabebedingungen ist eine notwendige, aber sehr aufwendige Sache. Bei einer kleinen Zahl von Eingabebedingungen können alle Kombinationen getestet werden, bei einer größeren Zahl von Eingabebedingungen ist dies aber praktisch unmöglich. Bei zehn Eingabebedingungen mit jeweils vier zu testenden Werten müssen schon $4^{10} = 1.048.576$ Kombinationen getestet werden. Allgemein steigt der Testaufwand bei einer angenommenen konstanten Zahl k von Äquivalenzklassen (und Testdaten) je Bedingung exponentiell mit der Zahl der Eingabebedingungen n: der Testaufwand ist k^n. Um den Testaufwand zu reduzieren, muß die Zahl der für den Test ausgewählten Kombinationen von Eingabebedingungen sinnvoll begrenzt werden. Mit der Ursache/Wirkungsgraph-Methode werden fehlersensitive Eingabekombinationen aus der Spezifikation ermittelt.

Die **Ursache/Wirkungsgraph-Methode** enthält folgende Schritte:

Schritt 1: Zuerst wird die Spezifikation in „bearbeitbare Stücke" zerlegt, damit der aus der Spezifikation abgeleitete Ursache/Wirkungsgraph nicht zu komplex wird.
Beim Testen eines Mehrbenutzersystems sind z. B. die einzelnen Kommandos des Mehrbenutzersystems die „bearbeitbaren Stücke" der Spezifikation. Beim Testen eines Übersetzers ist jede einzelne Anweisung der Sprache ein „bearbeitbares Stück".

Schritt 2: Die Ursachen und Wirkungen des Programms werden anhand der (formalen) Spezifikation des Programms identifiziert.
Ursachen sind Eingabebedingungen, denen Boolesche Wahrheitswerte zugeordnet werden können, z. B. Fahrzeugtyp = PKW, Gehalt > 0, Gehalt $\leq$ 5200.
Eine **Wirkung** ist eine Ausgabebedingung oder eine Systemtransformation. Eine Systemtransformation ist eine Veränderung des Programm- bzw. Systemzustands, die für den Benutzer nicht direkt erkennbar ist.
Alle Ursachen und Wirkungen werden durch eine eindeutige Zahl oder durch ein Kürzel gekennzeichnet, damit sie einfach referenziert werden können.

Schritt 3: Die logischen Beziehungen zwischen den Ursachen und Wirkungen (d. h. der semantische Inhalt der Spezifikation) werden als gerichteter Boolescher [6] Graph, genannt **Ursache/Wirkungsgraph** (kurz: **UWG**), dargestellt.

Es gibt folgende Verknüpfungen im Ursache/Wirkungsgraphen:

1. Jede Ursache oder Wirkung mit Zahl (oder Kürzel) i wird durch einen Knoten ⓘ dargestellt.

2. **Identische** Verknüpfung: Wirkung j ist gleich Ursache i (siehe Abb. 4.1 links).

---

[6] Bei einem **Booleschen Graphen** werden den Knoten logische Verknüpfungen wie „und", „oder", „Negation" zugeordnet.

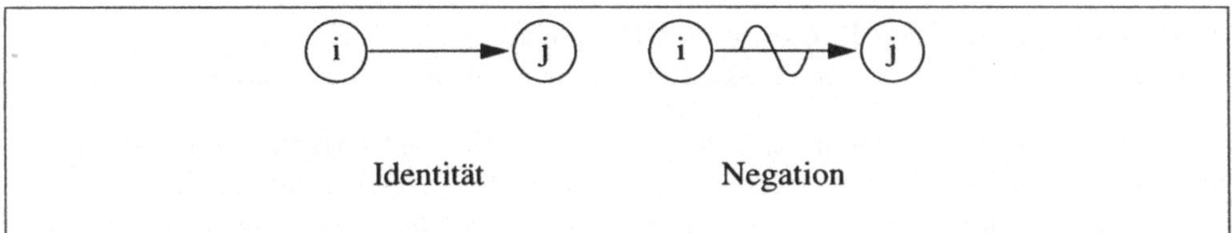

Abb. 4.1: UWG: Darstellung von Identität und Negation

3. **Negations**-Verknüpfung: Wirkung j ist vorhanden, wenn Ursache i nicht vorhanden ist (siehe Abbildung 4.1 rechts).

4. **Oder**-Verknüpfung: Wirkung j ist vorhanden, wenn Ursache i_1 oder Ursache i_2 oder ... oder Ursache i_n vorhanden ist (siehe Abbildung 4.2 links).

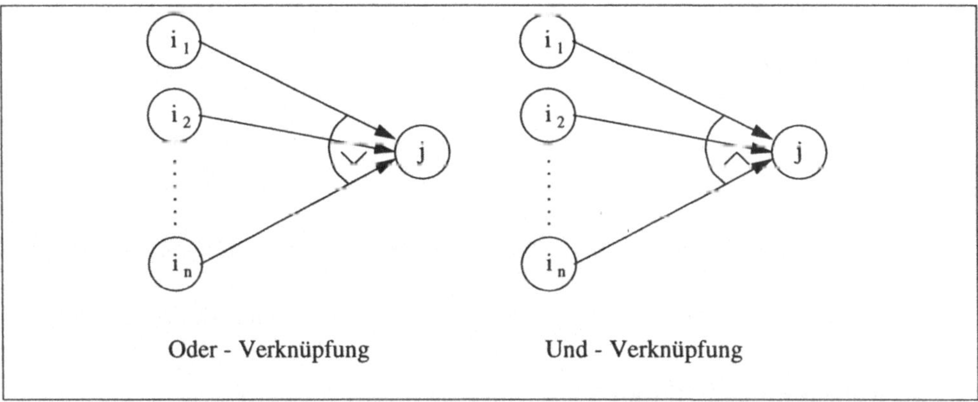

Abb. 4.2: UWG: Darstellung von *Oder-* und *Und*-Verknüpfung

5. **Und**-Verknüpfung: Wirkung j ist vorhanden, wenn Ursache i_1 und Ursache i_2 und ... und Ursache i_n vorhanden ist (siehe Abbildung 4.2 rechts).

Für den Aufbau, die Darstellung und die Bedeutung von Ursache/Wirkungsgraphen gelten noch folgende Hinweise und Regeln:

1. Mit *und, oder, nicht* lassen sich bekanntlich alle logischen Verknüpfungen beschreiben. Allerdings müssen zwischen Ursachen und Wirkungen evtl. mehrere Kanten eingefügt werden, um Zwischenergebnisse zu berechnen.

2. Die Verknüpfungslogik entspricht den Regeln der Booleschen Algebra (mit 0 = *False*, 1 = *True*).

3. Der Graph darf keine Rückkopplungen bzw. Schleifen enthalten[7].

---

[7]Die erlaubten Verbindungen entsprechen also den Verbindungen bei kombinatorischen Schaltungen.

4. Falls durch die UND-Knoten und ODER-Knoten die Richtung der Pfeile klar erkennbar ist, kann in den Darstellungen die Pfeilspitze weggelassen werden.

Schritt 4: Der UWG wird mit Einschränkungen, welche unmögliche Kombinationen von Eingangsbedingungen ausschließen, versehen. Die ausgeschlossenen Kombinationen werden bei der späteren Generierung der Testfälle (Belegungen der Ursachen mit Wahrheitswerten) in Schritt 5 und Schritt 6 nicht betrachtet.

Es gibt folgende Standardeinschränkungen:

Einschränkung E (_e_xklusiv) Höchstens eine der Bedingungen $b_1, \ldots, b_n$ ist erfüllt (siehe Abb. 4.3 links).

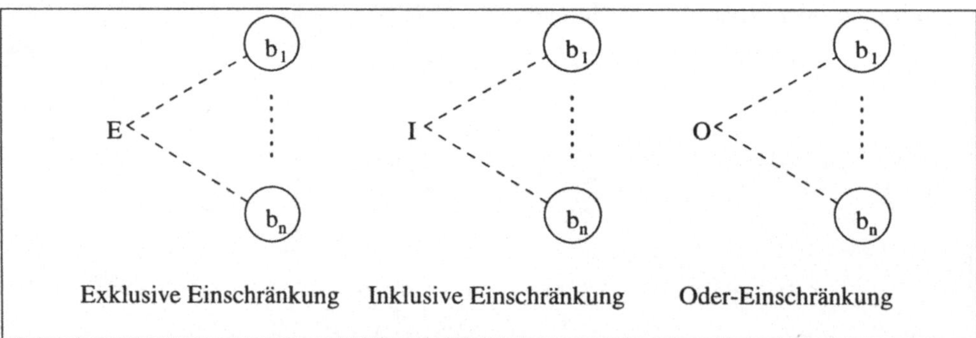

Abb. 4.3: UWG: Exklusive, inklusive und Oder-Einschränkung

Einschränkung I (_i_nklusiv)
Mindestens eine der Bedingungen $b_1, \ldots, b_n$ ist erfüllt (siehe Abb. 4.3 Mitte).

Einschränkung O (_o_der)
Eine und nur eine der Bedingungen $b_1, \ldots, b_n$ ist erfüllt (siehe Abb. 4.3 rechts).
(O ist erfüllt, wenn E und I gleichzeitig erfüllt sind.)

Einschränkung R (_r_equires/erfordert)
Die Erfüllung von Bedingung a erfordert die Erfüllung von Bedingung b (siehe Abbildung 4.4 links).

Einschränkung M (_m_askiert)
Die Erfüllung von Bedingung a impliziert die Nichterfüllung von Bedingung b (siehe Abbildung 4.4 Mitte).
Solche Maskierungen werden meist nur bei den Wirkungen angewandt.

Zu beachten ist, daß beim Vorliegen bestimmter Bedingungen andere Bedingungen irrelevant bzw. nicht anwendbar (weder wahr noch falsch) werden können. Daher wird noch folgende Einschränkung formuliert, die allerdings erst für die Erzeugung konkreter Eingabedaten (in Schritt 7) eine Rolle spielt.

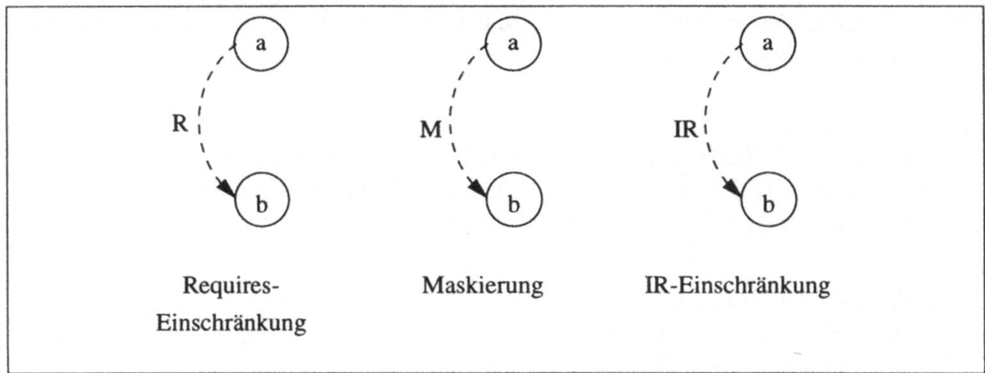

Abb. 4.4: UWG: Weitere Einschränkungen

Einschränkung IR (irrelevant)

Die Erfüllung von Bedingung a impliziert, daß Bedingung b irrelevant (und nicht anwendbar) ist (siehe Abbildung 4.4 rechts).

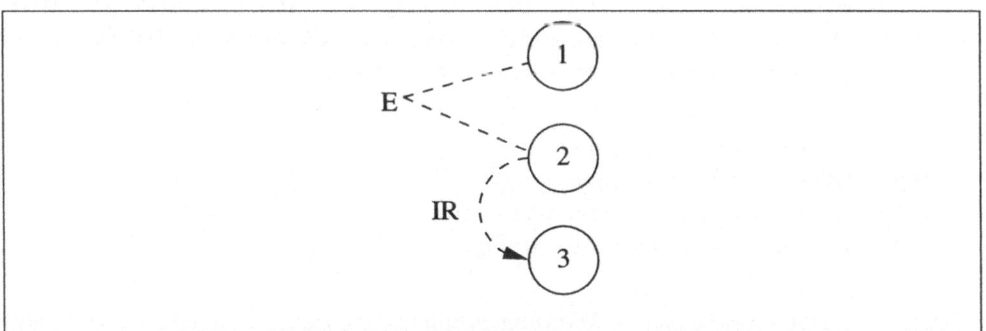

Abb. 4.5: Einschränkungen beim UWG zu Beispiel 4.2.10

BEISPIEL 4.2.10

Ein Kommando zum Ausdrucken von Dateien habe einen ersten Operanden, der angibt, ob die Datei vom Beginn an auszudrucken ist („START") oder von einer bestimmten Zeile an („Startzeile"). Dann gibt es z. B. die folgenden Eingabebedingungen bzw. Ursachen:

1. Der erste Operand ist „Startzeile".

2. Der erste Operand ist „START".

3. Der Operand „Startzeile" enthält 1 bis 6 Zeichen.

Da sich die Bedingungen 1 und 2 gegenseitig ausschließen, gilt noch folgende Einschränkung: Wenn Bedingung 2 wahr ist, dann ist die Bedingung 3 nicht anwendbar, d. h. sie wird in diesem Fall für die spätere Generierung der Eingabedaten nicht mehr betrachtet (siehe Abbildung 4.5).

BEISPIEL 4.2.11
Das Beispiel des Textformatierers aus Kapitel 1.2 ist schon ein „bearbeitbares Stück", daher entfällt Schritt 1. Die Eingabebedingungen (Ursachen) für Schritt 2 sind schon in Beispiel 4.2.9 angegeben worden:

(B1): $z \in \{BL, NL, EOF\}$
(B2): $Länge(w) \leq MAXPOS$
(B3): $Länge(w) \leq MAXPOS - f - 1$
(B4): $f > 0$.

Dabei ist z das aktuell eingelesene Zeichen, w das aktuell aufgebaute Wort, f die Anzahl der Zeichen in der aktuellen Ausgabezeile und MAXPOS die maximale Länge der Ausgabezeile.

Folgende Wirkungen können aus der Beschreibung aus Kapitel 1.2 und der Präzisierung in Anhang A.3 identifiziert werden (wenn angenommen wird, daß die eingelesenen Zeichen in einem Puffer zu einem Wort zusammengesetzt werden)[8]:

W1 = Abbruch, da Wort zu lang
W2 = Wort im Puffer aufbauen
W3 = Wort in aktuelle Ausgabezeile einfügen
W4 = Wort in neue Ausgabezeile einfügen

Schritt 3 ergibt einen Ursache/Wirkungsgraphen, der sich mit folgenden Formeln beschreiben läßt; wobei „nicht" durch „¬", „und" durch „∧" und „oder" durch „∨" dargestellt werden:

W1 = ¬B2
W2 = ¬B1 ∧ B2
W3 = B1 ∧ [(B3 ∧ B4) ∨ (B2 ∧ ¬B4)]
W4 = B1 ∧ B2 ∧ ¬B3 ∧ B4

Bei Schritt 4 wird festgestellt, daß zwischen den Ursachen B3 und B2 eine Einschränkung R (requires/erfordert) besteht. Damit ergibt sich der in Abbildung 4.6 dargestellte UWG, wenn besondere Zwischenknoten für die Negation weggelassen werden. (Ende Beispiel 4.2.11)

---

[8]Dies ist eine vereinfachte Beschreibung. Es fehlen die Wirkungen zu den Punkten 2, 3 und 6 bei der Lösung zu Testaufgabe 3 (siehe Anhang A.3 und Übungsaufgabe 4.5).

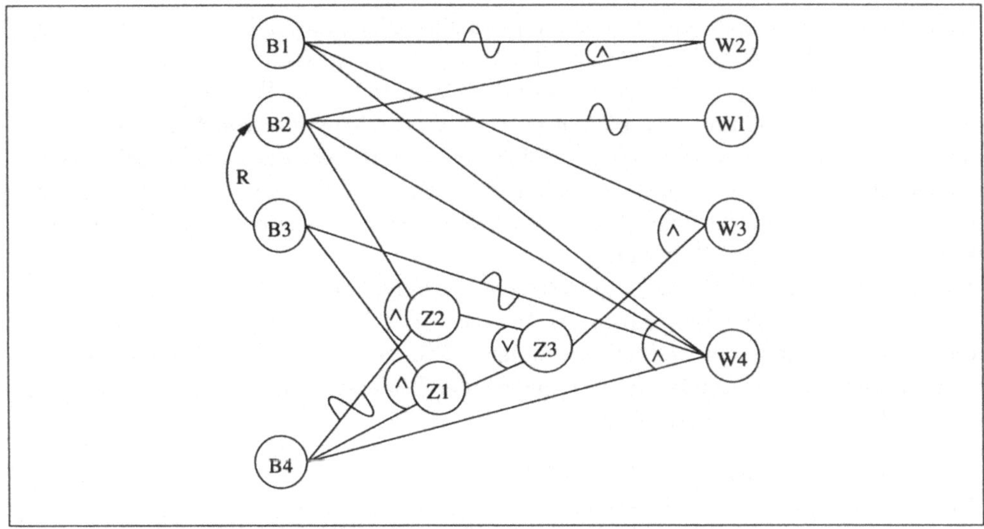

Abb. 4.6: UWG zu Beispiel 4.2.11 (Textformatierer)

Schritt 5: Aus dem UWG wird eine Wertetabelle abgeleitet. Die Ursachen und Wirkungen bezeichnen die Zeilen der Tabelle. Eine Kombination von Ursachen bildet jeweils eine Spalte der Wertetabelle. Ziel des Schrittes ist die Ermittlung und weitere Einschränkung der Kombinationen von Ursachen und Wirkungen für die Generierung der Testfälle.

Dazu werden im folgenden (nur) die fehlerhaft implementierten *Eingabebedingungen* (Ursachen des UWG)[9] ermittelt. Die Bedingung B2 ($Länge(w) \leq MAXPOS$) könnte z. B. fälschlicherweise als $Länge(w) < MAXPOS$ implementiert worden sein, d. h. für $Länge(w) = MAXPOS$ liefert die korrekte Bedingung B2 den Wert „wahr" (im folgenden als „1" bezeichnet), die fehlerhaft implementierte Bedingung „$Länge(w) < MAXPOS$" aber den Wert „falsch" bzw. „0". Im folgenden wird der Fall „Bedingung im fehlerfreien Fall 1 und im fehlerhaften Fall 0" mit D sowie der Fall „Bedingung im fehlerfreien Fall 0 und im fehlerhaften Fall 1" mit $\overline{D}$ bezeichnet.

In Schritt 5 müssen daher die **(fehler-)sensitiven** Testfälle (Belegungen der Ursachen mit Wahrheitswerten) ermittelt werden. Das sind Testfälle, die Fehler der Art D und $\overline{D}$ an den Ursachen einstellen und bei der betrachteten Wirkung beobachtbar machen. Ein Fehler D wird dabei durch Anlegen des logischen Wertes 1, ein Fehler $\overline{D}$ durch Anlegen einer 0 eingestellt.
Wenn die betrachtete Ursache ein Eingang eines Knotens k ist, müssen die anderen Eingänge von k evtl. bestimmte logische Werte annehmen (**sensitivierend** genannt), damit ein Fehler D oder $\overline{D}$ am Ausgang von k beobachtbar ist. Bei einem

---

[9]Mit der vorgestellten Methode können auch falsch implementierte logische Verknüpfungen, z. B. UND statt ODER, zum Teil (aber nicht hundertprozentig) erkannt werden.

UND-Knoten mit einem Fehler D oder $\overline{D}$ an einem Eingang müssen z. B. alle anderen Eingänge den Wert 1 annehmen, damit am Ausgang wieder ein Fehler (D bzw. $\overline{D}$) beobachtbar wird. Falls der Ausgang des Knotens k keine Wirkung (sondern nur eine Zwischenbedingung) ist, müssen evtl. weitere Belegungen von Ursachen vorgenommen werden, damit der Fehler schließlich bei einer Wirkung beobachtbar ist[10]. Dabei sind für eine Ursache alle davon betroffenen Wirkungen zu betrachten, da eine Ursache für verschiedene Wirkungen auf unterschiedlichste Art fehlerhaft (oder korrekt) implementiert sein kann.

Wenn der Ursache/Wirkungsgraph für eine Wirkung ein Baum ist[11], können die erforderlichen Testfälle (Belegungen der Ursachen mit den logischen Werten 0 oder 1) ohne Probleme gefunden werden. Im anderen Fall kann es Widersprüche bei den erforderlichen sensitivierenden Bedingungen oder Widersprüche zu den Restriktionen geben, die aufgelöst werden müssen.

<u>Zusammenfassung der Regeln von Schritt 5:</u>
Für jede Ursache u und jede Wirkung w des UWG ist folgendes zu erledigen:

1. Einstellen der Fehlers D und $\overline{D}$ an der Ursache.

2. Ermittlung eines Pfades p von der Ursache u zu der Wirkung w im UWG.

3. Für alle Knoten auf dem Pfad p mindestens eine sensitivierende Belegung der Ursachen finden, so daß die Fehler D und $\overline{D}$ aus Schritt 1 an der Wirkung w beobachtbar sind. (Falls es mehrere sensitivierende Belegungen für u und w gibt, sollte die Auswahl so erfolgen, daß in Schritt 6 eine minimale Anzahl von Testfällen für alle Ursachen und Wirkungen ermittelt werden kann).

<u>Regeln für die Ermittlung der fehlereinstellenden und sensitivierenden Belegungen für spezielle Knoten</u>

1. UND-Knoten mit n Eingängen $x_1, x_2, \ldots, x_n$ und Ausgang y:
   Vorüberlegung:

   Sei i ein beliebiger Wert zwischen 1 und n.
   Wenn $x_i = D$ und $x_j = 1$ für alle $j \neq i$, dann gilt $y = D$.
   Wenn $x_i = \overline{D}$ und $x_j = 1$ für alle $j \neq i$, dann gilt $y = \overline{D}$.
   Wenn $x_i = D$ oder $x_i = \overline{D}$ und $x_j = 0$ für mindestens ein $j \neq i$, dann gilt $y = 0$.

---

[10] Da diese Betrachtung längs eines Pfades im Ursache/Wirkungsgraphen von der Ursache bis zu einer Wirkung erfolgt, heißt die Methode auch **Pfadsensitivierung**.

[11] der keine Restriktionen zwischen Ursachen oder Wirkungen aufweist (vgl. Schritt 4)

Also sind die Belegungen in Tabelle 4.7 zu wählen.

x_1	x_2	x_3	$\ldots$	x_n	Eigenschaft	y (fehlerfrei)
1	1	1	$\ldots$	1	alle Eingänge 1	1
0	1	1	$\ldots$	1	genau ein	0
1	0	1	$\ldots$	1	Eingang 0,	0
1	1	0	$\ldots$	1	alle	0
$\vdots$	$\vdots$	$\vdots$	$\ddots$	$\vdots$	anderen	$\vdots$
1	1	1	$\ldots$	0	Eingänge 1	0

Tab. 4.7 Sensitive Belegungen für den UND-Knoten

Für jeden Eingang wird bei der ersten Belegung ein Fehler D am Ausgang be-
obachtbar (fehlerfrei = 1, fehlerhaft = 0). Für die anderen Belegungen wird ein
Fehler $\overline{D}$ genau für den Eingang, der mit 0 belegt wird, am Ausgang beobachtbar.
Anstelle von 2^n Eingangskombinationen sind also nur $n+1$ Testfälle erforderlich.

2. <u>ODER-Knoten mit n Eingängen $x_1, x_2, \ldots, x_n$ und Ausgang y:</u>
Vorüberlegung:

> Es gilt $x_1 \lor x_2 \lor \cdots \lor x_n = \neg(\neg x_1 \land \neg x_2 \land \cdots \land \neg x_n)$
> Also gilt beispielsweise für $n = 2$:
>
> $$x_1 \lor x_2 = \neg(\neg x_1 \land \neg x_2) = 1 \Leftrightarrow \neg x_1 \land \neg x_2 = 0,$$
>
> $$x_1 \lor x_2 = 0 \Leftrightarrow \neg x_1 \land \neg x_2 = 1$$

Aussagen über die UND-Verknüpfung werden also zu Aussagen über die
ODER-Verknüpfung, wenn man UND durch ODER, 0 durch 1 und 1
durch 0 ersetzt (**Dualitätsprinzip**).

x_1	x_2	x_3	$\ldots$	x_n	Eigenschaft	y (fehlerfrei)
0	0	0	$\ldots$	0	alle Eingänge 0	0
1	0	0	$\ldots$	0	genau ein	1
0	1	0	$\ldots$	0	Eingang 1,	1
0	0	1	$\ldots$	0	alle	1
$\vdots$	$\vdots$	$\vdots$	$\ddots$	$\vdots$	anderen	$\vdots$
0	0	0	$\ldots$	1	Eingänge 0	1

Tab. 4.8 Sensitive Belegungen für den ODER-Knoten

Also sind bei den ODER-Knoten die Belegungen in Tabelle 4.8 zu wählen. Für
jeden Eingang wird bei der ersten Belegung ein Fehler $\overline{D}$ am Ausgang beobachtbar
(fehlerfrei = 0, fehlerhaft = 1). Für die anderen Belegungen wird ein Fehler D
genau für den Eingang, der mit 1 belegt wird, am Ausgang beobachtbar.
Anstelle von 2^n Eingangskombinationen sind also — wie beim UND-Knoten —
nur $n+1$ Testfälle erforderlich.

3. NEGATION

Es gilt $\neg D = \overline{D}$, $\neg \overline{D} = D$.

Für den D-Fehler muß der Eingangswert 1, für den $\overline{D}$-Fehler der Eingangswert 0 angelegt werden. Es kann also keiner der beiden Testfälle 0 und 1 eingespart werden.

4. IDENTITÄT

Es gilt $id(D) = D$, $id(\overline{D}) = \overline{D}$.

Wie bei der Negation muß also für den D- und $\overline{D}$-Fehler am Eingang der Wert 1 bzw. 0 angelegt werden; am Ausgang erscheint allerdings derselbe Fehler (und nicht z. B. $\overline{D}$ statt D wie bei der NEGATION).

Es kann also ebenfalls keiner der beiden Testfälle 0 und 1 eingespart werden.

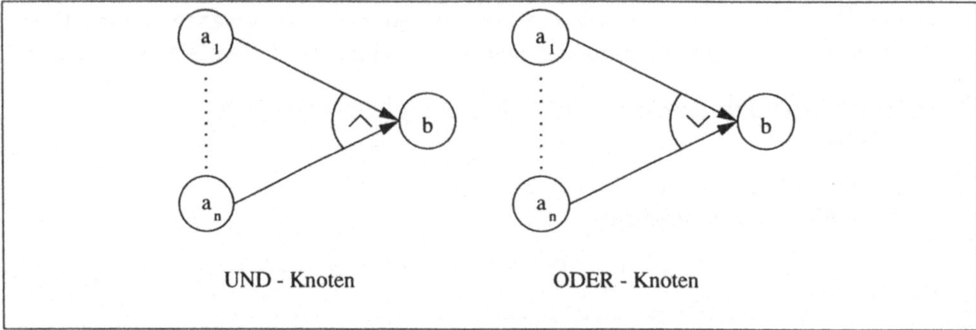

Abb. 4.7: UND- und ODER-Knoten

Zusammenfassung der Regeln für spezielle Knoten:
Bei einem UND-Knoten (siehe Abbildung 4.7 links) gilt:

- wenn $b = 1$ sein soll:
  der Testfall „$a_1 = \cdots = a_n = 1$" ist anzulegen,

- wenn $b = 0$ sein soll:
  für jedes i ($i = 1, \ldots, n$) ist der Testfall „$a_i = 0, a_j = 1$ für alle $j \neq i$" anzulegen.

Bei einem ODER-Knoten (siehe Abbildung 4.7 rechts) gilt:

- wenn $b = 1$ sein soll:
  für jedes i ($i = 1, \ldots, n$) ist der Testfall „$a_i = 1, a_j = 0$ für alle $j \neq i$" anzulegen.

- wenn $b = 0$ sein soll: der Testfall „$a_1 = \cdots = a_n = 0$" ist anzulegen.

Für jeden Knoten müssen die Ausgänge 1 und 0 betrachtet werden. Bei der IDENTITÄT und NEGATION sind jeweils die Testfälle 0 und 1 am Eingang anzulegen.

BEISPIEL 4.2.12

Für den UWG des Textformatierers aus Beispiel 4.2.11 und Abbildung 4.6 sind folgende Testfälle erforderlich[12].

W1 $= \neg$B2 :

Damit mögliche Fehler bei B2 auffallen, muß B2 beide Wahrheitswerte annehmen (s. Testfälle t_1, t_2 in Tabelle 4.14 auf S. 97).

W2 $= \neg$B1 $\wedge$ B2 :

Damit Fehler bei B1 beobachtbar sind (bei W2), muß B2 $= 1$ sein und B1 beide Werte annehmen. Umgekehrt sind Fehler bei B2 nur beobachtbar, wenn B1 $= 0$ und somit $\neg$B1 $= 1$ ist und B2 beide Werte annimmt. Das ergibt insgesamt die drei Testfälle t_3, t_4, t_5 aus Tabelle 4.14.

W3 $=$ B1 $\wedge$ Z3, Z3 $=$ Z1 $\vee$ Z2, Z1 $=$ B3 $\wedge$ B4, Z2 $=$ B2 $\wedge$ $\neg$B4 :

<u>Fehler bei B1</u> sind nur zu erkennen, wenn Z3 $= 1$ ist. Dazu kann eine beliebige Kombination Z1, Z2 gewählt werden (außer Z1 $=$ Z2 $= 0$, was Z3 $= 0$ bewirkt), die wiederum durch beliebige (aber passende) Werte von B2, B3 und B4 einzustellen sind.

Das ergibt die beiden Testfälle $T_{1,0}$ und $T_{1,1}$ von Tabelle 4.9 mit den angegebenen Alternativen t_{6a}, t_{6b} bzw. t_{7a}, t_{7b}, wobei im folgenden die Kombinationen weggelassen werden, die zu Widersprüchen bei Ursachen oder zur Verletzung der Restriktion (R) für B2 und B3 (B3 $= 1$, B2 $= 0$ verboten) führen.

Testfall		W3 $=$ B1 $\wedge$ Z3		Z3 $=$ Z1 $\vee$ Z2		Z1 $=$ B3 $\wedge$ B4		Z2 $=$ B2 $\wedge$ $\neg$B4	
		B1	Z3	Z1	Z2	B3	B4	B2	$\neg$ B4
t_{6a}	$T_{1,0}$	0	1	0	1	-	0	1	1
t_{6b}				1	0	1	1	1	0
t_{7a}	$T_{1,1}$	1	1	0	1	-	0	1	1
t_{7b}				1	0	1	1	1	0

Tab. 4.9 *Testfälle für W3 bzgl. B1*

<u>Fehler bei B2</u> werden nur von Z2 propagiert, wenn $\neg$B4 $= 1$, also B4 $= 0$ ist. Damit Z3 den Fehler weiterleitet, muß Z1 $= 0$ sein, damit W3 den Fehler erkennt, muß B1 $= 1$ sein. Wegen der Wahlmöglichkeiten für die Einstellung von Z1 $= 0$ und der Restriktion R für B2 und B3 ergibt das die beiden Testfälle in Tabelle 4.10 mit den Alternativen t_{9a}, t_{9b} beim zweiten Testfall $T_{2,1}$.

---

[12] Die folgenden Abschnitte sind nur mit großer Konzentration nachvollziehbar. Dabei ist das in den Tabellen 4.7 und 4.8 und den Punkten 3 und 4 auf Seite 94 angegebene Sensitivierungsprinzip schrittweise auf die entsprechenden (Teil-)Formeln anzuwenden, die jeweils in den Kopfzeilen der Tabellen 4.9 bis 4.13 angegeben sind. Die Kompliziertheit (und damit Fehleranfälligkeit) der manuellen Berechnung unterstreicht die Wichtigkeit des Einsatzes eines Werkzeugs für die entsprechenden Berechnungen (vgl. [Bis 97]).

Testfall	$Z2 = B2 \wedge \neg B4$		obligatorisch		$Z1 = B3 \wedge B4$	
	B2	$\neg B4$	Z1	B1	B3	B4
t_8 $T_{2,0}$	0	1	0	1	0	0
t_{9a} $T_{2,1}$	1	1	0	1	0	0
t_{9b}					1	0

Tab. 4.10 *Testfälle für W3 bezüglich B2*

<u>Fehler bei B3</u> *werden von Z1 propagiert, wenn B4 = 1 ist. Damit Z3 den Fehler weiterleitet, muß Z2 = 0 sein. W3 erkennt schließlich den Fehler, wenn zusätzlich B1 = 1 gilt.*

Also gibt es die beiden Testfälle $T_{3,0}$ und $T_{3,1}$ in Tabelle 4.11 (mit den Alternativen t_{10a}, t_{10b} bei Testfall $T_{3,0}$), da Z2 = 0 beliebig eingestellt werden kann (unter Beachtung der Restriktion R für B2 und B3).

Testfall	$Z1 = B3 \wedge B4$		obligatorisch		$Z2 = B2 \wedge \neg B4$	
	B3	B4	Z2	B1	B2	$\neg$ B4
t_{10a} $T_{3,0}$	0	1	0	1	0	0
t_{10b}					1	0
t_{7b} $T_{3,1}$	1	1	0	1	1	0

Tab. 4.11 *Testfälle für W3 bezüglich B3*

<u>Fehler bei B4</u> *werden von Z2 propagiert, wenn B2 = 1 ist, und von Z1 propagiert, wenn B3 = 1 ist. In beiden Fällen muß jeweils Z1 bzw. Z2 den Wert 0 und B1 den Wert 1 haben, damit Z3 und W3 den Fehler weiterleiten.*

Testfall	$Z2 = B2 \wedge \neg B4$		obligatorisch		$Z1 = B3 \wedge B4$	
	$\neg B4$	B2	Z1	B1	B3	B4
t_{10b} $T_{4,0,Z2}$	0	1	0	1	0	1
t_{9a} $T_{4,1,Z2}$	1	1	0	1	0	0

Tab. 4.12 *Testfälle für W3 bezüglich B4 und Z2*

Das ergibt für die Propagierung über Z2 die Testfälle aus Tabelle 4.12. Der Testfall B1 = B2 = B3 = 1, B4 = 0 würde zwar den Fehler $\overline{D}$ bei B4 einstellen, aber auch den Fehler D bei $\neg B4$. Daher ergibt sich $Z1 = \overline{D}$, $Z2 = D$, also $Z3 = \overline{D} \vee D = 1$, und damit W3 = 1. Das ist der korrekte Wert, d. h. der Fehler wurde nicht propagiert. Daher ist nur der angegebene Testfall t_{9a} (B1 = B2 = 1, B3 = B4 = 0) in der Lage, den Fehler $\overline{D}$ bei B4 <u>über Z2</u> nach W3 zu propagieren.

Es gibt keine zulässigen Testfälle, die den Fehler bei B4 <u>über Z1</u> nach W3 propagieren können. Für den möglichen Testfall B1 = B2 = B3 = B4 = 1 gilt nämlich: die Fehler D bei B4 und $\overline{D}$ bei $\neg B4$ werden eingestellt. Es ergibt sich: $Z1 = D$, $Z2 = \overline{D}$, $Z3 = D \vee \overline{D} = 1$, also W3 = 1, der korrekte Wert.

$W4 = B1 \wedge B2 \wedge \neg B3 \wedge B4$:

Da es sich nur um eine UND-Verknüpfung ohne Zwischenknoten handelt, reichen folgende Testfälle aus: $B1 = B2 = \neg B3 = B4 = 1$ entdeckt alle Fehler, bei denen einer der Eingänge von 1 auf 0 wechselt. Die vier Kombinationen, bei denen ein Eingang auf 0 gesetzt wird und alle anderen auf 1, entdecken jeweils den Wechsel des speziellen Eingangs von 0 auf 1. Also ergibt sich Tabelle 4.13. Dabei ist nur t_{11} ein neuer Testfall, alle anderen wurden schon für W3 verwendet.

	Testfall	B1	B2	$\neg B3$	B4	B3
t_{10b}	$T_{W4,1}$	1	1	1	1	0
t_{11}	$T_{W4,0,1}$	0	1	1	1	0
t_{10a}	$T_{W4,0,2}$	1	0	1	1	0
t_{7b}	$T_{W4,0,3}$	1	1	0	1	1
t_{9a}	$T_{W4,0,4}$	1	1	1	0	0

Tab. 4.13 *Testfälle für W4*

Tabelle 4.14 enthält alle ermittelten Testfälle, wobei bei den Testfällen t_1 bis t_{7a} nur ein Teil der Eingabebedingungen B1 bis B4 spezifizierte Werte annehmen muß.

	Testfälle pro betrachteter Wirkung W1 bis W4														
	W1		W2			W3 und W4									
	t_1	t_2	t_3	t_4	t_5	t_{6a}	t_{6b}	t_{7a}	t_{7b}	t_8	t_{9a}	t_{9b}	t_{10a}	t_{10b}	t_{11}
B1			0	0	1	0	0	1	1	1	1	1	1	1	0
B2	0	1	1	0	1	1	1	1	1	0	1	1	0	1	1
B3						-	1	-	1	0	0	1	0	0	0
B4						0	1	0	1	0	0	0	1	1	1
W1	1	0													
W2			1	0	0										
W3						0	0	1	1	0	1	1	0	0	
W4									0		0		0	1	0

Legende: Nur einer der Testfälle t_{6a}, t_{6b} ist erforderlich.
Von den für W3 alternativen Testfällen t_{7a} und t_{7b}, t_{9a} und t_{9b} sowie t_{10a} und t_{10b} (s. Tabellen 4.9, 4.10, 4.11) sind t_{7b}, t_{9a}, t_{10a} und t_{10b} für W4 erforderlich (s. Tabelle 4.13).

Tab. 4.14 Nicht optimierte Testfälle für den Textformatierer

Schritt 6: Die in Schritt 5 ermittelten Kombinationen von Ursachewerten und die im fehlerfreien Fall zu erwartenden Wirkungen sind nun in eine *Wertetabelle* einzutragen, wobei Kombinationen für verschiedene Ursachen, die sich nicht widersprechen, zusammengefaßt werden sollen.

BEISPIEL 4.2.13
Da die Testfälle t_{7b} und t_{9a} für W4 erforderlich sind (s. Tabelle 4.13), können die Alternativen t_{7a} und t_{9b} bei der Testfallermittlung für W3 (s. Tab. 4.9 und 4.10)

entfallen. Damit ergeben sich folgende Testfälle, die notwendig sind und bei denen alle vier Bedingungen B1 bis B4 spezifizierte Werte haben: t_{7b}, t_8, t_{9a}, t_{10a}, t_{10b}[13], t_{11}. Die Testfälle, bei denen einige Werte unspezifiziert sind, werden davon z. T. abgedeckt: t_1 wird von t_8 abgedeckt (da bei t_8 ebenfalls B2 = 0 gilt), t_2 wird von t_{7b} abgedeckt, t_3 von t_{11}, t_5 von t_{10b}. Damit bleiben nur noch alternative Testfälle t_{6a} oder t_{6b} und der Testfall t_4 übrig.

Somit ergibt sich Tabelle 4.15 mit acht notwendigen Testfällen. Dabei sind bei einem Testfall nicht nur die Ergebnisse für die betrachtete Wirkung, sondern für alle Wirkungen eingetragen. Bei F1 wurde B3 = 0 ergänzt, da B3 = 1 im Widerspruch zu B2 = 0 und der Restriktion zwischen B3 und B2 stehen würde.

Testfall	F1	F2	F3	F4	F5	F6	F7	F8
deckt ab	t_4	t_3, t_{11}	t_{6a}/t_{6b}	t_1, t_8	t_{10a}	t_{9a}	t_5, t_{10b}	t_2, t_{7b}
B1	0	0	0 0	1	1	1	1	1
B2	0	1	1 1	0	0	1	1	1
B3	0	0	- 1	0	0	0	0	1
B4	-	1	0 1	0	1	0	1	1
W1	1	0	0	1	1	0	0	0
W2	0	1	1	0	0	0	0	0
W3	0	0	0	0	0	1	0	1
W4	0	0	0	0	0	0	1	0

Tab. 4.15 Optimierte Testfälle für den Textformatierer

Tabelle 4.15 enthält nur acht Testfälle. Wegen Restriktion R zwischen B3 und B2 (d. h. B3 = 1, B2 = 0 ist nicht möglich) gibt es statt 2^4 = 16 nur $16 - 4 = 12$ mögliche Eingabefälle. Es wurden also vier Testfälle eingespart.

Schritt 7: Für jede Spalte der Wertetabelle wird ein Eingabedatum ermittelt. Die Eingabedaten sollen möglichst auch Grenzwerte berücksichtigen.

BEISPIEL 4.2.14

Zu den acht Testfällen aus Tabelle 4.15 können folgende Testdaten gebildet werden, wobei mehrere Fälle durch einen kompletten Eingabetext erfüllt werden können. Die Fälle F2 und F7 sowie F3 und F8 bzw. F3 und F6 treten paarweise nacheinander auf, d. h. bei F2 oder F3 wird ein Wort w aufgebaut (W2 = 1) und bei anschließender Eingabe eines Trennzeichens $z \in \{BL, NL, EOF\}$ wird w in die aktuelle Ausgabezeile (W3 = 1) oder eine neue Ausgabezeile (W4 = 1) eingefügt. F6 behandelt den besonderen Fall, daß ein aufgebautes Wort genau in die noch leere Ausgabezeile paßt (wg. $Länge(w) = MAXPOS$). Die Fälle F1, F4 und F5 können nur zum Schluß auftreten, da dann ein Abbruch erfolgt (W1 = 1). Dabei können die Fälle F4

---

[13] t_{10a} und t_{10b} sind für Wirkung W4 <u>beide</u> notwendig (s. Tabelle 4.13)

und $F5$ aber nur eintreten, wenn das aufgebaute Wort w zu lang ist ($B2 = 0$ wegen $Länge(w) > MAXPOS$) und anschließend ein Trennzeichen $z \in \{BL, NL, EOF\}$ eingelesen wird. Dann tritt aber vorher (spätestens beim Einlesen des letzten Buchstaben des Wortes w) schon der Fall $B2 = B3 = 0$ mit $B1 = 0$ ein, also Fall $F1$. Es erfolgt also schon vorher ein Abbruch durch Fall $F1$, die Fälle $F4$ und $F5$ sind also (bei zeichenweiser Abarbeitung des Textes) nicht erzeugbar. Also können und müssen nur die sechs restlichen Testfälle getestet werden, und zwar etwa in der Reihenfolge $F3$, $F6$, $F2$, $F7$, $F3$, $F8$, $F1$.

Als Eingabetext wird $BEISPIELE\lrcorner SIND\lrcorner DIES\lrcorner POTZBLITZ!$ gewählt. Dabei sei $\lrcorner$ das Zeichen BL und $MAXPOS = 9$.

Zu Beginn ist die Füllung der Ausgabezeile $f = 0$. Das Einlesen des Wortes „BEISPIELE" erzeugt den Fall t_{6a}, also $F3$ ($B1 = 0$, da keine Trennzeichen; $B2 = 1$ da $Länge(w) \leq MAXPOS$; $B4 = 0$, da $f = 0$). Das anschließende Trennzeichen BL erzeugt den Fall $F6$ ($B1 = 1$; $B2 = 1$; $B3 = 0$; $B4 = 0$). Die Wirkung $W3 = 1$ fügt das Wort „BEISPIELE" in die aktuelle Ausgabezeile, in die es genau paßt, und setzt f auf 9. Die Abarbeitung von „SIND" erzeugt nun den Fall $F2$ ($B1 = 0$; $B2 = 1$; $B3 = 0$; $B4 = 1$) und baut das Wort „SIND" im Puffer auf. Das anschließende Trennzeichen bewirkt den Fall $F7$ ($B1 = 1$; $B2 = 1$; $B3 = 0$; $B4 = 1$). Mit der Wirkung $W4 = 1$ wird „SIND" in die neue Ausgabezeile geschrieben und f auf 4 gesetzt. Das Einlesen von „DIES" führt zu dem Fall t_{6b}, also $F3$ ($B1 = 0$; $B2 = B3 = B4 = 1$). Das anschließende Trennzeichen bewirkt Fall $F8$ ($B1 = B2 = B3 = B4 = 1$). Mit der Wirkung $W3 = 1$ wird das Wort in die aktuelle Ausgabezeile geschrieben und f auf 9 erhöht. Das Einlesen des Wortes „POTZBLITZ!" ergibt den Fall $F1$ ($B1 = 0$, $B2 = 0$ und somit $B3 = 0$). Daher erfolgt beim Einlesen des Ausrufungszeichens ein Abbruch ($W1 = 1$).

Mit diesem Eingabetext werden also die Testfälle $F1$, $F2$, $F3$, $F6$, $F7$, $F8$ erzeugt.

q.e.d.

4.3 Systematisches funktionsbezogenes Testen

Die Methoden des funktionsbezogenen Testens gehen davon aus, daß die implementierte Funktion f nur unwesentlich von der korrekten Funktion f^* abweicht. Diese Annahme wird auch **kompetente Programmierer-Hypothese** genannt. f^* gehört also zu der Menge F_f von Funktionen, die zu f ähnlich sind. Wenn eine Testdatenmenge alle Funktionen aus F_f von f unterscheiden kann, dann kann sie auch f von f^* unterscheiden, d. h. feststellen, daß f nicht korrekt ist. Formal läßt sich das folgendermaßen beschreiben: zu f existiert eine (relativ kleine) Menge F_f von Funktionen mit folgender Eigenschaft:

1. F_f enthält die korrekte Funktion f^*.

2. Für f gibt es eine **Teststrategie**, d. h. für jedes $f' \in F_f$ (mit $f' \neq f$) kann die gewählte Testdatenmenge T f' von f unterscheiden, d. h. es gibt einen Testfall t in T, für den gilt: $f(t) \neq f'(t)$.

4.3.1 Funktionale Formen

Das funktionsbezogene Testen orientiert sich am Ein-/Ausgabe-Verhalten von funktionalen Formen, die beim top-down Entwurf eines Systems entstehen. Dem Konzept der funktionalen Formen liegt folgende Sichtweise zugrunde. Die „abstrakten" Funktionen und die „abstrakten" Datenstrukturen eines Systems werden aus „konkreteren" Funktionen und Datenstrukturen der nächsten Ebene des Entwurfs komponiert. Der Entwurf besteht somit aus einer Hierarchie von Funktionen, die auf einer Hierarchie von Datenstrukturen operieren. Ein Ansatz beim funktionsbezogenen Testen ist es daher, die mehr oder weniger abstrakten Datenstrukturen als Ausgangspunkt der Testdatenerzeugung zu nehmen, und zwar auf jeder Ebene des Entwurfs. Nach diesen Vorüberlegungen ist zu klären, welche abstrakten Funktionen und funktionalen Formen bei einem gegebenen Programm benutzt werden.

Folgende Kompositionsarten treten auf:

1. alternative Auswahl,

2. kontrollierte Iteration,

3. Sequenz.

Kompositionsart 1:
Eine Funktion f der höheren Entwurfsebene besteht aus der *Zusammenfassung* von ähnlichen, aber unabhängigen Funktionen $f_1, \ldots, f_n$ der tieferen Ebene (s. Abb. 4.8).

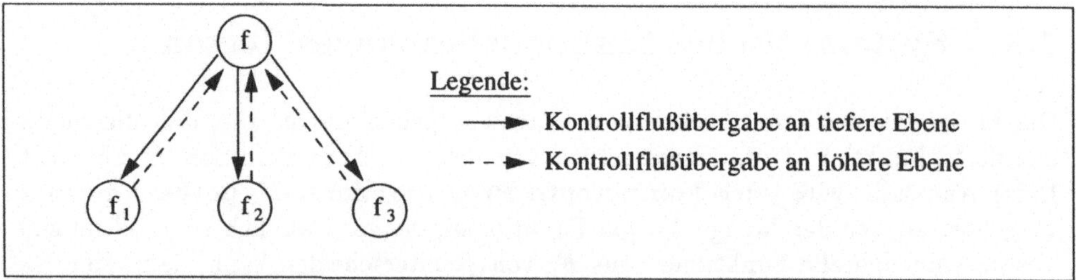

Abb. 4.8: Kompositionsart 1: Alternative Auswahl

BEISPIEL 4.3.1
Auswahl zwischen drei verschiedenen statistischen Verteilungen (f_1 = Gleichverteilung, f_2 = Exponentialverteilung, f_3 = Poisson-Verteilung) durch einen Parameter der Auswahlfunktion f der höheren Ebene.

Im einfachsten Fall $n = 2$ gibt es in f eine Entscheidung zwischen den Teilfunktionen f_1 und f_2. Dies läßt sich also darstellen als:

$$f = \textbf{if } b \textbf{ then } f_1 \textbf{ else } f_2,$$

wobei b eine Boolesche Funktion mit den Ergebniswerten *true* und *false* (bzw. *wahr* und *falsch*) ist.

Der Fall $n > 2$ läßt sich folgendermaßen auf den Fall $n = 2$ zurückführen:

$$f = \textbf{if } b \textbf{ then } f_1 \textbf{ else } f'$$

und f' wählt zwischen $f_2, \dots, f_n$ aus, also nur noch zwischen $n - 1$ Funktionen. Durch iterative Anwendung dieser Darstellung kommt man also schließlich zum Fall $n = 2$. [14]

Die Funktion f kann aus folgenden Gründen fehlerhaft sein:

1. f_1 ist fehlerhaft,

2. f_2 ist fehlerhaft,

3. b ist fehlerhaft.

In den Fällen 1 und 2 gilt folgendes: Falls f_1 oder f_2 sich wieder als funktionale Form beschreiben lassen, sind auf die entsprechenden Teilfunktionen die gleichen Testverfahren anzuwenden, die in diesem Kapitel dafür vorgeschlagen werden. Im anderen Fall können die Teilfunktionen datenbereichsbezogen, unsystematisch oder — falls schon durch Kontrollfluß, Datenfluß, Ausdrücke oder Anweisungen beschrieben — mit den Methoden von Teil III dieses Buches getestet werden.

Im Falle 3 gilt entsprechendes wie bei den Fällen 1 und 2: Falls die Boolesche Funktion b sich als funktionale Form beschreiben läßt, sind die Teilfunktionen nach den Vorschlägen dieses Kapitels zu testen. Andernfalls liegt ein einfacher Boolescher Ausdruck vor, der nach den Regeln von Teil III, Kapitel 9.1, zu testen ist.

Falls durch hinreichendes Testen ausgeschlossen werden kann, daß f_1 oder f_2 fehlerhaft sind, beschreibt der folgende Satz 4.3.1 die Verläßlichkeit des Tests von f in Abhängigkeit von der Verläßlichkeit des Tests für die Boolesche Funktion b.

---

[14] Programmiertechnisch läßt sich die n-stellige Fallunterscheidung natürlich auch durch eine *case*-Anweisung beschreiben (falls in der Programmiersprache vorhanden). Das ist aber semantisch äquivalent zur hier verwendeten verschachtelten *if-then-else*-Konstruktion.

SATZ 4.3.1
Voraussetzungen:

1. $f = $ **if** b **then** f_1 **else** f_2.

2. B_b *ist eine Menge von Booleschen Funktionen, die denselben Eingabebereich wie* b *haben.*

3. T *ist eine Testdatenmenge, für die gilt:*

   (a) T *unterscheidet jede Boolesche Funktion* b' *aus* B_b *von* b *(falls* $b' \neq b$)*,*

   (b) $f_1(t) \neq f_2(t)$ *für alle* t *aus* T.

4. F_f *ist die Menge der Funktionen, die sich aus* f *ergibt, indem* b *nacheinander durch jedes* b' *aus* B_b *ersetzt wird.*

Unter den Voraussetzungen 1 bis 4 gilt:
T *kann jedes* f' *aus* F_f *von* f *unterscheiden (falls* $f' \neq f$*).*

Beweis (durch Widerspruch):
Sei $f' \neq f$ und $f'(t) = f(t)$ für alle $t \in T$. Da f' aus F_f ist, gilt wegen 1 und 4:
$f' = $ **if** b' **then** f_1 **else** f_2 für ein b' aus B_b mit $b' \neq b$ (aus $b' = b$ würde $f' = f$ folgen).
Nach Voraussetzung 3(a) existiert ein $t \in T$ mit $b'(t) \neq b(t)$. Also gilt $f(t) = f_1(t)$
und $f'(t) = f_2(t)$ (oder umgekehrt). Wegen 3 (b) gilt also $f(t) = f_1(t) \neq f_2(t) = f'(t)$, ein Widerspruch zur Annahme.

q.e.d.

Voraussetzung 3(b) von Satz 4.3.1 ist problematisch. Wenn diese Voraussetzung nicht erfüllt ist, kann trotz einer falschen Entscheidungsfunktion b die falsche Teilfunktion f_1 (bzw. f_2) dennoch „zufälligerweise" das richtige Ergebnis berechnen. In solchen Fällen ist der Test also nicht zuverlässig. Zur Erläuterung dieses Problems dient folgendes Beispiel:

BEISPIEL 4.3.2

$$f(x) = \text{if } x \geq 3 \text{ then } x \text{ else } 1$$

Für Prädikat $b = (x \geq 3)$ *gebe es nur einen Fehler:* $B_b = \{x \geq 0\}$. *Zur Unterscheidung der Booleschen Funktionen* $b' = (x \geq 0)$ *und* $b = (x \geq 3)$ *reicht der Test mit* $x = 1$ *aus, da* $b'(1) = true$ *und* $b(1) = false$. *Dieser Test entdeckt aber nicht den Unterschied von* f *und* f' *mit* $f'(x) = $ **if** $x \geq 0$ **then** x **else** *1:* $f(1) = 1$ *(Konstante im else-Zweig),* $f'(1) = 1$ *(*$x = 1$ *im then-Zweig), d. h.* $f(1) = f'(1)$.

Um diese Testfehler auszuschließen, muß man die Wertebereiche bestimmen, für die beide Teilfunktionen f_1 und f_2 identische Werte berechnen, d. h. wo ihre Differenz $f_1(x) - f_2(x)$ gleich 0 ist. Für beliebige Funktionen ist dies leider unmöglich. Im vorliegenden Beispiel 4.3.2 ist es aber einfach: Die Teilfunktionen $f_1(x) = x$ und $f_2(x) = 1$ sind gleich, wenn $f_1(x) - f_2(x) = x - 1 = 0$ gilt, d. h. $x = 1$. Mit $x = 1$ darf also *nicht* getestet werden.

Kompositionsart 2:
Eine Boolesche Kontrollfunktion b steuert einen *iterativen Prozeß*, der sich durch eine Funktion g beschreiben läßt.
In Abhängigkeit davon, ob die Kontrollfunktion b vor oder erst nach dem ersten Ausführen der Funktion g überprüft, ob g zu iterieren ist, werden zwei Fälle unterschieden (siehe Abbildung 4.9).

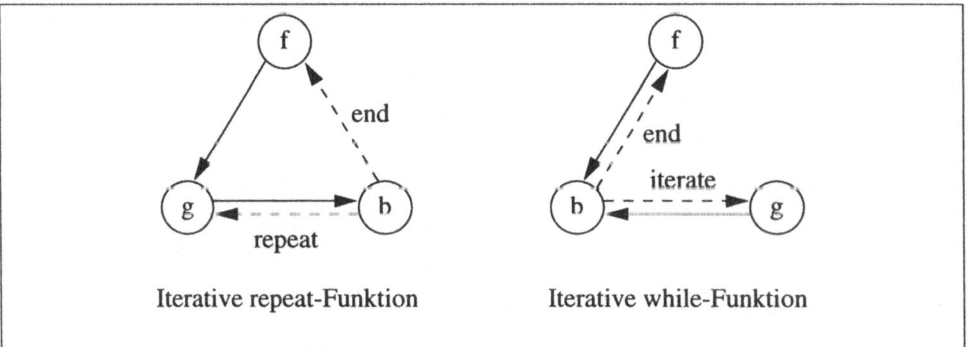

Abb. 4.9: Kompositionsart 2: Kontrollierte Iteration

BEISPIEL 4.3.3
Ein Programm soll eine Nullstelle einer Funktion h mit hinreichender Genauigkeit e berechnen. Es ist also ein Intervall (a, b) mit $|a - b| \leq e$ zu bestimmen, so daß $h(x) = 0$ für ein x mit $a \leq x \leq b$ gilt.

Die Berechnung der Funktionswerte von h geschieht durch eine Funktion g. Das (iterative) Verfahren muß durch eine Kontrollfunktion b gesteuert werden, welche die Intervallänge für benachbarte Funktionswerte bestimmt.
Dabei ist folgendes zu beachten:

1. Kontrollfunktionen müssen nicht aus zusammenhängendem, abgrenzbarem Code im Programm bestehen.

2. Kontrollfunktionen erzeugen keine Werte, die von anderen Funktionen weiterverarbeitet werden (wie bei den Kompositionsarten 1 und 3).

In Programmiersprachennotation lassen sich die beiden Fälle von iterativen Funktionen folgendermaßen darstellen. Dabei sei v der Vektor aller Variablen, die von den Funktionen g oder b referenziert oder definiert werden.

1. f = **repeat** $v \leftarrow g(v)$ **until** $b(v)$

2. f = **while** $b(v)$ **do** $v \leftarrow g(v)$

Die Funktion f kann aus folgenden Gründen fehlerhaft sein:

i. g ist fehlerhaft,

ii. b ist fehlerhaft,

iii. f wurde mit *repeat* (Fall 1) statt mit *while* (Fall 2) realisiert (oder umgekehrt).

In den ersten beiden Fällen gilt entsprechendes wie bei der Kompositionsart 1 (*if-then-else* bzw. *case*).

Falls durch hinreichendes Testen ausgeschlossen werden kann, daß g fehlerhaft ist, beschreibt der folgende Satz 4.3.2 die Verläßlichkeit des Tests einer iterativen while-Funktion f in Abhängigkeit von der Verläßlichkeit des Tests für die Boolesche Funktion b.

SATZ 4.3.2
Voraussetzungen:

1. f = **while** $b(v)$ **do** $v \leftarrow g(v)$.

2. *B_b ist eine Menge von Booleschen Funktionen, die denselben Eingabebereich wie b haben.*

3. *T ist eine Testdatenmenge, für die gilt:*

   (a) *T unterscheidet jede Boolesche Funktion b' aus B_b von b (wenn $b' \neq b$),*

   (b) *für alle t aus T und alle i, j mit $i > j \geq 0$ gilt:*

   $$g^i(t) \neq g^j(t),$$

   wobei g^i die i-fache Iteration von g ist und g^0 die Identität ist.

4. *F_f ist die Menge der Funktionen, die sich aus f ergibt, indem b durch ein b' aus B_b ersetzt wird.*

Unter den Voraussetzungen 1 bis 4 gilt:
T kann jedes f' aus F_f von f unterscheiden (falls $f' \neq f$).

Beweis:

Sei $f' = \textbf{while } b'(v) \textbf{ do } v \leftarrow g(v)$ und $b' \neq b$. Dann gibt es wegen 3(a) ein Testdatum t aus T mit $b'(t) \neq b(t)$. Sei $b(t) = b(g^0(t)) = true$ und $b'(t) = false$. (Für $b(t) = false$, $b'(t) = true$ ist der Beweis analog.) Dann berechnet $f'(t)$ den Wert $t = g^0(t)$. $f(t)$ ist entweder undefiniert, (falls die *while*-Schleife unendlich oft durchlaufen wird), also verschieden von $f'(t)$, oder f terminiert nach $n > 0$ Iterationen. Dann berechnet $f(t)$ den Wert $g^n(t)$. Also gilt wegen 3(b): $f(t) = g^n(t) \neq g^0(t) = f'(t)$.

q.e.d.

Im Unterschied zu Satz 4.3.1 hat g eine neue Voraussetzung zu erfüllen. Diese Voraussetzung 3(b) bedeutet, daß bei jeder Iteration von g ein neuer Wert berechnet wird, die Iteration also nicht nutzlos ist.

Für iterative *repeat*-Funktionen oder Verschachtelungen von iterativen *repeat*- und *while*-Funktionen ist die Testbedingung komplizierter. Dies liegt daran, daß bei *repeat*-Funktionen der Effekt der mindestens einmaligen Ausführung der Funktion g einzubeziehen ist (genaueres siehe [How 87], Theorem 4.15).

Kompositionsart 3:

Eine Funktion f wird realisiert durch die *Sequenz* (*Hintereinanderausführung*) von Funktionen $f_1, \ldots, f_n$ (siehe Abbildung 4.10).

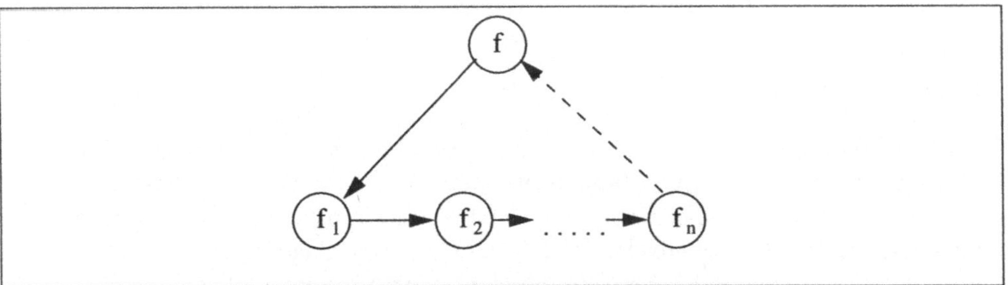

Abb. 4.10: Kompositionsart 3: Sequenz

BEISPIEL 4.3.4

Ein Programm für die numerische Analyse hat eine Zahlenfolge als Eingabe. Die Zahlenfolge wird zuerst von einer Funktion f_1 bearbeitet, die die Werte normalisiert, und dann von weiteren Funktionen $f_2, f_3, \ldots$ bearbeitet.

Die Funktion f kann aus folgenden Gründen fehlerhaft sein:

1. Mindestens eine der Funktionen $f_i, i = 1, \ldots, n$, ist fehlerhaft.

2. In der Sequenz $f_1, \ldots, f_n$ fehlt eine Funktion f'.

3. In der Sequenz $f_1, \ldots, f_n$ ist eine Funktion f_i zu viel eingebaut worden, d. h. $f_1, \ldots, f_{i-1}, f_{i+1}, \ldots, f_n$ ist die korrekte Sequenz.

4. In der Sequenz $f_1, \ldots, f_n$ ist die Reihenfolge der Funktionen falsch, d. h. für eine Permutation $p: \{1, \ldots, n\} \rightarrow \{1, \ldots, n\}$ gilt:
   $f_{p(1)}, \ldots, f_{p(n)}$ ist die korrekte Sequenz.

Im ersten Fall gilt Entsprechendes wie bei den anderen Kompositionsarten.
In den Fällen 2 und 3 sollte dieser Fehler durch statische Überprüfung des Entwurfs festgestellt werden können (siehe Kapitel 12) oder durch Testen der Gesamtfunktion f beim Integrationstest (siehe Kapitel 13.3). Der Fall 4 ist ein Spezialfall (der Verletzung) von Reihenfolgebedingungen, die in Kapitel 5.2 behandelt werden.

Zu den Testmethoden kann noch folgendes angemerkt werden:

1. Fehler in den Kontrollfunktionen bei der kontrollierten Iteration (Kompositionsart 2) können durch funktionsorientiertes Testen auf der Systemebene nicht immer gefunden werden. Wenn beispielsweise die Kontrollfunktion die Iteration nicht zum frühestmöglichen Zeitpunkt abbricht, ist das Ergebnis bei einem konvergierenden Verfahren trotzdem richtig. Die Funktion ist lediglich ineffizient realisiert worden.

2. Interne — im Entwurf erzeugte — Variablen und Datenstrukturen können Fehlerquellen sein, die bei einem groben funktionsorientierten Testen (auf der Systemebene) nicht erfaßt werden.

4.3.2 Entwurfsorientiertes Testen

Die Bemerkungen 1 und 2 sind eine erste Begründung für die Notwendigkeit des *entwurfsorientierten* funktionsbezogenen Testens. Dieses Vorgehen hat einen weiteren Vorteil: Funktionen werden im Kontext von Einschränkungen getestet und daher werden die Wertebereiche bzw. Kombinationen eingeschränkt. Der Testaufwand ist also geringer als bei einem „blinden" Durchprobieren aller Möglichkeiten. (Wenn einzelne Module allerdings in einem anderen Zusammenhang wiederverwendet werden sollen, dürfen diese Einschränkungen beim Testen nicht vorgenommen werden. Wiederverwendbarkeit hat also ihren Preis.)

BEISPIEL 4.3.5
Die Entwurfsfunktion f sei durch ein Codestück P realisiert, welches nur ausgeführt wird, wenn $x \leq 2$ ist. Der Wertebereich der Eingabevariable x von P sei das Intervall $[-MAXINT, MAXINT]$.
Würde P unabhängig vom Kontext ($x \leq 2$) getestet, so wären $x = +MAXINT$ und $x = -MAXINT$ die extremen Testeingabewerte. Im Kontext $x \leq 2$ sind die extremen (gültigen) Werte dagegen $x = -MAXINT$ und $x = 2$ und es gibt einen ungültigen Grenzwert $x = 2 + \epsilon$, wobei ϵ der kleinste positive Wert ist.

Folgende Hinweise sind beim entwurfsorientierten funktionsbezogenen Testen zu beachten:

1. Voraussetzung für diese Testart ist, daß für die Eingabe- und Ausgabevariablen jeder Entwurfsfunktion Wertebereich, Länge, Dimension etc. vollständig spezifiziert sind.

2. Damit die Entwurfsfunktionen getestet werden können, müssen sie i. allg. aus ihrer Umgebung im Programm herausgelöst und mit passenden Werten für ihre Eingabedatenstrukturen versorgt werden.

3. Die sich ergebenden Werte für die Ausgabedatenstrukturen und die erforderlichen Werte der Eingabedatenstrukturen können eventuell (falls die Programmiersprache dies nicht unterstützt) nicht direkt aus- bzw. eingegeben werden. Dann müssen diese (zusammengesetzten) Werte aus einfachen (in der Programmiersprache implementierten) Werten rekonstruiert werden bzw. bei der Ausgabe entsprechend aufbereitet werden.

Für die Aufgaben 2 und 3 sind entsprechende Methoden und Werkzeuge wie beim Modultest nützlich (genaueres siehe Kapitel 13.3, insbesondere Beispiel 13.3.1).

4.3.3 Testen auf der Basis von Datenflußdiagrammen, Petri-Netzen und endlichen Automaten

Eine alternative Vorgehensweise beim absteigenden (top-down) Entwurf bzw. bei der schrittweisen Verfeinerung von Systemen besteht in der Verwendung von SADT-Diagrammen, SA-Diagrammen, Petri-Netzen, endlichen Automaten oder daraus weiter entwickelten Modellen[15].

Die **SA-Diagramme** geben in Form von Graphen das Zusammenspiel von Funktionen (**Aktivitäten** genannt) an, die auf **Daten(flüssen)** operieren. Die Aktivitäten werden durch Knoten des Graphen dargestellt, die den Namen der Aktivität tragen, die Daten(flüsse) werden durch die Kanten des Graphen dargestellt und haben ebenfalls Namen.

Bei **SADT-Diagrammen** werden eingehende Kanten danach unterschieden, ob sie von links in den viereckig dargestellten Aktivitätsknoten einlaufen (dann sind es **Eingabedaten** oder von oben (dann sind es **Kontrolldaten** oder von unten (dann sind es **Mechanismen**). Kanten, die einen Aktivitätsknoten rechts verlassen, repräsentieren **Ausgabedaten**. Diese Kanten dürfen sich verzweigen, so daß jeder Zweig zu einem anderen Aktivitätsknoten führt. Diese Zweige können verschiedene Namen haben.

BEISPIEL 4.3.6
Bei der Flugsicherung fallen u. a. die in Abbildung 4.11 dargestellten Daten an. Die Kante mit Namen „Flugstreifen" verzweigt sich in zwei Kanten mit den Namen „Flughöhe" und „Horizontalposition".

---

[15]SADT = Structured Analysis and Design Technique, siehe z. B. [Ros 77]; SA = Structured Analysis, siehe z. B. [DeM 79]

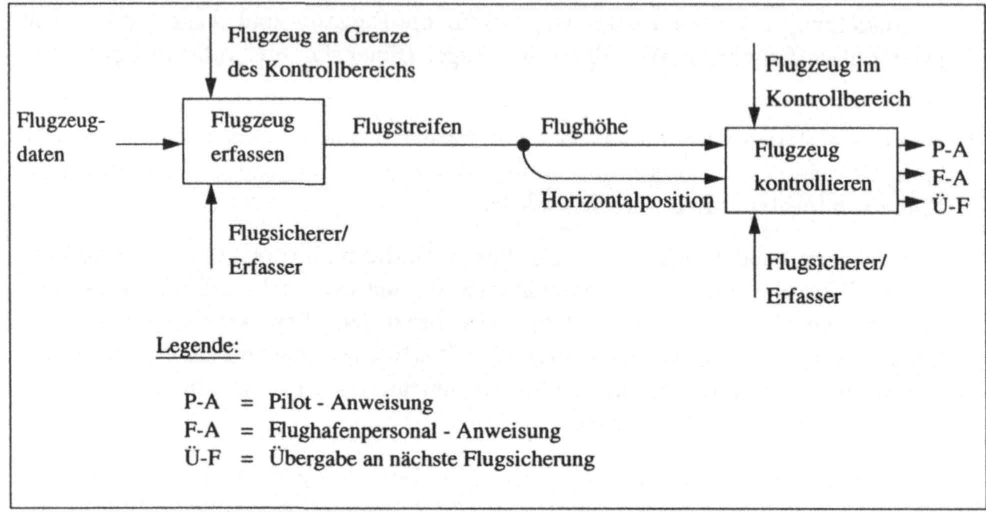

Abb. 4.11: SADT-Diagramm der Flugsicherung

Um die Bedeutung einer Verzweigung genau festzulegen, muß etwa folgendes angegeben werden:

1. der Wertebereich der Daten (d. h. für jede Kante bzw. jeden Zweig ein Wertebereich),

2. eine Vorschrift, wie ein Wert auf einer Kante aufgeteilt bzw. transformiert wird zu Werten auf den einzelnen Zweigen.

BEISPIEL 4.3.7
Für die Verzweigung des Flugstreifens aus Abbildung 4.11 sei angegeben:

1. *ein Wertebereich durch Aufzählung seiner Elemente:*

     Wertebereich *von Flugstreifen:*
     inaktiv,
     Flugkurs_ohne_Konflikt/Flughöhe_nicht_besetzt,
     Flugkurs_ohne_Konflikt/Horizontalposition,
     Flugkurs_im_Konflikt_mit_anderem_Flugkurs

2. *eine Vorschrift für die Werteweiterleitung:*

   case
       Flugstreifen = Flugkurs_ohne_Konflikt/Flughöhe_nicht_besetzt
   then
       Horizontalposition := indifferent;
       Flughöhe := nicht_besetzt
   case *... (etc.)*

Um die Bedeutung der Aktivitäten (Funktionen) festzulegen, muß folgendes angegeben werden (jedenfalls für die Aktivitäten auf der *untersten* Verfeinerungsstufe):

1. **Vorbedingungen** für die Werte von allen relevanten Eingabedaten, Kontrolldaten und Mechanismen,

2. **Nachbedingungen** für die Werte von Ausgabedaten, d. h. die Werte auf ausgehenden Kanten der Aktivität.

Aus diesen Angaben läßt sich das Gesamtverhalten des spezifizierten Systems folgendermaßen als *(endlicher[16]) Automat* angeben.

Ein *Zustand* dieses Automaten besteht aus dem Tupel aller Werte auf allen Kanten bzw. Zweigen des SADT-Diagramms des Systems. Besteht die Beschreibung aus einer Hierarchie von Diagrammen, sind die Verfeinerungen jeweils explizit auszuführen, um das komplett verfeinerte System auf „unterster Ebene" zu erhalten.

Die Verhaltensbeschreibung setzt zusätzlich die Angabe eines Anfangszustands oder mehrerer möglicher Anfangszustände voraus. Ausgehend von einem Zustand z ergibt sich aufgrund externer Ereignisse e eine Veränderung der Vorbedingungen von gewissen Aktivitäten. Dies ergibt aufgrund der Bedeutung der Aktivitäten eine Veränderung der Werte auf den Ausgangskanten der einzelnen Aktivitäten — spezifiziert durch die Nachbedingungen zu den erfüllten Vorbedingungen der Aktivität.

Diese Veränderungen innerhalb des Gesamtsystems können nacheinander oder parallel für verschiedene Aktivitäten erfolgen, wobei sich eventuell ein nichtdeterministisches Verhalten ergibt. Insgesamt führen diese Veränderungen zu einem neuen Systemzustand z' und neuen Werten auf den externen Ausgangskanten des Systems (das Tupel dieser Werte sei a).

Diese Veränderung des Systemzustands läßt sich im Automat notieren: ausgehend vom Gesamtzustand z ergibt sich aufgrund der externen Ereignisse e eine „Transition" zum neuen Gesamtzustand z' mit der Ausgabe a.

Diese Beschreibung als Automat kann nun als Ausgangspunkt für das Testen des Systemverhaltens verwendet werden. Dazu werden Tests verwendet, die gewisse „Wege" durch den Automaten ausführen, d. h. eine Folge von Transitionen des Automaten. Da die Menge aller Wege durch den Automaten i. allg. unendlich ist, sind endlich viele Fälle auszuwählen. Das sinnvolle Auswählen solcher Fälle wird in Kapitel 5 im Zusammenhang mit den (endlichen) Automaten, die aus Pfadausdrücken abgeleitet werden, behandelt.

Im Unterschied zu SADT- oder SA-Diagrammen werden bei einem **Petri-Netz** die Daten(flüsse) duch **Stellen** und die Aktivitäten durch **Transitionen** beschrieben. Durch Modifikationen der ursprünglichen Petri-Netz-Definition können komplexe

---

[16]Falls der Wertebereich der Daten nicht endlich ist und der Wertebereich nicht in endlich viele relevante Klassen eingeteilt werden kann, ist der Automat *nicht* endlich.

Datenstrukturen und Aktivitäten beschrieben werden. Vorteilhaft ist, daß alle Petri-Netz-Definitionen ein exaktes Verhalten der Petri-Netze vorgeben, welches entsprechend gegen die Anforderungen getestet werden kann. (Zu den Testkriterien sei auf die Literatur, z. B. [MoP 90], verwiesen.)

BEISPIEL 4.3.8
Das Datenflußdiagramm aus Abbildung 4.12 wird durch das Petri-Netz aus Abbildung 4.13 dargestellt.

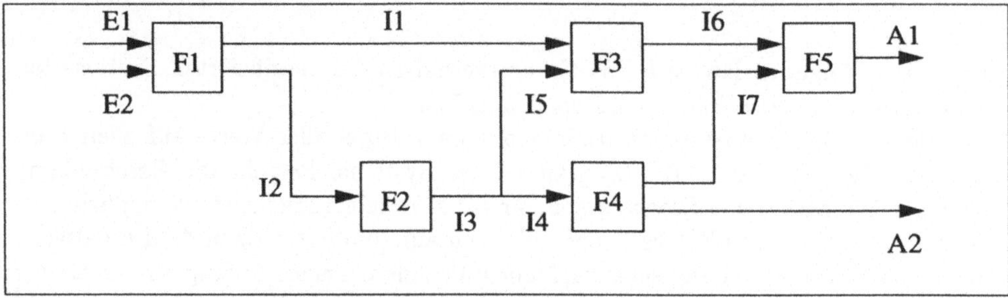

Abb. 4.12: Datenflußdiagramm

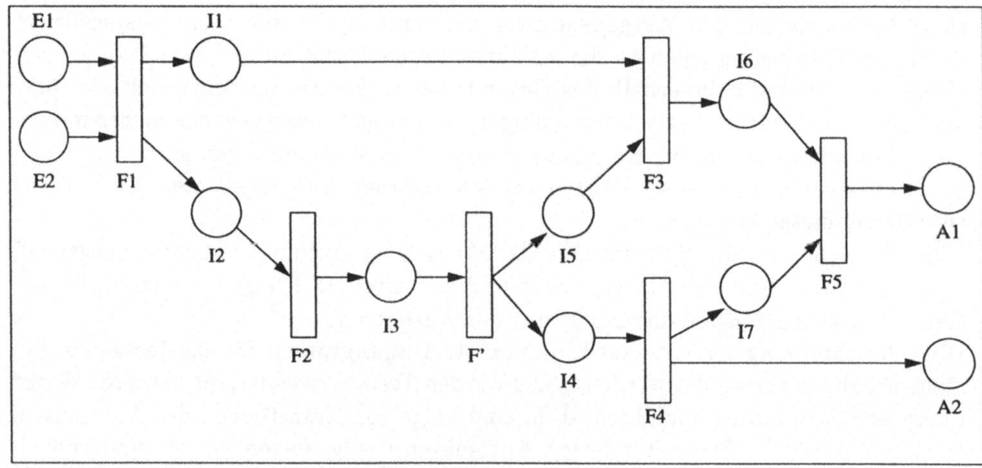

Abb. 4.13: Petri-Netz

4.4 Übungen

Übung 4.1:

Gegeben sei ein Programm, welches die Lösungen der quadratischen Gleichung $a *$ $x^2 + b * x + c = 0$ bestimmt, wobei a, b, c Konstanten vom Typ *Integer* sind und x die Variable. Geben Sie Äquivalenzklassen und Grenzwerte an (in Abhängigkeit von den Werten a, b und c) und entsprechende Testdaten.

Hinweis: Wird z. B. $a = 0$ gewählt, ergibt sich eine lineare Gleichung. Für andere Wertekombinationen von a, b und c gibt es statt der normalen zwei Lösungen (für x) evtl. nur eine oder keine reellwertige Lösung.

Übung 4.2:

Gegeben sei eine Prozedur *Zaehle_Zeichen*, die Zeichen von der Tastatur einliest, und zwar solange bis ein Zeichen erkannt wird, das kein Großbuchstabe ist, oder *Gesamtzahl* den Wert *Max* erreicht, d. h. den größten Wert, der durch den Datentyp *Integer* darstellbar ist.

Wenn ein gelesenes Zeichen ein Großbuchstabe ist, so wird die *Gesamtzahl* um Eins erhöht. Wenn der Großbuchstabe ein Vokal ist, wird auch *Vokalanzahl* um Eins erhöht. *Gesamtzahl* und *Vokalanzahl* sind die Ergebnisse, die bei Beendigung der Prozedur zurückgegeben werden. Das aufrufende Programm stellt sicher, daß *Gesamtzahl* stets größer oder gleich *Vokalanzahl* ist.

Identifizieren Sie drei Ursachen und vier Wirkungen für *Zaehle_Zeichen* und stellen Sie den UWG und die Wertetabelle für die Testdaten auf.

Übung 4.3:

Geben Sie für das Dreiecksklassifikationsprogramm von Seite 17 einen Ursache/Wirkungsgraphen an. Orientieren Sie sich dabei an den Bedingungen (Ursachen) und Ausgaben (Wirkungen) von Tabelle A.1 im Anhang A.1.

Leiten Sie entsprechende Testdaten ab und vergleichen Sie die Lösung mit den Ergebnissen im Anhang A.

Übung 4.4:

Mit der UWG-Methode wurden acht Testfälle F1 bis F8 für den Textformatierer bestimmt (s. Tabelle 4.15 auf S. 98) und somit vier Testfälle eingespart. Zeigen Sie, daß bei den Wahlen B1 = B2 = B3 = B4 = 0 für Testfall F1 (d. h. B4 = 0), und t_{6b} für F3 (d. h. B1 = 0, B2 = B3 = B4 = 1) die vier Testfälle u_1, u_2, u_3, u_4 überflüssig sind:

u_1: B1 = B2 = B3 = 0, B4 = 1
u_2: B1 = 0, B2 = 1, B3 = B4 = 0
u_3: B1 = 0, B2 = B3 = 1, B4 = 0
u_4: B1 = B2 = B3 = 1, B4 = 0

Es ist dabei zu zeigen, daß ein Fehler in einer Eingabebedingung $Bi, i = 1, 2, 3, 4$, der von einem der Testfälle u_1 bis u_4 aufgedeckt wird, auch von einem der acht Testfälle

F1 bis F8 aufgedeckt wird.

(Beispiel: Für u_1 ergibt sich im korrekten Fall $w_1 = 1, w_2 = 0, w_3 = 0, w_4 = 0$. Mit dem Fehler $\overline{D}$ bei B2 (korrekt 1, falsch 0) ergibt sich (vgl. Beispiel 4.2.11 ab S. 90): $w_1 = D, w_2 = D, w_3 = 0, w_4 = 0$. Der Fehler wird also bzgl. w_1 und w_2 erkannt. Dasselbe passiert aber mit Testfall F1 mit B1 = B2 = B3 = B4 = 0, da w_1 und w_2 nur von B1 und B2 abhängen).

Übung 4.5:

Erweitern Sie den UWG aus Abb. 4.6 um die Wirkungen zu den Punkten 2, 3 und 6 bei der Lösung zu Testaufgabe 3 (siehe Anhang A.3). Welche zusätzlichen Testfälle sind dafür erforderlich?

Übung 4.6:

Identifizieren Sie die Funktionen in diversen Programmen von ca. 100 Zeilen, geben Sie die Kompositionsart(en) für die Funktionen an und planen Sie Tests auf der Grundlage der Sätze 4.3.1 (S. 102) und 4.3.2 (S. 104). Sie dürfen dabei auf anzuwendende Testverfahren für einfache (Boolesche) Ausdrücke und Anweisungen verweisen, die erst in Kapitel 9 vorgestellt werden.

4.5   Verwendete Quellen und weiterführende Literatur

Das Vorgehen bei der **Fehlererwartungsmethode** und bei der Methode der **Äquivalenzklassenbildung** wurde von Myers vorgeschlagen (s. [Mye 79]). Vorschläge zur **Grenzwertanalyse** und zum Testen **spezieller Werte** finden sich z. B. bei Myers, Howden und Adrion et al. (s. [Mye 79], S. 50–55; [How 78a], S. 187 f.; [ABC 82], S. 170; [How 78b], S. 302). Die **Ursache/Wirkungsgraph-Methode** stammt ursprünglich von Elmendorf, der sich an dem Konzept der **Pfadsensitivierung** und dem entsprechenden D-Algorithmus von Roth zum Hardwaretesten orientiert (s. [Rot 66], [Elm 73]). Die Methode wurde von Myers modifiziert, z. T. vereinfacht und durch Beispiele illustriert (s. [Mye 76], [Mye 79]). Sechs Varianten dieser Methode, welche die Anzahl der fehlersensitiven Testfälle variieren bzw. optimieren, werden von Weyuker et al. vorgestellt und verglichen (s. [WGS 94]). Eine Vielzahl von Definitionen, Sätzen und Bemerkungen zum **funktionsbezogenen Testen** stammt aus den diversen Artikeln und dem Buch von Howden. Die drei Kompositionsarten für Funktionen findet man in [How 80], S. 165 f.; Satz 4.3.1 und Satz 4.3.2 entsprechen den Theoremen 4.14 und 4.15 aus dem Buch [How 87]. Ein umfangreicheres Beispiel zum **entwurfsorientierten Testen** („Sortieren durch Mischen") wird in [How 78a], S. 190 ff. vorgestellt. Die Vorschläge zur Präzisierung des Verhaltens eines Systems, welches durch **SADT-Diagramme** beschrieben ist, stammen von Morin (s. [Mor 86]). Dort wird auch erläutert, wie sich das Verhalten als **Automat** angeben läßt, aus dem eine geeignete Menge von Testsequenzen abgeleitet werden kann.

Einige Übungen wurden an Beispiele aus [Mye 76] und [Lig 90] angelehnt.

5 Testen von Reihenfolgebedingungen und algebraischen Spezifikationen

5.1 Testen von Reihenfolgebedingungen

Die Behandlung von Fehlern bei der Kompositionsart 3 (Sequenz) beim funktionsbezogenen Testen wurde auf dieses Kapitel verschoben, da die Sequenz nur ein Spezialfall einer *Reihenfolgebedingung* ist. Beim Testen von sequentiellen Systemen können Reihenfolgebedingungen folgende Bedeutungen haben.

1. Um die Gesamtfunktion richtig zu berechnen, sind die Teilfunktionen in einer bestimmten Reihenfolge auszuführen, wobei es Alternativen geben kann. Die Vorgabe der zulässigen Reihenfolgen in der Spezifikation wird **Reihenfolgeorakel** genannt. Durch statische Analyse (siehe Kapitel 12) oder dynamisches Ausführen des implementierten Programms ist festzustellen, ob alle laut Spezifikation zulässigen Reihenfolgen und keine unzulässigen Reihenfolgen ausführbar sind. Entsprechende Abweichungen werden **Reihenfolgefehler** genannt.

2. Ein Modul stellt mehrere (Zugriffs-)Funktionen zur Verfügung. Um die Integrität der gespeicherten Daten nicht zu gefährden, sind nur bestimmte Reihenfolgen der Zugriffsfunktionen erlaubt. Wenn das Gesamtsystem robust ist, werden unerlaubte Zugriffe abgefangen und entsprechende Fehlermeldungen ausgegeben. Es ist also zu testen, ob die **zulässigen Reihenfolgen** fehlerfrei ausführbar sind und die **unzulässigen Reihenfolgen** zu entsprechenden Fehlern (mit passenden Fehlermeldungen) führen.

   In beiden Fällen kann es drei Arten der Reihenfolgebedingungen geben:

   (a) spezifizierte Reihenfolgebedingungen,

   (b) entworfene Reihenfolgebedingungen,

   (c) implementierte Reihenfolgebedingungen.

Die spezifizierten oder entworfenen Reihenfolgebedingungen sind aus der Spezifikation oder dem Entwurf i. allg. direkt ableitbar. Die implementierten Reihenfolgebedingungen lassen sich aus dem Kontrollfluß des Programmcodes ableiten, wenn die Funktionen im Programmcode identifizierbar sind.

Die im folgenden vorgestellten Techniken können dazu benutzt werden, die Übereinstimmung einer gegebenen Reihenfolgebedingung mit einer der anderen Reihenfolgebedingungen festzustellen.

Die Reihenfolgebedingungen werden durch Pfadausdrücke angegeben. Sie werden (neutral) über einer Menge F von „Elementen" definiert, die bei der hier vorliegenden Anwendung eine Menge von Funktionsnamen ist.

DEFINITION 5.1.1 (PFADAUSDRUCK)

1. *Die* **Syntax der Pfadausdrücke** *über einer Menge F ist folgendermaßen definiert:*

   (a) *Ein leerer Ausdruck ist ein Pfadausdruck, ein Funktionsname aus F ist ein Pfadausdruck.*

   (b) *Wenn P und Q Pfadausdrücke sind, so auch*

      i. *die Sequenz von P und Q: $(P;Q)$*

      ii. *die Alternative von P und Q: $(P|Q)$*

      iii. *die Wiederholung von P: P^+*

      iv. *die Option von P: $[P]$*

   (c) *Nur was mit (a) oder (b) gebildet werden kann, ist ein Pfadausdruck.*

   (d) *Zur Einsparung von Klammern gilt, daß Sequenz (;) stärker bindet als Alternative (|).*

2. *Die* **Semantik der Pfadausdrücke** *entspricht der Namenswahl für die verschiedenen Ausdrücke:*

   (a) *Bei einer Sequenz werden die Elemente (Funktionen) des ersten Ausdrucks vor den Elementen (Funktionen) des zweiten Ausdrucks ausgeführt.*

   (b) *Bei einer Alternative werden die Elemente (Funktionen) des ersten Ausdrucks oder die Elemente (Funktionen) des zweiten Ausdrucks ausgeführt (aber nicht beide).*

   (c) *Bei einer Wiederholung werden die Elemente (Funktionen) des Ausdrucks mindestens einmal ausgeführt[1].*

   (d) *Bei einer Option werden die Elemente (Funktionen) des Ausdrucks keinmal oder einmal ausgeführt.*

   (e) *Bei einem leeren Ausdruck wird nichts ausgeführt.*

3. *Zur Strukturierung von Pfadausdrücken können Teilausdrücke benannt werden und nur mit ihrem Namen in anderen Pfadausdrücken verwendet werden.*

4. *Pfadausdrücke mit obigen Eigenschaften werden auch* **sequentielle Pfadausdrücke** *genannt[2].*

---

[1]Alternativ könnte man — wie bei regulären Ausdrücken — die Wiederholung als Iteration P^* von P definieren, die auch die 0-malige Wiederholung (also keine Ausführung) von P umfaßt. Dann könnte die Option $[P]$ entfallen

[2]im Unterschied zu nebenläufigen Pfadausdrücken gemäß Definition 14.2.1

BEISPIEL 5.1.1
$$P = (\,b \mid c\,)^+ \,;\, [\,d\,;\,e \mid f\,]$$

Dieser Pfadausdruck P läßt sich folgendermaßen strukturieren:

$$Teil_1 = (\,b \mid c\,)^+$$
$$Teil_2 = [\,d\,;\,e \mid f\,]$$
$$P \quad = Teil_1 \,;\, Teil_2$$

P ist eine Sequenz aus zwei Teilen:
$Teil_1$ ist eine Wiederholung der Alternative aus b oder c. $Teil_2$ ist eine Option der Alternative aus einer Sequenz und f, wobei die Sequenz aus d und e besteht. Bei $Teil_2$ wird also entweder nichts ausgeführt oder die Sequenz von d und e ausgeführt oder nur f ausgeführt.

Ausgehend von einem Pfadausdruck sind nun eine Menge von Funktionssequenzen als Testfälle zu bestimmen. Bei Pfadausdrücken ohne Wiederholungen kann man alle möglichen Funktionssequenzen testen, da es davon nur endlich viele gibt.

BEISPIEL 5.1.2
$$Q = (\,b \mid c\,)\,;\, [\,d\,;\,e \mid f\,]$$
Zu diesem Pfadausdruck Q gibt es genau sechs mögliche (Funktions-)Sequenzen:

$Q1 : b,$ $Q4 : bf,$

$Q2 : c,$ $Q5 : cde,$

$Q3 : bde,$ $Q6 : cf.$

Ersetzt man jedoch in Q den Ausdruck (b|c) durch $(b|c)^+$, so erhält man den Ausdruck P aus Beispiel 5.1.1 mit der Wiederholung $(b|c)^+$. Für diese Wiederholung gibt es unendlich viele (Funktions-)Sequenzen: b, c, bb, bc, cb, cc, bbb, bbc, bcb, bcc, cbb, ..., etc. Die vollständigen Sequenzen für Q ergeben sich durch Anhängen von de, f oder nichts (dem leeren Ausdruck).

Für Pfadausdrücke mit Wiederholungen müssen die zu testenden (Funktions-)Sequenzen eingeschränkt werden, um in endlicher Zeit fertig zu werden. Dazu wird eine andere Darstellung der Reihenfolgebedingungen verwendet, die in manchen Fällen auch direkt als Spezifikation oder Entwurf vorliegen kann.

Da Pfadausdrücke sich als sogenannte **reguläre Ausdrücke** interpretieren lassen, kann man auch einen **endlichen Automaten** angeben, der dieselben zulässigen (Funktions-)Sequenzen beschreibt. Das Verfahren wird an einem Beispiel erläutert, da eine vollständige Einführung in die benötigte Theorie der endlichen Automaten[3] den Rahmen dieses Buches sprengen würde.

---

[3] siehe z. B. [Bra 84] oder [Weg 93], Kapitel 4

Beispiel 5.1.3

$$P = (\,b\mid c\,)^+ \,;\, [\,d\,;\,e\mid f\,]$$

Zu P kann direkt ein nichtdeterministischer ε-Automat[4] angegeben werden (siehe Abbildung 5.1).

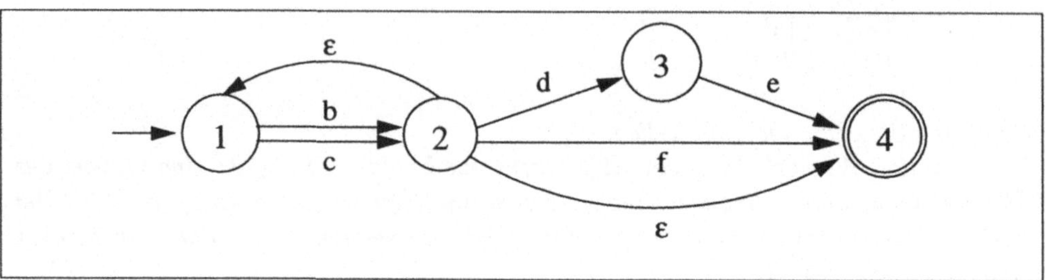

Abb. 5.1: ε-Automat zu P

Dabei wurde folgendes beachtet:

<u>Regeln für die Darstellung eines Pfadausdruckes als endlicher Automat:</u>

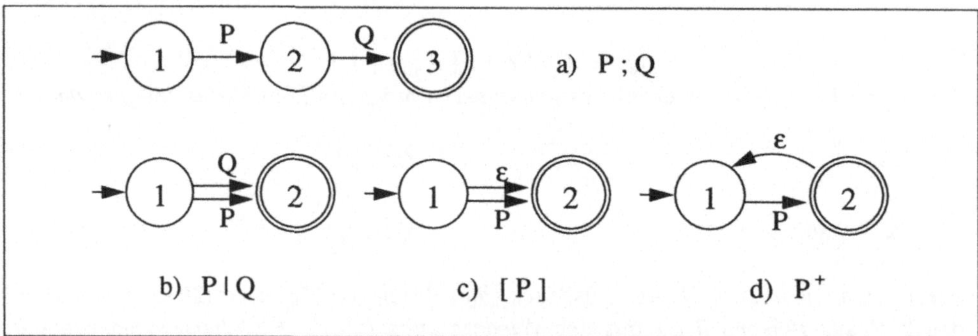

Abb. 5.2: Darstellung von Pfadausdrücken

Ein Pfadausdruck (über einer Menge F), der nur aus einem Element f aus F besteht, wird durch zwei Zustände mit einem Übergang mit Symbol f beschrieben. Bei zusammengesetzten Pfadausdrücken (gemäß 1(b) von Definition 5.1.1) werden die Automaten so komponiert, wie in Abbildung 5.2 angegeben. Dabei ist zu beachten, daß bei der Sequenz von P und Q der Zustand 2 nicht (mehr) Endzustand ist, auch wenn 2 Endzustand des Automaten zu Ausdruck P war.

Der Automat aus Abbildung 5.1 hat in jedem der vier Zustände 1 bis 4 für jedes (Funktions-)Symbol b, c, d, e oder f höchstens einen Übergang (eine „Transition" zu einem anderen Zustand), was durch eine Kante mit dem entsprechenden Symbol bezeichnet wird. Der Automat enthält aber noch sogenannte ε-Übergänge: von

---

[4] Bei einem ε-Automaten sind spontane Übergänge von einem Zustand zu einem anderen erlaubt, ohne daß es ein verursachendes Ereignis geben muß. Diese Übergänge werden als Kante mit Symbol ε dargestellt (vergleiche „spontane Transitionen" in [Bra 84], Seite 224).

Zustand 2 nach Zustand 1, um die Wiederholung von *b* oder *c* zu beschreiben; von Zustand 2 nach 4, um die Option zu beschreiben. Zustand 1 ist Anfangszustand, was durch einen Pfeil ohne Ursprungszustand gekennzeichnet wird. Zustand 4 ist Endzustand und daher doppelt eingekreist.

Der ε-Übergang von 2 nach 1 in Abbildung 5.1 wird beseitigt, indem die Übergänge des Nachfolgezustands 1 schon als Übergänge des Zustands 2, von dem die ε-Kante ausgeht, definiert werden. Der ε-Übergang von 2 nach 4 kann einfach weglassen

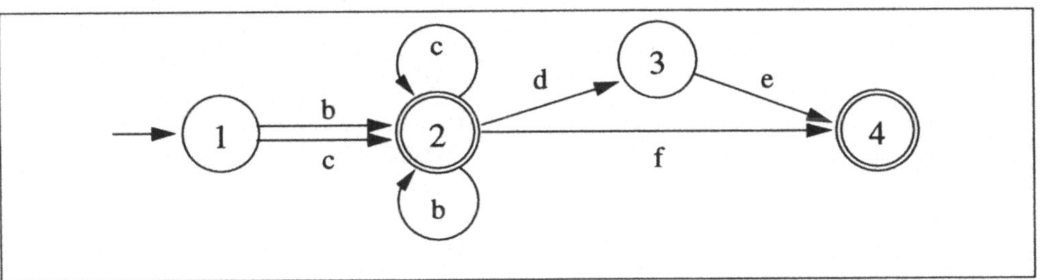

Abb. 5.3: Endlicher Automat $A(P)$ zum Pfadausdruck P

werden, da 4 Endzustand ist und keine ausgehenden Kanten hat. Dafür muß Zustand 2 auch als Endzustand definiert werden.

Der Automat aus Abbildung 5.3 beschreibt alle erlaubten (Funktions-)Sequenzen von P. Jede solche Sequenz entspricht gerade einem Weg von dem Anfangszustand 1 zu dem Endzustand 2 oder 4. Im allgemeinen könnte der konstruierte Automat nichtdeterministisch sein und noch überflüssige (äquivalente) Zustände enthalten, das ist aber im Beispiel nicht der Fall. Der Automat aus Abbildung 5.3 ist schon **reduziert**, d. h. er enthält die Minimalzahl von Zuständen, die nötig sind, um P mit einem deterministischen endlichen Automaten zu beschreiben. Dieser Automat wird mit **A(P)** bezeichnet.

Um leicht feststellen zu können, was eine unerlaubte (Funktions-)Sequenz ist, wird der Automat $A(P)$ noch vervollständigt. Dazu wird ein Fehlerzustand E definiert mit folgender Eigenschaft:

1. für jedes Funktionssymbol gibt es einen Übergang von E nach E,

2. für jeden Zustand z und jedes Funktionssymbol f, für das es noch keinen Übergang von z zu einem anderen Zustand gibt, wird ein Übergang von z mit f zum Fehlerzustand E definiert.

Unter Verwendung dieser Regeln ergibt sich der in Abbildung 5.4 dargestellte vollständige Automat $\mathbf{A_v(P)}$. Nicht erlaubte (Funktions-)Sequenzen führen also vom Anfangszustand 1 zum Zustand 1, 3 oder E, d. h. einem Zustand, der nicht Endzustand ist[5]. (Man beachte, daß in Abbildung 5.4 zum Zwecke der Vereinfachung der

---

[5]Von Zustand 1 nach 1 führt nur die leere (Funktions-)Sequenz.

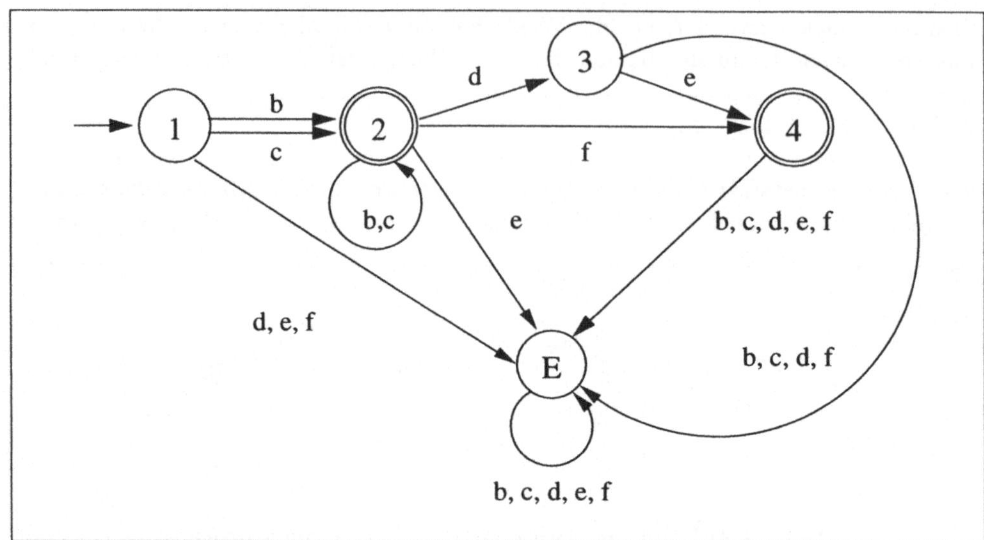

Abb. 5.4: Vollständiger endlicher Automat $A_v(P)$ zu Pfadausdruck P

Zeichnung *mehrere* Transitionen durch *eine* Kante mit Mehrfachbeschriftung dargestellt werden; z. B. die Transitionen b und c von 2 nach 2 durch eine Kante mit Beschriftung „b, c".)

Wenn der Pfadausdruck die erlaubten Reihenfolgen laut Entwurf beschreibt, müßte jetzt getestet werden, ob der Pfadausdruck dieselbe Menge von erlaubten (Funktions-)Sequenzen beschreibt wie die Spezifikation oder das Programm (je nach Vergleichsabsicht). Wenn angenommen werden darf oder bekannt ist, daß der vollständige endliche Automat zum Pfadausdruck der Spezifikation (oder des Programms) höchstens k Zustände hat, kann eine endliche Menge von (Funktions-)Sequenzen konstruiert werden, die diese Übereinstimmung zuverlässig feststellen kann (**Automatenäquivalenztest**, siehe [Cho 78]). Da diese Voraussetzung oft nicht erfüllt ist, bietet sich eher das folgende Verfahren an, welches zwar nicht alle Abweichungen feststellen kann, aber dafür sehr viel weniger Aufwand erfordert. Dabei wird der Automat $A_v(P)$ als Graph betrachtet, bei dem die Kantenbeschriftungen den Transitionen von einem Zustand zu einem anderen Zustand (unter einer bestimmten Eingabe) entsprechen.

DEFINITION 5.1.2
Sei P ein Pfadausdruck über einer Menge S von Funktionssymbolen, sei $A_v(P)$ der zu P gehörige reduzierte, vollständige endliche Automat[6]. Sei T eine endliche Menge von endlichen Sequenzen von Funktionssymbolen aus S.[7]
T erfüllt das Kriterium alle Transitionen (für P) g. d. w. T für jede Transition

---

[6]Dieser Automat ist bis auf die Umbenennung der Zustände eindeutig bestimmt.
[7]T ist Teilmenge von F^+.

t des Automaten $A_v(P)$ eine Sequenz enthält, die [ausgehend vom Anfangszustand von $A_v(P)$] die Transition t ausführt.

Das **Ausführen einer Transition** sollte anschaulich klar sein. In Abbildung 5.4 werden z. B. durch die Sequenz $bbfcd$ die folgenden Transitionen ausgeführt: b von 1 nach 2, b von 2 nach 2, f von 2 nach 4, c von 4 nach E, d von E nach E. Die Teilsequenz bbf ist eine erlaubte Sequenz für P (aus Beispiel 5.1.3), die Verlängerung um cd bedingt den Fehler. (Man beachte, daß Kanten mit Mehrfachbeschriftung — z. B. die Kante von 1 nach E mit „d, e, f" — *mehrere* Transitionen beschreiben.)

Das Kriterium *alle Transitionen* für endliche Automaten ist mit dem Kriterium *Zweigüberdeckung* für Kontrollflußgraphen vergleichbar (vgl. Def. 7.2.4, Seite 197). Dies liegt daran, daß endliche Automaten und Kontrollflußgraphen als Graphen definiert sind. Daher lassen sich bei Bedarf auch die stärkeren Kriterien von Kapitel 7 auf endliche Automaten (und damit auf die Pfadausdrücke) anwenden.

BEISPIEL 5.1.4
Zu dem Pfadausdruck aus Beispiel 5.1.3 und dem zugehörigen endlichen Automaten aus Abbildung 5.4 wird folgende Menge von Tests, d. h. eine Menge von Sequenzen von Funktionsaufrufen, konstruiert.

$$t_1 : bbcdebb$$
$$t_2 : cfcc$$

Mit diesen beiden Testsequenzen[8] werden alle Transitionen (Kantenbeschriftungen) ausgeführt, die auf einem Weg zu einem erlaubten Endzustand liegen, und schon einige der Transitionen, die in den Fehlerzustand führen. In einen Endzustand führen bei t_1 die Anfangsstücke b, bb, bbc und $bbcde$, bei t_2 die Anfangsstücke c und cf (da 2 und 4 Endzustände sind).

Um alle Transitionen auszuführen — auch solche, die nur in den Fehlerzustand E führen — sind z. B. noch folgende Sequenzen zu testen:

$$t_3 : de, \quad t_4 : ef, \quad t_5 : fd;$$
$$t_6 : bfd, \quad t_7 : bfe, \quad t_8 : bdef, \quad t_9 : be;$$
$$t_{10} : cdb, \quad t_{11} : cdc, \quad t_{12} : bdd, \quad t_{13} : bdf.$$

t_3 bis t_5 *testen, ob die Sequenzen mit einem falschen Symbol (ungleich b und c) anfangen; t_6 bis t_9 testen, ob die Sequenzen nach einer korrekten Teilsequenz (b, bf*

---

[8]Bei einem Vergleich des Pfadausdrucks mit einem implementierten System wird folgendes vorausgesetzt: nach der Abarbeitung von Anfangsstücken von Testsequenzen ist an der Reaktion des implementierten Systems erkennbar, ob es diese Anfangsstücke als korrekt oder nicht korrekt behandelt. Entsprechendes muß bei einem Vergleich mit einer informellen Spezifikation gelten: ein Reihenfolgeorakel muß für die Anfangsstücke angeben, ob sie korrekt sind oder nicht. Falls diese Voraussetzung nicht gegeben ist, müssen nicht nur die Testsequenzen, sondern auch alle Anfangsstücke der Testsequenzen (hier: t_1 und t_2) eingegeben und auf die (abschließende) Reaktion des Systems bzw. des Reihenfolgeorakels gewartet werden.

oder bde) noch weitere (falsche) Funktionssymbole enthalten; t_{10} bis t_{13} testen, ob die Anfangsstücke bd oder cd der korrekten Sequenzen bde bzw. cde mit einem der nicht erlaubten Symbole b, c, d oder f fortgesetzt werden.

Wenn sicher ist, daß verschiedene Transitionen (von einem Zustand in den Fehlerzustand) den „gleichen" Fehler darstellen, genügt es natürlich, pro Fehler nur einen Übergang zu testen. Ein solches Kriterium soll **alle korrekten/einige nicht korrekte Transitionen** heißen (vgl. Definition 5.1.2, S. 118).

BEISPIEL 5.1.5
In Beispiel 5.1.4 ist nur jeweils eine Testsequenz aus den Sequenzen t_3 bis t_5, t_6 bis t_9 und t_{10} bis t_{13} auszuwählen. Dabei testen t_3 bis t_5 den Fall „ungültiger Anfang der Sequenz", t_6 bis t_8 den Fall „zu lange Sequenz (über Zustand 2 oder 4 hinaus)" und t_{10} bis t_{13} den Fall „ungültige Fortsetzung einer Teilsequenz (über Zustand 3 hinaus)".

Für Module mit Zugriffsfunktionen[9] läßt sich ein Treibermodul schreiben, welches die (Zugriffs-)Funktionen in der zum Testen notwendigen Reihenfolge aufruft. Normalerweise haben die Zugriffsfunktionen noch Parameter, die bei den einzelnen Funktionsaufrufen geeignet mit Werten versehen werden müssen. Wenn die Wahl dieser Parameterwerte keinen Einfluß auf die möglichen oder erlaubten Funktionssequenzen hat, sind das Modell (Pfadausdrücke und endliche Automaten) und die zugehörige Teststrategie angemessen. Wenn die Wahl der Parameterwerte aber Einfluß darauf hat, ob die Funktionssequenzen möglich oder erlaubt sind, ist das Modell nicht angemessen. Dann sind die Pfadausdrücke mit Zusatzbedingungen zu versehen, die diese Abhängigkeit ausdrücken. Entsprechendes gilt für Gesamtfunktionen, die durch alternative Reihenfolgen von Teilfunktionen berechnet werden[10]. Die Auswahl zwischen den Alternativen ist durch (globale) Variablen oder Parameter der Funktionen zu steuern.
Die bisher vorgestellten Testkriterien sind nur *notwendige* Testkriterien: die Transitionen in den zu den Pfadausdrücken gehörenden endlichen Automaten müssen ausgeführt werden, weil für jede Transition (bzw. die entsprechende Funktion, welche zu der Transition gehört) ein fehlerhaftes Verhalten auftreten *kann*. Die Art der Fehler wird dabei aber nicht berücksichtigt und es ist auch unklar, ob jeder Fehler wirklich aufgedeckt werden kann.
Ein anderes *fehlerorientiertes* Kriterium für das Testen von Pfadausdrücken orientiert sich daher direkt an möglichen Fehlern im Pfadausdruck P selbst [und nicht im zugehörigen Automaten $A(P)$]. Solche Fehler können als **Mutationen** formuliert werden, d. h. Veränderungen eines Pfadausdrucks in einen anderen, syntaktisch korrekten Pfadausdruck.

---

[9] siehe Bedeutung 2 der Reihenfolgebedingungen zu Beginn dieses Kapitels 5.1
[10] siehe Bedeutung 1 der Reihenfolgebedingungen am Anfang dieses Kapitels 5.1

BEISPIEL 5.1.6
Beim Pfadausdruck $P_1 = ([a \mid b])^+; c$ sei durch einen Fehler die Option wegge-
fallen, d. h. die Mutation ergibt $P_2 = (a \mid b)^+; c$.
Die zugehörigen Automaten sind in Abbildung 5.5 dargestellt. Die „alle Transitio-

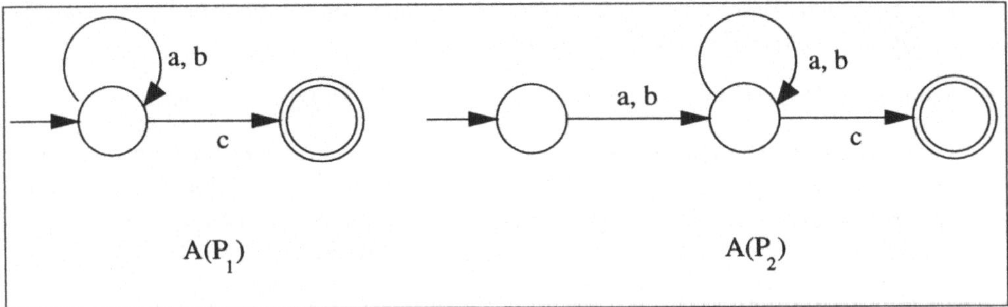

Abb. 5.5: Automaten zu den Pfadausdrücken P_1 und P_2 aus Beispiel 5.1.6

nen"-Folge „abc" für $A(P_1)$ stellt keinen Fehler fest, da „abc" auch für $A(P_2)$ eine
zulässige Folge darstellt. Nur die Folge „c" stellt den Unterschied zwischen P_1 und
P_2 fest, obwohl sie nicht alle Transitionen ausführt: „c" ist bei P_1 erlaubt, nicht aber
bei P_2.

5.2 Testen auf der Basis von algebraischen Spezifikationen

Mit algebraischen Spezifikationen wird beschrieben,

1. welche Funktionen bei der Benutzung eines Moduls verwendet werden können,

2. in welchen Reihenfolgen die Funktionen ausgeführt werden können,

3. welche Wirkung diese Ausführungen haben.

Bei Punkt 2 müssen aus der Spezifikation Pfadausdrücke abgeleitet werden, damit auf dieser Basis Testsequenzen definiert werden können. Punkt 3 kann als Testora-kel für den Vergleich der Ausgaben von Spezifikation und Implementation genutzt werden.

DEFINITION 5.2.1 (ALGEBRAISCHE SPEZIFIKATION) [11]
Eine **algebraische Spezifikation** *hat folgende Form (Syntax):*

1. *Name der Spezifikation,*

2. *Eventuell eine Folge von Namen anderer Spezifikationen, die von dieser Spezifikation mitbenutzt (***importiert***) werden,*

3. *Namen für Datenbereiche (***Sorten***), auf denen die Funktionen operieren,*

4. *Deklaration der Funktionen (***Operationen*** genannt) in der Form $f : a \rightarrow w$, wobei a eine Folge von Sorten ist, welche die Argumente der Funktion f beschreiben, und w eine Sorte ist, die den Wertebereich von f angibt. Fehlt die Angabe a, so handelt es sich um eine konstante Funktion, eine* **Konstante***.*

Die Teile 1 und 2 dienen der Strukturierung von Spezifikationen. Die Teile 3 und 4 beschreiben die verwendeten Funktionen. Die folgenden Teile beschreiben in kombinierter Form die erlaubten Reihenfolgen und Wirkungen der Funktionen.

5. *Für Teil 6 benötigte Variablen werden in der Form $v : s$ deklariert, wobei v der Name der Variablen und s ihr Wertebereich (die Sorte) ist.*

6. *Durch endlich viele Gleichungen der Form $L = R$ wird für ein Zusammenspiel von Funktionen[12] (in der Form L) angegeben, welche Wirkung dies hat (in der Form R). Dabei kann R selbst wieder ein Zusammenspiel von Funktionen (wie oben) sein.*

Anstelle einer exakten Definition der Komponenten einer algebraischen Spezifikation wird ein Beispiel für eine solche Spezifikation vorgestellt, wobei die Teile wie oben angegeben numeriert und mit (* ... *) die Kommentare dazu eingeklammert werden.

BEISPIEL 5.2.1

1. **Binärbaum**

2. **Bool, Nat, Alphabet**
   (**Bool** spezifiziert die Sorte Bool mit den booleschen Konstanten WAHR und FALSCH und den logischen Operationen darauf.*
   Nat *spezifiziert die Sorte Nat der natürlichen Zahlen mit der Operation NACH, welche den Nachfolger n + 1 einer Zahl n berechnet, sowie den Operationen MAX und MIN, welche das Maximum bzw. Minimum zweier Zahlen berechnen.*
   Alphabet *stellt Bezeichner über einem Alphabet zur Verfügung. Mit diesen Bezeichnern werden die inneren Knoten in einem Binärbaum markiert. *)*

---

[11] Bei dieser Definition ist Teil 6 keine exakte Definition.
[12] beschrieben als **Term** über den Variablen und Funktionsnamen, wobei auch Fallunterscheidungen erlaubt sind (genaueres zu Termen siehe S. 124)

3. *Binärbaum*

4. *LEER* : → *Binärbaum*

   (* *LEER definiert den leeren Binärbaum* *)

   BAUM : *Binärbaum* × *Alphabet* × *Binärbaum* → *Binärbaum*

   (* *Aus zwei Binärbäumen und einem Element aus Alphabet wird ein neuer Binärbaum konstruiert.* *)

   LEER? : *Binärbaum* → *Bool*
   HÖHE : *Binärbaum* → *Nat*

   (* *LEER und BAUM sind* **Konstruktoren**, *d. h. sie erzeugen Elemente der Sorte Binärbaum. LEER? und HÖHE sind* **Abfragen**, *d. h. sie erzeugen Elemente der anderen Sorten, hier Bool und Nat.* *)

5. *L, R* : *Binärbaum*
   a : *Alphabet*

   (* *Statt „x : Sorte" und „y : Sorte" darf abgekürzt „x, y : Sorte" geschrieben werden, also z. B. „a, b : Alphabet".* *)

6. (a) *LEER? (LEER)* = *WAHR*

   (b) *LEER? (BAUM (L, a, R))* = *FALSCH*

   (c) *HÖHE (LEER)* = 0

   (d) *HÖHE (BAUM (L, a, R))* =
   NACH (MAX (HÖHE (L), HÖHE (R)))

(* *Die Verwendung von Variablen L, a, R in den Gleichungen 6(b) und 6(d) bedeutet, daß diese Gleichungen für jeden Wert aus dem Wertebereich der Variablen gelten sollen.* *)

Verschiedene Gleichungen mit derselben Funktion auf der linken Seite können auch zu einer Gleichung mit einer Fallunterscheidung auf der rechten Seite zusammengefaßt werden.

BEISPIEL 5.2.2
Die Gleichungen 6(c) und 6(d) von Beispiel 5.2.1 sind äquivalent zu folgender Gleichung, wobei B eine neue Variable der Sorte Binärbaum und eq ein Infixoperator zum Test der Gleichheit von Binärbäumen ist[13].

---

[13]In der folgenden Fallunterscheidung ist im *else*-Fall der Term B stets gleich BAUM(L, a, R) mit passendem L, a, R, da ein nichtleerer Baum immer eine solche Form hat. Ansonsten liegt ein Fehler — kein Baum — vor.

$$HÖHE(B) = \textbf{if } B \text{ eq } LEER$$
$$\textbf{then } 0$$
$$\textbf{else if } B \text{ eq } BAUM(L, a, R)$$
$$\textbf{then } NACH\ (MAX\ (HÖHE(L),\ HÖHE(R)))$$

Gleichungen mit Fallunterscheidungen auf der rechten Seite können meistens in mehrere Gleichungen ohne Fallunterscheidung zerlegt werden, indem das Vorgehen von Beispiel 5.2.2 umgekehrt wird. Im folgenden werden Gleichungen ohne Fallunterscheidung benutzt, da sich die Teststrategien dafür einfacher formulieren lassen. Mit obiger Umkehrregel können diese Strategien dann auch auf andere Gleichungen angewandt werden.

Mit den Operationen LEER und BAUM aus Beispiel 5.2.1 kann jeder Binärbaum (eindeutig) konstruiert werden. Mit den Operationen LEER? und HÖHE können Eigenschaften der Binärbäume abgefragt werden, ohne die Bäume zu verändern. Dazu müssen die Gleichungen von Teil 6 auf einen gegebenen Binärbaum angewandt werden. Das bedeutet, daß in den Gleichungen die Variablen passend durch einen Ausdruck (genannt Term), der einen Binärbaum beschreibt, ersetzt werden müssen.

Erlaubte **Terme** zu einer algebraischen Spezifikation sind dabei:

T1. alle Terme, die sich für die importierten Spezifikationen bilden lassen,

T2. alle Konstanten und Variablen zu den Sorten der vorliegenden Spezifikation,

T3. zusammengesetzte Terme der Form $f(t_1,\ldots,t_n)$, wobei $f : a_1 \times \cdots \times a_n \to w$ im Teil 4 der Spezifikation als Operationsdeklaration vorkommt und t_i ein schon gebildeter Term mit Wertebereichssorte a_i ist, $i = 1,\ldots,n$,

T4. Terme, die sich dadurch ergeben, daß in einem Term eine Variable durch einen Term passender Sorte ersetzt wird.

BEISPIEL 5.2.3
*C, D, E seien konstante Werte der von Binärbaum importierten Spezifikation **Alphabet**. Nach T1 sind dies also Terme der Sorte Alphabet. LEER ist ein konstanter Binärbaum, nach T2 ist dies also ein Term. Damit sind folgende Zeichenfolgen Terme mit Wertebereichssorte Binärbaum (nach T3 und wegen Teil 4 von Beispiel 5.2.1):*

$$B_1 = BAUM\ (LEER, D, LEER)$$
$$B_2 = BAUM\ (LEER, C, BAUM\ (LEER, D, LEER))$$
$$B_3 = BAUM\ (BAUM\ (LEER, C, BAUM\ (LEER, D, LEER)), E, LEER)$$

Mit dem Term B_3 ist auch HÖHE(B_3) mit den Regeln T2, T3 und T4 ein Term mit Wertebereichssorte Nat, da L eine Variable und B_3 ein Term der Sorte Binärbaum sind und HÖHE(L) ein Term mit Wertebereichssorte Nat ist (siehe Teil 4 und 5 von Beispiel 5.2.1).

Mit Hilfe der Gleichungen können Terme umgeformt werden, indem der Term auf
der linken Seite einer Gleichung durch die rechte Seite dieser Gleichung ersetzt wird.
Der Term HÖHE(B_3) sollte z. B. solange umgeformt werden, bis sich eine Konstante[14] der Sorte *Nat* (eine natürliche Zahl) ergibt, da HÖHE als letzte (äußerste)
Operation dieses Terms die Wertebereichssorte *Nat* hat. Eine solche Umformung
wird **Reduzierung**[15] des Terms genannt.

BEISPIEL 5.2.4
*Zur Veranschaulichung wird ein Binärbaum (L, a, R) durch einen Baum mit Wurzel
a, linkem Teilbaum L und rechtem Teilbaum R dargestellt.*
*Binärbaum B_3 aus Beispiel 5.2.3 hat also die Darstellung in Abbildung 5.6, wenn
LEER durch 0 dargestellt wird.*

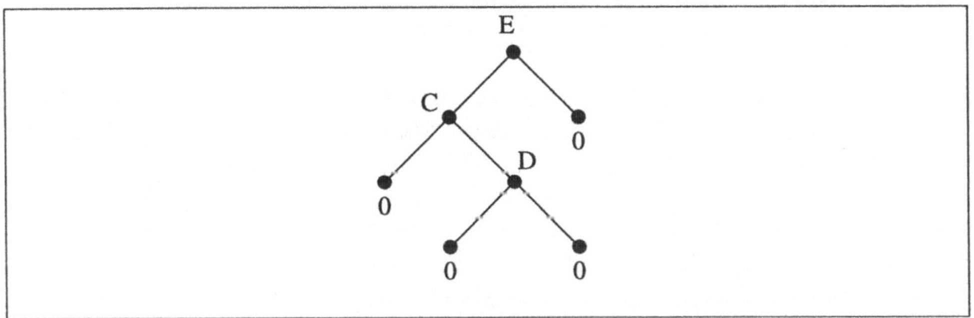

Abb. 5.6: Binärbaum B_3

*Die Höhe des Binärbaums B_3 läßt sich folgendermaßen mit den Gleichungen der
Spezifikation (Teil 6 aus Beispiel 5.2.1) ausrechnen:*

Wegen 6(d) gilt:

$$\text{HÖHE}\,(B_3) \; = \; NACH\,(MAX\,(\text{HÖHE}\,(L),\; \text{HÖHE}\,(R))),$$

wobei

$$L \; = \; BAUM\,(LEER,\; C,\; BAUM\,(LEER,\; D,\; LEER)),$$
$$R \; = \; LEER$$

gilt. Bei der inneren Auswertung ergibt sich wegen 6(d):

$$\text{HÖHE}\,(L) \; = \; NACH\,(MAX\,(\text{HÖHE}\,(LEER),$$
$$\text{HÖHE}\,(BAUM\,(LEER,\; D,\; LEER)))))$$

---

[14] Dies ist der Idealfall. Eventuell gelangt man nur zu einem Term der Wertebereichssorte *Nat*,
auf den keine Gleichung mehr anwendbar ist. Dann ist die Spezifikation nicht vollständig.

[15] Dies ist ein Spezialfall der allgemeinen **Termersetzung**, bei der auch die rechte Seite einer
Gleichung durch die linke Seite ersetzt werden darf.

(wegen 6(c), 6(d))

$$= NACH\,(MAX(0,\ NACH\,(MAX\,(H\ddot{O}HE(LEER),$$
$$H\ddot{O}HE\,(LEER)))))$$

(wegen 6(c))

$$= NACH\,(MAX\,(0,\ NACH\,(MAX\,(0,\ 0))))$$
$$= NACH\,(MAX\,(0,\ NACH\,(0)))$$
$$= NACH\,(MAX\,(0,\ 1)) = NACH\,(1) = 2$$

(wegen der Eigenschaften von NACH und MAX, die in **Nat** *definiert sind).*
Also ergibt sich durch Einsetzen von HÖHE(L) = 2 und wegen 6(c):

$$H\ddot{O}HE(B_3)\ = NACH\,(MAX\,(2,\ H\ddot{O}HE\,(LEER)))$$
$$= NACH\,(MAX\,(2,\ 0))\ =\ NACH\,(2)\ =\ 3$$

Dies entspricht der anschaulichen Bedeutung: In dem Baum aus Abbildung 5.6 hat der längste Weg von der Wurzel E zu einem Blatt (der Weg von E über C und D nach 0) die Länge 3.

Wenn die Operationen der algebraischen Spezifikation implementiert sind, kann die Implementation folgendermaßen gegen die Spezifikation getestet werden:

Teststrategie für algebraische Spezifikationen:

1. Zu allen Gleichungen der vorliegenden Spezifikation sind durch geeignete Ersetzungen (siehe Regel T4 für Terme auf S. 124) Paare von Termen (t_l, t_r) zu bilden, so daß die Gleichung $t_l = t_r$ laut Spezifikation richtig ist.

2. Zu jeder Gleichung $t_l = t_r$ von Schritt 1 sind *Folgen* f_l und f_r von Operationen der Implementation aufzurufen, so daß f_l dem Term t_l und f_r dem Term t_r entspricht. Mit einer Gleichheitstestprozedur (für die Wertebereichssorte von t_l und t_r) ist zu prüfen, ob f_l und f_r dasselbe Ergebnis liefern. Bei Ungleichheit liegt ein Implementierungsfehler vor.

Diese Teststrategie ist natürlich keine konkrete Testmethode, da bei Schritt 1 offen gelassen wurde, welche und wieviel Paare von Termen gebildet werden sollten. Diese Frage wird nach den folgenden Beispielen 5.2.5, 5.2.6 und 5.2.7 geklärt.

BEISPIEL 5.2.5
*Für Beispiel 5.2.1 (**Binärbaum***) seien* leer, leer?, höhe, baum, nach *und* max *die implementierte Form der entsprechenden Operationen und Konstanten. Dann ist für die Gleichung 6(d) aus Beispiel 5.2.1 etwa folgendes zu testen, wenn für L, a und R dieselben Substitutionen wie in Beispiel 5.2.3 bzw. 5.2.4 vorgenommen werden.*

Für die linke Seite ist aufzurufen:
```
    höhe (baum (baum (leer, C, baum (leer, D, leer)), E, leer))
```
Für die rechte Seite von Gleichung 6(d) ist aufzurufen:
```
    nach(max( höhe(baum(leer,C,baum(leer, D, leer))), höhe(leer)))
```
Sei n das Ergebnis des Aufrufs für die linke Seite, m das Ergebnis für die rechte Seite. Dann ist mit einer geeigneten Prozedur **Nat_gleich?** *zu prüfen, ob n und m die gleiche natürliche Zahl sind, d. h.* **Nat_gleich?**$(n,m) =$ true, *wobei* **true** *die Implementation der Konstanten WAHR aus Bool ist.*

Die Aufrufe für die linke und rechte Seite einer Gleichung lassen sich schematisieren:

BEISPIEL 5.2.6
Für Gleichung 6(d) aus Beispiel 5.2.1 reichen etwa folgende Aufrufe aus:
für die linke Seite: **höhe (baum (l, a, r))**,
für die rechte Seite: **nach (max (höhe (l), höhe (r)))**,
wobei l, r und a Parameter vom (implementierten) Typ **binärbaum** *bzw.* **alphabet** *sind.*

Die nach der Teststrategie erforderlichen Aufrufe und der Vergleich der linken und rechten Seite lassen sich in einer Testprozedur zusammenfassen.

BEISPIEL 5.2.7
Für Beispiel 5.2.6 ergibt sich etwa folgendes:

```
    procedure Axiom_Höhe_Baum
        (var l, r: binärbaum; a: alphabet);
    begin
        if höhe (baum (l, a, r)) =
            nach (max (höhe (l), höhe (r)))
        then OK_Ausgabe („Axiom_Höhe_Baum", l, a, r)
        else Fehler_Ausgabe („Axiom_Höhe_Baum", l, a, r)
    end
```

Dabei sind **höhe, baum, nach** *und* **max** *wieder die implementierte Form der entsprechenden Operationen der Spezifikation (vgl. Beispiel 5.2.5).*
OK_Ausgabe und Fehler_Ausgabe sind geeignete Prozeduren zum Protokollieren des Erfolgs oder Mißerfolgs des Tests; „=" ist eine Vergleichsoperation auf natürlichen (oder ganzen) Zahlen, die gerade die logischen Werte **true** *und* **false** *liefert und damit* **Nat_gleich?** *aus Beispiel 5.2.5 implementiert. (Bei komplizierteren Wertebereichen ist dafür eine eigene Vergleichsprozedur zu schreiben.)*

Die Testprozeduren zu den Gleichungen der algebraischen Spezifikation sind dann nur noch mit geeigneten Werten für die Parameter aufzurufen. Daher muß noch die Frage geklärt werden, welche und wie viele Tests pro Gleichung einer algebraischen Spezifikation durchgeführt werden sollen. Dabei gibt es verschiedene Möglichkeiten:

1. Die **Uniformitäts-Hypothese** geht davon aus, daß sich das System bei allen Werten richtig (oder bei allen Werten falsch) verhält. Dann ist irgendein Wert für eine Variable in einer Gleichung als Testwert ausreichend.
   Die Uniformitätshypothese ist i. allg. bei importierten Daten angebracht.

2. Die **Regularitäts-Hypothese** besagt, daß alle Terme mit Komplexität $< n$ als Testwerte für eine Variable ausreichend sind. Dabei ist die Zahl n vorzugeben und die Komplexität ist per Induktion über die Anwendung der Konstruktoren des Datentyps zu definieren.
   Die Schachtelungstiefe der Terme oder die Anzahl der Variablen und Konstanten eines Terms kann beispielsweise als Komplexitätsmaß definiert werden.

3. Die **Hypothese der endlichen Dekomposition** geht davon aus, daß endlich viele Alternativen für die Bildung von Termen ausreichen. Diese Terme sind dann wieder als Testwerte für die entsprechende Variable zu verwenden.

Folgender Ansatz wird im weiteren Verlauf verwendet:
Aus der Gleichung sind reguläre Ausdrücke abzuleiten, auf die die Verfahren von Kapitel 5.1 kombiniert mit obigen Hypothesen anzuwenden sind.
Die regulären Ausdrücke beschreiben dabei gerade die Möglichkeiten, mit denen die variablen Größen in den Gleichungen (vgl. Beispiel 5.2.6 und 5.2.7) erzeugt werden können. Dazu muß bekannt sein, welche Operationen die zu den Variablen gehörenden Wertebereiche bzw. Sorten konstruieren.

BEISPIEL 5.2.8
Die Gleichungen 6(a) und 6(c) des Binärbaums aus Beispiel 5.2.1 enthalten nur Konstanten. Die möglichen Funktionsaufruffolgen für die linken Seiten der Gleichungen werden durch die folgenden regulären Ausdrücke beschrieben:

$$(R6a) = (leer; leer?)$$
$$(R6c) = (leer; höhe)$$

Dazu gibt es jeweils nur eine Testmöglichkeit.
Die Gleichungen 6(b) und 6(d) enthalten dagegen die Variablen L, R und a.
Aus Vereinfachungsgründen wird für a nur ein Testwert A gewählt, da nichts genaueres über die Struktur von Alphabet bekannt ist[16]. Hier wird also die Regularitäts-Hypothese benutzt.
Die verschiedenen Möglichkeiten, Terme der zu L und R gehörenden Sorte Binärbaum zu erzeugen, werden durch die Angaben in Teil 4 von Beispiel 5.2.1 beschrieben: LEER ist ein Binärbaum; mit zwei Binärbäumen L und R und einem Alphabetelement A ist auch BAUM(L, A, R) ein Binärbaum. In Postfixschreibweise läßt sich dies als „L A R Baum" beschreiben. Wenn stets A verwendet wird, kann A aus

---

[16] Hier soll nur **Binärbaum** getestet werden. Die Korrektheit des Imports **Alphabet** wird vorausgesetzt.

Einsparungsgründen weggelassen werden und also „L R Baum" geschrieben werden. Damit ergeben sich folgende mögliche Terme in Postfixschreibweise, wenn zuerst L und R durch LEER ersetzt werden und später abwechselnd der rechte und linke Teilbaum (R bzw. L) expandiert wird:

$$T_1 = LEER$$
$$T_2 = LEER\ LEER\ Baum$$
$$T_3 = LEER\ LEER\ LEER\ Baum\ Baum$$
(dies entspricht BAUM(LEER, A, BAUM(LEER, A, LEER)))
$$T_4 = LEER\ LEER\ Baum\ LEER\ Baum$$
$$T_5 = LEER\ LEER\ Baum\ LEER\ LEER\ Baum\ Baum$$
etc.

Diese Ausdrücke lassen sich mit der folgenden Grammatik erzeugen, die das Startsymbol B und die beiden folgenden Ersetzungsregeln (E1) und (E2) hat:

$$(E1):\ B\ \rightarrow\ LEER$$
$$(E2):\ B\ \rightarrow\ B\ B\ Baum$$

Die Menge dieser Ausdrücke läßt sich leider nicht exakt mit regulären Ausdrücken beschreiben, da reguläre Ausdrücke nicht mächtig genug sind, um alle endlich beschreibbaren Folgen darzustellen[17]. Da aber nur endlich viele Tests durchgeführt werden können, muß sowieso eine Einschränkung vorgenommen werden, weil obige (exakte) Grammatik unendlich viele Ausdrücke erzeugt. Als Darstellung werden daher obige fünf Terme T_1 bis T_5 verwendet (was der Anwendung der Regularitäts-Hypothese entspricht) und Terme der folgenden Art, die degenerierte Binärbäume beschreiben, d. h. „linkslastige" Bäume, bei denen der rechte Teilbaum stets nur der leere Baum ist:

$$T_R = LEER;\ (LEER;\ Baum)^+$$

Mit der Hypothese der endlichen Dekomposition werden die regulären Ausdrücke T_1 bis T_5 und T_R nun mit „ODER" verknüpft, was wieder einen regulären Ausdruck ergibt. Der dazugehörige reduzierte endliche Automat ist in Abbildung 5.7 dargestellt, wobei l für LEER und b für Baum steht.

Im Unterschied zu der Vorgehensweise aus Kapitel 5.1 beschreiben die Funktionssequenzen, die zu dem endlichen Automaten aus Abbildung 5.7 gehören, keine einfach geschachtelten Funktionsaufrufe: *llb* beschreibt nicht die Schachtelung $b(l(l))$ bzw. BAUM(LEER(LEER)), sondern entsprechend der unterschiedlichen Stelligkeit von BAUM und LEER die Schachtelung BAUM(LEER, LEER). Daher können nur

---

[17]Die Menge dieser Folgen (die binäre Bäume beschreiben) ist eine kontextfreie (nicht reguläre) Sprache (vgl. Kapitel 5 und 6 in [Weg 93] zu diesen Sprachklassen).

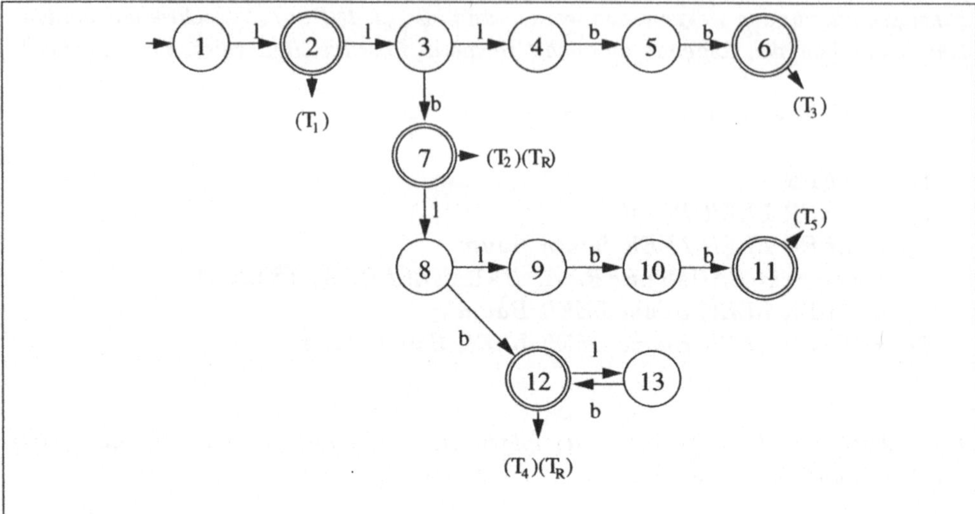

Legende:

1 ist Anfangszustand. Die Endzustände 2, 6, 7, 11 und 12 sind mit der Bezeichnung der Terme, deren Postfixnotation zu diesem Zustand führt, markiert worden, z. B. Zustand 7 mit T_2 und T_R.

Abb. 5.7: Endlicher Automat für Binärbäume

die Funktionssequenzen gewählt werden, die vom Anfangszustand 1 zu einem der Endzustände 2, 6, 7, 11 oder 12 führen, da nur sie zu einer syntaktisch korrekten Funktionsschachtelung gehören.

Das Kriterium *alle Transitionen* (von Definition 5.1.2 auf S. 118) muß also modifiziert werden. Dazu ist zuerst anzugeben, wie ein Test für eine Gleichung einer algebraischen Spezifikation aussehen muß.

DEFINITION 5.2.2 (TEST FÜR EINE GLEICHUNG G)
Sei S eine algebraische Spezifikation, G eine Gleichung der Spezifikation. Seien $x_1, \ldots, x_n$ die Variablen in Gleichung G. Sei R_i ein regulärer Ausdruck, der alle Terme beschreibt, die Variable x_i ersetzen können. Sei A_i der reduzierte, deterministische, endliche Automat (ohne Fehlerzustand E), der die zulässigen Folgen aus R_i beschreibt.

t heißt ein **Test (für eine korrekte Kombination)** *für Gleichung G genau dann, wenn t paarweise die zur linken und rechten Seite von G gehörigen Funktionskombinationen aufruft (und die Ergebnisse vergleicht), wobei in G die Variablen $x_1, \ldots, x_n$ jeweils durch eine Funktionskombination $f_1, \ldots, f_n$ ersetzt werden und die Postfixnotation von $f_i, i = 1, \ldots, n$, im Automaten A_i von einem Anfangszustand zu einem Endzustand führt.*

BEISPIEL 5.2.9
Für den Binärbaum aus Beispiel 5.2.1 sind folgende Gleichungen zu behandeln:

(a) *LEER? (LEER) = WAHR*

(b) *LEER? (BAUM (L, a, R)) = FALSCH*

(c) *HÖHE (LEER) = 0*

(d) *HÖHE (BAUM (L, a, R)) =*
    NACH (MAX (HÖHE (L), HÖHE (R)))

Da die Gleichungen (a) und (c) keine Variablen enthalten, kann für diese beiden Gleichungen nur jeweils ein Test durchgeführt werden. Mit den Notationen von Beispiel 5.2.5 auf S. 126 also:

für (a): „leer?(leer)" ist zu vergleichen mit „true",
für (c): „höhe(leer)" ist zu vergleichen mit „0".

Die Gleichungen (b) und (d) enthalten die Variablen $x_1 = L$, $x_2 = a$ und $x_3 = R$. Dabei wird a nur durch die Konstante A (vgl. Beispiel 5.2.8), aber L und R etwa durch folgende Funktionskombinationen ersetzt:

- *L durch leer; dies führt im Automaten aus Abbildung 5.7 zum Endzustand 2,*

- *R durch baum(leer, leer); die Postfixnotation „leer leer baum" führt zum Endzustand 7.*

Also ist „leer? (baum(leer, A, baum(leer, leer)))" mit „false" zu vergleichen, um Gleichung (b) zu testen.

Mit dem Begriff „Test für eine korrekte Kombination für Gleichung G" aus Definition 5.2.2 kann nun das gewünschte Testkriterium definiert werden.

DEFINITION 5.2.3 ([FAST] ALLE KORREKTEN KANTEN)
Seien $S, G, x_1, \ldots, x_n$ und A_i wie in Definition 5.2.2 definiert.

1. *Eine Menge T von Tests t erfüllt das Kriterium* **alle korrekten Kanten** *g. d. w. für alle Gleichungen G von S und für alle Variablen x_i in G, $i = 1, \ldots, n$, und für alle Kanten k des zu x_i gehörigen Automaten A_i ein Test t in T existiert, der ein Test für eine korrekte Kombination für Gleichung G ist und für die linken und rechten Seiten der Gleichung G Funktionskombinationen aufruft, bei denen die Postfixnotation zu der jeweiligen Funktionskombination f_i (die x_i in G ersetzt hat) in A_i die Kante k durchläuft. (Dabei wird angenommen, daß jeder Kante nur genau eine Transition entspricht.)*

2. *Falls es bei Definition 5.2.2 keinen regulären Ausdruck gibt, der die erlaubten Terme exakt beschreibt, ist ein regulärer Ausdruck zu wählen, der eine möglichst große Teilmenge dieser Terme beschreibt. In diesem Fall wird das Kriterium* **fast alle korrekten Kanten** *genannt.*

BEISPIEL 5.2.10
Für den Binärbaum sind die Gleichungen (a) bis (d) aus Beispiel 5.2.9 zu behandeln. Die beiden ersten Testfälle aus Beispiel 5.2.9 testen die Gleichungen (a) und (c) vollständig, da sie nur Konstanten enthalten. Bei den Gleichungen (b) und (d) wird wieder a durch die Konstante A ersetzt, aber L und R durch alle Funktionskombinationen, die in Postfixform alle Kanten des Automaten aus Abbildung 5.7 durchlaufen, der einige („fast alle") Funktionskombinationen beschreibt.
Dies sind also die in Tabelle 5.1 aufgeführten Folgen bzw. Terme[18]. Wird in den

Name	Folge	Endzustand	Term
t_1	*l*	2	*l*
t_2	*lllbb*	6	$b(l, b(l, l))$
t_3	*llb*	7	$b(l, l)$
t_4	*llbllbb*	11	$b(b(l, l), b(l, l))$
t_5	*llblblb*	12	$b(b(b(l, l), l), l)$

Tab. 5.1 Folgen und Terme zum Testen der Gleichungen (b) und (d)

Gleichungen der erforderliche Term durch den Namen $t_i, i = 1, \ldots, 5$, ersetzt, so erfüllen etwa folgende Tests das Kriterium „fast alle korrekten Kanten":
für (b): „`leer?`$(\text{baum}(t_i, A, t_i))$*" ist für $i = 1, \ldots, 5$ mit „*`false`*" zu vergleichen;*
für (d): „`höhe`$(\text{baum}(t_i, A, t_i))$*" ist für $i = 1, \ldots, 5$ mit „*`nach(max(höhe`(t_i)`,`*
`höhe`(t_i)`))`*" zu vergleichen.*

Bei den Tests für die Gleichungen (b) und (d) werden in Beispiel 5.2.10 die Variablen L und R gleichzeitig durch den Term t_i ersetzt. Bei den jeweils fünf Tests für (b) und (d) hätten auch andere Kombinationen gewählt werden können, z. B. $L = t_1$, $R = t_5$ und die anderen vier Kombinationen $L = t_{i+1}, R = t_i, i = 1, \ldots, 4$. Für $L = t_1, R = t_5$ ergibt sich also für (b):
`leer? (baum (leer,` A`, baum(baum(baum(leer, leer), leer), leer)))` zu vergleichen mit „`false`".

Anstelle von fünf Tests für (b) und (d) könnten auch jeweils 25 Tests durchgeführt werden: für alle fünf Terme, die für Variable L eingesetzt werden, können alle Kombinationen mit den fünf Termen, die für Variable R eingesetzt werden, gebildet werden. Ein solches schärferes Kriterium wird **(fast) alle Kombinationen von korrekten Kanten** genannt.

---

[18]wobei auch in den Termen abgekürzt wird: LEER durch *l* und BAUM durch *b*.

Alternativ zu dem gewählten Ansatz mit regulären Ausdrücken und endlichen Automaten kann auch eine direkte Orientierung an der Grammatik erfolgen, welche die Menge der erlaubten Terme für die Variablen in den Gleichungen der algebraischen Spezifikation beschreibt. Um endlich viele Testfälle zu erhalten, können folgende Einschränkungen im Sinne der Regularitäts-Hypothese und der Hypothese der endlichen Dekomposition gemacht werden, wobei die natürliche Zahl k vorgegeben wird:

1. alle Ableitungen der Grammatik mit beschränkter Länge $l \leq k$ erzeugen,

2. für kontextfreie Grammatiken alle Ableitungsbäume mit Höhe $h \leq k$ generieren,

3. spezielle Ableitungen erzeugen.

BEISPIEL 5.2.11
Für Binärbäume in Postfixnotation gibt es eine Grammatik mit Startsymbol B und folgenden Regeln (vgl. Beispiel 5.2.8):

> *(E1): $B \to LEER$*
> *(E2): $B \to B\ B\ Baum$*

Eine Ableitung der Länge 1 ist $B \Rightarrow LEER$, die mit Regel E1 den leeren Baum LEER erzeugt. Eine Ableitung der Länge 3 ist $B \Rightarrow B\ B\ Baum \Rightarrow LEER\ B\ Baum \Rightarrow LEER\ LEER\ Baum$, wobei beim ersten Schritt E2 und dann zweimal E1 angewandt wird. Da obige Grammatik kontextfrei ist[19], können Ableitungsbäume erzeugt werden. Der in Abbildung 5.8 dargestellte Baum hat die Höhe 3 und erzeugt den Term LEER LEER LEER Baum Baum LEER Baum. Spezielle Ableitungen sind z. B.

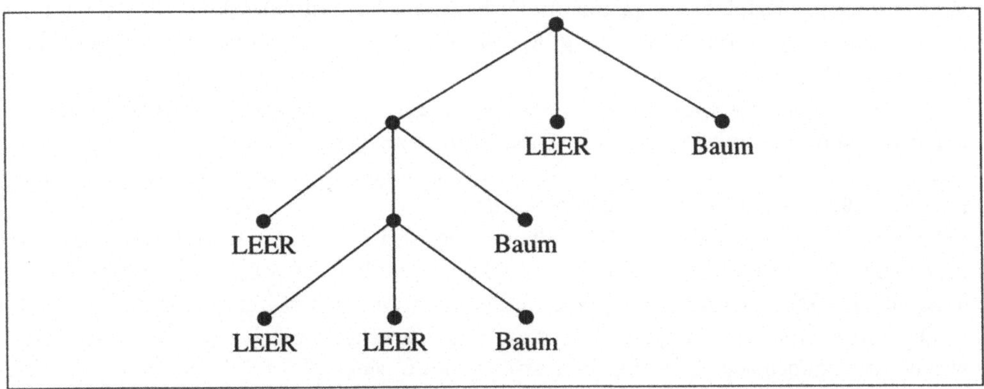

Abb. 5.8: Ableitungsbaum der Höhe 3 für einen Binärbaum

alle Ableitungen, bei denen in der rechten Seite von Regel E2 (B B Baum) stets nur die linke Variable B mit Regel E2 ersetzt wird (und erst zum Schluß alle Variablen B mit Regel E1 durch LEER ersetzt werden). Damit werden „linkslastige" Bäume erzeugt, die dem Term T_R aus Beispiel 5.2.8 entsprechen.

---

[19]d. h. auf den linken Seiten der Regeln E1 und E2 steht nur ein Symbol, hier: B

Soll bei der Softwareentwicklung frühzeitig die Spezifikation gegen die Anforderungen „getestet" werden, kann dies natürlich „per Hand" gemacht werden, z. B. durch Inspektion (s. Kapitel 12.1). Da dies aber fehleranfällig ist, sollte die Spezifikation wenigstens ausführbar und damit automatisch testbar sein. Für algebraische Spezifikationen bietet sich daher eine (fast) automatische Implementierung der Gleichungen in Form eines **Prototypen** an, in dem die Terme selbst (in der Form von Bäumen) als Realisierung verwendet werden. Gleichungen, bei denen auf der linken Seite dieselbe Funktion f zuletzt („außen") angewendet wird, sind bei der Implementierung von f alternativ zusammenzufassen, wobei durch eine Entscheidungsfunktion entschieden wird, welche Gleichung im Einzelfall zur Anwendung kommt.

Beispiel 5.2.12
Bei dem Binärbaum aus Beispiel 5.2.1 bilden mit LEER und BAUM zusammengesetzte Terme die Implementation des Binärbaums. Für die Funktion HÖHE sind die Gleichungen (c) und (d) von Beispiel 5.2.9 zuständig. Daher ist folgende Entscheidungsfunktion für einen Term t zu implementieren:

HÖHE (t) =
if   *t = LEER*
then *0*   *(* Gleichung (c) *)*
else if   *t = BAUM (L, a, R) (* „letzte" Funktion ist BAUM *)*
    then *NACH (MAX (HÖHE (L), HÖHE (R)))*
    else *ERROR(„HÖHE undefiniert für", t)*

Falls die algebraische Spezifikation *nicht eindeutig* ist, fällt dies beim Konstruieren der Entscheidungsfunktion auf: Es gibt mehrere Gleichungen mit gleicher linker Seite und verschiedener rechter Seite.
Falls die algebraische Spezifikation *unvollständig* ist, gibt es einen ERROR-Zweig in der Entscheidungsfunktion, der für einen Term t ausgeführt wird.
Falls die algebraische Spezifikation den Anforderungen *widerspricht*, kann dies dem Ergebnis für einen Term t angesehen werden.
Diese drei (kursiv geschriebenen) Fälle weisen also auf Fehler in der Spezifikation hin. Fehlende Eindeutigkeit kann leicht erkannt werden, Unvollständigkeit und Widersprüchlichkeit allerdings nur, wenn man einen geeigneten Testfall findet; dies ist i. allg. nicht entscheidbar. (Genaueres zu dem Vorgehen und den Voraussetzungen, welche die algebraische Spezifikation erfüllen muß, siehe [Jal 87].)

5.3   Übungen

Übung 5.1:

(a) Geben Sie einen regulären Ausdruck bzw. einen endlichen Automaten an, der
die erlaubten Zugriffe auf eine Datei angibt:
Die erste Operation muß *open* sein, die letzte *close*. Dazwischen sind beliebig
viele *read* oder *write* erlaubt.

(b) Bestimmen Sie Testfälle für die Dateizugriffe nach dem Kriterium *alle Transitionen* aus Definition 5.1.2 auf S. 118.

Übung 5.2:
Die Eingabe eines Kommentardruckprogramms besteht aus einer Folge der Zeichen
*, / und c (c repräsentiert alle anderen Zeichen außer * und /). Das Programm soll
die Kommentare ausdrucken. Ein Kommentar wird von /* und */ eingeschlossen
und kann noch weitere Zeichenfolgen /* enthalten, aber nicht die Zeichenfolge */.

(a) Geben Sie einen minimalen endlichen Automaten an, der die Aufgabe löst. Dabei
ist für jedes erkannte Zeichen eine entsprechende Aktion anzugeben.
Erlaubte Aktionen sind:

- *ignore*   (* tue nichts *)
- *flush_buffer*   (* der Ausgabepuffer wird geleert *)
- *add_buffer*   (* füge gelesene Zeichen an Pufferinhalt an *)
- *del_buffer*   (* lösche letztes Zeichen im Puffer *)
- *print_buffer*   (* drucke den Inhalt des Puffers *)

(b) Geben Sie eine Menge von Testfällen für das Kommentardruckprogramm an,
welche das Kriterium *alle Transitionen* aus Definition 5.1.2 erfüllt.

Übung 5.3:

(a) Ergänzen Sie die algebraische Spezifikation **Binärbaum** aus Beispiel 5.2.1
und 5.2.9 um folgendes:

  i. eine Funktion $BAL(b)$, die die **Balance** eines Binärbaums b berechnet,
  d. h. die Länge des kürzesten Weges von der Wurzel bis zu einem Blatt.
  $(BAL(\text{LEER}) = 0;\ BAL(b) = 1$, falls der linke oder rechte Teilbaum von b
  leer ist.)

  ii. eine (Boolesche) Funktion $BAL?(b)$, die angibt, ob ein Binärbaum b **balanciert** ist oder nicht, d. h. ob alle Wege von der Wurzel bis zu den Blättern
  dieselbe Länge haben. ($BAL?$ ist leicht mit BAL, HÖHE und der (importierten) Gleichheitsabfrage „=" für natürliche Zahlen zu spezifizieren.)

(b) Bestimmen Sie geeignete Testfälle für die neuen Gleichungen mit BAL und $BAL?$, indem Sie ähnlich wie bei den Beispielen 5.2.8 bis 5.2.10 vorgehen.

Übung 5.4:

(a) Geben Sie eine algebraische Spezifikation für einen Keller (Stack) mit folgenden Funktionen an:

- *empty*   (* definiert einen leeren Keller *)
- *push(k, e)*   (* legt ein Element e auf den Keller k *)
- *pop(k)*   (* entfernt das oberste Element des Kellers k *)
- *top(k)*   (* liefert das oberste Element des Kellers k *)
- *empty?(k)*   (* gibt an, ob der Keller k leer ist oder nicht *)

(b) Bestimmen Sie geeignete Testfälle für den obigen Keller mit den Methoden von Kapitel 5.2.

Übung 5.5:

(a) Geben Sie eine algebraische Spezifikation für eine (einfache!) Schlange (queue) mit folgenden Funktionen an:

- *empty*   (* definiert eine leere Schlange *)
- *add(s, e)*   (* fügt ein neues Element e an das Ende der Schlange s an *)
- *del(s)*   (* entfernt das Element am Anfang der Schlange s *)
- *first(s)*   (* liefert das Element am Anfang der Schlange s *)
- *empty?(s)*   (* gibt an, ob die Schlange s leer ist oder nicht *)

(b) Bestimmen Sie geeignete Testfälle für die obige Schlange mit den Methoden von Kapitel 5.2.

5.4   Verwendete Quellen und weiterführende Literatur

Die hier vorgestellten **Pfadausdrücke** sind an die Notation von Seehusen angelehnt (s. [See 87]). Sie gehen auf Campbell und Habermann bzw. Andler zurück (s. [CaH 74], [And 79]). Die hier nur angedeutete Theorie der **regulären Ausdrücke** und der zugehörigen **endlichen Automaten** findet man in zahlreichen Büchern, z. B. von Brauer und Wegener (s. [Bra 84]; [Weg 93], Kap. 4 und 5).

Die Technik der **algebraischen Spezifikation** ist in der Praxis noch wenig verbreitet, hat aber schon eine lange Tradition. Frühe Beispiele für algebraische Spezifikationen und entsprechende Tests findet man bei McMullin, Gannon (und Hamlet), die Keller (stacks), die Bearbeitung sequentieller Dateien und Mustererkennung (pattern matching) als Beispiele angeben (s. [GMH 81], [McG 83]). Eine grundlegende Darstellung findet man z. B. bei Ehrich et al. (s. [EGL 89]). Die für dieses Buch gewählte Darstellung orientiert sich an Krcowski, der auch eine (erweiterte) Spezifikation eines **Binärbaumes** angibt (s. [Kre 92a]).

Die vorgestellte **Teststrategie** ähnelt der Strategie von Gannon, wurde aber durch die Ansätze von Gmeiner/Voges und Chow erweitert (s. [Gan 86], [GMH 81], [GmV 86], [Cho 78]). Die **Uniformitäts-** und **Regularitäts-Hypothese** und die **Hypothese der endlichen Dekomposition** stammen von Gaudel/Marre (s. [GaM 88]), die Idee, die Schachtelungstiefe von Termen als Komplexitätsmaß zu verwenden, geht auf Neumann/Lang zurück (s. [NeL 89]).

Die Idee der automatischen, **prototypischen Implementierung** von algebraischen Spezifikationen stammt von Jalote und wurde von Neumann/Lang aufgegriffen, implementiert und am Beispiel eines Kellers (stack) erläutert (s. [Jal 87], [NeL 89]).

Für „große" **algebraische Spezifikationen**, die durch den Import anderer Spezifikationen eine „modulare" Struktur haben, bietet sich ein „**verteiltes"** Testen der gesamten Spezifikation an. Dies entspricht den Strategien, die beim Integrationstest von Programmen angewendet werden (genaueres siehe Kapitel 13). Ein Vorschlag für ein verteiltes Testen findet sich bei Kreowski (s. [Kre 92a]).

Ein komplexes **Beispiel** für die algebraische Spezifikation und entsprechende Tests (automatische Türüberwachung bei der U-Bahn) findet man bei Dauchy/Marre (s. [DaM 91]). Das Übungsbeispiel „Kommentardruckprogramm" stammt von Chow (siehe [Cho 78]).

6 Bewertung des spezifikationsorientierten Testens

In den Kapiteln 4 und 5 wurden eine Fülle von Testmethoden vorgestellt. Da beim Testen aus Aufwandsgründen nicht alle Methoden angewendet werden können, ist ein Vergleich und eine Bewertung dringend nötig, damit eine angemessene Menge von Methoden ausgewählt werden kann.

Folgende Vergleichsmaßstäbe können an die Testkriterien angelegt werden, die den Testmethoden zugrunde liegen[1]:

1. Ein Vergleich der Art „Testkriterium K_1 **enthält** Testkriterium K_2" führt eine (partielle) Ordnung unter den Testkriterien ein (siehe Kapitel 6.1).

   Dies soll bedeuten, daß jede Testdatenmenge, die Kriterium K_1 erfüllt, auch Kriterium K_2 erfüllt. Von Interesse ist auch, daß zwei Testkriterien **unvergleichbar** sind, d. h. daß keines das andere enthält.

2. Die **Anzahl** der Testdaten, die notwendig sind, um ein bestimmtes Kriterium zu erfüllen, ist von großem (ökonomischem) Interesse.

   Wenn Kriterium K_1 Kriterium K_2 enthält, ist nur ableitbar, daß man für die Erfüllung von K_2 höchstens so viele Testdaten braucht wie für die Erfüllung von K_1. Die Anzahl hängt natürlich von der Größe der vorliegenden Spezifikation ab, d. h. von der Anzahl der Äquivalenzklassen bzw. der Ursachen und Wirkungen oder von der Struktur der Pfadausdrücke, endlichen Automaten oder algebraischen Spezifikationen. Daher können nur Abschätzungen für den schlimmsten Fall oder Durchschnittswerte angegeben werden (siehe Kapitel 6.2).

3. Eine Testdatenmenge, die einem Testkriterium genügt, welches ein anderes enthält, wird i. allg. mehr **Fehler aufdecken** können. Eine solche Aussage sollte aber durch formale Analysen oder empirische Ergebnisse für eine Menge von Spezifikationen und Programmen bestätigt oder widerlegt werden (siehe Kapitel 6.3).

4. Für ein „günstiges" Testkriterium, d. h. ein Kriterium, welches relativ viele Fehler aufdeckt und relativ wenig Testdaten benötigt, kann es eine ungünstige Eigenschaft geben. Dieser Fall liegt vor, wenn die Testdaten schwierig zu erstellen sind oder wenn schwierig festzustellen ist, ob das Testkriterium mit den vorliegenden Tests erfüllt ist. Mit den Problemen der **Messung** und der **Testdatengenerierung** beschäftigt sich daher Kapitel 6.4.

---

[1] Eine **Testmethode** umfaßt **Testkriterien**, die Anforderungen an die Testdatenmenge stellen, und Verfahren zur Generierung einer Testdatenmenge, die diesen Anforderungen genügt.

6.1 Enthaltensein und Unvergleichbarkeit von Testkriterien

Eine Ursache für die oben konstatierte Fülle von Testkriterien ist die Verschiedenartigkeit der Spezifikationsmethoden bzw. der Spezifikationsmodelle, die ihnen zugrunde liegen. Daher können Testkriterien i. allg. nur verglichen werden, wenn das Spezifikationsmodell gleich oder ähnlich ist.

6.1.1 Vergleich der datenbereichsbezogenen und entwurfsorientierten Testkriterien

Für die datenbereichsbezogenen Testkriterien von Kapitel 4.2 und ihre entwurfsorientierte Verfeinerung wird die partielle Ordnung dieser Testkriterien durch den gerichteten Graphen in Abbildung 6.1 dargestellt. Dabei bedeutet ein Pfeil von Kriterium K_1 nach K_2, daß K_1 das Kriterium K_2 strikt enthält. Dies soll heißen, daß K_1 Kriterium K_2 enthält, aber K_2 nicht K_1 enthält. Falls kein Weg von K_1 nach K_2 existiert, sind die Kriterien unvergleichbar.

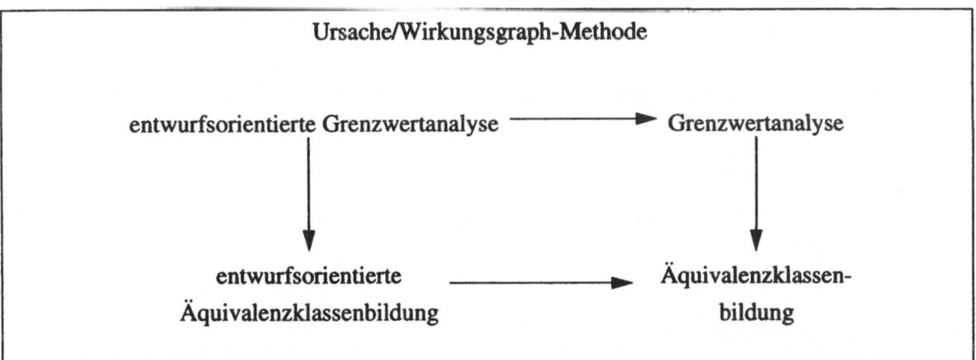

Abb. 6.1: Partielle Ordnung der datenbereichsbezogenen Testkriterien

Die Beziehungen gelten aus folgenden Gründen:

1. Die Grenzwertanalyse ist unter zwei Voraussetzungen eine Verfeinerung der Äquivalenzklassenbildung:

   (a) Zu jeder Äquivalenzklasse muß mindestens ein Grenzwert existieren bzw. gewählt werden. (Bei *ungeordneten* Werten — z. B. den Farben rot, gelb, blau — ist dies problematisch.)

   (b) Zu jedem Testdatum, das *genau eine* ungültige Äquivalenzklasse abdeckt, muß es auch ein Testdatum geben, das *genau einen* ungültigen Grenzwert enthält (vgl. Übung 6.1).

2. Entwurfsorientierte[2] Kriterien sind eine Verfeinerung der Kriterien, die sich auf die (nicht so detaillierte) Spezifikation beziehen.

Bei der Kompositionsart 1 des funktionsbezogenen Testens (Fallunterscheidung von Funktionen f_1 bis f_n) gilt diese Beziehung zwischen den Kriterien allerdings nur, wenn die Äquivalenzklassenbildung bei den Teilfunktionen f_1 bis f_n die Grenzen der Äquivalenzklassen der Gesamtfunktion und die neuen Grenzen der Fallunterscheidung respektiert.

BEISPIEL 6.1.1
Für eine Rentenberechnung f sei die gültige Äquivalenzklasse:

$$18 \leq Alter \leq 65$$

und die beiden ungültigen Äquivalenzklassen seien:

$$Alter < 18, \; Alter > 65.$$

Für die besondere Behandlung des Vorruhestands sei die Rentenberechnungsfunktion f folgendermaßen aufgeteilt:

$$f = if \; Alter \leq 58 \; then \; f_1 \; else$$
$$if \; Alter \leq 62 \; then \; f_2 \; else \; f_3.$$

In diesem Fall sind als Äquivalenzklassen zu testen:

für f_1: gültig: $18 \leq$ Alter ≤ 58,
*   ungültig:Alter < 18,*
*   (Alter > 58 ist überflüssig; vgl. f_2, f_3);*
für f_2: gültig: $58 <$ Alter ≤ 62,
*   ungültig: (Alter > 62 und Alter ≤ 58 sind überflüssig;*
*   vgl. f_1, f_3);*
für f_3: gültig: $62 <$ Alter ≤ 65,
*   ungültig: $65 <$ Alter,*
*   (Alter ≤ 62 ist überflüssig; vgl. f_2, f_1).*

Für die Kompositionsarten 2 und 3 des funktionsbezogenen Testens (Iteration und Sequenz) gilt analoges wie bei der Kompositionsart 1. In diesen Fällen ist es allerdings schwieriger, Bedingungen für die Beziehungen der Äquivalenzklassen der Gesamtfunktion und der Teilfunktion(en) anzugeben und abzuprüfen:
Bei der *Iteration* entspricht jeder Schleifendurchlauf einem besonderen Fall, einer Äquivalenzklasse, deren Grenzen bestimmt werden müßten.
Bei der *Sequenz* überschneiden sich die Äquivalenzklassen auf eine Weise, die von der Berechnung in den einzelnen Teilfunktionen abhängt. (Daher sollten Sequenzen besser mit den Methoden für Pfadausdrücke getestet werden.)

---

[2] Falls kein detaillierter Entwurf vorliegt, entfällt natürlich dieser Vergleich.

3. Entwurfsorientierte Äquivalenzklassenbildung ist unvergleichbar mit der (spezifikationsorientierten) Grenzwertanalyse: die erste Methode bezieht sich auf *mehr Äquivalenzklassen*, enthält dafür aber nicht unbedingt *Grenzwerte* (s. Übung 6.2).

4. Die Ursache/Wirkungsgraph-Methode (UWG-Methode) ist mit den anderen Methoden unvergleichbar, selbst wenn man die Eingabebedingungen (die Ursachen) als Äquivalenzklassen auffaßt.

BEISPIEL 6.1.2
Die Spezifikation — etwa die Einstellungsbedingungen bei der Fluggesellschaft Light-Hansa — enthalte drei Eingabebedingungen:

> *E1: 18 $\leq$ Alter (in Jahren) $\leq$ 60,*
> *E2: 50 $\leq$ Gewicht (in Kilogramm) $\leq$ 80,*
> *E3: 105 $\leq$ Intelligenzquotient (IQ).*

Eine Einstellung erfolge, wenn mindestens eine der drei Bedingungen erfüllt ist (ODER-Verknüpfung).

Nach der UWG-Methode sind somit vier Testdaten von folgender Art zu bilden:

> *t1: E1 und E2 und E3 nicht erfüllt,*
> *t2: E1 erfüllt (aber E2 und E3 nicht),*
> *t3: E2 erfüllt (aber E1 und E3 nicht),*
> *t4: E3 erfüllt (aber E1 und E2 nicht).*

Da es keine Testdaten gibt, bei denen genau eine Bedingung nicht erfüllt ist, wird Schritt 3-3 (siehe Seite 77) der Äquivalenzklassenbildung („genau eine ungültige Äquivalenzklasse abdecken") nicht erfüllt.

Wegen des Gegenbeispiels 6.1.2 enthält die UWG-Methode nicht die Äquivalenzklassenbildung und — wegen der Beziehungen zwischen den anderen Kriterien und der Äquivalenzklassenbildung — auch nicht die anderen Testkriterien.
Die entwurfsorientierte Grenzwertanalyse enthält nicht die UWG-Methode, da für Beispiel 6.1.2 folgende Testdaten für die entwurfsorientierte Grenzwertanalyse (hier gleichbedeutend mit der Grenzwertanalyse) ausreichend sind:

(a) Kombinationen von Grenzwerten, die alle einen gültigen Wert darstellen; z. B. Alter = 18, Gewicht = 80, IQ = 105,

(b) Kombinationen von Grenzwerten, bei denen genau ein Grenzwert ungültig ist; z. B. Alter = <u>17</u>, Gewicht = 50, IQ = 105.

Bei der Grenzwertanalyse fehlt also z. B. ein Test der Art t2 oder t3 oder t4, bei dem zwei Werte ungültig sind.

Damit ist gezeigt, daß die UWG-Methode mit den anderen Methoden unvergleichbar ist; somit gelten die Beziehungen von Abbildung 6.1.   **q. e. d.**

Das Beispiel 6.1.2 der Einstellungsbedingungen der Light-Hansa zeigt, daß die Forderung von Schritt 3-3 der Äquivalenzklassenbildung, genau eine ungültige Äquivalenzklasse mit einem Testdatum abzudecken, in manchen Fällen unsinnig ist. Die obige ODER-Verknüpfung der zu den Äquivalenzklassen gehörigen Bedingungen ist ein solcher Fall; es ist unsinnig, mit einem Testdatum eine ungültige (und somit zwei gültige) Äquivalenzklassen abzudecken, da schon bei der Abdeckung einer gültigen Äquivalenzklasse die positive Systemreaktion — Einstellung der Person — erfolgen muß. Als Ausweg müßte im vorliegenden Fall die Bedingung „E1 oder E2 oder E3" als einzige gültige Klasse definiert werden. Die Bedingung „nicht(E1) und nicht(E2) und nicht(E3)" beschreibt dann die einzige ungültige Klasse[3].

6.1.2   Vergleich der Testkriterien für Reihenfolgebedingungen und algebraische Spezifkationen

Die Testkriterien von Kapitel 5 lassen sich untereinander vergleichen, da sie alle auf dem Modell der regulären Ausdrücke bzw. endlichen Automaten basieren. Allerdings gibt es bei den algebraischen Spezifikationen nur im folgenden Fall keine Schwierigkeiten:

1. wenn endliche Automaten zur Beschreibung ausreichen (vgl. [Gegen-] Beispiel 5.2.8 auf Seite 128);

2. wenn nur *eine* Variable in einer Gleichung vorkommt, da sonst *mehrere* Automaten zur Beschreibung der Testdaten herangezogen werden (vgl. Definition 5.2.3 auf Seite 131).

Die partielle Ordnung der Testkriterien wird daher durch zwei unabhängige gerichtete Graphen beschrieben (siehe Abbildungen 6.2 und 6.3, wobei die Bedeutung der Pfeile dieselbe wie bei Abbildung 6.1 ist).

Die Ordnung der Testkriterien aus Abbildung 6.2 ergibt sich direkt aus den Definitionen: das Kriterium „alle korrekten/einige nicht korrekte Transitionen" ist eine Einschränkung von „alle Transitionen" (s. Definition 5.1.2 auf Seite 118), welches wiederum nur einen Teil des „Automatenäquivalenztests" darstellt.
Die Relationen zwischen den Begriffen aus Abbildung 6.3 ergeben sich direkt aus den Definitionen 5.2.3 (1) und (2) und der Bemerkung zu den entsprechenden Kombinationen nach Beispiel 5.2.10 (siehe S. 132).

---

[3]Bei dieser — etwas komplizierteren — Äquivalenzklassenbildung enthält die UWG-Methode auch die Äquivalenzklassenbildung, da Testdatum t1 aus Beispiel 6.1.2 die ungültige Klasse und jedes der Testdaten t2 bis t4 die gültige Klasse abdeckt.

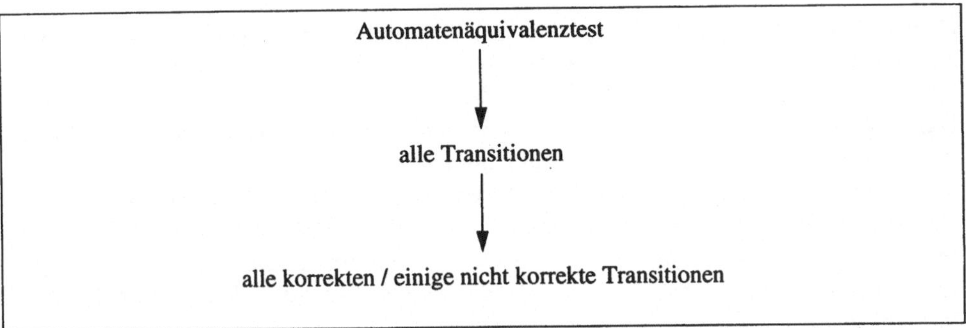

Abb. 6.2: Ordnung der Testkriterien auf der Basis von Pfadausdrücken

Die Relation zwischen einem Kriterium und der „fast"-Variante gilt allerdings nur, wenn beide Kriterien gebildet werden dürfen, was nach Definition 5.2.3 (2) eigentlich ausgeschlossen ist: nur wenn es keinen exakten regulären Ausdruck gibt, soll näherungsweise ein regulärer Ausdruck gebildet werden. Wird diese Näherung auch zugelassen, wenn es einen exakten Ausdruck gibt, kann auch die Unvergleichbarkeit von *fast alle Kombinationen von Kanten* und *alle korrekten Kanten* gezeigt werden (siehe Übung 6.3).

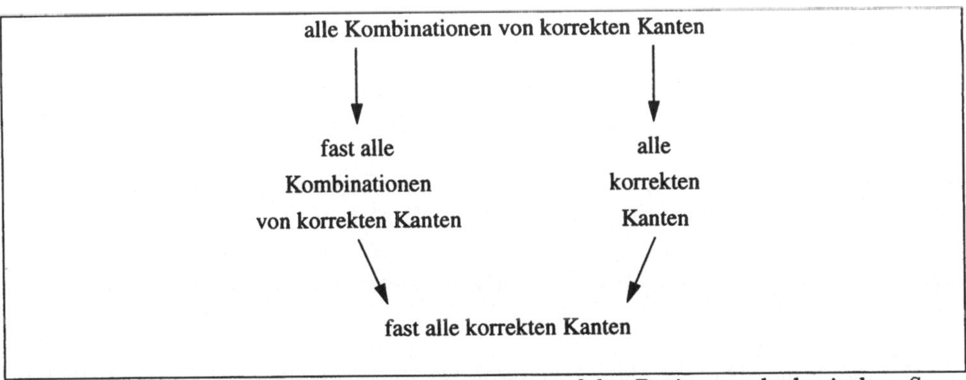

Abb. 6.3: Partielle Ordnung der Testkriterien auf der Basis von algebraischen Spezifikationen

Abbildung 6.3 kann noch verfeinert werden, da die Begriffe *fast alle Kombinationen von korrekten Kanten* und *fast alle korrekten Kanten* nichts darüber aussagen, wie stark die „fast"-Einschränkung gegenüber der korrekten Beschreibung aller möglichen Terme ist. Die dabei verwendbaren Hypothesen (s. Kapitel 5.2) lassen sich dabei ebenfalls anordnen: die Regularitäts-Hypothese und die Hypothese der endlichen Dekomposition enthalten jeweils die (sehr eingeschränkte) Uniformitäts-Hypothese und sind nicht vergleichbar.

Die vorgestellte Enthaltenseinrelation scheint ein plausibles Kriterium für den Vergleich der Testkriterien zu sein. Sie hat aber einen Haken, da alle Testkriterien laut

Definition *keine minimale* Menge von Tests erfordern, die das geforderte Kriterium erfüllen. Daher erfüllt mit einer Menge T von Tests auch jede Obermenge von T das entsprechende Testkriterium. Dies wird **Monotonie** des Testkriteriums genannt. Daher kann ein „schwacher" Test T, der in der (partiellen) Ordnung der Testkriterien „unten" liegt, dennoch einen Fehler finden, den ein „starker" Test T' („oben" in der [partiellen] Ordnung der Testkriterien) nicht findet: T kann gerade das fehleraufdeckende Testdatum zusätzlich enthalten, während T' es nicht enthält.

Im folgenden werden daher die minimalen oder nahezu minimalen Testmengen zu einem Testkriterium betrachtet. Dabei stellt sich die Frage nach dem Kosten-Nutzen-Verhältnis:

- Wieviel Aufwand muß für das Testen getrieben werden, um einem Testkriterium zu genügen?

- Wie viele und welche Fehler werden mit Tests, die ein bestimmtes Kriterium erfüllen, gefunden?

Diese Fragen werden in den folgenden Abschnitten beantwortet.

6.2   Anzahl der Testdaten pro Testkriterium

6.2.1   Anzahl der Testdaten bei den datenbereichsbezogenen und funktionsbezogenen Testkriterien

Für die datenbereichsbezogenen Testkriterien von Kapitel 4.2 kann die Anzahl der notwendigen Testdaten folgendermaßen abgeschätzt werden.

Für die Methode der Äquivalenzklassenbildung gilt folgendes für die Anzahl $t_{g\ddot{a}}$ der Testdaten für gültige (Äquivalenz-)Klassen, wenn EB die Menge aller Eingabe-Bedingungen b ist:

$$t_{g\ddot{a}} \geq \max\{\text{Anzahl gültiger Klassen für Eingabebedingung } b \mid b \in EB\} \quad (6.1)$$

$$t_{g\ddot{a}} \leq \text{Anzahl aller gültigen Klassen} \quad (6.2)$$

Für die Anzahl $t_{u\ddot{a}}$ der Testdaten für ungültige (Äquivalenz-) Klassen und somit für die Anzahl $t_{\ddot{a}}$ der Testdaten für alle Äquivalenzklassen gilt, wenn $k_{u\ddot{a}}$ die Anzahl aller ungültigen Äquivalenzklassen ist:

$$t_{u\ddot{a}} = k_{u\ddot{a}} \quad (6.3)$$

$$t_{\ddot{a}} = t_{g\ddot{a}} + t_{u\ddot{a}} \quad (6.4)$$

Die Beziehung 6.3 folgt direkt aus der Definition von Schritt 3-3 der Methode (s. S. 77). Die Beziehungen 6.1 und 6.2 beschreiben gerade den günstigsten und ungünstigsten Fall bei Schritt 3-2 der Äquivalenzklassenbildung. Die untere Grenze bei 6.1 wird erreicht, wenn sich alle Eingabe-Bedingungen gleichzeitig durch ein Testdatum erfüllen lassen, wobei allerdings die evtl. verschiedenen Äquivalenzklassen pro Bedingung *nicht* gleichzeitig abdeckbar sind. Die obere Grenze bei 6.2 wird erreicht, wenn sich alle Bedingungen gegenseitig ausschließen.

Falls es jeweils nur *eine gültige* (Äquivalenz-)Klasse pro Eingabebedingung gibt, gilt also für die Anzahl $t_{gä}$ der Testdaten für gültige Klassen:

$$1 \leq t_{gä} \leq b_e \tag{6.5}$$

wobei b_e die Anzahl der Eingabebedingungen ist.

Für die Grenzwertanalyse müssen folgende Bezeichnungen eingeführt werden, um eine Abschätzung angeben zu können: Sei B die Menge aller Bedingungen, EB die Menge der Eingabebedingungen, AB die Menge der Ausgabebedingungen, also $B = EB \cup AB$; $g(b)$ sei die Anzahl der Grenzwerte pro Eingabe- oder Ausgabebedingung b.

Bei Bedingungen vom Typ „$u \leq x \leq o$", die durch ein zweiseitig abgeschlossenes Intervall mit gültigen und ungültigen Grenzwerten dargestellt werden, gilt also $g(b) = 4$. Beispielsweise hat die Bedingung $18 \leq A \leq 65$ die vier Grenzwerte 17, 18, 65, 66, wenn A vom Typ *integer* ist. Bei einseitig abgeschlossenen Intervallen (z. B. $18 < A$) gilt entsprechend $g(b) = 2$.

Damit ergibt sich für die Anzahl t_g der Tests, wenn alle möglichen Kombinationen von Grenzwerten getestet werden:

$$\sum_{b \in B} g(b) \leq t_g \leq \prod_{b \in B} g(b) = \prod_{b \in EB} g(b) * \prod_{b \in AB} g(b) \tag{6.6}$$

Bei 6.6 gilt die obere Abschätzung, wenn *alle* Kombinationen von Grenzwerten möglich und gewählt worden sind.

Die untere Abschätzung gilt für den Fall, daß die Grenzwerte nicht kombiniert werden (können) und somit einzeln getestet werden. Dabei wird angenommen, daß alle Grenzwerte (pro Variable) verschieden sind.

Für den häufigen Fall $g(b) = 4$ wird 6.6 also zu folgender Abschätzung:

$$4 * |B| \leq t_g \leq 4^{|B|} \tag{6.7}$$

Für geordnete Wertebereiche existiert stets mindestens ein Grenzwert pro Äquivalenzklasse. Daher gilt wegen 6.6, 6.2, 6.3 mit $k_{eä} :=$ Anzahl aller Eingabe-Äquivalenzklassen:

$$t_g \geq \sum_{b \in B} g(b) \geq \sum_{b \in EB} g(b) \geq k_{eä} \geq t_{gä} + t_{uä}$$

Wegen 6.4 gilt also:

$$t_g \geq t_{\ddot{a}} \tag{6.8}$$

Die Grenzwertanalyse erfordert also mindestens soviele Tests (t_g) wie die Methode der Äquivalenzklassenbildung $(t_{\ddot{a}})$.

Für den häufigen Fall einer Bedingung b vom Typ „$u\ rel_1\ x\ rel_2\ o$" (wobei rel_1 und rel_2 die Relationen $\leq$ oder $<$ sind) gilt $g(b) = 4$. In diesem Falle ist die Anzahl der Tests für die Grenzwertanalyse (t_g) im Vergleich zur Methode der Äquivalenzklassenbildung $(t_{\ddot{a}})$ im Minimalfall etwa das Doppelte, im Maximalfall aber fast eine Zweierpotenz dieser Anzahl (vgl. Übung 6.4a).

Für die Ursache/Wirkungsgraph-Methode (UWG-Methode) ist die Anzahl t_{uwg} der Tests mit den Anzahlen bei der Grenzwertanalyse oder der Methode der Äquivalenzklassenbildung nur zu vergleichen, wenn folgende Annahmen gemacht werden:

1. Der Ursache/Wirkungsgraph hat nur eine Wirkung.

2. Die Wirkung hängt auf einfache Weise von den Eingabebedingungen ab, d. h. konjunktiv („und") oder disjunktiv („oder").

3. Die Eingabebedingungen sind von folgender Art:

   (a) „$x\ rel\ k$" mit einer Variablen x, einer Konstanten k und einer Relation rel (z. B. $Y \geq 3$) oder

   (b) „$u\ rel_1\ x\ rel_2\ o$" mit einer Variablen x und zwei Konstanten u und o, wobei rel_1 und rel_2 „$<$" oder „$\leq$" sind und $u < o$ gilt (z. B. „$3 \leq Y < 8$").

Sei wieder b_e die Anzahl der Eingabe-Bedingungen, die mit der Anzahl $k_{g\ddot{a}}$ der gültigen Äquivalenzklassen übereinstimmt. Dann gilt für die Anzahl t_{uwg} der Tests bei der UWG-Methode:

$$t_{uwg} \leq b_e + 1 = k_{g\ddot{a}} + 1 \tag{6.9}$$

Der Grenzwert $b_e + 1$ wird angenommen, wenn alle bei der UWG-Methode geforderten Kombinationen von gültigen und ungültigen Bedingungen möglich sind[4].

Vergleicht man den Maximalwert von t_{uwg} für den Fall 3(b) mit den Minimalwerten $t_{\ddot{a}}$ und t_g bei der Äquivalenzklassen- und Grenzwertmethode (vgl. Übung 6.4b), so ergibt sich sogar bei diesem ungünstigen Vergleich folgendes:

$$t_{uwg} = \frac{t_g}{4} + 1 \tag{6.10}$$

$$t_{uwg} = \frac{t_{\ddot{a}}}{2} + \frac{1}{2} \tag{6.11}$$

---

[4]bei Verknüpfung mit „oder" [„und"] *eine* Kombination: alle Bedingungen ungültig [gültig]; b_e Kombinationen: jeweils eine Bedingung gültig [ungültig], alle anderen ungültig [gültig].

Die Anzahl der Tests bei der UWG-Methode ist nur etwa die Hälfte bzw. ein Viertel der Anzahl der Tests bei der Äquivalenzklassen- bzw. Grenzwertmethode.

Vergleicht man im Fall 3(b) die Maximalwerte von t_{uwg}, $t_{\ddot{a}}$ und t_g (vgl. Übung 6.4b), so ergibt sich folgendes: die Anzahl der Tests bei der Äquivalenzklassenmethode ist in etwa dreimal so groß wie die Anzahl t_{uwg} der Tests bei der UWG-Methode, und die Anzahl der Tests bei der Grenzwertmethode steigt sogar exponentiell mit t_{uwg}.

$$t_g = 2^{2*(t_{uwg}-1)} \tag{6.12}$$

$$t_{\ddot{a}} = 3 * (t_{uwg} - 1) \tag{6.13}$$

Insbesondere gegenüber den vollständigen Kombinationen bei der Grenzwertanalyse spart die UWG-Methode also deutlich Tests ein.

Beim <u>funktionsbezogenen</u> Test lassen sich die Anzahlen t_{if} und t_{while} der benötigten Tests für die funktionalen Formen „if b then f_1 else f_2" und „while $b(v) = true$ do $v \leftarrow f(v)$" mit der Anzahl t_b der Tests für das Prädikat b bzw. $b(v)$ (als unterer Grenze) abschätzen (siehe Übung 6.5, vgl. Kapitel 4.3):

$$t_{if} \geq t_b \tag{6.14}$$

$$t_{while} \geq t_b \tag{6.15}$$

Beim funktionsbezogenen Test, der von SADT- oder SA-Diagrammen ausgeht, lassen sich keine vernünftigen Abschätzungen der Anzahl der Tests angeben. Dies liegt daran, daß die Anzahl der Tests von der genauen Struktur des konstruierten Automaten abhängt und diese Struktur wiederum von den möglichen Werten der einzelnen Datenflüsse (den Zuständen) und dem Übergangsverhalten der Aktivitäten (den Transitionen).

6.2.2   Anzahl der Testdaten bei den Testkriterien für Reihenfolgebedingungen und algebraische Spezifikationen

Bei den Testkriterien von Kapitel 5 hängt die Anzahl der Tests natürlich von der Komplexität der Pfadausdrücke bzw. Gleichungen der algebraischen Spezifikation ab. Es gibt aber leider keinen einfachen Zusammenhang zwischen der Struktur dieser Ausdrücke bzw. Gleichungen und der Struktur der daraus abgeleiteten endlichen Automaten, die als Grundlage für die Testermittlung dienen.

Bei <u>Pfadausdrücken</u> und den Testkriterien *alle Transitionen* und *alle korrekten/einige nicht korrekte Transitionen* ist der Zusammenhang zwischen der Struktur eines Ausdrucks P und der Anzahl der Tests aus zwei Gründen kompliziert:

1. Es müssen auch Transitionen ausgeführt werden, die *nur* auf Wegen in den Fehlerzustand des Automaten $A_v(P)$ liegen. Diese Transitionen haben keine Entsprechung in dem Pfadausdruck P.

BEISPIEL 6.2.1
Nur die Transitionen des Automaten $A(P)$ aus Abbildung 5.3 auf S. 117 haben eine Entsprechung zu dem Pfadausdruck $P = (b|c)^+; [d; e|f]$. Die zusätzlichen „Fehler"-Transitionen des vollständigen Automaten $A_v(P)$ aus Abbildung 5.4 auf S. 118 — d. h. die drei Transitionen von 1 nach F, die Transition von 2 nach F, die vier Transitionen von 3 nach F, die fünf Transitionen von 4 nach F und die fünf Transitionen von F nach F — haben keine direkte Entsprechung zu dem Ausdruck P.

2. Selbst bei einer Beschränkung auf den Automaten ohne Fehlerzustand ist der Zusammenhang zwischen der Struktur der Pfadausdrücke und der Anzahl der Tests kompliziert.

   Seien $t(p)$ und $t(q)$ die Anzahl der Tests für die Pfadausdrücke p und q. Dann gilt für die Anzahl $t(r)$ der Tests für einen zusammengesetzten Ausdruck r:

   (a) $t(p) = 1$, falls p ein einzelnes Zeichen ist,

   (b) $t(p|q) \leq t(p) + t(q)$.

BEISPIEL 6.2.2 (UNGLEICHEIT BEI BEZIEHUNG 2(B))

$$t(b|bc) = 1 \neq 2 = t(b) + t(bc).$$

Diese Ungleichheit ergibt sich aus der Tatsache, daß b ein Anfangsstück von bc ist und daher nur ein Test für die komplette Folge bc nötig ist. Die Ungleichung 2(b) kann also nicht durch die entsprechende Gleichung ersetzt werden.

Die folgenden einfachen und naheliegenden Beziehungen 2(c) bis 2(e) gelten zwar in einigen Fällen (s. Beispiel 6.2.3), allerdings nicht in jedem Fall (s. Übung 6.6):

(c) $t(p; q) = \max(t(p), t(q))$,

(d) $t([p]) = t(p)$,

(e) $t(p^+) = t(p)$.

BEISPIEL 6.2.3 („ZUFÄLLIGE" GÜLTIGKEIT DER BEZIEHUNGEN (C) BIS (E))

$$t((b|c)^+) = t(b|c) = 2.$$
$$t([d; e|f]) = t(d; e|f) = t(d; e) + t(f) = \max(t(d), t(e)) + t(f)$$
$$= max(1, 1) + 1 = 2.$$
$$t((b|c)^+; [d; e|f]) = 2 = \max(2, 2) = \max(t((b|c)^+), t([d; e|f])).$$

(Dies wird durch die <u>beiden</u> Testfälle t_1 und t_2 aus Beispiel 5.1.4 demonstriert.)

Der Zusammenhang zwischen der Struktur des vollständigen Automaten $A_v(P)$ (zu einem Pfadausdruck P) und der Anzahl der nötigen Tests bei den Kriterien *alle Transitionen* bzw. *alle korrekten/einige nicht korrekte Transitionen* ist ebenfalls nicht einfach. Klar ist nur, daß eine Schleife bzw. eine starke Zusammenhangskomponente des Automaten nur einen Test erfordert, da mit einer entsprechend langen Testsequenz alle Transitionen durchlaufen werden können. Solche Teilgraphen können also weggelassen werden, wenn die Anzahl der Tests bestimmt werden soll. Außerdem kann ein Weg (eine Folge von Transitionen) von einem Zustand s nach einem Zustand t durch eine Transition von s nach t ersetzt werden, wenn die Zwischenzustände auf dem Weg mit keinen weiteren Transitionen zusammenhängen. Für den so entstandenen Automaten(graphen) $A_e(P)$ kann die genaue Anzahl der Tests leicht bestimmt werden, da keine Schleifen mehr vorhanden sind. Die Anzahl der Tests t_{at} für das Kriterium *alle Transitionen* kann z. B. durch die Anzahlen k und n der verbliebenen Transitionen (Kanten) und Knoten in dem Automaten $A_e(P)$ nach oben abgeschätzt werden, wobei für $n \geq 2$ gilt[5]:

$$t_{at}(P) = t_{at}(A_e(P)) \leq k - n + 2 \leq k \tag{6.16}$$

BEISPIEL 6.2.4
Beim Automaten $A_v(P)$ aus Abbildung 5.4 auf S. 118 fallen nur die zyklischen Transitionen (Kanten) von Zustand 2 nach 2 und Zustand F nach F weg, reduzierbare Wege gibt es nicht. Die Zahl der Tests ergibt sich durch Betrachtung der Verzweigungen. Insgesamt erhält man eine Mindestzahl von 13 Tests (vgl. Beispiel 5.1.4). Die Anzahl der Transitionen und Knoten in $A_e(P)$ beträgt dagegen 18 und 5. Die Abschätzung mit $k - n + 2$ ergibt also maximal 15 Tests.

Beim kompletten Automatenäquivalenztest (vgl. Kapitel 5.1, S. 118) kann die Anzahl der notwendigen Tests $t_{a\ddot{a}}(A_v(P))$ folgendermaßen abgeschätzt werden:[6]

$$t_{a\ddot{a}}(A_v(P)) = z^2 * e^{s-z+1} \tag{6.17}$$

Dabei ist z die Anzahl der Zustände des Automaten $A_v(P)$, s die Anzahl der Zustände des korrekt spezifizierten Automaten und e die Anzahl der verschiedenen Eingabesymbole (auf den Kanten bei der graphischen Darstellung des Automaten). Nimmt man $s = z$ an, gilt also:

$$t_{a\ddot{a}}(A_v(P)) = z^2 * e \tag{6.18}$$

Also ist die Anzahl der Tests mindestens um den Faktor z größer als die Anzahl der Tests $t_{at}(P)$ bei dem Kriterium *alle Transitionen* (vgl. 6.16, siehe Übung 6.7):

$$t_{a\ddot{a}}(A_v(P)) \geq z * t_{at}(P) \tag{6.19}$$

---

[5] $k - n + 2$ ist die zyklomatische Zahl nach McCabe. Sie entspricht der Anzahl der *linear unabhängigen* Wege im (Automaten-)Graphen (genaueres siehe Kapitel 16.1).

[6] Der hier weggelassene Beweis stammt laut [Cho 78], S. 181, von M. P. Vasilewskii.

Für die Testkriterien auf der Basis von <u>algebraischen Spezifikationen</u> ergeben sich ähnliche Abschätzungen wie bei den Pfadausdrücken und endlichen Automaten. Nach Definition 5.2.3 (1) auf S. 131 geht allerdings die Anzahl der Gleichungen der algebraischen Spezifikation in die Anzahl der Tests ein.

Für die Anzahl der Tests t_{ak} beim Kriterium *(fast) alle korrekten Kanten* gilt somit:

$$t_{ak} = \sum_{G \in Gl} \max\{t(A_i) | x_i \in G\} \tag{6.20}$$

Dabei sei Gl die Menge aller Gleichungen der algebraischen Spezifikation. Für eine Variable x_i in der Gleichung G sei $t(A_i)$ die Anzahl der notwendigen Tests für den zu x_i gehörigen Automaten (s. Definition 5.2.3 (1)). Die Bestimmung von $t(A_i)$ ist dabei wieder — wie bei den Pfadausdrücken — von einer Fülle von Einflüssen abhängig, die hier nicht weiter untersucht werden können. Mit t_{max}, dem Maximalwert über alle $t(A_i)$-Werte für alle Gleichungen G aus Gl, läßt sich t_{ak} nach oben abschätzen, wobei $g = |Gl|$ die Anzahl der Gleichungen sei:

$$t_{ak} \leq g * t_{max} \tag{6.21}$$

Bei dem Kriterium *(fast) alle Kombinationen von korrekten Kanten* steigt die Anzahl t_{akk} der Tests gegenüber der obigen Berechnung von t_{ak} an, wenn mehr als eine Variable pro Gleichung vorhanden ist und mehr als ein Test bei $t(A_i)$ verlangt wird. Es gilt:

$$t_{akk} = \sum_{G \in Gl} \prod_{x_i \in G} t(A_i) \tag{6.22}$$

Das Maximum über die $t(A_i)$-Werte wird also durch ihr Produkt ersetzt.
Mit t_{max}, dem Maximalwert über alle $t(A_i)$-Werte, mit $g = |Gl|$ und v_{max}, der Maximalzahl der Variablen pro Gleichung, erhält man also folgende Abschätzung:

$$t_{akk} \leq g * (t_{max})^{v_{max}} \tag{6.23}$$

Beim Vergleich der Maximalwerte von t_{ak} und t_{akk} erhält man wegen 6.21 und 6.23:

$$t_{akk} = g * (t_{max})^{v_{max}} = t_{ak} * (t_{max})^{v_{max}-1} \tag{6.24}$$

Die maximale Anzahl der Tests beim Kriterium *(fast) alle Kombinationen von korrekten Kanten* ist also um den Faktor $(t_{max})^{v_{max}-1}$ größer als die maximale Anzahl der Tests beim Kriterium *(fast) alle korrekten Kanten*.

Die obigen Abschätzungen 6.20 bis 6.24 gelten natürlich nur, wenn sich die Tests für verschiedene Gleichungen nicht kombinieren lassen. Andernfalls sind weniger Tests erforderlich.

BEISPIEL 6.2.5

Bei dem Binärbaum aus Kapitel 5.2 sind nur die Gleichungen 6(b) und 6(d) interessant, die Variablen enthalten (siehe Beispiel 5.2.9 auf S. 131). Für die Variablen L und R gilt jeweils $t(A_L) = t(A_R) = 5$, für Variable a wurde $t(A_a) = 1$ gewählt. Also gilt stets $\max\{t(A_i)|x_i \in G\} = 5$ für $G = 6(b)$ und $G = 6(d)$. Für die Gleichungen 6(a) und 6(c) ist je ein Test erforderlich, da sie keine Variablen enthalten. Da Variable a praktisch wie eine Konstante behandelt wird, kann die Anzahl der Tests mit maximal $v_{max} = 2$ Variablen pro Gleichung folgendermaßen abgeschätzt werden:

$$t_{ak} = 1 + 5 + 1 + 5 \ \ = 12 \le 20 \ \ = 4 * 5 = g * t_{max} \qquad (vgl.\ 6.21),$$

$$t_{akk} = 1 + 5^2 + 1 + 5^2 = 52 \le 100 = 4 * 5^2 = g * (t_{max})^{v_{max}} (vgl.\ 6.23).$$

Die obere Abschätzung für t_{akk} (100) ist um den Faktor $(t_{max})^{v_{max}-1} = 5$ größer als die obere Abschätzung für t_{ak} (20). Für die exakten Werte von t_{ak} und t_{akk} (12 und 52) gilt ein ähnlicher Faktor, nämlich $4\frac{1}{3}$.

BEISPIEL 6.2.6

McMullin und Gannon haben vier algebraisch spezifizierte Module getestet. Diese Spezifikation hat insgesamt 211 Gleichungen[7] mit 1310 Zeilen. Die zugehörige Implementation hat insgesamt 1558 Zeilen Code (s. [McG 83], Table I). Zum Testen wurden 381 Tests[8] verwendet, also durchschnittlich 1,8 Tests pro Gleichung. Das vorgegebene Testkriterium ist allerdings eine Kombination zweier Testkriterien:

1. *Ausführung aller Gleichungen bzw. Gleichungszweige (bei if-then-else-Gleichungen),*

2. *Ausführung aller Anweisungen der Implementierung, wobei jeder Ausdruck mindestens zwei verschiedene Werte annehmen sollte — was zu 95% erreicht wurde.*

Mehrere Werte pro Variable in einer Gleichung werden nicht verlangt, daher reichen 381 Tests für 211 Gleichungen.

6.3 Aufgedeckte Fehler pro Testkriterium

Die vorhergehenden Kapitel beschäftigten sich mit dem Aufwand, den die Erfüllung der Testkriterien bedingt. Der Aufwand wurde in Kapitel 6.1 durch einen Vergleich der Kriterien nur relativ angegeben und in Kapitel 6.2 als Anzahl der notwendigen Testdaten absolut angegeben.

---

[7]Die Gleichungen enthalten auch Fallunterscheidungen (vgl. Beispiel 5.2.2 auf S. 123) und werden **Axiome** genannt.

[8]genauer gesagt: 381 Zeilen mit Testdaten (test data lines)

Dem Aufwand für die Testdatenerzeugung — den Kosten — wird nun die Zahl und Art der aufdeckbaren Fehler — der Nutzen — für die einzelnen Testkriterien gegenübergestellt. Dabei wird der Nutzen aufgrund von empirischen Untersuchungen angegeben.

Die diversen Untersuchungen unterscheiden sich allerdings vom Ansatz her. Es gibt folgende Untersuchungsarten: Fallstudien, formale Analysen und statistische Experimente. Für einige wenige Methoden gibt es auch theoretische Untersuchungen, die allerdings von einschränkenden Annahmen über die Spezifikationen bzw. Programme ausgehen[9].

Fallstudien sind Zusammenfassungen von konkreten Ergebnissen beim Validieren einzelner Softwaresysteme. Dabei werden den aufgedeckten Fehlern die angewandten Methoden zum Finden der Fehler gegenübergestellt.

Bei der **formalen Analyse** werden Programme mit bekannten Fehlern untersucht. Für jeden Fehler wird bestimmt, welche Methoden (von mehreren ausgewählten Methoden) diesen Fehler zuverlässig finden würden.

Bei **statistischen Experimenten** werden verschiedenen Gruppen von Programmierern ein Programm oder mehrere Programme mit bekannten Fehlern gegeben. Jede Gruppe geht dabei nach einer anderen Test- bzw. Validierungsmethode vor, um die Programme zu testen bzw. Fehler in ihnen zu finden. Die Ergebnisse werden dann verglichen und mittels Korrelationsanalyse werden die gefundenen Fehler den Methoden zugeordnet.

Die Ergebnisse von formalen Analysen liefern eigentlich die verläßlichsten Angaben über die Fehleraufdeckungsfähigkeit der einzelnen Testmethoden. Allerdings hängen die Ergebnisse natürlich von den ausgewählten Spezifikationen, Programmen und Fehlern ab und schalten das unzuverlässige Anwenden der Methoden durch die Testpersonen aus, obwohl es in der Praxis vorkommt.

Bei Fallstudien wird dagegen meistens eine größere und repräsentativere Menge von Spezifikationen und Programmen untersucht.

Bei statistischen Experimenten wird dafür der „menschliche Faktor" mit berücksichtigt. Dies ist insbesondere wichtig, wenn die anzuwendenden Methoden nicht klar definiert sind und verschieden ausgelegt werden können.

6.3.1 Prozentzahlen der aufgedeckten Fehler

Es gibt eine Reihe von Untersuchungen, die Aussagen darüber machen, wie hoch der Prozentsatz der gefundenen Fehler ist, wenn ein bestimmtes Testkriterium zugrunde liegt.

---

[9]Ein Beispiel dafür sind die Sätze 4.3.1 auf S. 102 und 4.3.2 auf S. 104 zum funktionsbezogenen Testen.

6.3.1.1 Untersuchungen zum Zufallstest

Für künstlich erzeugte Fehler („Mutationen"[10]) in ausgewählten Programmen wurde von Ntafos bestimmt, wieviel Prozent der Fehler gefunden werden. In einem Fall wurden in 7 Programmen 79,5% der Fehler mit 100 Testdaten entdeckt (s. [Nta 84b]); in einem anderen Fall wurden in 14 FORTRAN-Programmen 93,6% der Fehler mit 490 Testdaten entdeckt (s. [Nta 84a]). Da es beim Zufallstest kein natürliches Beendigungskriterium gibt und gegenüber einem strukturorientierten Verfahren[11] drei- bis neunmal soviele Testdaten verwendet wurden, ist dieses Ergebnis wenig aussagekräftig.

6.3.1.2 Vergleichende Untersuchungen zwischen dem Zufallstest und der Äquivalenzklassenmethode

Vergleichende Untersuchungen sind relevanter als die Untersuchungen aus Abschnitt 6.3.1.1. Dabei wird i. allg. mit der gleichen Anzahl von Testdaten getestet. Außerdem wird das Problem, daß bei der Äquivalenzklassenmethode nichts darüber ausgesagt wird, welche Daten aus den Äquivalenzklassen auszuwählen sind, durch folgenden Ansatz umgangen: Man abstrahiert völlig von der Spezifikation und betrachtet nur den gesamten Eingabebereich des Programms, der irgendwie in k (Äquivalenz-)Klassen eingeteilt ist. Für den gesamten Eingabebereich und für die einzelnen Klassen werden nun Fehlerraten[12] festgelegt.

Von Duran und Ntafos wurden jeweils 25 Klassen (in einer Menge von Experimenten) so erzeugt, daß mit 2% Wahrscheinlichkeit die Fehlerrate über 98% lag und mit 98% Wahrscheinlichkeit unter 4,9%. Pro Klasse wurde jeweils ein Testdatum zufällig ausgewählt. In 14 von 50 Experimenten war die Zufallstestmethode mindestens so gut wie die (Äquivalenz-)Klassenmethode, im Durchschnitt war die Zufallstestmethode etwas schlechter, d. h. das Verhältnis der Fehleraufdeckungswahrscheinlichkeiten lag bei 93 Prozent (siehe [DuN 84], S. 439 f.).

Dieses Ergebnis widerspricht der Intuition und der tradierten Meinung, daß die Orientierung an Äquivalenzklassen das Testen deutlich effektiver macht als zufälliges Testen[13]. Diese Intuition geht aber von der idealen Annahme aus, daß Äquivalenzklassen nahezu homogen sind. **Homogenität** bedeutet, daß für jedes Eingabedatum der Klasse ein Fehler auftritt oder für jedes Eingabedatum der Klasse kein Fehler auftritt. In diesem Fall ist ein Test mit je einem Testdatum pro Äquivalenzklasse

---

[10] genaueres siehe Kapitel 9.3

[11] dem Zweigtest (genaueres siehe Kapitel 7)

[12] das Verhältnis von Eingaben, die zu einem Fehler führen, zu allen Eingaben

[13] „Die Ermittelung von [Testdaten mittels] Äquivalenzklassen ist einer Zufallsauswahl von Testfällen weit überlegen." (Zitat aus [WiB 84], S. 339). „Die wahrscheinlich schwächste Methode ist das Testen mit Zufallsdaten ... Die zufällige Auswahl ... besitzt sicher eine geringe Chance, eine optimale oder fast optimale Untermenge (aller möglichen Eingabedaten) zu sein." (Zitat aus [Mye 79], Kapitel 4)

natürlich gleichbedeutend mit einem idealen Test (vgl. Kap. 2.4) und damit einem Zufallstest haushoch überlegen (vgl. [HaT 88], S. 211). In der Praxis ist dies aber nicht zu erreichen, da es keine algorithmisch-konstruktiven Verfahren zum Erzeugen von vollständig homogenen Äquivalenzklassen gibt.

Experimentell konnten Hamlet und Taylor sogar zeigen, daß der Homogenitätsgrad der Äquivalenzklassen wenig Einfluß auf die Testgüte[14] hat. Der Test mit Klassen niedriger Homogenität war nur um 22% schlechter als der Test mit Klassen hoher Homogenität. Wenn nur wenige Klassen (0,1% oder weniger) einen hohen Anteil von Fehlern enthielten, war die mangelnde Homogenität sogar ohne Einfluß auf die Testgüte (siehe [HaT 88], S. 212).

Durch Gedankenexperimente konnten auch die Bedingungen herauskristallisiert wer-

Fehlerrate der kleinen Äquivalenzklassen (in %)	Wahrscheinlichkeit, irgendeinen Fehler zu finden (in %)
100	100
10	79
1	14
0,1	1,5
0,01	0,16
0,001	0,025
0,0001	0,011
0	0,010

Tab. 6.1 Fehleraufdeckungswahrscheinlichkeit eines Tests je nach Fehlerrate

den, unter denen die Äquivalenzklassenmethode deutlich besser als die Zufallsmethode abschneidet: Bei einer generellen Fehlerrate von 0,001% (d. h. 1 Fehler pro 100.000 Eingaben) und 25 Testdaten findet die Zufallsmethode einen Fehler mit 0,025% Wahrscheinlichkeit. Bei insgesamt 15 relativ kleinen und 10 relativ großen Äquivalenzklassen ergeben sich dagegen die in Tabelle 6.1 aufgeführten Resultate bei der Äquivalenzklassenmethode mit je einem Testdatum pro Klasse. Dabei wurde die Fehlerrate der großen Äquivalenzklassen so gewählt, daß insgesamt die Fehlerrate von 0,001% vorlag (vgl. [HaT 88], S. 211).

Bei einer Fehlerrate der kleinen Äquivalenzklassen von 0,001% ist kein Unterschied zur Leistung des Zufallstests zu verzeichnen. Dies liegt daran, daß dann auch die großen Äquivalenzklassen diese Fehlerrate aufweisen müssen. Bei höheren Fehlerraten der kleinen Äquivalenzklassen ist die Testgüte dagegen besser, bei kleineren Fehlerraten dagegen schlechter als beim Zufallstest.

---

[14] Die **Testgüte** ist die Wahrscheinlichkeit zur Aufdeckung eines Fehlers.

6.3.1.3 Folgerungen für das datenbereichsbezogene Testen

Als Quintessenz läßt sich also folgendes festhalten: Man muß versuchen, kleine
Äquivalenzklassen zu finden, deren Fehlerrate um Größenordnungen größer ist als
die durchschnittliche Fehlerrate. Die Äquivalenzklassen sind also sorgfältig an den
zu erwartenden Fehlern auszurichten[15]. Dies ist besser als die Suche nach vielen
Äquivalenzklassen, die alle eine etwa gleiche Fehlerrate haben, die nahe bei 0 liegt
(vgl. [HaT 88], S. 212).
Beim spezifikationsorientierten Testen ist dies allerdings leichter gesagt als getan.
Man kann sich nur an den Fällen und Bedingungen der Spezifikation orientieren.
In welchen Fällen Fehler vorliegen, hängt dagegen von Entwicklungsvorgängen ab,
die beim Entwurf oder der Implementierung auftreten. Die Fehlerwahrscheinlich-
keit dafür hängt oft auf unbekannte oder gar keine Weise mit den Äquivalenzklassen zusammen. Ansatzweise kommt dieser Aspekt aber bei den Erweiterungen der
Äquivalenzklassenmethode zum Tragen: Bei der Grenzwertanalyse stellt die Klasse
der Grenzwerte eine kleine, aber fehlerträchtige Menge dar, da Fehler in relationalen
Abfragen (z. B. „$\leq$" statt „$<$") häufig vorkommen. Bei der Ursache/Wirkungsgraph-
Methode werden nur die fehlersensitiven Kombinationen von Ursachen untersucht
— insbesondere, wenn Grenzwerte herangezogen werden[16]. Wendet man die Grenzwertanalyse bzw. die Ursache/Wirkungsgraph-Methode auf Entwurfsfunktionen an,
erhält man natürlich besonders fehlerträchtige Klassen (vgl. [Ham 89], S. 33 f.).

6.3.1.4 Untersuchung zur Ursache/Wirkungsgraph-Methode

Weyuker et al. haben sechs Varianten der UWG-Methode bezüglich Anzahl und Art
der aufgedeckten Fehler untersucht (durch Betrachten von 20 UWGs bzw. logischen
Formeln einer realen Spezifikation mit 5 bis 14 Eingabebedingungen bzw. -variablen).
Dabei wurden — je nach Variante — zwischen 97,9% und 99,7% aller betrachteten
Fehler (z. B. Variablen-Negierung) gefunden (s. [WGS 94]).

6.3.1.5 Untersuchungen zum Test spezieller Werte

Von Howden stammt eine Untersuchung zum Test spezieller Werte. In sechs Programmen mit zusammen 712 Zeilen Code wurden mit dieser Methode 17 von 28

---

[15]Beim Test von fehlertoleranter Software wurde dieselbe Beobachtung gemacht:
Komponenten mit hoher Zuverlässigkeit haben Fehler, die nur unter speziellen Bedingungen auftre-
ten, die beim Zufallstest mit sehr geringer Wahrscheinlichkeit erfüllt werden. Daher ist mit speziellen
Werten zu testen, d. h. mit kleinen Äquivalenzklassen mit hoher Fehlerrate (siehe [VMT 86], S. 80f.)

[16]„Aber auch bei der Bildung von Äquivalenzklassen können wichtige Typen von Testfällen über-
sehen werden. Durch die Methoden 'Grenzwertanalyse' und 'Ursache/Wirkungsanalyse' kann dieser
Nachteil der Äquivalenzklassen reduziert werden." (Zitat aus [WiB 84], S. 339.)

bekannten Fehlern, d. h. 61% der Fehler, gefunden. Allerdings wurde der Test spezieller Werte als Verfeinerung eines kombinierten funktions- und strukturorientierten Testverfahrens eingesetzt (siehe [How 78b])[17].

6.3.1.6 Untersuchungen zum funktionalen Testansatz

Weitere Ergebnisse liegen nur für den funktionalen Testansatz vor, wobei die genaue Methodik des Testens sowie die Untersuchungsart (formale Analyse, statistisches Experiment) von Untersuchung zu Untersuchung differiert. Die günstigeren Werte in Tabelle 6.2 (46% bis 49%) kommen wohl vor allem dadurch zustande, daß Ergebnisse verschiedener Personen (s. [Mye 78]) oder verschiedene Verfahren (s. [How 80]) kombiniert werden. Die schlechteren Ergebnisse (30% bis 24%) basieren meist auf strengeren Untersuchungen, sind aber z. B. bei Howden immer noch fast doppelt so gut wie die Ergebnisse des strukturorientierten Zweigtestens[18].

aufgedeckte Fehler	Vorgehen	Quelle
49% (7,3 von 15)	Black-Box-Test (2-Personen-Gruppen)	[Mye 78], S. 767
46% (38 von 83)	Black-Box- und Entwurfstest	[How 80], S. 167
30% (4,5 von 15)	Black-Box-Test (1-Personen-Gruppen)	[Mye 78], S. 767
28% (23 von 83)	Entwurfsgestützter Test	[How 80], S. 167
24% (20 von 83)	Black-Box-Anforderungstest	[How 80], S. 167

Tab. 6.2 Prozentsätze aufgedeckter Fehler beim funktionalen Testansatz

6.3.1.7 Untersuchungen zum Testen auf der Basis von Pfadausdrücken oder algebraischen Spezifikationen

Für die Testkriterien von Kapitel 5 liegen praktisch keine entsprechenden Untersuchungen vor. Nur McMullin/Gannon berichten von Testerfahrungen mit ihrer Methode, die von algebraischen Spezifikationen ausgeht, aber die Testverfahren mit strukturorientierten Verfahren kombiniert. Damit wurden beim Modultest viele Fehler aufgedeckt, so daß beim Integrationstest nur noch zwei Fehler gefunden wurden (s. [McG 83]).

---

[17]Zum Vergleich: Der Zweigtest (vgl. Kapitel 7.2) deckte nur 6 von 28, also 21%, der Fehler auf.
[18]zum Vergleich: nur 16% beim Zweigtesten bei [How 80]

6.3.2   Art der aufgedeckten Fehler

Die Aussagen über die Prozentsätze gefundener Fehler hängen von vielen Randbedingungen ab und die Prozentsätze liegen — wie zuvor gezeigt — deutlich unter 100%, meist sogar unter 50%. Daher ist es wichtig, die Fehlerarten zu kennen, die mit den verschiedenen Testmethoden jeweils gut oder schlecht aufgedeckt werden können. Diese Kenntnis kann dann für eine geeignete Kombination der Testmethoden verwendet werden (genaueres s. Kapitel 16.3).

6.3.2.1 Aufgedeckte Fehler beim datenbereichsbezogenen Testen

Ein statistisches Experiment mit 74 Personen und 4 Programmen mit 826 Quellcodezeilen und 34 bekannten Fehlern ergab folgendes: datenbereichsbezogenes Testen, welches die Äquivalenzklassenbildung und die Grenzwertanalyse kombiniert, entdeckt die in Tabelle 6.3 aufgeführten Fehler — im Vergleich zum strukturorientierten Testen (s. Kapitel 7 bis 9) und zur manuellen statischen Analyse (s. Kapitel 12.1).

Art/Ort des Fehlers	Anzahl der Fehler	Prozentzahl der durchschnittlich entdeckten Fehler pro Methode		
		M1	M2	M3
Initialisierung	2	75%	46%	65%
Ablauflogik	7	67%	49%	43%
Berechnung	8	64%	59%	71%
Schnittstellen	13	31%	25%	47%
Daten	3	28%	27%	21%
Meldungstexte	1	8%	8%	17%

Legende:
M1, M2, und M3 sind Durchschnittswerte der Testpersonen bei der kombinierten Äquivalenzklassen- und Grenzwertmethode (M1), beim strukturorientierten Testen (Anweisungsüberdeckung = M2) und bei manueller statischer Analyse (Code Reading = M3).

Tab. 6.3 Entdeckte Fehlerarten im Vergleich (nach [BaS 87], S. 1291)

Bei einer Fehlerklassifizierung nach den Begriffen *ausgelassener* oder *veränderter (fehlerhafter)* Code ergab sich, daß 61%, 39% bzw. 56% der 10 Auslassungsfehler und 54%, 44% bzw. 54% der 24 fehlerhaften Codestücke entdeckt werden (jeweils für die Methoden M1, M2 und M3 — siehe Legende von Tabelle 6.3).
Das datenbereichsbezogene Testen scheint also besonders geeignet für Auslassungs-, Initialisierungs- und Ablauflogikfehler[19]; für Berechnungs- und Schnittstellenfehler ist dagegen die statische Analyse besser. Alle drei Methoden finden Datenfehler und Fehler in Meldungstexten gleich gut bzw. gleich schlecht (etwa ein Viertel der Datenfehler, praktisch nie einen Fehler in Meldungstexten).

---

[19]*Bereichsfehler* als spezielle Ablauflogikfehler sind mit der *Grenzwertanalyse* gut zu entdecken.

Die Ursache/Wirkungsgraph-Methode (UWG-Methode), bei der die Anzahl der Testfälle *minimiert* wird (vgl. Beispiel 4.2.12 ab Seite 95) findet folgende Fehler (Änderungen im UWG) besonders gut: 99,3% aller Negierungen von Eingabebedingungen, 97,4% aller Fehler durch Ersetzung einer Eingabebedingung (durch eine andere oder durch einen konstanten logischen Wert) und sogar 100% aller Negierungen von Teilausdrücken im UWG bzw. dem entsprechenden logischen Ausdruck (bei der Untersuchung von 20 UWGs bzw. entsprechenden logischen Formeln; s. [WGS 94], Table VIII, IX, X).

6.3.2.2 Aufgedeckte Fehler mit speziellen Werten

Folgendes Beispiel zeigt den Fall eines Auslassungsfehlers, der mit der Methode „spezielle Werte" aufgedeckt werden kann.

BEISPIEL 6.3.1 (TEIL EINES SORTIER-PROGRAMMS)

```
for r1 := 0 to n
begin
    r0 := a[r1];
    for r2 := r1 + 1 to n
        begin
                if a[r2] > r0 then begin
                    r0 := a[r2]; (* r0 = bisher größtes Element *)
                    r3 := r2; (* r3 = Index von r0 *)
                end;
        end;
    r2 := a[r1];              (* damit soll a[r1] mit a[r3], dem bisher
    a[r1] := r0;                 größten Element, vertauscht werden *)
    a[r3] := r2;
end;
```

Das Programm findet in der inneren for-Schleife das größte Element in der Liste $a[r1], \ldots, a[n]$ *und speichert es unter* $r0$ *und seinen Index unter* $r3$ *ab. In der äußeren for-Schleife sollen* $a[r1]$ *und* $a[r3]$ *vertauscht werden und* $r1$ *inkrementiert werden. Falls in der inneren Schleife nie der then-Zweig durchlaufen wird (weil* $a[r1] = r0$ *größer als alle folgenden Elemente ist) behält* $r3$ *den Wert aus dem vorherigen Schleifendurchlauf, obwohl korrekterweise dann* $r3 = r1$ *gelten müßte. Die äußere Schleife unterläßt also fehlerhafterweise diese Re-Initialisierung* $r3 := r1$. *Wenn die „fehlerhaft" vertauschten Elemente denselben Wert haben (z. B.* $a[0] = 1; a[1] = a[2] = 3$*) wird der Fehler beim strukturorientierten Testen nicht erkannt, falls eine automatische Initialisierung von Variablen erfolgt. Mit der Regel „alle Array-Elemente müssen verschieden sein", die zum Testen spezieller Werte gehört, wird obiger Fehler aber zuverlässig erkannt (s. [How 78b], S. 305).*

Howden gibt zwei weitere Beispiele von Fehlern in einem Programmpaket für statistische und numerische Analyse an. Dabei decken spezielle Werte bzw. Grenzwerte von Entwurfsfunktionen die Fehler auf, die mit strukturorientierten Tests nicht gefunden werden (s. [How 80], S. 168).

6.3.2.3 Aufgedeckte Fehler beim Testen von Reihenfolgebedingungen

Für den Automatenäquivalenztest[20] gibt es ein theoretisches Ergebnis (s. [Cho 78], S. 181):

SATZ 6.3.1
Mit dem Automatenäquivalenztest werden alle Sequenzfehler gefunden, wenn folgende Annahmen gelten:

1. *der vorliegende und der korrekte Automat haben dasselbe Eingabealphabet,*

2. *die Abschätzung der maximalen Anzahl der Zustände des korrekten Automaten ist zutreffend.*

Dabei wird unter einem Sequenzfehler folgendes verstanden:

DEFINITION 6.3.1
Sei A ein Automat, der mit einem (korrekten) Automaten A' verglichen wird.

1. *A hat einen* **Sequenzfehler** *g. d. w. A einen Operationsfehler, einen Transferfehler, einen zusätzlichen Zustand oder einen fehlenden Zustand hat.*

2. *A hat einen* **Ausgabefehler** *g. d. w. A nicht äquivalent zu A' ist, aber mit einer Änderung der Ausgabefunktion von A (ohne Veränderung der Zustände) äquivalent zu A' gemacht werden kann.*

3. *A hat einen* **Transferfehler** *g. d. w. A nicht äquivalent zu A' ist, aber mit einer Änderung der Zustandsübergangsfunktion (ohne Veränderung der Zustände) äquivalent zu A' gemacht werden kann.*

4. *A hat einen* **zusätzlichen** *(bzw.* **fehlenden***) Zustand g. d. w. die Zahl der Zustände in A erniedrigt (bzw. erhöht) werden muß, damit A äquivalent zu A' sein kann.*

Für das Testkriterium *alle Transitionen* gibt es eine positive und eine negative Feststellung bzgl. der Fähigkeit, gewisse Sequenzfehler aufzudecken. Die negative Feststellung gilt natürlich auch für das schwächere Kriterium *alle korrekten/einige nicht korrekte Transitionen* (s. [Cho 78], S. 182):

---

[20] s. Kapitel 5.1, Seite 118

SATZ 6.3.2
Wenn ein Test das Kriterium „alle Transitionen" erfüllt, dann werden alle Ausgabe-
fehler, aber nicht unbedingt die anderen Sequenzfehler aufgedeckt.

Die positive Feststellung von Satz 6.3.2 wird durch folgendes Beispiel demonstriert.

BEISPIEL 6.3.2
Der Automat A aus Abbildung 6.4 a) hat einen Ausgabefehler im Zustand 2 bei
Eingabe von b. Jede „alle Transitionen"-Folge muß die Eingabe b im Zustand 2
enthalten und deckt damit den Ausgabefehler auf. Beispielsweise erzeugt die „alle
Transitionen"-Folge aabb die Ausgabefolge 0111 (statt korrekterweise 0110).

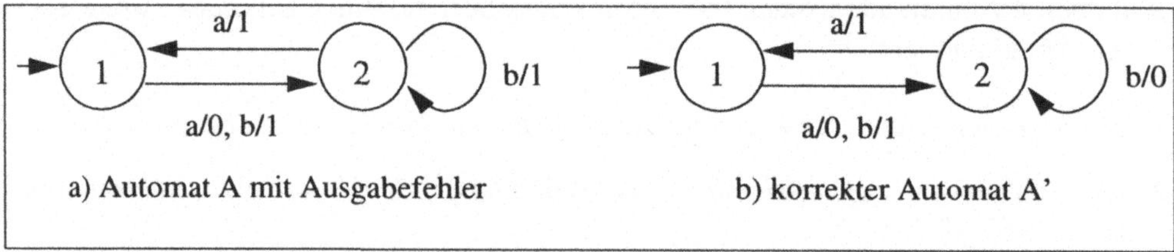

Abb. 6.4: Automat mit/ohne Ausgabefehler (vgl. [Cho 78], Fig. 5)

Die negative Feststellung von Satz 6.3.2 wird durch das folgende (Gegen-)Beispiel
bewiesen.

BEISPIEL 6.3.3
Der Automat B aus Abbildung 6.5 a) hat einen Transferfehler im Zustand 2 bei
Eingabe von a. Dieser Fehler kann mit der „alle Transitionen"-Folge aabb nicht
aufgedeckt werden: in beiden Automaten ist die Ausgabefolge unverändert 0111.

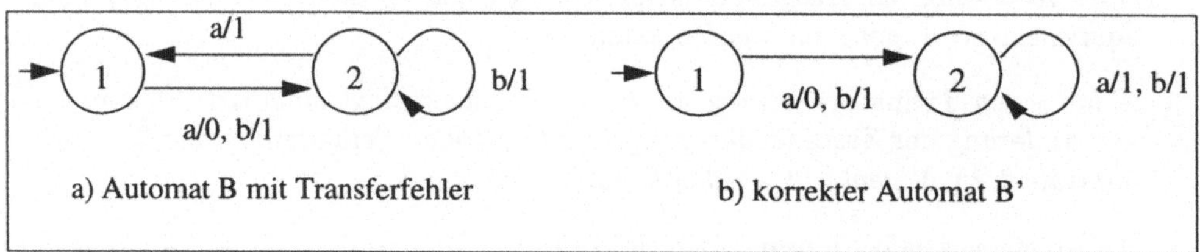

Abb. 6.5: Automat mit/ohne Transferfehler (vgl. [Cho 78], Fig. 6)

Diese Ergebnisse lassen sich auf Pfadausdrücke und zugehörige endliche Automaten
nur anwenden, wenn den Transitionen in den Automaten $A(P)$ und $A_v(P)$ (siehe
Kapitel 5.1, Abb. 5.3 und Abb. 5.4) passende Ausgabesymbole zugeordnet werden:
Alle Transitionen, die in einen gültigen Endzustand führen, erhalten die Ausgabe
1, alle anderen die Ausgabe 0. Eine gültige Sequenz muß also mit der Ausgabe 1
enden.

BEISPIEL 6.3.4
Für den Automaten $A_v(P)$ aus Abbildung 5.4 auf S. 118 erhalten die Transitionen, die in den Zustand 2 oder 4 führen, die Ausgabe 1, alle anderen die Ausgabe 0.
Den gültigen Eingabefolgen b, bc und bde sind also die Ausgabefolgen 1, 11 und 101 zugeordnet, den ungültigen Eingabefolgen bd, be, bdf und $bdef$ dagegen die Ausgabefolgen 10, 10, 100 und 1010.

6.3.2.4 Aufgedeckte Fehler bei den Testkriterien auf der Basis von algebraischen Spezifikationen

Für die Testkriterien auf der Basis von algebraischen Spezifikationen liegen praktisch keine Untersuchungsergebnisse über gut oder schlecht aufzudeckende Fehler vor[21]. Die Ergebnisse bei den Pfadausdrücken und entsprechenden endlichen Automaten lassen sich leider nicht anwenden: Bei algebraischen Spezifikationen werden nur *gültige* Sequenzen getestet und es sollen nicht Sequenzfehler, sondern abweichende Ergebnisse für die linke und rechte Seite einer Gleichung aufgedeckt werden.

6.3.2.5 Zusammenfassung

Zusammenfassend läßt sich folgendes über das spezifikationsorientierte Testen sagen: Mit diesem Vorgehen lassen sich fehlende Fallunterscheidungen, fehlende (nicht realisierte) Teilfunktionen, fehlende Ablauflogik zum Behandeln falscher Eingabedaten sowie fehlerhaft realisierte Teilfunktionen (Berechnungsfehler oder Bereichsfehler) aufdecken (vgl. [Lig 90], S. 298, [ShL 88], S. 185).

6.4 Testdatenerzeugung und Messung der Testwirksamkeit

Die Kosten für das Erzeugen von Testdaten hängen nicht nur von der Anzahl der zu erzeugenden Testdaten ab (s. Kapitel 6.2), sondern auch von dem Aufwand für das Erzeugen von Testdaten. Dieser Kostenanteil soll in diesem Kapitel quantitativ oder zumindest qualitativ bestimmt werden. Dabei werden zwei alternative Vorgehensweisen bei der Testdatenerzeugung betrachtet:

---

[21]McMullin und Gannon berichten, daß in einem Fall alle Fehler bis auf zwei beim Modultest gefunden wurden (s. [McG 83], S. 334). Ein nicht gefundener Fehler war ein Bereichsfehler: fehlerhafterweise wurde die Relation „$\geq$" statt „$>$" verwendet. Der andere nicht entdeckte Fehler beruhte darauf, daß Modulspezifikation und Modulimplementation einander entsprachen, aber beides gleichermaßen falsch war. Ein solcher Fehler läßt sich natürlich nur beim Integrations- oder Systemtest finden (genaueres siehe Kapitel 13).

1. zielgerichtetes Erzeugen von Testdaten, so daß ein Testkriterium vollständig erfüllt wird;

2. zielloses Erzeugen von Testdaten mit irgendeiner Methode (oder zufällig).

Die zweite Vorgehensweise bietet sich an, wenn eine zielgerichtete Testdatenerzeugung für ein Testkriterium schwierig oder unmöglich ist und man sich daher mit einer nur teilweisen Erfüllung des Testkriteriums zufrieden geben muß. Das **Testwirksamkeitsmaß**[22] gibt dann den Grad der Erfüllung in Prozent an. Dieses Maß berechnet sich i. allg. aus den durch Tests „abgedeckten" Konstrukten der Spezifikation, dividiert durch alle entsprechenden Konstrukte der Spezifikation. Was ein „Konstrukt" ist, hängt von der Definition des Testkriteriums ab. Bei der Äquivalenzklassenmethode sind es z. B. die gültigen und ungültigen Äquivalenzklassen.
Ob ein Konstrukt bei einem Test „abgedeckt" wird, läßt sich i. allg. durch **Instrumentierung** des Programms oder der (ausführbaren) Spezifikation bestimmen. Dazu sind an geeigneten Stellen **Meßanweisungen** einzufügen, die das Ausführen des Konstrukts protokollieren.

Im folgenden wird das konkrete Vorgehen für die einzelnen Testkriterien diskutiert und der notwendige Aufwand und die auftretenden Schwierigkeiten verglichen.

6.4.1 Testdatenerzeugung für datenbereichsbezogene Testkriterien

6.4.1.1 Testdatenerzeugung für den Zufallstest

Für den Zufallstest ist die Testdatenerzeugung ziemlich einfach. Jede elementare Komponente eines Tests (jeder Testwert) wird mit einem Zufallszahlengenerator (und geeigneter Umkodierung der erzeugten Zahl in den geforderten Wertebereich) erzeugt. Dabei ist lediglich der Wertebereich für die geforderten Werte zu berücksichtigen. Besteht der Test aus einer *Folge* von Werten, kann der Wertebereich des nächsten zu erzeugenden Elements allerdings von der bisher erzeugten Teilfolge abhängen, was geeignet berücksichtigt werden muß.

Der Aufwand für das zufällige Erzeugen *eines* Wertes hängt davon ab, wie kompliziert die Beschreibung des einzuhaltenden Wertebereichs ist, da davon die beiden durchzuführenden Berechnungen abhängen:

1. *Bestimmung der Grenzen* des Zahlenbereichs, aus dem zufällig eine Zahl zu erzeugen ist, evtl. in Abhängigkeit von vorher erzeugten Zufallswerten.

---

[22] (engl.) test effectiveness ratio. Der Begriff ist etwas irreführend. Das Maß mißt die Gründlichkeit bzw. Vollständigkeit, mit der ein Testkriterium erfüllt wird. Die Wirksamkeit in Bezug auf die Fehleraufdeckung (s. Kap. 6.3) wird damit aber nur indirekt erfaßt.

2. *Kodierung* der in Schritt 1 erzeugten Zahl in einen Wert des geforderten Wertebereichs.

Der Aufwand für den kompletten Zufallstest hängt dann nur noch multiplikativ von der Anzahl der zu erzeugenden Testdaten ab. Diese Anzahl ist aber beim Zufallstest willkürlich. Es gibt kein vernünftiges und praktikables Kriterium, wann das Erzeugen von Zufallswerten beendet werden sollte. Die notwendige Anzahl t von Zufallstestdaten kann man nur bestimmen, wenn folgendes gilt:

1. die Fehlerrate f des Programms ist bekannt,

2. man begnügt sich mit einer Chance x, einen Fehler zu finden.

In diesem Falle muß t so groß sein, daß $(1-f)^t \leq 1-x$ gilt (vgl. [HaT 88], S. 210).

Beispiel 6.4.1
Für eine Fehlerrate von 1 pro 1000 ($f = 0,001$) und eine Chance von 99% ($x = 0,99$) erhält man als minimale Anzahl t von Testdaten: $t = 4603$. Für eine Chance von nur 66,67% ($x = 0,6667$) braucht man immer noch $t = 1099$ Testdaten.

Gegen die praktische Anwendbarkeit dieses Vorgehens spricht folgendes:

1. Schätzungen der Fehlerrate sind meist unmöglich und zumindest schwierig und ungenau.

2. Die Wahl des Vertrauensmaßes x ist willkürlich. Was nützt eine 99%-Chance, muß man nicht eine 99,99%-Chance fordern? (Eine 100%-Chance zum Aufdecken eines Fehlers ist nur erreichbar, wenn alle möglichen Eingabekombinationen gewählt werden.)

3. Bei realistischen Werten für f und x ergibt sich eine sehr hohe Anzahl von Tests (s. obiges Beispiel 6.4.1).

6.4.1.2 Testdatenerzeugung für die Äquivalenzklassenmethode

Für die Testdatenerzeugung bei der Methode *Äquivalenzklassenbildung* gilt ähnliches wie bei dem Zufallstest. Wenn mit einem Testdatum n gültige (oder ungültige[23]) Äquivalenzklassen $A_1, A_2, \ldots, A_n$ „abgedeckt" werden sollen, so ist ein Testdatum zu erzeugen, welches die zu den Äquivalenzklassen gehörenden Eingabebedingungen E_1 bis E_n gleichzeitig erfüllt. Wenn sich die Eingabebedingungen auf verschiedene Variablen bzw. Parameter beziehen und die Eingabebedingungen „einfach" sind, ist diese Erzeugung ebenfalls „einfach", andernfalls kann die Erzeugung schwierig oder sogar unmöglich sein.

---

[23]Bei der Äquivalenzklassenbildung soll *höchstens eine* ungültige Äquivalenzklasse mit einem Testfall abgedeckt werden (s. Abschnitt 4.2.1).

BEISPIEL 6.4.2

1. *Das folgende ist ein einfacher Fall. Die Eingabeparameter seien X und Y. Es gelte:*
   Eingabebedingung E_1: $1 \leq X \leq 10$, X vom Typ Integer,
   Eingabebedingung E_2: $Y \in \{rot, gelb, blau\}$.
   Es ist „zufällig" für X ein Wert zwischen 1 und 10 zu erzeugen und für Y ein Wert zwischen 1 und 3, der als Farbe kodiert wird.

2. *Ein schwieriger Fall liegt vor, wenn für die Eingabe X vom Typ Integer folgendes gilt:*
   Eingabebedingung E_1: $1 \leq X \leq 10$,
   Eingabebedingung E_2: $X^2 - 20,1 * X + 101 \leq 0$.
   In diesem Fall muß erst die zu E_2 gehörige Gleichung $X^2 - 20,1 * X + 101 = 0$ gelöst werden. Mit den Lösungen $X = 10$ und $X = 10,1$ ergibt sich, daß $X = 10$ der einzige Wert ist, der E_1 und E_2 erfüllt.

3. *Ersetzt man im Fall 2 die Bedingung E_1 durch die Bedingung $1 \leq X \leq 9$, gibt es keinen Wert für X, der E_1 und E_2 gleichzeitig erfüllt.*

Im Extremfall können die Eingabebedingungen so kompliziert sein, daß nicht zu entscheiden ist, ob die Bedingungen gleichzeitig (oder überhaupt) erfüllt werden können[24]. Wenn die Eingabebedingungen nicht nur von Eingabevariablen, sondern auch von Bearbeitungszuständen des Programms abhängen, wird die Testdatenerzeugung ebenfalls kompliziert (vgl. das Beispiel 4.2.6 des Textformatierers). Im allgemeinen sind die Eingabebedingungen aber einfach. Treten die Eingabevariablen nur linear in den Bedingungen auf, ist (leicht) entscheidbar, ob die Bedingungen gleichzeitig erfüllbar sind[25].

6.4.1.3 Testdatenerzeugung für die Grenzwertanalyse

Bei der Grenzwertanalyse müssen statt der Ungleichungen, die eine Äquivalenzklasse beschreiben, die Gleichungen erfüllt werden, die die entsprechenden Grenzwerte beschreiben. Daher ist das Testdatenerzeugungsproblem genauso schwierig oder einfach wie bei der Äquivalenzklassenbildung, wenn man nur Eingabeäquivalenzklassen betrachtet[26]. Zieht man auch Ausgabe-Äquivalenzklassen heran, ergibt sich ein zusätzliches Problem: Zu den Grenzwerten von Ausgabeäquivalenzklassen müssen Eingabewerte bestimmt werden, für die das Programm die geforderten Grenzwerte als Ausgabe berechnet. Dazu ist eine mehr oder weniger komplizierte „Rückwärtsrechnung" erforderlich (genaueres s. Kapitel 11.2 und Kapitel 12.3).

---

[24] Es ist nicht entscheidbar, ob ein beliebiges System von Gleichungen und Ungleichungen eine Lösung besitzt (s. [Dav 73]).

[25] Dies kann mit Methoden der linearen Optimierung geschehen (siehe z. B. [Zim 90], Kap. 2).

[26] Sollen alle Eingabewerte (Testwerte) Grenzwerte sein, degeneriert das lineare Optimierungsproblem zu dem Problem, ein lineares *Gleichungs*system zu lösen.

BEISPIEL 6.4.3

Für Schritt 2 der Grenzwertanalyse bei Beispiel 4.2.8 auf Seite 83 gilt folgender Zusammenhang zwischen der Zeilenzahl Z der zu druckenden Datei, den bedruckten Seiten X und den Zeilen Y auf der letzten Seite:

1. $X = \text{aufrunden}(\frac{Z}{45})$,

2. $Y = 45$, *falls* $(Z \mod 45) = 0$ *und* $Z \neq 0$,

3. $Y = Z \mod 45$, *falls* $(Z \mod 45) > 0$ *oder* $Z = 0$.

Dabei runde die Funktion „aufrunden" auf die nächste ganze Zahl nach oben auf, d. h. aufrunden(0) = 0, aufrunden(0,01) = 1.
Bei gewünschten Werten von X und Y ist nun rückwärts zu rechnen, was hier in beiden Fällen nicht eindeutig ist, da modulo (mod) und aufrunden keine injektiven[27] Abbildungen darstellen. Für einen Wert y für $Y(0 \leq y \leq 45)$ erhält man als Lösungsschar die folgenden Werte z für die Größe Z:

$$z = n * 45 + y, \quad n = 0, 1, 2, \ldots, \text{falls } y > 0 \text{ gilt;}$$
$$z = 0, \qquad\qquad\qquad\quad \text{falls } y = 0 \text{ gilt.}$$

Für einen gewünschten Wert x für die Größe X erhält man als Lösungsschar die folgenden Werte z für die Größe Z:

$$z = 45 * (x - 1) + k, \quad k = 1, 2, \ldots, 45, \text{ für } x > 0;$$
$$z = 0 \qquad\qquad\qquad\qquad\quad \text{ für } x = 0.$$

Wegen der Lösungsscharen für z können die gewünschten Grenzwerte für X und Y gleichzeitig mit einem Wert von z erzeugt werden (vgl. Schritt 2 bei Beispiel 4.2.8 in Kapitel 4.2.2).

1. $x = 0$, $y = 0$ *impliziert* $z = 0$,

2. $x = 1$, $y = 45$ *impliziert* $z = 45$,

3. $x = 20$, $y = 45$ *impliziert* $z = 20 * 45 = 900$,

4. $x = 21$, $y = 1$ *impliziert* $z = 20 * 45 + 1 = 901$,

5. $x = 2$, $y = 1$ *impliziert* $z = 45 + 1 = 46$.

---

[27] Beispielsweise gilt: $47 \mod 45 = 2 \mod 45 = 2$; *aufrunden*$(6,01) = $ *aufrunden*$(6,91) = 7$.

Im obigen Beispiel ist die Rückwärtsrechnung schon nicht trivial. Bei umfangreichen oder komplexen Spezifikationen kann die Rückwärtsrechnung sehr kompliziert werden. Erschwerend kommt hinzu, daß ungültige Ausgabegrenzwerte von einem korrekten Programm meist nicht erzeugt werden können. Nur unter der Annahme, daß das Programm einen bestimmten Fehler hat, kann ein Testdatum erzeugt werden, welches eventuell den ungültigen Grenzwert erzeugt. (Ob das tatsächlich der Fall ist, kann nur durch Ausführen des (fehlerhaften) Programms festgestellt werden.)

BEISPIEL 6.4.4
Bei korrekter Arbeitsweise des Programms zu Beispiel 6.4.3 kann der Wert $y = 46$ nicht erzeugt werden (siehe Gleichungen 2 und 3). Der Test 5 mit $z = 46$ ist aber geeignet, diese fehlerhafte Ausgabe zu erzeugen — falls das Programm beim Formatieren nicht modulo 45 (sondern modulo k mit $k > 45$) „rechnet".

6.4.1.4 Testdatenerzeugung für die UWG-Methode

Bei der Ursache/Wirkungsgraph-Methode muß erst in einem kreativen Akt der Ursache/Wirkungsgraph (UWG) konstruiert werden. Dies ist noch schwieriger als bei der Äquivalenzklassenbildung, da die Eingabeeinschränkungen und die Beziehungen zwischen Eingaben (Ursachen) und Ausgaben (Wirkungen) ermittelt werden müssen. Die Ableitung der Wertetabelle aus dem UWG ist dann allerdings automatisierbar, da die Regeln für das Aufstellen der sensitiven Testfälle mathematisch präzise definiert sind (vgl. Abschnitt 4.2.3). Damit die Testfälle auch durch konkrete Testdaten erfüllbar sein können, ist allerdings entscheidend, daß die Einschränkungskommentare genau die Eingabeeinschränkungen widerspiegeln. Andernfalls könnten Testfälle mit widersprüchlichen, also unerfüllbaren Anforderungen erzeugt werden.

Da die Eingabe- und Ausgabebedingungen (Ursachen und Wirkungen) i. allg. genauso wie bei der Äquivalenzklassenbildung und Grenzwertanalyse formuliert sind, treten beim Erzeugen der konkreten Testdaten die gleichen Probleme wie bei jenen Methoden auf (s. Abschnitt 6.4.1.2 und 6.4.1.3).

Das Hauptproblem bei der Äquivalenzklassenbildung, der Grenzwertanalyse und der Ursache/Wirkungsgraph-Methode ist das Aufstellen von geeigneten Ein- und Ausgabebedingungen mit zugehörigen Äquivalenzklassen. Wie schwierig dieses Problem ist, hängt von der Art und Präzision der Spezifikation und des Entwurfs ab. Wenn die zu behandelnden Fälle klar und eindeutig formuliert sind, ist das Problem leicht zu lösen, sonst nicht. Erforderliche Verfeinerungen, die mögliche Implementierungsfehler berücksichtigen, sind damit allerdings noch nicht automatisch erzeugt.
G. J. Myers behält also recht: „Der Leser sollte ... einsehen, daß die Bestimmung von Grenzwerten äußerst schwierig sein kann und daher einen beträchtlichen Aufwand an geistiger Arbeit verlangt." (Zitat aus [Mye 79], Kapitel 4, Ende des Abschnitts „Grenzwertanalyse").

6.4.2 Messung der Testwirksamkeit für datenbereichsbezogene Testkriterien

Für die datenbereichsbezogenen Testkriterien werden nun die Probleme bei der folgenden Teststrategie betrachtet: Gegeben sei eine Menge von konkreten Testdaten; wie leicht läßt sich feststellen, wie hoch die Testwirksamkeit der Testdaten bzgl. eines der datenbereichsbezogenen Testkriterien ist?

6.4.2.1 Messung der Testwirksamkeit für den Zufallstest

Für den Zufallstest läßt sich kein Testwirksamkeitsmaß bestimmen, da es — wie in Abschnitt 6.4.1.1 erwähnt — kein praktikables Verfahren gibt, eine hinreichende Anzahl von Tests zu berechnen. Bei bekannter Fehlerrate f und gegebener Anzahl t von Zufallstests könnte höchstens die Wahrscheinlichkeit x ausgerechnet werden, mit der ein Fehler aufgedeckt werden kann:

$$x = 1 - (1 - f)^t$$

BEISPIEL 6.4.5
Für $f = 0,001$ und $t = 100$ Tests hat man nur eine Chance x von etwa 9,5%, einen Fehler zu finden[28] ($x = 1 - 0,999^{100} = 1 - 0,9048 = 0,0952$).
Für $t = 100$ und $f = 0,01$ beträgt die Chance dagegen schon 63,4%.

6.4.2.2 Messung der Testwirksamkeit bei der Äquivalenzklassenmethode

Für die Äquivalenzklassenbildung ist die Bestimmung des Testwirksamkeitsmaßes einfach, wenn die Eingabebedingungen sich direkt auf die Eingabevariablen beziehen[29]. Für jedes Testdatum t muß lediglich berechnet werden, in welche gültigen oder ungültigen Äquivalenzklassen die Eingabewerte fallen. Dazu ist nur zu überprüfen, ob die entsprechenden Bedingungen erfüllt sind.

BEISPIEL 6.4.6
Die beiden gültigen Äquivalenzklassen G_1 und G_2 seien durch folgende Eingabebedingungen charakterisiert (vgl. Beispiel 6.4.2-2 auf S. 164):

$G_1 : 1 \leq x \leq 10,$
$G_2 : x^2 - 20,1 * x + 101 \leq 0$ bzw. $10 \leq x \leq 10,1.$

---

[28] $f = 0,001$ bedeutet: Einer von 1000 Eingabewerten erzeugt ein Programmfehlverhalten.
[29] Das Beispiel 4.2.6 des Textformatierers stellt wieder einen komplizierteren Fall dar, da Bearbeitungszustände in die Eingabebedingungen eingehen.

Die ungültigen Äquivalenzklassen sind dann:

$U_1 : x < 1, U_2 : x > 10,$
$U_3 : x < 10, U_4 : x > 10,1.$

Für die folgenden vier Testdaten t_1 bis t_4 ergeben sich die in Tabelle 6.4 dargestellten „Abdeckungen" von Äquivalenzklassen. Mit t_1 werden U_1 und U_3 abgedeckt, da

Test	Wert von x	abgedeckte Äquivalenzklassen
t_1	0	U_1, U_3
t_2	1	G_1, U_3
t_3	10	G_1, G_2
t_4	11	U_2, U_4

Tab. 6.4 Testdaten und abgedeckte Äquivalenzklassen

$x = 0 < 1$ und $x = 0 < 10$ gilt. Daher werden die alternativen Klassen U_2 und G_1 sowie G_2 und U_4 nicht abgedeckt. Die Angaben für t_2 bis t_4 lassen sich entsprechend begründen.

Die beiden gültigen Äquivalenzklassen werden also gleichzeitig mit t_3 abgedeckt; die ungültige Klasse U_3 wird mit t_2 getestet. Die ungültigen Klassen U_1, U_2 und U_4 werden mit den Tests t_1 und t_4 nicht richtig getestet, da gleichzeitig noch eine andere ungültige Klasse (U_3, U_4 oder U_2) abgedeckt wird. Von den sechs abzudeckenden Äquivalenzklassen (das sind hier die „Konstrukte") werden also nur drei „richtig" getestet (vgl. Kapitel 4.2.1). Das **Testwirksamkeitsmaß**

$$\mathbf{TWM_{\ddot{A}}} := \frac{\textit{Anzahl der richtig abgedeckten Äquivalenzklassen}}{\textit{Anzahl aller Äquivalenzklassen}}$$

hat also den Wert $TWM_{\ddot{A}} = \frac{3}{6} = 50\%$. Als Testwirksamkeitsmaß läßt sich allerdings höchstens $\frac{4}{6} = 66,6\%$ erreichen, wenn x eine Variable vom Typ Real ist. Dies liegt daran, daß mit U_1 stets auch U_3 und mit U_4 stets auch U_2 abgedeckt wird, denn $x < 1$ impliziert $x < 10$ und $x > 10,1$ impliziert $x > 10$. Andererseits erfüllt $x = 10,05$ sowohl U_2 als auch G_2, da $10 < 10,05 < 10,1$ gilt. Also lassen sich nur vier der sechs Äquivalenzklassen „richtig" abdecken (vgl. Abschnitt 4.2.1).

6.4.2.3 Messung der Testwirksamkeit bei der Grenzwertanalyse

Bei der Grenzwertanalyse stellt sich bei den Grenzwerten der Eingabe-Äquivalenzklassen das entsprechende Problem wie bei der Äquivalenzklassenbildung. Anstelle der Ungleichungen müssen lediglich die entsprechenden Gleichungen herangezogen werden.

BEISPIEL 6.4.7

Für die Äquivalenzklassen G_1, G_2, U_1, U_2, U_3 und die Testdaten t_1 bis t_4 aus Beispiel 6.4.6 ergibt sich Tabelle 6.5, wenn nur ganzzahlige Werte zugelassen werden.

Von den acht zu bildenden Grenzwerten[30] fallen die beiden Grenzwerte von G_2 zusammen (Wert 10) und die ungültigen Grenzwerte von U_2 und U_4 sind identisch (Wert 11), da nur ganzzahlige Werte erlaubt sind. Von diesen fünf Werten werden vier mit den Tests t_1 bis t_4 getestet. Betrachtet man die fünf Werte jedoch als acht Grenzwerte, so werden sieben davon mit t_1 bis t_4 getestet. In beiden Rechnungen fehlt nur ein Test für den (oberen) Grenzwert 9 von U_3.
*Je nachdem, wie das **Testwirksamkeitsmaß TWM$_G$** für die Grenzwertanalyse definiert wird, ergibt sich also $TWM_G = \frac{4}{5} = 80\%$ oder $TWM_G = \frac{7}{8} = 87,5\%$.*
Ein anderes Ergebnis erhält man, wenn man von den Tests folgendes verlangt:

(K) Nur gültige Werte oder höchstens ein ungültiger Wert dürfen pro Test vorkommen.

In diesem Falle sind nur die Tests t_2 und t_3 erlaubt. Test t_1 ist nicht erlaubt, da er die ungültigen Äquivalenzklassen U_1 und U_3 abdeckt; Test t_4 ist nicht erlaubt, da er die ungültigen Klassen U_2 und U_4 abdeckt. Die erlaubten Tests t_2 und t_3 testen nur zwei Werte bzw. vier Grenzwerte. Also ist das Testwirksamkeitsmaß nur $TWM_G = \frac{2}{5} = 40\%$ oder $TWM_G = \frac{4}{8} = 50\%$ [31].

Test	Wert von X	abgedeckte Grenzwerte
t_1	0	(obere) Grenze von U_1
t_2	1	untere Grenze von G_1
t_3	10	obere Grenze von G_1 und
		untere (und obere!) Grenze von G_2
t_4	11	(untere) Grenze von U_2 und U_4

Tab. 6.5 Ganzzahlige Werte als Testdaten

Die alternativen Berechnungen bei Beispiel 6.4.7 zeigen, daß die Grenzwertanalyse nach verschiedenen Kriterien betrieben werden kann. Vor dem Testen sollte klar sein, welches Kriterium erfüllt werden soll.
Die Bestimmung der Testwirksamkeit der Grenzwertanalyse in Bezug auf *Ausgabegrenzwerte* von aufgestellten Äquivalenzklassen wirft zusätzliche Probleme auf. Es muß für einen Test t nicht festgestellt werden, ob die zugehörigen Eingabewerte

---

[30] je vier bei den doppelseitigen Intervallen [1; 10] und [10; 10,1], wobei 10 doppelt vorkommt

[31] Allerdings ist wieder zu beachten, daß die Grenzen von U_1, U_2 und U_4 (0 und 11) mit ganzzahligen Werten nicht gemäß Forderung (K) getestet werden können, da stets U_3, U_4 oder U_2 gleichzeitig abgedeckt werden. Also läßt sich als Testwirksamkeitsmaß höchstens $TWM_G = \frac{3}{5} = 60\%$ oder $TWM_G = \frac{5}{8} = 62,5\%$ erreichen. (Es fehlt nur ein Test mit $x = 9$, der noch den Grenzwert von U_3 abdeckt.)

Grenzwerte sind. Vielmehr müssen zu den Testeingaben die zugehörigen *Ausgabe-werte* mit Hilfe der Spezifikation oder des Programms berechnet werden und es muß geprüft werden, ob diese Ausgabewerte Grenzwerte sind.

BEISPIEL 6.4.8
Für das Druckprogramm aus Beispiel 6.4.3 bzw. Kapitel 4.2.2 seien vier Testdaten t_1 bis t_4 gegeben, d. h. Eingabedateien mit verschiedenen Zeilenzahlen Z, nämlich 0, 37, 45 und 900.

Test	Z	X	Y
t_1	0	0	0
t_2	37	1	37
t_3	45	1	45
t_4	900	20	45

Tab. 6.6 Korrekte Werte für X und Y bei vier Testdaten des Druckprogramms

Dann ergeben sich bei einem korrekten Programm die in Tabelle 6.6 dargestellten Werte für die Anzahl X von bedruckten Seiten und die Anzahl Y von Zeilen auf der letzten Seite. Dabei werden X und Y folgendermaßen berechnet (vgl. Beispiel 6.4.3):

1. $X = \text{aufrunden}(\frac{Z}{45})$,

2. $Y = 45$, falls $(Z \bmod 45) = 0$ und $Z \neq 0$,

3. $Y = Z \bmod 45$, falls $(Z \bmod 45) > 0$ oder $Z = 0$.

t_1 erzeugt die ungültigen Grenzwerte $X = 0$ und $Y = 0$, t_2 den gültigen Grenzwert $X = 1$, t_3 erzeugt die gültigen Grenzwerte $X = 1$ und $Y = 45$ und t_4 die gültigen Grenzwerte $X = 20$ und $Y = 45$ (vgl. Abschnitt 4.2.2). Es fehlen also nur die ungültigen Grenzwerte $X = 21$ und $Y = 46$ und der gültige Grenzwert $Y = 1$. Das Testwirksamkeitsmaß beträgt also $TWM_G = \frac{(3+2)}{(4+4)} = \frac{5}{8} = 62,5\%$.

Wenn ein implementiertes Programm vorliegt, kann man die Ausgaben natürlich von Programmen erzeugen lassen und diese (automatisch) mit den aus den Ausga-beäquivalenzklassen ermittelten Grenzwerten vergleichen. In diesem Fall erzeugt ein (falsches) Druckprogramm (vgl. Beispiel 6.4.8) bei einer Datei mit $Z = 46$ Zeilen vielleicht den ungültigen Ausgabewert $Y = 46$.

6.4.2.4 Messung der Testwirksamkeit bei der Ursache/Wirkungsgraph-Methode

Bei der UWG-Methode muß die Wertetabelle mit den zu erzeugenden Testfällen vorliegen (vgl. Abschnitt 4.2.3, Schritte 5 und 6), damit für generierte Testdaten die Testwirksamkeit bestimmt werden kann. Für ein Testdatum ist dabei zu bestimmen, welche Testfälle der Wertetabelle es abdeckt. Dazu muß für jede Eingabebedingung (Ursache), die bei dem Testfall erfüllt (bzw. nicht erfüllt) sein muß, festgestellt werden, ob das konkrete Testdatum diese Eingabebedingung erfüllt (bzw. nicht erfüllt). Das ist ebenso leicht möglich wie bei der Äquivalenzklassenbildung.

Das **Testwirksamkeitsmaß** TWM_{UWG} ist dann:

$$\mathbf{TWM_{UWG}} := \frac{\text{Anzahl der abgedeckten Spalten der Wertetabelle}}{\text{Anzahl aller Spalten der Wertetabelle}}$$

Bei der Testwirksamkeitsmessung für eine irgendwie ermittelte Testdatenmenge wird also (nur) Schritt 7 der UWG-Methode durch obiges Verfahren ersetzt. Die Schritte 1 bis 6 müssen vorher wie vorgesehen durchgeführt werden (vgl. Abschnitt 4.2.3).

6.4.3 Testdatenerzeugung und Messung der Testwirksamkeit für funktionsbezogene Testkriterien

Für Funktionen, die durch alternative Auswahl oder kontrollierte Iteration aus einfachen Teilfunktionen komponiert sind, lassen sich folgendermaßen Testdaten erzeugen (vgl. Kapitel 4.3).

6.4.3.1 Alternative Auswahl

Bei der alternativen Auswahl der Art $f = \mathbf{if}\ b\ \mathbf{then}\ f_1\ \mathbf{else}\ f_2$ sind nach Satz 4.3.1-3(a) auf S. 102) alle Tests zu generieren, die mögliche Fehler im Entscheidungsprädikat aufdecken. (Ein Verfahren dazu wird in Kapitel 9 vorgestellt.) Um die Anforderungen von Satz 4.3.1-3(b) zu erfüllen, ist dann zu prüfen, ob für ein Testdatum t die Ungleichung $f_1(t) \neq f_2(t)$ gilt. Dazu, und um die Fehlerfreiheit von f_1 und f_2 zu testen, muß man die Teilfunktionen aus ihrem Zusammenhang lösen und einzeln testen. Wenn man sich diesen Aufwand erspart, ist unklar, ob

a. die Funktion f trotz eines Fehlers von b „zufällig" einen richtigen Wert liefert, weil $f_1(t) = f_2(t)$ gilt;

b. die Funktion f trotz eines Fehlers von f_1 oder f_2 einen richtigen Wert liefert, weil „zufällig" $f_1(t)$ (oder $f_2(t)$) den richtigen Wert berechnet.

Falls für ein (für den Test von b geeignetes) Testdatum t der Fall $f_1(t) = f_2(t)$ eintritt, ist ein anderes Testdatum t' zu generieren, welches

1. die Forderung $f_1(t) \neq f_2(t)$ erfüllt und gleichzeitig

2. die bestehende Forderung an den Test von b erfüllt.

Diese Testdatenerzeugung kann äußerst schwierig sein, da ein System von (Un-)Gleichungen zu lösen ist. Dieses System ergibt sich bei der Berechnung der Bedingungen für t' durch symbolische (Rückwärts-)Rechnung (genaueres siehe Kapitel 11 bzw. 12.3), um Forderung 1 zu erfüllen und den zusätzlichen Forderungen von 2 zu genügen (genaueres s. Kapitel 9).

Da die Testdatengenerierung schwierig ist, bietet sich die Testdatenerzeugung per Hand oder Zufall an mit anschließender Überprüfung des Erfolgs, d. h. der Testwirksamkeit. Gemäß Satz 4.3.1 muß dann für jedes Testdatum t nur ermittelt werden:

1. welche Forderung an das Testen von b durch den Test t erfüllt wird,

2. ob $f_1(t) \neq f_2(t)$ gilt.

Für die Fälle, bei denen $f_1(t) \neq f_2(t)$ gilt, können alle erfüllten Forderungen an den Test von b gezählt werden und allen Forderungen an den Test von b gegenübergestellt werden. Dieses Verhältnis ergibt das **Testwirksamkeitsmaß TWM$_{if}$** für die alternative Auswahl. TWM_{if} sagt nur aus, wie gut die Integration von f_1 und f_2 zur Gesamtfunktion f getestet wurde; über die Korrektheit der Teilfunktionen f_1 und f_2 wird dabei nichts ausgesagt. (Diese Teilfunktionen sind vorab nach ähnlichem Muster zu testen, falls sie sich ebenfalls aus einfacheren Funktionen komponieren lassen.)

BEISPIEL 6.4.9
Es sei angenommen, daß zum Test von b (gemäß Kapitel 9.1) 16 Tests benötigt werden. Es liegen 13 Tests vor, von denen 12 die Forderungen $f_1(t) \neq f_2(t)$ erfüllen. Dann ist $TWM_{if} = \frac{12}{16} = 75\%$. Prüft man die Bedingung $f_1(t) \neq f_2(t)$ nicht ab, dann kann man nur eine obere Abschätzung für die Testwirksamkeit angeben: $TWM_{if} \leq \frac{13}{16} = 81,25\%$.

6.4.3.2 Kontrollierte Iteration

Bei der *kontrollierten Iteration* der Art

$$f = \textbf{while } b(v) \textbf{ do } v \leftarrow g(v)$$

sind die Testdaten ähnlich wie bei der alternativen Auswahl zu erzeugen (vgl. Satz 4.3.2 auf S. 104). Es sind wieder alle Tests zu generieren, die mögliche Fehler im Entscheidungsprädikat $b(v)$ aufdecken, wobei zusätzlich gelten muß:

$$g_i(t) \neq g_j(t) \text{ für alle } i > j \geq 0.$$

Wenn eine Obergrenze k für die Zahl der Iterationen bekannt ist oder berechnet werden kann, ist diese Prüfung durchführbar, andernfalls nicht. Wenn der Fall $g_i(t) = g_j(t)$ eintritt, ist wieder mit einer aufwendigen symbolischen Rechnung ein anderes Testdatum zu berechnen, das die entsprechenden Forderungen erfüllt (vgl. Satz 4.3.2).

Die Berechnung eines **Testwirksamkeitsmaßes TWM$_{while}$** ist wiederum leichter möglich, da nur die Erfüllung der Forderungen von Satz 4.3.2 geprüft werden muß. Das ist allerdings auch nur möglich, wenn die oben aufgestellte Forderung nur für Werte von i und j, die kleiner als eine Obergrenze k sind, geprüft werden muß.

Das Testwirksamkeitsmaß TWM_{while} sagt (analog zu TWM_{if}) nur etwas aus über die Güte des Integrationstests, d. h. welche Fehler bei der Integration von g in die Iteration (zur Berechnung von f) gemacht worden sein können. Über die Güte des Tests von g wird keine Aussage gemacht. (Die Teilfunktion g ist vorab nach ähnlichem Muster zu testen, falls g ebenfalls aus einfacheren Funktionen aufgebaut ist.)

6.4.3.3 SADT- und SA-Diagramme

Bei dem vorgeschlagenen Verfahren von Kapitel 4.3 läuft der Test auf der Basis von SADT- oder SA-Diagrammen letztlich auf einen Automatentest hinaus. Entsprechendes gilt für Petri-Netze, wenn eine gegebene Markierung aller Stellen als ein kompletter Zustand des modellierenden Automaten und das Schalten von Transitionen als Zustandsübergang in diesem Automaten notiert wird[32]. Das Problem des Automatentests wird in Abschnitt 6.4.4 zusammen mit den Pfadausdrücken behandelt.

6.4.4   Testkriterien für Reihenfolgebedingungen und algebraische Spezifikationen

6.4.4.1 Testdatenerzeugung für Reihenfolgebedingungen

Für Reihenfolgebedingungen (gegeben durch Pfadausdrücke oder endliche Automaten) ist die Testdatenerzeugung relativ einfach, wenn etwa das Kriterium *alle Transitionen* (s. Definition 5.1.2 auf Seite 118) erfüllt werden soll und bei einem Modul alle Operationsfolgen frei wählbar sind. In diesem Falle sind folgende Schritte durchzuführen:

1. den vollständigen, reduzierten, endlichen Automaten $A_v(P)$ zu dem gegebenen Pfadausdruck P bestimmen bzw. den gegebenen endlichen Automaten reduzieren und vervollständigen (vgl. Kapitel 5.1),

---

[32]Problematisch ist dies nur, wenn die Markierungen der Stellen nicht beschränkt sind und der modellierende Automat somit nicht endlich ist.

2. den Graph des Automaten $A_v(P)$ mit vollständigen Wegen (vom Anfangszustand zu einem Endzustand) überdecken, so daß jede Transition (Kantenbeschriftung) von $A_v(P)$ zu einem Weg gehört[33].

Schritt 1 ist automatisch durchführbar, da es entsprechende automatentheoretische Verfahren gibt (siehe z. B. Kapitel 6 in [Bra 84] oder das Werkzeug TESTPLAN-W, [GmV 86] S. 48).

Schritt 2 erfordert die Lösung eines graphentheoretischen Problems (vgl. [GmV 86], S. 48). Als Vereinfachung des Problems kann der schleifenfreie Automat $A_e(P)$ aus $A_v(P)$ konstruiert werden (siehe Beispiel 6.2.4 auf Seite 149). Dazu sind die starken Zusammenhangskomponenten von $A_v(P)$ zu bestimmen, ebenfalls eine graphentheoretische Aufgabe mit bekannten Lösungsverfahren (siehe z. B. Kapitel IV.6 in [Meh 84]). Für $A_e(P)$ sind dann nur geeignete Wege vom Anfangs- zum Endzustand zu bestimmen, was i. allg. durch einfaches Markieren der gewählten Transitionen (Kantenbeschriftungen) möglich ist.

BEISPIEL 6.4.10

Aus dem Automaten $A_v(P)$ aus Abbildung 5.4 wird der Automat $A_e(P)$, bei dem gegenüber $A_v(P)$ nur die zyklischen Kanten an den Zuständen 2 und F wegfallen (vgl. Beispiel 6.2.4 auf S. 149). Die vom Anfangszustand 1 ausgehenden Kanten d, e und f sind drei vollständige Wege w_1, w_2, w_3 in den Endzustand F. Der von Zustand 1 mit Kante b beginnende Weg läßt sich etwa zum vollständigen Weg $w_4 = be$ verlängern. Die von Zustand 1 ausgehende Kante c läßt sich zum vollständigen Weg $w_5 = cdef$ verlängern. Dann sind noch folgende Kanten nicht markiert (abgedeckt) worden (es wird jeweils der ausgehenden Zustand und die Kantenbezeichnung angegeben): $(2, f), (3, b), (3, c), (3, d), (3, f), (4, b), (4, c), (4, d), (4, e)$. Für die Kante $(2, f)$ wird durch Rückwärtsverfolgung der einlaufenden Kanten $(1, b)$ oder $(1, c)$ der Teilweg $(1, b)(2, f)$ oder $(1, c)(2, f)$ ermittelt, der Kante $(2, f)$ abdeckt. Mit einer Verlängerung zu einem vollständigen Weg w_6 kann dann etwa noch $(4, b)$ abgedeckt werden. Alle anderen Kanten erfordern einen zusätzlichen Weg, da sie direkt in den Endzustand F führen. Also werden noch sieben weitere Wege w_7 bis w_{13} benötigt, um alle Kanten bzw. Transitionen abzudecken. Es werden also 13 Wege bzw. Tests benötigt (vgl. Beispiele 5.1.4 und 6.2.4 auf S. 119 und S. 149). Diese Wege sind noch an passenden Stellen um die Kanten zu ergänzen, welche die Schleifen in Zustand 2 bzw. F ausführen. Beispielsweise ist $w_4 = be$ zu ergänzen zu $w_4' = b\underline{bce}bc\underline{def}$ (die Ergänzungen sind unterstrichen).

Bei obigem Verfahren und der gegebenen Reihenfolge der betrachteten, nicht überdeckten Kanten erhält man eine Minimalzahl von benötigten Tests, um alle Kanten

---

[33]Kanten mit Mehrfachbeschriftung sollten dazu vorher in mehrere Kanten mit Einfachbeschriftung aufgelöst werden, damit die Kanten eindeutig den Transitionen entsprechen.
Mit den genannten Schritten 1 und 2 ist das Kriterium *alle Transitionen* erfüllt. Für ein anderes Kriterium (z. B. *Automatenäquivalenztest* oder *alle korrekten/einige nicht korrekten Transitionen*) ist eine andere Menge von Wegen zu bestimmen, was ebenfalls automatisch möglich ist.

auszuführen. Verzichtet man auf die Konstruktion des schleifenfreien Automaten $A_e(P)$ und wendet das Markierungsverfahren auf $A_v(P)$ an, wird eventuell eine nicht minimale Anzahl von Wegen bzw. Tests generiert. Das passiert immer dann, wenn die Kanten in Schleifen als letztes betrachtet werden. In diesem Fall werden zusätzliche Wege konstruiert, um diese Kanten abzudecken, obwohl dies nicht notwendig ist, weil bestehende Wege passend ergänzt werden können. (Dieses Phänomen kann leider auch bei obiger Konstruktion für den Automaten $A_e(P)$ auftreten, siehe Übung 6.8.) Es ist also abzuwägen zwischen dem Aufwand für die Konstruktion des schleifenfreien Automaten $A_e(P)$ und dem Mehraufwand durch die Verwendung überflüssiger Tests. Dieses Aufwandsverhältnis hängt von der Schleifenstruktur des Automaten $A_v(P)$ ab und ist daher leider nicht generell abschätzbar.

Falls die Folge der Operationen für das gegebene Modul nicht frei wählbar ist, sind die Parameterwerte zu bestimmen, von denen die Entscheidung für bestimmte Operationsfolgen abhängt. Die Bedingungen an diese Parameterwerte stellen ein System von Gleichungen oder Ungleichungen dar, welches zu lösen ist. Je nach Komplexität dieses (Un-)Gleichungssystems liegt also ein leicht lösbares oder sogar ein unlösbares Problem vor (vgl. „Erfüllbarkeit der Eingabebedingungen" in Abschnitt 6.4.1.2, Seite 164).

BEISPIEL 6.4.11
Die Operationsfolgen und die Parameterwerte seien durch den in Abbildung 6.6 dargestellten Graphen bestimmt. Die Entscheidungsprädikate sind b_1, b_2 und b_3.

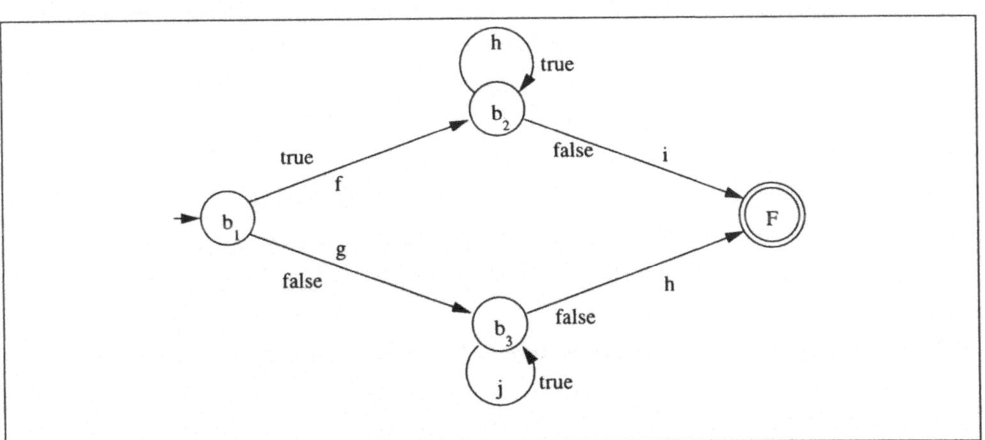

Abb. 6.6: Bedingte Operationsfolgen

Die Werte der Parameter, von denen die Entscheidungen abhängen, werden im Zustandsbegriff zusammengefaßt. Zu Beginn sei dieser Zustand z, nach Ausführung von Funktion f sei der Zustand $f(z)$ etc.
Damit die Folge fhi ausgeführt wird, muß also gelten:
$(b_1(z) = true)$ *und* $(b_2(f(z)) = true)$ *und* $(b_2(h(f(z))) = false)$.

Dieses Gleichungssystem ist zu lösen, d. h. es müssen Werte für den Anfangszustand z bestimmt werden, die dieses Gleichungssystem erfüllen.
Im konkreten Fall sei b_1 die Abfrage „$A > 0$", b_2 die Abfrage „$B = 0$"; der Zustand z bestehe zu Beginn aus den Anfangswerten a und b der Variablen A und B, d. h. $z := (a,b)$; f ersetze den Wert von A durch sein Quadrat; h ersetze den Wert von B durch die Summe der Werte von A und B. Dann gilt:

$$
\begin{aligned}
b_1(z) &= true & \text{g. d. w.} & \quad a > 0, \\
b_2(f(z)) &= true & \text{g. d. w.} & \quad b = 0, \\
b_2(h(f(z))) &= false & \text{g. d. w.} & \quad a^2 + b \neq 0.
\end{aligned}
$$

Diese drei Bedingungen sind erfüllt g. d. w. wenn zu Beginn $a > 0$ und $b = 0$ gilt.

6.4.4.2 Testdatenerzeugung für algebraische Spezifikationen

Für die Testkriterien auf der Basis von algebraischen Spezifikationen ist die Testdatenerzeugung dem Vorgehen bei Pfadausdrücken vergleichbar.
Für Axiome *ohne Variablen* ist das Erzeugungsproblem trivial: es ist genau der eine Fall zu testen, der durch die Gleichung spezifiziert ist (vgl. [GMH 81], S. 218).
Für Axiome *mit Variablen* stellt sich das Problem der Erzeugung von Werten für die Variablen. Dazu muß aus den Gleichungen für die Konstruktoren ein Ausdruck abgeleitet werden, der die entsprechenden Terme beschreibt. Dies ist nicht automatisch möglich, da die Konstruktoren, die entsprechenden Gleichungen und der entsprechende Ausdruck nicht immer formal bestimmbar sind.

Länge der Ableitung	Erzeugte Binärbäume
1	LEER
2	—
3	BAUM (LEER, A, LEER)[34]
4	—
5	BAUM (LEER, A, BAUM (LEER, A, LEER)) BAUM (BAUM (LEER, A, LEER), A, LEER)

Tab. 6.7 Erzeugung von Binärbäumen durch Ableitungen bestimmter Länge

Beispiel 6.4.12
Für den Binärbaum aus Beispiel 5.2.1 und die Gleichungen 6(b) und 6(d) sind LEER und BAUM als die Konstruktoren für die Terme der Sorte Binärbaum zu identifizieren. Daraus (siehe Beispiel 5.2.1-4 auf S. 122) läßt sich (automatisch) nur eine kontextfreie Grammatik ableiten mit den beiden Regeln

---

[34]Eine zugehörige Ableitungsfolge
Binärbaum $\Rightarrow$ *BAUM(Binärbaum, A, Binärbaum)* $\Rightarrow$ *BAUM(LEER, A, Binärbaum)* $\Rightarrow$ *BAUM(LEER, A, LEER)* besteht aus drei Schritten, hat also die Länge 3.

Binärbaum → *LEER*
Binärbaum → *BAUM(Binärbaum, Alphabet, Binärbaum)* [35]

Alle Ableitungen bis zu einer bestimmten Länge, z. B. fünf, lassen sich daraus automatisch erzeugen (siehe Tabelle 6.7).

Die Ableitung eines *Pfadausdrucks*, der nur einen Teil der erlaubten Terme beschreibt, ist allerdings nicht automatisch möglich (vgl. Beispiel 5.2.8 auf S. 128).
Bei gegebenem Pfadausdruck ist dann allerdings wieder das automatische Verfahren der Erzeugung eines endlichen Automaten und der Erzeugung von Tests zu diesem endlichen Automaten möglich (vgl. Vorgehen bei Pfadausdrücken, siehe Abschnitt 6.4.4.1).
Damit sind die Tests für das Kriterium *(fast) alle korrekten Kanten* erzeugbar, indem für jede Variable einer Gleichung (eines algebraischen Axioms) die entsprechenden Terme in Postfixnotation angegeben werden und passend kombiniert werden (vgl. Beispiel 5.2.10).
Beim Kriterium *(fast) alle Kombinationen von korrekten Kanten* müssen dann nur alle Testwerte (Terme) für jede Variable einer Gleichung gespeichert werden und alle Kombinationen dieser Terme für alle Variablen einer Gleichung gebildet werden.

6.4.4.3 Messung der Testwirksamkeit

Die Schwierigkeit der Testdatenerzeugung liegt bei den Teststrategien für Reihenfolgebedingungen oder algebraische Spezifikationen vor allem in der Bestimmung der geeigneten Pfadausdrücke. Die Ableitung von Tests (d. h. von Wegen in dem entsprechenden endlichen Automaten) ist dann automatisch möglich, wie in Abschnitt 6.4.4.1 und 6.4.4.2 gezeigt wurde.
Bei der Bestimmung der Testwirksamkeit einer gegebenen Menge von Tests wird aber nur dieser letzte Ableitungsschritt vermieden. Die vorbereitende Ermittlung der Pfadausdrücke und endlichen Automaten ist weiterhin nötig, um das Testwirksamkeitsmaß überhaupt definieren zu können. Dieser Ansatz ist also nur zu empfehlen, wenn keine Algorithmen und Werkzeuge zur Ermittlung der notwendigerweise auszuführenden Wege (in den entsprechenden Automaten) vorhanden sind.
Für die Kriterien *alle Transitionen, alle korrekten/einige nicht korrekte Transitionen* und *(fast) alle korrekten Kanten* läßt sich das **Testwirksamkeitmaß TWM** dann jeweils folgendermaßen definieren:
TWM ist der Quotient aus den ausgeführten Transitionen bzw. Kanten zu allen Transitionen bzw. Kanten (die zu den entsprechenden Automaten gehören[36]).

---

[35] Die Ersetzung von „Alphabet" durch einen konstanten Wert ist eine Entscheidung (Anwendung der Uniformitätshypothese), die nicht automatisch getroffen werden kann. Im folgenden sei dies geschehen, d. h. „Alphabet" sei durch „A" ersetzt.

[36] Bei dem Kriterium *alle korrekten/einige nicht korrekte Transitionen* sind Klassen von Transitionen (statt einzelner Transitionen), die in den Fehlerzustand *F* führen, zu betrachten.

Bei dem Kriterium *Automatenäquivalenztest* ist auf alle Fälle die Menge der auszuführenden Wege im Automaten zu bestimmen und mit der tatsächlich ausgeführten Menge von Wegen zu vergleichen, um ein Testwirksamkeitsmaß zu bestimmen. Dieses Vorgehen bringt also überhaupt keinen Vorteil gegenüber der direkten, zielgerichteten Testdatenerzeugung.

Bei dem Testkriterium *(fast) alle Kombinationen von korrekten Kanten* ist eine Testwirksamkeitsmessung ebenfalls nicht zu empfehlen. Bei gegebenen Automaten zur Beschreibung der erlaubten Terme für die Variablen einer Gleichung ist nämlich nicht ohne weiteres klar, welche Kombinationen von Termen bereits getestet wurden und welche noch fehlen.

BEISPIEL 6.4.13

Es werde folgende Gleichung betrachtet:

LEER? (BAUM(L,A,R)) = FALSCH

mit dem konstanten Alphabetszeichen A und zwei Variablen L und R vom Typ Binärbaum. Für L und R beschreibe der endliche Automat aus Abbildung 5.7 auf S. 130 die erlaubten Terme in Postfixnotation (ohne die Konstante A). Es sei angenommen, daß für L und R die folgenden Terme bei den Tests vorkommen:

$t_1 : l$, $t_2 : lllbb$, $t_3 : llb$, $t_4 : llbllbb$.

Für L komme noch der Term $t_5 : llblblb$ vor und für R der Term $t_5' : llblblb\underline{lb}$. t_5' ist also nicht identisch mit t_5 (sondern eine Verlängerung um lb), deckt aber dieselben Kanten im Automaten aus Abbildung 5.7 auf S. 130 ab.

Kombiniert man also bei einem Test alle Terme t_1 bis t_5 für L mit allen Termen t_1 bis t_4 und t_5' für R, so werden durch diese Testmenge T zwar alle Kanten des Automaten aus Abbildung 5.7 jeweils durch t_1 bis t_5 (bzw. t_1 bis t_4 und t_5') abgedeckt, aber es gibt keine Menge U von Termen mit der Eigenschaft, daß durch T genau „alle Kombinationen von Kanten" bzgl. U ausgeführt werden. Dies würde gerade bedeuten:

1. *alle Terme aus U decken zusammen alle Kanten des Automaten ab,*

2. *für alle t aus U und alle u aus U gibt es einen Test in obiger Testmenge T, der L durch t ersetzt und R durch u ersetzt.*

Dieses negative Ergebnis liegt gerade daran, daß t_5 und t_5' nicht identisch sind. Wählt man aber als U die Menge mit t_1 bis t_5 und t_5', so fehlen in der Testmenge T wiederum die Kombinationen mit $L = t_5'$ und $R = t_5$, obwohl sie im Automaten aus Abbildung 5.7 keine weiteren Kanten (gegenüber $L = t_5$ bzw. $R = t_5'$) abdecken.

Obiges Beispiel legt also folgenden Schluß nahe:
Das Testkriterium *(fast) alle Kombinationen von korrekten Kanten* läßt sich nur vernünftig erfüllen, wenn gezielt eine geeignete Menge von Termen erzeugt wird und dann alle Kombinationen gebildet werden (wie bei der Testdatengenerierung vorgesehen).

Bei den transitions- bzw. kantenbezogenen Testkriterien (z. B. *alle Transitionen*) ist zur Ermittlung des Testwirksamkeitsmaßes *TWM* nur noch festzustellen, welche Transitionen bzw. Kanten bei einem gegebenen Test tatsächlich ausgeführt wurden. Dazu sind die Transitionen des entsprechenden Automaten oder die zugehörigen Operationen der Implementierung zu **instrumentieren**: Für jede ausgeführte Operation muß in eine Protokolldatei ein entsprechendes Symbol geschrieben werden, wobei die Symbole bei geschachtelten Operationsaufrufen in der Postfixreihenfolge anfallen müssen. Diese Symbolfolge ist dann auf den entsprechenden Automaten anzuwenden und die ausgeführten Transitionen sind in einer Tabelle oder Liste aller Transitionen als „ausgeführt" zu markieren.

BEISPIEL 6.4.14
Beim Test „baum(baum(leer, A, leer), A, baum(leer, A, leer))" sind die Aufrufe von „baum" und „leer" zu instrumentieren, nicht jedoch die Konstante „A". Schreibt man jeweils „b" beim „Baum"-Aufruf, und „l" beim „leer"-Aufruf in eine Protokolldatei, ergibt sich folgende Postfixsequenz: „llbllbb" (vgl. Term t_4 aus Beispiel 5.2.10). Diese Postfixsequenz führt also die folgenden Transitionen (Zustand, Eingabesymbol) im Automaten aus Abbildung 5.7 aus: $(1,l)$, $(2,l)$, $(3,b)$, $(7,l)$, $(8,l)$, $(9,b)$, $(10,b)$. Damit werden schon 7 der 13 Transitionen des Automaten abgedeckt.

6.5   Übungen

Übung 6.1:

(a) Konstruieren Sie einen Fall, bei dem die Grenzwertanalyse die Äquivalenzklassenbildung *nicht* (strikt) enthält (vgl. Begründung 1 zu Abbildung 6.1).
Hinweis: In dem konstruierten Fall muß die Wahl eines ungültigen Grenzwertes einen *ungültigen* Wert für eine andere Äquivalenzklasse implizieren, obwohl dies für beliebige Werte aus den beiden Äquivalenzklassen *nicht* gilt.

(b) Diskutieren Sie, ob ein solcher Fall „konstruiert" ist oder einer sinnvollen, realistischen Äquivalenzklassenbildung entspricht.

Übung 6.2:
Zeigen Sie durch zwei entsprechende (Gegen-)Beispiele, daß entwurfsorientierte Äquivalenzklassenbildung *unvergleichbar* ist mit der (spezifikationsorientierten) Grenzwertanalyse (vgl. Begründung 3 zur Aussage von Abbildung 6.1).

Übung 6.3:
Zeigen Sie die Unvergleichbarkeit der Kriterien *fast alle Kombinationen von Kanten* und *alle korrekten Kanten* an folgendem Beispiel, indem Sie entsprechende Tests angeben. Eine Gleichung G laute: $atom?(molekül(x1, x2)) = false$.

Für x_1 und x_2 seien die erlaubten Terme (in Postfixnotation) exakt mit den regulären Ausdrücken R_1 und R_2 [mit $R_1 = R_2 = (a|b)^+; c$] beschrieben (vgl. Definition 5.2.3 auf S. 131).

Zeigen Sie zuerst, daß der reguläre Ausdruck $R' = (a;b)^+; c$ eine echte Teilmenge davon beschreibt.

Hinweis: Die reduzierten endlichen Automaten A_1 (zu $R_1 = R_2$) und A' (zu R') haben die in Abbildung 6.7 dargestellte Struktur.

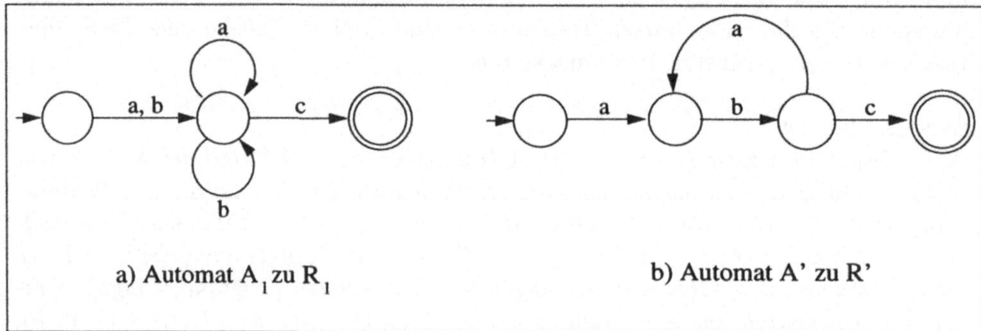

Abb. 6.7: Automaten zu regulären Ausdrücken

Übung 6.4:

(a) Beweisen Sie die Beziehung zwischen der Anzahl der Tests für die Grenzwertanalyse (t_g) und für die Äquivalenzklassenbildung ($t_ä$) (s. Seite 146). Vergleichen Sie jeweils die minimalen Werte von t_g und $t_ä$ und die maximalen Werte von t_g und $t_ä$.

Setzen Sie dabei folgendes voraus:

    i. Alle Bedingungen b seien vom Typ „$u\ rel_1\ x\ rel_2\ o$", wobei rel_1 und rel_2 die Relationen $\leq$ oder $<$ sind.

    ii. Die Menge der Ausgabebedingungen AB sei leer.

(b) Beweisen Sie die Beziehungen 6.10 bis 6.13 zwischen dem Maximalwert von t_{uwg} (Anzahl der Tests bei der UWG-Methode) einerseits und den Minimalwerten und den Maximalwerten von $t_ä$ und t_g andererseits (s. Abschnitt 6.2.1). Machen Sie dabei die gleichen Voraussetzungen wie bei Teil (a).

Übung 6.5:

Beweisen Sie die Beziehungen 6.14 und 6.15 zwischen den Anzahlen t_{if}, t_{while} und t_b der benötigten Tests für die entsprechenden funktionalen Formen (siehe Abschnitt 6.2.1).

Übung 6.6:
In Kapitel 6.2 wurde versucht, die Anzahl der Tests eines zusammengesetzten Pfad-
ausdrucks aus der Anzahl der Tests seiner Komponenten zu berechnen. Geben Sie
Gegenbeispiele zu den dort angegebenen Gleichungen (c), (d) und (e) an:

(c) $t(p; q) = \max(t(p), t(q))$,

(d) $t([p]) = t(p)$,

(e) $t(p^+) = t(p)$.

Hinweis:

- Beachten Sie, daß die zu den Pfadausdrücken gehörigen Automaten mehrere Endzustände haben können (z. B. bei Alternativen).

- Sie können (d) und (e) mit einem gemeinsamen Gegenbeispiel widerlegen.

Übung 6.7:
Beweisen Sie die Beziehung $t_{aä}(A_v(P)) \geq z * t_{at}(P)$ zwischen den Testanzahlen
$t_{aä}(A_v(P))$ und $t_{at}(P)$ für den Automatenäquivalenztest und das Kriterium _alle
Transitionen_ und die Anzahl z der Zustände des Automaten $A_v(P)$ (siehe Gleichung 6.19 in Abschnitt 6.2.2). Nehmen Sie dabei an, daß der korrekte Automat die
gleiche Anzahl von Zuständen hat.
Hinweis: $A_v(P)$ ist ein vollständiger, deterministischer Automat.

Übung 6.8:
Zeigen Sie: Bei einer einfachen Strategie zur Überdeckung aller Transitionen eines
schleifenfreien Automaten wird nicht unbedingt die minimale Anzahl von Wegen
(Tests) erzeugt.
Wählen Sie den Automaten $A_e(P)$ aus Beispiel 6.4.10 (zum Automaten $A_v(P)$ aus
Abb. 5.4 auf S. 118) und als Strategie den Tiefendurchlauf (DFS = depth first
search), wobei die Transitionen alphabetisch angeordnet werden: b, c, d, e, f. (Der
erste erzeugte Weg ist demnach bdb, der zweite bdc.)

Übung 6.9:
Nehmen Sie für den Pfadausdruck $P = (b|c)^+; [d; e|f]$ aus Beispiel 5.1.1 verschiedene
Fehler an, z. B. das Weglassen der Klammerung für „$e|f$", d. h. der korrekte Aus-
druck ist $P' = (b|c)^+; [d; (e|f)]$.
Welche dieser Fehler werden durch die 13 Testfolgen aus Beispiel 5.1.4 auf S. 119,
die das Kriterium _alle Transitionen_ erfüllen, entdeckt? (Setzen Sie dabei voraus,
daß ein Reihenfolgeorakel für Anfangsstücke von Testfolgen angibt, ob sie für den
entsprechenden Automaten korrekt sind oder nicht.)

Übung 6.10:
Erzeugen Sie (zum Testen der Gleichungen für den Typ *Binärbaum*)

(a) alle Binärbäume mit bis zu sieben Ableitungsschritten aus der Grammatik mit
den folgenden Regeln. (Dabei ist B das einzige zu ersetzende Nichtterminal-
Zeichen, a ist eine konstante Wurzelbezeichnung.)

$(R1): B \rightarrow l$ $\qquad\qquad\qquad\qquad$ (* l steht für „leer" *)
$(R2): B \rightarrow b(B, a, B)$ $\qquad\qquad\quad$ (* b steht für „Baum" *)

(b) Erzeugen Sie alle Binärbäume mit einer Höhe ≤ 3.

Bei welchem Verfahren werden mehr Binärbäume erzeugt?

Übung 6.11:
Für das (Light-Hansa-)Beispiel 6.1.2 mit den Eingabebedingungen $E1, E2, E3$, die
sich auf die Variablen *Alter*, *Gewicht* und *IQ* (Intelligenzquotient) beziehen, seien
die in Tabelle 6.8 dargestellten konkreten Testdaten $T1$ bis $T4$ gewählt.

	Alter	Gewicht	IQ
$T1$	20	60	120
$T2$	18	49	100
$T3$	65	80	100
$T4$	30	50	104

Tab. 6.8 Konkrete Testdaten für die Light-Hansa

Bestimmen Sie die auszuführenden Testfälle nach der UWG-Methode und ermitteln
Sie die Testwirksamkeit TWM_{UWG} (siehe S. 171) der Testdaten $T1$ bis $T4$.

6.6   Verwendete Quellen und weiterführende Literatur

Wegen der vielen Quellen sind die Literaturreferenzen in Kapitel 6 jeweils bei der
entsprechenden Textpassage angegeben worden oder die Quellen wurden schon in
Kapitel 4 oder 5 angegeben.
Zusätzliche sei auf folgendes verwiesen: Vor den Untersuchungen von Duran/Ntafos
und Hamlet/Taylor gab es schon von Duran/Wiorkowsky Evaluierungen des Zufallstests (im Vergleich zu anderen Testarten), siehe [DuW 79]. Eine genauere Charakterisierung der Bedingungen, von denen es abhängt, ob die Äquivalenzklassenmethode besser oder schlechter als die Zufallsmethode ist, geben z. B. Chen/Yu an
(s. [ChY 96]). Dort wird das Erfolgsmaß „mindestens einen Fehler finden" auch mit
dem Erfolgsmaß „Anzahl der gefundenen Fehler" verglichen.

Die Idee, zur Testfallgenerierung bei Pfadausdrücken und endlichen Automaten den
schleifenfreien Automaten $A_e(P)$ heranzuziehen, entspricht dem Konzept des reduzierten Graphen (reduced graph) bei Gabow et al. (s. [GMO 76], S. 228).

Zusammenfassung von Teil II

Teil II hat sich dem spezifikationsorientierten Testen gewidmet. Die Testmethoden unterscheiden sich dabei aufgrund der Spezifikationsart und des Vorgehens. Folgende Spezifikationsarten wurden betrachtet:

- Fallunterscheidung durch Datenbereiche (Kap. 4.2)

- funktionale Zerlegung (Abschnitte 4.3.1 und 4.3.2)

- Datenflußspezifikation (SA, SADT, s. Abschnitt 4.3.3)

- Petri-Netze und endliche Automaten (Abschnitt 4.3.3)

- Reihenfolgebedingungen (Pfadausdrücke, endliche Automaten, s. Kap. 5.1)

- algebraische Spezifikationen (Kap. 5.2)

Das Vorgehen beim Testen ist vor allem durch die Spezifikationsart festgelegt, läßt sich aber teilweise noch variieren.

Beim datenbereichsbezogenen Testen kann unsystematisch vorgegangen werden (Zufallstest und Fehlererwartungsmethode) oder systematisch, durch Orientierung an den Eingabe- (oder Ausgabe-)Bedingungen und den zugehörigen Äquivalenzklassen von Testdaten. Die Frage der Testdatenauswahl aus Äquivalenzklassen führt zur Grenzwertanalyse und zur Verwendung spezieller Werte; die Frage der Kombination verschiedener Eingabebedingungen führt zur Ursache/Wirkungsgraph-Methode (UWG-Methode). Bei der Spezifikationsart funktionale Zerlegung (funktionale Formen) bietet sich nur ein aufsteigendes (bottom up) Testen an: bei gegebenen Tests für b, f_1 und f_2 kann anschließend die alternative Auswahl $[f = \textit{if } b \textit{ then } f_1 \textit{ else } f_2]$, die kontrollierte Iteration $[g = \textit{repeat } v \leftarrow f_1(v) \textit{ until } b(v)$ oder $g = \textit{while } b(v) \textit{ do } v \leftarrow f_1(v)]$ und die Sequenz $[h = f_1; \, f_2]$ getestet werden.

Bei der Orientierung an Datenfluß, endlichem Automat, Petri-Netz, Pfadausdruck oder algebraischer Spezifikation müssen bestimmte Reihenfolgen von Operations- bzw. Funktionsaufrufen als Tests ausgewählt werden. Dabei können unterschiedlich starke Anforderungen an die Tests gestellt werden. Beim stärksten Kriterium, das sich an endlichen Automaten orientiert (dem Automatenäquivalenztest), ist z. B. ein kubischer Aufwand (in der Zahl der Zustände bzw. Eingaben des Automaten) erforderlich, dafür werden alle Sequenzfehler zuverlässig gefunden. Beim schwächeren Kriterium *alle Transitionen* ist nur ein linearer Aufwand (in der Zahl der Transitionen) bzw. höchstens quadratischer Aufwand (in der Zahl der Zustände bzw. Eingaben) erforderlich, dafür werden aber nur alle Ausgabefehler zuverlässig gefunden (s. Abschnitte 6.2.2 und 6.3.2.3).

Bei den datenbereichsbezogenen Testmethoden schneidet die UWG-Methode unter Aufwandsgesichtspunkten (Anzahl der Testdaten) besser ab als die Äquivalenzklassen- und Grenzwertmethode (Abschnitt 6.2.1, Gleichungen 6.10 bis 6.13). Bei einem Vergleich der Testmethoden ist aber auch der Aufwand für das (automatische) Erzeugen der Testdaten zu beachten bzw. bei einer manuellen Testdatenerzeugung der Aufwand für die Messung der Testwirksamkeit (Kap. 6.4). Dabei zeigt sich, daß eine Automatisierung des Testens nur in Teilaspekten möglich ist, insbesondere, wenn der Nutzen des Testens (Art und Anzahl der aufgedeckten Fehler) ausreichend sein soll. Ein formaler Vergleich des Zufallstests mit der Äquivalenzklassenmethode zeigt z. B., daß – mit entsprechendem Gespür – kleine Äquivalenzklassen mit einer hohen Fehlerrate gebildet werden müssen, damit die Äquivalenzklassenmethode effektiv ist (s. Abschnitt 6.3.1.2 f.).

Insgesamt zeigt sich, daß mit spezifikationsorientiertem Testen nur 24% bis 30% der Fehler zuverlässig gefunden werden, bei der Kombination von Verfahren etwa 46% bis 49% [37]. Dabei werden vor allem Auslassungsfehler (fehlende Fallunterscheidungen oder Teilfunktionen), Initialisierungsfehler, Ablauflogikfehler und fehlerhaft realisierte Teilfunktionen entdeckt.

Die restlichen Fehler können nur gefunden werden, wenn die Feinheiten der (fehlerhaften) Implementation des Programmsystems betrachtet werden. Das ist der Inhalt von Teil III.

---

[37] Nur in kleinen Programmen mit einfachen Datenbereichen konnten in zwei Fallstudien ca. 80% bis 90% der künstlich erzeugten Fehler gefunden werden.

Teil III

Implementationsorientiertes Testen

In diesem Teil werden die in Abschnitt 3.4.3 nur kurz erwähnten Testansätze für die implementationsorientierte Teststrategie ausführlich behandelt.
Diese Testansätze orientieren sich am Kontrollfluß, am Datenfluß oder an den Ausdrücken bzw. Anweisungen im Programm.
Für jeden Testansatz werden folgende Aspekte behandelt, die mit Kosten und Nutzen zu tun haben:

- Vergleich bezüglich Zahl und Art der erforderlichen Testdaten

- Aufwand für die Erzeugung einzelner Testdaten

- Bewertung der Teststrategien (welche und wieviel Fehler werden aufgedeckt)

- Messung der Testwirksamkeit

- Erzeugung von Testdaten

- Erreichbarkeit einer hundertprozentigen Testwirksamkeit

Die Kenntnis und gezielte Anwendung der Methoden dieses Teils des Buches ist für einen gründlichen Test von Software unverzichtbar, denn ein spezifikationsorientierter Test kann nicht alle Fehler im Programm entdecken.
Das datenbereichsbezogene Testen würde beispielsweise ausreichen, wenn die Eingabewerte in den dort ermittelten Äquivalenzklassen tatsächlich bzgl. der Fehleraufdeckungsfähigkeit äquivalent wären. Das setzt voraus, daß Testdaten, die als äquivalent betrachtet werden, auch vom Programm äquivalent bearbeitet werden. Das heißt aber, daß die Programmierer die Anforderungsspezifikation bzw. die Entwurfsspezifikation richtig umgesetzt haben — was aber gerade zu prüfen ist.
Außerdem werden beim datenbereichsbezogenen Testen nur Stichproben aus den Äquivalenzklassen getestet; für gewisse Werte, die nur durch Zufall getestet werden, kann das Programm von der Spezifikation abweichen. Das kann ein unabsichtlicher Fehler sein oder sogar ein absichtlicher Fehler. Das Vergessen oder falsche Hinschreiben von Anweisungen sind unabsichtliche Fehler. Ein absichtlicher Fehler ist beispielsweise die folgende, nicht spezifizierte Abfrage:

if Personalnummer = 99007 **then** überweise-Geld-in-die-Schweiz

Dies ist ein Fall von Computerkriminalität. Solche Fehler können natürlich nur sicher entdeckt werden, wenn Testdaten erstellt werden, die aus der Programmstruktur abgeleitet werden.

7 Kontrollflußbezogenes Testen

Beim kontrollflußbezogenen Testen orientiert sich die Testdatenerzeugung an den Kontrollflußgraphen der Prozeduren und Funktionen, die im Programm bzw. Modul vorkommen. (Im folgenden wird in beiden Fällen von „Programm" gesprochen.) Das kontrollflußbezogene Testen setzt also voraus, daß die zu testenden Teile als Kontrollflußgraph vorliegen bzw. in diese Form transformiert werden.

7.1 Kontrollflußgraphen und ihre Eigenschaften

DEFINITION 7.1.1 (KONTROLLFLUSSGRAPH, KONTROLLFLUSSSCHEMA)

1. *Der* **Kontrollflußgraph** *eines Programms ist ein gerichteter Graph. Seinen Knoten sind (als Knotenmarkierung) Anweisungen oder Entscheidungsprädikate des Programms zugeordnet und seine Kanten stellen die Verbindungen zwischen Anweisungen und Anweisungsnachfolgern dar.*
   Dabei können ganze Anweisungsfolgen, die keine bedingten Anweisungen enthalten, einem Knoten zugeordnet sein[1]. Das komplette Entscheidungsprädikat einer bedingten Anweisung ist dagegen getrennt von dem Rest der bedingten Anweisung einem sogenannten **Entscheidungsknoten** *zugeordnet, wobei für jeden Ausgang der Entscheidung eine Kante zu einem Nachfolgerknoten existiert, die mit ja (true) bzw. nein (false) markiert ist. Diese Kanten heißen* **Entscheidungskanten**. *Wenn eine Kante von Knoten k zu Knoten l führt, heißt l* **Nachfolger(knoten)** *von k und k* **Vorgänger(knoten)** *von l. Um Initialisierungsvorgänge (z. B. Parameterübergabe bei Prozeduren) modellieren zu können, enthält ein Kontrollflußgraph nur einen Knoten (genannt:* **Anfangsknoten**), *der keinen Vorgängerknoten hat und auch nur eine ausgehende Kante, genannt* **Anfangskante**, *besitzt. Außerdem soll ein Kontrollflußgraph nur einen Knoten, genannt* **Endknoten**, *enthalten, der keinen Nachfolger hat[2].*

2. *Das* **Kontrollflußschema** *zu einem Kontrollflußgraphen entsteht durch Ersetzung der Anweisungen und Entscheidungsprädikate durch formale Bezeichner.*

---

[1]Das ist für die Betrachtung des Kontrollflusses in diesem Kapitel ausreichend, nicht aber bei den hieraus abgeleiteten Datenflußgraphen (genaueres siehe Kapitel 8, Def. 8.1.1).

[2]Treten bei einer naheliegenden Modellierung mehrere Endknoten (Knoten ohne Nachfolger) auf, können diese immer durch eine weitere Kante mit *einem* (neuen) Endknoten verbunden werden bzw. selbst zu einem Knoten vereinigt werden, falls ihnen keine verschiedenen Programmanweisungen zugeordnet sind.

Falls es auf die Unterscheidung nicht ankommt, wird in beiden Fällen (1 und 2) von **Kontrollflußgraphen** *gesprochen.*

Die folgenden Eigenschaften von Kontrollflußgraphen sind für die Aufstellung von Testkriterien von Interesse, die sich an den Entscheidungen im Programm orientieren.

DEFINITION 7.1.2
Ein **Entscheidungs-Entscheidungs-Weg** *ist ein Wegstück, welches bei einem Entscheidungsknoten oder dem Anfangsknoten beginnt und alle folgenden Knoten und Kanten bis zum nächsten Entscheidungsknoten bzw. bis zum Endknoten des Kontrollflußgraphen (einschließlich) enthält.*

Dies ist eine Folge von Knoten und Kanten mit folgender Eigenschaft:

SATZ 7.1.1
Wird die erste Kante eines Entscheidungs-Entscheidungs-Weges w ausgeführt, so werden alle Knoten und Kanten dieses Wegs w ausgeführt.

Verschiedene Entscheidungs-Entscheidungs-Wege können sich überlappen, und zwar zwischen einem **Vereinigungsknoten**, in den mehr als eine Kante führt, und dem nächsten Entscheidungsknoten. Daher sind die überschneidungsfreien Teilwege von Entscheidungs-Entscheidungs-Wegen von Interesse, die also keine gemeinsamen Kanten enthalten.

DEFINITION 7.1.3
Ein **Segment** *ist ein Wegstück mit folgenden Eigenschaften:*

1. *Der erste Knoten des Wegstücks ist der Anfangsknoten des Kontrollflußgraphen oder ein Entscheidungsknoten oder ein Vereinigungsknoten.*

2. *Der letzte Knoten ist der Endknoten des Kontrollflußgraphen oder ein Entscheidungsknoten oder ein Vereinigungsknoten.*

3. *Alle anderen Knoten haben nur eine Eingangs- und eine Ausgangskante.*

Die Begriffe seien an folgendem Beispiel erläutert.

BEISPIEL 7.1.1
Das Kontrollflußschema aus Abbildung 7.1 hat die Knoten A, B, C, D, E, F, G, wobei A Anfangsknoten und G Endknoten ist. C und D sind Entscheidungsknoten. Bei C handelt es sich um einen Entscheidungsknoten für eine while-Schleife, bei D um einen Entscheidungsknoten für eine if-then-Fallunterscheidung mit leerem else-Zweig. Entscheidungsknoten für for-Schleifen, repeat-until-Schleifen oder case-Anweisungen kommen im Beispiel nicht vor, sind aber mögliche Entscheidungsknoten.

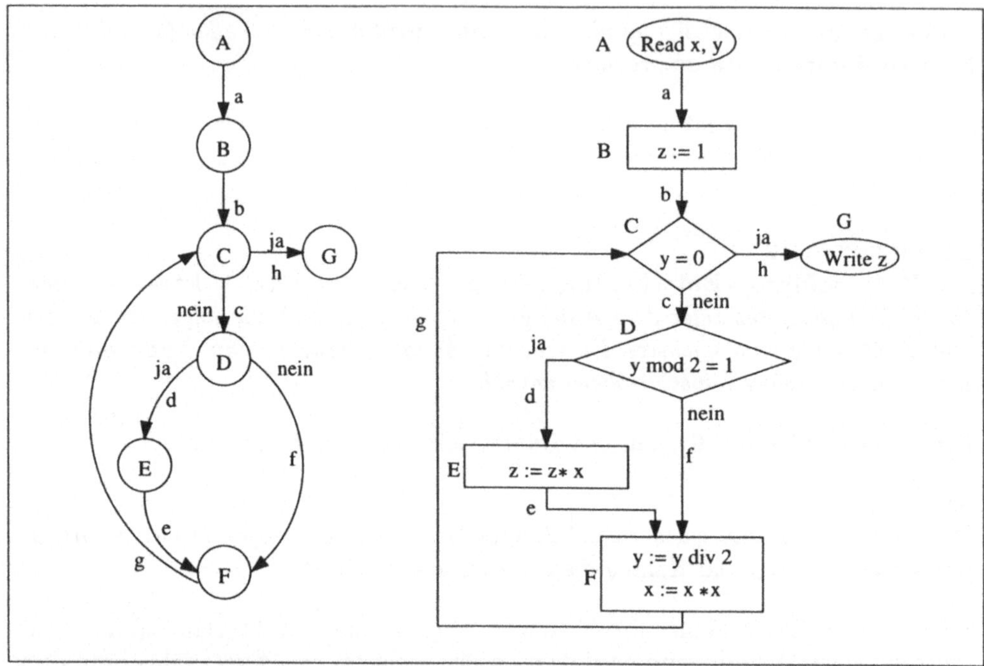

Abb. 7.1: Kontrollflußschema (links) und Kontrollflußgraph (rechts) zur Berechnung von $z = x^{|y|}$ für ganzzahliges y

Zur Verdeutlichung sind beim Kontrollflußgraphen die Entscheidungsknoten als Rauten, Anfangs- und Endknoten als Ellipsen und die anderen Knoten als Rechtecke dargestellt. Diese graphische Darstellung heißt auch **Flußdiagramm**. *Zwecks besserer Vergleichbarkeit mit dem Kontrollflußgraphen sind die Knoten hier zusätzlich mit den formalen Bezeichnern des Kontrollflußgraphen markiert.*

Kontrollflußgraph und Kontrollflußschema haben die Kanten a, b, c, d, e, f, g, h, wobei c, h, d, f Entscheidungskanten sind.

Es gibt folgende Entscheidungs-Entscheidungs-Wege:

$E_1: A, B, C$ *(bzw. als Kantenfolge: a, b)*
$E_2: C, G$ *(bzw. h)*
$E_3: C, D$ *(bzw. c)*
$E_4: D, E, F, C$ *(bzw. d, e, g)*
$E_5: D, F, C$ *(bzw. f, g)*

Als Teilwege der Entscheidungs-Entscheidungs-Wege gibt es folgende Segmente:

$S_1: A, B, C$ *(bzw. als Kantenfolge: a, b)*
$S_2: C, G$ *(bzw. h)*

$$S_3\colon C, D \qquad (bzw.\ c)$$
$$S_4\colon D, E, F \qquad (bzw.\ d, e)$$
$$S_5\colon D, F \qquad (bzw.\ f)$$
$$S_6\colon F, C \qquad (bzw.\ g)$$

Aus E_4 und E_5 wird also der gemeinsame Teilweg S_6 bzw. die Kante g abgetrennt.

Die folgenden Eigenschaften und Komponenten von Kontrollflußgraphen sind für die Aufstellung von Testkriterien von Interesse, insbesondere wenn sie sich an den Schleifen im Programm orientieren.

DEFINITION 7.1.4 ([EINFACHER] ZYKLUS, VOLLSTÄNDIGER WEG, WEGE(T))

1. *Ein **Zyklus** ist ein Weg im Kontrollflußgraphen mit mindestens zwei Knoten, der an demselben Knoten beginnt und endet.*

2. *Ein **einfacher Zyklus** ist ein Zyklus, bei dem alle Knoten (außer dem Anfangs- und Endknoten) verschieden sind.*

3. *Ein **vollständiger Weg** (durch das Programm) ist ein Weg vom Anfangsknoten zum Endknoten des Kontrollflußgraphen des Programms oder ein unendlich langer Weg, der beim Anfangsknoten beginnt.*

4. *Für eine Menge T von Testdaten ist **Wege(T)** die Menge der vollständigen, endlichen Wege w des Kontrollflußgraphen, für die es ein Testdatum t aus T gibt, das den Weg w ausführt. Wenn zusätzlich die Abhängigkeit von Programm P ausgedrückt werden soll, wird Wege(T) mit **Wege(T, P)** bezeichnet.*
   $\textbf{Wege}_\infty(\textbf{T})$ bzw. $\textbf{Wege}_\infty(\textbf{T}, \textbf{P})$ bezeichnen die entsprechenden Wegemengen, bei denen auch unendlich lange Wege erlaubt sind.

BEISPIEL 7.1.2
Abbildung 7.1 enthält die einfachen Zyklen c, d, e, g und c, f, g und z. B. den (nicht einfachen) Zyklus c, d, e, g, c, f, g. Die Kantenfolgen $f_1 = a, b, h$ und $f_2 = a, b, c, d, e, g, h$ sind vollständige Wege, die unendliche Folge $a, b, c, d, e, g, c, d, e, g, \ldots$ ist ebenfalls ein vollständiger Weg, bei dem sich c, d, e, g unendlich oft wiederholt. Für die Testdatenmenge $T = \{t_1, t_2\}$ mit $x = 0, y = 0$ bei t_1 und $x = 0, y = 1$ bei t_2 gilt Wege(T) $= \{f_1, f_2\}$, da bei $x = 0, y = 0$ die Kantenfolge $f_1 = a, b, h$ ausgeführt wird (und $f_2 = a, b, c, d, e, g, h$ bei $x = 0, y = 1$).

Im folgenden wird vorausgesetzt, daß die Kontrollflußgraphen strukturiert sind. Bei **strukturierten** Kontrollflußgraphen haben alle Schleifen genau einen Eingangsknoten (der zur Schleife gehört) und genau einen Ausgangsknoten (der nicht zur

Schleife gehört); die Schleifen überlappen sich nicht teilweise, d. h. bei sich überlappenden Schleifen ist eine Schleife vollständig in der anderen enthalten[3].

Bei strukturierten Kontrollflußgraphen bzw. Programmen werden folgende Arten unterschieden: **stark strukturierte** Programme, die nur die Sequenz, die Alternative und die kontrollierte Iteration (*while-* oder *repeat*-Schleife) als Kontrollstrukturen zulassen (vgl. Kapitel 4.3), und **(schwach) strukturierte** Programme, bei denen ein Sprung („*exit*") aus einer Schleife heraus (zum direkten Nachfolgerknoten[4]) erlaubt ist, wobei die Schleife auch ohne kontrollierendes Prädikat (*loop*-Schleife[5]) sein darf.

BEISPIEL 7.1.3 (STRUKTURIERTES PROGRAMM)
Der Kontrollflußgraph aus Abbildung 7.2 beschreibt ein (schwach) strukturiertes Programm (vgl. Abbildung 7.3, rechts). Es ist eine Sequenz aus den Anweisungen (Knoten) 0, 1, einer loop-Schleife und Anweisung 11. Die loop-Schleife ist eine Sequenz aus Knoten 2 und einer Alternative mit Entscheidungsknoten 3 bzw. P1, ja-Nachfolger 4 (mit exit nach 11) und einer weiteren Alternative als nein-Nachfolger: Entscheidungsknoten 5 bzw. P2 mit ja-Nachfolger 6 und exit von 7 nach 11 und nein-Nachfolger „Alternative von 9 und 10 mit Entscheidungsknoten 8 bzw. P3".

Strukturierte Kontrollflußgraphen sind **wohlgeformt**, d. h. daß es für jeden Knoten k einen Weg vom Anfangsknoten zum Endknoten gibt, auf dem Knoten k liegt. Es gibt also keine unerreichbaren Knoten im Kontrollflußgraphen und auch keine Schleifen, die keinen Ausgang besitzen[6].

Bei einer *while*-Schleife ist der Eingangsknoten durch eine Kante mit dem Ausgangsknoten verbunden (s. Abbildung 7.3, links). Daher gibt es für alle $i \geq 0$ Wege, welche die *while*-Schleife i-mal durchlaufen.

BEISPIEL 7.1.4 (WHILE-SCHLEIFE)
In Abbildung 7.1 bilden die Knoten C, D, E, F und die Kanten c, d, e, f, g eine while-Schleife mit Eingangsknoten C und Ausgangsknoten G, der durch die Kante h verbunden ist. Der Weg abh durchläuft die Schleife genau 0-mal. Die Kantenfolge c, d, e, g durchläuft die Schleife 1-mal; die Kantenfolge c, d, e, g, c, f, g durchläuft die Schleife 2-mal.

---

[3]Durch statische Analyse (s. Abschnitt 12.2.1) läßt sich überprüfen, ob Programme und ihre Kontrollflußgraphen diese Eigenschaften haben; falls nein, läßt sich das Programm entsprechend modifizieren, ohne sein Verhalten in den Fällen, wo die Berechnung endet, zu verändern.

[4]Eine weitere Variante ist der erlaubte Sprung an das Schleifenende, der aber einem normalen *goto* entspricht.

[5]Das ist eine *repeat*-Schleife, bei der das Schleifenprädikat einen konstanten Wert hat, so daß stets der Rücksprung erfolgt. Eine solche Schleife kann also nur mit *exit* verlassen werden.

[6]Auch das Vorliegen dieser Eigenschaft kann überprüft und durch entsprechende Veränderung des Programms hergestellt werden.

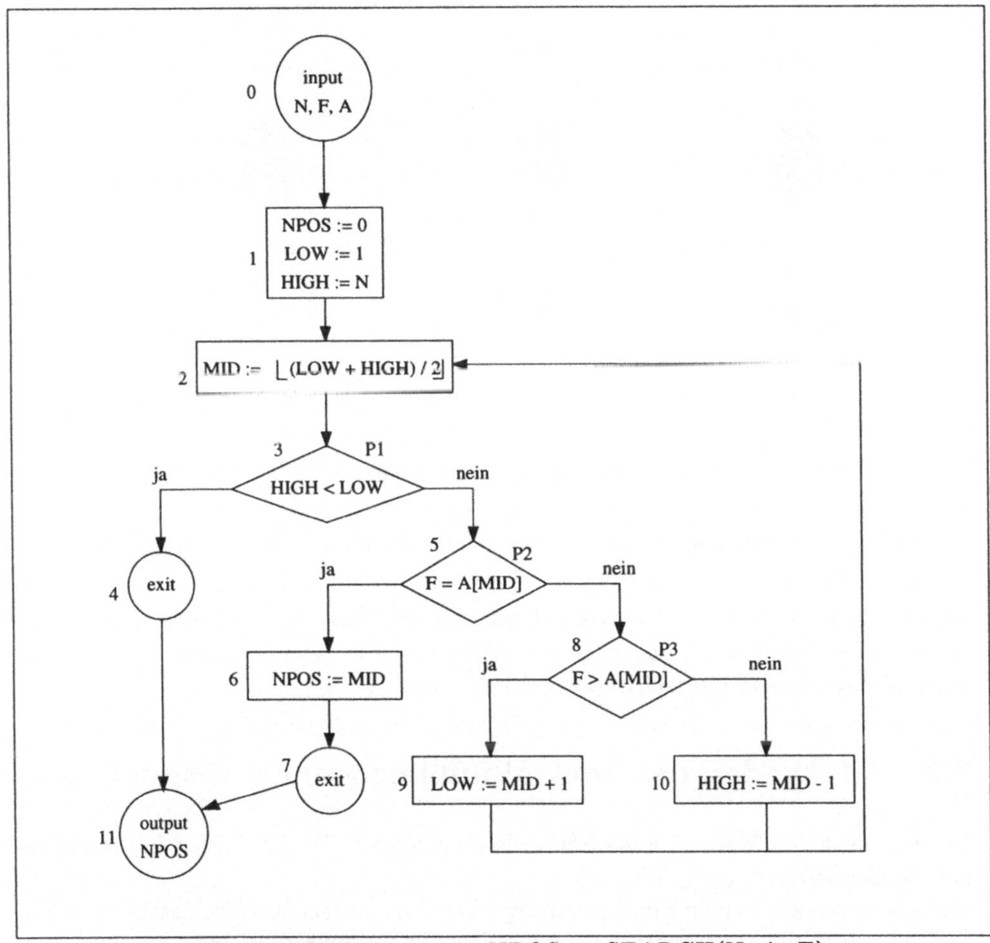

Abb. 7.2: Suchprogramm NPOS := SEARCH(N, A, F)

Bei einer *repeat*-Schleife gibt es einen „letzten" Knoten L im Rumpf der Schleife, der sowohl mit dem Eingangsknoten als auch mit dem Ausgangsknoten durch je eine Kante verbunden ist (s. Abbildung 7.3, Mitte). Es gibt aber keine Kante vom Eingangsknoten zum Ausgangsknoten der *repeat*-Schleife. Daher gibt es keinen Weg, der die *repeat*-Schleife 0-mal durchläuft, aber für jedes $i \geq 1$ gibt es Wege, welche die Schleife i-mal durchlaufen.

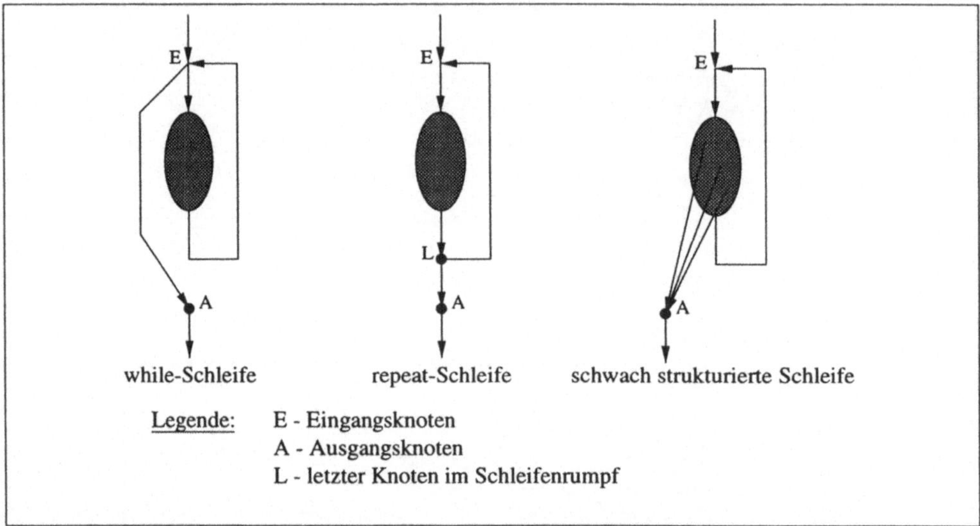

Abb. 7.3: Verschiedene Schleifenarten mit Eingangs- und Ausgangsknoten

Eine *for*-Schleife wird im Kontrollflußgraphen wie eine *while*-Schleife dargestellt, da der Unterschied nur in der Syntax besteht und bei entsprechender Umformung *for*-Schleifen Spezialfälle von *while*-Schleifen sind.

7.2   Methoden des kontrollflußbezogenen Testens

Die verschiedenen Methoden des kontrollflußbezogenen Testens haben folgende Gemeinsamkeiten:

Es wird festgelegt, welche Kontrollflußwege bzw. -wegstücke bzw. welche Konstrukte im Programm wie oft ausgeführt werden sollen. Ein Testwirksamkeitsmaß, abgekürzt „TWM", gibt dann den Prozentsatz der Weg(stück)e bzw. Konstrukte an, bei denen diese Forderung beim Ausführen einer Testdatenmenge erfüllt ist.

Das Ziel des Testens ist natürlich weiterhin die Aufdeckung von Fehlern, wobei in Bezug auf die Programmstruktur folgende Fehlerarten unterschieden werden (vgl. Zuweisungs- und Abfragefehler auf S. 28):

DEFINITION 7.2.1 (BERECHNUNGS- UND [UNTER-]BEREICHSFEHLER)

Berechnungsfehler *(z. B. durch Zuweisungsfehler) sind Fehler, bei denen zwar der richtige Kontrollflußweg im Programm ausgeführt wird, aber mindestens ein berechneter Variablenwert falsch ist.*

Bereichsfehler *(z. B. durch Abfragefehler) sind Fehler, bei denen nicht der richtige Kontrollflußweg im Programm ausgeführt wird. Dies liegt daran, daß der **Einga-bebereich**[7] des vorliegenden Kontrollflußweges nicht mit dem Eingabebereich des entsprechenden Kontrollflußweges im korrekten Programm übereinstimmt.*

Unterbereichsfehler *(als spezielle Bereichsfehler) sind Fehler, bei denen ein Kontrollflußweg zu wenig oder zu viel im Programm vorkommt, d. h. es fehlt eine Abfrage oder es gibt eine zusätzliche, falsche Abfrage (vgl. das Beispiel in der Einleitung von Teil III).*

Die verschiedenen Methoden des kontrollflußbezogenen Testens unterscheiden sich in der Festlegung der Art der Kontrollflußwege oder -wegstücke oder Konstrukte und in der geforderten Häufigkeit ihrer Ausführung.

Im folgenden werden die verschiedenen Methoden vorgestellt — zu Beginn die Methoden mit den einfachsten Kriterien, die sehr grob sind und daher nur wenige Fehler aufdecken können.

7.2.1 Anweisungsüberdeckung

Da jede Anweisung im Programm einen Fehler enthalten kann, der sich als Fehlverhalten bemerkbar machen kann, werden bei der ersten Strategie der kontrollfluß-orientierten Testdatenerzeugung die Anweisungen als auszuführende Programmkonstrukte gewählt.

DEFINITION 7.2.2
Eine Testdatenmenge T erfüllt die **C_0-Überdeckung** *(für Programm P) g. d. w. es für jede Anweisung A des Programms P ein Testdatum t aus T gibt, das die Anweisung A ausführt.*

Mit dem Begriff *Wege(T)* (s. Definition 7.1.4, 4) läßt sich Definition 7.2.2 auch folgendermaßen formulieren:

Eine Testdatenmenge T erfüllt die C_0-Überdeckung (für Programm P) genau dann wenn es für jeden Knoten k des Kontrollflußgraphen von P einen Weg aus *Wege(T, P)* gibt, zu dem k gehört.

---
[7]die Menge aller Eingabewerte, die einen Weg ausführen

Die C_0-Überdeckung wird auch **Anweisungsüberdeckung** genannt.
Hier wird — wie im folgenden — von **Überdeckung** eines Konstrukts gesprochen, wenn jedes Vorkommen eines Konstrukts der betrachteten Art mindestens einmal ausgeführt wird.

Zur Anweisungsüberdeckung kann ein entsprechendes Testwirksamkeitsmaß[8] definiert werden. Dabei wird folgende Sprechweise benutzt:

> Eine Anweisung A (bzw. ein Entscheidungsausgang e) wird unter T **ausgeführt** bzw. **überdeckt** g. d. w. der zur Anweisung A gehörende Knoten k (bzw. die zum Entscheidungsausgang e gehörende Kante l) in einem Weg von *Wege(T)* vorkommt.

DEFINITION 7.2.3 (TESTWIRKSAMKEITSMASS 0)

$$\mathbf{TWM_0} := \frac{\textit{Zahl der unter } T \textit{ überdeckten Anweisungen}}{\textit{Zahl aller Anweisungen}}$$

wobei T eine Menge von Testdaten ist.
Falls die Abhängigkeit des Testwirksamkeitsmaßes von der Testdatenmenge T (und vom betrachteten Programm P) ausgedrückt werden soll, wird $\mathbf{TWM_0(T)}$ bzw. $\mathbf{TWM_0(T,P)}$ statt TWM_0 geschrieben.

7.2.2   Zweig-, Segment- und Entscheidungsüberdeckung

Die Anweisungsüberdeckung ist zwar ein notwendiges Kriterium, um potentielle Fehler aufzudecken, aber keineswegs hinreichend. Gewisse Kontrollflußfehler werden nicht entdeckt, wie folgendes Beispiel zeigt.

BEISPIEL 7.2.1
Für das Programm aus Abbildung 7.4 sei x_0 der Anfangswert von x, y_0 der Anfangswert von y, beide Werte seien definiert. Dann ergibt sich folgendes:

$$\text{für } x_0 > 0 \text{ gilt für beide Programme: } x = (x_0)^2$$
$$y = (x_0)^2 + 5$$
$$\text{für } x_0 \leq 0 \text{ gilt: } x = x_0 \text{ für beide Programme}$$
$$y = y_0 \text{ für das falsche Programm}$$
$$y = x_0 + 5 \text{ für das richtige Programm}$$

---

[8](engl.) test effectiveness. Der Begriff ist etwas irreführend (vgl. Fußnote 22 zu Beginn von Kapitel 6.4). Die Wirksamkeit in Bezug auf die Fehleraufdeckung (genaueres s. Kap. 10.3) wird damit nur indirekt erfaßt.

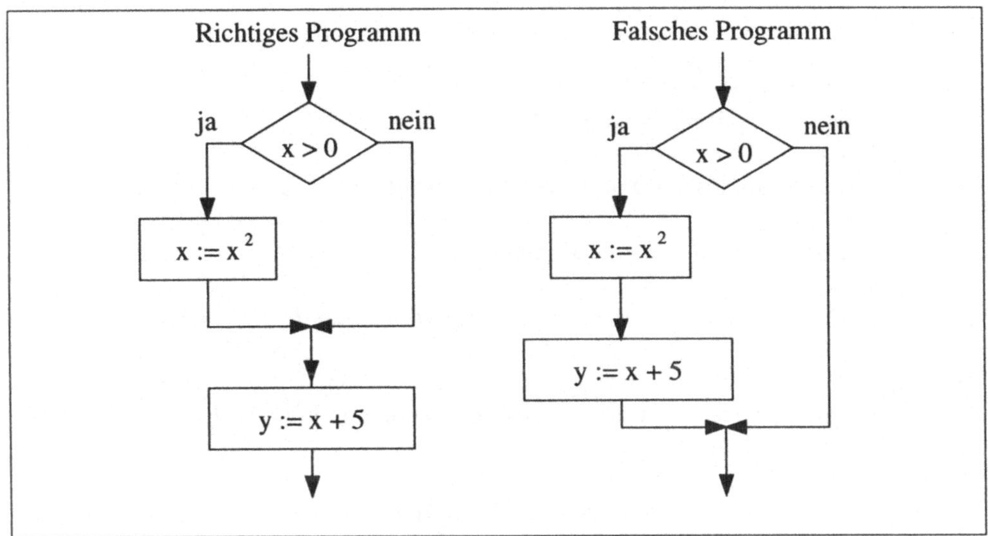

Abb. 7.4: Kontrollflußfehler

Die Testdatenmenge T enthalte nur folgendes Testdatum t_1:
       (Eingabedatum: $x = 5$, $y = 0$; Solldatum: $x = 25, y = 30$).
*T erfüllt die C_0-Überdeckung, aber deckt den Fehler nicht auf. Nur ein Testdatum
t_2, das den negativen Ausgang der Entscheidung ausführt, deckt den Fehler auf:*

   t_2: Eingabedatum: $x = -1$, $y = 0$; Solldatum: $x = -1, y = 4$;
   Istdatum: $x = -1, y = 0 \neq 4$.

Mit den Testdaten müssen also zumindest alle von bedingten Anweisungen ausgehenden Zweige bzw. die entsprechenden Kanten im Kontrollflußgraph überdeckt
werden.

Definition 7.2.4
*Eine Testdatenmenge T erfüllt die C_1-Überdeckung (für Programm P) g. d. w.
es für jede Kante k im Kontrollflußgraphen von P einen Weg in Wege(T, P) gibt,
zu dem k gehört.
Die C_1-Überdeckung wird auch* **Zweigüberdeckung** *genannt, da das Wort „Zweig"
als Synonym für den Begriff „Kante" gebraucht wird.*

Der folgende Satz 7.2.1 zeigt, daß man sich für die Feststellung der Zweigüberdeckung auf Entscheidungskanten, Segmente oder Entscheidungs-Entscheidungs-
Wege beschränken kann.

Satz 7.2.1

Für eine Testdatenmenge T gilt:
A): T erfüllt die C_1-Überdeckung
   g. d. w.
B):   jede Entscheidungskante und die Anfangskante wird unter T ausgeführt
   g. d. w.
C):   jedes Segment wird unter T ausgeführt
   g. d. w.
D):   jeder Entscheidungs-Entscheidungs-Weg wird unter T ausgeführt.

Beweis:
Der Beweis der Äquivalenz der vier Aussagen wird durch zyklische Implikationen
$A) \Rightarrow D) \Rightarrow C) \Rightarrow B) \Rightarrow A)$ geführt.
Teilbeweis $A) \Rightarrow D) \Rightarrow C) \Rightarrow B)$:
Dies folgt direkt aus den Definitionen 7.2.4 (C_1-Überdeckung), 7.1.2 (Entscheidungs-
Entscheidungs-Weg), 7.1.3 (Segment), 7.1.1 (Entscheidungs- und Anfangskante).
Teilbeweis $B) \Rightarrow A)$:
Sei k eine beliebige Kante des Kontrollflußgraphen. Da strukturierte und somit wohl-
geformte Kontrollflußgraphen vorausgesetzt werden, existiert ein Weg w vom An-
fangsknoten zur Kante k.
Fall 1): Der Weg enthält keine Entscheidungskanten.
Dann wird jede Kante des Weges — also auch k — ausgeführt, da die Anfangskante
des Weges nach Voraussetzung B ausgeführt wird.
Fall 2): Der Weg w enthält Entscheidungskanten.
Sei k_e die letzte Entscheidungskante auf dem Weg. Da k_e nach Voraussetzung B
ausgeführt wird, wird auch der Rest des Weges — inklusive k — nach Satz 7.1.1
ausgeführt.

q. e. d.

Wegen der Aussagen B und C von Satz 7.2.1 wird die C_1-Überdeckung auch **Entscheidungsüberdeckung** oder **Segmentüberdeckung** genannt und ihr kann
(für Programme mit Entscheidungen) das folgende Testwirksamkeitsmaß zugeordnet werden.

Definition 7.2.5 (Testwirksamkeitsmass 1)

$$\mathbf{TWM_1} := \frac{\textit{Zahl der unter } T \textit{ überdeckten Entscheidungskanten}}{\textit{Zahl aller Entscheidungskanten}}$$

wobei T eine Menge von Testdaten ist.
Falls die Abhängigkeit des Testwirksamkeitsmaßes von der Testdatenmenge T (und
vom betrachteten Programm P) ausgedrückt werden soll, wird $\mathbf{TWM_1(T)}$ bzw.
$\mathbf{TWM_1(T,P)}$ *statt TWM_1 geschrieben.*

7.2.3 Kombination von Segmenten

Bisher wurde nur die Überdeckung von Konstrukten im Kontrollfluß der Programme
gefordert, die sich jeweils an einer bestimmten Stelle im Kontrollflußgraphen befinden. Wenn aber jede Anweisung und jedes Segment ausgeführt wird und kein Fehler
auftritt, kann dennoch bei einer bestimmten Kombination von Anweisungen oder
Segmenten ein Fehler auftreten.

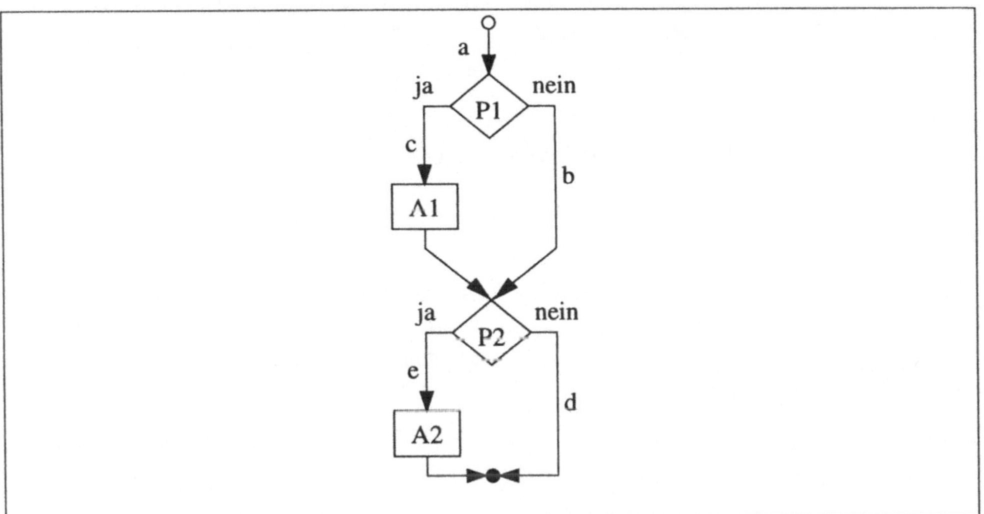

Abb. 7.5: Kontrollflußgraph mit leeren Segmenten b und d

BEISPIEL 7.2.2
*Für eine C_1-Überdeckung des Programms aus Abbildung 7.5 reicht die Ausführung
aller vier Entscheidungszweige bzw. aller fünf Segmente aus. Folgende zwei Testdaten
t_1 und t_2 erfüllen dies:*
t_1 : $P1 = false$ und $P2 = true$: die Segmentfolge abe wird ausgeführt;
t_2 : $P1 = true$ und $P2 = false$: die Segmentfolge acd wird ausgeführt.
*Damit werden alle Segmente a, b, c, d, e und die Segmentkombinationen ab, ac, be und
cd ausgeführt.*
*Die (möglichen) Segmentkombinationen bd und ce werden also nicht ausgeführt. Bei
diesen Kombinationen kann aber gerade ein Fehlverhalten auftreten (vgl. Übung
7.5).*

Beispiel 7.2.2 gibt Anlaß, die Ausführung von bestimmten Kontrollflußwegen zu
fordern. Die weitestgehende Forderung wäre, alle Wege im Programm zu testen.
Das entsprechende Überdeckungskriterium heißt **Pfadüberdeckung**, da Pfad ein
Synonym für Weg ist. Für Programme mit Schleifen, die keine obere Grenze für die
Iterationszahl haben (wie das Programm aus Abbildung 7.1), gibt es aber unendlich

viele Wege. Selbst für Programme ohne Schleifen, aber mit k aufeinanderfolgenden
Verzweigungen, gibt es schon 2^k verschiedene Wege, also für großes k zu viele Wege
(s. Abbildung 7.6). Es müssen also weniger starke Kriterien herangezogen werden, als
Minimalforderung etwa folgende Kombination von Segmenten bzw. Entscheidungs-
Entscheidungs-Wegen.

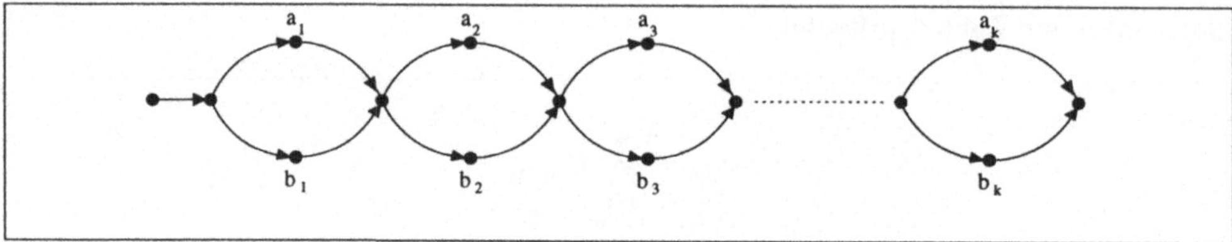

Abb. 7.6: k aufeinanderfolgende Verzweigungen

DEFINITION 7.2.6
Eine Testdatenmenge T erfüllt die **C$_{SP}$-Überdeckung** *g. d. w. es für jedes Paar
von Entscheidungs-Entscheidungs-Wegen q und r, die im Kontrollflußgraph direkt
aufeinanderfolgen, ein Testdatum t in T gibt, das die Folge qr ausführt. (qr ist Teil
eines Weges aus Wege(T)).*
Die C_{SP}-Überdeckung heißt auch **Segmentpaareüberdeckung**[9].

BEISPIEL 7.2.3
*In dem Programm von Abbildung 7.5 werden mit den Testdaten t_1 und t_2 der
Testdatenmenge von Beispiel 7.2.2 die Segmentpaare ab, ac, be und cd ausgeführt.
Für die Segmentpaare bd und ce braucht man noch zwei zusätzliche Testdaten t_3
und t_4:*

t_3: $P1 = P2 =$ false,
t_4: $P1 = P2 =$ true.

Die C_{SP}-Überdeckung kann verallgemeinert werden, indem nicht Paare, sondern n-
Tupel von n aufeinanderfolgenden Entscheidungs-Entscheidungs-Wegen (mit $n > 2$)
betrachtet werden.

DEFINITION 7.2.7
Eine Testdatenmenge T erfüllt die **C$_S$(n)-Überdeckung** *g. d. w. es für jede Folge
von n Segmenten $S_1, \ldots, S_n$, die im Kontrollfluß direkt aufeinanderfolgen, ein Testdatum t in T gibt, das die Folge $S_1, \ldots, S_n$ ausführt. [$S_1, \ldots, S_n$ ist Teil eines Weges
aus Wege(T)].*

---

[9]da Segmente oft mit Entscheidungs-Entscheidungs-Wegen übereinstimmen (vgl. Beispiel 7.1.1)

BEISPIEL 7.2.4 ($C_S(3)$-ÜBERDECKUNG)
Für den Kontrollflußgraphen aus Abbildung 7.1 lassen sich z. B. folgende Paare und Tripel von Entscheidungs-Entscheidungs-Wegen E_i bilden (vgl. Beispiel 7.1.1 auf Seite 189 f. für die Bezeichnungen E_i):

1. *alle Paare (bzw. Kantenfolgen)*

$$E_1 E_2 = ab\ h \qquad\qquad E_1 E_3 = ab\ c$$
$$E_3 E_4 = c\ deg \qquad\qquad E_3 E_5 = c\ fg$$
$$E_4 E_2 = deg\ h \qquad\qquad E_4 E_3 = deg\ c$$
$$E_5 E_2 = fg\ h \qquad\qquad E_5 E_3 = fg\ c$$

2. *einige Tripel (bzw. Kantenfolgen)*

$$E_1 E_3 E_4 = ab\ c\ deg \qquad\qquad E_1 E_3 E_5 = ab\ c\ fg$$
$$E_3 E_4 E_2 = c\ deg\ h \qquad\qquad E_3 E_4 E_3 = c\ deg\ c$$
$$E_4 E_3 E_4 = deg\ c\ deg \qquad\qquad E_4 E_3 E_5 = deg\ c\ fg$$

Eine Variante der Segmentpaare- und $C_S(n)$-Überdeckung ist die LCMS[10]-Überdeckung, die sich allerdings an der Reihenfolge der Segmente im Programmtext orientiert. Deshalb werden Folgen von *then*-Zweigen anders behandelt als entsprechende *else*-Zweige. Das kann berechtigt sein, wenn die *then*-Zweige die Standardfälle und die *else*-Zweige die Sonderfälle enthalten. (Genaueres siehe [WHH 80].)
Eine andere Annäherung an die Forderung, alle Wege (ohne mehrfache Schleifendurchläufe) auszuführen, ist folgendes Kriterium: Es geht vom ungerichteten (!) Kontrollflußgraphen aus, bei dem der Endknoten durch eine zusätzliche Kante mit dem Anfangsknoten verbunden wird, und einem **Spannbaum**[11] für diesen (streng zusammenhängenden) Graphen. Jede Kante des (erweiterten) Kontrollflußgraphen, die nicht zum Spannbaum gehört (**charakteristische Kante** genannt), bildet dann mit (einigen) Kanten des Spannbaums genau einen Zyklus, **fundamentaler Zyklus** genannt. Daraus läßt sich wiederum eine gerichtete Teilfolge im ursprünglichen Kontrollflußgraphen bilden, die **fundamentaler Weg** genannt wird. Als Testkriterium wird gefordert, daß **alle fundamentalen Wege** ausgeführt werden. (Aus den fundamentalen Zyklen kann jeder vollständige Weg [ohne mehrfache Schleifendurchläufe] durch „exklusive" Vereinigung [entspricht dem „exklusiven oder"] gebildet werden.)

BEISPIEL 7.2.5 (FUNDAMENTALE WEGE)
Aus dem Kontrollflußgraphen aus Abbildung 7.1 ergibt sich ein Spannbaum, wenn man z. B. die Kanten e und g wegläßt (alternativ: f und g weglassen). Nicht zum Spannbaum gehören also die charakteristischen Kanten e, g und die zusätzliche Kante i vom Endknoten G zum Anfangsknoten A. Fundamentale Zyklen sind dann def

---

[10] lineare Codesequenz mit Sprung
[11] Ein Spannbaum eines Graphen G ist ein maximaler Teilgraph von G, der (noch) ein Baum ist.

(für Kante e), cfg (für Kante g), abhi (für Kante i); fundamentale Wege also de, cfg, abh. Die Ausführung der drei fundamentalen Wege erfordert also (vgl. Abbildung 7.1) einen Test mit $y = 0$ (für abh), einen Test mit $y \neq 0$ und y mod 2 = 1 (für de), sowie einen Test mit $y \neq 0$ und y mod 2 = 0 (für cfg). Der vollständige Weg abcdegh(i) ergibt sich durch exklusive Vereinigung der Zyklen abhi, cfg und def. (Dabei fällt f weg, da f zweimal vorkommt und beim „exklusiven oder" $f \oplus f = 0$ gilt.)

7.2.4   Schleifenüberdeckung

Die folgenden Überdeckungskriterien bewerten Testdatenmengen unter dem Aspekt der Ausführung von Schleifen im Programm. Um den Kontrollfluß vollständig zu testen, müßten Schleifen u-mal, $(u+1)$-mal, $(u+2)$-mal bis o-mal durchlaufen werden, wenn u die minimale (untere) und o die maximale (obere) Anzahl der möglichen Schleifendurchläufe ist. Dies ist bei *for*-Schleifen mit konstanten Grenzen einfach, da dann $o = u$ ist. Bei allen anderen Schleifen kann die Bestimmung der minimalen und maximalen Anzahl schwierig sein.
Oft ist die Anzahl sogar unbegrenzt. Dann hilft nur ein vollständiger Beweis (vgl. „formale Verifikation" in Abschnitt 3.3.1 bzw. Kapitel 12.4) oder eine Beschränkung auf endlich viele Klassen von den unendlich vielen möglichen Wegen durch die Schleife. Aus jeder Klasse ist dann ein repräsentativer Weg zu wählen[12].

Die folgenden Schleifenüberdeckungskriterien unterscheiden sich durch die *Feinheit* der Bildung von *Wegeklassen*. Bei der Definition dieser disjunkten Klassen muß festgelegt werden, wann zwei Wege zur selben (Äquivalenz-) Klasse gehören sollen. Ein Ansatz besteht darin, die Wegstücke, die eine Schleife mehr als k-mal durchlaufen, einfach nicht zu beachten.

Falls Schleifen keine anderen Schleifen enthalten, können die folgenden Definitionen vereinfacht werden, z. B. die $C_i(k)$-Überdeckung (s. Definition 7.2.10) zu der Forderung „jede Schleife ist j-mal (auf alle möglichen Arten) zu durchlaufen, $j = 0, 1, \ldots, k$". Im Falle von geschachtelten Schleifen ist aber unklar, was das für äußere und innere Schleifen bedeuten soll. Daher werden die Begriffe auf die folgende Art präzisiert (Definition 7.2.8 bis 7.2.11) und erläutert (Beispiele 7.2.6 bis 7.2.9).

---

[12]Was im folgenden über Schleifen gesagt wird, gilt entsprechend für den Fall, daß Berechnungswiederholungen durch mehrfachen Aufruf derselben Funktion (**Rekursion**) anstatt durch Schleifen im Kontrollfluß (**Iteration**) implementiert werden.

DEFINITION 7.2.8
Zwei Wege im Kontrollflußgraphen heißen **k-äquivalent**, *wenn für jede Schleife gilt: sie durchlaufen die Schleife*

1. *weniger als k-mal und sind identisch (bzw. in inneren Schleifen k-äquivalent) oder*

2. *mindestens k-mal, wobei*

   (a) *die ersten $k-1$ Durchläufe identisch (bzw. in inneren Schleifen k-äquivalent) sind,*

   (b) *der k-te Durchlauf identisch (bzw. in inneren Schleifen k-äquivalent) ist, aber sich darin unterscheiden kann, daß die Kante zum Eingangsknoten der Schleife fehlt, wenn die Schleife genau k-mal durchlaufen wird[13],*

   (c) *weitere Durchläufe $(k+1, k+2, \ldots)$ beliebig aussehen oder auch nicht vorhanden sein dürfen.*

Für $k = 2$ Durchläufe kann das Äquivalenzkriterium noch abgeschwächt werden, indem alle zweiten und weiteren Durchläufe — falls vorhanden — als äquivalent betrachtet werden.

DEFINITION 7.2.9
Zwei vollständige Wege im Kontrollflußgraphen heißen **schwach 2-äquivalent**, *wenn für jede Schleife gilt: sie durchlaufen die Schleife*

1. *höchstens einmal und sind identisch (bzw. in inneren Schleifen schwach 2-äquivalent) oder*

2. *mindestens zweimal, wobei der erste Durchlauf identisch ist (bzw. in inneren Schleifen schwach 2-äquivalent).*

Mit Hilfe der obigen Äquivalenzbegriffe kann nun das folgende allgemeine Schleifen-Überdeckungskriterium definiert werden.

DEFINITION 7.2.10
Für $k > 0$ erfüllt eine Testdatenmenge T die $C_i(k)$-**Überdeckung** *g. d. w. Wege(T) mindestens einen Weg aus jeder Klasse von k-äquivalenten Wegen enthält.*
(Beachte: Wege(T) ist die beim Ausführen der Tests aus T erzeugte Menge von ausgeführten vollständigen Wegen, s. Def. 7.1.4 (4) auf S. 191.)
Die $C_i(k)$-Überdeckung heißt auch **strukturierte Pfadüberdeckung**.

Da die strukturierte Pfadüberdeckung für große Werte von k die Überdeckung von sehr vielen Wegen fordert, sind nur kleine Werte von k, insbesondere $k = 1$ und $k = 2$, praktikabel. Für diese Werte erhält das Kriterium daher besondere Namen.

---

[13]Dies kommt nur bei *repeat*-Schleifen vor, die genau k-mal durchlaufen werden.

DEFINITION 7.2.11 ([STARKE/SCHWACHE] C_{GI}-ÜBERDECKUNG)

1. *Eine Testdatenmenge T erfüllt die* **starke C_{GI}-Überdeckung** *g. d. w. die Testdatenmenge T die $C_i(2)$-Überdeckung erfüllt.*

2. *Eine Testdatenmenge T erfüllt die* **C_{GI}-Überdeckung** *g. d. w. Wege(T) mindestens einen Weg aus jeder Klasse von schwach 2-äquivalenten Wegen enthält.*

3. *Eine Testdatenmenge T erfüllt die* **schwache C_{GI}-Überdeckung** *g. d. w. die Testdatenmenge T die $C_i(1)$-Überdeckung erfüllt.*

Die C_{GI}-Überdeckung heißt auch **Grenze-Inneres-Überdeckung** *(boundary-interior coverage), da dabei für eine Schleife folgende zwei oder drei Fälle unterschieden werden:*

1. *0-maliger Durchlauf (nur bei while-Schleifen möglich),*

2. *1-maliger Durchlauf,*

3. *mehrmaliger Durchlauf der Schleife.*

Die Fälle 1 und 2 stellen dabei Grenzfälle dar, im Falle 3 wird die Iteration der Schleife getestet.

Die Aufwandsproblematik beim strukturierten Pfadtesten mit $k > 1$ und bei der starken, „normalen" und schwachen C_{GI}-Überdeckung sei an folgenden Beispielen erläutert, die sich auf den Kontrollflußgraphen aus Abbildung 7.7 beziehen.

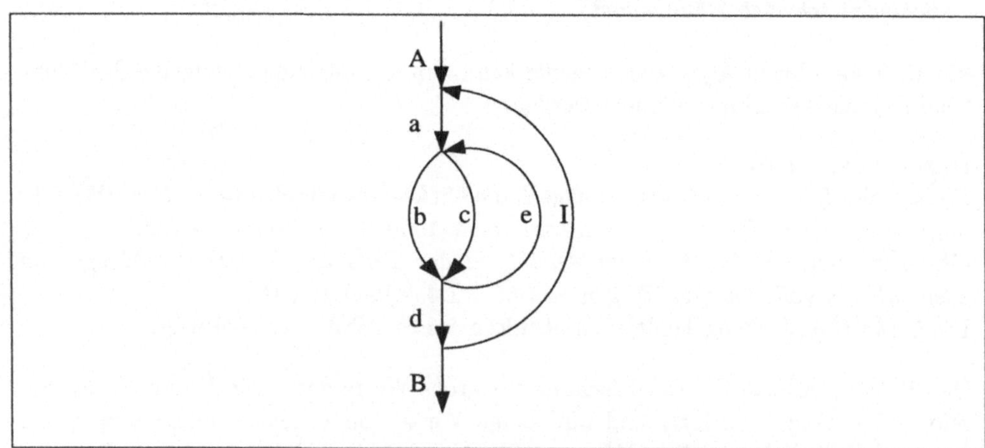

Abb. 7.7: Geschachtelte *repeat*-Schleifen

BEISPIEL 7.2.6 (SCHWACHE C_{GI}-ÜBERDECKUNG)
Für die innere repeat-Schleife des Kontrollflußgraphen aus Abbildung 7.7 erhält man folgende Klassen auzuführender Wegstücke, die 1-äquivalent sind:

- *0-mal durch den Schleifenkörper: das gibt es nicht,*

- *mindestens 1-mal durch den Schleifenkörper: bx, cx*
  (wobei x weitere Durchläufe der inneren Schleife beschreibt oder das leere Symbol ist, falls keine weiteren Durchläufe vorkommen).

Sei M die Menge dieser beiden Wegeklassen bx und cx. Dann erhält man für die äußere Schleife folgende Klassen auszuführender Wege bzgl. 1-Äquivalenz:

- *0-mal durch den Schleifenkörper: das gibt es nicht,*

- *mindestens 1-mal durch den Schleifenkörper:*
  $AaydzB$ mit $y \in M$ (wobei z keine oder weitere Durchläufe der äußeren Schleife beschreibt).

Also gibt es die beiden Klassen

- *$AabxdzB$ (x, z wie oben)*

- *$AacxdzB$ (x, z wie oben)*

Es sind also nur zwei Tests (je einer pro Klasse) durchzuführen, um das Kriterium schwache C_{GI}-Überdeckung zu erfüllen.

BEISPIEL 7.2.7 (GRENZE-INNERES-ÜBERDECKUNG)
Für die innere repeat-Schleife des Kontrollflußgraphen aus Abbildung 7.7 erhält man folgende Klassen auszuführender Wegstücke, die schwach 2-äquivalent sind:

- *1-mal durch den Schleifenkörper: b und c;*

- *mindestens 2-mal durch den Schleifenkörper: bex und cex*
  (wobei x mindestens einen weiteren Durchlauf der inneren Schleife beschreibt).

Sei K die Menge dieser vier Wegeklassen b, c, bex, cex.
Dann erhält man für die äußere Schleife folgende Klassen auszuführender Wegstücke, die schwach 2-äquivalent sind:

- *1-mal durch den Schleifenkörper: $AaxdB$ mit x Element von K,*

- *mindestens 2-mal durch den Schleifenkörper: $AaxdIay$*
  (wobei x Element von K ist und y mindestens einen weiteren Durchlauf der äußeren Schleife beschreibt).

Da K vier Wegeklassen enthält, sind für x vier verschiedene Wegeklassen einzusetzen. Also sind $2 * 4 = 8$ Wege auszuführen, um die Grenze-Inneres-Überdeckung zu erfüllen.

BEISPIEL 7.2.8 (STARKE C_{GI}-ÜBERDECKUNG BZW. $C_i(2)$-ÜBERDECKUNG)
Für die innere repeat-Schleife des Kontrollflußgraphen aus Abbildung 7.7 erhält man folgende Klassen auszuführender Wegstücke, die 2-äquivalent sind:

- *1-mal durch den Schleifenkörper: b und c;*

- *mindestens 2-mal durch den Schleifenköper: $bebx$, $becx$, $cebx$ und $cecx$.
  (Dabei beschreibt x keine oder weitere Durchläufe der inneren Schleife.)*

Sei L die Menge dieser sechs Wegeklassen b, c, $bebx$, $becx$, $cebx$, $cecx$. Dann erhält man für die äußere Schleife folgende Klassen auszuführender Wegstücke, die stark 2-äquivalent sind:

- *1-mal durch den Schleifenkörper: $AaxdB$ mit x Element von L,*

- *mindestens 2-mal durch den Schleifenkörper: $AaxdIaydzB$
  (mit x, y Element von L und einem Wegstück z, das keine oder weitere Durchläufe
  der äußeren Schleife beschreibt).*

Da L sechs Wegeklassen enthält, sind also $6 + 6 * 6 = 42$ Wege auszuführen, um die $C_i(2)$-Überdeckung zu erfüllen.

BEISPIEL 7.2.9 ($C_i(k)$-ÜBERDECKUNG)
*Bei der $C_i(3)$-Überdeckung müßten 2.954 Wege ausgeführt werden, um das Programm mit dem Kontrollflußgraphen aus Abbildung 7.7 hinreichend zu testen. Es gibt nämlich $2 + 2^2 + 2^3 = 14$ Möglichkeiten, die innere Schleife bis zu 3-mal (bei einem Durchlauf der äußeren Schleife) zu durchlaufen. Daher gibt es $14 + 14^2 + 14^3 = 2.954$ Möglichkeiten, die äußere Schleife bis zu 3-mal zu durchlaufen.
Bei der $C_i(4)$-Überdeckung müßten sogar 837.930 Wege ausgeführt werden, um das Programm mit dem Kontrollflußgraphen aus Abbildung 7.7 hinreichend zu testen. Es gibt nämlich $2 + 2^2 + 2^3 + 2^4 = 30$ Möglichkeiten, die innere Schleife bis zu 4-mal (bei einem Durchlauf der äußeren Schleife) zu durchlaufen. Daher gibt es $30 + 30^2 + 30^3 + 30^4 = 837.930$ Möglichkeiten, die äußere Schleife bis zu 4-mal zu durchlaufen.*

Praktikabler und sinnvoller als eine $C_i(k)$-Überdeckung für großes k ist daher eine C_{GI}-Überdeckung oder $C_i(2)$-Überdeckung, die ergänzt wird um einige große Durchlaufzahlen und/oder Durchlaufzahlen, die sich an Grenzwerten orientieren.

BEISPIEL 7.2.10
Ein Kalendererzeugungsprogramm, welches für jeden Tag ein Blatt ausdruckt, sollte mit den Iterationszahlen 365 und 366 getestet werden.

Für Schleifen sollte noch ihre Lage im Gesamtprogramm berücksichtigt werden. Man kann dabei geschachtelte (nested), verkettete (concatenated) und schrecklich unstrukturierte (horrible) Schleifen unterscheiden (genaueres siehe [Bei 83]). Außerdem sollte sich der Test einer Schleife an der minimalen und maximalen Anzahl der Iterationen und an eventuell ausgeschlossenen Iterationszahlen orientieren, falls diese Werte bekannt sind.

Statt sich direkt an den Schleifen im Programm zu orientieren, kann man auch die Häufigkeit betrachten, mit der Knoten, Kanten oder Wegstücke des Kontrollflußgraphen durchlaufen werden. Damit erhält man Kriterien, die stärkere Anforderungen als die Zweigüberdeckung und schwächere Anforderungen als die Pfadüberdeckung stellen, aber orthogonal zu den bisherigen Schleifenkriterien liegen.

DEFINITION 7.2.12 (K-ITERATIV, EINFACH, 2-KNOTEN-ITERATIV)
Ein vollständiger Weg w in einem Kontrollflußgraphen heißt

1. **k-iterativ**, *wenn jedes Wegstück höchstens k-mal iteriert in w vorkommt, d. h. es gibt keine Wegstücke u, v, x mit $w = uv^{k+1}x$, wobei v nicht die Länge 0 hat;*

2. **einfach**, *wenn jede Kante höchstens einmal in w vorkommt;*

3. **2-Knoten-iterativ**, *wenn jeder Knoten höchstens zweimal im Weg w vorkommt.*

Wege, die k-iterativ sind, können eine Schleife mehr als k-mal und einfache Wege können eine Schleife mehr als einmal durchlaufen, wenn sie bei jedem Schleifendurchlauf andere Wege bzw. völlig andere Kanten enthalten. Die Anzahl der einfachen Wege ist zwar deutlich beschränkt, die Anzahl der k-iterativen Wege ist erstaunlicherweise bei geeigneten Kontrollflußgraphen schon für $k = 1$ und $k = 2$ unendlich groß. Daher scheidet das Kriterium *teste alle k-iterativen Wege* als praktikables Testkriterium aus, kann also auch nicht als Formalisierung des intuitiven Begriffs „eine Schleife bis zu k-mal durchlaufen" bzw. der strukturierten Pfadüberdeckung verwendet werden.

BEISPIEL 7.2.11
Bei dem Kontrollflußgraphen aus Abbildung 7.1 ist der Weg „abcdegh" 1-iterativ. Es gibt aber einen unendlichen 2-iterativen Weg im Kontrollflußgraphen und damit unendlich viele 2-iterative vollständige Wege, die aus einem Anfangsstück dieses Weges bestehen, an das die Kante h angehängt wird.
Der unendliche Weg läßt sich aus dem unendlichen String konstruieren, den Thue

schon 1906 bzw. 1912 angegeben hat (s. Literaturreferenzen in [Rot 92]). Er enthält das Teilstück „xxyyxyxxyxyyxyxxyyxx", welches 2-iterativ ist. Darin ist in diesem Falle x durch „cdeg" (den linken Weg durch die Schleife) und y durch „cfg" (den rechten Weg durch die Schleife) zu ersetzen. Das ergibt — mit dem zusätzlichen Präfix „ab" und dem Postfix „h" — den vollständigen Weg „abcdegcdegcfgcfgcdegcfgcdegcdegcfgcdegcfgcfgcdegcfgcdegcdegcfgcfgcdegcdegh", der ebenfalls 2-iterativ ist (Beweis: siehe Proposition 2.3 in [Rot 92]).

Unendlich viele *1-iterative Wege* erhält man mit einer entsprechenden Konstruktion für einen Kontrollflußgraphen, der genau eine while-Schleife enthält, bei der es *drei* verschiedene Wege für einen Durchlauf der Schleife gibt. Diese Wege lassen sich aus dem unendlichen 1-iterativen String über einem Alphabet mit drei Zeichen (z. B. x, y, z) konstruieren, der ebenfalls von Thue bzw. von Lothaire stammt (s. [Rot 92]). Jedes Zeichen ist dann durch einen der drei Wege in der Schleife zu ersetzen.

7.3   Übungen

Übung 7.1:
Geben Sie den Kontrollflußgraphen und das Kontrollflußschema für den Textformatierer aus Beispiel 7.3.1 an. Stellen Sie dabei Segmente stets nur durch zwei oder drei Knoten dar (vgl. Definition 7.1.3):

(a) den ersten Knoten (Anfangsknoten, Entscheidungsknoten oder Vereinigungsknoten),

(b) den letzten Knoten (Endknoten, Entscheidungsknoten oder Vereinigungsknoten),

(c) die evtl. dazwischen liegenden Knoten zu einem Knoten zusammengefaßt.

Die beiden Anweisungen von Zeile 24 aus Beispiel 7.3.1 sind also z. B. durch einen Knoten darzustellen.
Stellen Sie die *for*-Schleife (Zeilen 15 und 16) durch eine *repeat*-Schleife dar, bei der die Zählvariable k entsprechend zu initialisieren und zu inkrementieren ist. (Wegen der Bedingung „*bufpos* $\neq$ 0" in Zeile 6 wird die *for*-Schleife stets mindestens einmal durchlaufen).

BEISPIEL 7.3.1 (TEXTFORMATIERER)
Das folgende Programm stellt eine Implementation des Textformatierers aus Kapitel 1.2 dar, wobei die Datendeklarationen weggelassen wurden, da sie aus der Benutzung erschlossen werden können. Die Prozeduren „inchar" und „outchar" arbeiten zeichenweise (lesen aus der Eingabedatei bzw. schreiben in die Ausgabedatei).

Die boolesche Variable „alarm" steuert den Abbruch wegen Überschreitung der Zeilenlänge bei der Ausgabe, die Variable „fill" speichert den Füllungsgrad der aktuellen Ausgabezeile (vgl. f in Beispiel 4.2.9 auf S. 84).

```
1    alarm := false; bufpos := 0; fill := 0;
2    repeat
3        inchar(c);
4        if (c=BL) or (c=NL) or (c=EOF)
5            then begin
6                if bufpos ≠ 0
7                then begin
8                    if (fill + bufpos < MAXPOS) and (fill ≠ 0)
9                    then begin
10                       outchar(BL); fill:=fill + 1;
11                   end;
12                   else begin
13                       outchar (NL); fill:= 0;
14                   end;
15                   for k := 1 to bufpos do
16                       outchar (buffer[k]);
17                   fill := fill + bufpos; bufpos := 0;
18               end
19           end
20           else
21               if bufpos = MAXPOS
22               then alarm := true;
23               else begin
24                   bufpos := bufpos + 1; buffer[bufpos] := c;
25               end;
26   until alarm or (c = EOF);
27
```

Übung 7.2:

Ermitteln Sie alle Entscheidungszweige, Entscheidungs-Entscheidungs-Wege, Segmente, Zyklen sowie Schleifen (mit Eingangs- und Ausgangsknoten) für folgende Kontrollflußgraphen:

(a) Abbildung 7.2 (Suchprogramm SEARCH),

(b) Kontrollflußgraph des Textformatierers (siehe Beispiel 7.3.1 bzw. Übung 7.1).

Übung 7.3:

Berechnen Sie die Testwirksamkeitsmaße $TWM_0(T, P)$ und $TWM_1(T, P)$ bzgl. Anweisungs- und Zweigüberdeckung für folgende Programme bzw. Kontrollflußgraphen:

(a) Programm aus Abbildung 7.1 jeweils getrennt für die Testdatenmengen $T = \{t_1\}$ und $T = \{t_2\}$:

   t_1 mit Eingaben $x = 3, y = 4$,
   t_2 mit Eingaben $x = 5, y = 0$.

(b) Suchprogramm SEARCH aus Abbildung 7.2 mit einem Testdatum mit Eingabedatum $N = 4, F = 5, A = (3, 5, 9, 15)$, d. h. $A[1] = 3, A[2] = 5$, etc.

Übung 7.4:

Betrachten Sie den Kontrollflußgraphen aus Übung 7.1 (Textformatierer).

(a) Bestimmen Sie alle Segmentpaare.

(b) Welche Segmentpaare sind nicht ausführbar?

Übung 7.5:

Überlegen Sie sich ein Programm mit einem Fehler, bei dem eine bestimmte Zweigüberdeckung den Fehler nicht aufdeckt, wohl aber eine Überdeckung aller Segmentpaare.

Hinweis: Es reicht ein Programm vom Typ:
       if P1 then A1;
       if P2 then A2;

Übung 7.6:

Geben Sie — nach Wahl eines Spannbaumes — für den Kontrollflußgraphen von Abbildung 7.2 alle fundamentalen Zyklen und Wege an.

Übung 7.7:

(a) Geben Sie eine möglichst kleine Menge von vollständigen Wegen an, welche die schwache, normale und starke C_{GI}-Überdeckung für den Kontrollflußgraphen aus Abbildung 7.2 erfüllen.
   Hinweis: Die Wege 0, 1, 2, 3, 4, 11 und 0, 1, 2, 3, 5, 6, 7, 11 durchlaufen die Schleife „einmal", obwohl sie die Schleife frühzeitig mit *exit* verlassen.

(b) Geben Sie eine Menge vollständiger Wege an, welche die schwache C_{GI}-Überdeckung für den Textformatierer (aus Beispiel 7.3.1 bzw. Übung 7.1) erfüllt.

Hinweis: Ignorieren Sie bei den Teilaufgaben (a) und (b), ob Wege ausführbar sind oder nicht. Dieses Problem wird erst in Kapitel 11 behandelt.

Übung 7.8:

1. Zeigen Sie, daß einfache Wege stets 1-iterativ sind — aber nicht umgekehrt.

2. Ist der kürzeste Weg aus einer Klasse k-äquivalenter Wege stets k-iterativ? (Beachten Sie, daß bei beiden Begriffen die Ausführbarkeit der betrachteten Wege *nicht* gefordert wird.)

7.4 Verwendete Quellen und weiterführende Literatur

Das Kriterium **Zweigüberdeckung** wurde z. B. schon 1960 von Senko für Prozeduren (Unterprogramme) praktiziert (s. [Sen 60]). Das Überdeckungskriterium **Pfadüberdeckung** wurde von Howden formuliert und heißt bei Sneed C_7-**Über-deckung** (s. [How 87], [Sne 88]). Die C_{SP}-Überdeckung findet man schon in der Übersicht von Miller (s. [Mil 78]); sie wurde von mir zur $C_S(n)$-Überdeckung verallgemeinert und von Woodward et al. zur **LCMS-** (bzw. **LCSAJ-**)**Überdeckung** abgewandelt (s. [WHH 80]). Die Forderung, **alle fundamentalen Wege** bzw. eine entsprechende Anzahl von Tests auszuführen, stammt von McCabe (s. [McC 76], S. 318).
Auf Fehler beim Schleifendurchlauf und dafür geeignete Testverfahren haben Mc-Cracken und Baker schon 1957 hingewiesen (s. [Bak 57]). Der Begriff **Grenze-Inneres-Überdeckung** stammt von Howden, allerdings in unklarer Formulierung. Er wurde von mir für geschachtelte Schleifen definiert, um den Fall „0 Durchläufe" erweitert und in drei Varianten (s. Def. 7.2.11) angeboten (vgl. [How 75]). Das Kriterium schwache C_{GI}-Überdeckung entspricht dem Konzept der **Vorwärtspfade**, d. h. allen Pfaden ohne die Iteration von Schleifen (zitiert nach Sneed, s. [Sne 88]). Die C_i(k)-**Überdeckung** bzw. **strukturierte Pfadüberdeckung** wurde ebenfalls von Howden vorgeschlagen (s. [How 75]). Von Pimont und Rault wurde eine sogenannte H-Sprache zur Auswahl von Wegen in *while-* und *repeat*-Schleifen vorgeschlagen, welche dem Begriff **2-Äquivalenz** bei der C_i(2)-**Überdeckung** entspricht (s. [PiR 76]). Die Ideen zum Testen von geschachtelten, verketteten und schrecklichen Schleifen stammen von Beizer (s. [Bei 83], Kapitel 2.3). Die Begriffe **einfacher** und **2-Knoten-iterativer Weg** entsprechen den Begriffen *all-simple-paths* und *all-loop-iteration-free paths* von Linnenkugel/Müllerburg (s. [LiM 90]).
Mit dem Begriff **k-iterativ** hat Ntafos versucht, die strukturierte Pfadüberdeckung zu formalisieren, was aber — siehe Beispiel 7.2.11 und [Rie 92b] — mißlungen ist (vgl. [Nta 88], S. 869).

8 Datenflußbezogenes Testen

8.1 Problemstellung und Modellbildung

In Kapitel 7 wurde die Pfadüberdeckung als wünschenswertes Ziel formuliert, welches aber wegen des enormen Aufwands nicht realisierbar ist. Jeder überdeckte Pfad entspricht dabei einer Äquivalenzklasse von Eingabewerten, die diesen Pfad ausführen. Um festzustellen, ob das Programm für diese Klasse von Eingabewerten ein korrektes Verhalten aufweist, ist es also *notwendig*, wenigstens ein Testdatum pro Pfad auszuführen[1].

Die vorgeschlagenen Annäherungen an die Pfadüberdeckung (Zweigüberdeckung, Segmentpaareüberdeckung, LCMS-Überdeckung, $C_i(k)$-Überdeckung für einen kleinen Wert von k, Grenze-Inneres-Überdeckung) fordern nur die Ausführung von relativ *kurzen* Wegstücken. Daher ist eine Zuordnung zu der Äquivalenzklasse von Eingabewerten, die zu einem *vollständigen* Pfad gehört, nicht möglich. Der Beitrag der Berechnungen, die auf diesen Wegstücken stattfinden, zur gesamten Berechnung im Programm ist ebenfalls völlig unklar und hängt von der Kontrollstruktur auf dem Wegstück ab. Sinnvoller erscheint es daher, sich ausdrücklich um die Berechnung auf den Wegstücken zu kümmern und dabei folgendes Fehlermodell vor Augen zu haben: Wenn eine Anweisung ein falsches Ergebnis liefert, so kann dies folgende Ursachen haben:

1. Die Anweisung ist falsch.

2. Die Anweisung ist korrekt, aber die referenzierten Werte werden vorher falsch berechnet.

BEISPIEL 8.1.1
Die Anweisung sei $A := B + C * D$.

1. *Die Anweisung kann falsch sein, z. B. muß es vielleicht korrekt $A := B * C * D$ heißen.*

2. *Die referenzierten Werte B, C oder D können vorher falsch berechnet worden sein.*

---

[1]Dieses Verfahren ist natürlich *kein hinreichendes* Verfahren, um Fehler auszuschließen, da nur *stichprobenartig* getestet wird.

Der erste Fall wird in Kapitel 9 genauer behandelt. Im zweiten Fall muß man den Kontrollfluß rückwärts verfolgen und sich die Anweisungen ansehen, die B, C und D berechnen. Falls diese Anweisungen korrekt sind, muß man dieses Verfahren rekursiv fortsetzen[2].

Die Idee beim datenflußbezogenen Testen ist nun, die Interaktion zwischen Anweisungen, die den Wert einer Variablen berechnen (definieren), und Anweisungen, die diesen Variablenwert benutzen (referenzieren), entsprechend zu testen. Die einzelnen Methoden unterscheiden sich darin, ob alle diese Interaktionen oder nur ein bestimmter Teil davon getestet werden soll. Es lassen sich also verschiedene Überdeckungsmaße definieren, die alle mehr oder minder starke notwendige Bedingungen zum Aufdecken von Fehlern im oben beschriebenen „Datenfluß" darstellen.

Die Definition dieser Maße orientiert sich wieder am Modell des Kontrollflußgraphen eines Programms bzw. Moduls, der allerdings um gewisse Angaben erweitert wird und dann Datenflußgraph genannt wird.

Bei der folgenden Definition werden die Mengen *DEF(k)*, *UNDEF(k)* und *REF(k)* gerade so definiert, daß der Datenfluß *zwischen* verschiedenen Knoten verfolgt werden kann. Die Referenzen von vorher undefinierten Variablen werden bei *REF(k)* nicht berücksichtigt, da sie Datenflußanomalien darstellen, die durch *statische* Analyse festgestellt werden können (genaueres siehe Kapitel 12.2).

DEFINITION 8.1.1 (DATENFLUSSGRAPH, DATENFLUSSSCHEMA)

1. *Ein* **Datenflußgraph** *ist ein Kontrollflußgraph, bei dem zusätzlich zu jedem Knoten k die Mengen DEF(k), UNDEF(k) und REF(k) gehören.*

   DEF(k) *ist die Menge der Variablen x, für welche die Anweisungsfolge f, die zum Knoten k gehört[3], der Variablen x einen Wert zuweist, der nicht anschließend in f undefiniert wird.*

   UNDEF(k) *ist die Menge der Variablen x, für welche die Anweisungsfolge f, die zum Knoten k gehört, die Variable x in einen undefinierten Zustand überführt, ohne x anschließend in f neu zu definieren.*

   REF(k) *ist die Menge der Variablen x, für welche die Anweisungsfolge f, die zum Knoten k gehört, die Variable x referenziert, ohne daß x vorher in f undefiniert wird. (Dabei wird generell vorausgesetzt, daß ein lokaler Datenfluß[4] innerhalb eines Knotens k nicht vorkommt. Andernfalls ist die Anweisungsfolge entsprechend auf zwei oder mehrere Knoten aufzuteilen.)*

---

[2] Ein entsprechendes Vorgehen beim Fehlerlokalisieren (debuggen) beschreibt Weiser in [Wei 82].

[3] Es kann sich — je nach Abstraktionsgrad des Kontrollflußgraphen – um eine oder mehrere sequentiell auszuführende Anweisungen handeln, die zum Knoten k gehören.

[4] Ein **lokaler** Datenfluß innerhalb eines Knotens k liegt vor, wenn in der zu k gehörenden Anweisungsfolge nach der *Definition* einer Variablen eine *Referenz* dieser Variablen vorkommt, ohne daß die Variable zwischenzeitlich undefiniert wird.

Wenn der Datenflußgraph eine Funktion repräsentiert, die von einem aufrufenden Modul Informationen erhält (über Parameter oder globale Variablen), so wird ein Knoten k_{ein} zum Kontrollflußgraphen hinzugefügt. DEF(k_{ein}) ist die Menge der Variablen, die Informationen importieren. Von k_{ein} führt eine Kante zu dem bisherigen Startknoten des Kontrollflußgraphen.

Entsprechendes gilt, wenn die beschriebene Funktion Informationen an das aufrufende Modul zurückgibt (über Parameter oder globale Variablen): Ein Knoten k_{aus} wird zum Kontrollflußgraphen hinzugefügt und von dem bisherigen Endknoten des Kontrollflußgraphen führt eine Kante zum Knoten k_{aus}. REF(k_{aus}) ist die Menge der Variablen, die Informationen exportieren.

2. *Das* **Datenflußschema** *zu einem Datenflußgraphen entsteht durch Ersetzen der Anweisungen und Entscheidungsprädikate durch formale Bezeichner.*

Falls es auf die Unterscheidung nicht ankommt, wird in beiden Fällen (1 und 2) von **Datenflußgraphen** *gesprochen.*

BEISPIEL 8.1.2
Buffer(bufpos) := c sei die Anweisung, die zum Knoten k gehört.
In diesem Fall sind die Variablen, die auf der linken und rechten Seite des Zuweisungssymbols stehen, verschieden. Obwohl bufpos links steht, wird es nur (als Index) referenziert. Daher gilt: DEF(k) = {Buffer}, REF(k) = {bufpos, c}, UNDEF(k) = leere Menge.

BEISPIEL 8.1.3
X := X + 1 sei die Anweisung, die zum Knoten k gehört.
In diesem Fall gilt: DEF(k) = REF(k) = {X}, UNDEF(k) = leere Menge, da X (auf der rechten Seite der Anweisung) referenziert wird, bevor X (auf der linken Seite) neu definiert wird.

BEISPIEL 8.1.4
*X := A + B; Y := C * D; B := Z; FREE(A); Y := A + Z;*
sei die Anweisungsfolge, die zum Knoten k gehört.
Dann ist DEF(k) = {B, X, Y}, UNDEF(k) = {A} und REF(k) = {A, B, C, D, Z}. A gehört zu REF(k), denn A wird in der ersten Anweisung (X:=A+B) benutzt und erst in der vierten Anweisung undefiniert. [Die Benutzung von A in Y:=A+Z nach der Anweisung FREE(A) ist ein „negativer Fall" für die Definition von REF(k)].
*Wird die dritte Anweisung (B:=Z) durch „B:=Y" ersetzt, ändert sich (nur) die Menge REF(k) zu {A, B, C, D, <u>Y</u>, Z}. In Knoten k wird aber kein Wert von Y referenziert, der außerhalb von k (vorher) definiert wird (nur das ist für die Bestimmung der auszuführenden Wege interessant), sondern nur ein Wert, der lokal in k in „Y := C * D" definiert wird. Es gibt also einen lokalen Datenfluß zwischen Y := C * D und B := Y.*

Daher muß die Anweisungsfolge $X := A + B$; $Y := C * D$ dem bisherigen Knoten k und die Anweisungsfolge $B := Y$; FREE(A); $Y := A + Z$ einem neuen Knoten l zugeordnet werden, der Nachfolger von k ist. Für diese Knoten gilt: DEF(k) = {X, Y}, UNDEF(k) = leere Menge, REF(k) = {A, B, C, D}, DEF(l) = {B, Y}, UNDEF(l) = {A}, REF(l) = {Y, Z}, da Variable A bei der Referenz undefiniert ist. Variable Y wird also in beiden Knoten definiert.

Die Zuordnung von bedingten Anweisungen zu Knoten des Datenflußgraphen sei so gewählt, daß diese Knoten — genannt **Entscheidungsknoten** — nur Referenzen von Variablen enthalten, d. h. *DEF(k) = UNDEF(k) =* leere Menge. Falls dies nicht so ist, muß das Programm vorher — bei der Modellierung durch den Datenflußgraphen — verändert werden.

Beispiel 8.1.5
In der Programmiersprache C kann der Variablen, von der die Entscheidung abhängt, noch in der bedingten Anweisung ein Wert zugewiesen werden:
    if $((B = C{+}D))$ ...
Dies muß im Datenflußgraphen durch zwei Knoten modelliert werden, wobei der zweite Knoten einziger Nachfolger des ersten ist.
    Knoten 1: $B := C{+}D$;
    Knoten 2: **if** B ...

Für eine Variable x wird noch folgende Sprechweise eingeführt:
„**Eine Definition** von x im Knoten k **erreicht eine Referenz** von x im Knoten l über den Weg w" g. d. w. der Weg w im Kontrollflußgraphen von k nach l führt und die Variable x auf dem Weg nicht neu definiert oder undefiniert wird[5].
Mit diesen vorbereitenden Begriffen können nun die Überdeckungkriterien definiert werden.

8.2   Einfache Datenflußkriterien

Das folgende Kriterium beschreibt die Notwendigkeit von Testdaten, bei denen das Resultat jeder Zuweisung (Definition) wenigstens einmal benutzt wird.

Definition 8.2.1
*Eine Testdatenmenge T erfüllt das Kriterium **alle Definitionen** g. d. w. es für jede Variable x und jede Definition von x mindestens einen Weg in Wege(T) gibt, auf dem die Definition eine Referenz von x erreicht.*

---

[5] Eine formale Definition dieses Sachverhalts lautet:
Sei $x \in DEF(k)$, $x \in REF(l)$, $w = (k_1, \ldots, k_m)$ ein Weg im Datenflußgraphen mit $k_1 = k, k_m = l$. Dann gilt für jedes i mit $1 < i < m : x \notin DEF(k_i), x \notin UNDEF(k_i)$.

Mit dem Kriterium *alle Definitionen* wird zu einer Variablendefinition nur eine Interaktion mit *einer* Referenz über *einen* bestimmten Weg getestet. Es werden also nicht alle Paare von Definitionen und Referenzen einer Variablen getestet, obwohl jede Referenz der Variablen fehlerhaft sein kann.

BEISPIEL 8.2.1
Sei T die Testdatenmenge, die in dem Flußdiagramm aus Abbildung 8.1 den Weg (A1, A2, P1, a, P2, A3) ausführt. T erfüllt das Kriterium „alle Definitionen" für die Variablen X und B. Die Referenz von X in A4 wird aber nicht getestet.

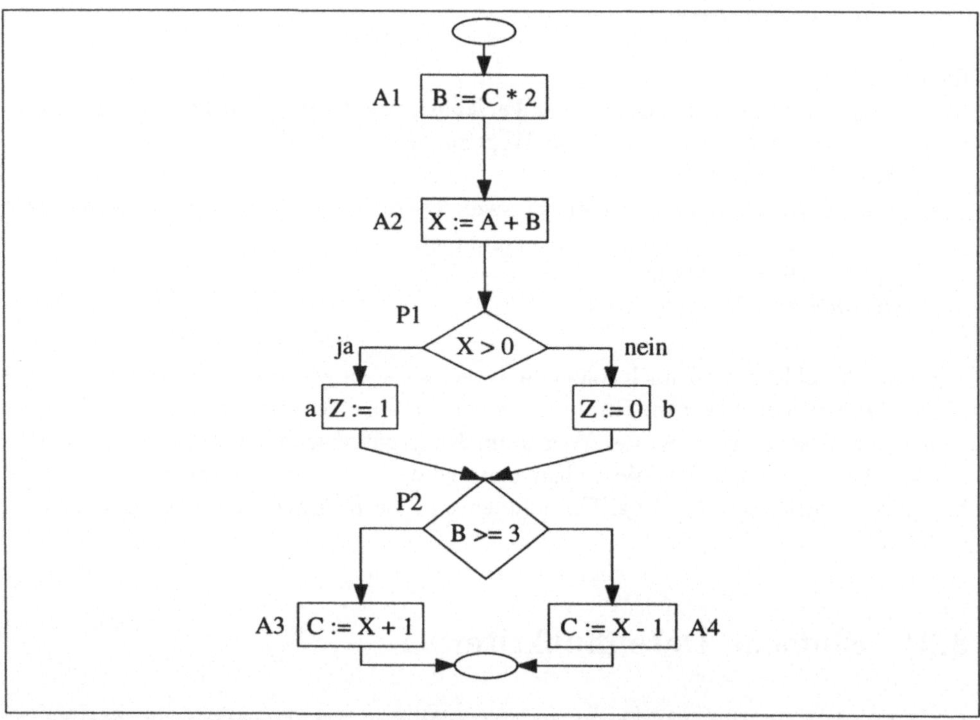

Abb. 8.1: Flußdiagramm mit Definitionen und Referenzen von B und X

Ein schärferes Kriterium, welches die genannte Anforderung erfüllt, ist das folgende.

DEFINITION 8.2.2
*Eine Testdatenmenge T erfüllt das Kriterium **alle DR-Interaktionen** g. d. w. es für jede Variable x, jede Definition von x und jede Referenz von x, die davon erreicht wird, mindestens einen Weg in Wege(T) gibt, auf dem die Definition die Referenz von x erreicht.*

Mit dem Kriterium *alle DR-Interaktionen* werden also *alle* Paare von Definitionen und Referenzen einer Variablen getestet. Mit dieser Strategie werden allerdings nicht alle Entscheidungskanten ausgeführt.

BEISPIEL 8.2.2
Sei T die Testdatenmenge, die in dem Flußdiagramm von Abbildung 8.1 die Wege (A1, A2, P1, a, P2, A3) und (A1, A2, P1, a, P2, A4) ausführt. T erfüllt das Kriterium „alle DR-Interaktionen" für beide Variablen X und B. Entscheidungskante b wird aber nicht ausgeführt.

Da es für die Referenz einer Variablen in einem Entscheidungsknoten von Bedeutung ist, wie der *Ausgang* der Entscheidung ist, wird bei dem folgenden Kriterium die Referenz einer Variablen diesen ausgehenden Kanten zugeordnet.

DEFINITION 8.2.3
Eine Testdatenmenge T erfüllt das Kriterium **alle Referenzen** *g. d. w. für jede Variable x, jede Definition von x in einem Knoten k, jede Referenz von x in einem Knoten l, die von der Definition in k erreicht wird, und für jeden Nachfolgerknoten m von l die Wegemenge Wege(T) mindestens ein Wegstück $u * m$ [6] enthält, wobei die Definition von x in k die Referenz von x in l über den Weg u erreicht.*

BEISPIEL 8.2.3
Sei T die Testdatenmenge, die in dem Flußdiagramm von Abbildung 8.1 die Wege (A1, A2, P1, a, P2, A3) und (A1, A2, P1, b, P2, A4) ausführt. T erfüllt das Kriterium „alle Referenzen" für beide Variablen X und B.
Die Wege (A1, A2, P1, a, P2, A4) und (A1, A2, P1, b, P2, A3) werden aber nicht ausgeführt.

Mit den Kriterien *alle DR-Interaktionen* und *alle Referenzen* werden alle Paare von Definitionen und Referenzen einer Variablen getestet, aber jeweils nur auf *einem* Weg von der Definition zur Referenz. Unter dem Gesichtspunkt des Datenflusses zwischen der Definition und der Referenz einer Variablen x ist dies natürlich ausreichend, da auf den Wegen zwischen Definition und Referenz keine Veränderung der Variablen x erfolgt, also auch kein Fehler bzgl. x auftreten kann.

Wie immer beim Testen muß nun eine Entscheidung zwischen zwei allgemeinen Anforderungen getroffen werden:

1. möglichst starke Forderungen an die Testdatenmenge, damit viele Fehler gefunden werden können;

---

[6] $u * m$ sei definiert als ein Wegstück, welches als Knotenfolge dargestellt ist. Es enthält die Knotenfolge $u = (k, \ldots, l)$ gefolgt von einem Knoten m, d. h. $u * m = (k, \ldots, l, m)$.
(Falls l keinen Nachfolger hat, muß auch Wege(T) nur das Wegstück u enthalten.)
Beispiel: Definition in $k = A$, Referenz in $l = C$, $u = (A, B, C)$, $m = D$.
Dies ergibt $u * m = (A, B, C, D)$.

2. möglichst geringe Forderungen an die Testdatenmenge, damit der Testaufwand nicht zu groß wird.

Als eine schwächere Überdeckung des Datenflusses, die dennoch die Zweigüberdeckung und das Testen aller Definitionen gewährleistet, bietet sich folgendes an:

DEFINITION 8.2.4
Eine Testdatenmenge T erfüllt das Kriterium **alle Entscheidungsreferenzen/ einige Berechnungsreferenzen** *bzw. kurz:* **alle E-/einige B-Referenzen** *g. d. w. für jede Variable x und jede Definition von x in einem Knoten k gilt:*

1. *für jede Referenz von x in einem Entscheidungsknoten (im folgenden l genannt), die von der Definition in k erreicht wird, und jeden Nachfolger m von l enthält Wege(T) mindestens ein Wegstück $u * m$, wobei die Definition von x in k die Referenz von x in l über u erreicht;*

2. *falls es keine Referenzen von x in Entscheidungsknoten gibt, die von der Definition in k erreicht werden, enthält Wege(T) mindestens ein Wegstück u, auf dem die Definition von x in k irgendeine Referenz von x erreicht.*

Mit Teil 1 des obigen Kriteriums wird die Zweig- oder Entscheidungsüberdeckung erreicht. Mit Teil 2 wird das Kriterium *alle Definitionen* erfüllt.

BEISPIEL 8.2.4
T sei die Testdatenmenge, die in dem Flußdiagramm von Abbildung 8.1 die Wege (A1,A2,P1,a,P2,A3) und (A1,A2,P1,b,P2,A3) ausführt. T erfüllt das Kriterium „alle E-/einige B-Referenzen" für die Variable X. Die Berechnungsreferenz von X in A4 wird dabei nicht getestet.

Wenn bei der Überdeckung des Datenflusses die Zweigüberdeckung vernachlässigt wird, aber das Testen aller Definitionen und das Testen aller Referenzen in *Berechnungsknoten* (also nicht in Entscheidungsknoten) gewährleistet werden soll, bietet sich das folgende Kriterium an:

DEFINITION 8.2.5
Eine Testdatenmenge T erfüllt das Kriterium **alle Berechnungsreferenzen/ einige Entscheidungsreferenzen** *bzw. kurz:* **alle B-/einige E-Referenzen** *g. d. w. für jede Variable x und jede Definition von x in einem Knoten k gilt:*

1. *für jede Referenz von x in einem Knoten (im folgenden l genannt), der nicht Entscheidungsknoten ist, aber von der Definition in k erreicht wird, enthält Wege(T) mindestens ein Wegstück u, wobei die Definition von x in k die Referenz von x in l über u erreicht;*

2. *falls die Definition von x in k nur in Entscheidungsknoten referenziert wird, enthält Wege(T) mindestens ein Wegstück u, auf dem die Definition von x in k irgendeine Referenz von x erreicht.*

Mit Teil 1 des obigen Kriteriums wird erreicht, daß das Kriterium *alle Referenzen* (jedenfalls für Berechnungsknoten) erfüllt ist. Mit Teil 2 wird das Kriterium *alle Definitionen* garantiert.

BEISPIEL 8.2.5
T sei die Testdatenmenge, die in dem Flußdiagramm von Abbildung 8.1 den Weg (A1, A2, P1, a, P2, A3) ausführt. T erfüllt das Kriterium „alle B-/einige E-Referenzen" für die Variable B. Die Referenz von B auf der Entscheidungskante von P2 nach A4 wird dabei nicht getestet. Entsprechendes gilt, wenn man den obigen Weg durch den Weg (A1, A2, P1, b, P2, A3) ersetzt.

Wenn eine stärkere Überdeckung unter Kontrollflußgesichtspunkten erreicht werden soll, bietet sich eine Annäherung an das Pfadtesten an, bei dem allerdings keine Iterationen von Schleifen vorgenommen werden.

DEFINITION 8.2.6
Eine Testdatenmenge T erfüllt das Kriterium **alle DR-Wege** *g. d. w. für jede Variable x, jede Definition von x in einem Knoten k, jede Referenz von x in einem Knoten l, die von der Definition in k erreicht wird, und für jeden Nachfolgerknoten m von l die Wegemenge Wege(T) jedes Wegstück $u*m$[7] mit folgenden Eigenschaften enthält:*

1. *die Definition von x in k erreicht die Referenz von x in l über den Weg u,*

2. *u ist frei von Zyklen oder u ist ein einfacher Zyklus*[8].

Mit dem Kriterium *alle DR-Wege* werden also für alle Paare von Definitionen und Referenzen (fast) alle Wege getestet, auf denen die Interaktion möglich ist. Außerdem werden wiederum alle Nachfolgerzweige mit einbezogen, falls eine Referenz in einem Entscheidungsknoten auftritt. Die Einschränkung „(fast) alle Wege" bezieht sich dabei auf die Ausnahme von Zyklen, die nicht einfach sind.

BEISPIEL 8.2.6 (ALLE DR-WEGE FÜR ABBILDUNG 8.1)
Nur eine Testdatenmenge T, die alle vier Wege des Flußdiagramms von Abb. 8.1 ausführt, erfüllt das Kriterium „alle DR-Wege" für beide Variablen X und B.

Da das Programm aus Abbildung 8.1 keine Zyklen enthält, wird im folgenden Beispiel noch das Programm aus Abbildung 7.2 betrachtet.

---

[7]siehe Fußnote 6 zu Definition 8.2.3
[8]Zum Begriff (einfacher) Zyklus siehe Definition 7.1.4 auf Seite 191.

BEISPIEL 8.2.7 (ALLE DR-WEGE FÜR ABBILDUNG 7.2)
Die folgenden Wegstücke sind für das Programm aus Abb. 7.2 als DR-Wege zu betrachten. Dabei sind die Knoten, in denen die entsprechenden Variablen definiert und referenziert werden, durch Fettdruck hervorgehoben.

für Variable N:
1.   **(0,1,2)**
für Variable F und A:

2a.	**(0,1,2,3,5,6)**	3a.	**(0,1,2,3,5,8,9)**
2b.	**(0,1,2,3,5,8)**	3b.	**(0,1,2,3,5,8,10)**

für Variable NPOS:
4.   **(1,2,3,4,11)**
für Variable LOW und HIGH:

5.	**(1,2,3)**	6a.	**(1,2,3,4)**
		6b.	**(1,2,3,5)**

für Variable MID:

7a.	**(2,3,5,6)**	9a.	**(2,3,5,8,9)**
7b.	**(2,3,5,8)**	9b.	**(2,3,5,8,10)**
8.	**(2,3,5,6,7)**	10.	**(2,3,5,8,9,2)**
		11.	**(2,3,5,8,10,2)**

für Variable NPOS:
12.   **(6,7,11)**
für Variable LOW:

13.	**(9,2,3)**	14a.	**(9,2,3,4)**
		14b.	**(9,2,3,5)**

für Variable HIGH:

15.	**(10,2,3)**	16a.	**(10,2,3,4)**
		16b.	**(10,2,3,5)**

Diese Wegstücke sind in den folgenden vollständigen Wegen enthalten[9]:

w_1:	*(0,1,2,3,5,6,7,11)*	für 1,2a,5,6b,7a,8,12
w_2:	*(0,1,2,3,4,11)*	für 4,6a
w_3:	*(0,1,2,3,5,8,9,2,3,5,8,10,2,3,5,8,9,2,3,4,11)*	
		für 3a, 9a, 10, 13, 14a, 14b, 16b
w_4:	*(0,1,2,3,5,8,10,2,3,4,11)*	für 2b, 3b, 7b, 9b, 11, 15, 16a

Die Wege w_1 bis w_4 werden z. B. von den folgenden Testdaten t_1 bis t_4 ausgeführt:
t_1: $N = 1$, $F = A(1) = 2$;
t_2: $N = 0$, *restliche Werte beliebig;*[10]

---

[9]Falls ein Wegstück in mehreren Wegen enthalten ist, wird es hier nur bei einem der Wege angeführt, z. B. Wegstück 2b nur bei w_4, obwohl es auch in w_3 enthalten ist.

[10]Falls ein Array mit Länge N=0 nicht erlaubt ist (laut Eingabespezifikation), sind der Weg w_2 und die *DR*-Wege 4 und 6a nicht ausführbar.

$t_3\colon N = 7,\ A(4) = 0,\ A(5) = 1,\ F = 2,\ A(6) = 3;$
$t_4\colon N = 1,\ F = 2,\ A(1) = 3.$

Die Testdatenmenge T mit den Testdaten t_1, t_2, t_3, t_4 erfüllt also das Kriterium „alle DR-Wege" für das Programm aus Abbildung 7.2.

8.3   Verkettung von Datenflüssen

Im folgenden wird eine Schar von immer stärkeren Kriterien vorgestellt, die unter Datenflußgesichtspunkten über die Anforderung *alle Referenzen* hinausgehen. Dabei wird die *Verkettung* von Wegen gefordert, auf denen jeweils die Definition einer Variablen eine Referenz erreicht. Dies entspricht gerade der (am Anfang dieses Kapitels vorgestellten) Rückwärtsverfolgung von Fehlern. Die Schar von immer stärkeren Kriterien ergibt sich durch Anforderungen an die Länge k dieser Ketten von Definitionen und Referenzen.

DEFINITION 8.3.1
Für $k \geq 2$ heißt eine Folge $I = (l_1, x_1, l_2, x_2, \ldots, x_{k-1}, l_k)$ eine **k-DR-Interaktion** *genau dann wenn*

1. $l_1, l_2, \ldots, l_k$ *Knoten des Datenflußgraphen sind, wobei nur die Knoten l_1 und l_k identisch sein dürfen,*

2. $x_1, \ldots, x_{k-1}$ *Variable sind (die nicht notwendigerweise verschieden sind),*

3. *es für jedes i mit $1 \leq i < k$ einen Weg w_i im Datenflußgraphen gibt, so daß gilt: Variable x_i wird im Knoten l_i definiert und diese Definition erreicht eine Referenz von x_i in Knoten l_{i+1} über den Weg w_i.*

DEFINITION 8.3.2
Sei $I = (l_1, x_1, \ldots, x_{k-1}, l_k)$ eine k-DR-Interaktion.
Ein Weg im Datenflußgraph der Form $w = w_1 \ldots w_{k-1}$ ist ein **Interaktionsweg** *für* **I** *g. d. w. für jedes i mit $1 \leq i < k$ w_i ein Weg ist, über den eine Definition von x_i im Knoten l_i eine Referenz von x_i im Knoten l_{i+1} erreicht.*

BEISPIEL 8.3.1
Für das Programm aus Abbildung 7.2 gilt folgendes:
$I_1 = (1, NPOS, 11)$ ist eine 2-DR-Interaktion mit der Knotenfolge (1,2,3,4,11) als Interaktionsweg.
$I_2 = (1, LOW, 2, MID, 6, NPOS, 11)$ ist eine 4-DR-Interaktion mit dem Interaktionsweg (1,2,3,5,6,7,11).
$I_3 = (2, MID, 10, HIGH, 2)$ ist eine 3-DR-Interaktion mit dem Interaktionsweg (2,3,5,8,10,2).
Damit beispielsweise der Interaktionsweg für I_2 ausgeführt wird, müssen als Testdaten etwa $A = (1,5,7)$, $N = 3$, $F = 5$ gewählt werden.

Falls ein Knoten mehrere „unabhängige" Anweisungen für verschiedene Variablen enthält, beschreiben die oben definierten Interaktionswege die Übergabe der definierten Variablenwerte an andere Variable *nicht* richtig. Daher sind in diesen Fällen die Anweisungen aufzuteilen auf verschiedene Knoten. Im folgenden soll daher jedem Knoten stets nur eine Anweisung zugeordnet sein.

BEISPIEL 8.3.2
Für das Programm aus Abbildung 7.1 wäre nach Definition 8.3.2 die Folge (A, x, F, y, C) eine 2-DR-Interaktion mit der Knotenfolge (A, F, C) als Interaktionsweg: x wird in A definiert und erreicht eine Referenz in F, y wird in F definiert und erreicht eine Referenz in C. Tatsächlich erfolgt in F aber keine Verwendung des Wertes von x für die Berechnung von y, da die beiden Anweisungen $y := y \; div \; 2$ und $x := x * x$ unabhängig voneinander sind. F ist also aufzuteilen in die Knoten $F1$ mit Anweisung $y := y \; div \; 2$ und $F2$ mit Anweisung $x := x * x$.

Nach diesen Vorbereitungen kann das erweiterte Datenflußkriterium *alle k-DR-Interaktionen* formal definiert werden.

DEFINITION 8.3.3
*Sei k eine natürliche Zahl, $k \geq 2$.
Eine Testdatenmenge T erfüllt das Kriterium* **alle k-DR-Interaktionen** *g. d. w. für jedes m mit $2 \leq m \leq k$, für jede m-DR-Interaktion $I = (l_1, x_1, \ldots, x_{m-1}, l_m)$ und für jeden Nachfolgerknoten n von l_m die Menge Wege(T) mindestens ein Wegstück $u * n$* [11] *enthält, wobei u ein Interaktionsweg für I ist.*

Für große Werte von k werden bei obigem Kriterium längere (aber nicht so viele) Wegstücke als (wie) beim Kriterium *alle DR-Wege* (s. Definition 8.2.6) gefordert; für $k = 2$ wird aber weniger gefordert, da für jede 2-DR-Interaktion *ein* Wegstück $u * n$ in Wege(T) ausreichend ist. Damit ist für $k = 2$ obiges Kriterium *alle k-DR-Interaktionen* mit dem Kriterium *alle Referenzen* (s. Definition 8.2.3) äquivalent.

BEISPIEL 8.3.3
Für das Programm aus Abb. 7.2 sind „alle DR-Wege" aus Beispiel 8.2.7 auszuführen, um das Kriterium „alle k-DR-Interaktionen" für $k = 2$ zu erfüllen. Dies gilt, da es für alle 2-DR-Interaktionen im Programm aus Abb. 7.2 stets nur einen Interaktionsweg gibt, der zyklenfrei oder ein einfacher Zyklus ist. Daher ist mit dem Kriterium „alle Referenzen" und „alle 2-DR-Interaktionen" auch „alle DR-Wege" erfüllt.

Folgende Wegstücke sind zusätzlich auszuführen, um das Kriterium „alle 3-DR-Interaktionen" zu erfüllen. Dabei sind die Knoten, in denen die entsprechenden Variablen definiert und referenziert werden, durch Fettdruck hervorgehoben.

---

[11] siehe Fußnote 6 zu Definition 8.2.3

für die Variablen N und $HIGH$[12]:

17. **(0,1,2,3)**   18a. **(0,1,2,3,4)**
                             18b. **(0,1,2,3,5)**

für die Variablen LOW bzw. $HIGH$ und MID:
19a. **(1,2,3,5,6)**   21a. **(1,2,3,5,8,9)**
19b. **(1,2,3,5,8)**   21b. **(1,2,3,5,8,10)**
20. **(1,2,3,5,6,7)**   22. **(1,2,3,5,8,9,2)**
                             23. **(1,2,3,5,8,10,2)**

für die Variablen MID und $NPOS$:
24. **(2,3,5,6,7,11)**
für die Variablen MID und LOW:
25. **(2,3,5,8,9,2,3)**   26a. **(2,3,5,8,9,2,3,4)**
                             26b. **(2,3,5,8,9,2,3,5)**

für die Variablen MID und $HIGH$:
27. **(2,3,5,8,10,2,3)**   28a. **(2,3,5,8,10,2,3,4)**
                             28b. **(2,3,5,8,10,2,3,5)**

für die Variablen LOW und MID:
29a. **(9,2,3,5,6)**   31a. **(9,2,3,5,8,9)**
29b. **(9,2,3,5,8)**   31b. **(9,2,3,5,8,10)**
30. **(9,2,3,5,6,7)**   32. **(9,2,3,5,8,9,2)**
                             33. **(9,2,3,5,8,10,2)**

für die Variablen $HIGH$ und MID:
34a. **(10,2,3,5,6)**   36a. **(10,2,3,5,8,9)**
34b. **(10,2,3,5,8)**   36b. **(10,2,3,5,8,10)**
35. **(10,2,3,5,6,7)**   37. **(10,2,3,5,8,9,2)**
                             38. **(10,2,3,5,8,10,2)**

Nur die Wegstücke 29a, 30, 31a, 32, 34a, 35, 36b und 38 sind nicht in den Wegen w_1 bis w_4 von Beispiel 8.2.7 enthalten, werden also nicht durch die Testdaten t_1 bis t_4 von Beispiel 8.2.7 ausgeführt.
Die nicht ausgeführten Wegstücke sind aber in den folgenden vollständigen Wegen w_5 und w_6 enthalten und lassen sich z. B. mit den Testdaten t_5 und t_6 ausführen:

w_5: (0,1,2,3,5,8,9,2,3,5,8,9,2,3,5,6,7,11)
w_6: (0,1,2,3,5,8,10,2,3,5,8,10,2,3,5,6,7,11)
t_5: $N = 5$, $A[3] = 6$, $A[4] = 7$, $A[5] = F = 8$,
t_6: $N = 7$, $F = A[1] = 1$, $A[2] = 2$, $A[4] = 3$.

Die Testdatenmenge T mit den Testdaten $t_1, t_2, t_3, t_4, t_5, t_6$ erfüllt also das Kriterium „alle 3-DR-Interaktionen" für das Programm aus Abbildung 7.2.

---

[12]Knoten 1 ist eigentlich aufzuteilen, damit die Referenz von N nur zur Definition von $HIGH$ — und nicht von $NPOS$ und LOW — verwendet wird. Dies wurde hier aber implizit berücksichtigt.

8.4   Parallele Betrachtung von Datenflüssen

Zu Beginn dieses Kapitels wurde die Rückwärtsverfolgung eines Fehlers in einer Anweisung, z. B. $A := B + C * D$, als Motiv für die Betrachtung des Datenflusses angeführt. Der Ansatz *alle k-DR-Interaktionen* nimmt einen Fehler in einer der Variablen B, C oder D an und verfolgt dies jeweils getrennt für B, C und D in langen Ketten von Definitionen und sie erreichenden Referenzen. Bei den im folgenden vorgestellten Kriterien werden dagegen Wege verfolgt, auf denen *gleichzeitig* die letzten Definitionen von B, C und D die Referenz in der betrachteten Anweisung $A := B + C * D$ erreichen.

Der Zusammenhang zwischen den Referenzen von Variablen in einer Anweisung und den zugehörigen Definitionen dieser Variablen wird folgendermaßen definiert:

DEFINITION 8.4.1 (DEFINITIONSKONTEXT, KONTEXTWEG)
Eine Menge $DK = \{(k_1, x_1), (k_2, x_2), \ldots, (k_n, x_n)\}$ *ist ein* **Definitionskontext** *für einen Knoten* k *des Datenflußgraphen mit* $REF(k)^{13} = \{x_1, \ldots, x_n\} \neq \emptyset$, *wenn folgendes gilt:*

1. *für jedes i mit $1 \leq i \leq n$ ist k_i ein Knoten, in dem die Variable x_i definiert wird,*

2. *es existiert ein Weg w, genannt* **Kontextweg** *für DK, mit folgender Eigenschaft für jedes i mit $1 \leq i \leq n$:*

   es gibt eine Aufteilung von w in zwei Wegstücke w_i und v_i ($w = w_i v_i$), so daß die Definition von x_i im Knoten k_i die Referenz von x_i in k über den Weg v_i erreicht (vgl. Sprechweise nach Beispiel auf Seite 215).

Der Kontextweg für einen Definitionskontext eines Knotens k enthält also alle Definitionen der Variablen, die in k referenziert werden. (Da die Definitionen von Variablen i. allg. an verschiedenen Stellen in w vorkommen, muß w in obiger Definition 8.4.1 in w_i und v_i aufgeteilt werden, um die jeweilige Definition von x_i zu markieren.)

BEISPIEL 8.4.1 (DEFINITIONSKONTEXT)
Für das Suchprogramm aus Abbildung 7.2 existieren für Knoten 2 mit der Anweisung $MID := \lfloor (LOW + HIGH)/2 \rfloor$ folgende Definitionskontexte:

$DK_1 = \{(1, LOW), (1, HIGH)\}$ *für den Kontextweg (1, 2);*
$DK_2 = \{(1, LOW), (10, HIGH)\}$ *für den Kontextweg (1, 2, 3, 5, 8, 10, 2);*
$DK_3 = \{(9, LOW), (1, HIGH)\}$ *für den Kontextweg (1, 2, 3, 5, 8, 9, 2);*
$DK_4 = \{(9, LOW), (10, HIGH)\}$ *für den Kontextweg (9, 2, 3, 5, 8, 10, 2) oder den Kontextweg (10, 2, 3, 5, 8, 9, 2).*

---

[13] vgl. Definition 8.1.1

Für Knoten 2 gibt es also vier verschiedene Definitionskontexte für die beiden refe-renzierten Variablen LOW und HIGH, da sie in Knoten 1, 9 oder 10 definiert werden können. Für den vierten Definitionskontext gibt es sogar verschiedene Kontextwege, da die Reihenfolge der Definitionen von LOW und HIGH nicht festgelegt ist.

Mit den Begriffen *Definitionskontext* und *Kontextweg* aus Definition 8.4.1 kann nun das Überdeckungskriterium formuliert werden, welches die Ausführung von minde-stens einem Kontextweg pro Definitionskontext verlangt.

DEFINITION 8.4.2
Eine Testdatenmenge T erfüllt das Kriterium **Kontextüberdeckung** *g. d. w. für jeden Knoten k des Datenflußgraphen und jeden Definitionskontext DK von k die Wegemenge Wege(T) mindestens ein Wegstück enthält, welches Kontextweg für DK ist.*

Eine Verschärfung des obigen Kriteriums erhält man, wenn man den Definitions-kontext als *geordnete Folge* der Tupel (k_1, x_1), (k_2, x_2),..., (k_n, x_n) betrachtet und für einen **geordneten Kontextweg** verlangt, daß die Knoten $k_1, k_2, ..., k_n$ in die-ser Reihenfolge auf dem Kontextweg vorkommen. Zu einem (ungeordneten) Defi-nitionskontext gemäß Definition 8.4.1 kann man also eventuell mehrere **geordnete Definitionskontexte** erhalten. Das Kriterium **geordnete Kontextüberdeckung** fordert dann gerade die Ausführung von mindestens einem geordneten Kontextweg für jeden geordneten Definitionskontext.

BEISPIEL 8.4.2 (GEORDNETER DEFINITIONSKONTEXT)
Für das Suchprogramm aus Abbildung 7.2 ergibt sich für Knoten 2 mit der An-weisung $MID := \lfloor (LOW + HIGH)/2 \rfloor$ nur im Falle des Definitionskontextes DK_4 ein Unterschied zu Beispiel 8.4.1, da die Reihenfolge der Knoten auf den Kontextwegen in den anderen drei Fällen eindeutig festgelegt ist. Für $DK_4 = \{(9, LOW), (10, HIGH)\}$ gibt es die folgenden geordneten Definitionskontexte, die bei der geordneten Kontextüberdeckung beide auszuführen sind.

$$GDK_1 = ((9, LOW), (10, HIGH)) \text{ mit Kontextweg } (9, 2, 3, 5, 8, 10, 2),$$
$$GDK_2 = ((10, HIGH), (9, LOW)) \text{ mit Kontextweg } (10, 2, 3, 5, 8, 9, 2).$$

Die folgende Strategie vereinigt die Strategie *alle k-DR-Interaktionen*, bei der lange Ketten von Definitionen und Referenzen untersucht werden, mit dem Ansatz der Kontextüberdeckung: Beim sogenannten **Definitionsbaumtesten** wird eine Teil-menge V der Ausgabevariablen des Programms ausgewählt. Der Datenfluß für die Variablen aus V wird dann von den Ausgabeanweisungen durch eine *Folge* von Definitionskontexten zurückverfolgt bis zum Beginn des Programms oder bis eine zyklische Benutzung der Variablen erreicht ist. Durch diese Strategie kann also — wie bei *alle k-DR-Interaktionen* — eine komplette Berechnungsfolge getestet werden und ihr Effekt mit der Spezifikation verglichen werden.

BEISPIEL 8.4.3 (DEFINITIONSBAUMTESTEN)
Für das Suchprogramm aus Abbildung 7.2 ist Anweisung 11 (output NPOS) die einzige Ausgabeanweisung. Definitionskontexte dafür sind $DK_{11,6} = \{(6, NPOS)\}$ und $DK_{11,1} = \{(1, NPOS)\}$. Für $DK_{11,1}$ mit Kontextweg $w = 1, 2, 3, 4, 11$ ist nichts zurückzuverfolgen, für $DK_{11,6}$ sind dagegen die Definitionskontexte für die Referenz von MID im Knoten 6 zu ermitteln. Das ergibt nur $DK_{6,2} = \{(2, MID)\}$ und (vorläufig) den auszuführenden Weg $w = 2, 3, 5, 6, 7, 11$. Da in Knoten 2 die Variablen LOW und HIGH referenziert werden, ergibt das die vier Definitionskontexte aus Beispiel 8.4.1 und somit die folgenden auszuführenden Wege, wobei Anfang und Ende der neuen vier Kontextwege unterstrichen sind:

$$w_1 = (\underline{1}, \underline{2}, 3, 5, 6, 7, 11),$$
$$w_2 = (\underline{1}, 2, 3, 5, 8, 10, \underline{2}, 3, 5, 6, 7, 11),$$
$$w_3 = (\underline{1}, 2, 3, 5, 8, 9, \underline{2}, 3, 5, 6, 7, 11,$$
$$w_4 = (\underline{9}, 2, 3, 5, 8, 10, \underline{2}, 3, 5, 6, 7, 11) \text{ oder } w_4 = (\underline{10}, 2, 3, 5, 8, 9, \underline{2}, 3, 5, 6,$$
$$7, 11) \text{ (je nach Wahl des Kontextweges für } DK_4 \text{ in Beispiel 8.4.1).}$$

Die Wege w_1, w_2, w_3 sind nicht mehr „nach vorn" verlängerbar, nur für w_4 ergibt sich für Knoten 9 bzw. 10 eine weitere Referenz von MID mit dem Definitionskontext $\{(2, MID)\}$ und somit für die beiden Alternativen (bei w_4) die zu testenden Wege

$$w = (\underline{2}, 3, 5, 8, \underline{9}, 2, 3, 5, 8, 10, 2, 3, 5, 6, 7, 11) \text{ und}$$
$$w' = (\underline{2}, 3, 5, 8, \underline{10}, 2, 3, 5, 8, 9, 2, 3, 5, 6, 7, 11).$$

Die Weiterverfolgung der Definitionskontexte DK_1 bis DK_4 (aus Beispiel 8.4.1) führt dann zum „Abbruch" (Wegbeginn bei Knoten 1) bzw. zur Iteration (Wegbeginn bei Knoten 9 und 10).

8.5   Übungen

Übung 8.1:
Geben Sie das Datenflußschema für den Textformatierer aus Beispiel 7.3.1 an.
Hinweis: Geben Sie als formale Bezeichner für die Knoten die Zeilennummern aus Beispiel 7.3.1 (auf S. 208) an, wobei aufzuspaltende Knoten (z. B. 15) als 15a, 15b etc. zu bezeichnen sind. Neben den Knoten sind die Mengen DEF und REF zu notieren. Gibt es nichtleere Mengen UNDEF?

Übung 8.2:

(a) Geben Sie für folgende Programme Wegstücke an, die das Kriterium *alle Definitionen* (s. Def. 8.2.1) erfüllen:

    i. das Programm aus Abbildung 7.1 (Berechnung von $z = x^{|y|}$);

    ii. den Textformatierer aus Beispiel 7.3.1 bzw. Übung 8.1.

(b) Geben Sie zusätzliche Wegstücke [zu den Wegstücken aus (a)] an, damit auch das Kriterium *alle DR-Interaktionen* (s. Def. 8.2.2) erfüllt ist (für beide Programme aus i und ii).

Hinweis: Lassen Sie in beiden Fällen [(a) und (b)] außer acht, ob die angegebenen Wegstücke ausführbar sind oder nicht. Fassen Sie Wegstücke zusammen, die den gleichen Anfang haben. Zur Ermittlung der zu betrachtenden Paare von Definitionen und Referenzen empfiehlt sich die Aufstellung einer „Kreuz-Referenz"-Tabelle, die für jede Variable die Zeilen angibt, wo sie definiert bzw. referenziert wird.

Übung 8.3:

(a) Geben Sie für folgende Programme Wegstücke an, die das Kriterium *alle Referenzen* (s. Definition 8.2.3) erfüllen:

    i. das Programm aus Abbildung 7.1;

    ii. den Textformatierer aus Beispiel 7.3.1 bzw. Übung 8.1.

(b) Welche Wegstücke der Lösung zu i können jeweils weggelassen werden, wenn als Kriterium nur *alle E-/einige B-Referenzen* oder nur *alle B-/einige E-Referenzen* verlangt wird?

Hinweis: Teilen Sie in der Kreuz-Referenz-Tabelle (aus Übung 8.2) die Referenzen in Entscheidungs- oder Berechnungs-Referenzen auf, damit Sie die zu erfüllenden Paare von Definitionen und Referenzen leichter ablesen können.

Übung 8.4:

Für welche Paare von Definitionen und Referenzen einer Variablen gibt es bei den Programmen aus Abbildung 7.1 ($z = x^{|y|}$) und Beispiel 7.3.1 (Textformatierer) einen Unterschied bei den Kriterien *alle Referenzen* und *alle DR-Wege* (vgl. Definition 8.2.3 und 8.2.6)?

Beachten Sie, daß die verschiedenen Wege beim Kriterium *alle DR-Wege* keine Zyklen enthalten dürfen bzw. nur genau aus einem einfachen Zyklus bestehen dürfen. Bei Abbildung 7.1 ist also ein Weg E, F, C, D, E erlaubt (einfacher Zyklus), nicht aber der Weg B, C, D, F, C, G.

Übung 8.5:
Ermitteln Sie die 3-DR-Interaktionen (s. Definition 8.3.1)

(a) für das Programm aus Abbildung 7.1 ($z = x^{|y|}$);

(b) für den Textformatierer aus Beispiel 7.3.1, allerdings nur für die 3-DR-Interaktionen, in denen zwei *verschiedene* Variablen vorkommen.

Geben Sie in beiden Fällen [(a) und (b)] jeweils einen Interaktionsweg (s. Definition 8.3.2) an, der zu der 3-DR-Interaktion paßt.

Übung 8.6:
Betrachten Sie das Programm aus Abbildung 7.1 und darin die Ausgabeanweisung „Write z" in Knoten G. Ermitteln Sie dazu die möglichen Definitionskontexte und verfolgen Sie diese weiter zurück, indem Sie für die definierenden Knoten wiederum die referenzierten Variablen und dazu die Definitionskontexte und Kontextwege ermitteln und verketten. Brechen Sie das Verfahren ab, wenn Zyklen in den Wegen entstehen. Orientieren Sie sich am Vorgehen bei Beispiel 8.4.3.

8.6   Verwendete Quellen und weiterführende Literatur

Das Überdeckungsmaß **alle Definitionen** wurde von Rapps und Weyuker definiert (s. [RaW 85]). Das Kriterium **alle DR-Interaktionen** wurde zuerst von Herman formuliert (s. [Her 76]). Rapps und Weyuker haben das Kriterium *alle DR-Interaktionen* abgewandelt, und zwar zu dem Kriterium **alle Referenzen** und zu den schwächeren Kriterien **alle E-/einige B-Referenzen** und **alle B-/einige E-Referenzen** (s. [RaW 85], S. 371). Das stärkere Kriterium **alle DR-Wege** wurde ebenfalls von Rapps und Weyuker vorgeschlagen (s. [RaW 85]).
Von Ntafos stammt das Kriterium **alle k-Tupel**, welches in abgewandelter Form von Clarke et al. formuliert wurde (s. [Cl& 89], S. 1321). In diesem Kapitel wurde die darin enthaltene Forderung nach bestimmten Schleifendurchläufen weggelassen und der reine Datenflußaspekt des Kriteriums als besonderes Kriterium **alle k-DR-Interaktionen** formuliert. Ursprünglich enthielt das Kriterium von Ntafos auch noch die Forderung nach Bedingungsüberdeckung (s. [Nta 84a], S. 251).
Die Begriffe **Definitionskontext** und **Kontextweg** wurden von Clarke et al. und Laski/Korel formuliert (vgl. [LaK 83], S. 349 ff., [Cl& 89], S. 1322). Im Unterschied zu Clarke et al. wurde hier im Buch — wie bei Laski und Korel — für einen Knoten k stets die ganze Menge *REF(k)* betrachtet. Das Kriterium **Kontextüberdeckung** stammt ebenfalls von Laski und Korel. Die Zusatzforderung **geordnete Kontextüberdeckung** haben Clarke et al. vorgeschlagen (s. [Cl& 89], S. 1322). Die mächtige, aber aufwendige Strategie **Definitionsbaumtesten** wurde von Laski vorgestellt (s. [Las 82]), s. auch [De& 87], S. 62 f.).

9 Ausdrucks-, anweisungs- und datenbezogenes Testen

9.1 Ausdrucks- und anweisungsbezogenes Testen

Das datenflußbezogene Testen in Kapitel 8 wurde damit motiviert, daß Fehler *in Anweisungen* aufgespürt werden sollen (s. Beispiel 8.1.1). Für diese Fehler gibt es zwei mögliche Ursachen:

1. Die Anweisung ist korrekt, aber die referenzierten Werte werden vorher falsch berechnet.

2. Die Anweisung ist falsch.

Die erste Ursache wurde in Kapitel 8 zum Ausgangspunkt der Anforderungen an die Testkriterien gemacht. In diesem Kapitel wird die zweite Ursache (falsche Anweisungen) betrachtet.

Um Berechnungsfehler wirklich aufzuspüren, reicht es nicht aus, einen Weg von einer Variablendefinition zu einer Variablenreferenz mit *irgendeinem* Wert für die Variable auszuführen. Vielmehr müssen die Anweisungen auf den Wegen mit solchen Werten getestet werden, bei denen mögliche Fehler *tatsächlich* bemerkt werden.

Wenn die Anweisungen grob modelliert werden, ist nur von Interesse, auf welche Variablen dabei *zugegriffen* wird und in welchen Variablen die Ergebnisse von Berechnungen *gespeichert* werden. Bei einer feineren Modellierung von Berechnungen und Entscheidungen werden die *Ausdrücke* und *Relationen* betrachtet, die in den Anweisungen vorkommen.
Es wird also folgendes unterschieden:

1. Datenzugriff

2. Datenspeicherung

3. arithmetischer Ausdruck

4. arithmetische Relation

5. Boolescher Ausdruck

Die möglichen Fehlerarten und die entsprechenden Anforderungen an die Testdaten, die diese Fehler aufdecken können, werden im folgenden behandelt. Als allgemeine Anforderung an die Testdaten gilt: *direkt* nach Ausführung der fehlerhaften Anweisung muß ein fehlerhafter Programmzustand vorliegen, und zwar für wenigstens eine Ausführung der fehlerhaften Anweisung. (Die stärkere Forderung, daß sich dieser Zustandsfehler auch bis zu einer Programmausgabe *fortpflanzt*, ist Grundlage der Mutationsanalyse [genaueres siehe Kap. 9.3]. Der hier gewählte Ansatz ist somit nur eine **schwache Mutationsanalyse**.)

1. **Datenzugriff**

   Fehlerart: Zugriff auf eine falsche Variable

   Testdaten: Alle Variablen im Programm müssen vor dem Zugriff verschiedene Werte haben. Dieses Kriterium heißt **Datenzugriffskriterium**.

BEISPIEL 9.1.1
Für das Programm aus Abbildung 7.2 soll $N \neq 0$ sein, damit in Anweisung 1 die Variablen LOW und HIGH verschiedene Werte erhalten, die bei fehlerhaftem Zugriff in Anweisung 2 oder 3 unterscheidbar sind.
Damit sich in Anweisung 2 auch MID davon unterscheidet, muß die Differenz von LOW und HIGH mindestens 2 sein, da z. B. LOW = 1, HIGH = 2 die Gleichheit $MID = \frac{1+2}{2} = 1 = LOW$ ergibt. Dies ist für Zugriffe auf MID in Anweisung 5,6,8,9 oder 10 wichtig. Entsprechendes gilt für NPOS, A[MID] und Zugriffe in den anderen Anweisungen.

2. **Datenspeicherung**

   Fehlerart: Speicherung eines Wertes in einer falschen Variablen

   Testdaten: Wird einer Variablen ein Wert zugewiesen, muß er anders als der bisherige Wert sein. Dieses Kriterium heißt **Datenspeicherungskriterium**.

BEISPIEL 9.1.2
Wählt man für das Programm aus Abbildung 7.2 die Eingabe $N = 1$ und Werte von F und A mit $F > A[1]$, so erhält MID in Anweisung 2 zweimal nacheinander den Wert 1 zugewiesen[1]. Müßte der Wert 1 richtigerweise beim zweiten Mal einer anderen Variablen zugewiesen werden, so fällt dies bei obigen Testdaten (bei der Betrachtung von MID) nicht auf: MID hätte den richtigen Wert 1 trotz falscher Zuweisung behalten.

---

[1] Beim ersten Mal $\frac{1+1}{2} = 1$, beim zweiten Mal (wg. $F > A[1]$ in Anweisung 8) den Wert $\frac{2+1}{2} = 1$.

3. Arithmetischer Ausdruck

Die hier betrachteten arithmetischen Ausdrücke bestehen aus Variablen oder Konstanten als Operanden und den Operatoren $+, -, *, /$ und $**$ (Exponentiation). Enthält ein Ausdruck nicht die Division „$/$", so ist er ein **Polynom**, falls nur eine Variable vorkommt, sonst ein **Multinom**.

Fehlerarten:

(a) einfache additive oder multiplikative Fehler,

(b) ein Fehler in einem Polynom oder Multinom, der die Variablenmenge nicht ändert und den höchsten Exponenten im Ausdruck nicht erniedrigt.

Testdaten:

(a) Der betroffene (Teil-)Ausdruck muß einen Wert ungleich 0 erhalten, damit multiplikative Fehler gefunden werden. (Additive Fehler wirken sich immer aus). Dieses Kriterium heißt das **additive/multiplikative Fehler-Kriterium**.

(b) Für ein Polynom vom Grad n sind $n + 1$ unabhängige Testdaten ausreichend. Für ein Multinom mit höchstem Exponenten n ist eine Kaskadenmenge von k-Tupeln vom Grad $n + 1$ ausreichend, wobei k die Anzahl der Variablen ist (genaueres s. [How 87] und [How 78d]). Diese Kriterien heißen **Polynom-** bzw. **Multinom-Kriterium**.

BEISPIEL 9.1.3 (ZU EINFACHEN FEHLERN UND POLYNOMEN)
Bei dem Programm aus Abbildung 7.2 enthält die rechte Seite der Zuweisung in Zeile 9 den Ausdruck MID + 1.

(a) *Sei „$k*MID+1$" der korrekte Ausdruck (für $k \neq 1$). Dann muß mit $MID \neq \underline{0}$ getestet werden.*
Sei „$k*(MID+1)$" der korrekte Ausdruck (für $k \neq 1$). Dann muß mit $MID+1 \neq 0$, d. h. $MID \neq \underline{-1}$ getestet werden. (Falls „MID + c" der korrekte Ausdruck ist (für $c \neq 1$), so ist jedes Testdatum für MID fehleraufdeckend.)

(b) *Falls der Ausdruck „$k*MID+c$" korrekt ist (für $k \neq 1$), so genügen zwei Testdaten für dieses Polynom vom Grade 1, da $k*MID+c = MID+1$ nur für $MID = \frac{1-c}{k-1} =: s$ gilt. Ein Testdatum ungleich s deckt also die Abweichung auf, bei zwei verschiedenen Testdaten ist garantiert eines der Testdaten ungleich s.*

Falls beispielsweise der Ausdruck „$MID^2 + 1$" korrekt ist, muß man (bei einem Polynom zweiten Grades) mit drei Testdaten testen, da die beiden Testdaten $MID = 0$ und $MID = 1$ den Unterschied zum Ausdruck „$MID + 1$" nicht feststellen würden. Da der korrekte Exponent aber (beim implementationsorientierten Testen) nicht bekannt ist, läßt sich die hinreichende Anzahl der Testdaten nicht sicher ermitteln.

Die erforderlichen Testdaten bei dem jeweils angenommenen korrekten Ausdruck lassen sich tabellarisch zusammenstellen (s. Tabelle 9.1).

Nr.	korrekter Ausdruck	Bedingung für Testdaten
1	$k * MID + 1 \ (k \neq 1)$	$MID \neq 0$
2	$k * (MID + 1) \ (k \neq 1)$	$MID \neq -1$
3	$MID + c \ (c \neq 1)$	beliebig
4	$k * MID + c \ (k \neq 1)$	$MID \neq \frac{1-c}{k-1}$
5	$MID^2 + 1$	$MID \neq 0$ und $MID \neq 1$

Tab. 9.1 Erforderliche Testdaten für angenommene korrekte Ausdrücke

Im Fall 3 reicht also *ein* Testdatum, in den Fällen 1, 2 und 4 reichen *zwei* beliebige (verschiedene) Testdaten aus. Da dies alle Fehlerfälle für ein Polynom vom Grade 1 sind, reichen also dafür *zwei* beliebige (verschiedene) Testdaten aus. Im Falle 5 handelt es sich um ein Polynom vom Grade 2. *Drei* beliebige (verschiedene) Testdaten reichen dafür aus.

Hier zeigt sich das Problem bei dieser Methode: wenn man nicht weiß, ob der Grad des Polynoms durch den Fehler erniedrigt wurde, bzw. wenn man den Grad g des *korrekten* Polynoms nicht kennt, kann man auch nicht die Anzahl $g + 1$ der ausreichenden Testdaten bestimmen.

BEISPIEL 9.1.4 (ZU MULTINOMEN)
Bei dem Programm aus Abbildung 7.2 enthält die rechte Seite der Zuweisung in Anweisung 2 den Ausdruck $\frac{LOW+HIGH}{2}$, wobei hier aus Vereinfachungsgründen die reellwertige Division angenommen wird[2].
Der Ausdruck hat also die Form $A = a * LOW + b * HIGH$ mit den Konstanten $a = b = 0,5 = \frac{1}{2}$, d. h. er ist ein (lineares) Multinom in den beiden Variablen LOW und HIGH, wobei der höchste Exponent den Wert $n = 1$ hat.

Um dieses Multinom von einem anderen Multinom B mit höchstem Exponenten 1 in LOW und HIGH zu unterscheiden, sind die folgenden vier Testdaten $t_1 = (0,0), t_2 = (0,1), t_3 = (1,0)$ und $t_4 = (1,1)$ der Art $t_i = (LOW, HIGH)$ ausreichend. Sie lassen sich nämlich durch die folgenden beiden Bäume beschreiben (siehe Abbildung 9.1) und sind damit (definitionsgemäß[3]) eine Kaskadenmenge von k-Tupeln (mit $k = 2$) vom Grad $n + 1 = 2$ (vgl. obige Aussage 3(b) zu Testdaten bei arithmetischen Ausdrücken).

---

[2] Der Ausdruck $\frac{LOW+HIGH}{2}$ mit ganzzahliger Division ist kein Multinom, da auf den Wert der reellwertigen Division noch die Abrundungsfunktion angewandt werden muß, die verschiedene Werte auf einen Wert abbildet, z. B. (ganzzahlig) $\frac{7}{3} = \frac{8}{3} = 2$. Daher reichen Testdaten, die einen Unterschied bei der reellwertigen Division nachweisen, nicht unbedingt aus.

[3] nach [How 78d] und [How 87]

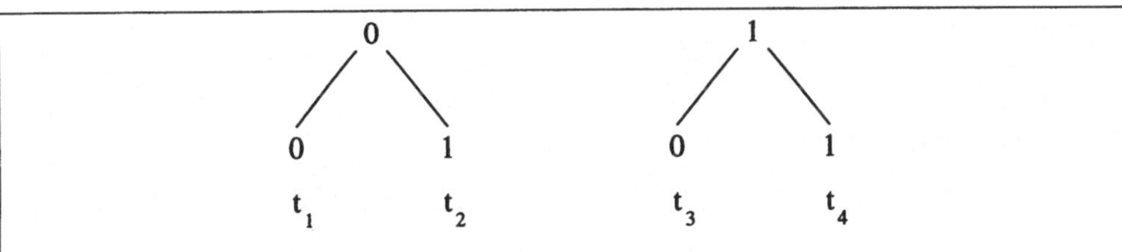

Legende: Die Knotenmarkierungen auf den vier Wegen von den Wurzeln zu den Blättern beschreiben die vier Testtupel.

Abb. 9.1: Kaskadenmenge vom Grad 2

Diese Tests sind ausreichend zur Unterscheidung von Multinom A und Multinom B, wobei B die folgende allgemeine Form habe:

$B = c * LOW * HIGH \mid d * LOW + c * HIGH + f$ *mit Konstanten* c, d, e, f.
Angenommen, die Tests ergeben für A und B gleiche Ergebnisse; dann gilt:
$A(0,0) = 0 = B(0,0) = f$, *was* $f = 0$ *impliziert;*
$A(0,1) = b = B(0,1) = e + f$, *was (wegen* $f = 0$*)* $e = b$ *impliziert;*
$A(1,0) = a = B(1,0) = d + f$, *was (wegen* $f = 0$*)* $d = a$ *impliziert;*
$A(1,1) = a + b = B(1,1) = c + d + e + f$, *was (wegen* $f = 0, a = d, b = e$*)* $c = 0$
impliziert.

Also hat B auch die Form $B = a * LOW + b * HIGH$, *d. h. B ist identisch mit Multinom A.*
Durch logische Umkehrung gilt: ist B nicht identisch mit A, so erhält man in mindestens einem der Fälle $t_1 = (0,0), t_2 = (0,1), t_3 = (1,0)$ *oder* $t_4 = (1,1)$
unterschiedliche Testergebnisse.   **q.e.d.**

4. Arithmetische Relation

Seien A und B arithmetische Ausdrücke und r eines der Relationssymbole $<$, $=$, $>$, $\leq$, $\geq$ oder $\neq$.

Fehlerarten:

    (a) Die Relation der Form „$A\ r\ B$" enthält ein falsches Relationssymbol r.

    (b) „$A\ r\ B$" ist falsch, die Relation „$(A + k)\ r\ B$" müßte realisiert werden (mit einer Konstanten $k \neq 0$)[4].

Testdaten:

Es sind drei Testdaten nötig, bei denen die Differenz $A - B$ den größten negativen Wert (knapp unter 0), den Wert 0 und den kleinsten positiven Wert annimmt. Dieses Kriterium heißt das **arithmetische Relations-Kriterium**.

---

[4]Das ist äquivalent zum Fall „$A\ r\ (B - k)$", d. h. einem Fehler auf der rechten Seite. (Man beachte, daß k auch negativ sein darf.)

BEISPIEL 9.1.5

*Der Ausdruck in Anweisung 8 des Programms aus Abb. 7.2 ist „$F > A[MID]$".
Die erforderlichen Testdaten bei dem jeweils angenommenen korrekten Ausdruck
sind in Tabelle 9.2 dargestellt.*

Nr.	korrekter Ausdruck	Bedingung für Testdaten
1	„$F = A[MID]$"	$F = A[MID]$
2	„$F \geq A[MID]$"	$F = A[MID]$
3	„$F \leq A[MID]$"	$F = A[MID]$
4	„$F < A[MID]$"	$F = A[MID] + d, d > 0$
5	„$F \neq A[MID]$"	$F = A[MID] - d, d > 0$
6	„$F > A[MID] + k$", $k \neq 0$	$F = A[MID] + d, 0 < |d| < |k|$
		mit $d > 0$ g. d. w. $k > 0$

Legende: *Die mittlere Spalte enthält die im Programm vorkommenden syntaktischen
Ausdrücke. Die rechte Spalte beschreibt dagegen Relationen zwischen den Werten der
angegebenen Variablen.*

Tab. 9.2 *Erforderliche Testdaten für den Ausdruck „$F > A[MID]$"*

5. **Boolescher Ausdruck**

Boolesche Ausdrücke können auf zwei Arten verwendet werden.

a) Berechnung eines Entscheidungsausgangs im Kontrollfluß

b) Berechnung des Wertes einer Booleschen Variablen

zu a: Wenn ein Boolescher Ausdruck direkt oder indirekt zur Berechnung des
Ausgangs einer Entscheidung im Kontrollfluß dient, dann können die Testkriterien als Verfeinerung der Kriterien für die *Zweigüberdeckung* im Kontrollflußgraphen aufgefaßt werden (vgl. Def. 7.2.4 auf S. 197). Dies ist naheliegend, wenn die
Übersetzung dieser Ausdrücke betrachtet wird.

BEISPIEL 9.1.6

*Die Verzweigung „if C **or** D **then** B_1 **else** B_2" aus Abbildung 9.2 a) (mit Booleschen Ausdrücken C und D und Berechnungen B1 und B2) wird üblicherweise
in eine Kontrollstruktur wie in Abbildung 9.2 b) übersetzt, die zwei Verzweigungen enthält. Man könnte also die Zweigüberdeckung für die Kontrollstruktur in
Abb. 9.2 b) fordern, d. h. statt zwei sind vier Zweige zu überdecken. Von den
beiden Fällen für „C **or** D" wird dabei der Fall „C **or** $D = true$" differenzierter
betrachtet.*

Die obige Interpretation mit der Verfeinerung bzw. Übersetzung des Kontrollflusses kann im folgenden als Begründung für die Anforderung an Testdaten verwendet werden.

zu b: Boolesche Ausdrücke können zur Berechnung der Werte von Booleschen
Variablen dienen, die ein eigenständiges Ergebnis eines Programms sind.

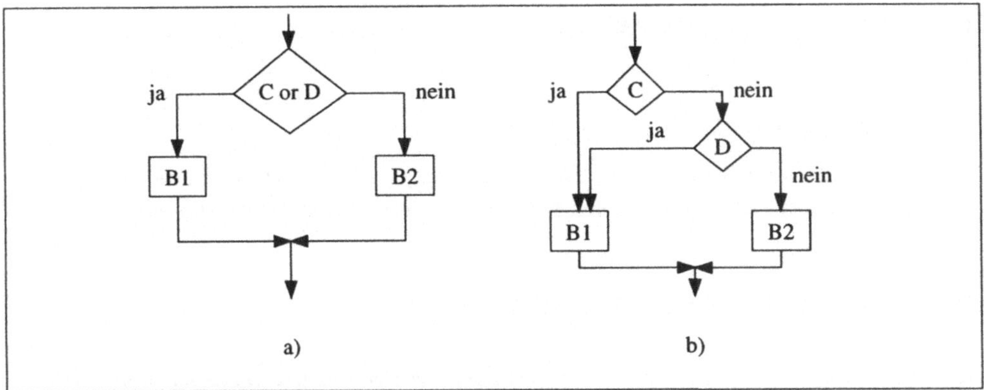

Abb. 9.2: Kontrollfluß bei dem Booleschen Ausdruck „C or D"

Im folgenden Kapitel 9.2 werden beide Arten von Booleschen Ausdrücken einheitlich behandelt. Allerdings werden die Erläuterungen und Beispiele immer nur auf den Fall „Boolescher Ausdruck in Entscheidungen im Kontrollfluß" bezogen. Damit werden die Verbindungen zu den Kontrollflußkriterien aus Kapitel 7 aufgezeigt.

6. Ausdrücke (allgemein)

Fehlerarten:

> (a) überflüssige Teilausdrücke
>
> (b) vertauschte (Teil-)Ausdrücke

Testdaten:

> (a) Für jeden Ausdruck und jeden seiner Teilausdrücke muß es ein Testdatum geben, das diesen Ausdruck ausführt, so daß bei der Ausführung Ausdruck und Teilausdruck verschiedene Werte annehmen (damit der überflüssige Rest erkannt wird). Dieses Kriterium heißt **kürzere Ausdrücke**.
>
> (b) Für jeden Ausdruck im Programm muß es ein Testdatum geben, das diesen Ausdruck ausführt und bei dessen Ausführung alle (Teil-)Ausdrücke im Programm verschiedene Werte haben (damit eine Vertauschung auffällt). Dieses Kriterium heißt **alle kürzeren Ausdrücke**.

BEISPIEL 9.1.7
Bei einem Test des Ausdrucks $x * (x - 2) + (x - 1)$ mit den Testdaten 0 und 2 ergibt sich für den Teilausdruck $x * (x - 2)$ stets der Wert 0. Daher wird der gesamte Ausdruck nicht von dem kürzeren Ausdruck $x - 1$ unterschieden. Entsprechendes gilt für den Teilausdruck $(x - 1)$ und Testdatum $x = 1$. Also muß mit einem Testdatm ungleich 0, 1 und 2 getestet werden, um das Kriterium „kürzere Ausdrücke" zu erfüllen.

Das Kriterium **mehrfache Werte für Ausdrücke** fordert für komplette Ausdrücke, daß sie jeweils zwei verschiedene Werte annehmen. Damit verallgemeinert das Kriterium die Forderung für multiplikative Fehler bei Polynomen (vgl. die Diskussion zu Tabelle 9.1).

Alle aufgestellten Kriterien müssen sinngemäß angepaßt werden, wenn die Ausdrücke und Anweisungen nicht Zahlen, sondern komplexere Datenstrukturen enthalten.

9.2   Test Boolescher Ausdrücke

In einem ersten Ansatz (der später verfeinert wird) werden Boolesche Ausdrücke als Verknüpfung von atomaren Prädikattermen bzw. atomaren Bedingungen mit logischen Operatoren modelliert. Die Struktur der atomaren Bedingungen wird dabei nicht weiter analysiert. Es interessiert nur, daß sie die Werte *true* und *false* haben.

BEISPIEL 9.2.1
In einem Programm sei folgende Entscheidung enthalten:
$$\text{if } A > 1 \text{ and } (B = 2 \text{ or } C > 1) \text{ and } D \text{ then } \ldots \text{ else } \ldots$$
Dann ist
$$A > 1 \text{ and } (B = 2 \text{ or } C > 1) \text{ and } D$$
das entsprechende Entscheidungsprädikat mit den folgenden vier atomaren Prädikattermen:
$$A > 1, B = 2, C > 1, D$$

Atomare Prädikatterme zeichnen sich dadurch aus, daß sie keine logischen Operatoren wie *and, or, not* enthalten, sondern höchstens Relationssymbole, wie z. B. „>" und „=". Man beachte, daß im obigen Beispiel „D" eine boolesche Variable sein muß, damit dieser Term die logischen Wahrheitswerte annehmen kann.

Denkt man an die Verwendung von Booleschen Ausdrücken in Entscheidungen im Kontrollfluß und an die Übersetzung der zusammengesetzten Entscheidungsprädikate wie in Abbildung 9.2b), so kann man die Forderung aufstellen, alle Zweige im übersetzten Kontrollflußgraphen auszuführen. Ein erster naheliegender Ansatz dazu ist das folgende Kriterium.

DEFINITION 9.2.1
Eine Testdatenmenge T erfüllt die **C_2-Überdeckung** *g. d. w. es für jede Verzweigung im Programm mit zwei Ausgängen[5] und für jeden atomaren Prädikatterm p des zur Verzweigung gehörenden Booleschen Ausdrucks zu jedem Wahrheitswert von p ein Testdatum t aus T gibt, bei dessen Ausführung p diesen Wahrheitswert annimmt.*

---

[5]Verzweigungen mit mehr als zwei Ausgängen (z. B. *case*-Anweisungen) können stets in eine äquivalente Kaskade von Verzweigungen mit zwei Ausgängen umgewandelt werden.

Die C_2-Überdeckung heißt auch (**atomare**) **Bedingungsüberdeckung**, da die atomaren Prädikatterme auch atomare Bedingungen genannt werden.

Für eine atomare Bedingungsüberdeckung ist leider *nicht* garantiert, daß der Test Stichproben für beide logischen Werte der kompletten Booleschen Ausdrücke enthält. Das bedeutet, daß eine atomare Bedingungsüberdeckung unter Kontrollflußkriterien nicht ausreichend ist, da sie keine Zweigüberdeckung garantiert.

BEISPIEL 9.2.2
Für das Programm aus Abbildung 9.3 erfüllen beispielsweise folgende Testdaten die atomare Bedingungsüberdeckung, aber nicht die Zweigüberdeckung:

t_1: *Testdatum: $A = 2, B = 1, C = 4$; Solldatum: $C = 5$,*
   damit $A > 1, B \neq 0, A = 2$ und $C > 1$ erfüllt ist.

t_2: *Testdatum: $A = C = 1, B = 0$; Solldatum: $C = 1$,*
   damit $A \leq 1, B = 0, A \neq 2$ und $C \leq 1$ erfüllt ist.

Im Kontrollflußgraphen von Abbildung 9.3 führt Testdatum t_1 den Weg abe und Testdatum t_2 den Weg abd aus. Entscheidungskante c wird also nicht ausgeführt.

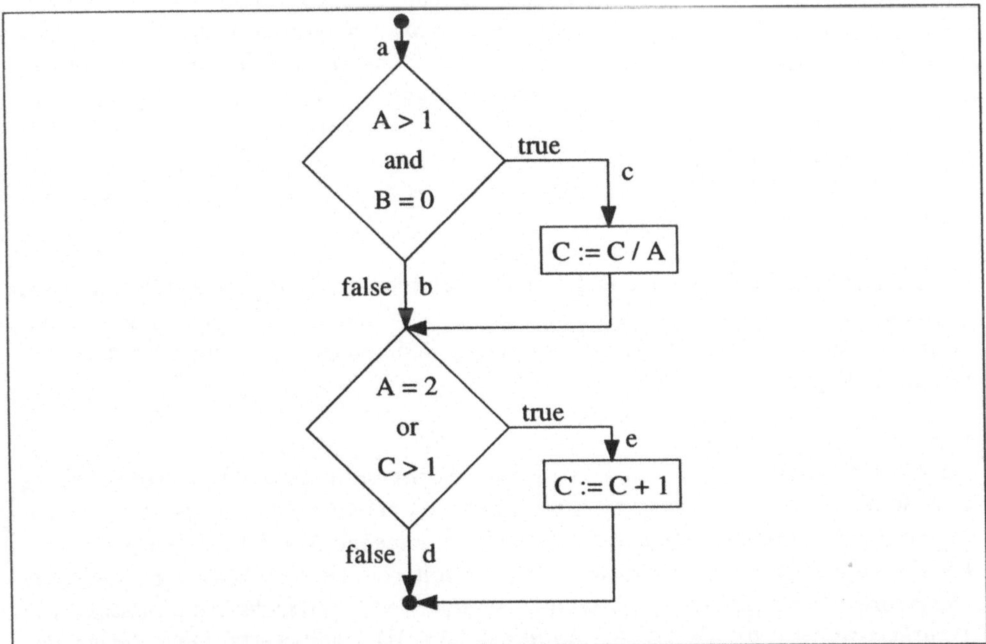

Abb. 9.3: Programm mit zusammengesetzten Entscheidungsprädikaten

Um die oben genannte Schwäche der atomaren Bedingungsüberdeckung auszumerzen, muß also wenigstens folgendes verlangt werden:

DEFINITION 9.2.2
Eine Testdatenmenge erfüllt die **Zweig-/Bedingungsüberdeckung** *g. d. w. sie die* C_2-*Überdeckung (die atomare Bedingungsüberdeckung) und die* C_1-*Überdeckung (die Zweigüberdeckung) erfüllt.*

Für einen Booleschen Ausdruck B, der als Entscheidungsprädikat im Kontrollfluß fungiert, bedeutet die C_1-Überdeckung, daß der komplette Boolesche Ausdruck sowohl mit dem Wert $B = true$ als auch mit dem Wert $B = false$ auszuführen ist.

BEISPIEL 9.2.3
Für eine Zweig-/Bedingungsüberdeckung des Programms aus Abbildung 9.3 können folgende Testdaten t_1 *und* t_2 *gewählt werden:*

t_1: *Testdatum: $A = 2, B = 0, C = 4$, Solldatum: $C = 3$, damit $A > 1$ und $B = 0$ und $A = 2$ und (nach $C := C/A$) $C > 1$ gilt und der Weg ace ausgeführt wird;*

t_2: *Testdatum: $A = B = C = 1$, Solldatum: $C = 1$, damit der Weg abd wegen $A \leq 1$ und $B \neq 0$ und $A \neq 2$ und $C \leq 1$ ausgeführt wird.*

Es werden alle Wahrheitswerte der atomaren Bedingungen $A > 1, B = 0, A = 2, C > 1$ angenommen und alle Entscheidungskanten b, c, d, e ausgeführt. Es werden aber nicht alle Zweige des (wie bei Abbildung 9.2b) verfeinerten Kontrollflußgraphen ausgeführt: es fehlen die Fälle „$A > 1$ und $B \neq 0$" bei der ersten Entscheidung und „$A \neq 2$ und $C > 1$" bei der zweiten Entscheidung. Daher würde ein Fehler in der zweiten Entscheidung (z. B. „$A = 2$ or $C > 2$" ist richtig und „$A = 2$ or $C > \underline{1}$" ist falsch) nicht auffallen. Bei Testdatum t_1 ist nämlich die Abfrage „$C > 1$" durch $A = 2$ maskiert und bei Testdatum t_2 ist wegen $C = 1$ sowohl „$C > 1$" als auch „$C > 2$" nicht erfüllt.

Im Beispiel 9.2.3 muß also der Fall $C > 1$ zusammen mit $A \neq 2$ ausgeführt werden, damit ein fehlerhafter logischer Wert von „$C > 1$" auffällt. Um genügend Kombinationen von Wahrheitswerten von atomaren Bedingungen zu testen, ist demnach folgendes zu fordern:

DEFINITION 9.2.3
Eine Testdatenmenge erfüllt die **minimale Mehrfachbedingungsüberdeckung** *g. d. w. für jede Verzweigung im Programm mit zwei Ausgängen und für den zur Verzweigung gehörenden Booleschen Ausdruck folgende Kombinationen der Wahrheitswerte der atomaren Prädikatterme, die mit ein- oder mehrstelligen logischen Operatoren verknüpft sind, ausgeführt werden: jede[6] mögliche Kombination von Wahrheitswerten, bei denen die Änderung des Wahrheitswerts eines Terms den Wahrheitswert der logischen Verknüpfung ändern kann.*
Diese Überdeckung wird auch **C_2(mM)-Überdeckung** *genannt.*

---

[6]Zur weiteren Einschränkung der Eingabekombinationen siehe Übung 9.4b).

Die $C_2(mM)$-Überdeckung entspricht der Idee der Testdatenauswahl beim Ursache-Wirkungs-Graphen (vgl. Abschnitt 4.2.3) und den entsprechenden Techniken beim Testen von Haftfehlern in der Hardware.

BEISPIEL 9.2.4 (AND)

A	B	A and B
F	F	F
F	T	F
T	F	F
T	T	T

Wenn sich bei der Kombination $A - B - F$ (false) nur einer der beiden Werte fälschlicherweise zu T (true) ändert, ergibt das keine Änderung des Wertes des Ausdrucks „A and B". Dies wird Maskierung des Fehlers genannt und man sagt, daß $A = B = false$ nicht sensitiv auf Wahrheitswertänderung reagiert. Daher sind nur die anderen drei Kombinationen zu testen (falls sie möglich sind[7]).

BEISPIEL 9.2.5 (EQUIVALENCE)

A	B	A equivalence B
F	F	T
F	T	F
T	F	F
T	T	T

Jede Kombination ändert bei Änderung des Wahrheitswertes von A oder B den Wahrheitswert von „A equivalence B". Daher sind alle vier Kombinationen zu testen (falls sie möglich sind).

---

[7]Dies ist dann der Fall, wenn die Wahrheitswerte der Terme unabhängig voneinander gebildet werden können. Bei „$A > 2$ *and* $A > 7$" ist dies z. B. nicht der Fall, denn $(A > 7) = true$ impliziert $(A > 2) = true$. Das Prädikat läßt sich aber in diesem Fall zu „$A > 7$" vereinfachen. Bei „$A < 2$ *or* $A > 7$" ist die Kombination *true-true* ausgeschlossen, die restlichen drei Kombinationen (mit den Wertebereichen $A < 2, 2 \leq A \leq 7, 7 < A$) lassen sich aber nicht einfacher darstellen. Beim Ausdruck „$A > 2$ *or* $A < 7$" ist die Kombination *false-false* nicht möglich, daher ist der Ausdruck stets (konstant) *true*.

BEISPIEL 9.2.6 (OR)

1. *Teste eine Kombination, bei der alle Terme den Wert false haben.*

2. *Teste jede mögliche Kombination, bei der genau ein Term den Wert true hat (und alle anderen Terme den Wert false).*

BEISPIEL 9.2.7 (NAND)

1. *Teste eine Kombination, bei der alle Terme den Wert true haben.*

2. *Teste jede mögliche Kombination, bei der genau ein Term den Wert false hat (und alle anderen Terme den Wert true).*

BEISPIEL 9.2.8 (TESTDATEN FÜR DAS PROGRAMM VON ABBILDUNG 9.3)
Folgende drei Kombinationen sind für die erste Entscheidung zu testen:
$(A > 1, B = 0), (A > 1, B \neq 0), (A \leq 1, B = 0)$
[aber nicht $(A \leq 1, B \neq 0)$].
Für die zweite Entscheidung ist an dieser Stelle folgendes zu testen (wobei der Anfangswert für C evtl. anders sein muß, falls er in Zweig c verändert wird):
$(A \neq 2, C \leq 1), (A \neq 2, C > 1), (A = 2, C \leq 1)$
[aber nicht $(A = 2, C > 1)$].
Die Kombinationen werden durch folgende Testdaten ausgeführt:

t_1: *Testdatum: $A = 3, B = 0, C = 3$; Solldatum: $C = 1$;*
Weg acd und die Kombinationen $(A > 1, B = 0)$ und $(A \neq 2, C \leq 1)$ werden ausgeführt. Der Anfangswert $C = 3$ wird dabei in Zweig c zu $C = 1$ verändert.

t_2: *Testdatum: $A = 2, B = C = 1$; Solldatum: $C = 2$;*
Weg abe und die Kombinationen $(A > 1, B \neq 0)$ und $(A = 2, C \leq 1)$ werden ausgeführt.

t_3: *Testdatum: $A = 1, B = 0, C = 2$; Solldatum: $C = 3$;*
Weg abe und die Kombinationen $(A \leq 1, B = 0)$ und $(A \neq 2, C > 1)$ werden ausgeführt.

Die Kombination $(A = 2, C > 1)$ mußte in Beispiel 9.2.8 nicht getestet werden, da stillschweigend angenommen wurde, daß die Verknüpfung mit *or* korrekt ist und nicht etwa *exor* erforderlich ist. Wenn diese Annahme nicht gerechtfertigt ist, muß eine noch stärkere Anforderung an die Testdaten gestellt werden.

DEFINITION 9.2.4
Eine Testdatenmenge erfüllt die **Mehrfachbedingungsüberdeckung** *g. d. w. für jede Verzweigung im Programm mit zwei Ausgängen und für den zur Verzweigung gehörenden Booleschen Ausdruck jede mögliche Kombination der Wahrheitswerte der atomaren Prädikatterme ausgeführt wird.*

Die Mehrfachbedingungsüberdeckung wird auch **C_2(M)-Überdeckung** *genannt.*

Obwohl die Kriterien $C_2(mM)$- und $C_2(M)$-Überdeckung stärkere Anforderungen an eine Testdatenmenge stellen als die Kriterien C_2- und C_1-Überdeckung, können immer noch Fehler in den Bedingungen auftreten.

BEISPIEL 9.2.9
Der Term „$A = 2$" in der zweiten Entscheidung des Programms von Abbildung 9.3 sei ersetzt worden durch den Term „$A = 2 + (C - 2) * (C - 1)$". Für die Testdaten t_1, t_2, t_3 zur $C_2(mM)$-Überdeckung aus Beispiel 9.2.8 ergibt sich stets $2 + (C - 2) * (C - 1) = 2$, da direkt vor der Auswertung des fraglichen Terms $C = 2$ oder $C = 1$ gilt.

Der Fehler wird in Beispiel 9.2.9 nicht bemerkt, da die Struktur der atomaren Prädikatterme (gemäß der anfangs gemachten Vereinfachung) nicht beachtet und daher nicht hinreichend getestet wird. Es handelt sich dabei um einen Bereichsfehler durch einen falschen Eingabebereich (s. Definition 7.2.1 auf Seite 195).

Man kann den Eingabebereich eines Kontrollflußweges, bei dem n Variablen eine Rolle spielen, geometrisch interpretieren, und zwar als Teilmenge im n-dimensionalen Raum. Bereichsfehler bewirken dabei z. B. eine Verschiebung der Oberfläche (der Grenzen) dieser Teilmenge.

Eine Methode zum Feststellen solcher Grenzverschiebungen heißt **Bereichsüberdeckung** bzw. **C_2(B)-Überdeckung**:

Wird der Bereich durch *eine* logische *and*-Verknüpfung von dimensionserhaltenden[8] Relationen ($<, \leq, >, \geq$) beschrieben und haben die Eingabebereiche lineare Grenzen und eine Dimension von 2 (d. h. die Anzahl der vorkommenden Variablen ist 2), sind sie folgendermaßen zu testen: Für jede Grenze sind je zwei Testdaten auf der Grenze und je zwei knapp daneben anzugeben; dabei muß letzteres Testdatenpaar[9] außerhalb des Bereichs liegen, falls die Grenze zum Bereich gehört (bei „$\leq$"- und „$\geq$"-Relationen), sonst muß es innerhalb des Bereichs liegen. Bei aneinanderstoßenden Grenzen kann mindestens ein Testdatum für beide Grenzen genutzt werden. Die Testdaten sollen jeweils am Ende der Grenzen liegen.

BEISPIEL 9.2.10
Für die Bedingung „$A > 1$ and $C \leq 1$" stellt der schraffierte Bereich in Abbildung 9.4 den Eingabebereich für Werte des Typs Real dar.
Für die waagrechte Grenze „$C \leq 1$" (aber $A > 1$) sind die Testdaten t_1, t_2 auf der Grenze und t_3, t_4 außerhalb des Bereichs zu wählen. Anstelle von t_3 und t_4 kann auch t_{34} gewählt werden. Das Testdatum t_1 wird auch für die Grenze „$A > 1$" (aber $C \leq 1$) genutzt. Bei einer Verschiebung (auch Drehung) der waagrechten Grenze „$C \leq 1$" wechselt mindestens einer der Testpunkte t_1, t_2, t_{34} (bzw. t_3, t_4) in den

---

[8]Die Relationen „$=$" und „$\neq$" beschreiben z. B. bei zwei Variablen keine Fläche, sondern eine Gerade (Dimension 1 statt 2). Daher sind andere bzw. weitere Testdaten zu wählen (s. Übung 9.5).

[9]Statt dieses Paars reicht auch *ein* Testdatum aus, das in der Mitte von diesen beiden liegt, wenn beliebig kleine reelle Werte benutzt werden können.

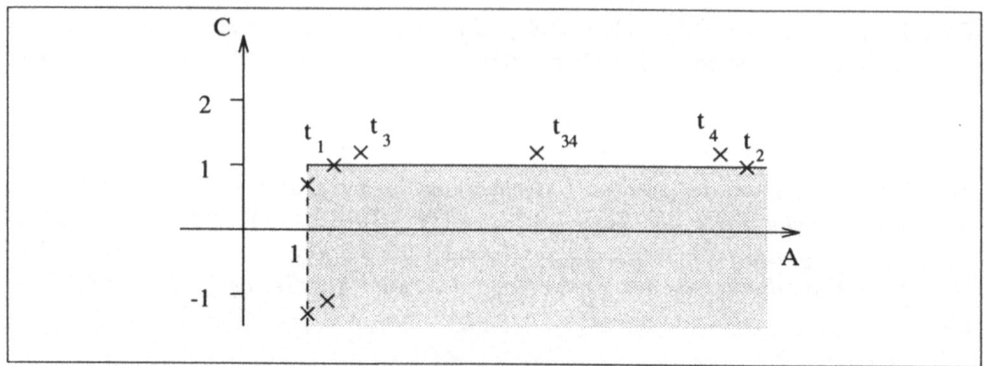

Abb. 9.4: Geometrisch dargestellter Eingabebereich „$A > 1$ *and* $C \leq 1$"

(bzw. aus dem) schraffierten Bereich (außer bei minimalen Fehlern, die geringer sind als der Abstand von t_{34} [bzw. t_3 oder t_4] von der Grenze).

Bei Verknüpfungen mit *or* können sich die Eingabebereiche für die einzelnen Terme überlappen. Damit entfallen gewisse Grenzen. Dies muß genau bestimmt werden, da Testdaten an den inneren Grenzen keine Fehler aufdecken können.

BEISPIEL 9.2.11
Für den Test von „$(A > 1$ and $C \leq 1)$ or $A > 2$" müssen die beiden Testdaten t_2 und t_4 (bzw. t_{34}) aus Abbildung 9.4 (mit $C = 1$ bzw. $C = 1 + \delta$ und großem Wert von A) entfallen. Dafür braucht man vier (bzw. drei) neue Testdaten u_1 bis u_4 (bzw. u_{34} statt u_3 und u_4), welche die Fälle für A ($A = 2$ und $A = 2 + \delta$) mit den Fällen für C ($C = 1 + \delta$ bzw. großer Wert von C) kombinieren. Wegen der or-Verbindung des Terms aus Abb. 9.4 mit „$A > 2$" dürfen keine Testdaten mit $C \leq 1$ und $A = 2 + \delta$ gewählt werden, da diese Fälle maskiert werden (s. Abbildung 9.5).

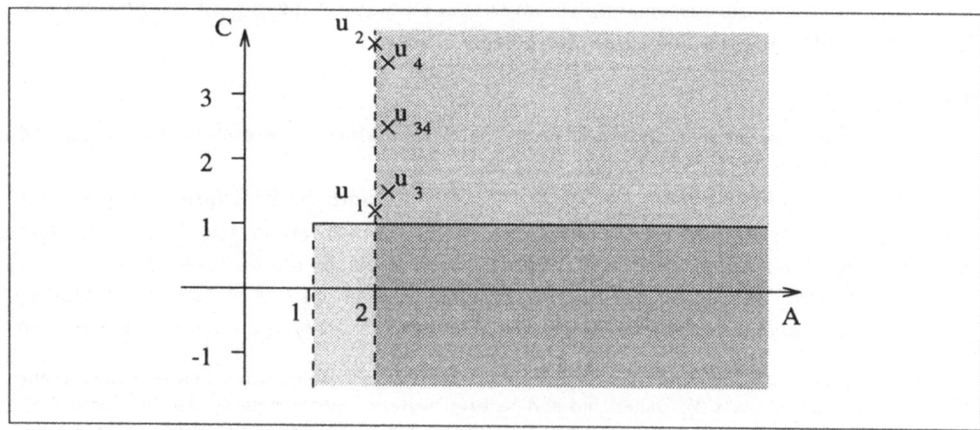

Abb. 9.5: Eingabebereich „$(A > 1$ *and* $C \leq 1)$ *or* $A > 2$"

Bei mehr als zwei (etwa v) Variablen spannen die linearen Grenzen eine Hyperebene im v-dimensionalen Raum auf. Pro Hyperebene sind dann v „linear unabhängige" Testpunkte auf der Ebene[10] und einer knapp außerhalb der Ebene erforderlich.

Bei nichtlinearen Grenzen muß je ein Testdatenpaar an jedes lokale Minimum und Maximum und an die Grenzen des Bereichs angelegt werden.

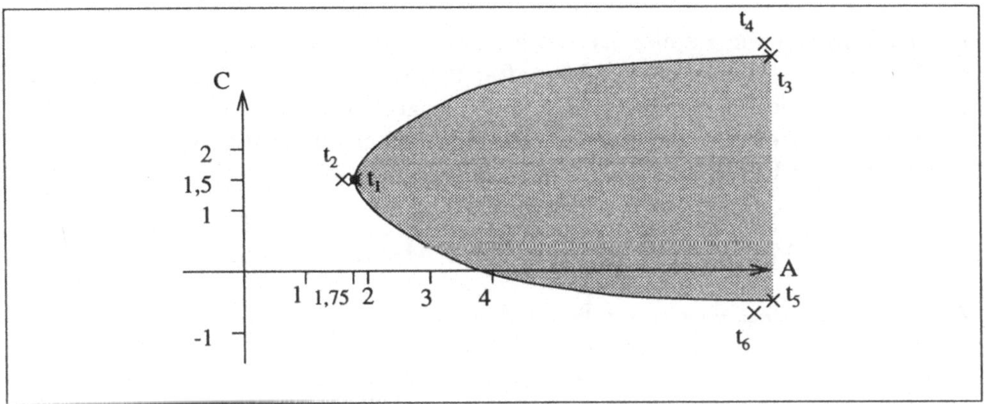

Abb. 9.6: Eingabebereich mit nichtlinearer Grenze „$A = (C - 1,5)^2 + 1,75$"

BEISPIEL 9.2.12
Für den Test von „$A \geq 2 + (C - 2) * (C - 1)$" bzw. das äquivalente Prädikat
„$A \geq (C - 1,5)^2 + 1,75$" braucht man Testdaten mit folgenden Eingabedaten:
$t_1 : C = 1,5; A = 1,75$
$t_2 : C = 1,5; A = 1,74$
t_3, t_4 : großer positiver Wert von C, $A = (C - 1,5)^2 + 1,75$ (bzw. 1,74)
t_5, t_6 : großer negativer Wert von C, $A = (C - 1,5)^2 + 1,75$ (bzw. 1,74)
Damit wird z. B. die Abweichung von „$A \geq 2$" sicher gefunden (vgl. Beispiel 9.2.9:
Da dort die Relation „$\geq$" durch „$=$" ersetzt ist, sind die Testdaten neben der Grenze,
d. h. t_2, t_4, t_6, nicht nötig).

Beim Bereichstesten werden die Grenzen der atomaren Prädikatterme für bestimmte logische Verknüpfungen getestet. Ein ähnliches Vorgehen erhält man, wenn man Boolesche Ausdrücke durch eine Kombination der minimalen Mehrfachbedingungsüberdeckung (s. Seite 238) mit dem arithmetischen Relations-Kriterium testet (s. Seite 233). Die Bedingung, deren Wertänderung den Wert des booleschen Ausdrucks ändern kann, sollte dabei mit dem arithmetischen Relations-Kriterium getestet werden, die anderen Bedingungen sollten einen festen Wert haben, und zwar *true* bei *and*-Verbindungen und *false* bei *or*-Verbindungen (s. dazu Übung 9.3b). Beide

---

[10]Bei $v = 3$ legen drei linear unabhängige Punkte (die also nicht auf einer Geraden liegen) genau eine Ebene im dreidimensionalen Raum fest.

Verfahren (das Bereichstesten und die Kombination der minimalen Mehrfachbedingungsüberdeckung mit dem arithmetischen Relations-Kriterium) setzen voraus, daß die atomaren Bedingungen durch arithmetische Relationen beschrieben werden.

9.3   Mutationsanalyse

Die Testkriterien von Kapitel 9.1 und 9.2 fordern nur, daß *direkt* nach Ausführung der fehlerhaften Anweisung ein fehlerhafter Programmzustand vorliegt. Da sich ein solcher Fehler nicht unbedingt bis zu einer Programmausgabe fortpflanzt, ist eine Orientierung an diesen Testkriterien also keine hundertprozentige Garantie für die Aufdeckung der Fehler.

9.3.1   Ziel, Mittel und Vorgehen der Mutationsanalyse

Ziel der Mutationsanalyse ist die Feststellung, ob eine Testdatenmenge T bestimmte Fehler im Programm *garantiert* entdeckt, bzw. — falls nicht — soll die Fehlerfindungsqualität durch die Erzeugung entsprechender Testdaten verbessert werden.

Mittel der Mutationsanalyse ist die Erzeugung einer ganzen Reihe (Menge) von Programmen $P_1, \ldots, P_n$, die sich vom gegebenen Programm P nur „in einer Kleinigkeit" unterscheiden. Diese P_i heißen — in Analogie zur Biologie — **Mutanten**[11] von P.

Das Vorgehen der Mutationsanalyse besteht nun darin, auf jede Mutante P_i, $i = 1, \ldots, n$, solange Tests t der Testdatenmenge T anzuwenden und die Ergebnisse $P_i(t)$ mit dem Ergebnis $P(t)$ für das unveränderte Programm P zu vergleichen, bis die Mutante „tot" ist (oder klar wird, daß sie nicht „tot" zu kriegen ist).

Dabei sind die Begriffe „tot" und „lebendig" folgendermaßen definiert:

DEFINITION 9.3.1
Für ein Programm P und eine Testdatenmenge T gilt:

1. *Eine Mutante P_i ist* **lebendig** *(bezüglich T und P) g. d. w. $P_i(t) = P(t)$ für alle Tests t aus T gilt.*

2. *Eine Mutante P_i ist* **tot** *(bezüglich T und P) g. d. w. $P_i(t) \neq P(t)$ für mindestens einen Test t aus T gilt.*

---

[11]Laut Duden (20. Auflage, 1991) ist „der Mutant" sinnverwandt zu „die Mutante", bedeutet aber auch (besonders im Österreichischen) „Jugendlicher im Stimmwechsel".

9.3.2 Bewertung der Testergebnisse

Ein Mutationsanalyse-Ergebnis, bei dem alle Mutanten tot sind, erhöht die Zuversicht, daß die Testdatenmenge T „entsprechende" Fehler im Programm P finden würde, d. h. entsprechende Fehler sind vermutlich nicht in P vorhanden.

Diese Einschätzung ist aus folgenden Gründen problematisch:

1. Eine lebendige Mutante P_i kann zum Programm P **äquivalent** sein, d. h. für alle Eingabedaten e gilt $P_i(e) = P(e)$. Daher muß *stets* $P_i(t) = P(t)$ für alle Testdaten t gelten.

   Zum Beispiel erzeugt die Veränderung der Abfrage
   „if X > 0 **then** ... **else** ... "
   zu
   „if 3 $* X$ > 0 **then** ... **else** ... " ein äquivalentes Programm.

2. Es müssen genügend viele Mutanten erzeugt worden sein, die alle „typischen" Fehler enthalten.

3. Der **Kopplungseffekt** müßte gelten: Testdaten, die einfache („kleine") Fehler aufdecken, entdecken auch große Fehler (Folgen von mehreren Mutationen oder sogar Entwurfsfehler).

Da dies zweifelhaft ist, hat die Mutationsanalyse also auch ihre Grenzen.

Übrig bleiben noch folgende Probleme bzw. Fragestellungen:

1. Wie stark wächst die Zahl der notwendigen Mutanten und Testdaten mit der Programmgröße an? (Antwort: Zahl der Mutanten maximal quadratisch mit der Zahl der Variablenreferenzen, Zahl der Testdaten etwa linear.)

2. Wie erzeugt man genügend Testdaten, so daß alle zu P nicht äquivalenten Mutanten tot sind? (Wegen dieser Schwierigkeit hat man ca. 50% Aufwand für die letzten 10% der lebendigen Mutanten.)

3. Regressionstests sind sehr aufwendig. (Nach einer Programmänderung müssen alle Mutanten noch einmal getestet werden bzw. es muß durch Betrachtung des Kontroll- oder Datenflusses nachgewiesen werden, daß die Änderung sich nicht auf die Eigenschaft „tot (bzgl. T und P)" auswirkt.)

9.4   Datenbezogenes Testen

Die Testmethoden der Kapitel 7 bis 9.3 haben sich an den Anweisungen eines Programms orientiert und sich auf Kontroll- und Datenfluß zwischen den Anweisungen bezogen. Jetzt orientieren sich die Methoden an den *Datenstrukturen* eines Programms. Die Anweisungsarten *Datenzugriff* und *Datenspeicherung* hatten damit schon am Rande zu tun. Es wurde aber nicht betrachtet, wie sich die Daten zusammensetzen und wie sie verwendet werden. Daten können als Eingabedaten oder Ausgabedaten verwendet werden. Die Zusammensetzung der Daten kann auf verschiedenen Abstraktionsebenen bzw. Verfeinerungsstufen betrachtet werden:

1. Die gröbste Einheit ist eine **Datenkapsel**. Eine Datenkapsel ist eine Menge von zusammenhängenden Daten, die in einer Zugriffseinheit abgespeichert sind. Ein Verbund (record), eine Tabelle oder eine Liste sind Beispiele für Datenkapseln.

2. Auf der nächsten Ebene werden die **Datenfelder** betrachtet, aus denen eine Datenkapsel besteht.

3. Für jedes Datenfeld kann eine Menge **repräsentativer Werte** betrachtet werden. Die Spezifikation dieser Werte ergibt sich nicht mehr allein aus der Programmstruktur. Vielmehr müssen Anleihen bei Äquivalenzklassen des spezifikationsorientierten Testens, ihren Grenzwerten und ihren Kombinationen gemäß der UWG-Methode gemacht werden.

4. Die Betrachtung von **Datenzuständen** ist theoretisch möglich. Damit sind alle möglichen Kombinationen von allen repräsentativen Werten für alle Felder einer Datenkapsel gemeint. Da die Anzahl der Datenzustände exponentiell mit der Anzahl der Felder und der Anzahl der repräsentativen Werte steigt, ist diese Betrachtungsebene für das Testen praktisch unmöglich.

Je nach Betrachtungsebene werden folgende **Datenüberdeckungen** gefordert:
Bei Ebene 1 reicht es, wenn irgendein Eingabefeld der Datenkapsel (durch die Testumgebung) oder irgendein Ausgabefeld der Datenkapel (durch die Programmausführung) einen Wert erhält, um die Datenkapsel als Eingabe bzw. als Ausgabe getestet zu haben. Dieses Kriterium heißt **Datenkapselüberdeckung**.
Bei Ebene 2 muß jedes Eingabefeld mindestens einmal durch die Testumgebung einen Wert erhalten und jedes Ausgabefeld mindestens einen Wert durch die Programmausführung erhalten. Dieses Kriterium wird **Feldüberdeckung** genannt.
Bei Ebene 3 muß jeder spezifizierte repräsentative Eingabewert eines Feldes durch die Testumgebung definiert werden und jeder spezifizierte repräsentative Ausgabewert eines Feldes durch das Programm einen Wert erhalten. Dieses Kriterium heißt **Überdeckung repräsentativer Werte**.

Es ist empfehlenswert, die auf obige Art gewonnenen Ergebnisse der dynamischen
Analyse zusammen mit den Ergebnissen der statischen Analyse und den Vorgaben
aus der Spezifikation in einem Datenverzeichnis abzulegen.

9.5   Übungen

Übung 9.1:

Betrachten Sie die Anweisung $fill := fill + bufpos$ aus dem Textformatierer-
Programm (Beispiel 7.3.1 auf Seite 208). Erzeugen Sie Testdaten, die jeweils folgende
Testkriterien erfüllen:

(a) Datenzugriffskriterium,

(b) Datenspeicherungskriterium,

(c) additives/multiplikatives Fehler-Kriterium,

(d) kürzere Ausdrücke,

(e) mehrfache Werte für Ausdrücke.

Geben Sie außerdem Testdaten an, die alle fünf Kriterien gleichzeitig erfüllen.
Begründen Sie die Wahl der Testdaten, indem Sie zeigen, daß die angenommenen
Fehler damit aufgedeckt werden können. (Beachten Sie die Wertebereiche für $fill$
und $bufpos$.)

Übung 9.2:

Betrachten Sie folgenden Booleschen Ausdruck aus dem Textformatierer:

$$(fill + bufpos < MAXPOS) \text{ and } (fill \neq 0)$$

Erzeugen Sie Testdaten, die jeweils die folgenden Testkriterien erfüllen und erläutern
Sie die Unterschiede. Wählen Sie dabei — wenn möglich — Grenzwerte für die
atomaren Prädikatterme $fill + bufpos < MAXPOS$ und $fill \neq 0$.

(a) atomare Bedingungsüberdeckung,

(b) Zweig-/Bedingungsüberdeckung,

(c) Mehrfachbedingungsüberdeckung,

(d) minimale Mehrfachbedingungsüberdeckung,

(e) Bereichsüberdeckung mit $v + 1$ Testdaten pro Grenze (bei v Variablen).

Beachten Sie, daß für die Konstante *MAXPOS* bei verschiedenen Testdaten zu einem Kriterium jeweils derselbe Werte gewählt werden sollte. Beachten Sie die Wertebereiche von *fill*, *bufpos* und *MAXPOS*.

Übung 9.3:

(a) Geben Sie Testdaten an, die das *arithmetische Relations-Kriterium* jeweils für folgende Relationen erfüllen (vgl. Übung 9.2):

    i. $fill + bufpos < MAXPOS$

    ii. $fill \neq 0$

(b) Variieren Sie die logischen Werte, die bei der minimalen Mehrfachbedingungsüberdeckung des gesamten Booleschen Ausdrucks aus Übung 9.2 gefordert werden, mit Testdaten, die das arithmetische Relations-Kriterium erfüllen.

Hinweis: Für die Wertebereiche der Variablen *fill* und *bufpos* und für die Wertewahl bei *MAXPOS* gilt dasselbe wie bei Übung 9.2.
Frage: Welche zusätzlichen Tests sind erforderlich, wenn *fill* negative Werte annehmen kann?

Übung 9.4:
Betrachten Sie den Booleschen Ausdruck aus Beispiel 9.2.1:

$$A > 1 \text{ and } (B = 2 \text{ or } C > 1) \text{ and } D$$

(a) Geben Sie Testfälle an, die jeweils die ersten vier Testkriterien aus Übung 9.2 (ohne Bereichsüberdeckung) erfüllen und erläutern Sie die Unterschiede.

(b) Welche Testfälle können bei der minimalen Mehrfachbedingungsüberdeckung weggelassen werden, wenn für jeden der vier atomaren Prädikatterme nur je ein Testfall gefordert wird, bei welchem ein Wertewechsel von *true* nach *false* bzw. von *false* nach *true* einen Wertewechsel des Gesamtausdrucks bewirkt.
Beispiel-Testfall 1:
$(A > 1) = true, (B = 2) = false, (C > 1) = true, D = true.$
Beispiel-Testfall 2:
$(A > 1) = false, (B = 2) = false, (C > 1) = true, D = true.$
Beide Testfälle reichen aus, um den Effekt des Wertewechsels des atomaren Prädikatterms „$A > 1$" zu bemerken.

Übung 9.5:
In Kapitel 9.2 wurden beim Bereichstesten nur Bereiche getestet, die durch die Relationen $<, \leq, >, \geq$ abgegrenzt sind. Wieviele Testdaten sind notwendig, wenn der Bereich durch die Gleichheitsrelation „$=$" abgegrenzt ist?

(a) Geben Sie die Anzahl der Testdaten an, wenn der Bereich durch eine Gleichheits-relation mit nur zwei Variablen linear beschrieben ist. Wählen Sie als Beispiel $y = x + 3$.

Diskutieren Sie die Anzahl und Lage der Testdaten für folgende Fehlerfälle, bei denen der korrekte Bereich beschrieben ist durch:

  i. Gleichheitsrelation = mit anderer Grenze,

  ii. Relation $\leq, <, >, \geq$ und gleiche oder andere Grenze,

  iii. Ungleichheitsrelation $\neq$ und gleiche oder andere Grenze.

(b) Geben Sie die Anzahl der Testdaten an, wenn der Bereich durch eine Gleich-heitsrelation mit n Variablen linear beschrieben ist, $n > 2$.

Übung 9.6:

(a) Testen Sie das Programm von Abbildung 7.2 auf S. 193 mit folgenden Testdaten:
$t_1 : N = 0$ (d. h. leeres Array), Rest beliebig
$t_2 : F = 2, N = 5, A = (2, 5, 7, 9, 12)$, d. h. $A[1] = 2$, etc.
$t_3 : F = 9$, N und A wie bei t_2
Gibt es Anweisungen oder Zweige, die mit t_1 bis t_3 nicht ausgeführt werden?

(b) Betrachten Sie folgende Mutanten des SEARCH-Programms:

  - M1: Bei Anweisung 9 *(LOW := MID + 1)* wird „+1" weggelassen.

  - M2: Bei Anweisung 10 *(HIGH := MID − 1)* wird „−1" weggelassen.

  - M3: Mutante mit den Fehlern von M1 *und* M2.

Sind die Mutanten tot oder lebendig bezüglich $T = \{t_1, t_2, t_3\}$?

9.6 Verwendete Quellen und weiterführende Literatur

Der **fehlerorientierte Ansatz**, der Kapitel 8 und 9 zugrunde liegt (falsche An-weisungen oder Referenz von vorher falsch berechneten Werten) entspricht der Fehlerlokalisierungsmethode von Weiser und dem **RELAY-Modell** von Richard-son/Thompson (s. [Wei 82], [RiT 88]). Theoretische Einsichten in dieses „fehler-basierte" Testen vermittelt Morell in [Mor 88]. Die Unterscheidung der fünf **An-weisungsarten** Datenzugriff, Datenspeicherung, arithmetischer Ausdruck, arith-metische Relation und Boolescher Ausdruck und entsprechende Ansätze zum Auf-decken von Fehlern in solchen Anweisungen stammen von Howden (s. [How 78d], [How 81], [How 87]). Das **kürzere Ausdrücke**-Kriterium wurde von Weiser über-nommen (s. [WGM 85], shorter expressions). Es wurde ursprünglich von Hamlet vorgeschlagen (s. [Ham 77]). Das Kriterium **mehrfache Werte für Ausdrücke** stammt ebenfalls von Weiser (s. [WGM 85], multi-value expressions).

Die $C_2(\mathbf{mM})$-**Überdeckung** wurde von mir (s. [Rie 86]) unabhängig von dem sehr ähnlichen Begriff *sensitive test data* von Foster (s. [Fos 84]) definiert. Die weitere Reduzierung der Testfälle bei der $C_2(mM)$-Überdeckung (wie bei Übung 9.4b angeregt) entspricht dem Algorithmus BOR_GEN von Tai (s. [Tai 93]). Die stärkere Forderung **Mehrfachbedingungsüberdeckung** stammt von Myers (s. [Mye 79], Kap. 4). Die Idee, die $C_2(mM)$-Überdeckung mit dem arithmetischen Relations-Kriterium zu kombinieren, entspricht der **BRO**-(**B**oolesche und **R**elationale **O**peratoren)-**Überdeckung** von Tai (s. [Tai 93]). Die Empfehlung, bei der **Bereichsüberdeckung** die linearen Grenzen der Eingabebereiche bei v Variablen jeweils mit $v + 1$ bzw. $v + 3$ Testdaten zu testen, stammt von White/Cohen (s. [WhC 80], domain testing); die Empfehlung, besser mit $2 * v$ bzw. $3 * v$ Testdaten zu testen, dagegen von Clarke/Hassell/Richardson (s. [CHR 82]). Ein Ansatz, „lineare Fehler" in nichtlinearen Prädikaten oder Funktionen aufzudecken, wird von Afifi et al. in [AWZ 92] vorgestellt. Einen pragmatischen, fehlersensitiven Ansatz zur Testdatenermittlung präsentiert Foster in [Fos 85].

Das Konzept der **Mutationsanalyse** stammt von Budd et al. (s. [BLS 78], [Bud 81]). DeMillo gibt Abschätzungen zur Anzahl der notwendigen Mutanten und Testdaten an (s. [DeM 89]). Das Problem der Erzeugung von geeigneten Testdaten wird z. B. in [Rie 92a] behandelt, das Problem der Äquivalenz von Mutanten in [Zei 83], S. 339 f. Die Gültigkeit des **Kopplungseffekts** hat Offutt untersucht (s. [Off 92]). Abwandlungen der Mutationsanalyse wurden von Howden (**schwache Mutationsanalyse**) und Zeil (**Perturbationstest**) vorgeschlagen (s. [How 82a], [Zei 83]), wobei das **EQUATE-Testen** beide Ansätze vereint (s. [Zei 86]). Ansätze zur effizienten Speicherung der vielen Mutanten und schnellen Durchführung der Tests auf (Parallel-)Rechnern werden von Untch et al., Weiss/Fleyshgakker und Krauser et al. vorgestellt (s. [UOH 93], [WeF 93], [KMR 88]). Die Aufwandsreduktion durch selektive Mutationen bzw. schwache Mutationsanalyse untersuchen Offutt et al. empirisch (s. [ORZ 93], [OfL 94]). Das Konzept der **Mutationsanalyse** kann auch auf **Spezifikationen** angewandt werden; damit können z. B. fehlende Pfade im Programm erkannt werden (genaueres s. [BuG 85]).

Sneed hat vorgeschlagen, beim **datenbezogenen Testen** die Zusammensetzung der Daten auf verschiedenen Abstraktionsebenen bzw. Verfeinerungsstufen zu betrachten (s. [Sne 86]); von ihm stammt auch die Empfehlung, die Ergebnisse der dynamischen Analyse zusammen mit den Ergebnissen der statischen Analyse und den Vorgaben aus der Spezifikation in einem Datenverzeichnis abzulegen.

Wie ein Datenverzeichnis als Grundlage für die **Testdatenermittlung für Datenbanken** benutzt werden kann, wird z. B. von Deutsch und Beizer in ihren Büchern ausgeführt (s. [Deu 82], Kap. 5.2; [Bei 83], Kap. 8). Leser, die sich für spezielle Methoden zum **Testen von Compilern und Grammatiken** interessieren, seien auf die Bücher von Beizer, DeMillo und einen Artikel von Morganti verwiesen (s. [Bei 83], Kap. 7; [De& 87], Kap. 2.2.9 und Kap. 2.2.11; [Mor 84]).

10 Bewertung der implementationsorientierten Testkriterien

In den Kapiteln 7 bis 9 wurde eine Fülle von Testkriterien vorgestellt. Da beim Testen aus Aufwandsgründen nicht alle Methoden angewandt werden können, ist ein Vergleich und eine Bewertung der Kriterien dringend nötig, damit eine angemessene Menge von Kriterien ausgewählt werden kann.
Dabei können folgende Vergleichsmaßstäbe an die Testkriterien angelegt werden (vgl. Anfang von Kapitel 6).

1. Ein Vergleich der Art „Testkriterium K_1 *enthält* Testkriterium K_2" (siehe Kapitel 10.1).

2. Die *Anzahl* der Testdaten, die notwendig sind, um ein bestimmtes Kriterium zu erfüllen.
   Die Anzahl hängt natürlich von der Anzahl der Segmente oder Knoten des Kontrollflußgraphen oder sonstigen Größen des Programms ab. Daher können nur Abschätzungen für den schlimmsten Fall angegeben werden (siehe Kapitel 10.2).

3. Ein Testkriterium, welches ein anderes enthält, wird in vielen Fällen mehr *Fehler aufdecken* können[1]. Empirische Ergebnisse und formale Analysen für eine Menge von Programmen sollten aber eine solche Aussage mit konkreten Zahlen belegen oder mit Gegenbeispielen widerlegen (siehe Kapitel 10.3).

10.1 Enthaltensein und Unvergleichbarkeit von Testkriterien

Die kontrollflußbezogenen Testkriterien beziehen sich alle auf die Menge der Wege (in dem Kontrollflußgraphen des Programms), die von einer Testdatenmenge auszuführen sind. Sie sind daher gut zu vergleichen. Entsprechendes gilt für die datenflußbezogenen Testkriterien, da sie sich alle auf Wege im Datenflußgraphen des Programms beziehen. Da der Datenflußgraph eine Verfeinerung des Kontrollflußgraphen ist, lassen sich auch Beziehungen zwischen beiden Testkriterienarten angeben.

---

[1] Dies gilt für den Erwartungswert entsprechender Fehleraufdeckungsmaße, wenn ein Testkriterium für die Testabbruch-Entscheidung (aber nicht bei der Testdatenerzeugung) herangezogen wird (s. [Zhu 96], S. 253).

Die partielle Ordnung der Kriterien wird wegen der Übersichtlichkeit durch *zwei* gerichtete Graphen dargestellt. Eine Kante von Kriterium K_1 nach K_2 bedeutet, daß K_1 das Kriterium K_2 **strikt enthält**, d. h., daß K_1 Kriterium K_2 enthält, aber K_2 nicht K_1 enthält (K_1 enthält K_2 g. d. w. jede Testdatenmenge, die K_1 erfüllt, auch K_2 erfüllt[2]). Falls kein Weg von K_1 nach K_2 existiert, sind die Kriterien unvergleichbar.

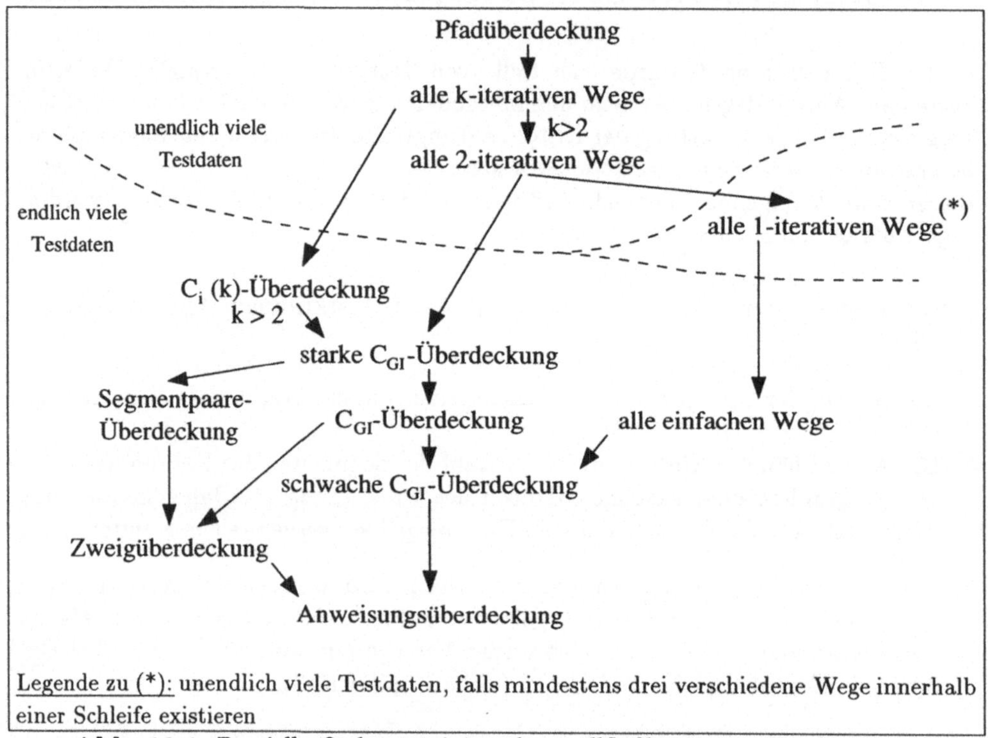

Abb. 10.1: Partielle Ordnung einiger kontrollflußbezogener Testkriterien

Die Gültigkeit der partiellen Ordnung der kontrollflußbezogenen Kriterien aus Abbildung 10.1 wird zum großen Teil von Ntafos bewiesen (s. [Nta 88]); nur die Kriterien *alle k-iterativen Wege*, *alle einfachen Wege*, *Segmentpaareüberdeckung* und die Differenzierung in die drei Arten der C_{GI}-*Überdeckung* sind dort nicht berücksichtigt. Die richtige Einordnung dieser Kriterien ergibt sich „direkt" aus den Definitionen, der Übung 10.1 sowie Satz 10.1.1. Dabei ist noch zu beachten, daß die Kriterien $C_i(k)$-*Überdeckung* und *alle k-iterativen Wege* einen Parameter k enthalten. Bei Variation dieses Parameters ergibt sich jeweils eine Schar von sich strikt enthaltenden Kriterien.

---

[2]Da die Enthaltensein-Relation die Fehleraufdeckungsrelation der Kriterien in vielen Fällen nicht hinreichend widerspiegelt, haben Frankl/Weyuker andere Relationen („K_1 [universally] [properly] covers K_2") vorgeschlagen (s. [FrW 93])

SATZ 10.1.1

1. *Das Kriterium „starke C_{GI}-Überdeckung" enthält das Kriterium „Segmentpaareüberdeckung" strikt.*

2. *Das Kriterium „Segmentpaareüberdeckung" enthält das Kriterium „Zweigüberdeckung" strikt.*

Beweis:
Zunächst wird das Enthaltensein der Kriterien bewiesen.

1. Jeder Weg (der eine Schleife bis zu zweimal durchläuft) wird bei der starken C_{GI}-Überdeckung ausgeführt, also auch jedes Paar von Entscheidungs-Entscheidungs-Wegen. Damit ist die Segmentpaareüberdeckung erfüllt (s. Definition 7.2.6 auf S. 200).

2. Die Segmentüberdeckung impliziert schon die Zweigüberdeckung (s. Satz 7.2.1 auf S. 197). Also gilt dies erst recht für die Segmentpaareüberdeckung.

q. e. d.

Nun wird die Striktheit des Enthaltenseins der Kriterien bewiesen.

1. BEISPIEL 10.1.1
   Sei das folgende abstrakte Programm gegeben:
   if p **then** A **else** B;
   if q **then** C **else** D;
   if r **then** E **else** F;

   Eine Testdatenmenge T, welche die vier Wege ACE, ADE, BCF und BDF ausführt, erfüllt das Kriterium Segmentpaareüberdeckung. (Bei den Wegen wurde nur die Folge der Segmente pro Weg angegeben.)
   Der Weg BCE z. B. wird nicht ausgeführt. Die Testdatenmenge erfüllt also nicht die starke C_{GI}-Überdeckung, die jeden schleifenfreien Weg enthalten muß.

2. Beispiel 7.2.2 auf S. 199 zeigt, daß das Enthaltensein der Kriterien strikt ist.

q. e. d.

Der Beweis für die Gültigkeit der partiellen Ordnung der datenflußbezogenen (und kontrollflußbezogenen) Kriterien aus Abbildung 10.2 wird von Clarke et al. erbracht (s. [Cl& 89], Fig. 8) sowie Ntafos (s. [Nta 88], Fig. 1) und Übungen 10.1 und 10.2.

Die verschiedenen <u>Bedingungsüberdeckungen</u> lassen sich schlecht in Abbildung 10.1 und 10.2 einordnen, da sie (abgesehen von der Zweigüberdeckung) unabhängig sind von der Menge der Wege, die von einer Testdatenmenge auszuführen sind. Daher wird ein zusätzlicher Ordnungsgraph in Abbildung 10.3 angegeben.

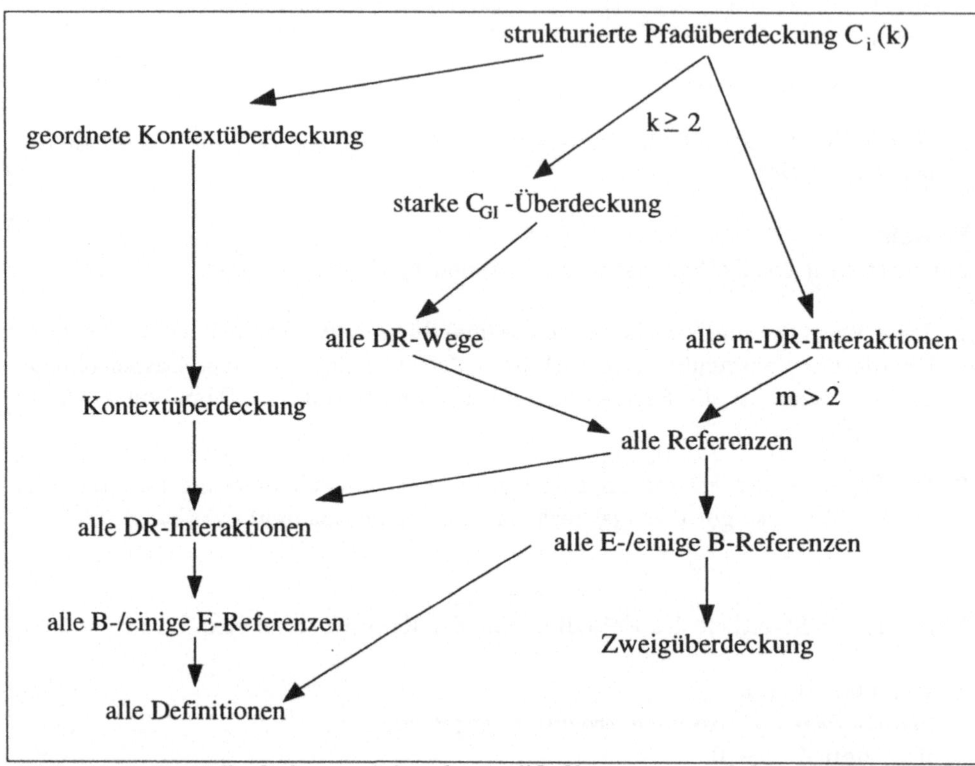

Abb. 10.2: Partielle Ordnung einiger kontrollflußbezogener und datenflußbezogener Testkriterien

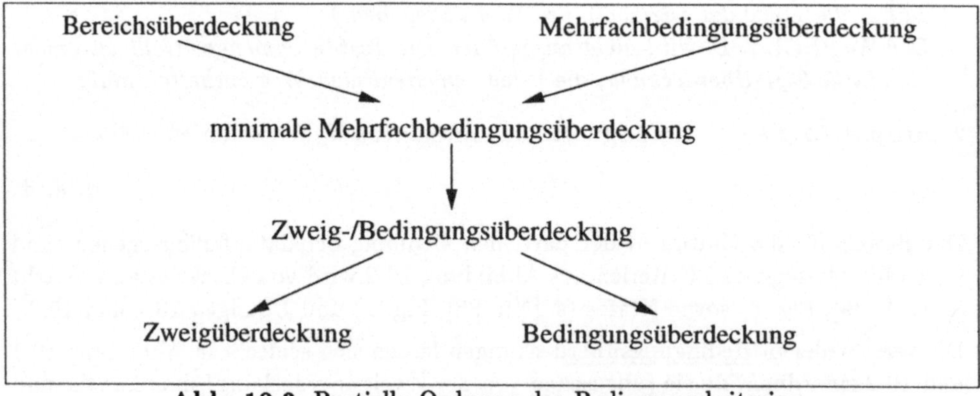

Abb. 10.3: Partielle Ordnung der Bedingungskriterien

Der Beweis des Enthaltenseins ergibt sich aus dem folgenden Satz, Übung 10.3 bzw. direkt aus den Definitionen. Das strikte Enthaltensein ergibt sich aus den Beispielen aus Kapitel 9.2.

SATZ 10.1.2

Voraussetzung: In den Prädikaten der Entscheidungen kommen die konstanten logischen Operatoren mit Ergebnis true bzw. false nicht vor.
Dann gilt: Das Kriterium $C_2(mM)$-Überdeckung (minimale Mehrfachbedingungsüberdeckung) enthält

1. *das Kriterium C_1-Überdeckung (Zweigüberdeckung);*

2. *das Kriterium „(atomare) Bedingungsüberdeckung", wenn nur die beliebigstelligen Operatoren „und", „oder", „exor", die zweistellige „Implikation" oder die einstelligen Operationen „Negation" und „Identität" vorkommen.*

Beweis:

1. Bei logischen Operatoren, die sowohl den Wert *true* als auch den Wert *false* annehmen können, müssen wegen der Anforderung in der Definition 9.2.3 von $C_2(mM)$ ebenfalls die Ausgänge *true* und *false* vorkommen.

2. Bei Prädikaten mit den logischen Operatoren „und", „oder", „exor", „Implikation", „Negation" und „Identität" werden gerade solche Kombinationen von Wahrheitswerten der einzelnen Terme ausgeführt, daß die einzelnen Terme und die gesamte Entscheidung sowohl die Werte *true* als auch *false* annehmen (vgl. Beispiele 9.2.4 bis 9.2.7).

q. e. d.

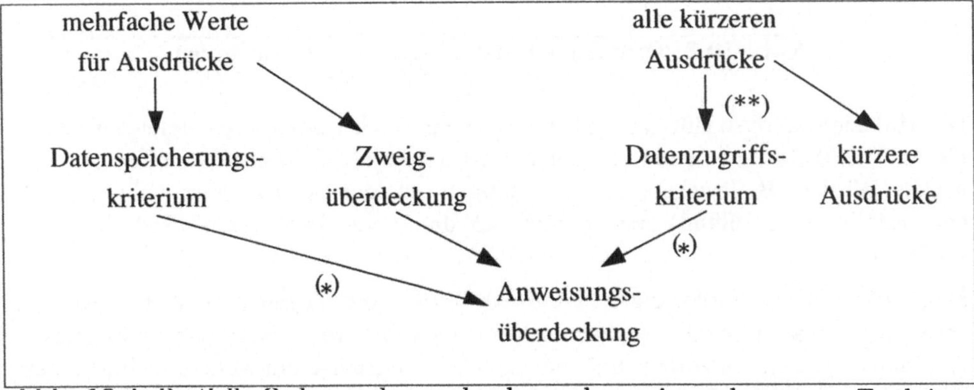

Abb. 10.4: Partielle Ordnung der ausdrucks- und anweisungsbezogenen Testkriterien

Die Kriterien, die sich nur auf einzelne Ausdrücke und Anweisungen im Programm beziehen, lassen sich kaum mit den wegebezogenen Kriterien vergleichen. Dies bedeutet gleichzeitig, daß die Kriterien Anlaß zu Testdaten geben, die andere Fehler aufdecken können als die wegebezogenen Tests. Wegen der Anforderungen an die Ausdrücke in Entscheidungsprädikaten gibt es nur eine Beziehung zum Kriterium *Zweigüberdeckung*. Wenn in wenigstens einer Anweisung eines Entscheidungs-Entscheidungs-Weges ein Zugriff (auf) bzw. eine Speicherung von Daten erfolgt [Bedingung (*)] , gibt es zusätzlich noch eine Beziehung zwischen dem *Datenzugriffskriterium* bzw. dem *Datenspeicherungskriterium* und der *Anweisungsüberdeckung*. Insgesamt gelten daher die in Abbildung 10.4 dargestellten Enthaltenseinbeziehungen und Unvergleichbarkeiten (s. auch Übung 10.4 und [WGM 85], S. 81). Dabei wird vorrausgesetzt [Bedingung (**)], daß beim Kriterium *alle kürzeren Ausdrücke* auch die Variablen auf den linken Seiten von Zuweisungen, sowie globale Variablen und Parameter als „Ausdrücke" interpretiert werden, oder daß alle diese Variablen und Parameter in mindestens einem Ausdruck im Programm vorkommen.

Aufgrund der Definition der Kriterien des datenbezogenen Testens (s. Kap. 9.4) sind die in Abbildung 10.5 dargestellten Beziehungen offensichtlich. Da die datenbezogene Sichtweise orthogonal zu den anderen Sichtweisen (Kontrollfluß, Datenfluß, Anweisungen und Ausdrücke) liegt, sind die Testkriterien unvergleichbar mit den anderen Testkriterien. Dies bedeutet wiederum, daß eine andere Klasse von Fehlern aufgedeckt werden kann, wenn datenbezogene Testkriterien herangezogen werden.

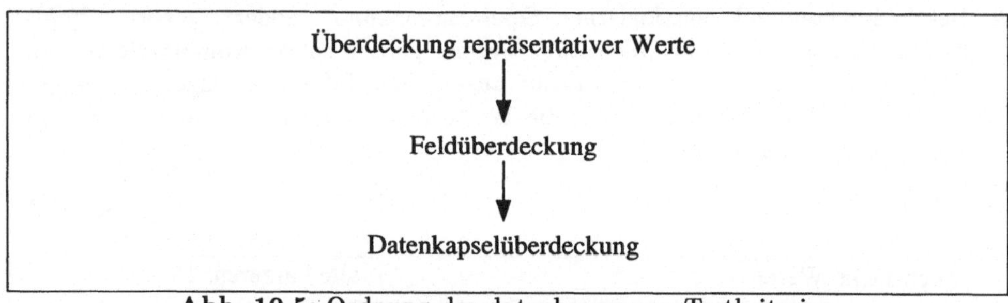

Abb. 10.5: Ordnung der datenbezogenen Testkriterien

Die Mutationsanalyse läßt sich mit den anderen Testkriterien nur vergleichen, wenn die Art der Mutationen genau spezifiziert wird — was bei Kapitel 9.3 offen gelassen wurde. Wird z. B. jeweils eine Anweisung durch den Aufruf einer Fehlerroutine (mit *exit* im Kontrollfluß) ersetzt, läßt sich damit die Anweisungsüberdeckung C_0 ermitteln.

Schränkt man die Forderungen der Testkriterien auf *ausführbare* Wegstücke ein, erhält man zwar sinnvolle — aber auch unentscheidbare — Kriterien (genaueres s. Abschnitt 11.2.2). Außerdem müssen manche Kriterien dann anders definiert werden, um das intuitive Konzept des Kriteriums richtig wiederzugeben. Beispielsweise müssen beim Kriterium *alle DR-Wege* mehrfache Durchläufe einer Schleife (z. B.

for $i := 1$ **to** 5) erlaubt werden, damit eine Definition vor der (*for-*)Schleife eine Referenz danach erreicht (genaueres s. [PaZ 95]; vgl. Übungen 7.4, 7.7, 8.2).

10.2 Anzahl der Testdaten pro Testkriterium

Für ein Programm mit n Segmenten kann die Anzahl der notwendigen Testdaten folgendermaßen abgeschätzt werden:

SATZ 10.2.1
Falls die Anzahl der ausgehenden Kanten pro Entscheidungsknoten und die Anzahl der Variablen pro Segment durch eine Konstante begrenzt sind, dann gilt für ein Programm mit n Segmenten im schlechtesten Fall:

1. *Pfadüberdeckung erfordert eine unendliche Anzahl von Testdaten,*

2. *strukturierte Pfadüberdeckung $C_i(k)$, [starke/schwache] C_{GI}-Überdeckung sowie das Kriterium „alle DR-Wege" erfordern $O(2^n)$ Testdaten,*

3. *die Datenflußkriterien „alle E-/einige B-Referenzen", „alle B-/einige E-Referenzen", „alle Referenzen" und „Kontextüberdeckung" erfordern $O(n^2)$ Testdaten,*

4. *die Kriterien „alle Definitionen" sowie die Zweig- und die Anweisungsüberdeckung erfordern $O(n)$ Testdaten.*

Beweis:

1. Folgendes Programm erfordert unendlich viele Testdaten:

   while $n > 0$ **do**
       begin $n := n - 1$;
           $x := x + n$;
       end

   Für jede natürliche Zahl n_0, die Anfangswert von n ist, durchläuft das Programm einen anderen vollständigen Weg. Also gibt es unendlich[3] viele ausführbare Wege, die zu testen sind.

2. Sei ein Programm gegeben, welches aus einer Sequenz von n *if-then-else-*Anweisungen besteht und daher die Maximalzahl von 2^n verschiedenen Wegen enthält. Sei x eine Variable, die nur beim Programmstart definiert wird und in der letzten *if-then-else-*Anweisung in beiden Zweigen referenziert wird. Dann erfordern die angegebenen Kriterien die Ausführung aller 2^n Wege.

---

[3] Bei der Darstellung von natürlichen Zahlen durch Integer-Variablen mit z. B. 2^{16} Werten gibt es tatsächlich „nur" endlich viele — aber sehr viele Wege.

3. Der Beweis findet sich bei Ntafos (s. [Nta 88], S. 872). Die Grundidee ist dabei, daß bei allen Kriterien Paare gebildet werden müssen, wofür es $\binom{n}{2}$, d. h. $O(n^2)$, Möglichkeiten gibt. Die Variablenanzahl kann als zusätzlicher Faktor ausgeschlossen werden, da sie laut (berechtigter) Annahme nicht unabhängig von der Anzahl der Segmente variiert werden kann.

4. Für die genannten Kriterien reicht gerade die Ausführung aller Segmente aus. Der schlimmste Fall ist ein Programm P mit verschachtelten *if-then-else*-Anweisungen der Form „**if** B **then** $S1$ **else** $S2$", wobei $S1$ und $S2$ entweder beide ebenfalls von dieser Form sind oder beide nicht weiter zerlegt sind. Die Schachtelungstiefe der *if-then-else*-Anweisungen sei k.

Dann enthält P die Anzahl $n = 2 + 4 + 8 + 16 + \cdots + 2^k = 2^{k+1} - 2$ von Segmenten, für deren Überdeckung 2^k Wege erforderlich sind. Da $n = 2^{k+1} - 2$ gilt, ist $2^k = \frac{n+2}{2}$, also von der Größenordnung $O(n)$, d. h. linear in n. (Für Entscheidungen mit $c > 2$ Ausgängen gilt entsprechendes.)

q. e. d.

Die Segmentpaareüberdeckung erfordert mehr Testdaten als die Anweisungs- oder Zweigüberdeckung. Bei einer Sequenz von *if-then-else*-Anweisungen reichen für die Anweisungs- oder Zweigüberdeckung z. B. zwei Testdaten aus, bei der Segmentpaareüberdeckung sind aber vier Testdaten notwendig[4] und bei passender Wahl der Testdaten auch hinreichend (s. Übung 10.7).

Im Normalfall liegt die Zahl der Testdaten oft unter den in Satz 10.2.1 angegebenen Werten[5]. Dennoch sind die Größenordnungen zu beachten. Unter praktischen Gesichtspunkten sind nur Testkriterien akzeptabel, die einen Aufwand von $O(n)$ oder höchstens $O(n^2)$ erfordern, wobei bei $O(n^2)$ nur kleine Module mit entsprechend kleinen Werten von n getestet werden können.

BEISPIEL 10.2.1
Für das Kriterium „alle DR-Wege" ergab sich bei einer Untersuchung von Weiser et al. der in Tabelle 10.1 dargestellte Zusammenhang zwischen der Zahl der Anweisungen eines Moduls und einer minimalen[6] Zahl von Testdaten (s. [WGM 85], S. 84).

Beim Bedingungstesten kann bei den verschiedenen Kriterien nur der Aufwand für das Testen einer einzelnen Entscheidung miteinander verglichen werden. Wenn

---

[4] *then-* oder *else*-Zweig kombiniert mit dem nachfolgenden *then-* oder *else*-Zweig ergibt $2 * 2 = 4$ verschiedene Wegstücke

[5] Weyuker fand experimentell, daß die *alle DR-Wege*-Überdeckung nur etwa zweimal soviele Testdaten wie die *alle Definitionen*-Überdeckung benötigt (s. [Wey 88b], S. 192).

[6] „minimal" in dem Sinne, daß die *alle DR-Wege*-Überdeckung verletzt wird, wenn irgendein Testdatum aus der Testdatenmenge entfernt wird. Bei den Modulen „Record" und „File" gibt es jedoch einen nicht ausführbaren bzw. extra nicht ausgeführten Weg. Beim Modul „Pattern" ist die Erfüllung des Überdeckungskriteriums schwierig, da das Modul mehrere rekursive Prozeduren enthält. Daher werden 200 DR-Wege durch die 1607 Testdaten *nicht* überdeckt.

Modulname	Anweisungen	Testdaten
Queue	41	59
List	72	72
Record	78	221
File	105	233
Pattern	362	1607

Tab. 10.1 Testaufwand für das Kriterium *alle DR-Wege*

die Entscheidung n atomare Prädikatterme enthält, die unabhängig von einander
Werte annehmen können, dann gilt der in Tabelle 10.2 dargestellte Zusammenhang
(wobei die Fußnoten zu beachten sind).

Kriterium	Zahl der erforderlichen Tests pro Entscheidung mit n Termen
Bedingungsüberdeckung:	2
minimale Mehrfachbedingungsüberdeckung[7]:	$\leq n + 1$
Bereichsüberdeckung mit linearen Grenzen in v Variablen:	$\leq n * (v + 3)$
Mehrfachbedingungsüberdeckung[8]:	$\leq 2^n$

Tab. 10.2 Erforderliche Anzahl von Tests bei verschiedenen Kriterien

In der Praxis enthalten Entscheidungsprädikate oft nur ein bis zwei atomare Prädikatterme. Für $n = 1$ ist die Zahl der Tests also stets 2, außer bei der Bereichsüberdeckung, wo die Zahl der Tests gleich der Anzahl v der Variablen plus 3 ist. Wird im
folgenden $v = n$ angenommen, so gilt: Für $n = 2$ sind die entsprechenden Werte 2, 3,
$2 * (v + 3) = 10$ und 4 in obiger Reihenfolge. Erst ab $n = 6$ wird der große Aufwand
für die Bereichsüberdeckung ($6 * (v + 3) = 6 * 9 = 54$ Testdaten) vom Aufwand
für die Mehrfachbedingungsüberdeckung ($2^6 = 64$ Testfälle) überholt. Entsprechend
komplexe Entscheidungen kommen z. B. in Computergraphikanwendungen vor:

BEISPIEL 10.2.2
*Die Abfrage, ob ein Punkt (x, y, z) im dreidimensionalen Raum in einem achsen-
parallel liegenden Quader mit den Grenzen (x_1, x_2), (y_1, y_2), (z_1, z_2) liegt, erfordert
folgende Abfrage mit sechs atomaren Prädikattermen:*
$$x_1 \leq x \text{ and } x \leq x_2 \text{ and } y_1 \leq y \text{ and } y \leq y_2 \text{ and } z_1 \leq z \text{ and } z \leq z_2$$
Die Zahl der Testfälle für die vier Kriterien differiert hier deutlich:

---

[7]Bedingung (∗): Das Entscheidungsprädikat enthält nur den Operator *and* oder *or*. (Dann folgt
die Abschätzung aus Ungleichung 6.9 in Abschnitt 6.2.1, da die UWG-Methode nach den gleichen Prinzipien vorgeht.) Die Bedingung (∗) kann entfallen, wenn die Testfälle wie in Übung 9.4b
reduziert bzw. wie bei Tai's Algorithmus BOR_GEN gebildet werden (s. [Tai 93], Theorem 4).

[8]2^n, falls alle 2^n Kombinationen erfüllbar sind, sonst weniger

Die Bedingungsüberdeckung erfordert nur zwei Testfälle, die allerdings keine Zweigüberdeckung implizieren, wie folgende Testfälle zeigen:

Testfall 1: $x < x_1 < x_2, y < y_1 < y_2, z < z_1 < z_2$

Testfall 2: $x_1 < x_2 < x, y_1 < y_2 < y, z_1 < z_2 < z$

Die minimale Mehrfachbedingungsüberdeckung erfordert $6 + 1 = 7$ Testfälle, die Bereichsüberdeckung erfordert bei drei Variablen maximal $(3 + 3) * 6 = 36$ Testdaten und die Mehrfachbedingungsüberdeckung erfordert maximal $2^6 = 64$ Testfälle. Tatsächlich erfordert die Bereichsüberdeckung höchstens 18 Testdaten und die Mehrfachbedingungsüberdeckung nur 27 Testfälle (s. Übung 10.5). In diesem Fall ist also der lineare Aufwand bei der minimalen Mehrfachbedingungsüberdeckung (7) und der Aufwand bei der Bereichsüberdeckung (12 oder 18) spürbar geringer als der Aufwand bei der Mehrfachbedingungsüberdeckung (27).

10.3   Aufgedeckte Fehler pro Testkriterium

Die vorhergehenden Abschnitte beschäftigten sich mit dem Aufwand, den die Erfüllung der Testkriterien bedingt. Der Aufwand wurde in Kapitel 10.1 durch einen Vergleich der Kriterien nur relativ angegeben und in Kapitel 10.2 als Anzahl der notwendigen Testdaten absolut angegeben. Der Aufwand für das Bestimmen eines Testdatums wurde hier außer acht gelassen, obwohl dies für die verschiedenen Kriterien differieren kann (genaueres siehe Kapitel 11.2).

Dem Aufwand für die Testdatenerzeugung — den Kosten — wird nun die Zahl und Art der aufgedeckten Fehler — der Nutzen — gegenübergestellt. Dabei wird der Nutzen aufgrund von empirischen Untersuchungen angegeben. Die diversen Untersuchungen unterscheiden sich allerdings vom Ansatz her. Es gibt folgende Untersuchungsarten: Fallstudien, formale Analysen, Mutationsanalyse und statistische Experimente[9]. Für einige wenige Methoden gibt es auch theoretische Untersuchungen, die allerdings von einschränkenden Annahmen über die Programme ausgehen.

Bei der Zuordnung der gefundenen Fehler zu den angewandten Methoden gibt es folgendes Problem:

BEISPIEL 10.3.1
Das Kriterium „Zweigüberdeckung" sei zugrundegelegt. Wenn mindestens ein Segment noch nicht mit den bisherigen Testdaten überdeckt ist, muß man sich dieses Segment und einen Weg vom Programm- oder Modulanfang bis zu diesem Segment genau ansehen, um ein geeignetes Testdatum zu bestimmen. Falls dies überwiegend durch persönliches Hinsehen und nicht durch Werkzeugunterstützung geschieht, kann der Testperson ein Fehler auf dem betrachteten Weg im Programm auffallen. Dann stellt sich die Frage, welcher Methode der Fehler seine Entdeckung

---

[9]Zur Definition der Untersuchungsarten sei auf den Anfang von Kapitel 6.3 und auf Kapitel 9.3 verwiesen.

verdankt: der Zweigüberdeckung oder der Programminspektion (genaueres zu letzterem s. Kap. 12.1)?

Entsprechendes gilt, wenn mit Werkzeugunterstützung ein Bericht (Report) erstellt wird, der auf nicht überdeckte Konstrukte (Anweisungen, Zweige, Datenflußwege) und auf fehlende Testdaten für das Testen von Anweisungen und Ausdrücken hinweist: Durch sorgfältiges Lesen dieser Berichte konnten in einer Fallstudie von Girgis und Woodward in 25 von 80 Fällen Fehler „aufgedeckt" werden, obwohl die Programme korrekte Ausgaben erzeugten, und in einem Fall konnte der Fehler nicht „aufgedeckt" werden, obwohl das Programm inkorrekte Ausgaben lieferte.
Dies bedeutet, daß Girgis/Woodward unter *Aufdecken* eines Fehlers offenbar das Lokalisieren der Fehlerursache im Programmtext verstehen (s. [GiW 86], S. 71). Hier soll aber vom **Aufdecken eines Fehlers** gesprochen werden, wenn ein inkorrektes Verhalten des Programms beobachtet wird. Dies bedeutet in erster Linie die Abweichung der tatsächlichen Ausgaben von den erwarteten Ausgaben. Andere Abweichungen des Verhaltens des Programms vom erwarteten Verhalten sollten nur dann als „Aufdecken eines Fehlers" interpretiert werden, wenn das korrekte Verhalten klar spezifiziert ist oder die Abweichung offensichtlich ist[10]. Umgekehrt soll beim Aufdecken eines Fehlers nicht verlangt werden, daß der Fehler schon lokalisiert wird. Diese Tätigkeit wird vielmehr gesondert betrachtet (genaueres s. Kapitel 15.2). Hier interessiert nur, daß das Programm bei bestimmten Eingaben ein falsches Verhalten zeigt.

10.3.1 Prozentzahlen der gefundenen Fehler

Mit dem *kontrollflußbezogenen* Testen kann jeweils die folgende Prozentzahl von Fehlern aufgedeckt werden:

Anweisungsüberdeckung: 18% bis 41% (s. [GiW 86], [BaS 87]),

Zweigüberdeckung: 16% bis 92% (s. [How 80], [How 78e], [GiW 86], [Hu& 94], [HHR 84], [Mil 77], [Nta 84a]),

LCMS-Überdeckung[11]: das 1,25fache (95% statt 75%) bis 2,5fache (85% statt 34%) der Zweigüberdeckung (s. [HHR 84], [GiW 86]),

strukturierte Pfadüberdeckung: das zweifache der Zweigüberdeckung (43% statt 21%, s. [How 78b]),

Pfadüberdeckung: das dreifache der Zweigüberdeckung (62% bis 64% statt 21%, s. [How 76], [How 78b]).

---

[10]Offenbar werden nicht alle Fehler entdeckt, die eigentlich gesehen werden können. Nach Basili und Selby werden nur 70 bis 80% der beobachtbaren Fehler gemeldet (s. [BaS 87], S. 1287, S. 1292).
[11]grob vergleichbar mit der Segmentpaare-Überdeckung

Die Ergebnisse hängen stark von der Art und Größe der untersuchten Programme, den vorhandenen bzw. extra eingestreuten Fehlern und der Untersuchungsmethode ab: Howden wendet die formale Analyse an, Ntafos läßt einfache Fehler durch ein System zur Mutationsanalyse erzeugen, Girgis/Woodward erzeugen ebenfalls Mutanten und nutzen Informationen aus dem umfangreichen Bericht und Informationen über nicht überdeckte Zweige zur Fehleraufdeckung, Hutchins et al. erzeugen (zufällig) 30 Testdatenmengen mit 100% Zweigüberdeckung und geben die Wahrscheinlichkeit an, daß damit ein Fehler gefunden wird.

Die Problematik der Bestimmung der aufgedeckten Fehler wird auch in einer formalen Analyse von Glass deutlich. Ursprünglich wird festgestellt, daß 81% der Fehler zu finden sind. Durch Vergleich mit einer früheren Studie korrigiert Glass den Wert auf nur 32% zu findende Fehler (s. [Gla 80]).

Über Fehler, die mit dem *datenflußbezogenen* Testen (s. Kapitel 8) aufgedeckt werden können, werden hier nur zwei Untersuchungen herangezogen: Hutchins et al. betrachten das Kriterium *alle DR-Interaktionen*, Girgis/Woodward untersuchen die Kriterien *alle Definitionen, alle E-/einige B-Referenzen* sowie *alle B-/einige E-Referenzen* (s. [Hu& 94], [GiW 86]).
Mit dem schwachen Kriterium *alle Definitionen* werden keine Bereichsfehler und nur 31% der Berechnungsfehler erkannt, insgesamt 24% aller Fehler. Das Kriterium *alle Entscheidungs-/einige Berechnungsreferenzen* ist fehleraufdeckender, insbesondere natürlich bei Bereichsfehlern: 68% davon werden erkannt, allerdings nur 23% Berechnungsfehler; in der Summe 34% aller Fehler. Das Kriterium *alle Berechnungs-/einige Entscheidungsreferenzen* deckt 57% aller Berechnungs- und 16% aller Bereichsfehler auf, zusammen 48% aller Fehler. Mit dem stärksten Kriterium *alle DR-Interaktionen* können Fehler mit 51% Wahrscheinlichkeit entdeckt werden (s. [Hu& 94], Table 4). Bei der kombinierten Anwendung von vier Datenflußkriterien können 70% aller Fehler — 68% der Bereichsfehler und 71% der Berechnungsfehler — aufgedeckt werden (s. [GiW 86], S. 69).

Das *ausdrucks- und anweisungsbezogene* Testen   (s. Kapitel 9.1) wurde nur von Girgis und Woodward untersucht mit folgenden Ergebnissen (s. [GiW 86], S. 69): Mit dem *Datenzugriffskriterium* (falsche Variablenreferenz) werden 18% aller Fehler und sogar 42% der Bereichsfehler erkannt. Mit dem *Datenspeicherungskriterium* (falsche Variablendefinition) lassen sich dagegen 16% aller Berechnungsfehler bzw. 14% aller Fehler aufdecken. Mit dem Kriterium *arithmetische Relation* werden sogar 79% aller Bereichsfehler, aber nur 3% der Berechnungsfehler erkannt, in der Summe 21% aller Fehler.

Die Effektivität der vorgestellten Testmethoden läßt sich nach Girgis/Woodward folgendermaßen grob quantifizieren: kontrollflußbezogenes Testen erkennt 85% der Fehler, datenflußbezogenes Testen deckt 70% der Fehler auf, ausdrucks- und anweisungsbezogenes Testen erkennt 41% der Fehler (s. [GiW 86], S. 69). Da jeweils nur ein Teil der hier vorgestellten Testkriterien herangezogen wurde, ist dieser Vergleich mit Vorsicht zur Kenntnis zu nehmen.

10.3.2 Art der gefundenen Fehler

Als Fragestellung drängt sich auf, für welche Fehler die einzelnen Methoden besonders effektiv sind. Daraus kann abgeleitet werden, welche Methoden beim Testen gemeinsam angewendet werden sollten, um möglichst alle Fehler aufzudecken.

10.3.2.1 Kontrollflußbezogenes Testen

Berechnungsfehler werden schon bei der Anweisungsüberdeckung erkannt, wenn die Berechnungsanweisung produktiv ist, Fehler nicht maskiert werden und keine zufällige Korrektheit vorliegt.

> Eine Anweisung ist **produktiv**, wenn sich ihr Ergebnis auf die Endergebnisse auswirkt.
> Eine **Maskierung** eines Fehlers durch andere Werte liegt beispielsweise im folgenden Fall vor: Ein Fehler $A = 2$ statt $A = 1$ wirkt sich nicht aus, wenn dies später nur bei der Berechnung von $\lceil \frac{A}{2} \rceil$ verwendet wird.
> **Zufällige Korrektheit** liegt beispielsweise für zwei Ausdrücke $y = x$ und $y = x^2$ vor, wenn mit $x = 0$ oder $x = 1$ getestet wird. Die Wahrscheinlichkeit für zufällige Korrektheit ist bei einfachen Programmen, die nur Polynome oder Multinome berechnen[12], relativ klein. Hennell et al. haben dafür in vorliegenden Fallstudien kein einziges Testdatum gefunden (s. [HHR 84], S. 272). Bei Programmen, die Aufrufe von Prozeduren enthalten, kann dies aber sehr wohl auftreten. Die Ausdrücke x und $abs(x)$ — wobei $abs(x)$ den Absolutbetrag von x berechnet — haben z. B. für alle nichtnegativen Werte von x den gleichen Wert. Falls der Fehler in der Vertauschung von x und $abs(x)$ besteht, ergibt sich bei entsprechenden Testdaten eine zufällige Korrektheit.

Ausgabefehler können ebenfalls schon durch Anweisungsüberdeckung aufgedeckt werden, wenn sie nicht von der Größe der Ausgabewerte abhängen und unabhängig von Ausgabekombinationen sind.

Eingabefehler können nur mit entsprechender Sicherheit erkannt werden, wenn auf jede Eingabeanweisung eine Ausgabeanweisung als Kontrolle folgt (s. [HHR 84], S. 271).

Da bei der Zweigüberdeckung, der Segmentpaare-Überdeckung und der Pfadüberdeckung mehr Kombinationen von E/A-Anweisungen ausgeführt werden, steigt die Wahrscheinlichkeit zum Aufdecken solcher Fehler.

---

[12] vgl. Kapitel 9, Beispiele 9.1.3 und 9.1.4

Die Zweigüberdeckung ist für die Aufdeckung von Fehlern der folgenden Art effektiv (s. [How 80], [HHR 84], [GiW 86]):

1. Falsche Ausgabe in einem speziellen Zweig, z. B. eine falsche Fehlermeldung.

2. Durchlaufen eines unerwarteten Zweigs wegen eines Bereichsfehlers.

3. Nicht ausführbarer Code aufgrund eines Fehlers.

BEISPIEL 10.3.2 (ZU NICHT AUSFÜHRBAREM CODE)

(a) *Eine Fehlerbehandlung ist nicht ausführbar, wenn der Fehler schon an anderer Stelle im Programm behandelt wird.*

(b) *Bei einem Sortierprogramm soll bei $n \leq 11$ Zahlen durch Einfügen sortiert werden, sonst durch Quicksort. Durch einen Fehler wird auf $n \leq 1$ Zahlen abgefragt, so daß beim Programmteil für das Einfügen nicht erreichbarer Code entsteht.*

4. Abnorm häufiges Durchlaufen eines Zweiges aufgrund eines Fehlers.

5. Bereichsfehler durch falsche Variablenreferenz oder durch eine inkorrekte Konstante.
   Nach Girgis und Woodward werden solche Fehler zu 100% erkannt[13] (s. [GiW 86], S. 70).

6. Bereichsfehler durch einen falschen Relationsoperator.
   Solche Fehler werden zu 80% erkannt (s. [GiW 86], S. 70). Nicht oder nur mit geringer Wahrscheinlichkeit wird dabei die Vertauschung von ähnlichen Operatoren entdeckt, da dann nur bei Gleichheit der Werte ein Unterschied auftritt. Dabei gelten $<$ und $\leq$ sowie $>$ und $\geq$ als **ähnlich**.

Fehler der Art 1 werden durch Überprüfung der Programmausgabe erkannt, Fehler der Art 2, 3 und 4 durch die Betrachtung der Ausführungszahlen für die entsprechenden Zweige. Fehler der Art 5 und 6 können bei den vorliegenden Testdaten eine falsche Programmausgabe oder nur veränderte Ausführungszahlen für die entsprechenden Zweige bewirken.

Die LCMS-Überdeckung ist für die Aufdeckung der folgenden Fehler am effektivsten, was vermutlich ähnlich für die Segmentpaareüberdeckung gilt (s. [GiW 86]):

1. Alle Bereichsfehler werden zu 100% erkannt.
   Dies übertrifft die Ergebnisse der Zweigüberdeckung bei falschen Relationsoperatoren, bei falschen arithmetischen Operatoren und bei einer falschen Plazierung einer Anweisung.

---

[13]Es gab im Experiment nur fünf Fehler der Art „inkorrekte Konstante"; daß sie alle aufgedeckt wurden, muß an der speziellen Wahl der Testdaten liegen, die *nicht zufällig* erfolgte (s. [GiW 86], S. 65).

2. Berechnungsfehler durch falsche arithmetische Operatoren werden zu 90% aufgedeckt.

3. Berechnungsfehler durch falsche Variablendefinition bzw. Variablenreferenz werden zu 88% bzw. 78% erkannt.

Von 80 Fehlern wurden neun Fehler (acht Berechnungsfehler, ein Bereichsfehler) nur mit der LCMS-Überdeckung und nicht mit datenfluß- oder ausdrucks- und anweisungsbezogenem Testen aufgedeckt (s. [GiW 86], S. 71).

Mit der <u>strukturierten Pfadüberdeckung</u> kann ein Fehler gefunden werden, der bei der Zweigüberdeckung nicht entdeckt wird: In einem Programm zur Telegrammformatierung wird ein Fehler nur aufgedeckt, wenn innerhalb des ersten Schleifendurchlaufs der *then*-Zweig gewählt und anschließend die Schleife sofort verlassen wird (genaueres s. [How 78b], S. 304).

Mit der <u>Pfadüberdeckung</u> lassen sich theoretisch alle Berechnungs- und Bereichsfehler aufdecken, wenn gewisse Vorraussetzungen erfüllt sind. Dies drückt sich in den folgenden Sätzen aus. Dabei sei $P(x)$ die Ausgabe eines Programms P mit dem Eingabewert x. $F(x)$ sei die spezifizierte Ausgabe für den Eingabewert x. Für einen vollständigen Weg w von P sei $D_P(w)$ der **Wegbereich** zu w, d. h. die Menge aller Eingabewerte, die den Weg w ausführen, und f_w die Funktion, die auf dem Weg w im Programm P berechnet wird.

SATZ 10.3.1 *(vgl. [How 76], Theorem 8)*
Mit der Pfadüberdeckung wird mindestens ein Berechnungsfehler bzgl. der Spezifikation F garantiert aufgedeckt g. d. w. das fehlerhafte Programm P einen ausführbaren Weg w hat mit: $P(x) \neq F(x)$ für jedes x aus $D_P(w)$.

Beweis: siehe Übung 10.7.

SATZ 10.3.2 *(vgl. [How 76], Theorem 9)*
Sei P' ein korrektes Programm bzgl. Spezifikation F, wobei je zwei Wege w und v in P' verschiedene Berechnungen enthalten, d. h. für die Berechnungsfunktionen f_w und f_v gilt: $f_w(x) \neq f_v(x)$ für jedes x aus dem ganzen Eingabebereich des Programms P'. Programm P enthalte keine Berechnungsfehler.
Dann gilt:
Mit der Pfadüberdeckung wird mindestens ein Bereichsfehler bzgl. der Spezifikation F garantiert aufgedeckt g. d. w. das fehlerhafte Programm P einen ausführbaren Weg w hat, so daß für den entsprechenden Weg w' im korrekten Programm P' gilt: $D_P(w)$ und $D_{P'}(w')$ sind disjunkt.

Beweis: siehe Übung 10.7.

Die praktische Anwendbarkeit der Sätze 10.3.1 und 10.3.2 ist aus folgenden Gründen eingeschränkt:

1. Pfadüberdeckung ist bei Programmen mit Schleifen nicht immer möglich, da dann beliebig viele vollständige Wege vorliegen können.

2. Es ist nicht generell entscheidbar, ob ein Weg ausführbar ist.

3. Die Definition der Berechnungs- und Bereichsfehler setzt einen Isomorphismus zwischen den Wegen des Programms P und einem korrekten Programm P' voraus. Dieser Isomorphismus liegt der Formulierung „entsprechender Weg" in Satz 10.3.2 zugrunde.

4. Bei Satz 10.3.1 formuliert die Einschränkung „$P(x) \neq F(x)$ für jedes x aus dem Wegbereich $D_P(w)$" das Verbot der zufälligen Korrektheit. Diese Forderung ist sehr stark, selten erfüllt und — falls zutreffend — schwer zu beweisen. Bei wenigen Ausnahmen von dieser Ungleichung spricht man von **meistens (bzw. fast immer) zuverlässigem** Testen (s. [How 76], S. 209).

5. Bei Satz 10.3.2 ist die Annahme „je zwei Wege in dem korrekten Programm enthalten verschiedene Berechnungen" der Ausschluß der zufälligen Korrektheit, und die Bedingung „$D_P(w)$ und $D_{P'}(w')$ sind disjunkt" schließt Unterbereichsfehler aus. Beides ist schwer zu beweisen und auch selten erfüllt.

Beim praktisch ausführbaren Pfadtesten nach den Kriterien der <u>strukturierten Pfadüberdeckung</u> $C_i(k)$ können daher folgende Fehler nicht oder nur unzureichend aufgedeckt werden (s. [Bei 83], S. 54 f.; [Gan 79], S. 31; [How 78b], S. 304 f.; [OmM 89], S. 64; [Sne 88], S. 307):

1. Fehlende Pfade bzw. Funktionen
   (Dies entspricht einem speziellen Fall, für den die entsprechenden Programmschritte vergessen wurden.)

2. Fehler bei der Kombination von Segmenten auf wichtigen Pfaden, die mehr als k Iterationen einer Schleife erfordern

3. Schnittstellenfehler

4. Fehlerhafte Benutzung anderer Funktionen
   (Dies wird beim *Modultest* schlecht erkannt.)

5. Initialisierungsfehler

6. Datenbankfehler

7. Unberücksichtigte Daten

8. Rundungsfehler beim Typ Real

9. Datensensitive Fehler (s. Beispiel 6.3.1)

Für das *kontrollflußbezogene* Testen läßt sich noch positiv vermerken, daß es
Fehler gibt, die nur mit diesem Testansatz und nicht mit dem datenfluß- oder
anweisungs- und ausdrucksbezogenen Testansatz aufgedeckt werden können. Nach
Girgis/Woodward sind dies 15% aller Fehler (s. [GiW 86], S. 71).

10.3.2.2 Datenflußbezogenes Testen

Für die einzelnen Methoden des datenflußbezogenen Testens ergibt sich nach Gir-
gis/Woodward folgendes (s. [GiW 86], S. 70 f.):
Für *Berechnungsfehler* aufgrund einer falschen Konstanten oder wegen einer falsch
plazierten Anweisung ist das Kriterium <u>alle Berechnungs-/einige Entscheidungsrefe-
renzen</u> am effektivsten: 88% bzw. 63% dieser Fehler werden gefunden.
Für *Bereichsfehler* aufgrund einer falschen Variablenreferenz oder einer falschen
Konstanten ist das Kriterium <u>alle Entscheidungs-/einige Berechnungsreferenzen</u> am
effektivsten: 100% dieser Fehler werden damit gefunden.
Folgende Fehler lassen sich dagegen schlecht aufdecken (s. [LaK 83], S. 353;
[Nta 84a], S. 252; [GiW 86], Table 3):

- fehlende Pfade,

- Bereichsfehler durch falsch plazierte Anweisungen und falsche arithmetische Operatoren,

- Berechnungsfehler bei speziellen Werten.

Dies liegt daran, daß die Grenzwerte der Entscheidungsprädikate und spezielle Werte nicht getestet werden.
Dagegen werden Datentransformationsfehler — wie beispielsweise eine fehlende Zuweisung — gut erkannt.
Abschließend läßt sich positiv vermerken, daß es Fehler gibt, die nur mit dem datenflußbezogenen Testen gefunden werden. Nach Girgis/Woodward sind dies 9% aller
Fehler (s. [GiW 86], S. 71).

10.3.2.3 Ausdrucks- und anweisungsbezogenes Testen

Für das Aufdecken von Fehlern in Ausdrücken gibt es eine Reihe von theoretischen
Resultaten. Bei den Entscheidungsprädikaten, die in Entscheidungen vorkommen,
wird dabei vorausgesetzt, daß das Prädikat (das implementierte und das korrekte)
sich aus atomaren Bedingungen nur mit den Booleschen Operatoren *or*, *and* und
not zusammensetzt. Eine **atomare Bedingung** ist dabei eine Boolesche Variable
oder ein relationaler Ausdruck der Form „$A1 \ r \ A2$", wobei $A1$ und $A2$ ein arithmetischer Ausdruck und r ein Relationsoperator ist, d. h. $<, \leq, =, \neq, >$ oder $\geq$. Ein
Entscheidungsprädikat ohne relationale Ausdrücke heißt **Boolescher Ausdruck**.

Satz 10.3.3
Folgende Voraussetzungen seien gegeben:

1. *In den relationalen Ausdrücken der Entscheidungsprädikate kommt jede Variable insgesamt nur einmal vor.*

2. *Boolesche Ausdrücke enthalten jede Boolesche Variable nur einmal.*

Unter diesen Voraussetzungen gilt:

i. *Mit der minimalen Mehrfachbedingungsüberdeckung werden alle fehlerhaften Booleschen Operatoren von Booleschen Ausdrücken aufgedeckt.*

ii. *Mit der BRO-Überdeckung (Boolesche und Relationale Operatoren)[14] werden alle fehlerhaften Booleschen und relationalen Operatoren in Entscheidungsprädikaten aufgedeckt.*

„Aufdecken" der Fehler bedeutet hier, daß das Entscheidungsprädikat bzw. der Boolesche Ausdruck bei mindestens einem Testdatum einen falschen logischen Wert annimmt.

Beweis:
zu i.: Die minimale Mehrfachbedingungsüberdeckung fordert mindestens die Testfälle, die der Algorithmus BOR_GEN von Tai erzeugt und mit denen fehlerhafte Boolesche Operatoren aufgedeckt werden (s. Theorem 3 in [Tai 93]).
zu ii.: s. Theorem 5 in [Tai 93].

q. e. d.

Satz 10.3.3 hat leider Voraussetzungen, die praktisch verhindern, daß mit den angegebenen Kriterien 100% der genannten Fehler erkannt werden:

1. Die Entscheidung ist (meistens) nicht die letzte Anweisung im Programm. Daher kann der aufgetretene Entscheidungsfehler durch nachfolgende Berechnungen wieder ganz oder teilweise verdeckt werden.

2. In den Entscheidungsprädikaten kommt manchmal eine Variable an mehreren Stellen vor. Dann können die Werte der Teilausdrücke nicht mehr unabhängig voneinander bestimmt werden.

---

[14]s. Kapitel 9.6

Beispiel 10.3.3
Das Entscheidungsprädikat laute:

$[(D \geq E) \text{ and } (X > Y)] \text{ or } [(D < E) \text{ and } (X + Z > Y)]$

und es gelte stets $Z \geq 0$.
Um Fehler im ersten Teilausdruck „$D \geq E$" zu testen, muß der zweite Teilausdruck
„$X > Y$" den Wert true und „$(D < E)$ and $(X + Z > Y)$" den Wert false haben.
$(X > Y)$ = true impliziert aber wegen $Z \geq 0$ auch $(X + Z > Y)$ = true; daher muß
$(D < E)$ = false sein. Somit kann ein Fehler in „$D \geq E$" nicht für den Fall $(D \geq E)$
= false getestet werden.

An diesem Beispiel wird auch deutlich, warum die Bedingungsüberdeckung zu wenig
Fehler aufdeckt: Alle Tests mit dem Wert $(D \geq E)$ = $false$ sind keine Tests des
Teilausdrucks „$X > Y$", da wegen $(D \geq E)$ = $false$ dessen Auswertung i. allg. nicht
erfolgt.

Fehlende Pfade im Programm und entsprechende fehlende Entscheidungen können
mit der (minimalen) Mehrfachbedingungsüberdeckung nicht aufgedeckt werden. Das
gleiche negative Ergebnis gilt für die Bereichsüberdeckung.
Die <u>Bereichsüberdeckung</u> kann dafür theoretisch alle Bereichsfehler aufdecken, wenn
der Fehler nicht durch zufällige Korrektheit in den betroffenen Programmzweigen
verdeckt wird. Das Fehlermodell bei der Bereichsüberdeckung, die **Grenzverschie-
bung**, ist allerdings unrealistisch:

Aus dem Ausdruck $A > B$ kann beispielsweise durch eine kleine Grenzver-
schiebung der Ausdruck $A > 1,02 * B + 0,1$ bzw. $50 * A > 51 * B + 5$ werden.
Solche Fehler sind aber extrem unwahrscheinlich.

Eine Orientierung an möglichen Fehlern im Ausdruck (wie in Kapitel 9.1) scheint
daher sinnvoller und spart Testaufwand.

Für Ausdrücke in Berechnungen, die sich als *Polynome* in einer Variablen oder *Multinome* in mehreren Variablen schreiben lassen (vgl. Kapitel 9.1), gibt es befriedigende
theoretische Resultate: Aufgrund der algebraischen Eigenschaften dieser Ausdrücke
gibt es effektive Tests für die Korrektheit von Polynomen und Multinomen. Unter
einem **effektiven** Test für ein Polynom wird dabei ein Test verstanden, der einen
Fehler aufdeckt, der aus einem korrekten Polynom ein Polynom erzeugt, welches
keinen kleineren Grad hat. Hat das zu testende, eventuell fehlerhafte Polynom einen
Grad k, so gehört das korrekte Polynom also zur Klasse aller Polynome vom Grad
$l \leq k$. Entsprechendes gilt für Multinome, bei denen keine Variablen entfernt worden
sind. Unter diesen Voraussetzungen gilt:

SATZ 10.3.4

1. *Eine Testdatenmenge T ist ein effektiver Test für ein Polynom vom Grade k genau dann wenn T mindestens $k + 1$ Testdaten enthält.*

2. *Für ein Multinom mit höchstem Exponenten k und mit l Variablen gibt es eine Testdatenmenge T mit $n \leq (k + 1)^l$ Testdaten, die ein effektiver Test für das Multinom ist.*

3. *Für ein lineares Multinom mit l Variablen gibt es eine Testdatenmenge T mit $l+1$ Testdaten, die ein effektiver Test für das Multinom ist.*

Beweis: s. [How 87], Theoreme 4.5 bis 4.8.

BEISPIEL 10.3.4

$x^4 + 3x^2 + 7x + 5$ *ist ein Polynom vom Grad vier. Ein effektiver Test benötigt mindestens fünf Testdaten, da $k + 1$ unabhängige Werte ein Polynom vom Grad k eindeutig festlegen.* $x^2 y + 5xy^3 + 4xy + 7x + 6$ *ist ein Multinom in den Variablen x und y mit höchstem Exponenten drei. Ein effektiver Test benötigt also höchstens $(3 + 1)^2 = 16$ Testdaten.* $3x + y - 2z + 5$ *ist ein lineares Multinom in den Variablen x, y, z, da es keine Produkte von Variablen enthält. Es gibt demnach einen effektiven Test mit vier Testdaten.*

Die geforderte Zahl der Testdaten für Polynome und insbesondere Multinome ist (nach Satz 10.3.4) ziemlich groß. Die vielen Testdaten sind nur notwendig, um absolut sicher zu sein, daß keine Testdaten verwendet werden, bei denen das fehlerhafte Polynom bzw. Multinom zufällig korrekte Werte liefert. Tatsächlich haben z. B. zwei verschiedene Polynome vom Grade n nur an höchstens n Stellen gleiche Werte; zwei verschiedene Geraden — Polynome vom Grad 1 — haben nur einen Schnittpunkt. Bei einer zufälligen Auswahl eines Testdatums ist die Wahrscheinlichkeit gleich $\frac{n}{M}$, eines dieser zufällig korrekten Testdaten zu wählen, wobei M die Zahl aller möglichen Werte für x, also mindestens $2^{32} - 1$, ist[15]. Ein „zufälliger" Test mit sehr kleinem Wert von $\frac{n}{M}$ heißt daher ein **statistisch effektiver Test**.

Entsprechendes gilt für Multinome:

SATZ 10.3.5

Eine Testdatenmenge T mit nur einem Testdatum ist ein statistisch effektiver Test für ein Multinom vom Grade k g. d. w. das Testdatum zufällig ausgewählt wird.

Beweis: s. [How 87], Theorem 4.8.

In der Praxis reicht also ein zusätzlicher, zufällig ausgewählter Test für alle Polynome oder Multinome, die auf einem bestimmten Weg im Programm berechnet werden.

---

[15]Bei Integer-Zahlen wird diese Anzahl erreicht, bei Real-Zahlen, die etwa mit 8 Byte dargestellt werden, gibt es sogar 2^{64} Werte.

Was die Kriterien der *Bedingungsüberdeckung* bzw. was das *ausdrucks- und an-weisungsbezogene* Testen wirklich leistet, haben Girgis und Woodward untersucht (s. [GiW 86], S. 68 ff.). Das <u>Datenzugriffskriterium</u> deckt danach am effektivsten Bereichsfehler auf, die durch eine falsch plazierte Anweisung entstehen (100%), an-sonsten 79% aller Bereichsfehler. Das <u>arithmetische Relations-Kriterium</u> deckt am effektivsten Bereichsfehler durch fehlerhafte arithmetische Operatoren, falsche kon-stante Werte und falsch plazierte Anweisungen auf (100%ige Aufdeckung der Fehler). Fehlerhafte relationale Operatoren werden dagegen nur zu 70% entdeckt.
Testdaten, die zum Aufdecken von Fehlern in <u>arithmetischen Ausdrücken</u> erzeugt werden (s. Kapitel 9.1, Kriterium *additive/multiplikative Fehler*) sind nach Gir-gis/Woodward relativ ineffektiv. Fehlende Berechnungen werden damit nur zu 56% aufgedeckt, falsche konstante Werte zu 13%, fehlerhafte Variablenreferenzen zu 11%, falsche relationale Operatoren zu 10%, alle anderen Fehlerarten überhaupt nicht (s. [GiW 86], S. 70).
In dem vorgestellten Experiment gibt es keine Fehler, die nur vom ausdrucks- und anweisungsbezogenen Testen aufgedeckt werden. Dieses Ergebnis hängt vermutlich damit zusammen, daß bei den *anderen* Methoden ein umfangreicher Bericht erstellt wird und das Programm jeweils gründlich inspiziert wird.

Für die Kriterien der <u>Datenüberdeckung</u> gibt es nur Aussagen von ihrem „Erfin-der" Sneed. Danach ist Datenüberdeckung besonders effektiv für das Aufdecken von Auslassungsfehlern, Berechnungsfehlern und falschen Grenzwerten (s. [Sne 86]).

10.3.3 Zusammenfassung

Zum Abschluß dieses Teilkapitels wird noch einmal die Frage gestellt, welche Fehler sich mit dem struktur- bzw. implementationsorientierten Testen generell aufdecken lassen. Pessimistische Zahlen liegen von Howden vor: nur 19% der Fehler lassen sich finden (s. [How 80], S. 167). Mittlere Werte werden von Myers und Howden berich-tet: 55% aller Fehler werden bei einer Kombination mit dem funktionsorientierten Testen gefunden (s. [Mye 78]), 64% durch Pfadtesten (s. [How 78b], S. 304). Die be-sten Werte ergeben sich aus der Untersuchung von Girgis/Woodward. Wird für jede Fehlerart die erfolgreichste Methode gewählt, so bleiben höchstens 9 von 80 Fehlern unentdeckt; 89% aller Fehler werden also aufgedeckt (s. [GiW 86], Table 1, Table 4). Einigkeit herrscht allerdings darüber, welche Fehler nicht (oder jedenfalls schlecht) mit dem implementationsorientierten Testen aufgedeckt werden: Die Ursache für nicht erkannte Fehler liegt meist darin, daß beim reinen Pfadtesten *keine verschiede-nen* Werte für denselben Pfad getestet werden. Durch Anforderungen des ausdrucks- und anweisungsbezogenen und datenbezogenen Testens werden dagegen mehrere Werte pro Pfad erforderlich.
Dennoch können folgende Fehler unerkannt bleiben: Abweichungen von der Spezifi-kation selbst, sowie Fehler bei extremen oder speziellen Werten, die für eine Funktion wichtig sind.

10.4   Übungen

Übung 10.1:

(a) Beweisen Sie das Enthaltensein der folgenden Kriterien aus Abbildung 10.1:
alle k-iterativen Wege → $C_i(k)$*-Überdeckung* → *(für $k > 2$)* → *starke C_{GI}-Überdeckung* → C_{GI}*-Überdeckung* → *schwache C_{GI}-Überdeckung;*
alle 1-iterativen Wege → *alle einfachen Wege* → *schwache C_{GI}-Überdeckung.*
Warum gilt dann auch: *alle 2-iterativen Wege* → *starke C_{GI}-Überdeckung?*

(b) Warum gilt C_{GI}*-Überdeckung* → *Zweigüberdeckung* und *schwache C_{GI}-Überdeckung* → *Anweisungsüberdeckung*, aber nicht *schwache C_{GI}-Überdeckung* → *Zweigüberdeckung?*

Übung 10.2:
Beweisen Sie das Enthaltensein der folgenden Kriterien aus Abbildung 10.2:
$C_i(k)$*-Überdeckung* → *(für passendes k)* → *alle m-DR-Interaktionen* → *(für $m > 2$)* → *alle Referenzen* → *alle E-/einige B-Referenzen* → *Zweigüberdeckung;* $C_i(k)$ → *(für passendes k)* → *geordnete Kontextüberdeckung.*

Übung 10.3:
Beweisen Sie, daß die Bereichsüberdeckung die minimale Mehrfachbedingungsüberdeckung enthält. Dabei muß natürlich vorausgesetzt werden, daß die atomaren Prädikatterme *lineare* relationale arithmetische Ausdrücke sind, also z. B. $A+3*C \geq 4*B - D$. Nehmen Sie der Einfachheit halber an, daß die atomaren Prädikatterme nur mit dem logischen Operator *and* verknüpft sind.

Übung 10.4:
Führen Sie folgende Beweise durch:

(a) Beweisen Sie, daß das Kriterium *alle kürzeren Ausdrücke* unter der Bedingung (**) in Abbildung 10.4 das Datenzugriffskriterium enthält.

(b) Geben Sie Gegenbeispiele an, die zeigen, daß die in Abbildung 10.4 *nicht* durch Pfeile verbundenen Kriterien tatsächlich unvergleichbar sind. Überlegen Sie sich dazu vorab, welche Unvergleichbarkeit eine andere Unvergleichbarkeit impliziert (da umgekehrt aus $A \to B$ und $B \to C$ logisch $A \to C$ folgt).

Übung 10.5:
Zeigen Sie, daß bei Beispiel 10.2.2 (liegt ein Punkt in einem Quader?) für die Mehrfachbedingungsüberdeckung 27 Testfälle und für die Bereichsüberdeckung 18 oder 12 Testdaten ausreichend sind — je nachdem, ob klar ist, daß die Spezifikation des Quaders die Relationen „=" und „≠" enthält oder nicht enthält. (Im ersten Fall ist der Quader als Hohlkörper spezifiziert.)

Übung 10.6:
Betrachten Sie anstelle des Quaders aus Beispiel 10.2.2 ein Rechteck mit den Grenzen $(x_1, x_2), (y_1, y_2)$ und die entsprechende Abfrage, ob ein Punkt (x, y) in dem Rechteck liegt.
Überlegen Sie sich, welche Fehler (d. h. Abweichungen von dem gegebenen Rechteck) bei den folgenden Testverfahren nicht erkannt werden:

(a) Bedingungstest,

(b) minimale Mehrfachbedingungsüberdeckung (ohne bzw. mit Grenzwerten),

(c) Mehrfachbedingungsüberdeckung (ohne bzw. mit Grenzwerten),

(d) Bereichsüberdeckung.

Übung 10.7:
Bei einem Kontrollflußgraphen mit k aufeinanderfolgenden Verzweigungen gibt es 2^k verschiedene Wege, die bei der Pfadüberdeckung ausgeführt werden müssen (s. Abbildung 7.6 auf S. 200).

(a) Zeigen Sie, daß vier Wege ausreichen, um in diesem Falle alle Segmentpaare zu überdecken (s. Def. 7.2.6).

(b) Wie viele Wege werden benötigt, um die $C_S(3)$-Überdeckung zu erfüllen, d. h. alle Segmenttripel (drei direkt aufeinanderfolgende Segmente) zu überdecken?

Übung 10.8:
Beweisen Sie die Sätze 10.3.1 und 10.3.2.

10.5 Verwendete Quellen und weiterführende Literatur

Da in diesem Kapitel viele „kleine" Informationen aus diversen Quellen zusammengestellt wurden, sind die Quellenangaben an den entsprechenden Stellen gemacht worden.

11 Testdatenerzeugung und Testwirksamkeitsmessung

In den Kapiteln 7 bis 10 wurden eine Reihe von Kriterien vorgestellt, die Anforderungen an eine Testdatenmenge stellen. Beispielsweise stellt das Kriterium *Zweig-* bzw. *Entscheidungsüberdeckung* die Anforderung, daß die Testdatenmenge für jeden Entscheidungsausgang ein Testdatum enthält, das diesen Entscheidungsausgang ausführt. Für eine irgendwie erstellte Testdatenmenge muß dieses Kriterium nicht zu 100% erfüllt sein. Bei Definition eines geeigneten Testwirksamkeitsmaßes kann aber angegeben werden, zu wieviel Prozent das Kriterium erfüllt ist. Für die Anweisungsüberdeckung und Zweigüberdeckung wurden diese Maße entsprechend definiert (s. Definition von TWM_0 und TWM_1 in Kapitel 7 auf Seite 196 und 198). Für die anderen kontrollflußbezogenen, datenflußbezogenen, anweisungs-, ausdrucks- und datenbezogenen Testkriterien lassen sich in naheliegender Weise entsprechende Testwirksamkeitsmaße aufstellen. Dabei werden jeweils die überdeckten bzw. ausgeführten Konstrukte der Gesamtzahl aller Konstrukte der betrachteten Art gegenübergestellt. Bei der Entscheidungsüberdeckung werden beispielsweise als Konstrukte gerade alle Entscheidungsausgänge betrachtet.

In Kapitel 11.1 werden nun verschiedene Methoden vorgestellt, mit denen die Testwirksamkeit einer gegebenen Testdatenmenge bei der Ausführung des Programms mit den entsprechenden Testdaten gemessen werden kann. Falls die Testwirksamkeit nicht 100% beträgt, sind weitere Testdaten zu bestimmen, um das gewählte Testkriterium zu erfüllen. In Kapitel 11.2 werden daher Methoden für die Testdatenerzeugung vorgestellt, mit denen eine gegebene Testwirksamkeit erhöht werden kann.

11.1 Messung der Testwirksamkeit durch Instrumentierung

Die Testkriterien erfordern die Ausführung bestimmter Konstrukte oder die Ausführung von Kombinationen von Konstrukten. Daher kann die Testwirksamkeit einer Testdatenmenge dadurch gemessen werden, daß Meßpunkte in die entsprechenden Konstrukte eingebaut werden, welche die Ausführung dieser Konstrukte protokollieren.

11.1.1   Zweigüberdeckung

Um festzustellen, ob die Zweigüberdeckung erreicht ist bzw. welcher Prozentsatz der Entscheidungsausgänge überdeckt ist, genügt es festzustellen, welche Entscheidungs-Entscheidungs-Wege ausgeführt wurden (s. Satz 7.2.1, Teil D, Seite 198). Also muß nur in jeden Entscheidungs-Entscheidungs-Weg ein Meßpunkt eingebaut werden. Dies kann ein Zähler sein, der erhöht wird oder ein entsprechender Prozeduraufruf. Diese Veränderung des Programms wird **Instrumentierung** genannt.

BEISPIEL 11.1.1
Bei dem Programm aus Abbildung 7.1 auf S. 190 sind die Entscheidungs-Entscheidungs-Wege E1 bis E5 mit Meßpunkten zu versorgen (siehe Tabelle 11.1, vgl. Beispiel 7.1.1).

Meßpunkt in Kante	für Entscheidungs-Entscheidungs-Weg bzw.	Kantenfolge
a oder b	E1	(a,b)
h	E2	(h)
c	E3	(c)
d oder e	E4	(d,e,g)
f	E5	(f,g)

Tab. 11.1 Versorgung des Programms aus Abb. 7.1 mit Meßpunkten

Bei einer Schachtelung von Schleifen im Programm reicht es, die Überdeckung von Entscheidungs-Entscheidungs-Wegen in den innersten Schleifen zu überprüfen, um die hundertprozentige C_1-Überdeckung festzustellen.

BEISPIEL 11.1.2
Innerhalb der b-Schleife (b_1, b_2) existiert hier eine weitere Schleife (c_1, c_2). Es gilt: Wenn das Programm terminiert und (c_1, c_2) ausgeführt wird, dann werden alle Kan-

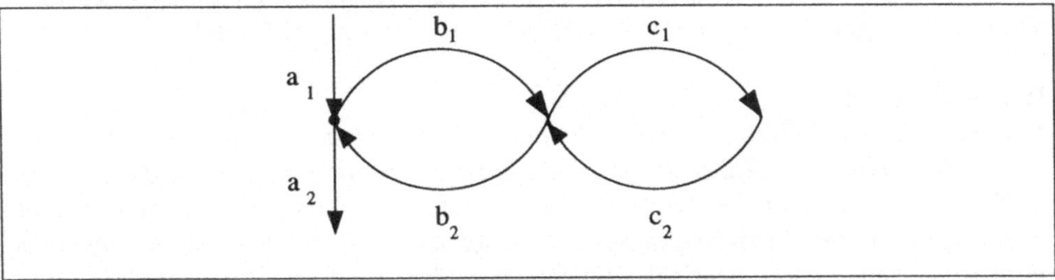

Abb. 11.1: Mehrfach geschachtelte Schleifen

ten durchlaufen. Also reicht für die Zweigüberdeckung die Ausführung von (c_1, c_2) aus, was mit einem Meßpunkt bei c_1 festgestellt werden kann.

Die Analyse der Schachtelung von Entscheidungen kann zu weiteren Einsparungen führen. Im Beispiel 11.1.1 macht die Überdeckung der „inneren" Entscheidungs-Entscheidungs-Wege $E4$ (d, e, g) und $E5$ (f, g) die Prüfung der Überdeckung von $E1, E2$ und $E3$ überflüssig; also reichen Meßpunkte bei d und f.

Die mögliche Einsparung von Meßpunkten läßt sich genauer charakterisieren in Abhängigkeit von der Zahl n der Knoten und der Zahl e der Kanten im Kontrollflußgraphen.

SATZ 11.1.1
Ein wohlgeformter[1] Kontrollflußgraph habe n Knoten und e Kanten.
Die Zahl t der Testdaten bzw. Testläufe sei bekannt und bei jedem Testlauf terminiere das Programm. Dann ist $e - n + 1$ die notwendige und hinreichende Zahl von Meßpunkten, um die Ausführungsanzahlen für alle Anweisungen und Zweige des Programms zu bestimmen.

Beweisidee:
Die Zahl der **charakteristischen** Kanten, die man zu einem Spannbaum des Graphen hinzufügen muß, um alle Kanten zu erhalten, ist $e - (n - 1)$, da der Spannbaum alle n Knoten und somit $n - 1$ Kanten enthält. Auf jeder solchen charakteristischen Kante ist gerade ein Meßpunkt einzufügen, da die zugehörigen fundamentalen Wege unabhängig voneinander durchlaufen werden können (vgl. Abschnitt 7.2.3, Seite 201). Der Meßpunkt auf der charakteristischen Kante vom End- zum Anfangsknoten kann (und muß) entfallen, da die Anzahl t der Testläufe bekannt ist. Also ist mit e (= Zahl der Kanten im Kontrollflußgraphen ohne die Kante vom End- zum Anfangsknoten) und nicht mit $e + 1$ zu rechnen.

q. e. d.

BEISPIEL 11.1.3
Für den Kontrollflußgraphen von Abbildung 7.1 bilden die Kanten a, b, c, d, f, h einen Spannbaum, der jeden Knoten des Graphen enthält. Es fehlen die charakteristischen Kanten e und g, die je einen Meßpunkt erhalten. (Die Ausführung des fundamentalen Weges abh umgeht die Meßpunkte, zählt aber bei der Anzahl t mit.)

BEISPIEL 11.1.4
Für den Kontrollflußgraphen von Abbildung 11.1 bilden die Kanten a_1, b_1, c_1, a_2 einen Spannbaum. Es fehlen die charakteristischen Kanten c_2 und b_2, die je einen Meßpunkt erhalten. Im Unterschied zu den Forderungen für die Feststellung einer hundertprozentigen Entscheidungsüberdeckung ist der Meßpunkt bei b_2 ebenfalls notwendig. Falls die (c_1, c_2)-Schleife nicht ausgeführt wird, ist durch den Meßpunkt bei b_2 eine Aussage darüber möglich, ob wenigstens die (b_1, b_2)-Schleife ausgeführt wurde.

---

[1]s. S. 192

Die Minimierung der Zahl der Meßpunkte bewirkt, daß nur für einen Teil der Segmente direkt (durch Messung) bestimmt wird, wie oft sie bei einem Testlauf ausgeführt werden. Diese Ausführungszahl $z(S)$ muß dagegen für die nicht mit Meßpunkten versehenen Segmente S aus den Ausführungszahlen der anderen Segmente mit der **Kirchhoff'schen Regel**[2] berechnet werden. Dieser Berechnungsaufwand ist *linear* in der Zahl der Kanten im Kontrollflußgraphen: Wegen Satz 11.1.1 gibt es einen Knoten im Kontrollflußgraphen mit m ein- oder ausgehenden Kanten, von denen $m-1$ charakteristische Kanten sind, also mit einem Meßpunkt versehen sind. Die Ausführungszahl des nicht instrumentierten Segments läßt sich damit berechnen. Am anderen Ende dieses Segments liegt ein Knoten, auf den dieses Verfahren wiederum anwendbar ist, usw. Dabei wird jede Kante höchstens zweimal betrachtet.

BEISPIEL 11.1.5
Für den Kontrollflußgraphen aus Abbildung 7.1 mit den instrumentierten Kanten e und g ist F der Knoten mit drei Kanten e, f, g, von denen zwei instrumentiert sind. Also gilt nach der Kirchhoff'schen Regel:

$$z(f) - z(g) - z(e).$$

Für den Knoten D am anderen Ende von f erhält man daher:

$$z(c) = z(d) + z(f) = z(e) + z(f) = z(e) + z(g) - z(e) = z(g)$$

Für Knoten C und die Segmente ab, c, g, h gilt dann:

$$z(h) = z(ab) + z(g) - z(c) = t + z(g) - z(g) = t,$$

wobei t die Anzahl der Testläufe ist.

BEISPIEL 11.1.6
Für den Kontrollflußgraphen aus Abbildung 11.1 mit den instrumentierten Kanten b_2 und c_2 erhält man für die Segmente b_1, c_1c_2 und b_2:

$$z(b_1) + z(c_1c_2) = z(b_2) + z(c_1c_2), \quad \text{d. h. } z(b_1) = z(b_2).$$

Für die Segmente a_1, a_2, b_1, b_2 erhält man:

$$z(a_2) = z(a_1) + z(b_2) - z(b_1) = z(a_1) = t = \text{Zahl der Testläufe.}$$

---

[2]Die Summe der Ausführungszahlen auf den eingehenden Kanten ist gleich der Summe der Ausführungszahlen auf den ausgehenden Kanten eines Knotens.

Wie zu sehen ist, sind die nicht gemessenen Ausführungszahlen relativ einfach aus den gemessenen Zahlen zu berechnen. Das gleiche gilt natürlich, wenn nur von Interesse ist, ob die entsprechenden Zweige ausgeführt wurden oder nicht. Dann ist nur festzustellen, ob die Ausführungszahlen ungleich oder gleich Null sind.

Der Berechnungsmehraufwand *nach* Ausführung der Testdaten ist also gering. Dafür wird die Ausführung des Programms nicht so stark verlangsamt wie bei einer nicht minimalen Verwendung von Meßpunkten. Für Dialogprogramme oder gar Echtzeitprogramme ist dies ein wichtiger Gesichtspunkt.

Wie groß ist nun die Einsparung an Meßpunkten?

Wenn nur Entscheidungen mit zwei Ausgängen im Programm vorkommen, würde eine einfache Instrumentierung bei p Entscheidungen $2 * p$ Meßpunkte einbauen, nämlich in jeden Entscheidungsausgang einen. Bei der optimalen Strategie nach Satz 11.1.1 werden nur $e - n + 1$ Meßpunkte gebraucht. Bei einem Kontrollflußgraphen mit p Zweiwegeverzweigungen gilt aber $e - n + 1 = p$ (vgl. Kapitel 16.1, S. 440, zyklomatische Zahl $v(G) - 1$). Also werden statt $2 * p$ Meßpunkten nur p gebraucht.

11.1.2 Bedingungsüberdeckung

Für die Messung der <u>atomaren Bedingungsüberdeckung</u> reicht ein Instrumentieren von Zweigen nicht aus, vielmehr muß man protokollieren, ob die atomaren Bedingungen die Werte *true (T)* oder *false (F)* angenommen haben.

BEISPIEL 11.1.7
Die Abfrage „if $A = 2$ or $X > 1$ then ... " muß ersetzt werden durch:

> **if** $A = 2$ **then** *Merke(B1, T)* **else** *Merke(B1, F);*
> **if** $X > 1$ **then** *Merke(B2, T)* **else** *Merke(B2, F);*
> **if** $A = 2$ **or** $X > 1$ **then** ...

Dabei protokolliert „Merke(Bi, w)", daß Bedingung i den Wert w angenommen hat.

Die in Beispiel 11.1.7 verwendete Technik der vorgezogenen Auswertung und Protokollierung der atomaren Bedingungen setzt voraus, daß die Auswertung der Bedingungen keine Seiteneffekte hat. Falls das dennoch der Fall ist, könnte man vermuten, daß eine andere Technik möglich ist, bei der jede atomare Bedingung B_i durch einen Aufruf $INS(B_i, i)$ ersetzt wird. Im Beispiel 11.1.7 wäre die Abfrage zu ersetzen durch:

> **if** *INS(A = 2, 1)* **or** *INS(X > 1, 2)* **then** ...

Dabei ist *INS* eine boolesche Funktionsprozedur, die als Ergebnis den logischen Wert des ersten Parameters abliefert. Als Seiteneffekt protokolliert *INS* in einem Array an *der* Stelle, die durch den zweiten Parameter angegeben wird, ob dieser logische

Wert wahr bzw. falsch ist.

Diese Technik versagt jedoch bei der üblichen optimierten Entscheidungsauswertung durch den Übersetzer. Bei *or*-Verknüpfungen bricht die Auswertung nach der ersten wahren Bedingung ab, bei *and*-Verknüpfungen nach der ersten falschen Bedingung. Die weiteren Bedingungswerte werden also nicht protokolliert.

Die Bedingungsüberdeckung kann somit nur gemessen werden, wenn keine Seiteneffekte vorliegen oder (als Compileroption neuerdings oft möglich) eine vollständige Bedingungsauswertung erfolgt (was bei effizienter Programmierung aber oft nicht anwendbar sein kann).

Bei der normalen oder der minimalen Mehrfachbedingungsüberdeckung ist nach dem Festhalten der Werte der einzelnen Bedingungen zusätzlich bei jeder Entscheidung festzuhalten, welche Kombination der Bedingungswerte vorliegt. Im Falle von Seiteneffekten und einer optimierten Entscheidungsauswertung kann nur die folgende **Variante der (minimalen) Mehrfachbedingungsüberdeckung** gemessen werden. Bei einem n-stelligen $and(B_1, \ldots, B_n)$ sind dies folgende Fälle:

1. alle (atomaren) Bedingungen B_1 bis B_n gleich *true*,

2. für jedes i mit $1 \leq i \leq n$:

   (a) alle Bedingungen B_1 bis B_{i-1} gleich *true* (für $i = 1$ also keine Bedingung *true*),

   (b) Bedingung $B_i = false$,

   (c) Bedingungen B_{i+1} bis B_n werden nicht ausgewertet.

Bei einem n-stelligen *or* sind entsprechende Fälle (mit *true* und *false* vertauscht) zu messen.

BEISPIEL 11.1.8

Für die Abfrage aus Beispiel 11.1.7 ist für $B_1 = (A = 2)$, $B_2 = (X > 1)$ folgendes zu messen, da B_1 und B_2 mit or verknüpft sind:

1. $B_1 = false$, $B_2 = false$, also $A \neq 2$, $X \leq 1$,

2. $B_1 = false$, $B_2 = true$, also $A \neq 2$, $X > 1$,
   $B_1 = true$, B_2 nicht ausgewertet, also $A = 2$, X beliebig.

11.1.3 Ausdrucks- und datenbezogenes Testen

Beim ausdrucksbezogenen Testen muß jeder Ausdruck im Programm instrumentiert werden. Die Feststellung, ob ein bestimmtes Kriterium erfüllt ist, kann auf zwei Arten getroffen werden:

1. Wenn man pro Ausdruck die Folge aller Werte protokolliert, kann eine beliebige Auswertung nach Beendigung des Testlaufs angestoßen werden.

2. Die Kriterienüberprüfung erfolgt bei jeder Ausdrucksauswertung.

BEISPIEL 11.1.9
Beim Testen von arithmetischen Relationen der Form „A1 r A2" (mit arithmetischen Ausdrücken A1 und A2 und Relationssymbol r) wird sofort protokolliert, ob die Differenz A1 − A2 den größten negativen Wert (knapp unter 0), den Wert 0 oder den kleinsten positiven Wert angenommen hat (vgl. S. 233).

Beim <u>datenbezogenen</u> Testen sind die E/A-Operationen zu instrumentieren. Bei jeder E/A-Operation ist festzustellen, welche Moduldaten ihre Werte geändert haben und ob die Änderung durch Eingabe oder Ausgabe verursacht wurde. Da die Zuordnung der Daten zu Feldern und Datenkapseln vorab bestimmbar ist, kann die Überdeckung von Datenkapseln, Feldern und repräsentativen Werten auf diese Art festgestellt werden (vgl. Kap. 9.4).

11.1.4   Segmentpaareüberdeckung, Schleifenüberdeckung und datenflußbezogene Kriterien

Mit den bisherigen Meßmethoden kann nur das Erfülltsein von Kriterien bestimmt werden, die sich auf einzelne punktuelle Konstrukte beziehen. Die Kriterien, die sich auf die Ausführung von Kontrollfluß- oder Datenfluß*wegen* beziehen, erfordern andere Meßmethoden. Dabei sind wieder zwei Fälle zu unterscheiden.

1. Es müssen bestimmte Wege im Kontrollflußgraphen ausgeführt werden: Dies ist nur festzustellen, wenn jeder Entscheidungs-Entscheidungs-Weg einen Meßpunkt enthält und die Folge der durchlaufenen Entscheidungs-Entscheidungs-Wege pro Testdatum (etwa in einer Datei) festgehalten wird. Allenfalls kann diese Folge begrenzt werden, indem bei Schleifen die Protokollierung nach k-maligem Durchlauf abgebrochen wird (für ein vorgegebenes k mit $k > 0$).

   Dieses Vorgehen wird z. B. bei folgenden Kriterien bzw. Konstrukten benötigt: Segmentpaareüberdeckung, $C_S(n)$-Überdeckung , Grenze-Inneres-Überdeckung, strukturierte Pfadüberdeckung $C_i(k)$, alle DR-Wege.
   Bei Segmentpaaren kann man allerdings eine Vereinfachung vornehmen. Jedes durchlaufene Segment[3] wird in einem Zwischenspeicher festgehalten. Beim Durchlaufen des nächsten Segments wird das Paar (gespeichertes Segment, aktuelles Segment) endgültig abgespeichert oder in einer vorbereiteten Tabelle aller Segmentpaare „angekreuzt".

---

[3]„Segment" steht hier als Synonym für „Entscheidungs-Entscheidungs-Weg" (vgl. Fußnote 9 auf Seite 200)

2. Es müssen nur Wege mit einer bestimmten Eigenschaft ausgeführt werden: Dies trifft bei allen anderen <u>Datenflußkriterien</u> zu.

   In diesem Fall sind vorab für jeden Knoten k des Kontrollflußgraphen die Mengen der Variablen zu bestimmen, die in k definiert, referenziert und undefiniert werden ($DEF(k)$, $REF(k)$ und $UNDEF(k)$). Je nach Kriterium ist außerdem eine Tabelle für *alle Definitionen, alle Referenzen, alle E-/einige B-Referenzen, alle B-/einige E-Referenzen* oder *alle k-DR-Interaktionen* aufzustellen. Sie enthält die jeweils geforderten Paare (oder Folgen von Paaren) von Definitionen und Referenzen von Variablen.

   Bei der Ausführung der Tests muß eine Liste der aktuellen Definitionen geführt werden, wobei jede Definition durch das Paar (Variable, Knoten) beschrieben wird. Wenn ein neuer Knoten l ausgeführt wird, sind folgende Aktionen erforderlich (durch eine entsprechende Instrumentierung des Knotens):

   (a) Eintrag in der Tabelle aller DR-Interaktionen für eine Definition und Referenz von x, wenn x in der Liste der aktuellen Definitionen und in $REF(l)$ vorkommt.

   Bei Referenzen in Entscheidungen ist dabei ggf. der folgende Entscheidungsausgang abzuwarten und mitzuprotokollieren.

   (b) Falls x in $DEF(l)$ oder $UNDEF(l)$ vorkommt, ist die Liste der aktuellen Definitionen anschließend entsprechend zu ändern.

Bei dem Kriterium alle k-DR-Interaktionen für $k > 2$ sind die bisher ermittelten m-DR-Interaktionen mit $m < k$ jeweils in einer aktuellen Liste mitzuführen. Der Speicheraufwand ist also beträchtlich.

Bei der ungeordneten oder geordneten <u>Kontextüberdeckung</u> ist vorab die entsprechende Tabelle der Definitionskontexte zu erzeugen. Während der Ausführung eines Knotens ist bei der referenzierten Variablen festzustellen, welcher Definitionskontext diese Referenz erreicht hat. Je nach Anforderung sind die entsprechenden Definitionen als Menge zu beschreiben — falls es um ungeordnete Definitionskontexte geht — oder als Folge von Definitionen, falls es um geordnete Definitionskontexte geht.

11.1.5 Allgemeine Aspekte der Messung der Testwirksamkeit

Natürlich reicht es nicht aus, nur für *einen* Testlauf (d. h. für ein Testdatum) die Überdeckung der geforderten Konstrukte zu messen. Vielmehr müssen die Ergebnisse für eine Testdatenmenge oder auch für mehrere Testdatenmengen *akkumuliert* werden. Dies setzt eine entsprechende Speicherung und Fortschreibung der Ergebnisse in einer Datei oder Datenbank voraus.

Die Ausgabe der Testergebnisse in einem *Testprotokoll* ist ebenfalls von entscheidender Bedeutung. Für das Qualitätsmanagement ist dabei meistens nur von Bedeutung, zu wieviel Prozent ein Kriterium erfüllt wurde. Für die Planung eines Tests ist dagegen eine detaillierte, aber lesbare Information nötig, die angibt, welche Konstrukte durch die bisherigen Tests noch nicht überdeckt bzw. ausgeführt wurden. Die Menge und Art der anzugebenden Meßergebnisse sollte also per Parameter (in der Ausgabekomponente) einstellbar sein.

11.2   Testdatenerzeugung

Wenn gemessen wurde, daß die bisherigen Testdaten keine hundertprozentige Überdeckung der geforderten Konstrukte bewirken, muß versucht werden, die nicht überdeckten Konstrukte durch weitere Testdaten zu erreichen. Wie können entsprechende Testdaten erzeugt werden?

11.2.1   Lösungsansatz für die Testdatenerzeugung

Ein Lösungsansatz besteht darin, das Problem iterativ zu lösen. Die Problemstellung für einen Iterationsschritt ist die folgende:

1. Gegeben ist ein Programm und eine Testatenmenge T, die keine hundertprozentige Überdeckung erreicht. Damit ist implizit die Menge der durch T überdeckten Konstrukte (Anweisungen, Zweige, Wege, Prädikatterme usw.) und die Menge der nicht überdeckten Konstrukte gegeben.

2. Es ist ein nicht überdecktes Konstrukt auszuwählen und ein Testdatum zu bestimmen, das dieses Konstrukt ausführt.
   Die *Auswahl* eines solchen Konstrukts kann im Prinzip zufällig erfolgen. Bei einem deterministischen Vorgehen bietet sich allerdings bei der Zweigüberdeckung z. B. an, die Wege zu betrachten, die durch die bisherigen Testdaten ausgeführt werden. Von diesen Wegen ist ein kürzestes Anfangsstück bis zu einer Verzweigung zu bestimmen, für die ein ausgehender Entscheidungszweig noch nicht überdeckt wurde. Dieser Zweig ist als nächstes zu überdecken. Falls das geschieht, ist zu erwarten, daß auf dem neuen Weg noch viele andere Zweige liegen, die bisher nicht überdeckt wurden. Diese Strategie — genannt **Pfadpräfix-Strategie** — ist also i. allg. sinnvoll und muß für andere Konstrukte entsprechend abgewandelt werden.

Als Problem bleibt also „nur", zu einem Konstrukt ein Testdatum zu finden, welches das Konstrukt ausführt.
Dafür kann folgender *Lösungsansatz* gewählt werden:

1. Es ist ein Weg im Kontrollflußgraphen vom Anfang bis zu dem betrachteten Konstrukt zu finden.

2. Es ist zu bestimmen, welche Bedingungen die Eingabevariablen des Programms erfüllen müssen, damit der in Schritt 1 gewählte Weg auch ausgeführt wird.

Die Bestimmung eines Weges zu einem Konstrukt ist ein relativ einfaches graphentheoretisches Problem. Nur wenn ein Konstrukt z. B. ein Paar von Zweigen mit zusätzlichen Bedingungen ist, kann es einen hohen Berechnungsaufwand geben.
Oft gibt es mehrere Wege zu einem Konstrukt; insbesondere wenn auf einem passenden Weg eine Schleife liegt, können verschieden viele Schleifendurchläufe gewählt werden. Man sollte daher zuerst die kürzesten Wege bestimmen.

BEISPIEL 11.2.1 *(s. Abbildung 11.1)*
Segment c_1c_2 wird durch den kürzesten Weg $a_1b_1c_1$ erreicht, aber auch durch $a_1b_1b_2b_1c_1, a_1b_1b_2b_1b_2b_1c_1$, allgemein durch einen Weg $a_1((b_1b_2)^k)b_1c_1$ mit $k = 0, 1, 2, \ldots$

Die Bedingungen für die Eingabevariablen ergeben sich aus den zu erfüllenden Prädikaten in den Entscheidungsknoten auf dem Wege und wird daher **Wegebedingung** genannt. Die Prädikatbedingungen sind aber durch „symbolische Ausführung"[4] rückwärts" umzurechnen in Bedingungen für die Eingangsvariablen.

BEISPIEL 11.2.2
Bei dem Kontrollflußgraphen aus Abbildung 7.1 reicht bei geforderter C_1-Überdeckung nach Satz 11.1.1 die Überdeckung der Entscheidungs-Entscheidungs-Wege (d, e, g) und (f, g). Kürzeste Wege zum Erreichen dieser Entscheidungs-Entscheidungs-Wege sind:

- *für (d,e,g) der Weg abcdeg,*

- *für (f,g) der Weg abcfg.*

1. *Für den Weg abcdeg ergibt sich als Bedingung:*

    (für d) $y \bmod 2 = 1$ und (für c) $y \neq 0$.

    Jede ungerade Zahl erfüllt diese Bedingung[5].
    Unklar bleibt aber, ob ein Test mit einem solchen Wert für y in eine unendliche Schleife gerät oder wie oft die Schleife durchlaufen wird. Ein effizienter Test sollte aber kurz sein. Daher ist ein kurzer Weg bis zum Programmende vorzugeben. In diesem Fall also der Weg abcdegh, mit der folgenden Bedingung:

    $y = 0$ (bei h) und $y \bmod 2 = 1$ (bei d) und $y \neq 0$ (bei c).

---

[4] genaueres siehe Kapitel 12.3
[5] Wenn man $y \bmod 2$ auch für negative ganze Zahlen definiert, und zwar folgendermaßen: $y \bmod 2 := (-y) \bmod 2$ falls $y < 0$.

Die erste Teilbedingung muß noch rückwärts gerechnet werden. Da in Anweisung F der Wert von y gemäß $y := y$ div 2 verändert wird, ist für den Anfangswert von y statt „$y = 0$" zu fordern:

„y div $2 = 0$".

Also ergibt sich als Gesamtbedingung für den Weg abcdegh:

(y div $2 = 0$) und (y mod $2 = 1$) und ($y \neq 0$).

Dazu gehört folgende Lösungsmenge L für die Eingabewerte von y, wobei Z die Menge der ganzen Zahlen ist[6]:

$$L = \{-1, 0, 1\} \cap \{y \in Z | y \text{ ungerade}\} \cap \{y \in Z | y \neq 0\} = \{-1, 1\}.$$

Ein Testdatum besteht also aus einem Tupel (x, y) mit $y = 1$ oder $y = -1$ und beliebigem x.

2. *Für den Weg abcfg ergibt sich als Bedingung:*

   (für f) y mod $2 \neq 1$ und (für c) $y \neq 0$.

   Jede gerade Zahl (außer 0) erfüllt diese Bedingung.
   Für den kürzesten vollständigen Weg abcfgh ergibt sich:

   $y = 0$ (bei h) und y mod $2 \neq 1$ (bei f) und $y \neq 0$ (bei c).

   Die erste Teilbedingung muß wieder rückwärts gerechnet werden. Damit erhält man als Gesamtbedingung für den Weg abcfgh:

   y div $2 = 0$ und y mod $2 = 0$ und $y \neq 0$.

   Dieses System hat keine Lösung, da die ersten beiden Bedingungen nur die Lösung $y = 0$ haben, was der dritten Bedingung widerspricht. Der Weg abcfgh ist also nicht ausführbar. Wird dagegen ein Test mit einer positiven geraden Zahl (also etwa $y = 2$) gewählt, wird — als Verlängerung von abcfg — der Weg abcfgcdegh ausgeführt.

11.2.2 Probleme bei der Testdatenerzeugung

Wie in Beispiel 11.2.2 (Teil 2) zu sehen ist, kann folgendes Problem bei der Ausrechnung der Eingabebedingungen auftreten:
Wenn ein Weg unausführbar ist, kann die ausgerechnete Wegebedingung nicht erfüllt werden. Dann ist ein längerer Weg auszuwählen. Es bleibt die Frage, ob man der Wegebedingung die Erfüllbarkeit ansehen kann. Bei Wegen mit einfachen Entscheidungen ist dies der Fall. Es gilt folgendes:

---

[6]Dabei wird angenommen, daß für negative Zahlen y gilt: y div $2 = -(|y|$ div $2)$. Also z. B. (-1) div $2 = -(1$ div $2) = -0 = 0$.

SATZ 11.2.1
Das Ausführbarkeitsproblem für einen Kontrollflußweg ist entscheidbar, wenn die Wegebedingung linear in den Eingabevariablen bzw. -werten ist.

Beweisidee:
Mit den Techniken der linearen Programmierung kann eine Lösung gefunden werden bzw. gezeigt werden, daß keine Lösung existiert (s. [Zim 90]).

q. e. d.

Allgemein gilt jedoch:

SATZ 11.2.2
Das Ausführbarkeitsproblem für Kontrollflußwege ist nicht entscheidbar.

Beweis:
Es ist nicht entscheidbar, ob ein System von Ungleichungen eine Lösung besitzt (s. [Dav 73]). Die Wegebedingung für einen Kontrollflußweg stellt aber ein solches System von Ungleichungen dar.

q. e. d.

Folgende Probleme bei der Anweisungs- und Entscheidungs- bzw. Zweigüberdeckung sind leider ebenfalls nicht entscheidbar:

1. Wird eine gegebene Anweisung durch irgendeine Eingabe ausgeführt?

2. Wird ein gegebener Entscheidungsausgang durch irgendeine Eingabe ausgeführt?

Beim iterativen Erzeugen von Testdaten tritt noch das Problem der Minimierung der Testdatenanzahl auf: Ein später erzeugtes Testdatum t_j kann alle Konstrukte überdecken, die ein vorher erzeugtes Testdatum t_i überdeckt. Dann ist t_j unter Überdeckungsgesichtspunkten überflüssig und sollte weggelassen werden[7], um Testkosten (z. B. die Ermittlung der Solldaten und den Soll-/Ist-Vergleich) einzusparen. Das Weglassen solcher Testdaten hat praktisch fast keinen Einfluß auf die Fähigkeit der Testdatenmenge, Fehler aufzudecken, wie eine Untersuchung von 10 Programmen durch Wong et al. zeigt: bei 90 bis 95% Anweisungsüberdeckung bewirkt die Minimierung der Testdatenmengen z. B. eine Reduktion von durchschnittlich 51 auf 30 Testdaten, wobei damit durchschnittlich nur 2% (höchstens 7%) weniger Fehler aufgedeckt werden (s. [Wo& 95], Table 6).

---

[7]Ein alternativer Ansatz besteht darin, erst zum Schluß eine minimale (oder kostengünstigste) Teilmenge der Testdaten zu bestimmen, die alle vorgegebenen Konstrukte überdeckt (s. [Rie 92a], [Lan 94]).

11.2.3   Allgemeines Verfahren zur Testdatenerzeugung

Im folgenden wird ein allgemeines Verfahren vorgestellt, um die mit der „symbolischen Ausführung rückwärts" bestimmten Wegebedingung zu vereinfachen und entsprechende Testdaten zu ermitteln. Dabei werden folgende Begriffe benutzt und folgende Annahmen gemacht:

1. In den Entscheidungsprädikaten kommen atomare logische Ausdrücke nur in der Form „A_1 r A_2" vor, wobei A_1 und A_2 arithmetische Ausdrücke sind und r einer der sechs relationalen Operatoren $=$, $\neq$, $<$, $\leq$, $>$, $\geq$ ist.

2. Die Wegebedingungen sind logische Ausdrücke, die aus atomaren logischen Ausdrücken durch Anwendung der logischen Operatoren *not*, *and* und *or* gebildet werden.

Die <u>Ermittlung der Testdaten</u> geht dann folgendermaßen vonstatten:

1. Testdaten zur Erfüllung atomarer logischer Ausdrücke sind „leicht" zu finden.

2. Testdaten zur Erfüllung einer Wegebedingung, welche nur aus der *and*-Verknüpfung atomarer logischer Ausdrücke besteht, sind leicht zu finden, wenn die benutzten Variablen in den Teilausdrücken alle verschieden sind. Schwierig ist es dagegen, falls eine Variable in mehreren Teilausdrücken vorkommt.

   BEISPIEL 11.2.3
   $L_1 : b - a > 0,1; L_2 : 2 * \frac{b-a}{3} \leq 0,1$
   L_1 wird erfüllt von Werten mit $b > a + 0,1$.
   L_2 wird erfüllt von Werten mit $b \leq a + 0,15$.
   Sollen beide Bedingungen erfüllt werden, muß der Durchschnitt der Lösungsmengen ermittelt werden. Dies ist hier einfach, da beide Bedingungen linear in a und b sind: $a + 0,15 \geq b > a + 0,1$.

3. Testdaten zur Erfüllung einer logischen Verbindung mit Operator *or* können ermittelt werden, indem für eine der Alternativen eine Lösungsmenge gesucht wird.

4. Operator *not* macht keine Probleme. Es ist das Komplement der Lösungsmenge zu bilden.

Als Hauptproblem bleibt also die Ermittlung von Testdaten, die einen logischen Ausdruck der Form „P_1 *and* P_2 *and* ... *and* P_n" erfüllen, wobei die P_i atomare logische Ausdrücke sind, eventuell mit dem Präfix *not*.

Die folgende Lösungsmethode vereinfacht das Problem:

1. Beseitige alle *not*-Operatoren. Ersetze dabei einen Ausdruck „$not(A_1 \; r \; A_2)$" durch „$A_1 \; r' \; A_2$", wobei r' die zu r komplementäre Relation ist.

   BEISPIEL 11.2.4
   „$not(b - a \leq 0, 1)$" wird ersetzt durch „$b - a > 0, 1$".

2. Beseitige alle relationalen Operatoren außer „=" gemäß folgender Äquivalenz ($\leftrightarrow$):

$$a \neq b \leftrightarrow \exists x \neq 0 : x = b - a$$
$$a < b \leftrightarrow \exists x > 0 : x = b - a$$
$$a \leq b \leftrightarrow \exists x \geq 0 : x = b - a$$
$$a > b \leftrightarrow \exists x > 0 : x = a - b$$
$$a \geq b \leftrightarrow \exists x \geq 0 : x = a - b$$

   Diese Umformung ist damit motiviert, daß Gleichungen leichter zu lösen sind als Ungleichungen. Dafür wird die Einführung des Existenzquantors „$\exists x$" („es existiert ein x mit folgender Eigenschaft") in Kauf genommen.

   BEISPIEL 11.2.5 *(vgl. Beispiel 11.2.3)*

   (a) *$b - a > 0, 1$ impliziert: $\exists x > 0 : x = b - a - 0, 1$*

   (b) *$\frac{2*(b-a)}{3} \leq 0, 1$ impliziert: $\exists x \geq 0 : x = 0, 1 - \frac{2*(b-a)}{3}$*

3. Bilde die **Pränexe Normalform** der (quantifizierten) Ausdrücke. Dies geschieht dadurch, daß bei den einzelnen Ausdrücken für die Existenzquantoren verschiedene Variablen benutzt werden und alle Quantoren vor den Gesamtausdruck gezogen werden.
   Dies wird damit motiviert, daß einzelne Bedingungen möglichst zu einem Ausdruck verschmolzen werden sollen.

   BEISPIEL 11.2.6
   Die Ausdrücke a und b aus Beispiel 11.2.5 werden zu folgenden Ausdrücken umgeformt:

$$\exists x > 0, \exists y \geq 0 : x = b - a - 0, 1 \text{ und } y = 0, 1 - \frac{2 * (b - a)}{3}$$

4. Beseitige Variablen durch passende Kombination der Gleichungen.

BEISPIEL 11.2.7 *(vgl. Beispiel 11.2.6)*
Multipliziere „$x = b - a - 0,1$“ mit 2 und „$y = 0,1 - \frac{2*(b-a)}{3}$“ mit 3, damit in beiden Fällen der gleiche Teilausdruck $2*(b-a)$ entsteht. Das ergibt folgende Bedingung:

$$\exists x > 0, \exists y \geq 0 : 2*x = 2*(b-a) - 0,2 \ und$$
$$3*y = 0,3 - 2*(b-a).$$

Durch Kombination ergibt sich:

$$\exists x > 0, \exists y \geq 0 : 2*x + 3*y = 0,3 - 0,2$$

5. Rechne konstante Terme aus und ermittle die Lösungen.

BEISPIEL 11.2.8
Für den Ausdruck aus Beispiel 11.2.7 ergibt sich:

$$\exists x > 0, \exists y \geq 0 : 2*x + 3*y = 0,1$$

Diese Bedingung ist leicht zu erfüllen. Mit $y = 0$ erhält man z. B. $x = 0,05$. Einsetzung von $x = 0,05$ in die Gleichung von Beispiel 11.2.6 ergibt $0,05 = b - a - 0,1$; somit ist $b - a = 0,15$; $a = 0$ und $b = 0,15$ ist also z. B. eine Lösung.

Obwohl die Lösungsmethode bei den gewählten Beispielen erfolgreich ist, können i. allg. folgende Komplexitätsprobleme auftreten:

1. Bei *großen* Programmen sind viele Wege mit einer Vielzahl von Entscheidungsbedingungen pro Weg zu behandeln, die beim „Rückwärtsrechnen" oft transformiert werden müssen.

2. Es reicht oft nicht aus, einen *Schleifenkörper* nicht oder nur einmal zu durchlaufen.

BEISPIEL 11.2.9

(a) *Siehe Beispiel 11.2.2 auf Seite 284: Der Weg $abcfgh$, der die Schleife nur einmal durchläuft, ist nicht ausführbar.*

(b) **for** *$i := 1$* **to** *15* **do** *...*
   Bei dieser for-Schleife mit konstanter Iterationszahl sind alle Wege, welche die Schleife nicht genau 15mal durchlaufen, nicht ausführbar. Durch den 15maligen Durchlauf entstehen lange Wege mit komplizierten und langen Wegebedingungen.

3. Die Lösungsmenge wächst dramatisch durch Mehrdeutigkeiten bei indizierten Variablen.

BEISPIEL 11.2.10
x[i] := 2 + a; x[j] := 3; c := x[i].
Bei dieser Anweisungsfolge gilt entweder „c = 2 + a" falls $j \neq i$ ist oder „c = 3" falls i = j ist. Die Bedingung „c = 3" kann also erfüllt werden für „i = j oder ($i \neq j$ und a = 1)" .

4. Bei Programmen mit *Blockstruktur* oder *Prozeduraufrufen* muß der Gültigkeitsbereich der Variablen und die Art der Parameterübergabe (by value, by name, by reference) beachtet werden, damit die Wegebedingungen korrekt gebildet werden.
Für jedes Programmkonstrukt muß also die Semantik der Werttransformation oder der Umgebungstransformation bei einem Blockanfang klar definiert sein und beachtet werden.
Für eine Zuweisung „$x := A$" mit Variable x und Ausdruck A (vom selben Typ) gilt folgendes: Für ein Prädikat R, das nach der Zuweisung gelten soll, muß vorher das Prädikat $R(x \rightarrow A)$ gelten. Dies ist das Prädikat, bei dem in R jedes Vorkommen der Variablen x durch den Ausdruck A ersetzt wird.

BEISPIEL 11.2.11
Sei R folgendes Prädikat: „$c > 1$".
Sei „$c := c/a$" die betrachtete Zuweisung. Falls nach der Zuweisung R gilt, muß vor der Zuweisung $R(c \rightarrow c/a) = [c > 1](c \rightarrow c/a) = [c/a > 1]$ gelten.

5. Bei Zahlen vom Typ Real ist der Wahrheitswert von Prädikaten oft unvorhersehbar.

BEISPIEL 11.2.12
Durch Rundungsfehler kann das Prädikat „$a = 0$" evtl. nie erfüllt werden, wenn die Variable a vom Typ Real ist.
Dies ist natürlich ein Programmierfehler. Bei fallenden Werten für a ist $a \leq 0$ abzufragen, bei steigenden (negativen) Werten für a ist $a \geq 0$ abzufragen; sonst ist abzufragen, ob $|a| \leq \epsilon$ für einen geeigneten kleinen positiven Wert von ϵ gilt.

6. Hat man sich bei der Auswahl eines Weges für einen *nicht ausführbaren Weg* entschieden, wird dies evtl. erst nach der langen Berechnung der kompletten Wegebedingung aufgedeckt. Bei der Wahl eines anderen Weges kann sich dies wiederholen.

Anstatt viele Wege zu erzeugen, die sich später nach der Berechnung der Wegebedingung als nicht ausführbar herausstellen, sollte daher die Wegbestimmung und
die Berechnung der Wegebedingung kombiniert werden. Folgendes Vorgehen erreicht
dies:

1. Bestimme den Weg vom Programmanfang bis zur ersten Entscheidung. Dies ist
   der einzige „bisherige Weg".

2. Bestimme für alle bisherigen Wege alle Fortsetzungen bis zur jeweils nächsten
   Entscheidung und bestimme, ob diese Fortsetzungen ausführbar sind. Damit ergibt sich eine neue Menge „bisheriger Wege", welche die vorher existierenden
   bisherigen Wege als Anfangsstücke enthalten. Beende das Verfahren, falls diese
   Wege alle Konstrukte überdecken oder man beweisen kann, daß die nicht überdeckten Konstrukte niemals überdeckt werden können; andernfalls wiederhole
   Schritt 2.

Dieses Vorgehen entspricht der symbolischen Programmausführung (genaueres dazu
s. Kapitel 12.3).

11.2.4 Absurdität der definierten Testkriterien

Die nicht ausführbaren Konstrukte führen die Testkriterien aus Kapitel 7 bis 10 ad
absurdum. Es ist z. B. absurd, eine hundertprozentige Überdeckung aller Entscheidungen zu fordern, wenn nicht alle Entscheidungsausgänge ausführbar sind[8]. Daher sollten die Kriterien so formuliert werden, daß nur die hundertprozentige Überdeckung aller *ausführbaren* Konstrukte gefordert wird. Dann kann allerdings nicht
entschieden werden, ob eine Testdatenmenge die hundertprozentige Überdeckung aller ausführbaren Konstrukte erfüllt, da die Ausführbarkeit diverser Konstrukte nicht
entscheidbar ist. Es sollten aber alle Konstrukte, von denen bewiesen werden kann,
daß sie unausführbar sind, aus dem Forderungskatalog herausgenommen werden; d.
h. die Überdeckungsprozentsätze sind aufgrund der reduzierten Konstruktmenge zu
berechnen.

---

[8] Ein solches Kriterium erfüllt nicht die **Anwendbarkeitseigenschaft** (applicability property,
s. [Wey 88a], S. 669).

11.3 Übungen

Übung 11.1:
Betrachten Sie das Suchprogramm von Abb. 7.2 auf Seite 193.

(a) Bestimmen Sie, an welchen Stellen Meßanweisungen in das Suchprogramm einzubauen sind, damit das (der Zweigüberdeckung entsprechende) Testwirksamkeitsmaß TWM_1 (s. Def. 7.2.5 auf S. 198) direkt bestimmt werden kann.

(b) Geben Sie eine minimale Menge von Meßanweisungen an, welche zur Berechnung von TWM_1 ausreichen. Benutzen Sie dazu das Konzept der charakteristischen Kanten bei einem spannenden Baum (vgl. Satz 11.1.1 und Beispiele 11.1.3 und 11.1.4).

(c) Falls es bei Aufgabe (b) Meßanweisungen gibt, die bei Aufgabe (a) nicht vorkommen, versuchen Sie, ihre Lage so zu verschieben, daß sie eine Teilmenge der Meßanweisungen nach Aufgabe (a) sind und weiterhin TWM_1 berechnen können.

(d) Welche Meßanweisung von Aufgabe (a) ist zusätzlich zu wählen, damit mit den Meßanweisungen von Aufgabe (c) das Maß TWM_1 ohne Kenntnis der Anzahl der Testläufe berechnet werden kann?

Übung 11.2:
Bestimmen Sie (wie bei Übung 11.1) für den Textformatierer von Beispiel 7.3.1 auf S. 208:

(a) die Meßanweisungen für die direkte Zweigüberdeckung (TWM_1),

(b) eine minimale Menge von Meßanweisungen für TWM_1,

(c) ggfs. eine Verschiebung der Meßanweisungen von Aufgabe (b), so daß sie eine Teilmenge der Meßanweisungen von Aufgabe (a) sind,

(d) eine zusätzliche Meßanweisung, welche die Kenntnis der Anzahl der Testläufe überflüssig macht.

Hinweis: Fassen Sie die *for*-Schleife in Zeile 15 und 16 als *repeat*-Schleife auf (vgl. Übung 7.1) und formulieren Sie die Schleife so um, daß die entsprechenden Meßanweisungen eingebaut werden können. Überlegen Sie sich, wie die Lage und Form der Meßanweisungen für den Rücksprung bei dieser Schleife und bei der äußeren *repeat*-Schleife (Zeilen 2 bis 26) sein muß.

Übung 11.3:

(a) Instrumentieren Sie die Bedingungen in den Zeilen 4 und 8 des Textformatierers von Beispiel 7.3.1 auf S. 208 so, daß der Grad der Erfüllung der *minimalen* Mehrfachbedingungsüberdeckung festgestellt werden kann.
Überlegen Sie, welche Variante der (beiden) Techniken von Beispiel 11.1.7 dazu geeignet ist.

(b) Wie ist die Instrumentierung jeweils bei Aufgabe (a) zu verändern, wenn die Mehrfachbedingungsüberdeckung gemessen werden soll?

Übung 11.4:
Ermitteln Sie für den Textformatierer (von Beispiel 7.3.1) und den einzigen Testlauf mit dem Text $BEISPIELE_\sqcup SIND_\sqcup DIES_\sqcup POTZBLITZ$! und $MAXPOS = 9$ (vgl. Beispiel 4.2.14 auf S. 98) für die Variablen *alarm*, *buffer*, *fill* und *bufpos*, zu wieviel Prozent die Kriterien *alle DR-Interaktionen* (s. Def. 8.2.2 auf S. 216) und *alle Referenzen* (s. Def. 8.2.3 auf S. 217) jeweils erfüllt sind.
Versuchen Sie auch festzustellen, ob gewisse DR-Interaktionen überhaupt ausführbar sind, und geben Sie dann nur den Prozentsatz für die ausführbaren DR-Interaktionen an.

Übung 11.5:

(a) Ermitteln Sie für den Textformatierer (von Beispiel 7.3.1 auf S. 208) die Definitionskontexte der Anweisung *fill := fill + bufpos* in Zeile 17. Für welche dieser Definitionskontexte gibt es *ausführbare* Kontextwege?
Hinweis: Ermitteln Sie zuerst (getrennt) die Definitionen von *fill* und *bufpos*, welche die Referenz in Zeile 17 erreichen. Ermitteln Sie dann mögliche Kontextwege und stellen Sie fest, ob diese ausführbar sind.

(b) Werden die ausführbaren Kontextwege aus Aufgabe (a) bei einem Testlauf mit dem Text aus Übung 11.4 und $MAXPOS = 9$ ausgeführt?

Übung 11.6:
Stellen Sie für den Testlauf mit dem Text aus Übung 11.4 und $MAXPOS = 9$ fest, ob bei dem Textformatierer aus Beispiel 7.3.1

(a) das *arithmetische Relationskriterium* (s. Kap. 9.1) für die Ausdrücke *bufpos* $\neq 0$ (in Zeile 6), *fill* + *bufpos* $< MAXPOS$ (in Zeile 8) und *bufpos* $= MAXPOS$ (in Zeile 21) wenigstens in einem Fall erfüllt ist und (wenn nicht), ob es überhaupt erfüllbar ist;

(b) das *Datenzugriffskriterium* und das Kriterium *kürzere Ausdrücke* für den Ausdruck *fill* + *bufpos* (wie in Zeile 17) erfüllt ist;

(c) das *Datenspeicherungskriterium* für die Anweisung *fill* := *fill* + *bufpos* (in Zeile 17) erfüllt ist;

(d) die (minimale) Mehrfachbedingungsüberdeckung für das Entscheidungsprädikat „*fill* + *bufpos* < *MAXPOS* **and** (*fill* $\neq$ 0)" aus Zeile 8 erfüllt ist.

Übung 11.7:

Betrachten Sie den Kontrollflußgraphen aus Übung 7.1 (Textformatierer) bzw. das Programm aus Beispiel 7.3.1. Geben Sie einen Text (oder — falls nötig — mehrere Texte) als Programmeingabe an, so daß a) alle Segmente, b) alle ausführbaren Segmentpaare ausgeführt werden.

Hinweis: Bei der Auswahl der Wege durch den Kontrollflußgraphen können Sie sich an den (minimalen) Meßanweisungen aus Übung 11.2 orientieren.

Übung 11.8:

(a) Ermitteln Sie mit der Lösungsmethode von Abschnitt 11.2.3 (mit dem Beseitigen aller *not*-Operatoren bis zum Ausrechnen der konstanten Terme) eine Lösung für die Bedingung

$$\textbf{not } (3 * A - C - B \leq 2) \textbf{ and } (C + 2 * D - 5) \textbf{ and } (A \leq D)$$

(b) Ersetzen Sie in der ersten Teilbedingung den Term $3 * A$ durch $3 * A * B$ und ermitteln Sie dafür eine Lösung.

Hinweis: Bei *einer* Gleichung mit *mehreren* Variablen kann eine Lösung gefunden werden, indem passende Variablen mit dem Wert 0 belegt werden.

Übung 11.9:

Ermitteln Sie für den Weg *abcfgcdegh* des Kontrollflußgraphen aus Abbildung 7.1 die Eingabebedingungen mit dem Verfahren von Abschnitt 11.2.1 (vgl. Beispiel 11.2.2).

11.4   Verwendete Quellen und weiterführende Literatur

Die Idee zur **optimalen Instrumentierung** von Schleifen im Programm für die Messung der C_1-Überdeckung stammt von Miller (s. [Mi& 78]. Die Charakterisierung der möglichen Einsparung von Meßpunkten wurde von Probert übernommen (s. [Pro 82], Theorem 1). Die **fundamentalen Wege** im Kontrollflußgraphen entsprechen dabei den linear unabhängigen Wegen nach McCabe (s. [Chr 75], Kap. 9, S. 189–193). Genaueres zum minimalen Instrumentieren kann z. B. bei Ramamoorthy et al., Probert und Chusho nachgelesen werden (s. [RKC 75], [Pro 82], [Chu 87]). Die meßbare Variante der **(minimalen) Mehrfachbedingungsüberdeckung** hat Liggesmeyer vorgeschlagen (s. [Lig 90], Abschnitt 2.2.4). Von Weiser et al. stammen die Instrumentierungskonzepte für das Kriterium **mehrfache Werte für Ausdrücke** (s. [WGM 85], S. 83). Die Ideen zum Messen der Überdeckung von **Datenkapseln,** Feldern und repräsentativen Werten finden sich bei Sneed (s. [Sne 86]). Die Meßmethoden der Kriterien des ungeordneten oder geordneten **Datenkontextes** wurden von Howden übernommen (vgl. [How 87], Kap. 5.5).

Die Idee zur **iterativen** Lösung des Problems der **Testdatenerzeugung** findet sich z. B. bei Omar/Mohammed (s. [OmM 89]). Die **Pfadpräfix**-Strategie zur Auswahl von zu überdeckenden Zweigen haben Prather und Myers vorgeschlagen (s. [PrM 87]). Verfahren zur Bestimmung eines Weges zu den gewünschten Konstrukten finden sich bei Gabow (s. [GMO 76]). Das allgemeine Verfahren zur Ermittlung von **Wegebedingungen** und entsprechenden Testdaten stammt von Huang [s. [Hua 75]). Ramamoorthy et al. geben ein ähnliches Verfahren an (s. [RHC 76]). Heuristiken zur Reduzierung des Lösungsraums (z. B. Einschränkung der *Integer*-Werte auf −100 bis +100) schlägt Offutt vor (s. [Off 90]). Die Sätze 11.2.1 und 11.2.2 über die Entscheidbarkeit des **Ausführbarkeitsproblems** wurden von White übernommen (s. [Whi 81]). Dort sind auch weitere Resultate zur **Entscheidbarkeit** der Ausführung von Anweisungen und Entscheidungsausgängen zu finden, die 1979 von Elaine Weyuker bewiesen wurden. Die Auswirkung der nichtausführbaren Wege auf die Testdatenerzeugung und die Definition der Testkriterien wird in [HeH 85] und [Wey 88a] angesprochen. Die Neudefinition von **ausführbaren Datenflußkriterien** und **Kontrollflußkriterien** findet sich bei Frankl und Weyuker (s. [FrW 86]).

Zusammenfassung von Teil III

Die Testdatenerzeugung für das implementationsorientierte Testen orientiert sich ausschließlich an dem implementierten Programm. Nur die erwarteten Solldaten werden aus der Spezifikation abgeleitet.
In den 70er Jahren wurde vor allem die Kontrollstruktur des Programms betrachtet, und zwar in Form des Kontrollflußgraphen. Die Testkriterien formulieren dabei Anforderungen an die Wege im Kontrollflußgraphen, die von der Testdatenmenge auszuführen sind. Diese Wege sollen alle Knoten berühren (Anweisungsüberdeckung), alle Kanten enthalten (Zweigüberdeckung) oder alle Wege, die eine Schleife höchstens ein-, zwei- oder k-mal ausführen (Grenze-Inneres- Überdeckung, strukturierte Pfadüberdeckung). Das mächtigste Kriterium dieser Art ist die Pfadüberdeckung, welche die Ausführung aller Pfade verlangt. Da dies praktisch nicht möglich ist und trotz des großen Aufwands höchstens 64% der Fehler garantiert gefunden werden (s. [How 76], [How 78b]), wurden in den 80er Jahren Kriterien herangezogen, die sich am Datenfluß orientieren, der sich längs der Programmpfade abspielt. Dabei wird jeweils der Datenfluß zwischen der Definition und der Benutzung (Referenz) einer Variablen beobachtet, eine sogenannte DR-Interaktion.
Die Datenflußkriterien verlangen nun das Ausführen von gewissen Wegen, auf denen DR-Interaktionen stattfinden. Dabei werden für eine Definition nur gewisse Referenzen betrachtet (alle Definitionen, alle E-/einige B-Referenzen, alle B-/einige E-Referenzen) oder alle Referenzen, aber nicht alle Wege von einer Definition zur Benutzung (alle DR-Interaktionen). Nur bei dem Kriterium alle DR-Wege werden alle Wege für alle DR-Interaktionen betrachtet, die allerdings bei Schleifendurchläufen begrenzt sind. Mit der Kombination der drei einfachsten Teststrategien und der Analyse von Datenflußanomalien (genaueres s. Kap. 12.2) werden schon 70% aller Fehler gefunden. In Erweiterung dieser Kriterien können Ketten oder Bäume von DR-Interaktionen betrachtet werden. Bei der Betrachtung von Ketten wird für die Definition von A in A:=B+C die zur Referenz von B (oder C) gehörige Definition von B (oder C) in einer anderen Anweisung betrachtet, usw. Bei der Betrachtung von Bäumen werden die Variablen B und C im Beispiel parallel weiterbetrachtet. Damit kommt der sogenannte Definitionskontext für die Anweisung A:=B+C ins Blickfeld.

Mit den bisherigen Kriterien werden alle Wege im Programm nur mit *einem* Testdatum getestet. Daher kann zufällige Korrektheit (z. B. $2*2 = 2+2$ trotz Vertauschung von „+" und „*") nicht ausgeschlossen werden. Um die Anweisungen, Ausdrücke und Datenkapseln des Programms besser zu testen, wurden Kriterien entwickelt, die sich an möglichen Fehlern in diesen Konstrukten orientieren.
Für die Entscheidungsprädikate werden dabei Vertauschungen der Booleschen Operatoren *and, or* und *not,* Vertauschungen der relationalen Operatoren der Bedingungen ($<, \leq, >, \geq, =, \neq$) und additive und multiplikative Fehler in den Konstanten der arithmetischen Ausdrücke betrachtet.

Bei den Berechnungsausdrücken werden ebenfalls Fehler in den additiven und multiplikativen Konstanten betrachtet. Bei Datenzugriff und Datenspeicherung wird die Vertauschung von Variablen beobachtet.
Bei Datenkapseln sind alle Felder der Datenkapseln zu testen, wobei möglichst alle spezifizierten repräsentativen Werte zu verwenden sind.

Die bisherigen Kriterien garantieren nicht, daß ein betrachteter Fehler sich bis zu einer Programmausgabe fortpflanzt. Mit dem Kriterium *additive/multiplikative Fehler* werden daher z. B. nur 13% der falschen konstanten Werte aufgedeckt. Für einen zuverlässigen Test ist daher eine stärkere Forderung — wie bei der Mutationsanalyse — notwendig.

Die vorgestellten Testkriterien lassen sich anhand der folgenden Fragestellungen vergleichen:

- Enthält ein Kriterium logisch ein anderes?

- Wieviele Testdaten sind für den Test eines Programms erforderlich?

- Welche Fehler und wieviel Prozent aller Fehler lassen sich mit einem Testkriterium aufdecken?

Für eine verläßliche Beurteilung, ob ein konkreter Test den vorab geforderten Qualitätsmaßstäben entspricht, ist die Messung der entsprechenden Testwirksamkeit dieses Tests erforderlich. Für die einzelnen Testkriterien wurde daher angegeben, wie der Grad der Erfüllung dieser Kriterien automatisch gemessen werden kann, wenn das Programm entsprechend mit Meßpunkten „instrumentiert" wird. Dabei wurde darauf hingewiesen, daß eine hundertprozentige Erfüllung der Kriterien aus theoretischen und praktischen Gründen nicht immer möglich ist (Entscheidbarkeitsprobleme, Komplexitätsprobleme).

Es hängt von der gewünschten Softwarequalität und dem akzeptablen Testaufwand ab, welche Kriterien beim Testen herangezogen werden. Da das implementations- und spezifikationsorientierte Testen nicht alle Fehler aufdeckt und bisher nur relativ kleine, sequentielle Programme betrachtet wurden, müssen noch weitere Kriterien und entsprechende Methoden analysiert werden. Das geschieht in Teil IV.

Teil IV

Weitere Aspekte des Testens

Dieser Teil des Buches beschäftigt sich mit verschiedenen Aspekten des Testens im weiteren Sinne.

Kapitel 12 behandelt die statische Analyse von Programmen. Die informelle Analyse ist bei informellen Dokumenten — vor allem in frühen Phasen der Software-Entwicklung — die einzige Möglichkeit, da sie nicht durch Tests ausgeführt werden können. Für formale Dokumente, z. B. Programme, ist dagegen eine formale statische Analyse möglich und sinnvoll. Damit können einerseits Fehler entdeckt und sofort lokalisiert werden, andererseits können Kontrollflußgraphen, Datenflußgraphen etc. statisch ermittelt werden, die beim Testen benötigt werden (s. vorhergehenden Teil III). Zum Testen im weiteren Sinn gehören auch noch die Ausführung von Programmen mit symbolischen Werten und die formale Programmverifikation, die eine optimale Methode zur Zertifizierung korrekter Programme wäre, wenn sie keine theoretischen und praktischen Einschränkungen hätte.

Die Testmethoden von Teil II und III stoßen an Grenzen, wenn sie auf große Systeme angewandt werden, die aus vielen Modulen, Komponenten bzw. Subsystemen bestehen: Eine Grenze ist durch die massiv steigende Komplexität der Testverfahren gegeben, wenn sie auf komplette Systeme angewandt werden; werden dagegen die Module einzeln getestet, um die Komplexität zu reduzieren, bewirken die Aufrufe (die Benutzung) von Operationen anderer Module konzeptionelle Probleme beim Testen eines Moduls. Daher werden die besonderen Strategien und Verfahren des Modul- und Systemtests und des Integrationstests von (Sub-)Systemen und die notwendige Modellbildung für solche Systeme in Kapitel 13 behandelt.

Nebenläufige Systeme bereiten wegen ihres nichtdeterministischen Verhaltens besondere Probleme beim Testen, insbesondere wenn es verteilte Systeme oder Echtzeit-Systeme sind. Diese Systeme müssen wiederum besonders modelliert werden und die statische und dynamische Analyse dieser Systeme muß auf die besonderen Probleme mit neuen oder modifizierten Lösungsansätzen eingehen (s. Kapitel 14).

Da Testen kein Selbstzweck ist, sondern letztlich zur Fehlerreduzierung beitragen soll, sind entsprechende Verfahren zur Lokalisierung der Ursachen des Fehlverhaltens und zur Beseitigung der Fehler anzuwenden. Damit beschäftigt sich Kapitel 15.

In diesem Buch wird eine Fülle von Testmethoden vorgestellt. Aus Aufwandsgründen können aber nicht alle Methoden angewandt werden. Daher werden in Kapitel 16 Komplexitätsmaße vorgestellt, die für die Auswahl der Methoden herangezogen werden können. Außerdem werden Vorschläge für die sinnvolle Kombination verschiedener Methoden gemacht. Abschließend werden spezielle Managementfragen angesprochen, insbesondere Kriterien für die Entscheidung über die Beendigung des Testens.

Kapitel 17 gibt nach einer Zusammenfassung einen Ausblick auf die Testprobleme bei objektorientierten, funktionalen und logischen Programmen und weitere offene Probleme des Testens.

12 Statische Analyse und symbolische Ausführung

Die statische Analyse (auch statischer Test genannt) und die symbolische Ausführung eines Programms sind Vorgänge, die ein Programm nicht mit konkreten Eingabewerten, sondern „konzeptuell" ausführen. Folgende Dokumente kommen für die statische Analyse in Betracht, da nicht erst das fertige Programm, sondern auch andere Produkte und Dokumente, die bei der Programmentwicklung in früheren Phasen anfallen, analysiert werden sollten:

1. Anforderungsspezifikation und Systemspezifikation

2. Entwurfsspezifikation (Grobentwurf und Feinentwurf)

3. Programm in Quellsprache (Quellcode)

4. Programm in Zielsprache (Objektcode)

Insbesondere die Dokumente zu 1 und 2 kommen für eine statische Analyse in Betracht, da sie i. allg. nicht ausführbar sind. Dabei sind folgende Aspekte zu überprüfen:

1. Spezifikationsanalyse

   * Notwendigkeit (für Systemziele)
   * Vollständigkeit (bezüglich Eingaben, Ausgaben, zu behandelnden Fällen, Umgebung, Leistung, Zuverlässigkeit, Benutzung)
   * Konsistenz (Anforderungen untereinander, Einheitlichkeit numerischer Angaben [z. B. nur cm, m oder km])
   * Durchführbarkeit (bei gegebener Hardware/Technologie)
   * Eindeutigkeit/Testbarkeit (Begriffe und Sätze eindeutig; Transformationen eindeutig; beim Testen eindeutige Entscheidbarkeit, ob eine Anforderung erfüllt ist; Wartbarkeit)

2. Entwurfsanalyse

   (a) Notwendigkeit (bzgl. Anforderungspezifikation)
   (b) Vollständigkeit (bzgl. Anforderungspezifikation)

(c) Konsistenz (Modulschnittstellen; Formate von Eingaben, Datenbanken und Dateien)

(d) Korrektheit (Algorithmen, mathematische Gleichungen, Kontroll-Logik des Feinentwurfs)

Es stellt sich nun die Frage, welche Methoden als statische Analysemethoden für die genannten Dokumente bzw. Objekte in Frage kommen. Im Prinzip sind folgende Methoden bzw. Vorgehensweisen dafür geeignet:

- menschliche Begutachtung (für 1 und 2)

- mathematische Analyse (für 2d)

- Numerierung der Anforderungen (für 2a, 2b)

- Analyse der Transformation der Anforderungen (für 2a, 2b, vgl. [Zur 90], Stichwort „Anforderungsflußanalyse")

- Schnittstellenüberprüfung (für 2c)

Die Methoden können in informelle, nur manuell ausführbare Methoden und in formale, automatisch ausführbare Methoden eingeteilt werden.

12.1 Informelle Analyse

> *„Begangene Fehler können nicht besser entschuldigt werden*
> *als mit dem Geständnis, daß man sie als solche wirklich erkenne."*
> **— Calderon**

Die informelle („manuelle") Analyse ist bei nicht formalen Dokumenten (z. B. der Anforderungsspezifikation) notwendig. Bei formalen Dokumenten (z. B. Programmtexte) kann sie sinnvoll sein. Dieses Vorgehen ist also in jeder Phase des Software-Lebenszyklus möglich. Damit sind insgesamt die in Abb. 12.1 dargestellten Konstruktions- und Inspektionsschritte angebracht.

Um Fehler früh zu finden (und damit Kosten für schwieriges spätes Korrigieren zu sparen[1]) sind folgende Inspektionen vorzusehen:

- Inspektion der internen Spezifikation (I0)

- Inspektion der Logik-Spezifikation als Entwurfsabnahme-Inspektion (I1)

- Inspektion des Codes (I2)

---

[1]frühe Korrekturen sind 10 bis 100mal billiger; s. Kapitel 2.5

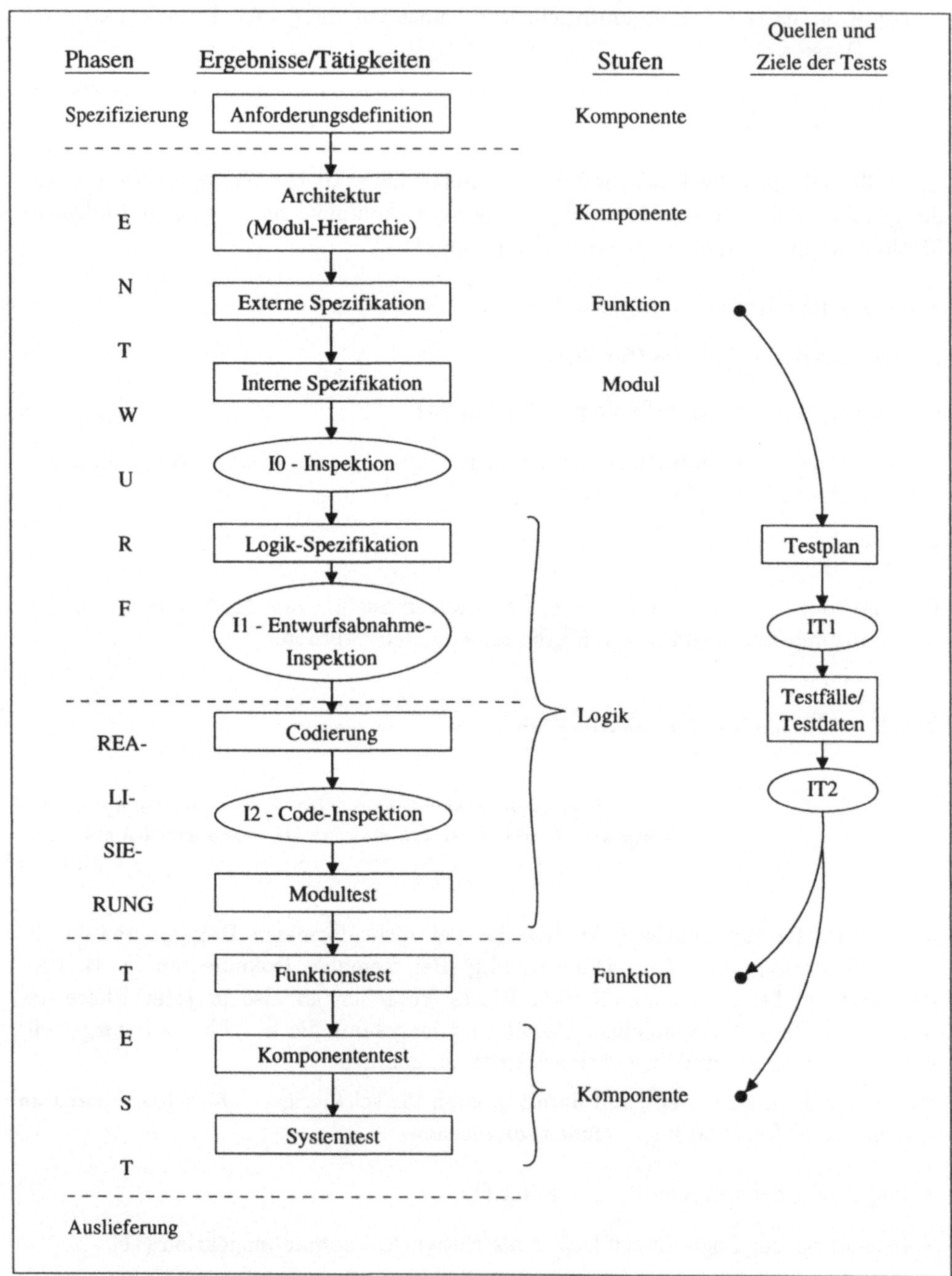

Abb. 12.1: Konstruktions- und Inspektionsschritte im Lebenszyklus der Software (nach [Fag 76], S. 105)

Außerdem sollten parallel zur Entwicklung die Testpläne, Testfälle und Testdaten entwickelt und überprüft werden:

- Inspektion des Testplans (IT1)

- Inspektion der Testfälle und Testdaten für den Funktions- und Komponententest (IT2)

Ziel von I0, I1 und I2 ist es, die Qualität der Dokumente der frühen Phasen der Entwicklung zu messen und zu beeinflussen (durch Verminderung des Fehlergehalts). Ziel von IT1 ist es, Lücken bei der Funktionsabdeckung und andere Diskrepanzen im Testplan zu entdecken und zu beseitigen. Ziel von IT2 ist es, Fehler in den Testfällen und Testdaten zu finden (z. B. zuwenig Testfälle, falsche erwartete Ausgaben). Gemeinsames Ziel von IT1 und IT2 ist es somit, die „Integrität" des Testens (und damit die Qualität der Software) zu erhöhen.

Zusätzlich sollte auch die Qualität der Dokumentation überprüft werden, da der Benutzer ein Software-Produkt nur sinnvoll verwenden kann, wenn es korrekt arbeitet und die notwendigen Eingaben und die erwarteten Ausgaben im Benutzerhandbuch korrekt und verständlich beschrieben sind. Daher sind Publikations-Inspektionen PI0, PI1 und PI2 für Benutzer-, Wartungs- und Installationshandbuch vorzusehen.

12.1.1 Vorgehen bei der Inspektion

<u>Inspektionsteilnehmerinnen</u>
Die an einer Inspektion teilnehmenden Personen haben vor oder während der Sitzung folgende Rollen:

1. Moderation (Moderatorin[2])
   Dies ist die „Schlüssel"-Rolle und sollte daher von einer Person mit besonderen Qualifikationen (Kompetenz in der Programmierung, Fingerspitzengefühl für persönliche Probleme) wahrgenommen werden. Um sich nicht von anderen Projektzielen beeinflussen zu lassen und persönlich unabhängig von den anderen teilnehmenden Personen zu sein, sollte die Moderation möglichst nicht von einem Projektmitglied ausgeübt werden. Zu den Aufgaben der Moderation gehört:

   - Zusammenarbeit anregen (Synergieeffekt erzielen),

   - Organisation (Dokumente prüfen, verteilen; Sitzungsräume reservieren),

   - Inspektionsbericht erstellen,

   - Änderungen verfolgen.

---

[2]Wie im Vorwort angekündigt, wird in diesem Kapitel bei Personen- und Berufsbezeichnungen nur die *weibliche* oder eine neutrale Form verwendet.

2. Entwurf (Entwerferin)

3. Codierung (Codiererin)

4. Test (Testerin)

I. allg. sollten höchstens vier Personen an den Inspektionen teilnehmen[3]. Eine Handbuchautorin sollte bei I0- und I1-Inspektionen mitwirken, ein Mitglied der Wartungsabteilung an I1- und I2-Inspektionen. Wenn ein Modul viele Schnittstellen hat, sollte je eine Entwicklerin der benutzten bzw. benutzenden Module teilnehmen. Wenn die Codiererin das Programmstück auch entworfen hat, soll sie in der Inspektion die Rolle der Entwerferin spielen und eine Codiererin eines ähnlichen Projektes die Rolle der Codiererin übernehmen. Wenn eine Person das Programmstück entworfen, codiert und getestet hat, soll zusätzlich eine weitere Codiererin (mit Erfahrung im Testen) die Rolle der Testerin übernehmen.

Zeitdauer der Inspektions-Sitzungen
Die Sitzungen sollten nicht länger als zwei Stunden dauern. Zwei Sitzungen à zwei Stunden sind pro Tag akzeptabel.

Inspektionsschritte

1. Überblick (Gruppensitzung)

2. Vorbereitung (individuell)

3. Eigentliche Inspektion (Gruppensitzung)

4. Überarbeitung/Korrektur (Autorin)

5. Verfolgung/Überprüfung (Moderatorin)

6. Auswertung/Nachbereitung (Moderatorin)

7. Inspektion als Einschub beim dynamischen Testen

Schritte und Ziele der Inspektion im einzelnen[4]

1. Überblick (Gruppensitzung)

- Die Entwerferin gibt einen mündlichen Überblick über das spezielle Programmteil und die Einordnung in die allgemeine Problemstellung. (Dies entfällt bei einer I2-Inspektion mit denselben Personen wie bei I1.)

---

[3]Nach einer neuen Studie von Porter et al. finden Inspektionsgruppen mit zwei Personen ebensoviele Fehler wie Gruppen mit vier Personen — sind also kostengünstiger und ebenso effektiv (s. [Po& 95]).

[4]Die folgenden Bemerkungen beziehen sich auf I1- und I2-Inspektionen, andere Inspektionen (IT1, IT2, sowie die Dokumentations-Inspektionen PI0 bis PI2) haben im wesentlichen gleiche Eigenschaften, unterscheiden sich aber im Inspektionsmaterial und der Zahl der Teilnehmerinnen.

- Außerdem wird schriftliches Material verteilt:
  - Entwurfsdokumentation (bei I1),
  - zusätzlich Programmtext und Hinweise auf geänderte Teile und Fehler, die seit I1 gefunden wurden (bei I2).

2. <u>Vorbereitung (individuell)</u>
   In Einzelarbeit ist folgendes zu tun:

   - Durchlesen der Entwurfsdokumentation, um ihre Logik und Intention zu verstehen. (Dabei müssen noch keine Fehler gefunden werden.)
   - Studieren der Liste der Fehler (mit Häufigkeitsangaben), um die fehlerträchtigsten Konstrukte kennenzulernen.
   - Studieren der Checklisten (mit Anhaltspunkten, wie die Fehler gefunden werden können).

BEISPIEL 12.1.1 (AUSZUG AUS EINER CHECKLISTE FÜR DIE ENTWURFSINSPEKTION I1)

(a) *Sind alle Konstanten definiert?*

(b) *Sind bei Eingabe-Parametern alle speziellen Werte explizit getestet/abgefragt worden?*

(c) *Werden alle Werte nach ihrer Berechnung gespeichert?*

(d) *Werden alle (Inkrement-)Zähler richtig initialisiert (0 oder 1)?*

BEISPIEL 12.1.2 (AUSZUG AUS EINER CHECKLISTE FÜR DIE CODE-INSPEKTION I2)

(a) *Wird die richtige Bedingung abgefragt (x=on statt x=off)?*

(b) *Werden korrekte Variablen abgefragt (x=on statt y=on)?*

(c) *Sind leere then-/else-Zweige richtig verwendet worden?*

(d) *Sind die Sprungziele (bei goto) korrekt?*

(e) *Ist der am häufigsten ausgeführte Zweig der then-Zweig?*

3. <u>Eigentliche Inspektion (Gruppensitzung)</u>
   Eine von der Moderatorin ausgewählte „Leserin" (i. allg. die Codiererin) beschreibt, wie sie den Entwurf implementieren wird bzw. implementiert hat. Sie soll dabei den Entwurf mit ihren Worten umschreiben. Jedes Stück Logikentwurf bzw. Logik und jeder Zweig wird mindestens einmal angesprochen.
   Als Material müssen während der Sitzung die Dokumentation der Entwurfsspezifikation (externe, interne und Logik-Spezifikation) sowie bei I2 die Programmtexte vorliegen.

Ziel der Sitzung ist es, Fehler zu finden:

- Dies geschieht i. allg. während des Vortrags der Codiererin.

- Fragen und Probleme werden nur so weit verfolgt, bis ein Fehler erkannt wird. (Die Ursachen des Fehlers und seine Behebung sollen nicht geklärt werden[5].)

- Fehler werden von der Moderatorin notiert und klassifiziert (z. B. als schwerwiegend oder leicht).

- Offensichtliche Lösungen und Korrekturmöglichkeiten werden allerdings notiert.

Als Ergebnis ist innerhalb eines Tages von der Moderatorin ein schriftlicher Bericht der Inspektionssitzung zu erstellen, in dem alle Fehler vermerkt und bewertet sind. Teil 1 dieses Berichts enthält die Fehlerliste, Teil 2 eine Übersicht.

BEISPIEL 12.1.3 (FEHLERLISTE: BESCHREIBUNG EINES FEHLERS)
LO/W/MAJ: Zeile 172: NAME-CHECK wird einmal zu wenig ausgeführt.
Fehlersorte: LO $\hat{=}$ Logik
Fehlerart: W $\hat{=}$ wrong (falsch) (sonst: Missing/Extra)
Fehlertyp: MAJ $\hat{=}$ major (schwerwiegender (Funktions-)Fehler)
(sonst: MIN $\hat{=}$ minor $\hat{=}$ leichter (Form-)Fehler)

BEISPIEL 12.1.4 (ÜBERSICHT)
Modul: Checker (Legende: M, W, E wie bei Beispiel 12.1.3)

Fehlersorte	Funktionsfehler (schwerwiegend)			Formfehler (leicht)			Offene Fragen
	M	W	E	M	W	E	
LO: Logik	1	9			1		
TV: Test und Verzweigung							
⋮							
PS: Programmiersprache		2					1
⋮							
EF: Entwurfsfehler					1		1
CK: Code-Kommentare	2			1			
SO: Sonstiges			1	1			1
Summe der Fehler	3	11	1	2	2	0	3
Status: Wiederholungs-Inspektion erforderlich							

Tab. 12.1 Übersicht über das Modul Checker (nach [Fag 76], S. 118)

Nach Schnurer sind beim Entwurf 65% der Fehler vom Typ „M" (missing/fehlend), 33% vom Typ „W" (wrong/falsch) und 2% vom Typ „E" (extra/zuviel,

---

[5]Aus Effizienzgründen soll die Gruppe nur *ein* Ziel (Fehler finden) verfolgen.

überflüssig). Beim Codieren verschiebt sich der Schwerpunkt der Fehler: nur 33% sind vom Typ „M", 66% vom Typ „W" (s. [Sch 88b], S. 319). Bei offenen Fragen sollten entsprechende Spezialistinnen (außerhalb der Sitzung) hinzugezogen werden.

4. Überarbeitung/Korrektur
   Alle im Inspektionsbericht notierten Fehler bzw. Probleme werden von der Entwerferin (bei I1) bzw. von der Codiererin (bei I2) korrigiert bzw. gelöst.

5. Verfolgung/Überprüfung
   Die Moderatorin muß überprüfen, ob alle Fehler und Probleme von der Entwerferin bzw. Codiererin korrigiert bzw. gelöst wurden.

   - Wenn mehr als 5% des Produkts überarbeitet wurden, sollte die Gruppe eine neue, vollständige Inspektion durchführen.

   - Wenn weniger als 5% überarbeitet wurden, kann die Moderatorin selbst die Qualität der Überarbeitung überprüfen oder die Gruppe neu zu einer Inspektion des kompletten Produkts (oder nur der Überarbeitung) versammeln.

6. Auswertung/Nachbereitung

   (a) Module/Programmteile sollten gemäß der Fehlerhäufigkeit bei der Inspektion angeordnet werden. (Falls die Fehleraufdeckungseffektivität aller Inspektionen ähnlich ist, kann damit die relative Restfehleranzahl abgeschätzt werden.) Daraus können folgende Schlüsse gezogen werden:
       i. die Module mit den meisten Fehlern noch einmal inspizieren oder
       ii. die Module mit den meisten Fehlern „härter" testen.

   (b) Die Fehlersorten(-häufigkeiten) je Modul sollten mit einer mittleren Fehlersorten-Verteilung verglichen werden.
       Bei großen Abweichungen (z. B. 31% statt normalen 18% Schnittstellenfehler) in den fehlerhaftesten Modulen können die Fehlerursachen frühzeitig aufgespürt werden und in allen Modulen ausgemerzt werden, bzw. die Programmiererinnen können gezielt nachgeschult werden.

7. Inspektion als Einschub beim dynamischen Testen
   Dies ist bei sehr fehlerhaftem Code sinnvoll. Code-Auswahlkriterien für diese Re-Inspektion sind:

   (a) Module mit höchster Zahl von Testfehlern (pro 1000 Code-Zeilen)

   (b) Module mit geringer Testüberdeckung (z. B. TWM_1)[6] aber folgenden Zusatzeigenschaften:

---

[6] siehe Definition 7.2.5 auf S. 198

   i. viele Inspektionsfehler (beim ersten Mal) pro 1000 Code-Zeilen bzw.

   ii. kritische Module laut Programmiererinnen-Einschätzung.

Diese Re-Inspektionen sollten wie I2-Inspektionen ablaufen, allerdings ist ein Überblick (Schritt 1) erneut notwendig, falls der erste zu lange zurückliegt.

12.1.2 Vorgehen beim Walkthrough

Ein manuelles Durchgehen (**Walkthrough**) unterscheidet sich von einer Inspektion in Schritt 3 dadurch, daß ein Gruppenmitglied einfache Testdaten vorgibt und die Gruppe anleitet, das Programmstück mit diesen Testdaten per Hand auszuführen (zu simulieren). Dabei werden Zwischenergebnisse schriftlich festgehalten. Ziel des Walkthroughs ist allerdings nicht die komplette Simulation des Programmteils, sondern das Anregen von Nachfragen an die Entwicklerin bzgl. ihrer (Entwurfs- oder Codierungs-)Entscheidungen und eine Diskussion darüber mit dem Ziel, Fehler aufzudecken.

12.1.3 Voraussetzungen, Vor- und Nachteile der informellen Analyse

Voraussetzung für erfolgreiches Überprüfen ist eine nachdrückliche Disziplin und eine klar definierte Folge von Überprüfungsoperationen. Außerdem sind die Teilnehmerinnen in effektiver Fehlersuche zu schulen. Insbesondere sind die häufig vorkommenden, mit hohen Folgekosten verbundenen Fehler zu suchen. Die „Lehrerin" sollte die Anhaltspunkte vermitteln, welche das Vorkommen einer Fehlersorte (s. Beispiel 12.1.4) verraten. Günstig ist eine vorbereitende Inspektion eines Programmstücks, welches repräsentativ für das zu inspizierende Programm ist. Die dabei gefundenen Fehler sollten analysiert und klassifiziert werden nach Herkunft, Ursache und Anhaltspunkten. Diese Information ist Grundlage der **Testspezifikation**[7], die in den folgenden Inspektionen zu verwenden (und zu verbessern) ist. (Näheres zum Training siehe in [Rus 91], S. 29, und [AAE 82].)

Nach Fagan und Hausen sollten die Inspektionsgeschwindigkeiten aus Tabelle 12.2 beim Inspizieren von Programmen eingehalten werden (siehe [Fag 76], [Hau 83], [Fag 86]).

Die Inspektionsgeschwindigkeiten aus Tabelle 12.2 sollten nicht als „Akkord-Vorgaben" verwendet werden, wohl aber bei der Planung der Testphase, um genügend Zeit für Inspektionen zu haben[8].

---

[7]Angaben darüber, worauf zu achten ist; siehe Checklisten bei Schritt 2 oben

[8]Normalerweise gibt es immer Zeitdruck am Ende eines Projektes, so daß die Gefahr besteht, daß die Inspektionen wegfallen bzw. nur oberflächlich durchgeführt werden.

Inspektionsschritt	Inspektionsgeschwindigkeit (in Code-Zeilen pro Stunde [bei I2] bzw. zu produzierenden Code-Zeilen pro Stunde [bei I1])	
	Entwurf: I1	Code: I2
1. Überblick	500	nicht nötig
2. Vorbereitung	100	125
3. Inspektion	100–200[9]	90–150[10]
4. Überarbeitung	50	62

Tab. 12.2 Inspektionsgeschwindigkeiten

Nach Hausen geht man von 70 bis 100 Fehlern in 1000 (zu produzierenden) Code-Zeilen aus (s. [Hau 83]). Also könnten bei der I1-Inspektion (bei 130 Zeilen pro Stunde) 9 bis 13 Fehler pro Stunde in der Inspektionssitzung gefunden werden, oder jedenfalls ein bestimmter Teil davon[11]. Solche Werte werden demnach vorgegeben, um ein positives Ziel zu haben.

Einer der größten <u>Vorteile</u> der Inspektionen ist die relativ schnelle Rückkopplung (feedback) der Ergebnisse an Entwerferinnen und Programmiererinnen, die dabei lernen,

- welche Fehler(-sorten) sie am häufigsten machen,

- wie viele Fehler sie machen,

- wie diese Fehler gefunden werden können.

Meistens verbessert eine Entwicklerin schon im selben Projekt ihre diesbezüglichen Fähigkeiten. Die Rückkopplung sollte aber ausschließlich zum Vorteil der Entwicklerin verwendet werden. Unter keinen Umständen sollte das Management über einzelne Entwicklerinnen Leistungsmessungsdaten aus Inspektionen erhalten[12].

Konsequente **Reviews**, d. h. Inspektionen und Walkthroughs, haben den Vorteil, daß an mehreren Stellen Fehler gefunden werden:

1. von der Programmiererin vor der Übergabe des Materials für die Review-Sitzung (durch sorgfältiges Überprüfen des Materials und durch den Lerneffekt aus früheren Review-Sitzungen) und bei der eigenen Vorbereitung auf die Review-Sitzung,

2. während der Review-Sitzung (durch Aufdecken nichterfüllter Annahmen und durch synergetische Effekte),

---

[9] Nach [Fag 76] liegt der Wert bei 130 Codezeilen, nach [Sch 88b] bei 100 und nach [Hau 83] zwischen 100 und 200 Codezeilen — bei I0 zwischen 220 und 300.

[10] Nach [Sch 88b] liegt der Wert bei 90 Codezeilen, nach [Hau 83] und [Fag 86] nur zwischen 90 und 125, nach [Fag 76] bei 150 Codezeilen.

[11] Nach Hausen bei I1 18% (vgl. Fußnote 18 auf S. 310).

[12] Man soll die Gans nicht schlachten, die goldene Eier legt.

3. Entwurfsfehler beim Code-Review (durch neue, genauere Informationen, die sich als widersprüchlich erweisen).

Die ökonomischen und qualitativen Vorteile von Inspektionen zeigten sich bei einem Experiment (siehe [Fag 76]). Es ergaben sich folgende Netto-Einsparungen[13] pro 1000 Quell-Anweisungen (ohne Kommentar):

- Inspektion der Logik (I1):   +94 Programmierstunden

- Inspektion des Codes (I2):   +51 Programmierstunden

- Inspektion des Modultests (I3):   −20 Programmierstunden

Durch I1 und I2 wird also bei Programmierung und Test fast ein Personenmonat (von 2,4 bis 4 Personenmonaten[14]) eingespart. Dagegen erhöht I3 die Kosten insgesamt und sollte daher weggelassen werden (daher fehlt I3 in Abbildung 12.1).

Als Qualitätsvorteil der Inspektionen I1 und I2 ergab sich, daß die erstellten Programme 38% weniger Fehler[15] enthielten als vergleichbare Programme, die nur mit einem **schwachen Walkthrough**[16] überprüft worden waren.
Die relative Effektivität der Inspektionen I1 und I2 war sehr hoch (bei einem Anwendungs-Programm mit ca. 4400 Zeilen ohne Kommentar): von den 46 gefundenen Fehlern wurden

- 38, d. h. 83%, durch I1 und I2-Inspektionen gefunden[17],

- 8, d. h. 17%, durch Modultest und Vorbereitung zum Akzeptanztest gefunden,

- 0 durch Akzeptanztest gefunden[18].

Untersuchungen von Russell ergaben, daß eine bei der Inspektion aufgewendete Personenstunde 33 Stunden Arbeit bei späteren Fehlerkorrekturen erspart. Im Vergleich zum Modultest (durch Entwicklerinnen) ist die Fehlerfindungs-Effizienz ($\hat{=}$ gefundene Fehler pro Personenstunde) etwa um den Faktor 4 größer, im Vergleich zum Systemtest um den Faktor 2. Bei komplexen Testumgebungen kann Inspektion sogar

---

[13]Einsparungen bei der Codierzeit abzüglich erhöhtem Aufwand für Inspektions- und Überarbeitungszeiten

[14]da pro Jahr ca. 3.000 bis 5.000 Zeilen von einer Person geschrieben werden können

[15]Bis zu einem Zeitpunkt „7 (Test-)Monate nach Abschluß des Modul-Tests" gemessen. Bei IBM ergab sich seit 1976 sogar eine Fehlerreduktion um ca. 66% ($\frac{2}{3}$); siehe [Fag 86].

[16]ohne genaue Rollen für Teilnehmerinnen, insbesondere ohne Moderation; ohne Checklisten, Fehlerlisten; ohne Überprüfung der Korrekturen und Fehlerauswertung

[17]bei einem Programm mit ca. 6.000 Zeilen sogar 93% aller überhaupt gefundenen Fehler, generell 60–90% aller Fehler (nach [Fag 86])

[18]Nach Hausen werden 12%, 18% und 25 bis 30% aller Fehler bei der Inspektion von Grob- und Feinentwurf und Programmen (I0-, I1-, I2-Inspektionen) gefunden und die restlichen 40 bis 45% erst durch Testen (siehe [Hau 83]).

bis zum Faktor 20 effizienter als das Testen sein (s. [Rus 91]). Für die Erkennung bestimmter Fehler, die nicht durch Ausführen des Programms festgestellt werden können (z. B. Abweichung von Programmier-Standards), ist die Inspektion natürlich unvergleichbar effektiver.

Aufgrund von Fallstudien in der Fa. GTE hat Daly die in Tabelle 12.3 dargestellten Werte für die aufgewendete Zeit, die gefundenen Fehler und die aufgewendeten Kosten pro Modul ermittelt (s. [How 79]). Damit sind die Vorteile des manuellen

Methode	Zeit (%)	gefundene Fehler (%)	Kosten pro Modul ($)
Entwurfs-Review	17	45	185 bzw. 410 [19]
Code-Lesen	8	45	160
Testen im Simulationslabor	75	10	1150

Tab. 12.3 Vergleich verschiedener Überprüfungsverfahren

Überprüfens gegenüber anderen Methoden deutlich aufgezeigt.

Eine Studie von Shooman (zitiert in [How 79]) bestätigt, daß Code-Lesen sehr viel kostengünstiger als computergestütztes Fehlerfinden ist:

- manuelle Fehlerfindung: 11 $ pro Fehler

- computergestützte Fehlerfindung: 252 $ pro Fehler

(bei einem Stundenlohn von 18 $ und Kosten von 1000 $ pro CPU-Stunde).

Ein Problem ergibt sich oft bei den Inspektionen oder Walkthroughs:

- Programmiererinnen fühlen sich meist in einer Programmiersprache sicherer als in einer Spezifikations- oder Entwurfssprache. Daher finden sie frühzeitiges Codieren meist sinnvoller als nochmaliges Überprüfen des Entwurfs bzw. Testen sinnvoller als Inspizieren des Codes.
  (Gegenargument: Frühzeitige Fehlersuche ist wichtig, s. Kapitel 2.5.)

- Managerinnen sind von den Techniken nicht immer überzeugt: Es kostet Zeit und der Erfolg (in Form von erhöhter Qualität der Software und niedrigeren Test- und Wartungskosten) ist nicht sofort sichtbar.
  (Gegenargument: siehe langfristige Kosten- und Qualitätsvorteile)

Mit letzterem Problem hatten Entwicklerinnen und Entwickler bei Sperry Univac zu tun (siehe [Har 82]). Dort wurden deshalb folgende Abwandlungen der Review-Methode vorgenommen, was die in Klammern angegebenen Nachteile hatte.

---

[19] pro Unterprogramm/Modul bzw. Modul/Segment

1. Entwurfs- und Code-Review wurden gleichzeitig durchgeführt.
   (Der Entwurf wurde nicht mehr genau geprüft: „Da er schon codiert ist, muß er
   o.k. sein". Es wurden keine Entwurfsalternativen mehr überlegt; das hätte zuviel
   Umstellungsaufwand erfordert, da schon codiert war. Es wurde nur der Code für
   sich geprüft, nicht die Übereinstimmung des Codes mit dem Entwurf.)

2. Ausnahmen (kein Review) wurden für einige Programmteile erlaubt.
   (Die Wartung von ungeprüften Programmteilen war später viel schwieriger. Die
   Autor[inn]en von geprüften Programmteilen fühlten sich ausgesondert: „Warum
   werden gerade meine Programme geprüft?". Dadurch ergab sich eine Cliquen-
   bildung: Autor[inn]en mit geprüften Teilen ↔ Autor[inn]en mit ungeprüften Teilen.)

3. Es wurde keine Fehler- und Aktionsliste (Liste der nötigen Korrekturen und
   Änderungen für Programmteile) geführt.

4. Die (Entwurfs- und Programm-)Dokumentation wurde nur in einem Exemplar
   per Umlauf an alle „Reviewer/innen" verschickt, die ihre Bemerkungen auf dem
   einen Exemplar bzw. auf einem zusätzlichen Blatt notierten.

5. Es gab keine (Review-)Sitzungen, sondern jede beteiligte Person prüfte allein,
   individuell das Programmteil.
   (Es wurden keine Fragen an Autor[inn]en gestellt, höchstens auf dem Umlauf-
   Dokument; aber auch das blieb später — mangels Rückantwort — aus. Unbe-
   queme Probleme wurden nicht angesprochen. Kleinere extra eingestreute Fehler
   wurden daher nicht gefunden.)

<u>Fazit:</u> Die Abwandlung (Verkürzung) der Methode ist offenbar nicht vorteilhaft in
Bezug auf die Qualität. Es ergab sich (nach [Har 82]), daß in den ungeprüften Programmteilen (10% des Systems) 75% der später entdeckten Fehler enthalten waren,
dagegen in den geprüften Programmteilen (90% des Systems) nur 25% der Fehler[20].

Bei der vorgestellten manuellen Inspektion in Gruppen können neben den Täuschungen (s. Kapitel 2.4) eine Reihe weiterer Probleme auftreten:

- Konzentration auf Funktionsfehler und Vernachlässigen anderer Qualitätsmerkmale wie z. B. Wartbarkeit, Portabilität, Wiederverwendbarkeit.

- Kein systematisches Suchen nach allen Fehlerarten, evtl. Verzetteln beim Diskutieren von Konventionen für Kommentare oder von anderen Trivialitäten.

- Dominanz in Gruppen, d. h. eine starke, gut vorbereitete Teilnehmerin verhindert die nützlichen Beiträge anderer Teilnehmerinnen, und schlecht vorbereitete
  Personen können sich unbemerkt zurückhalten.

---

[20]Einige komplizierte Schnittstellen-Routinen wurden vorsichtshalber (nach Änderungen) immer
wieder geprüft, so daß es schon hieß: „déja re-vu" (statt „déja vu" = schon mal gesehen).

Alle drei Probleme können durch **Einzelinspektor-Phasen** gelöst werden. Dabei soll eine Person das vorliegende Dokument anhand einer Checkliste auf einen (oder wenige) Aspekt(e) hin überprüfen. Die folgenden Aspekte bieten sich — in dieser Reihenfolge — als Untersuchungsziele für entsprechende Phasen an.

1. Syntaktische Aspekte der Dokumentation (Grammatik, Rechtschreibung, Formatierung)

2. Layout des Quellcodes

3. Code-Lesbarkeit (Variablennamen, Abkürzungen, Namensstandards)

4. Programmierstil (keine unnötigen *goto*'s, keine Zuweisungen in Booleschen Ausdrücken, etc.)

5. Korrektheit von Programmkonstrukten (z. B. Inkrementierung von Schleifenvariablen)

Als Phase 6 kann sich daran die übliche Gruppensitzung anschließen, in der die funktionale Korrektheit das Untersuchungsziel ist.

12.2   Formale Analyse

12.2.1   Fehleranalyse

Folgende Analysearten kommen bei einer formalen Vorgehensweise in Betracht:

1. Typ-, Variablen-, Prozedur- und Datei-Analyse (Fehleranalyse im engeren Sinne)

(a) Analyse der Typen (d. h. Wertebereich und erlaubte Operationen).
Dies erledigt i. allg. ein guter Compiler (jedoch nicht bei Zuweisungen in der „Steinzeit"-Sprache C).
Um fehlerhafte Verwendungen noch genauer feststellen zu können, empfehlen sich folgende zusätzliche Typangaben:

- *Index* für Arrayindizes,
- *Zähler* für Zählvariablen in Schleifen,
- *Einheiten*, z. B. Längeneinheit „cm".
  (Damit läßt sich z. B. folgender Fehler bei einer Zuweisung a := w/z aufdecken, wenn gilt:
  - Einheit(a) = cm/sec
  - Einheit(w) = cm
  - Einheit(z) = g = Gramm [statt sec].)

(b) Analyse von Lebens- und Gültigkeitsbereichen von Variablen
(Dies erledigt i. allg. der Compiler. Beispielsweise kann bei Zeigervariablen ein referenziertes Objekt eine kürzere Lebenszeit als der Zeiger haben, wenn man Speicherplatz explizit [mit *dispose* oder *free*] freigeben darf.)

(c) Analyse von Prozeduren
Dabei gibt es die folgenden Fälle:

   i. Prozeduren als Parameter
   (Zu prüfen ist, ob die formalen und aktuellen Parameter der Prozedur selbst wieder typgleich sind.)

   ii. Funktionsprozeduren
   (Zu prüfen ist, ob sie einen Seiteneffekt haben.)

   iii. Schnittstellen (bei getrennter Übersetzung)
   (Dies erledigen Compiler bzw. Binder, allerdings oft nur zum Teil.)

(d) Analyse von Zugriffen auf Dateien
Operationen auf Dateien dürfen nur in einer bestimmten Reihenfolge ausgeführt werden, z. B. „lesen" erst nach „öffnen".
Das Zustandsdiagramm von Abb. 12.2 beschreibt z. B. eine mögliche vorzugebende Reihenfolgespezifikation; dies ist anhand der Kontrollflußwege in den zugreifenden Programmen statisch zu überprüfen.

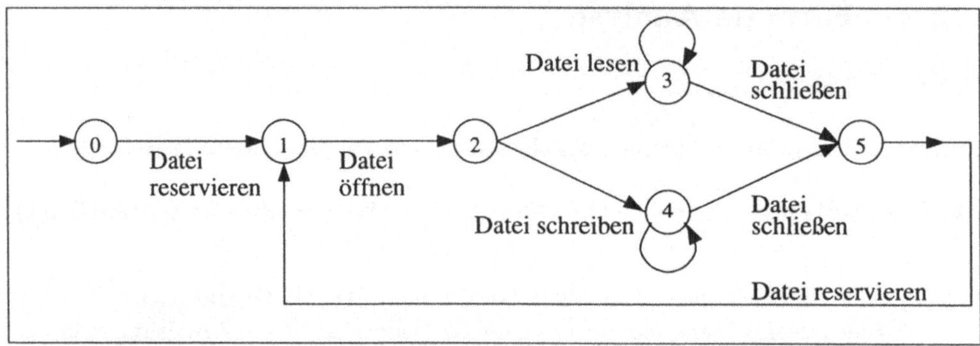

Abb. 12.2: Zustandsdiagramm der erlaubten Operationen auf Dateien

2. Analyse der Programmstruktur
Dabei werden folgende Eigenschaften bzw. Fragen untersucht:

(a) Ist das Programm strukturiert (d. h. ohne *goto*'s)?
(Falls nein, erfolgt ggf. eine automatische Restrukturierung.)

(b) Hat das Programm unerreichbare Anweisungen (bei Verwendung von *goto*'s)?

(c) Hat das Programm nichtausführbare Wege?

(d) Welche Schleifen terminieren in jedem Fall?[21]

---

[21]Wegen der Unentscheidbarkeit des „Halteproblems" ist dies natürlich nur z.T. (in einfachen Fällen) entscheidbar.

3. Analyse, ob Programmierrichtlinien eingehalten werden

   (a) Formale Richtlinien für Kommentare

   (b) Layout-Richtlinien

   (c) Einhaltung von Komplexitätsgrenzen[22]
       (z. B. Codelänge pro Modul, Schachtelung von Schleifen)

   (d) Namenskonventionen und verbotene Konstrukte
       (z. B. Verbot von Lese-/Schreib-Operationen ohne „sichere" Speicherverwaltung)

Als Nebenprodukt obiger Analysen kann folgende Dokumentation erzeugt werden:

- Kontrollfluß des Programms als Graph (Kontrollflußgraph[23])

- Komplexitätsmaße[24] (z. B. Angaben über die Tiefe der Schleifenschachtelung)

- Graph der Prozedur- bzw. Funktionsaufrufe (**Operationsaufrufgraph**[25])
  (Dieser Graph enthält alle Operation(snam)en als Knoten und eine Kante von P
  nach Q g. d. w. Operation P die Operation Q aufruft.)

- Hinweise auf (un-)problematische Schleifenterminierungen:

  i. *for*-Schleifen mit festen Grenzen (unproblematisch),

  ii. datenabhängige Schleifengrenzen (dafür muß die Terminierung dann „per
      Hand" bewiesen werden).

4. Ausdrucksanalyse
   Hierbei sind folgende Fragen zu analysieren:

   (a) Werden Grenzen von Arrays überschritten?

   (b) Werden Real-Zahlen auf (Un)-Gleichheit abgefragt, z. B.
       „**if** r = s **then** ... "?
       (Dies ist zu korrigieren. Eine richtige [d. h. zuverlässige] Abfrage lautet:
       „**if** absolutbetrag(r-s) < ϵ **then** ... ".)

   (c) Wie sieht der Datenfluß im Programm aus?
       Dabei wird pro Variable untersucht, wann sie

       - einen neuen Wert erhält („*def*"),

       - referenziert bzw. benutzt wird („*ref*"),

       - ihren Wert verliert („*undef*").

---

[22] genaueres dazu siehe Kap. 16.1
[23] Dieser Kontrollflußgraph wird für die Kriterien von Kap. 7 benötigt.
[24] Genaueres zu Definition und Verwendung der Maße siehe in Kap. 16.1 und 16.2.
[25] Prozeduren und Funktionen sind **Operationen**.

Zusammen mit den Informationen aus dem Kontrollflußgraphen erhält man damit den Datenflußgraphen, der für die Kriterien aus Kap. 8 benötigt wird. Eine spezielle Analyse ermittelt stattdessen die Datenflußanomalien.

12.2.2   Datenflußanalyse

Ziel der Datenflußanalyse ist die Aufdeckung von **Datenflußanomalien** bei der Benutzung einer Variablen:

- eine Referenz („*ref*") vor der ersten Definition („*def*"),

- zwei aufeinanderfolgende Definitionen ohne zwischenzeitliche Referenz,

- eine Definition gefolgt von einer Freigabe („*undef*") ohne zwischenzeitliche Referenz.

Vorgehensweise bei der Datenflußanalyse:

1. Die Wege („Pfade") durch den Kontrollflußgraphen werden durchlaufen.

2. Für jede Variable wird dabei notiert, ob sie definiert oder referenziert oder undefiniert wird, wobei die Abkürzungen d, r und u verwendet werden. (Achtung: Bei Zuweisungen wird die rechte vor der linken Seite betrachtet.) Damit erhält man pro Variable und Pfad einen Pfadausdruck über dem Alphabet $\{d, r, u\}$, der nur Sequenzen beschreibt (vgl. Definition 5.1.1 auf S. 114).

   BEISPIEL 12.2.1

   (a) *Anweisung: A := A + B; Pfadausdruck: rd (für A), r (für B)*
   (b) *Anweisungsfolge:*
   A := B + C; B := A + D; A := A + 1; B := A + 2;
   Pfadausdruck: drrdr für A, rdd für B

3. Eine **Anomalie** liegt bei folgenden Pfadausdrücken vor:

   (a) $\alpha u r \beta$ (**ur-Anomalie**)
   (b) $\alpha d d \beta$ (**dd-Anomalie**)
   (c) $\alpha d u \beta$ (**du-Anomalie**)

   wobei α, β beliebige[26] Folgen der Symbole r, d, u sind.

---

[26]Auch die leere Folge ist erlaubt; formal gilt also, daß α und β aus $\{r, d, u\}^*$ sind.

Folgende Programmkonstrukte sind bei der Datenflußanalyse schwierig zu behandeln:

1. Aufrufe von Operationen

   (a) Wird der Kontrollflußgraph für die Operation an der Aufrufstelle eingesetzt, so führt das zu einer „Aufblähung" der Kontrollstruktur, insbesondere bei geschachtelten Aufrufen. Bei rekursiven Operationen ergibt sich meistens ein unendlich großer Gesamtgraph.

   (b) Wenn der Operationsaufrufgraph (siehe Abschnitt 12.2.1) bekannt ist, kann das Problem vereinfacht werden, allerdings werden nicht mehr alle Datenflußanomalien erkannt (genaueres siehe [FoO 76]).

2. Dynamisch wachsende Strukturen
   Für Datenstrukturen, die zur Laufzeit wachsen können (wie Listen, Bäume, Graphen), läßt sich der Zugriff auf einzelne Elemente nicht statisch analysieren. Daher werden solche Strukturen als „monolithische" Einheit — wie eine Variable — behandelt. Damit lassen sich aber nicht alle Datenflußanomalien korrekt modellieren.

3. Arrays
   Bei dynamischen Arrays gibt es die gleichen Probleme wie im Fall 2. Aber selbst bei Arrays mit fester Größe, also etwa Array A mit 20 Elementen, gibt es Analyseprobleme. Der Ansatz, die 20 Elemente wie getrennte Variablen zu behandeln, funktioniert nur bei Zugriffen mit festem Index, etwa bei $B := A[1] + 1$. Bei einem Zugriff $B := A[K] + 1$ mit einer Variablen K, deren Wert zur Laufzeit eingelesen wird, ist unklar, welches Element gemeint ist. Daher ist ein Array in jedem Fall als monolithische Einheit (wie bei 2) zu behandeln — mit denselben Einschränkungen bei der Erkennung von Datenflußanomalien.

4. Schleifen
   Beim Vorkommen von Schleifen kann es sehr viele — evtl. unendlich viele — vollständige Wege geben, die durchlaufen werden. Es ist zu klären, wieviel Schleifendurchläufe für die Datenflußanalyse ausreichend sind. Dieses Problem wird beim LIVE-/AVAIL-Algorithmus und bei der algebraischen Methode von Forman richtig gelöst (s. unten), nicht jedoch beim Algorithmus von Howden (s. [How 78c]).

Im folgenden werden die **LIVE-/AVAIL-Algorithmen** vorgestellt, die auf Algorithmen aufbauen, die für die Programmoptimierung entwickelt wurden. Diese Algorithmen operieren mit den Begriffen *generate*, *kill* und *null*. Für die Anwendung bei der Datenflußanalyse muß dann eine Zuordnung zu den Begriffen *def*, *ref* und *undef* vorgenommen werden.

<u>Voraussetzung:</u>
Zu jedem Knoten l des Kontrollflußgraphen sind folgende Mengen definiert, die disjunkt sind: $generate(l)$, $kill(l)$, $null(l)$. Dabei gilt $generate(l) \cup kill(l) \cup null(l) = tok$, wobei tok eine endliche Menge von „Token" ist. (In der Anwendung für die Datenflußanalyse sind dies die Variablen.)

<u>Notation beim Graph-Durchlauf</u>
Für ein Token A wird beim Durchlauf durch einen Knoten l notiert:

    Symbol g, falls $A \in generate(l)$,
    Symbol k, falls $A \in kill(l)$,
    Symbol n, falls $A \in null(l)$.

P(A; w) beschreibt den entsprechenden Pfadausdruck beim Durchlauf des Weges w für Token A. Bei einem **reduzierten Pfadausdruck** läßt man die Symbole n weg. Betrachtet man *alle* Wege des Kontrollflußgraphen, die von einem Knoten k ausgehen bzw. zu k hinführen, lassen sich die möglichen alternativen und iterierten „Aktionen" g, k und n durch einen sequentiellen Pfadausdruck (im Sinne von Definition 5.1.1) beschreiben, der ebenfalls reduziert werden kann durch Weglassen des Symbols n.

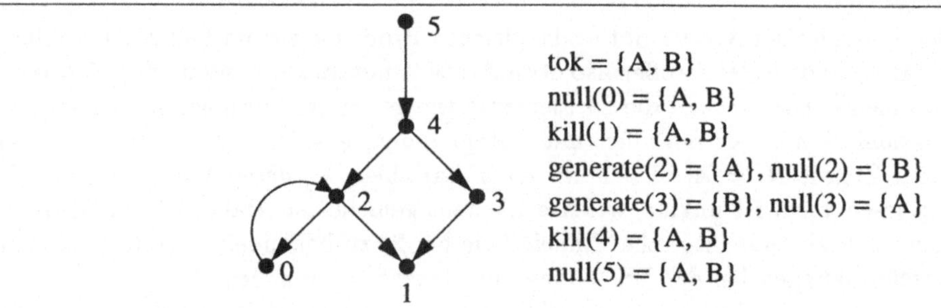

Abb. 12.3: Kontrollflußgraph mit Mengen *generate, kill, null*

BEISPIEL 12.2.2 (PFADAUSDRÜCKE ZUM KONTROLLFLUSSGRAPH AUS ABB. 12.3 UND NOTATIONEN $P_r(A; l \rightarrow)$ UND $P_r(A; \rightarrow l)$)
Pfadausdruck: $P(A; 5, 4, 2, 0, 2, 1) = nkgngk$,
reduzierter Pfadausdruck: $P_r(A; 5, 4, 2, 0, 2, 1) = kggk$,
Pfadausdruck $P(A; 5 \rightarrow) = nk(g(ng)^* + n)k$ *beschreibt alle Aktionen für A, ausgehend von Knoten 5,*
Pfadausdruck $P_r(A; 5 \rightarrow) = k(gg^* + \epsilon)k = kgg^*k + kk$ *ist der entsprechende reduzierte Pfadausdruck,*

Pfadausdrücke $P(A; \rightarrow 3) = P(A; 5, 4, 3) = nkn$ und $P_r(A; \rightarrow 3) = P_r(A; 5, 4, 3) = k$ beschreiben alle Aktionen (außer null bei P_r) für A auf Wegen, die zu Knoten 3 hinführen.

Lebendigkeit und Verfügbarkeit von Token bzw. Variablen

Es gilt $A \in live(l) \Leftrightarrow$ einer der Wege, der von Knoten l ausgeht, enthält als erste „Aktion" (abgesehen von *null*) das Symbol g (für *generate*). (Die „Lebendigkeit" von A in l bedeutet, daß A noch „in der Zukunft" [auf wenigstens einem Weg] generiert werden kann.)

Entsprechend gilt $A \in avail(l) \Leftrightarrow$ alle Wege, die zu l hinführen, enthalten als letztes Symbol (abgesehen von *null*) das Symbol g. (Die „generierte" Variable ist also in l stets verfügbar, egal wie der Kontrollfluß zu l hinführt.)

Mit Pfadausdrücken lassen sich die Eigenschaften *live* und *avail* folgendermaßen beschreiben (mit Hilfe der Notationen aus Beispiel 12.2.2):

DEFINITION 12.2.1 (LIVE, AVAIL)

1. $A \in live(l) :\Leftrightarrow P_r(A; l \rightarrow) = g \cdot p \mid p'$
   wobei p und p' Pfadausdrücke über g und k sind.

2. $A \in avail(l) :\Leftrightarrow P_r(A; \rightarrow l) = p \cdot g$
   wobei p ein Pfadausdruck über g und k ist.

Berechnung von *live(l)* und *avail(l)* für alle Knoten *l*

Zur Berechnung benutzt man die folgenden iterativen Algorithmen. In jedem Schritt werden dabei für alle Knoten j neue Werte für $live(j)$ bzw. $avail(j)$ berechnet. Das Verfahren wird so lange fortgesetzt, bis sich die neuen Werte nicht mehr von den alten Werten unterscheiden (für alle Knoten), d. h. bis *change = false* gilt. Damit ist der „kleinste Fixpunkt" als korrekte Lösung berechnet[27]. Beim LIVE-Algorithmus beginnt man mit leeren Mengen ($live(j) := \emptyset$ für alle $j = 0$ bis $|N|$, wobei N die Menge der Knoten ist), beim AVAIL-Algorithmus beginnt man mit der Menge, die alle Token umfaßt ($avail(j) := tok$ für alle $j = 1$ bis $|N|$), nur für den Startknoten 0 beginnt man mit der leeren Menge ($avail(0) = \emptyset$), da zum Startknoten keine Wege hinführen (vgl. Def. 12.2.1, Teil 2, und die Erläuterung davor).

Man kann sich nun überlegen, daß die mit (*) bezeichnete Zuweisung im LIVE- bzw. AVAIL-Algorithmus die korrekte iterative Umsetzung der Definition 12.2.1 ist[28].

---

[27]Dies ist nur die Idee, der Korrektheitsbeweis findet sich bei Hecht und Kildall (s. [HeU 75], [Kil 73]).

[28]Dabei bezeichnen $S(j)$ und $P(j)$ die Menge der Nachfolgerknoten (<u>s</u>uccessor) bzw. Vorgänger-knoten (<u>p</u>redecessor) eines Knotens j.

Die Algorithmen lauten somit komplett:

<u>Algorithmus LIVE:</u>

```
for j := 0 to |N| do live(j) := ∅;
change := true;
while change do
    begin
        change := false;
        for j := 0 to |N| do
            begin
                previous := live(j);
                (*) live(j) := ⋃_{l∈S(j)}[(live(l) \ kill(l)) ∪ generate(l)];
                if live(j) ≠ previous then
                    change := true;
            end;
    end;
```

<u>Algorithmus AVAIL:</u>

```
avail(0) := ∅
for j := 1 to |N| do avail(j) := tok;
change := true;
while change do
    begin
        change := false;
        for j := 1 to |N| do
            begin
                previous := avail(j);
                (*) avail(j) := ⋂_{l∈P(j)}[(avail(l) \ kill(l)) ∪ generate(l)];
                if avail(j) ≠ previous then
                    change := true;
            end;
    end;
```

BEISPIEL 12.2.3 (LIVE-ALGORITHMUS)
Für den Kontrollflußgraphen aus Abbildung 12.3 ergeben sich die in Tabelle 12.4 dargestellten live-Mengen vor der k-ten Ausführung von Schritt (*) im LIVE-Algorithmus (beim ersten Durchlauf der while-Schleife).

In Tabelle 12.4 gilt beispielsweise für $k = 6, j = 4$:
$live(4) = \{A, B\}$, da $3 \in S(4), B \in generate(3) = \{B\}$ und $2 \in S(4)$,
$A \in live(2) \setminus kill(2) = \{A\} \setminus \emptyset = \{A\}$

Knoten j	Schritt k						
	1	2	3	4	5	6	7
0	$\emptyset$	A	A	A	A	A	A
1	$\emptyset$	$\emptyset$	$\emptyset$	$\emptyset$	$\emptyset$	$\emptyset$	$\emptyset$
2	$\emptyset$	$\emptyset$	$\emptyset$	A	A	A	A
3	$\emptyset$	$\emptyset$	$\emptyset$	$\emptyset$	$\emptyset$	$\emptyset$	$\emptyset$
4	$\emptyset$	$\emptyset$	$\emptyset$	$\emptyset$	$\emptyset$	A, B	A, B
5	$\emptyset$	$\emptyset$	$\emptyset$	$\emptyset$	$\emptyset$	$\emptyset$	$\emptyset$

Tab. 12.4 Berechnungsschritte beim LIVE-Algorithmus

Bei $k = 6$ sind die endgültigen live-Mengen ermittelt, aber dies wird erst bei erneutem Durchlaufen der while-Schleife mit sechs Ausführungen von Schritt (*) des Algorithmus festgestellt (durch change = false).

Im folgenden soll nun mit Hilfe des LIVE- und AVAIL-Algorithmus das eigentliche Problem (Erkennung der Datenflußanomalien) gelöst werden.

Die nichtinitialisierte Referenz (*ur*-Anomalie) ist ein echter Fehler, daher wird hier die Lösung (mit dem AVAIL-Algorithmus) angegeben.

SATZ 12.2.1
Sei generate(l) = def(l) und kill(l) = undef(l) für alle Knoten l des Kontrollflußgraphen gesetzt[29].
Dann gilt für jeden Knoten l und jede Variable A:

$A \notin$ avail(l) und $A \in$ ref(l) g. d. w. ein Weg im Kontrollflußgraphen mit einem Pfadausdruck $\alpha u r \beta$ für A existiert, wobei gilt: $\alpha, \beta \in \{r, d, u\}^*$ und die Referenz r von A erfolgt im Knoten l. (Es liegt also eine ur-Anomalie vor.)

Beweis: $A \notin avail(l) \Leftrightarrow$ es gibt einen Weg, der zu l hinführt und als letzte Aktion für A (außer *null*) *kill* enthält, d. h. für die „Aktionen" k, g und n (*kill, generate, null*) hat dieser Weg den Pfadausdruck $\alpha k n^*$ mit $\alpha \in \{r, d, u\}^*$; *kill* entspricht „*undef*", *generate* entspricht „*def*", also gilt: *null* entspricht „*ref*" oder „keine Benutzung". Somit liegt für A (in r, d, u) ein Pfadausdruck $\alpha u r^*$ vor, d. h. er endet nach u eventuell mit einer Folge von Symbolen r. Dieser Pfadausdruck gilt bis vor den Knoten l. — $A \notin avail(l)$ und $A \in ref(l)$ gilt also genau dann, wenn ein Pfadausdruck $\alpha u r^* r$ bis zum Knoten l inklusive vorliegt, d. h. ein Pfadausdruck $\alpha u r \beta$ mit $\alpha, \beta \in \{r, d, u\}^*$, wobei die Referenz r von A im Knoten l erfolgt.

q. e. d.

---

[29] Bei geschachtelten Prozeduren oder Blöcken gilt an deren Anfang für den entsprechenden Knoten j: *undef(j) = kill(j) = L*, wobei L die Menge der lokalen Variablen ist. Bei Prozeduren mit Parametern ist für den Anfangsknoten 0 die Menge *def(0)* bzw. *generate(0)* die Menge der Parameter und globalen Variablen mit definierten Werten.

Die *ur*-Anomalien können also mit folgendem Algorithmus gefunden werden.

Algorithmus UR:

```
begin
    for n := 0 to |N| do
        begin
            kill(n) := undef(n);
            generate(n) := def(n);
        end;
    { Ende Initialisierung }
    call AVAIL;
    for n := 0 to |N| do
        if ref(n) \ avail(n) ≠ ∅
        then print(„uninitialized references to variables"
                    , ref(n) \ avail(n)
                    , „at node", n, „are possible");
end;
```

Die *dd*- und *du*-Anomalien können mit Hilfe des LIVE-Algorithmus berechnet werden (s. Übung 12.6).

Das aufwendige Durchlaufen des Kontrollflußgraphen (mit einigen Iterationen beim LIVE- und AVAIL-Algorithmus) ist nicht notwendig, wenn ein strukturiertes Programm vorliegt, dessen Konstrukte nur einen Eingang und einen Ausgang haben. In diesem Fall können die Datenflußanomalien schrittweise „von innen nach außen" berechnet werden.

Die folgende **algebraische Methode** zur Bestimmung von Datenflußanomalien kann auch auf allgemeine Kontrollflußdiagramme (mit *goto*'s) angewandt werden, wenn der Kontrollfluß als regulärer Ausdruck beschrieben wird[30].

· (Konkatenation) steht für Sequenz im Kontrollfluß,

+ (Alternative) steht für eine Verzweigung im Kontrollfluß und

∗ (Kleene-Stern) steht für Iteration im Kontrollfluß.

BEISPIEL 12.2.4

Zum Kontrollflußschema G aus Abbildung 12.4 gehöriger regulärer Ausdruck R(G):

$$R(G) = 0 \cdot 1 \cdot (2 + 3) \cdot 4 \cdot 5 \cdot [6 \cdot 0 \cdot 1 \cdot (2 + 3) \cdot 4 \cdot 5]^*$$

Folgende Datenflußaussagen werden für jede Variable v und jedes Konstrukt s (in entsprechenden Booleschen Werten bzw. Bits) algebraisch notiert:

---

[30]Dies entspricht der Bestimmung der erkannten regulären Wortmenge zu einem erkennenden, endlichen Automaten, ist also formal berechenbar (s. [Bra 84], Satz 5.3.7 (von Kleene); [Weg 93], Satz 5.3.3 bzw. [Weg 96], Kap. 5.5).

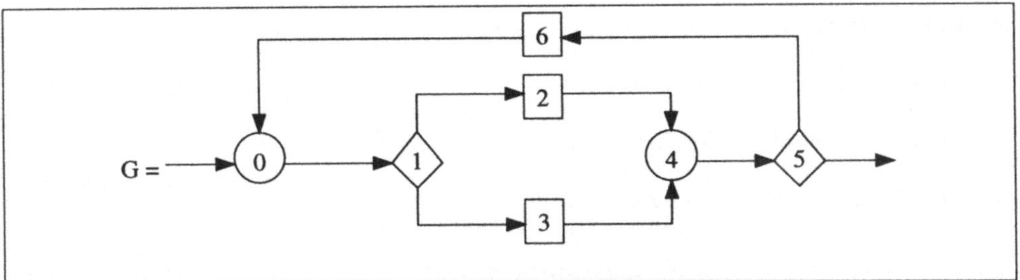

Abb. 12.4: Kontrollflußschema G

an:	es liegt eine Datenflußanomalie im Konstrukt s vor
ee:	es gibt einen Weg durch s ohne Aktion auf Variable v
din, rin, uin:	es gibt einen Weg durch s, so daß die erste Aktion („in") für v ein $\underline{def}$ bzw. $\underline{ref}$ bzw. $\underline{undef}$ ist
dout, rout, uout:	es gibt einen Weg durch s, so daß die letzte („out") Aktion für v cin $\underline{dcf}$, $\underline{rcf}$ bzw. $\underline{undef}$ ist

Eine 8-stellige Binärzahl kann diese Angaben pro Variable und Konstrukt repräsentieren. Für die Zuweisung $v := v + 1$ gilt z. B. für v: 00 010 100, wobei die 1 an vierter Stelle angibt, daß *rin=true* ist (wegen $v + 1$ auf der rechten Seite der Zuweisung) und die 1 an drittletzter Stelle gibt an, daß *dout = true* ist (wegen v auf der linken Seite). Für ein Konstrukt s wird ein Vektor aus solchen achtstelligen Binärzahlen angelegt, wobei jedes Vektorelement eine Variable repräsentiert.

Beim Zusammensetzen von Konstrukten B und C zu einem Konstrukt A kann man die neuen Werte der Bits der Binärzahlen nach folgenden Regeln berechnen. Dabei bezeichnet $s.x$ den Booleschen Wert x für die betrachtete Variable und das Konstrukt s; $\vee, \wedge$ bezeichnen die logischen Operatoren *oder* und *und*.

<u>Konkatenation/Sequenz:</u>
Sei $A = B \cdot C$, dann gilt:

- $A.an = B.an \vee C.an \vee (B.dout \wedge C.din) \vee (B.uout \wedge C.rin) \vee (B.dout \wedge C.uin)$

  $B.dout \wedge C.din$ entspricht der *dd*-Anomalie,
  $B.uout \wedge C.rin$ entspricht der *ur*-Anomalie,
  $B.dout \wedge C.uin$ entspricht der *du*-Anomalie.
  Mit $B.an$ und $C.an$ werden die bekannten Anomalien weitergereicht.

- $A.ee = B.ee \wedge C.ee$

- $A.din = B.din \vee (B.ee \wedge C.din)$

- $A.rin = B.rin \vee (B.ee \wedge C.rin)$

- $A.uin = B.uin \vee (B.ee \wedge C.uin)$

- $A.dout = (B.dout \wedge C.ee) \vee C.dout$

- $A.rout = (B.rout \wedge C.ee) \vee C.rout$

- $A.uout = (B.uout \wedge C.ee) \vee C.uout$

Falls in B die Variable nicht angesprochen wird (d. h. nur $B.ee$ ist *true*), gilt also $A.x = C.x$ für alle $x \in \{an, ee, din, rin, uin, dout, rout, uin\}$. Entsprechend gilt $A.x = B.x$, wenn in C die Variable nicht angesprochen wird (s. Übung 12.8).

Alternative/Verzweigung:
Sei $A = B + C$, dann gilt:
$A.x = B.x \vee C.x$ für alle $x \in \{an, ee, din, rin, uin, dout, rout, uout\}$.

Iteration:
Sei $A = B^*$. Dann gilt nach Definition:

$$B^* = \epsilon + B + B \cdot B + B^3 + B^4 + \cdots = \epsilon + \sum_{i=1}^{\infty} B^i$$

wobei ϵ den Fall „keine Ausführung von B" repräsentiert.

SATZ 12.2.2
Für die Ermittlung der Datenflußanomalien, die in der Schleife B^* oder vor und nach der Schleife B^* entstehen, reicht die Betrachtung von $E + B \cdot B$, wobei $E = 01\,000\,000$, d. h. nur $ee = true$.
Alle Datenflußanomalien werden also durch 0 oder 2 Iterationen erzeugt.

Beweis: siehe [For 84] und [Ste 81], S. 166 f.

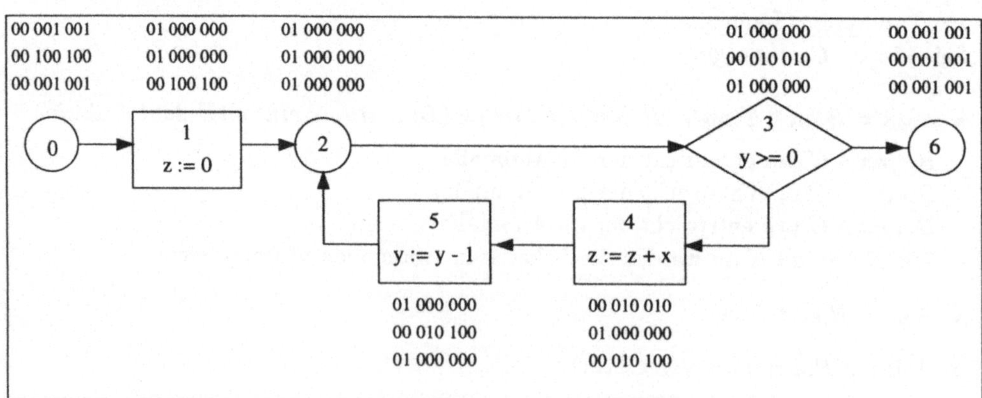

Abb. **12.5:** Kontrollflußgraph für die Multiplikation $z = x * y$

BEISPIEL 12.2.5 (MIT DATENFLUSSBINÄRZAHLEN PRO KNOTEN)
An den einzelnen Knoten in Abbildung 12.5 stehen untereinander die achtstelligen Binärzahlen für die Variablen x, y und z. Zum Beispiel bedeutet $x \hat{=} 00\ 001\ 001$, $y \hat{=} 00\ 100\ 100$ und $z \hat{=} 00\ 001\ 001$ bei Knoten 0, daß x und z undefiniert sind (uin = uout = 1, sonst alles 0) und daß y definiert ist (din = dout = 1, sonst alles 0), da hier angenommen wird, daß x (und z) fälschlicherweise als lokale Variablen und nicht als Parameter implementiert wurden.

Damit erhält man für $D(4 \cdot 5)$, die Matrix der drei waagerecht angeordneten Bitfolgen, welche die x-, y- und z-Binärzahlen für die Datenflußaussagen der Sequenz von 4 und 5 repräsentieren:

$$D(4 \cdot 5) \hat{=} \begin{pmatrix} 00\ 010\ 010 \\ 00\ 010\ 100 \\ 00\ 010\ 100 \end{pmatrix}$$

Die Komponenten des Ergebnisses $D(4 \cdot 5)$ sind nach obigen Regeln für die Konkatenation zu berechnen. Insbesondere gilt für die Konkatenation „·" mit allen achtstelligen Binärzahlen b und $E = 01\ 000\ 000$:
$b \cdot E = E \cdot b = b$ *(vgl. Übung 12.8).*

Entsprechend erhält man — durch Einsetzen von $D(4 \cdot 5)$ — folgendes für die Iteration:

$$D(2 \cdot 3 \cdot (4 \cdot 5 \cdot 2 \cdot 3)^*) = D(2 \cdot 3 \cdot [E + (4 \cdot 5 \cdot 2 \cdot 3)^2]) \hat{=} \begin{pmatrix} 01\ 010\ 010 \\ 00\ 010\ 010 \\ 01\ 010\ 100 \end{pmatrix}$$

$$da\ D(2 \cdot 3)\ \hat{=} \begin{pmatrix} 01\ 000\ 000 \\ 00\ 010\ 010 \\ 01\ 000\ 000 \end{pmatrix} und$$

$$D(4 \cdot 5 \cdot 2 \cdot 3)\ \hat{=} \begin{pmatrix} 00\ 010\ 010 \\ 00\ 010\ 010 \\ 00\ 010\ 100 \end{pmatrix}\ \hat{=}\ D[(4 \cdot 5 \cdot 2 \cdot 3)^2]$$

Also erhält man für den Ausdruck $B = 1 \cdot 2 \cdot 3 \cdot (4 \cdot 5 \cdot 2 \cdot 3)^*$:

$$D(B) \hat{=} \begin{pmatrix} 01\ 000\ 000 \\ 01\ 000\ 000 \\ 00\ 100\ 100 \end{pmatrix} \cdot \begin{pmatrix} 01\ 010\ 010 \\ 00\ 010\ 010 \\ 01\ 010\ 100 \end{pmatrix} = \begin{pmatrix} 01\ 010\ 010 \\ 00\ 010\ 010 \\ 00\ 100\ 100 \end{pmatrix}$$

Schließlich erhält man für das gesamte Programm, d. h. für den Ausdruck
$P = 0 \cdot B \cdot 6:$

$$D(P) = \begin{pmatrix} 00\ 001\ 001 \\ 00\ 100\ 100 \\ 00\ 001\ 001 \end{pmatrix} \cdot \begin{pmatrix} 01\ 010\ 010 \\ 00\ 010\ 010 \\ 00\ 100\ 100 \end{pmatrix} \cdot \begin{pmatrix} 00\ 001\ 001 \\ 00\ 001\ 001 \\ 00\ 001\ 001 \end{pmatrix}$$

$$= \begin{pmatrix} 10\ 001\ 011 \\ 00\ 100\ 010 \\ 00\ 001\ 100 \end{pmatrix} \cdot \begin{pmatrix} 00\ 001\ 001 \\ 00\ 001\ 001 \\ 00\ 001\ 001 \end{pmatrix} = \begin{pmatrix} 10\ 001\ 001 \\ 00\ 100\ 001 \\ 10\ 001\ 001 \end{pmatrix}$$

Bei der Verknüpfung von 0 und B wird die (ur-)Anomalie für x registriert, bei der Verknüpfung von 0 · B und 6 die (du-)Anomalie für z. Damit wird erkannt, daß x kein Eingabeparameter und z kein Ausgabeparameter ist.

12.2.3   Bewertung der formalen statischen Analyse

Die formale statische Analyse hat folgende <u>Vorteile</u>:

+ Sie ist eine vergleichsweise wenig aufwendige Methode.

+ Sie erfordert keine Änderungen der Arbeitsgewohnheiten der Programmiererinnen, da die Analyse automatisch erstellt wird.

+ Sie erfordert nur minimalen zusätzlichen Aufwand (keine Änderung des Quellcodes; kein Erstellen von Testtreibern, Platzhaltern, Ausgabe-Code).

+ In „einem Lauf" können mehrere Fehler entdeckt werden.

+ Unausführbare Systeme können behandelt werden (bei fehlenden Unterprozeduren, bei nebenläufigen Programmen mit Verklemmungen [genaueres siehe Kapitel 14.3]). Daher kann und sollte die statische Analyse zu Beginn der Testphase — vor dem dynamischen Testen — eingesetzt werden.

Es gibt natürlich auch <u>Nachteile</u> bei der statischen Analyse:

− Begrenzte Interpretation dynamischer Ereignisse

BEISPIEL 12.2.6

<table>
<tr><td><u>Programm</u></td><td><u>Äquivalentes Programm</u></td></tr>
<tr><td>$R := 0;$</td><td>$R := 0;$</td></tr>
<tr><td>**for** $I := 1$ **to** 100 **do**</td><td>$A := 5;$</td></tr>
<tr><td>**begin**</td><td>**for** $I := 1$ **to** 100 **do**</td></tr>
<tr><td>**if** $I = 1$ **then** $A := 5;$</td><td>$R := A * (I - 1) + R;$</td></tr>
<tr><td>$R := A * (I - 1) + R;$</td><td></td></tr>
<tr><td>**end**;</td><td></td></tr>
</table>

Die (begrenzte) statische Analyse meldet für Variable A einen Datenflußfehler vom Typ „undefinierte Referenz", da es im linken Programm einen (nichtausführbaren) Weg an der bedingten Anweisung A := 5 vorbei zur Anweisung R := A ∗ ... gibt. (Im äquivalenten rechten Programm kommt dieser Weg nicht vor.)

— Ungewißheit der Diagnose
Die automatische Diagnose muß vom Menschen noch bewertet werden[31]. Beispielsweise kann ein Programm aus Effizienzgründen eine *dd*-Anomalie enthalten, wie etwa der LIVE- und der AVAIL-Algorithmus bezüglich der Variablen *change* (vgl. Übung 12.7).

— Abhängigkeit vom Programmierstil
Wenn Programmierer nicht strukturiert programmieren, sondern verwickelte Kontrollsequenzen und dubiose Sprachkonstrukte verwenden, wird der Nutzen der formalen statischen Analyse durch eine Fülle von Warnungen und Fehlermeldungen vereitelt. Das Auftreten einer Fülle von Meldungen ist also selbst schon ein Hinweis auf (meist unerwünschte) Programmiertechniken. (Dieser Hinweis ist also ein Vorteil.)

12.3   Symbolische Ausführung

Die symbolische (Programm-)Ausführung wurde bereits in Abschnitt 11.2.1 als Hilfsmittel für die Testdatenermittlung beim „Überdecken" eines Programms gemäß C_0- oder C_1-Kriterium benutzt. Hier wird diese Methode als eigenständige Methode zur Überprüfung von Programmen vorgestellt. In Kapitel 12.4 wird dann die Verwendung bei der formalen (Programm-)Verifikation erläutert.

Die symbolische Ausführung eines Programms ist eine Erweiterung des Begriffs der Ausführung eines Programms mit konkreten Werten: Es werden symbolische Werte für die Eingabevariablen verwendet, mit denen dann „entsprechend" zu rechnen ist. Was bedeutet das für einzelne Konstrukte?

1. Symbolische Ausrechnung von Ausdrücken/Zuweisungen:

BEISPIEL 12.3.1

$$C := A + 2 \ast B$$

Die symbolischen Werte seien mit w(...) bezeichnet, d. h. vor Ausführung von C := A + 2 ∗ B sei w(A) = a und w(B) = b.
Dann besagt die symbolische Ausführung der obigen Zuweisung:

$$w(C) = w(A) + 2 \ast w(B) = a + 2 \ast b$$

---

[31] Unter dem Gesichtspunkt der Erhaltung von Arbeitsplätzen ist dies sogar ein Vorteil.

Sei $D := C - A$ eine danach auszuführende Anweisung, dann gilt dafür:

$$w(D) = w(C) - w(A) = a + 2 * b - a = 2 * b$$

Bei der Berechnung von w(D) wurde eine Umformung (Vereinfachung) vorgenommen. Diese ist mathematisch korrekt, muß aber nicht unbedingt der Computer-Arithmetik entsprechen, die Rundungsfehler erzeugen kann.

2. <u>Symbolische Ausrechnung von Bedingungen für Verzweigungen</u>
   Verzweigungen treten bei den Kontrollstrukturen *if-then-else, while, repeat*, etc. auf. Das Vorgehen wird exemplarisch an der Anweisung **if** B **then** A1 **else** A2 demonstriert (bei *while, repeat*, etc. läuft die Auswertung analog). Folgende drei Fälle können für den Wert des symbolischen Ausdrucks für B, d. h. für $w(B)$, auftreten:

(a) Es läßt sich zeigen, daß stets $w(B) = true$ gilt: Dann reduziert sich die Ausrechnung der obigen Anweisung auf die symbolische Ausrechnung von $A1$.

(b) Es läßt sich zeigen, daß stets $w(B) = false$ gilt: Dann muß nur $A2$ symbolisch ausgerechnet werden.

(c) Es läßt sich nicht zeigen, daß stets $w(B) = true$ bzw. $w(B) = false$ gilt: In diesem Fall sind beide Ausgänge der Verzweigung zu verfolgen, um eine komplette Auswertung der *if*-Anweisung zu erhalten.

   Fall c1): (*true*-Ausgang) A1 ist symbolisch auszurechnen, wobei dabei und im folgenden die sogenannte **Pfadbedingung** $w(B) = true$ als gültig anzunehmen ist.

   Fall c2): (*false*-Ausgang): A2 ist symbolisch auszurechnen, wobei dabei und im folgenden die Pfadbedingung $w(B) = false$ als gültig anzunehmen ist.

Wenn das Programm keine Schleifen hat, bricht das Verfahren für Verzweigungen nach endlich vielen Schritten ab, da es dann nur endlich viele Wege mit endlich vielen Verzweigungspunkten auf den einzelnen Wegen gibt. Die Menge aller dieser Wege kann dann zusammen mit den symbolischen Berechnungen als endlicher Baum dargestellt werden.

BEISPIEL 12.3.2 (FUNKTION ZUR BERECHNUNG DES ABSOLUTBETRAGS)

```
1      procedure ABSOLUTE (x: integer): integer
2          var x, y: integer;
3          if x < 0
4              then y := -x;
5              else y := x;
6          return y;
```

Der Baum der symbolischen Ausführungen von ABSOLUTE ist in Abbildung 12.6 dargestellt. Dabei bezeichnet pb die Pfadbedingung.

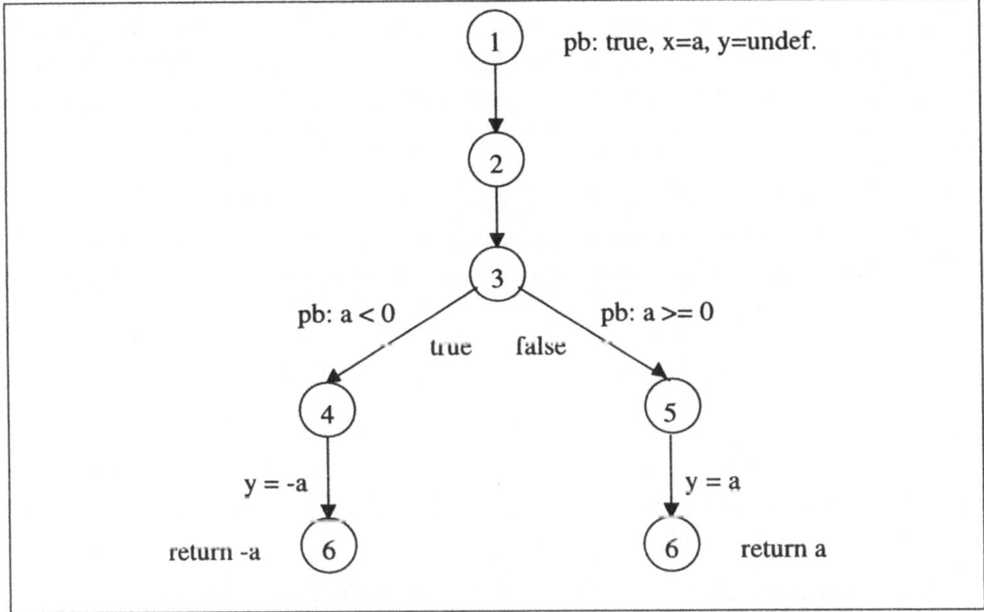

Abb. 12.6: Symbolischer Ausführungsbaum von ABSOLUTE

Wenn das Programm Schleifen enthält, die beliebig oft durchlaufen werden können (z. B. **for** i := 1 **to** n)[32], bricht das Verfahren bei der Ausrechnung der Verzweigungsbedingung nicht (nach endlich vielen Schritten) ab, da es dann Wege mit beliebig vielen Verzweigungspunkten auf dem Weg gibt. Zur Darstellung aller Wege bräuchte man also einen unendlichen Baum. Daher muß man sich auf eine endliche Anzahl von Durchläufen beschränken.

3. Symbolische Ausrechnung der Sequenz zweier Anweisungen
Für $S = S1; S2$ sind die symbolischen Werte für die Variablen gemäß Anweisung $S1$ zu berechnen und bei der Berechnung gemäß Anweisung $S2$ zu benutzen; entsprechend ist mit den Pfadbedingungen zu verfahren: Sei $p(S_i)$ die zu S_i gehörige Pfadbedingung $(i = 1, 2)$, dann ist $p(S_1) \wedge p(S_2)$ die zu $S = S_1; S_2$ gehörige Pfadbedingung, wobei allerdings $p(S_2)$ mit den (veränderten) Werten aus der Berechnung in S_1 zu berechnen ist.

---

[32] Eine *for*-Schleife „**for** i := 1 **to** 10" erzeugt dagegen wieder nur endlich viele Wege endlicher Länge.

4. <u>Symbolische Ausrechnung von Operationsaufrufen</u>
   Ein Aufruf einer Operation (Prozedur oder Funktion) kann bei der symbolischen
   Berechnung auf zwei Arten behandelt werden:

   (a) Der Aufruf wird ersetzt, und zwar durch eine symbolische Rechnung gemäß
       der Parameterbelegung und den Anweisungen im Rumpf der Operation. Da-
       bei entstehen bei Verzweigungen wieder neue Pfadbedingungen und Schleifen
       können nur mit endlich vielen Fällen (stichprobenartig) durchgerechnet wer-
       den.

   (b) Beim Aufruf werden nur die aktuellen symbolischen Werte der Parameter
       eingesetzt, der Ausdruck wird ansonsten nicht weiter „aufgelöst" bzw. ersetzt.
       Das Ergebnis der gesamten symbolischen Berechnung ist also ein Ausdruck,
       in dem Operationssymbole (Prozedur- oder Funktionsnamen) vorkommen.

Die symbolische Ausführung hat folgende Vor- und Nachteile.

<u>Vorteile:</u>

+ Eine formale Programmspezifikation ist nicht erforderlich. (Der berechnete Ausdruck muß nur betrachtet und überprüft werden).

+ Ein symbolischer „Test" deckt eine Vielzahl normaler Testdaten ab.

+ Es werden insbesondere Fehler entdeckt, bei denen für eine Teilmenge der Eingaben die Ergebnisse falsch berechnet werden.

+ Das Vorgehen unterstützt das Finden von Schleifen-Invarianten für die formale
  Programmverifikation (genaueres dazu s. Kap. 12.4).

<u>Nachteile:</u>

− Das Überprüfen der Ergebnisse ist schwieriger als beim konventionellen Testen,
  da symbolische Ausdrücke mit der Spezifikation verglichen werden müssen. Das
  ist besonders schwierig, wenn unaufgelöste Operationsaufrufe im symbolischen
  Ausdruck — aber nicht in der Spezifikation — vorkommen.

− Die verwendete Programmiersprache muß formal definiert sein, damit ein symbolischer Interpreter arbeiten kann.

− Die Methode hat mehr Voraussetzungen als das konventionelle Testen (symbolischer Interpreter, Interpretation der Ergebnisse).

− Als alleinige Testmethode ist die symbolische Ausführung nicht ausreichend (ein
  funktionsorientierter Test fehlt).

– Durch Umformungen während der symbolischen Ausführung (z. B. $X + 1.99 + 0.01$ zu $X + 2$) werden Maschineneigenschaften (z. B. Effekte der „Real-Arithmetik") nicht geeignet berücksichtigt.

– Es muß ein **Theorembeweiser** zur Verfügung stehen, der alle notwendigen Umformungen erzeugen kann (z. B. $a + 2 * b - a = 2 * b$ in Beispiel 12.3.1) und korrekt arbeitet. Leider kann es für hinreichend mächtige Programmiersprachen keinen vollständigen automatischen Theorembeweiser geben (sonst wäre ja z. B. die Äquivalenz von Programmen entscheidbar, vgl. Fußnote 13 auf Seite 36). Daher kann es bei einem verwendeten Theorembeweiser vorkommen, daß mit ihm weder $w(B) = true$ noch $w(B) = false$ bei einer Verzweigung mit Prädikat B beweisbar ist und daher beide Verzweigungsausgänge gewählt werden, obwohl tatsächlich einer nicht ausführbar ist.

Welche Konsequenz hat der letzte Nachteil?

1. Bei der Verwendung der symbolischen Ausführung zur Erzeugung von Testdaten (s. Kap. 11.2) kann kein Eingabedatum gefunden werden, welches das entsprechende Pfadprädikat erfüllt. (Hoffentlich merkt man das, sonst kann man lange vergeblich suchen.)

2. Bei der Verwendung für die Verifikation kann die Korrektheit des Programms nicht bewiesen werden, wenn in einem (unausführbaren) Pfad falsche Berechnungen vorgenommen werden, die der Ausgabebedingung (Zusicherung) widersprechen. Das Programm kann aber auf allen ausführbaren Pfaden (also immer) korrekt arbeiten.

Howden berichtet folgendes von Experimenten mit dem System DISSECT, welches auf 12 einfache Programme und Programmteile aus dem Buch von Kernighan/Plauger ([KeP 78]) angewandt wurde (s. [How 77]). Die Programme enthalten insgesamt 22 Fehler. Durch symbolische Ausführung werden 13 Fehler gefunden, die sich folgendermaßen klassifizieren lassen:

• 9 Berechnungsfehler[33], d. h. auf dem richtig ausgewählten Weg im Programm wird eine falsche Funktion berechnet,

• 3 fehlerhafte Initialisierungen,

• 1 Bereichsfehler[34], d. h. ein Bereich wird falsch ausgewählt, weil eine Bedingung falsch berechnet wird.

---

[33] siehe Definition 7.2.1 auf 195
[34] siehe Definition 7.2.1

Von den neun Berechnungsfehlern werden vier *nur* durch symbolisches Ausführen, aber nicht (bzw. mit geringer Wahrscheinlichkeit) durch Testen gefunden: wenn die Berechnung auf einem Weg fast immer das richtige Ergebnis berechnet (und nur für wenige Eingaben nicht), der symbolische Ausdruck aber offensichtlich falsch ist (zwei Fälle); wenn erkennbar falsche Formeln bei reellwertigen Approximationsproblemen verwendet werden, das Testergebnis aber „richtig aussieht", da die Abweichung erst etwa 10 Stellen hinter dem Komma auffällt.

Bei den neun nicht gefundenen Fehlern sind die Berechnungsausdrücke oder die Booleschen Ausdrücke bei den Verzweigungen falsch. Beides ist im symbolischen Ausdruck genauso gut oder schlecht wie im Programmtext als Fehler zu erkennen, da sich beide Ausdrücke in diesem Fall eins-zu-eins entsprechen. Außerdem werden fehlende Pfade schlecht erkannt, da sie nicht ausgeführt werden (können).

Abschließend eine provokative Frage:
Warum benutzt man die symbolische Ausführung als Hilfsmittel für das Testen mit konkreten Daten (siehe Konsequenz 1 auf Seite 331)? Es ist doch anscheinend sinnvoller, gleich mit den symbolischen Werten zu rechnen, da man damit ganze Klassen von konkreten Daten simuliert.

Es gibt dafür folgende Gründe:

1. Bei der symbolischen Ausführung mit Werkzeugen verläßt man sich

   (a) auf die korrekte Wiedergabe der Semantik der Programmiersprache[35],

   (b) auf die korrekte Vereinfachung der symbolischen Ausdrücke,

   (c) auf die korrekte Ermittlung der Werte von Bedingungen (an den Verzweigungsstellen) durch den Theorembeweiser.

   Bei (a) und (b) liegen eventuell Schwächen vor, z. B. bei der Modellierung von Überlauf (Overflow) und Real-Arithmetik, bei (c) liegt notwendigerweise eine Schwäche vor. Daher sind Tests mit konkreten Werten notwendig, um eventuelle Fehler aufzudecken.

2. Symbolische Ausführung behandelt nur die funktionale Korrektheit des Programms. Leistungsmessungen können nur mit konkreten Testdaten vorgenommen werden.

3. Der Vergleich der symbolischen Ausgaben mit der Spezifikation kann mühsam und fehleranfällig sein, da die Ausgaben (wegen (b)) eventuell ungenügend vereinfacht sind oder Fehler nicht auffallen (siehe den ersten Nachteil auf S. 330 und oben

---

[35]bzw. der Semantik des Compilers, die davon abweichen kann

die Experimente von Howden)[36]. Für konkrete Ausgaben ist die Überprüfung anhand der Spezifikation oft einfacher.

12.4 Formale Verifikation

Grundlage von Korrektheitsbeweisen von Programmen ist (wie bei der symbolischen Ausführung) eine klare, axiomatische Definition der Semantik der Konstrukte der Programmiersprache. Außerdem muß natürlich die Spezifikation für das Programm in formaler Form vorliegen. Diese Spezifikation soll in der Form von Zusicherungen (engl.: assertions) vorliegen. **Zusicherungen** sind Formeln der Prädikatenlogik erster Stufe über den Variablen[37], die im Programm verwendet werden. Das geforderte Resultat des Programms wird als Ausgabezusicherung formuliert in der Form

PROVE (<Boolean>),

wobei <Boolean> die Formel darstellt.

Falls die (Eingabe-)Variablen gewisse Bedingungen erfüllen müssen, wird noch eine Eingabezusicherung formuliert in der Form

ASSUME(<Boolean>)

Die formale Programmverifikation besteht aus zwei Teilen:

Teil 1 (partielle Korrektheit): Es ist zu beweisen, daß nach jeder Beendigung des Programms die Ausgabezusicherung gilt, wenn zu Beginn die Eingabezusicherung gültig ist.

Teil 2 (totale Korrektheit): Es ist zusätzlich zu beweisen, daß das Programm unter allen Umständen beendet wird (d. h. keine unendliche Schleife enthält).

Das genauere Vorgehen wird durch folgende Bemerkungen erläutert:

1. Bei Programmen *ohne Schleifen* gibt es nur endlich viele (Berechnungs-)Wege durch den Programmgraphen. Daher kann folgendermaßen vorgegangen werden:

   (a) Für jeden Weg ist das Programm symbolisch auszuführen mit der Eingabezusicherung als anfänglicher Pfadbedingung.

   (b) Aus dem berechneten symbolischen Ergebnis muß dann logisch die Ausgabezusicherung folgen (dies ist zu zeigen).

---

[36]Druckt man arithmetische Ausdrücke durch ein Werkzeug in der (in der Mathematik üblichen) *zweidimensionalen* Form aus, fallen Klammerungsfehler doch auf: Ausdruck $MERKE(I){-}1/10+1$ [statt richtig $(MERKE(I){-}1)/10{+}1$] würde in folgender Form dargestellt: $MERKE(I){-}\frac{1}{10}+1$ [statt $\frac{MERKE(I)-1}{10}+1$].

[37]und — bei Eingabevariablen — ihren Anfangswerten

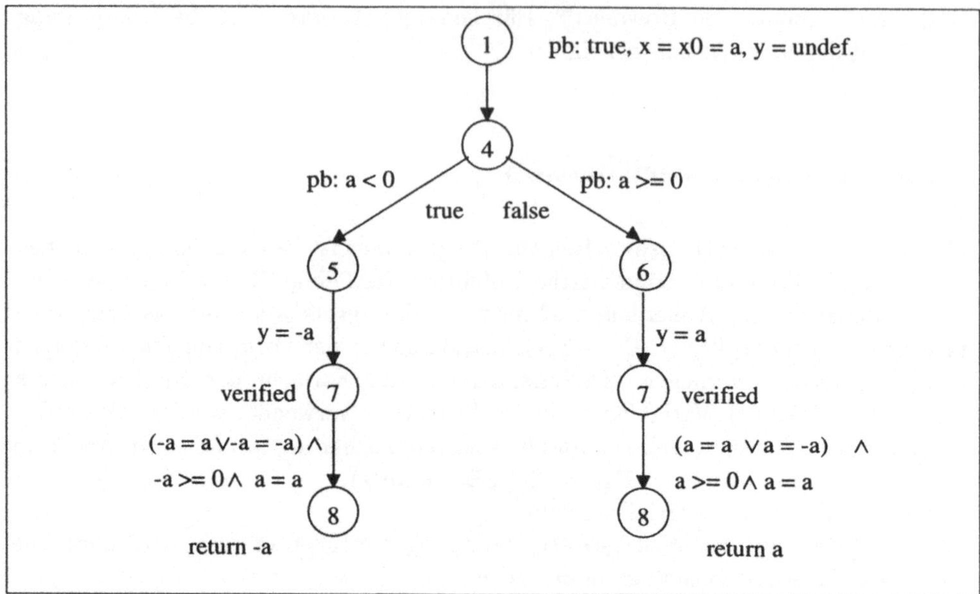

Abb. 12.7: Symbolischer Ausführungsbaum von ABSOLUTE mit PROVE

BEISPIEL 12.4.1 (PROZEDUR ZUR BERECHNUNG DES ABSOLUTBETRAGES)
Eingabezusicherung: keine Bedingung
Ausgabezusicherung:

$$(x0 \geq 0 \Rightarrow y = x0) \wedge (x0 < 0 \Rightarrow y = -x0) \wedge x = x0$$
(Dabei ist x0 der Wert von x zu Beginn der Berechnung.)

Prozedurtext (mit Zusicherungen):

```
1     procedure ABSOLUTE (x: integer): integer;
2     ASSUME(true);
3         var x, y: integer;
4         if x < 0
5             then y := -x;
6             else y := x;
7     PROVE ((y = x0 ∨ y = -x0) ∧ y ≥ 0 ∧ x = x0);
8         return y;
```

Der symbolische Ausführungsbaum von ABSOLUTE ist in Abb. 12.7 darge-stellt. Dabei bezeichnet „pb" wieder die Pfadbedingung. Im Unterschied zu Ab-bildung 12.6 enthält der Ausführungsbaum auch die zu beweisenden Ausdrücke aus der PROVE-Angabe in Zeile 7. Bei Knoten 7 im linken Pfad muß aus der Pfadbedingung „a < 0" die Bedingung „−a ≥ 0" gefolgert werden; alles andere sind Tautologien.

2. Bei Programmen *mit Schleifen* „schneidet" man die Schleifen auf (engl.: cut) und fügt an diesen Schnitten (cuts) sogenannte **induktive Zusicherungen** ein. Damit gibt es im Kontrollflußgraphen des Programms nur endlich viele Wege endlicher Länge, die von einer Zusicherung zu einer anderen[38] Zusicherung führen. Für jeden solchen Weg kann man wieder die symbolische Programmausführung wie bei 1 (s. oben) anwenden, jetzt **Schnitt-symbolische Ausführung** genannt. Wenn dabei alle Endzusicherungen aus den Anfangszusicherungen folgen, ist die partielle Korrektheit des Programms bewiesen.

BEISPIEL 12.4.2 (PROZEDUR GGT ZUR BERECHNUNG DES GRÖSSTEN GEMEIN-SAMEN TEILERS ZWEIER GANZER ZAHLEN)
Der Programmtext mit Schnitten (cuts) und induktiven Zusicherungen lautet:

```
1    procedure GGT (x, y: integer): integer;
2    cut₂ ...        ASSUME (x > 0 ∧ y > 0);
3                    var a, b: integer;
4                    a: = x;
5                    b: = y;
6                    while (a ≠ b) do
7    cut₇ ...            ASSERT(ggt(a, b) = ggt(x, y) ∧ a ≠ b);
8                        if a > b
9                        then a : = a − b;
10                       else b := b − a;
11                   end;
12                   PROVE(a = ggt(x, y));
13   return ... return a;
```

Bei cut₇ in Abb. 12.8 ist die folgende sogenannte **Verifikationsbedingung** *durch einen Menschen oder durch einen Theorembeweiser zu beweisen. Die Prämisse besteht dabei aus der Pfadbedingung und den symbolischen Variablenwerten auf dem Weg von 2 nach 7; die Folgerung ist die zu beweisende ASSERT-Zusicherung in Zeile 7:*

$$m > 0 \wedge n > 0 \wedge m \neq n \wedge a = m \wedge b = n \wedge x = m \wedge y = n$$

$$\Rightarrow ggt(a,b) = ggt(x,y) \wedge a \neq b$$

Dies ergibt sich wegen $a = m = x$ *und* $b = n = y$ *und durch Einsetzen von* $a = m$ *und* $b = n$ *in* $m \neq n$. **q. e. d.**

---

[38] nicht unbedingt verschieden von der ersten

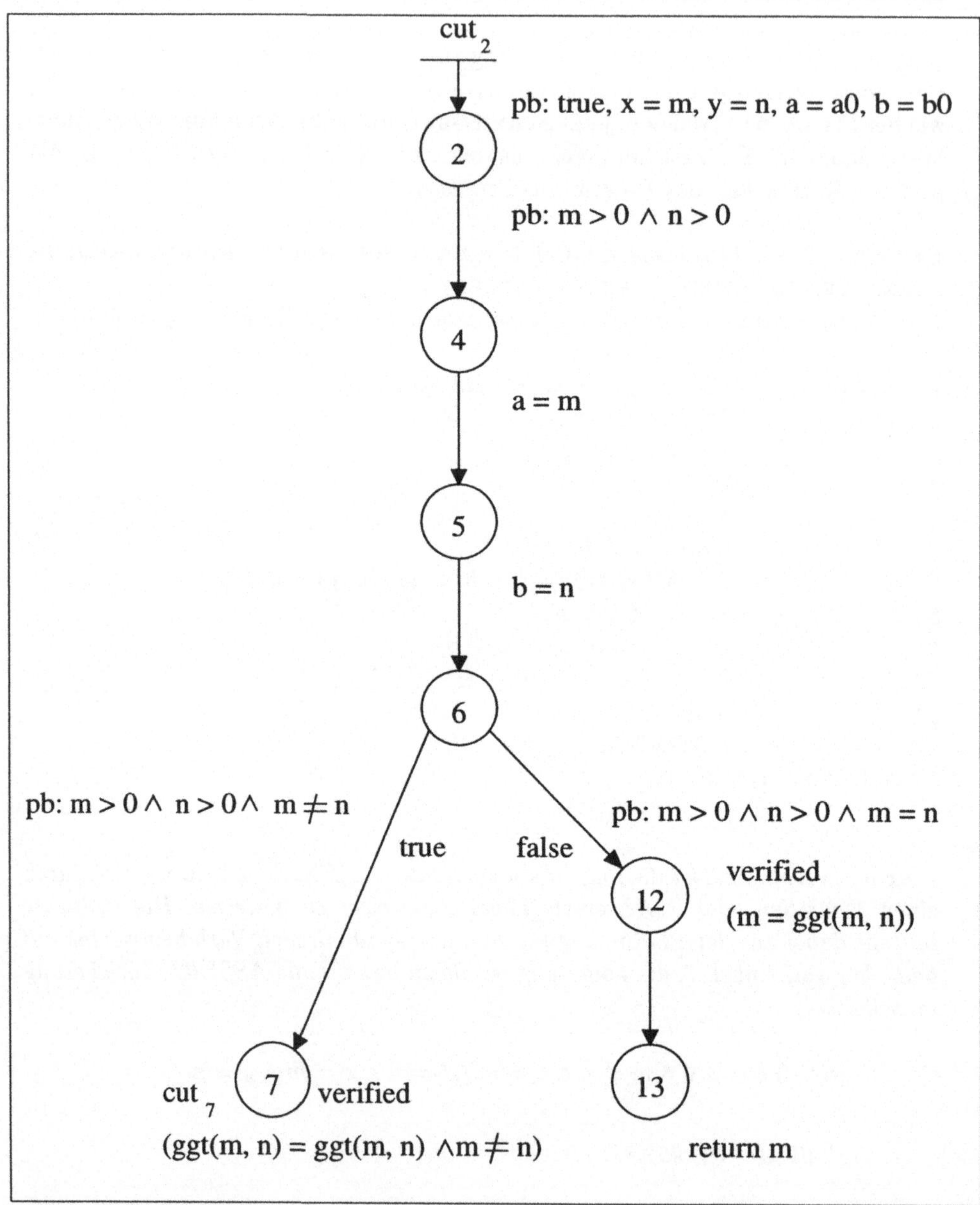

Abb. 12.8: Symbolischer Ausführungsbaum der GGT-Funktion (ausgehend von *cut$_2$* bis zum Schnitt *cut$_7$* und zum *return*)

Die Programmverifikation hat folgende Vorteile und Nachteile bzw. Probleme:

<u>Vorteile:</u>
Das Programm wird (bezüglich der Eingabe- und Ausgabezusicherungen) als korrekt für alle Eingabefälle bewiesen. (Dies gilt für den Quellcode, für den Objektcode gilt dies natürlich nur, falls der Compiler dieselbe Programmsemantik hat wie das Verifikationswerkzeug).

<u>Nachteile/Probleme:</u>

1. Theoretische Probleme:

   (a) Die Verifikationsbedingungen sind i. allg. nicht entscheidbar. Falls die Bedingung falsch ist (d. h. wenn das Programm falsch ist), hält ein korrekter Theorembeweiser eventuell nicht an.

   (b) Die induktiven Zusicherungen können nicht automatisch (sondern nur mit Intuition) ermittelt werden.

   (c) Der totale Korrektheitsbeweis ist nicht immer möglich (wegen des Halteproblems).

2. Praktische Probleme:

   (a) Der Berechnungsaufwand für den Theorembeweiser ist enorm (ebenso für den Menschen). Daher sind alle vorliegenden Beweise für Programme „Spiel"-Beweise für Mini-Programme wie z. B. GGT.

   (b) Die Korrektheit eines automatischen Beweises setzt die Korrektheit des Theorembeweisers voraus. (Wenn er schon nicht alles beweisen kann, also manchmal „passen" muß, sollte er wenigstens nichts falsches beweisen.)

   (c) Wenn das Programm falsch ist, wird ein Beweisversuch bezüglich der korrekten Zusicherungen stets fehlschlagen. Bei großen Programmen wird der erste Beweisversuch vermutlich immer scheitern, da das Programm mit ziemlicher Sicherheit (mindestens einen) Fehler hat.

   (d) Folgendes wird i. allg. passieren, selbst wenn der Theorembeweiser korrekt ist und anhält:

       i. Meldung eines Syntaxfehlers im Programm oder in den Zusicherungen (warum nicht auch dort?);

       ii. ein Laufzeitfehler im Theorembeweiser, da nicht alle Fehler syntaktisch abgefangen werden können (wie bei Programmfehlern und normalen Compilern);

       iii. (als bestes) die Meldung „Programm nicht verifiziert", falls der Theorembeweiser mit einer Zeitschranke arbeitet, um unendliche Beweisversuche abzufangen.

(e) Probleme der Fehlerbeseitigung:
Die Meldung „Programm nicht verifiziert" hilft nicht direkt, die Ursachen der Fehler zu finden. Die Aussicht, gute Fehlerlokalisierer für Beweise (proof debugger) zu entwickeln, die diese Lücke schließen würden, ist nicht sehr gut: Eine Modularisierung der Programme kann zwar die Beweise verkleinern, dafür handelt man sich aber ein Schnittstellenproblem ein (Konsistenz der Beweise für verschiedene Module).

(f) Ein als korrekt bewiesenes Programm kann dennoch falsche Resultate liefern:

  i. Die Semantik der Programmiersprache kann falsch modelliert sein.

  ii. Der Compiler, das Betriebssystem oder die Hardware können anders als angenommen arbeiten. Der Speicher kann für bestimmte Programmanwendungen zu klein sein und einen Programmabsturz verursachen[39].

  iii. Die Eingabe- und Ausgabezusicherungen in ihrer prädikatenlogischen Form können die eigentliche (meist verbale) Anforderungsspezifikation des Auftraggebers falsch wiedergeben. In der Literatur sind viele solcher Fälle wiedergegeben worden (siehe z. B. [GeY 76]).

Als <u>Fazit</u> läßt sich also feststellen:
Die formale Verifikation besitzt eine Reihe von Nachteilen und Problemen und macht daher das Programmtesten nicht überflüssig, obwohl letzteres nicht hinreichend ist. Da insbesondere das Testen von Schleifen ein großes Problem ist, sollte die Induktionstechnik der Verifikation dabei zumindest *informell* angewendet werden. Es sind also die üblichen informellen mathematischen Beweise zu führen, die nicht jeden prädikatenlogischen Schluß umfassen (s. [DLP 79]). Bei sicherheitsrelevanter Software sollte stets eine (formale) Verifikation kritischer Teile erfolgen, damit zumindest das algorithmische Konzept als zertifiziert gelten kann (vgl. Kapitel 2.6). Interaktive Theorembeweiser können dabei eine nützliche Rolle spielen und einen Teil der oben erwähnten Nachteile umgehen.

---

[39] Ein zu kleiner Stack bzw. die falsche Behandlung des Stack-Überlaufs war die Ursache für den zweitägigen Ausfall des neuen Bundesbahnstellwerks in Hamburg-Altona im März 1995 (s. *SEN*, Vol. 20, No. 3, Juli 1995, S. 8).

12.5 Übungen

Übung 12.1:
Führen Sie für ein Programm bzw. ein Modul eigener Wahl (mit ca. 200 Zeilen Code) eine Inspektion durch. Überlegen Sie sich dafür geeignete Einzelinspektor-Phasen mit entsprechenden Untersuchungszielen.

Übung 12.2:
Ermitteln Sie für ein Programm bzw. eine Prozedur mit ca. 100 Zeilen

(a) das Kontrollflußschema, wobei ganze Segmente durch nur einen Knoten darzustellen sind (s. Def. 7.1.1);

(b) die Tiefe der Schleifenschachtelungen;

(c) problematische und unproblematische Schleifenterminierungen.

Übung 12.3:
Ermitteln Sie für ein Programm bzw. ein Modul mit mindestens fünf Prozeduren den Graphen der Prozeduraufrufe.

Übung 12.4:
Ermitteln Sie für den Kontrollflußgraphen von Abbildung 12.3 die *avail*-Mengen für die Knoten 0 bis 5 mit Algorithmus AVAIL.
Beachten Sie, daß Knoten 5 der Startknoten ist, der im Algorithmus mit 0 bezeichnet wird.

Übung 12.5:
Wenden Sie Algorithmus UR zur Ermittlung der *ur*-Anomalien auf das Programm aus Beispiel 6.3.1 auf S. 158 an. Unterstellen Sie dabei, daß Array a und Variable n zu Beginn definiert sind, nicht jedoch die Variablen $r0, r1, r2, r3$.
Hinweis: Sie müssen zuerst einen Kontrollflußgraphen (mit geeigneter Darstellung der *for*-Schleifen) bilden und jedem Knoten k die Mengen $DEF(k)$, $REF(k)$, $UNDEF(k)$ bzw. *generate(k)*, *kill(k)* und *null(k)* zuordnen.

Übung 12.6:
Geben Sie (analog zum Algorithmus UR) zwei Algorithmen DD und DU an, die mit Hilfe des LIVE-Algorithmus die *dd*-Anomalien bzw. die *du*-Anomalien ermitteln.

Übung 12.7:
Ermitteln Sie die *dd*-Anomalie für die Variable *change* in den Algorithmen LIVE und AVAIL durch direkte Betrachtung der passenden Pfadausdrücke.
Wie müssen die Programme geändert werden, damit die *dd*-Anomalie beseitigt wird?
Warum sind (trotz der überflüssigen Doppeldefinition von *change*) die jetzigen Realisierungen der Algorithmen effizienter, wenn man die Definition und die Referenz einer Variablen als gleich zeitaufwendig annimmt?

Übung 12.8:
Beweisen Sie die folgenden Regeln für die Datenflußaussagen der Konkatenation
$A = B \cdot C$ von Konstrukten B und C für eine Variable (s. S. 324):
für alle $x \in \{an, ee, din, rin, uin, dout, rout, uout\}$ gilt:

$A.x = C.x$ wenn für B nur die Datenflußaussage $B.ee = true$ ist, d. h. die
Binärzahl 01 000 000 repräsentiert B.

$A.x = B.x$ wenn für C nur die Datenflußaussage $C.ee = true$ ist, d. h. die
Binärzahl 01 000 000 repräsentiert C.

Übung 12.9:
Ermitteln Sie die dd-Anomalie(n) im LIVE-Algorithmus für Variable *change* mit
Hilfe der algebraischen Methode, die auf regulären Ausdrücken beruht.
Hinweis: Bestimmen Sie vorweg einen Kontrollflußgraphen zum LIVE-Algorithmus
(unter geeigneter Darstellung der *for*-Schleifen) und den dazu gehörigen regulären
Ausdruck bzw. arbeiten Sie von innen nach außen. Beachten Sie, daß in dem Start-
knoten des Kontrollflußgraphen die Variable *change* undefiniert ist. Benutzen Sie
die Rechenregeln aus Übung 12.8.

Übung 12.10:
Geben Sie den symbolischen Ausführungsbaum der GGT-Funktion (von Beispiel 12.4.2) an, der bei cut_7 mit der ASSERT-Zusicherung als Pfadbedingung beginnt und bei cut_7 oder *return* endet (vgl. Abbildung 12.8 für cut_2). Beweisen Sie
damit, daß auf jedem Weg, der von cut_7 ausgeht, die ASSERT-Zusicherung bei cut_7
(am Wegesende) bzw. die PROVE-Bedingung bei *return* erfüllt ist.

12.6   Verwendete Quellen und weiterführende Literatur

Howden hat schon 1978 darauf hingewiesen, daß bei der **statischen Analyse** ver-
schiedenartige Dokumente zu untersuchen sind (s. [How 78c]). Die Aspekte, die dabei zu beachten sind (z. B. Vollständigkeit, Konsistenz) werden z. B. von Myers und
Parrington/Roper beschrieben (s. [Mye 79], Kap. 6; [PaR 91], Kap. 3.5).
Fagan hat die Voraussetzungen für erfolgreiches manuelles Überprüfen behandelt
und den Vorteil der **Inspektion** gegenüber dem herkömmlichen „**Walkthrough**"
herausgestellt (s. [Fag 76], [Fag 86]). Die Unterschiede von Inspektion und Walkthrough haben auch Adrian et al. beschrieben (s. [ABC 82]). Angaben zu (Structured) Walkthroughs, zu **Peer-Group-Reviews** und zu **Audits** findet man bei
Yourdon und Frühauf et al. (s. [You 78], [FLS 91b]). Die Vorteile eines konsequen-
ten Reviews werden von Hart beschrieben (s. [Har 82]). Die Probleme bei Gruppen-
Inspektionen und ihre Lösung durch **Einzelinspektorphasen** bzw. Szenario-
basierte Methoden beschreiben Knight/Myers bzw. Porter et al. (s. [KnM 91],

[Po& 95]). Sie machen — ebenso wie Johnson/Tjahjono — auch Vorschläge zur **computergestützten Inspektion** (s. [JoT 93]). Um vollständige, genaue Anforderungsspezifikationen zu erhalten, den Gruppenzusammenhalt zu stärken und Wissenslücken beim Ausfall einer Person des Entwicklungsteams zu vermeiden, schlagen Martin/Tsai die n-fache Inspektion der Anforderungsspezifikation durch n Gruppen vor (s. [MaT 90]). Vorschläge zum Review von Entwürfen machen Parnas/Weiss (s. [PaW 85]). Eine kritische Bewertung bzw. einen Überblick über die Inspektionstechnik geben Hausen bzw. Schnurer (s. [Hau 83], [Sch 88b]).

Die zusätzlichen Typangaben für eine bessere Typüberprüfung hat Howden vorgeschlagen (s. [How 78c]). Die **statische Analyse** zur Überprüfung von **Programmier-Richtlinien** verwenden z. B. Marktscheffel und Wystrychowski et al. (s. [Mar 87], [WBM 95]). Die **Datenflußanalysetechniken**, die den LIVE- und den AVAIL-Algorithmus von Hecht benutzen, stammen von Osterweil et al. (s. [OFT 81]), die **algebraische Methode**, die auf regulären Ausdrücken bzw. strukturierten Programmen basiert, wurde von Forman entwickelt (s. [For 84]).

Die Darstellung der **symbolischen Ausführung** orientiert sich an Darringer/King (s. [DaK 78]). Von Howden stammt eine Untersuchung von Fehlern, die mit dieser Methode gefunden wurden (s. [How 77]). Die Vor- und Nachteile der symbolischen Ausführung wurden von Balzert übernommen (s. [Bal 82]).

Die Darstellung der **formalen Verifikation** beruht auf Hantler/King (s. [HaK 76]). Die Idee zum Aufschneiden der Schleifen stammt von R. W. Floyd (s. [Flo 67]). Die Probleme der formalen Verifikation sind von Tanenbaum, DeMillo et al., Fetzer, Wilk und Wing et al. aufgezählt worden (s. [Tan 76], [DLP 79], [Fet 88], [Wil 90], [WiV 95]). Letztere schlagen deshalb modellbasiertes Überprüfen (model checking) als Alternative vor. Ein interaktives Verifikationssystem stellen z. B. Halpern et al. vor (s. [Ha& 87]). Eine Übersicht über den Stand der Entwicklung von Methoden und Werkzeugen gibt [BrJ 95].

Eine konsequente Anwendung der Techniken der statischen Analyse (ohne Testen) durch die Entwicklerinnen und Entwickler schlagen Selby et al. unter der Bezeichnung „**Cleanroom Software Development**" vor (s. [SBB 87]).

13 Testen „im Großen"

13.1 Probleme beim Testen großer Systeme

Mit den in Teil II und III dieses Buches vorgeschlagenen Methoden wurde nur die Funktion (das Eingabe-/Ausgabeverhalten) der Programme getestet. Zur Überprüfung der Qualität eines Systems gehört aber mehr (s. Kapitel 3.2). Daher hat das Testen eines Systems viele Aspekte, die zur Klassifikation der Testverfahren dienen können. Es handelt sich dabei im einzelnen um:

1. Art der Prüfgegenstände und ihre Stellung im Softwarelebenszyklus:
   Bei sehr großen Systemen reicht eine Untergliederung in Module nicht aus; sie sind aus Gründen des Projektmanagements in Komponenten zusammenzufassen, die wiederum zu Teilsystemen zusammengefaßt werden. Somit kommen als Prüfgegenstände Module, Komponenten, Teilsysteme, Systeme oder geänderte Systeme in Frage. Die entsprechenden Tests heißen so wie die getesteten Teile, also z. B. **Komponententest** bei Komponenten (vgl. Abbildung 12.1 auf S. 302). Nur bei Systemen, die in der sogenannten Wartungsphase geändert werden, heißt der Test **Regressionstest**, da oft durch Änderungen neue Fehler in das System eingebaut werden und diese Regression[1] des Systemverhaltens bzw. die Tatsache, daß die bisherigen Fehler nicht mehr auftreten, getestet werden muß.

2. Merkmale der Software und das Ziel des Testens[2]:

   (a) Funktionalität
   Ist die Funktionalität korrekt und vollständig? Dies ist i. allg. dynamisch zu testen.

   (b) Schnittstellen
   Werden an den Schnittstellen der Module, Komponenten etc. die richtigen Informationen übergeben? Dies kann vor allem statisch überprüft werden (genaueres s. Abschnitt 13.5.1).

   (c) Leistung
   Wie sieht das Zeitverhalten und der Speicherplatzbedarf in typischen Fällen, aber auch in Extremfällen (bei starker Belastung des Systems) aus? Letzteres wird auch **Streßtest** genannt.

---

[1] wörtlich: „Rückbildung"; hier im Sinne von „Verschlechterung" gebraucht
[2] vgl. Def. 3.2.1.3 bis Def. 3.2.1.4 auf S. 50 ff.

(d) Mengengerüst
Ist das System in der Lage, die spezifizierten oder vermutlich anfallenden Mengen von Informationen bzw. Daten zu verarbeiten? Die Systeme sollten auch bei Belastungen, die etwas größer sind als die spezifizierte Obergrenze, nicht sofort zusammenbrechen, sondern sinnvoll reagieren.

BEISPIEL 13.1.1
Ein Datenbanksystem, das bis zu 10.000 Kunden verwalten soll, ist auch mit 10.001 Kunden zu testen. Ein Betriebssystem, das gleichzeitig bis zu 100 Aufträge (Jobs) behandeln soll, ist auch mit 101 Aufträgen zu testen.

(e) Verfügbarkeit
Das System sollte nicht zu häufig zusammenbrechen („abstürzen"). Je nach Einsatzzweck sind die Verfügbarkeitsintervalle zu spezifizieren und ihre Einhaltung ist in einem Dauerbetrieb des Systems zu testen. Dazu gehört auch, die Mechanismen für den Wiederanlauf und die Regeneration evtl. zerstörter Daten zu testen.

(f) Sicherheit
Der technische Datenschutz des Systems ist zu testen. Der lesende Zugriff und insbesondere der (über-)schreibende Zugriff auf Daten darf nur den autorisierten Personen bzw. Prozessen erlaubt sein. Dies gilt sowohl für Hardware (z. B. Speicherschutz) als auch für Software (z. B. Datenbanken).

(g) Konfiguration
Software, die für mehrere Kunden entwickelt wird, ist in mehreren Varianten zu erstellen, die jeweils auf bestimmten Hardware- und Systemsoftware-Plattformen lauffähig sind. Es ist zu testen, ob die entsprechenden Varianten wirklich auf der spezifizierten Hardware (z. B. Sun XY), unter dem angegebenen Betriebssystem (z. B. Linux) und der vereinbarten Grafikoberfläche (z. B. Motif) lauffähig ist.

(h) Kompatibilität
Neue Versionen sollten mit alten Versionen anderer Komponenten weiterhin zusammen korrekt ausführbar sein.

(i) Benutzungsfreundlichkeit
Dazu zählen folgende Aspekte: Aufgabenangemessenheit, Selbsterklärungsfähigkeit, Fehlerrobustheit, Steuerbarkeit, Erwartungskonformität (genaueres siehe DIN 66234, Teil 8 bzw. ISO 9241, Teil 10, und [Op& 88]).

3. <u>Testpersonen:</u>

(a) Entwickler (bei eigenem oder fremdem Projekt)
Sie führen Modul-, Integrations-, System- und Regressionstests aus.

(b) Potentielle Benutzer
Sie führen den sogenannten Beta-Test von Standard-Software durch, bevor diese offiziell als Produkt vermarktet wird.

(c) Benutzer
Sie führen Abnahme- und Betriebstests aus.

4. <u>Umgebung des Prüfgegenstands:</u>

(a) Rechner (Entwicklungsrechner oder Zielrechner)
Nach einer Übertragung des Systems vom Entwicklungsrechner zum Zielrechner ist anschließend ein Installationstest erforderlich.

(b) Anwendungsumgebung (simuliert oder real)
Kritische Software, von deren Funktionieren Menschenleben oder hohe Kosten abhängen (z. B. Flugsoftware, Prozeßleitsysteme), sollten natürlich erst in simulierter Umgebung getestet werden.

5. <u>Testreferenz:</u>
Spezifikation und Benutzerhandbuch werden beim Systemtest als Testreferenz verwendet, Benutzerhandbuch und Benutzerwünsche werden beim Beta-Test und Abnahmetest referenziert.

Bei kleinen Programmen ist es sinnvoll, das ganze Programm mit den bisher beschriebenen Methoden „auf einmal" — als eine Einheit — zu testen.

Bei großen Programmsystemen ist dieser **monolithische Test** aber schwierig bzw. ungünstig:

- Es müssen sehr viele Testdaten erzeugt werden, um z. B. alle Zweige im Programm oder etwa alle Wege (ohne Schleifen) auszuführen.

- Fehlende Testdaten (z. B. für eine 100%-Segmentüberdeckung) zu ermitteln ist schwierig, da die Eingabedaten bis zum Erreichen des entsprechenden Segments eine lange Kette von Transformationen durchlaufen (vgl. Abschnitt 11.2.1).

- Wenn bei einem Test(datum) ein Fehlverhalten auftritt, ist das Lokalisieren des verursachenden Fehlers sehr schwierig, da im Prinzip jede ausgeführte Anweisung als Fehlerquelle in Betracht kommt und die Ausgabe-Wirkung einer Anweisung bis zur (System-)Ausgabe noch mehrfach transformiert wird (genaueres siehe Kapitel 15).

- Fehler aus verschiedenen Modulen können sich gegenseitig maskieren und damit unerkannt bleiben.

- Parallelarbeit von mehreren Testern ist schwierig abzustimmen.

Daher sollte das gesamte Programm „in Teilen" getestet werden. Die dazu gehörige Betrachtungsebene und entsprechende Modelle von großen Systemen und ihren Teilen werden in Kapitel 13.2 vorgestellt. Die verschiedenen Möglichkeiten, Teile auszuwählen, und die Vor- und Nachteile werden in Kapitel 13.3 präsentiert. Außerdem ist zu klären, nach welchen Kriterien und mit welchen Methoden angemessene Testdaten für das funktionale Testen der Programmteile erzeugt werden sollen (siehe Kapitel 13.4 und 13.5). Abschließend werden einige Überlegungen zum System- und Abnahmetest sowie zu (Test-)Verfahren in der Installations- und Wartungsphase angestellt.

13.2 Modelle für große Systeme

Beim Testen und Überprüfen kleiner Programme kann man sich eine *mikroskopische* Betrachtungsweise leisten (s. Kapitel 4 bis 12). Als Bestandteile kommen Anweisungen und Daten in den Blick, die über den Kontrollfluß bzw. Datenfluß in Relation stehen. Würde man beim (Teil-)Systemtest großer Systeme diese mikroskopische Betrachtungsweise beibehalten, hätte man mit einer Unmenge von Anweisungen, Daten und somit Test- und Überprüfungsfällen zu tun und würde außerdem den Überblick verlieren.

Aus ökonomischen und Management-Gründen ist also eine *makroskopische* Betrachtungsweise großer Systeme nötig. Dabei werden Teile des Systems als Einheit mit ihren Relationen und Schnittstellen betrachtet. Je nach Größe des Systems und notwendigem Abstraktionsgrad bieten sich Operationen (Prozeduren oder Funktionen), Module oder noch größere Teile des Systems als Einheiten an.

Wählt man Operationen als Einheit, so stehen sie durch den *Aufruf* anderer Operationen in Relation und haben eine Schnittstelle, die aus Parametern und globalen Variablen besteht. Die Aufrufrelation läßt sich dabei z. B. durch den **Operationsaufrufgraphen** darstellen, bei dem die Operationen die Knoten des Graphen sind und eine Kante von P nach Q existiert g. d. w. Operation P die Operation Q aufruft[3]. Man beachte, daß dieser Graph Zyklen enthält, wenn eine Operation rekursiv ist bzw. es eine indirekte Rekursion über eine Kette von Operationsaufrufen gibt.

Wählt man Module als Einheit, so stehen sie wiederum durch den Aufruf von Operationen aus anderen Modulen in Relation, außerdem können auch Typdefinitionen anderer Module benutzt werden. Beide Beziehungen werden meist als **Benutzt-Beziehung** und die aufgerufenen Operationen als Teil der **Export-** bzw. **Import-Schnittstelle** der Module bezeichnet. Bei dieser Betrachtungsweise spielen also Beziehungen innerhalb eines Moduls keine Rolle. Die Benutzt-Beziehung zwischen Modulen kann — analog zur Definition des Operationsaufrufgraphen — wieder als Graph, genannt **Modulgraph**, dargestellt werden[4]. (Bei objektorientierten Syste-

---

[3]vgl. Kapitel 12.2.1, Nebenprodukte der Analysen.
Bei einer genaueren Betrachtung ist auch noch von Interesse, wie oft (an wieviel verschiedenen Programmstellen) Operation P die Operation Q aufruft.

[4]Die Kanten im Modulgraph sollten bei einer genaueren Betrachtung mit den Namen der verschiedenen aufgerufenen Operationen markiert werden.

men gehört zur Benutzt-Beziehung natürlich auch noch die Vererbungsbeziehung zwischen verschiedenen Objekten und Klassen.)

BEISPIEL 13.2.1 (MODULBEZIEHUNGEN ALS MODULGRAPH)
Die Module IM1, IM2, IM3 und EX haben die in Abb. 13.1 angegebene Struktur (s. [Spi 95], S. 282).
Dann hat der Modulgraph mit Kantenmarkierung das in Abb. 13.2 angegebene Aussehen.

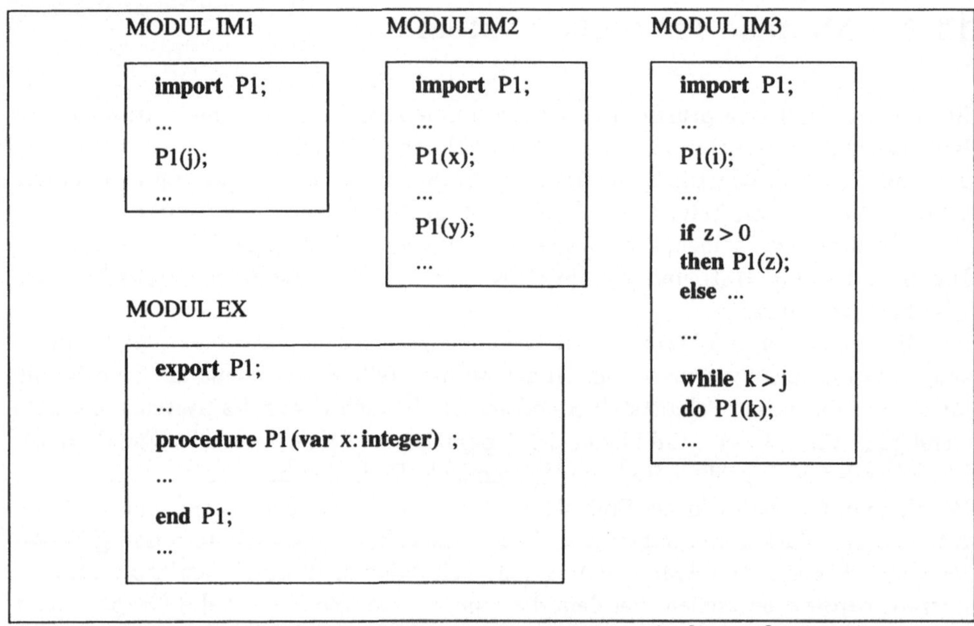

Abb. 13.1: Programmcode von vier Modulen (s. [Spi 95], Fig. 2)

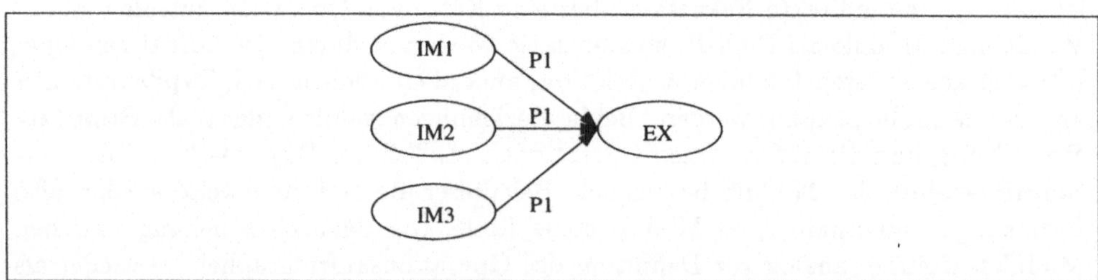

Abb. 13.2: Modulgraph zur Struktur von Abb. 13.1

Im folgenden wird stets davon ausgegangen, daß die Benutzt-Relation auf den Modulen eine Hierarchie bildet, d. h., daß keine Zyklen bestehen und daß es ein Modul an der Spitze der Hierarchie gibt, das von keinem anderen Modul benutzt wird. (Im

Falle von Zyklen müßten Operationen, die sich zyklisch aufrufen - z. B. A ruft B auf, B ruft C auf, C ruft A auf — in einem Modul zusammengefaßt werden bzw. mit Platzhaltern getestet werden. Im Beispiel müßte B durch einen Platzhalter ersetzt werden, wenn A getestet wird, aber auch A müßte durch einen Platzhalter ersetzt werden, wenn C getestet wird.)

BEISPIEL 13.2.2
Es gibt zwei Arten von Benutzt-Hierarchien:

1. *Die Benutzt-Hierarchie von Abbildung 13.3 a) ist ein Baum, d. h., jedes Modul wird nur von höchstens einem anderen Modul benutzt.*

2. *Die Benutzt-Hierarchie von Abbildung 13.3 b) ist kein Baum.*
   (In diesem Beispiel ist sie auch nicht in strengen Schichten [so daß Module aus Schicht $i+1$ nur von Modulen aus Schicht i benutzt werden] anzuordnen.)

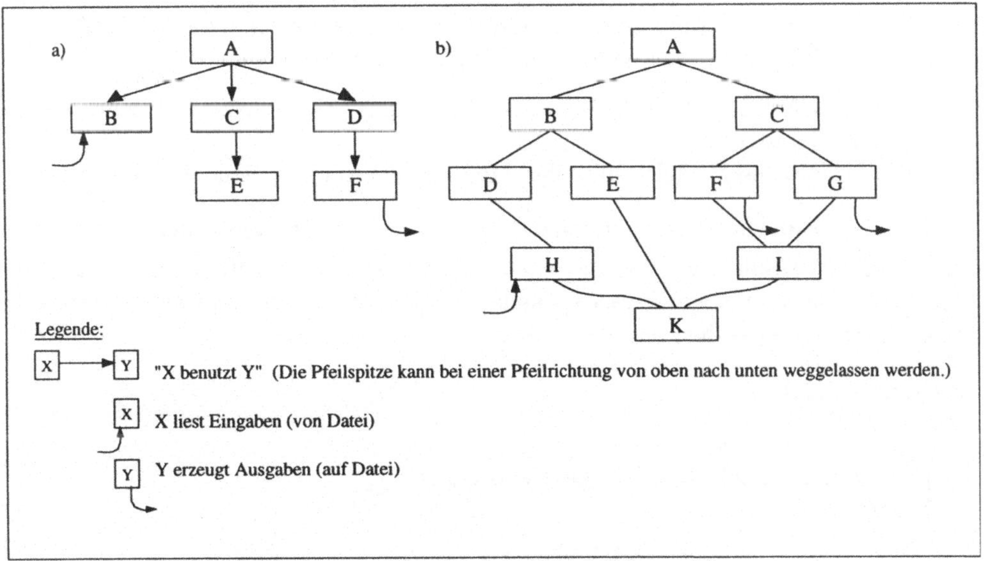

Abb. 13.3: Verschiedene Modulhierarchien

13.3   Strategien für den Modul- und Integrationstest

Im folgenden soll nun der Programmtest „in Teilen" beschrieben werden, der oft unter den Schlagwörtern „Modultest" und „Integrationstest" beschrieben wird.

13.3.1 Modultest

Ein **Modultest** besteht im Testen eines einzelnen Moduls. Aufgabe des Modultests ist der Vergleich der realisierten Modulfunktionen und Datenbenutzungen mit der Modulspezifikation. (Letztere sollte als Ergebnis des Entwurfs vorliegen.) Das Vorgehen beim Modultest unterscheidet sich im Prinzip nicht vom Vorgehen beim Programmtest, d. h., es sind Testdaten nach passenden Kriterien (implementationsorientiert, spezifikationsorientiert oder fehlerorientiert) zu erstellen (siehe Teile II und III).

Es ergeben sich allerdings zwei neue Probleme bzw. Fragestellungen:

1. Wie wird das Modul mit Eingabedaten versorgt und wie wird es aktiviert?
   (Dies betrifft alle Module außer dem Modul an der Spitze[5].)

2. Was geschieht mit dem Aufruf bzw. der Benutzung „tiefer liegender" Module der Benutzt-Hierarchie?
   (Dies betrifft alle Module außer den Modulen am unteren Ende der Hierarchie.)

Diese beiden Probleme werden durch das Konzept der Treiber und Platzhalter gelöst.

Ein **Treiber**(-Modul), welches das entsprechende Modul aufruft — und zwar mit den entsprechenden Argumenten (globale Variable, Parameter und evtl. Werte für E/A-Operationen) — löst das Problem 1.

BEISPIEL 13.3.1
Modul B sei:

```
procedure UPDATE(x: integer, y: integer);
begin
  ⋮
end
```

mit Parametern x und y und Benutzung der globalen Variablen p vom Record-Typ Person (bestehend aus den Komponenten Nachname: string[30], Vorname: string[20] und Alter: integer).
In keiner Programmiersprache ist die direkte Ein- und Ausgabe von Verbünden (Records) möglich. Die Komponenten müssen also einzeln eingelesen und zusammengesetzt werden. Ein Treiber für B hat dann beispielsweise folgendes Aussehen:

---

[5]Das Versorgen mit Eingabedaten, die von unteren Modulen geliefert werden, ist auch beim Modul an der Spitze der Hierarchie problematisch.

```
type
   Person  = record
                    Nachname : string[30];
                    Vorname : string[20];
                    Alter : integer;
                 end;
var x1, y1 : integer;
    in-file, out-file: file;
    p: Person;
begin
    open(in-file, READ);
    read(in-file, p.Nachname, p.Vorname, p.Alter);
    read(in-file, x1, y1);
    close(in-file);
    UPDATE(x1, y1);
    open(out-file, WRITE);
    write(out-file, p.Nachname, p.Vorname, p.Alter);
    write(out-file, x1, y1);
    close(out-file);
end
```

*Der Treiber von B kann also einen Aufruf von UPDATE nach dem Lesen der Werte
aus einer Datei ausführen. Natürlich könnte man auch eine Schleife einbauen, so
daß mehrere Aufrufe mit verschiedenen Werten für UPDATE möglich sind — bis zu
einem „Abbruch-Zeichen".*
*Der Treiber kann i. allg. von einem Werkzeug erzeugt werden, da nur die Aufruf-
schnittstelle bekannt sein muß. Sie ergibt sich aus den formalen Parametern und den
übergebenen globalen Variablen. Durch genügend intelligente statische Analyse (s.
Kap. 12.2) können die globalen Variablen bestimmt werden, die formalen Parameter
liegen syntaktisch vor.*

Die Lösung von Problem 2 (Aufruf „tiefer liegender" Module) sind sogenannte
Platzhalter, welche die zu benutzenden Module „simulieren" (und zum Modul hinzugefügt werden müssen).

Die Simulation kann verschieden komplex sein:

1. Der Platzhalter meldet nur, daß er aufgerufen wurde. (Das kann z. B. beim Testen
   der Dialogsteuerung reichen.)

2. Der Platzhalter liefert ein konstantes Ergebnis, das im erlaubten Wertebereich
   liegt. (Das kann manchmal reichen, verfälscht aber oft das Ergebnis.)

3. Der Platzhalter liefert korrekte Ausgaben für eine kleine Teilmenge der erlaubten
   Eingaben, die beim Testen benötigt wird.

Für jedes Testdatum des aufrufenden Moduls ist also zu spezifizieren:

- mit welchen Eingaben der Platzhalter aufgerufen wird,

- welche Ausgaben der Platzhalter dafür abliefern muß.

Der Platzhalter kann automatisch erzeugt werden, wenn die Eingabe-/Ausgabe-Paare pro Platzhalter und Testdatum des aufrufenden Moduls vorliegen (vgl. Treiberkonstruktion für Problem 1 oben).

Bei der Entscheidung über die Komplexität eines Platzhalters besteht folgendes Dilemma: Wählt man einen einfachen Platzhalter (Fälle 1 und 2), kann das Modul falsche Ergebisse liefern, obwohl es korrekt arbeitet — aber der Platzhalter falsche Werte liefert; entscheidet man sich für Fall 3, benötigt man meist für die Erfüllung einer gewünschten Überdeckung des Moduls (z. B. Zweigüberdeckung) viele Testdaten und daher auch viele Ein-/Ausgabe-Paare für den Platzhalter. Dann ist — insbesondere bei ungenauer Spezifikation des zu simulierenden Moduls — die Gefahr groß, daß falsche Ausgaben vom Platzhalter zurückgegeben werden und damit den Test des aufrufenden Moduls verfälschen. Daher verzichtet man beim Modultest meistens auf die Erfüllung einer Überdeckungsforderung, die umfangreiche Platzhalter erfordert, und muß mit einem groben Test zufrieden sein, der nur zeigt, daß „das Modul läuft" und die Schnittstellen syntaktisch stimmen. Ein genauer Modultest muß demnach bei der Integration der Module nachgeholt werden.

13.3.2 Zweck des Integrationstests

Der Integrationstest eines Teilsystems von Programmeinheiten (im folgenden stets „Module" genannt) kann verschiedenen Zwecken dienen:

1. Test der Schnittstellen zwischen den Modulen des Teilsystems,

2. vollständiger Test des Moduls, das in das bisherige Teilsystem integriert wird, gemäß eines angestrebten Überdeckungsmaßes.

Der zweite Zweck muß oft erfüllt werden, da das isolierte Testen einzelner Module (Modultest) selten vollständig möglich ist (s. Ende von Abschnitt 13.3.1). Ansonsten sollte sich der Integrationstest natürlich auf Zweck 1 konzentrieren.

Wie gut die Zwecke 1 und 2 erfüllt werden können, hängt von der Art und Weise, insbesondere der Reihenfolge ab, mit der die einzelnen Module in das Gesamtsystem integriert werden[6]. Dies wird in den folgenden Abschnitten behandelt.

---

[6]Hier wird eine zweistufige Hierarchie angenommen: Module als Teile des Gesamtsystems. Bei mehreren Stufen (z. B. Module, Komponenten, Teilsysteme, System) ist für *jede* Stufe die Art und Weise und Reihenfolge der Integration festzulegen.

13.3.3   Nichtinkrementeller Integrationstest

Im folgenden wird eine einfache Strategie des Integrationstests vorgestellt, die viel Parallelarbeit ermöglicht und die Schwierigkeiten des monolithischen Tests (siehe S. 344) vermeidet.

Strategie 1: nichtmonolithischer Test („Urknall"-Methode)

1. Teste alle Module einzeln.

2. Teste danach das gesamte Programm.

In diesem Falle treten bei Schritt 1 die Probleme des Modultests auf, d. h. es sind eine Reihe von Treibern und Platzhaltern zu erzeugen:

1. Für alle Module (außer dem Modul an der Spitze) müssen Treiber erstellt werden (also $m - 1$ bei m Modulen).

2. Für alle Module (außer den „Boden"-Modulen) müssen Platzhalter erstellt werden, also $m - 1$ bei Modulen in einer baumförmigen Hierarchie, da jedes Modul (außer der Spitze) einmal aufgerufen wird. Bei einer nicht baumförmigen Hierarchie sind es sogar mehr als $m - 1$, nämlich $\sum_{i=1}^{m} a_i$ Platzhalter, wenn das i-te Modul a_i-mal (von verschiedenen Modulen) aufgerufen wird (wobei $a_j = 0$ für die Spitze j gilt). Diese Anzahl ist gerade die Anzahl k der Kanten in dem Graphen, der die Benutzthierarchie darstellt. (Für Bäume gilt $k = m - 1$, siehe Platzhalteranzahl oben bei Fall 1.)

BEISPIEL 13.3.2

(a) *In Abb. 13.3 a) liegt eine Baumhierarchie mit $m = 6$ Modulen vor:*

   - *5 Treiber werden benötigt (für B, C, D, E, F).*
   - *5 Platzhalter werden benötigt (für A: B, C, D; für B: $\emptyset$; für C: E; für D: F; für E: $\emptyset$; für F: $\emptyset$); es gilt $a_A = 0$, $a_B = a_C = a_D = a_E = a_F = 1$.*

(b) *In Abb. 13.3 b) liegt eine Hierarchie mit $m = 10$ Modulen vor, die keine Baumhierarchie ist. Es gilt $a_A = 0; a_B = a_C = a_D = a_E = a_F = a_G = a_H = 1; a_I = 2; a_K = 3$; also werden $\sum_i a_i = 12$ Platzhalter (mehr als $m - 1 = 9$) benötigt:*
   für A: B, C; für B: D, E; für C: F, G; für D: H; für E: K; für F: I; für G: I; für H: K; für I: K, für K: $\emptyset$.

Für Module, die für verschiedene Aufrufe durch Platzhalter simuliert werden müssen, sind verschiedene Platzhalter zu erstellen, die jeweils nur die zu dem entsprechenden Aufruf gehörigen Eingabedaten durch passende Ausgabedaten (gemäß Spezifikation des Moduls) zu beantworten haben.

BEISPIEL 13.3.3
*E, H und I aus Abbildung 13.3 b) brauchen verschiedene Platzhalter für K, da
sie i. allg. K mit verschiedenen Testdaten aufrufen.*

Man könnte natürlich einen „Super-Platzhalter" erstellen, der alle Testdaten für
alle verschiedenen Aufrufe enthält, aber bei Parallelarbeit müßten verschiedene
Testpersonen diesen Platzhalter gemeinsam erstellen, was viel Kommunikation
und Abstimmung erfordert. Vorteilhaft wäre nur, daß bei *verschiedenen* Aufrufen mit *demselben* Eingabedatum abweichende (fehlerhafte) Solldaten frühzeitig
erkannt und bereinigt würden.

Vorteile des nichtmonolithischen Testens:

1. Zu Beginn der Testphase (beim separaten Modultest) gibt es Gelegenheit zu
   vielen parallelen Aktivitäten.

2. Da keine teilweise Zusammenfassung von Modulen getestet wird, wird weniger Testaufwand benötigt als beim inkrementellen Testen (s. folgenden Abschnitt 13.3.4).

Nachteile des nichtmonolithischen Testens:

1. Fehler an den Schnittstellen werden spät entdeckt.

2. Die Lokalisierung von Fehlern, die erst beim Test des gesamten Programms auftreten, ist schwierig.

3. Der Aufwand für Treiber und Platzhalter ist höher als beim inkrementellen Testen
   (siehe folgenden Abschnitt).

4. Wegen der Platzhalterprobleme ist ein vollständiger Modultest genauso schwierig
   wie beim separaten Modultest (s. Abschnitt 13.3.1).

Nachteil 1 könnte durch einen **separaten Schnittstellentest** vermieden werden,
bei dem zu jeder einzelnen Schnittstelle nur die beiden beteiligten Module als Teilsystem getestet werden. Ähnlich wie beim nichtmonolithischen Test muß man aber
dafür viele Treiber und Platzhalter erzeugen. (Bei Abbildung 13.3 a sind fünf Schnittstellen durch die Modulpaare AB, AC, AD, CE und DF zu testen, mit jeweils zwei
Platzhaltern für die ersten drei Paare und je einem Treiber für die Paare CE und
DF, insgesamt also mit sechs Platzhaltern und zwei Treibern.) Separate Schnittstel-
lentests sind also nur sinnvoll, wenn Schnittstellenfehler vermutet werden, aber mit
den folgenden Strategien nicht gefunden werden können.

13.3.4   Inkrementeller Integrationstest

Wegen des Überwiegens der Nachteile des nichtinkrementellen Testens sind Teststrategien aus der folgenden Strategieklasse zu wählen.

Strategieklasse 2: inkrementelles Testen

1. Teste zu Beginn (irgend)ein Modul X. Dann besteht das „Teilsystem" genau aus Modul X.

2. Füge ein Modul M hinzu, für das gilt:

   (a) M benutzt keine anderen Module, *oder*

   (b) wenn M andere Module benutzt, gehört wenigstens eines dieser benutzten Module zum bisherigen „Teilsystem", *oder*

   (c) wenn M von anderen Modulen benutzt wird, gehört wenigstens eines dieser (benutzenden) Module zum bisherigen „Teilsystem".

   Das neue „Teilsystem" besteht dann aus dem alten „Teilsystem" und Modul M. Dieses „Teilsystem" ist nun als Einheit zu testen.

3. Wiederhole Schritt 2 mit einem weiteren (ungetesteten) Modul usw. bis das „Teilsystem" das ganze Programm ist.

BEISPIEL 13.3.4
Bei der Modulhierarchie aus Abbildung 13.3 a) kann das inkrementelle Testen z. B. mit Modul C beginnen. Anschließend können die Module B oder F (wegen Eigenschaft 2a), Modul A (wegen Eigenschaft 2b) oder Modul E (wegen Eigenschaft 2a und 2c) integriert werden.
Wird B als neues Modul gewählt, muß das unzusammenhängende Teilsystem aus B und C getestet werden (mit Treiber für B und C und Platzhalter für E). Zu diesem Teilsystem {B, C} können nun Modul F (wegen Eigenschaft 2a), Modul A (wegen Eigenschaft 2b) oder Modul E (wegen Eigenschaft 2a und 2c) integriert werden.
Nach Wahl von E kann das Teilsystem {B, C, E} ohne Platzhalter getestet werden. Anschließend kann nur Modul A (wegen Eigenschaft 2b) oder Modul F (wegen Eigenschaft 2a) integriert werden.
Wird als neues Teilsystem {A, B, C, E} gewählt, das nur mit einem Platzhalter für D getestet werden kann, sind anschließend Modul D oder F integrierbar. Nach Wahl von D kann das Teilsystem {A, B, C, D, E} mit einem Platzhalter für F getestet werden, der in einem letzten Integrationsschritt durch Modul F zu ersetzen ist.

Bei obigem Beispiel findet beim Übergang von Teilsystem {B, C} zum Teilsystem {B, C, E} ein *Abstieg* in der Hierarchie statt; beim Übergang nach {A, B, C, E} findet ein *Aufstieg* in der Hierarchie statt; anschließend wieder ein *Abstieg* über D nach F. Es liegt also ein Wechsel zwischen Abstieg und Aufstieg vor, sozusagen eine

Jo-Jo-Strategie. Eine solche Strategie mag in manchen Fällen angebracht sein, z. B. wenn das zuerst gewählte Modul besonders gründlich getestet werden soll, da von seinem korrektem Verhalten viel abhängt. Im allgemeinen ist aber eine reine Strategie — also nur absteigend oder nur aufsteigend — vorzuziehen, da sie besser zu steuern ist.

Es sind also folgende Spezialfälle des inkrementellen Testens zu betrachten:

Strategie 2.1: absteigender (top down) Test

1. Beginne mit dem Modul an der Spitze der Hierarchie als „Teilsystem".

2. Füge jeweils ein Modul, das nur von Modulen des bisherigen Teilsystems direkt benutzt wird, zum Teilsystem hinzu (bis das „Teilsystem" das ganze System ist).

Strategie 2.2: aufsteigender (bottom up) Test[7]

1. Beginne mit einem Modul am „Boden" der Hierarchie als „Teilsystem".

2. Füge jeweils ein Modul M zum „Teilsystem" hinzu, für das alle Module, die M direkt benutzt, zum bisherigen „Teilsystem" gehören (bis das „Teilsystem" das ganze System ist).

BEISPIEL 13.3.5 (ZU STRATEGIE 2.1 UND STRATEGIE 2.2)
Bei Abb. 13.3 a) ist die Reihenfolge A, B, C, D, E, F und bei Abb. 13.3 b) die Reihenfolge A, B, C, D, E, F, G, H, I, K ein absteigender Test.
Bei Abb. 13.3 a) ist die Reihenfolge E, F, B, C, D, A und bei Abb. 13.3 b) die Reihenfolge K, H, I, G, D, F, E, B, C, A ein aufsteigender Test.

Bei beiden Strategien ist die *Auswahl* bei Punkt 2 relativ unbestimmt. Beim absteigenden (top down) Test soll dies am Beispiel von Abb. 13.3 b) diskutiert werden:
Beim Testen von A mit den Platzhaltern für B und C müssen die Testdaten jeweils simuliert werden, und zwar muß der B-Platzhalter für jeden Aufruf das Einlesen von Dateien (durch H, weitergegeben von D) simulieren und die „interne" Eingabe für Modul A abliefern. Diese „interne" Eingabe ist oft schwer zu spezifizieren. Entsprechend problematisch ist die „interne" Ausgabe von A an den Platzhalter C, der die von F und G zu erzeugende Ausgabe des Gesamtsystems simulieren muß.

Daher sollte bei <u>Schritt 2</u> gelten:
Wähle beim absteigenden[8] Test neue Module so, daß die Ein- und Ausgabe des Gesamtsystems möglichst frühzeitig zum Teilsystem gehört, wobei die Eingabe vor

---

[7]Aufsteigendes Testen bedeutet nicht aufsteigendes (bottom up) Entwerfen. Vielmehr verträgt es sich mit absteigendem (top down) Entwurf. Aufsteigendes Testen verhindert allerdings das Überlappen von Entwurf, Codierung und Testen (vgl. ambivalente Eigenschaft 1 beim absteigenden Testen, s. unten).

[8]Beim aufsteigenden Test ist dies nicht so wichtig, da in der Hierarchie „parallel" liegende Module (z. B. E neben dem Teilsystem {C, F, G, I, K} bei Abbildung 13.3b) davon nicht profitieren.

der Ausgabe dazugebunden werden sollte. Entsprechendes gilt beim absteigenden und auch beim aufsteigenden Test für „kritische" Module, d. h. Module, von deren Leistung das Gesamtsystem entscheidend abhängt.

BEISPIEL 13.3.6 (ABB. 13.3 B MIT EINEM „KRITISCHEN" MODUL F)

- *absteigende Reihenfolge (z. B.): A, B, D, H, C, F, G, E, I, K*

- *aufsteigende Reihenfolge (z. B.): K, H, I, G, F, E, D, C, B, A.*

Die Strategien 2.1 und 2.2 sind sequentiell formuliert, sie können aber parallelisiert werden:

1. Beim aufsteigenden Test kann oft parallel gearbeitet werden.

   BEISPIEL 13.3.7 *(zu Abb. 13.3 a)*
   {C, E} und {D, F} können parallel getestet werden.

2. Beim absteigenden Test kann bewußt von Strategie 2.1 abgewichen und parallel gearbeitet werden.

   BEISPIEL 13.3.8 *(zu Abb. 13.3 b)*
   Hier kann, statt nacheinander A mit B und dann C zu verbinden, parallel A mit B und A mit C integriert werden (und danach A mit B und C).

Im folgenden werden die Vor- und Nachteile des inkrementellen Testens und speziell des absteigenden und aufsteigenden Testens diskutiert.

Vorteile des inkrementellen Testens (allgemein):

1. Aufwand:
   Bei einer absteigenden Strategie braucht man keine Treiber, aber nur so viele Platzhalter wie beim nichtmonolithischen Testen (beim Erweitern des „Teilsystems" können nichttangierte Platzhalter beibehalten werden). Bei einer aufsteigenden Strategie braucht man keine Platzhalter, aber nur soviele Treiber wie beim nichtmonolithischen Testen.

   BEISPIEL 13.3.9

   (a) *absteigender (top down) Test für Abb. 13.3 a):*

       Platzhalter: B, C und D für den Test von A,
                     E (wenn C dazu kommt),
                     F (wenn D dazu kommt)
                     (also 6 − 1 = 5 Platzhalter)

(b) *aufsteigender (bottom up) Test für Abb. 13.3 b);*
   z. B. Reihenfolge K, H, I, G, F, D, E, B, C, A:

   Treiber: für K, für H (mit K), für I (mit K), für G (mit I und K),
      für F (mit I und K), für D (mit H und K), für E (mit K),
      für B (mit D, E, H und K), für C (mit F, G, I und K),
      also 10 − 1 = 9 Treiber.

2. Schnittstellenfehler werden bei jedem „Dazubinden" eines neuen Moduls (also früh) entdeckt.

3. Die Fehlerlokalisierung ist einfacher.
   (Vermutlich liegen die Fehler im neu dazugenommenen Modul oder sie haben mit der Schnittstelle zwischen dem neuen Modul und dem bisherigen Teilsystem zu tun.)

4. Die zuerst ausgewählten Module werden mit zusätzlichen Testdaten — also mit einem gründlicheren Modultest — getestet.

Nachteile des inkrementellen Testens (allgemein):

1. Der Testaufwand ist höher als beim nichtinkrementellen Testen.

2. Bei den Schritten 2 und 3 der Strategieklasse 2 (s. oben), dem sogenannten **(inkrementellen) Integrieren**, kann nur sehr wenig parallel gearbeitet werden.

Fazit für das inkrementelle Testen:
Nachteil 1 ist leicht zu verschmerzen (z. B. im Vergleich zu Vorteil 3 und 4). Nachteil 2 kann in Kauf genommen werden oder durch modifizierte Strategien abgemildert werden (genaueres siehe Übungen 13.2 bis 13.4). Daher ist i. allg. eine inkrementelle Strategie zu verfolgen.

Spezielle Vor- und Nachteile des absteigenden Tests und des aufsteigenden Tests sollen im folgenden betrachtet werden:

Vorteile des absteigenden Tests:

1. Fehler bzw. Probleme in den oberen Modulen der Hierarchie, insbesondere Entwurfsprobleme, werden frühzeitig und häufig aufgedeckt.

2. Die Darstellung von Testdaten ist nach der Integration der E/A-Funktionen einfacher, d. h. Testdaten haben dann die Form der Systemein- und -ausgaben. Dies ist *frühzeitig* möglich, wenn die E/A-Funktionen „oben" in der Modulhierarchie angeordnet sind.

3. Bei verzahntem absteigenden Codieren und Testen steht für Vorführungen jederzeit ein Programmskelett zur Verfügung; das beseitigt die Ungewißheit, ob das System „läuft"[9].

Nachteile des absteigenden Tests:

1. (Komplizierte) Platzhalter müssen erstellt werden.

2. Die Darstellung von Testdaten ist vor der E/A-Integration schwierig, also in vielen Fällen, wenn die E/A-Funktionen „unten" in der Modulhierarchie angeordnet sind — was bei einem guten Entwurf oft der Fall ist.

3. Die Erzeugung von geeigneten Testdaten für den Modultest unterer Module kann unmöglich oder schwierig sein.

BEISPIEL 13.3.10

(a) *Unmöglichkeit der Testdatenerzeugung:*
   Ein unteres Modul berechnet die Lösungen der Gleichung $ax^2 + bx + c = 0$ (in x). Dieses Modul möge auch die komplexen Lösungen berechnen (wenn es keine reellwertigen gibt). Dieses Modul wird aber so benutzt, daß stets nur reellwertige Lösungen vorkommen.

(b) *Schwierigkeit der Testdatenerzeugung:*
   Bei Abb. 13.3 b) sei E neu hinzugebunden zum Teilsystem $\{A, B, D\}$. Man muß nun ein Testdatum erzeugen, das einen gewünschten Test von E (zum Beispiel für einen speziellen Zweig) ausführt. Da die Systemeingabe bei H erfolgt, muß das Testdatum Eingabewerte enthalten, die in Modul D einen „Aufruf" des Platzhalters für H mit geeigneten Eingabe- und Ausgabe-Werten bewirken. Die Ausgabe des Platzhalters H wird anschließend — mehrfach transformiert durch D und B (und evtl. auch A) — an E übergeben. Daher ist es schwierig, das geeignete Testdatum zu bestimmen.

4. Die Beobachtung der Testausgabe ist (vor dem Einbinden der Ausgabefunktionen) schwieriger.

BEISPIEL 13.3.11
Zur Beurteilung, ob in Beispiel 13.3.10 b) das Testdatum für E richtige Ergebnisse liefert, kann nur die „interne" Ausgabe von A an C (bei Hinzunahme von C, F und G allerdings die konkrete Systemausgabe) beobachtet werden. Aus dieser Ausgabe muß (über die Kette A, B, E) rückwärts geschlossen werden auf die „interne" Ausgabe von E.[10]

---

[9]Als Nebeneffekt wirkt sich dies auch positiv auf die Motivation des Entwicklungspersonals aus.
[10]Die Ausgabe von E ist leicht zu beobachten, wenn die Werte durch zusätzlich in E eingebaute Druckanweisungen ausgegeben werden. Dann besteht aber die Gefahr der Verfälschung des Verhaltens von E, da nicht E, sondern ein modifiziertes E getestet wird.

5. Der vollständige Modultest „oberer" Module, z. B. bezüglich Zweigüberdeckung, wird oft verschoben, da es wegen der Nachteile 1 und 2 schwierig ist, geeignete Testdaten zu erzeugen.

<u>Ambivalente Eigenschaften des absteigenden Tests:</u>

1. Entwurf und Programmierung (samt Test) können „verzahnt" (fast parallel) ausgeführt werden.

   Dies ist nachteilig, wenn beim Codieren unterer Module festgestellt wird, daß der Entwurf oberer Module geändert werden muß, bzw. dies wünschenswert wäre. Der erbrachte Codier- und Testaufwand unterstützt das Beharren auf dem schlechten Entwurf und ein Ändern der unteren Module zur Behebung des Entwurfsfehlers „oben". Damit handelt man sich für spätere Zeiten Probleme beim Verstehen und Ändern des Systems ein.

   Eine kontrollierte Verzahnung von Entwurf und Programmierung (samt Test) in der Form des **Prototyping** ist allerdings sinnvoll, um den späteren Benutzern frühzeitig ein getestetes Teilsystem vorführen zu können. Damit können Abweichungen zwischen Spezifikation und Entwurf einerseits und den eigentlichen Anforderungen andererseits frühzeitig festgestellt werden. Außerdem können grobe Entwurfsfehler frühzeitig aufgedeckt werden.

2. Module werden nur unter den Bedingungen getestet, unter denen sie auch im Gesamtsystem benutzt werden.

   BEISPIEL 13.3.12
   Das Gleichungslösungs-Modul aus Beispiel 13.3.10 (a) braucht keine komplexen Lösungen zu erzeugen bzw. muß dafür nicht getestet werden, da es dies in der vorliegenden Systemumgebung nicht leisten muß.
   Wird das Modul aber später in anderen Programmen wiederverwendet (sinnvolle Einsparung von Aufwand), gilt es evtl.[11] fälschlicherweise als „getestet" und „im Einsatz bewährt", obwohl es Fehler in Zweigen enthalten kann, die nie getestet wurden.

<u>Vorteile des aufsteigenden Tests:</u>

1. Größere Entwurfs- und Codier-Mängel bei den „unteren" Modulen werden frühzeitig aufgedeckt.

2. Testeingaben zur Ausführung von bestimmten Anweisungen oder (Teil-)Wegen des zuletzt dazugebundenen (neuen) Moduls sind leichter zu erzeugen, da der Treiber dieses Modul direkt aufruft.

3. Das Überprüfen der Testergebnisse ist leichter (vgl. 2.).

---

[11] bei einem fehlerhaften Informationsfluß im Wiederverwendungs-Management

<u>Nachteile des aufsteigenden Tests:</u>

1. Treibermodule müssen erzeugt werden.

2. Bei einer Verzahnung von Codierung und Test existiert ein Programmskelett erst, wenn das letzte Modul (das Spitzenmodul) dazugebunden wurde.

3. Fehler bzw. Probleme in den oberen Modulen der Hierarchie, insbesondere Entwurfsprobleme, werden erst sehr spät aufgedeckt (vgl. Vorteil 1 beim absteigenden Testen).

<u>Fazit der Beurteilung der Strategien:</u>
Das inkrementelle Testen ist bei großen Systemen die beste Strategie, nichtmonolithisches Testen ist dagegen die schlechteste Strategie (abgesehen vom monolithischen [„Alles-auf-einmal"] Testen[12]). Da sowohl das (inkrementelle) absteigende Testen als auch das (inkrementelle) aufsteigende Testen gravierende Nachteile hat, sollten beide Strategien kombiniert werden, um die jeweiligen Vorteile zu erhalten und die Nachteile abzumildern. Als schwache Form der Kombination bietet sich das Sandwich-Testen an (siehe Übung 13.3). Sollen aber sowohl Entwurfsfehler, Schnittstellenfehler als auch Modulfehler mit großer Wahrscheinlichkeit gefunden werden, sind beide inkrementellen Strategien vollständig anzuwenden.

Will man aus Kostengründen nur *eine* inkrementelle Strategie anwenden, hängt die Auswahlentscheidung davon ab, wo die problematischen Module vermutet werden: oben oder unten in der Hierarchie (siehe Vorteil 1 des absteigenden Testens und Vorteil 1 des aufsteigenden Testens). Daher müssen im konkreten Einzelfall die Vor- und Nachteile entsprechend gewichtet werden. Alle generellen Aussagen (z. B. die, daß aufsteigendes Testen immer besser ist als absteigendes Testen) sind somit vermutlich falsch. Zur Frage „Wann ist welche Strategie am besten?" sind daher Untersuchungen und Auswertungen von kontrollierten Experimenten bzw. Projekten notwendig, was allerdings eine aufwendige Sache ist[13].

---

[12] siehe S. 344

[13] Ein Beispiel ist eine Untersuchung von Rowland/Zuyuan, die für künstliche Modulhierarchien folgendes ergeben hat: Für Hierarchien mit fünf Ebenen findet ein aufsteigender Test, bei dem nach jedem Teilsystemtest die gefundenen Fehler korrigiert werden, etwa doppelt so viele Fehler wie ein monolithischer Test mit 10 Testläufen mit je 200 zufällig erzeugten Testdaten, bei dem nach jedem Testlauf die Fehler entfernt werden. Für Modulhierarchien mit nur vier Ebenen sind die Unterschiede zwischen den beiden Teststrategien dagegen nicht signifikant (s. [RoZ 89]).

13.4 Aufwand, Fehlerarten und Voraussetzungen des Integrationstests

In diesem und dem folgenden Unterkapitel werden die Methoden (Kriterien und Verfahren) vorgestellt, mit denen der Integrationstest durchgeführt werden sollte. Beim (Einzel-)Modultest sind dies die Methoden von Teil II und III und Kapitel 12 dieses Buches (vgl. Abschnitt 13.3.1). Für den Integrationstest könnte man dieselben Methoden auf das ganze System anwenden, was sich aber aus Aufwandsgründen verbietet (s. Abschnitt 13.4.1). Wendet man die Methoden nur separat auf die einzelnen Module an, werden spezielle Integrations- und Schnittstellenfehler nicht erkannt, die erst bei der Kombination der Module sichtbar werden (s. Abschnitt 13.4.2). Daher sind — unter gewissen Voraussetzungen (s. Abschnitt 13.4.3) — neue Methoden für die Entdeckung von Integrations- und Schnittstellenfehlern anzuwenden sowie Methoden, die spezielle Berechnungsfälle eines Moduls testen, die wegen der Platzhalterproblematik beim Modultest nicht ausgeführt wurden (vgl. Abschnitt 13.3.2, Zweck 2 auf Seite 350).

13.4.1 Aufwand

Durch die Kombination von Modulen ergibt sich beim Integrationstest ein Aufwandsproblem, das mit folgendem Beispiel erläutern werden soll.

BEISPIEL 13.4.1 (AUFWAND BEIM PFADTESTEN)
Angenommen Modul A benutzt die Operationen B und C, wobei A die Operationen nacheinander aufruft und die Kontrollflußgraphen von B und C vier bzw. sechs Wege enthalten (siehe Abb. 13.4). Dann hat der Kontrollflußgraph dieses sequentiellen Aufrufs — ohne Verfeinerung der Aufrufe „call B" und „call C" — nur einen Weg (die Sequenz „call B; call C"), mit Verfeinerung der Aufrufe enthält er dagegen $4 * 6 = 24$ Wege. Beim Pfadtesten von A, B und C (getrennt für sich) benötigt man nur $1 + 4 + 6 = 11$ Tests. Beim Integrationstest von A, B und C würde beim Kriterium „alle Wege testen" ein großer Aufwand ($4 * 6 = 24$ Tests) entstehen, wenn man annimmt, daß alle Wegekombinationen von B und C ausführbar sind.

Allgemein erhält man bei der sequentiellen Verknüpfung von m Operationen folgenden Aufwand, wenn der Kontrollflußgraph jeder Operation jeweils n Wege enthält:

1. n^m Tests beim Test aller Wegekombinationen (Pfadüberdeckung) für den verfeinerten Kontrollflußgraphen,

2. $m * n + 1$ Tests bei der Pfadüberdeckung der einzelnen Operationen (ohne Verfeinerung).

Es ist klar, daß n^m Tests bei großem m und schon bei mittelgroßem n praktisch nicht durchführbar sind.

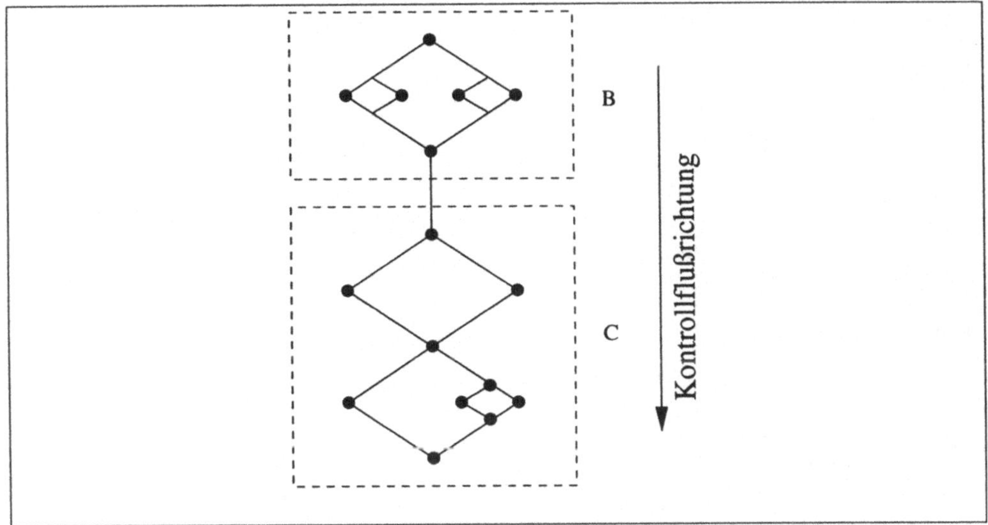

Abb. 13.4: Kontrollflußgraph der sequentiellen Verknüpfung von B und C

13.4.2 Fehlerarten beim Integrationstest

Durch den Integrationstest sollen Abweichungen der realisierten Modulstruktur und Funktionalität eines Teilsystems von Entwurf und Spezifikation dieses Teilsystems aufgedeckt werden. Dies kann sich auf den Kontroll- und Datenfluß des Teilsystems beziehen, insbesondere auf Reihenfolgebedingungen, Inhalt und Form der Schnittstellen und (falsche) Annahmen von Modulen über die Funktionalität anderer Module.

Als **Schnittstellenfehler** sind zu beachten:

- syntaktische Fehler (falsche Parameteranzahl, falsche Parametertypen),

- semantische Fehler (vertauschte Parameter gleichen bzw. verträglichen Typs),

- Aufruf mit undefinierten Parameterwerten (bei Eingabeparametern).

Eine falsche Annahme eines Moduls über die Funktionalität eines Sortiermoduls kann z. B. darin bestehen, daß aufsteigende Sortierung erwartet wird, aber absteigende Sortierung realisiert ist.

Falsche Werte von Schnittstellenvariablen stellen ebenfalls ein Problem dar, wenn entsprechende Fälle beim Modultest noch nicht getestet wurden. Beispielsweise kann durch einen Berechnungsfehler[14] in einem Modul ein Bereichsfehler in der aufgerufenen Operation (genannt: **Integrationszeit-Bereichsfehler**) entstehen.

---

[14] siehe Definition 7.2.1 auf S. 195

Beispiel 13.4.2 (Integrationszeit-Bereichsfehler)

Modul M:

> ...
>
> **read** *(i);*
> *c := i;*
> **P (c, a);**
> **writeln** *(a);*
>
> ...

Prozedur P(mc, ma):

> ...
>
> **if** *mc < 4*
> **then** *ma := 1*
> **else** *ma := 2;*
>
> ...

Dabei sind mc und ma die „formalen" Parameternamen in P, die den „aktuellen" Parameternamen c und a beim Aufruf durch M entsprechen. Der Wert von c = mc werde nur in P aber nicht später in M benutzt.

Ein angenommener Berechnungsfehler in M (c := i ist falsch, c := i + 1 ist richtig) wird zu einem Bereichsfehler im integrierten Programm, wobei das korrekte Arbeiten von P vorausgesetzt sei: Für Werte von i mit $3 \leq i < 4$ ergeben sich Werte von c und mc mit mc < 4 (im Fehlerfall) und $mc \geq 3 + 1 = 4$ (wie es korrekt sein müßte), d. h. fälschlicherweise wird der then-Zweig und nicht der else-Zweig in P ausgeführt und der falsche ma-Wert wird als falscher a-Wert (1 statt 2) in M ausgegeben.
Durch Betrachten von M allein ist nicht festzustellen, daß der kleine Bereich $3 \leq i < 4$ ein „fehleraufdeckender" Teilbereich[15] für den Fehler im Eingabeparameter c der Prozedur P ist.

Im Beispiel wird also ein Eingabeparameter einer aufgerufenen Operation vor dem Aufruf falsch berechnet, aber nur in einigen Fällen gibt die aufgerufene Operation einen falschen Ausgabewert zurück, in anderen Fällen bleibt der Fehler unentdeckt, da er sich nicht auswirkt.

13.4.3 Voraussetzungen eines erfolgreichen Integrationstests

Damit ein Integrationstest erfolgreich sein kann, müssen folgende Anforderungen an den Entwurf und die Strukturierung des gesamten Software-Systems erfüllt sein[16],

---

[15] genaueres dazu siehe [WeO 80] und Kapitel 16.3

[16] Die Anforderungen 1 und 2 sind widersprüchlich: Um Forderung 2 zu erfüllen, braucht man evtl. viele kleine Module, zwischen denen viele Kopplungen bestehen. Um dagegen Forderung 1 zu erfüllen, braucht man evtl. relativ große, umfassende Module, die keinen hohen inneren Zusammenhang aufweisen.

die nur durch konstruktive Qualitätsmanagementmaßnahmen (s. Abschnitt 3.2.2) zu erreichen sind:

1. Module mit wenigen Kopplungen an andere Module
   (Sonst sind zu viele Schnittstellen zu überprüfen.)

2. Module mit hohem inneren Zusammenhang
   (Sonst gibt es pro Schnittstelle zu viele Parameter.)

3. Keine (bzw. sparsame) Verwendung von globalen Variablen
   (Sonst sind die Schnittstellen zu komplex oder nicht übersichtlich.)

4. Kein Zugriff auf andere Module über mehrere Schichten bzw. durch indirekte Rekursion
   (Sonst gibt es komplexe Aufrufreihenfolgen für Operationen.)

Außerdem muß natürlich klar sein, gegen was zu prüfen bzw. zu testen ist, d. h. eine klare Spezifikation der Module und ihrer Beziehungen muß in Form von Funktions- und Schnittstellenbeschreibungen sowie Aufrufbedingungen für Folgen von Operationsaufrufen vorliegen.

13.5   Testmethoden für den Integrationstest

Wie beim Testen von Modulen und kleinen Programmen können statische und dynamische Methoden angewandt werden. Statische Verfahren haben auch beim Integrationstest den Vorteil, daß die Ermittlung und Ausführung von Testfällen und Testdaten entfällt (vgl. Kapitel 12). Andererseits können einige Fehler besser oder ausschließlich mit dynamischen Verfahren ermittelt werden. Diese Verfahren setzen meist voraus, daß gewisse Informationen oder Modelle (z. B. die Datenflußbeziehungen oder der Modulgraph) vorab statisch ermittelt werden.

In den folgenden Abschnitten 13.5.1 und 13.5.2 werden die verschiedenen statischen und dynamischen Integrationstestmethoden erläutert. Sie sind meistens Varianten der Verfahren aus Kapitel 4 bis 12, die für den Integrationstest modifiziert wurden. Die Methoden werden im folgenden für den intermodularen Integrationstest formuliert, d. h. Module werden als kleinste Einheiten betrachtet. Die Methoden können aber auch für den Test des Zusammenspiels von Operationen *innerhalb* eines Moduls verwendet werden, wenn die entsprechenden Modelle (z. B. Operationsaufrufgraph anstelle des Modulgraphs) verwendet werden.

13.5.1 Statische Integrationstestmethoden

Bei der statischen Überprüfung kommen verschiedene Verfahren in Frage:

- Syntaxprüfung der Schnittstellen (durch Übersetzer bzw. Binder)
  Damit können grobe Fehler wie falsche Parameteranzahl oder -typen bei streng getypten Programmiersprachen erkannt werden.

- Vergleich der (realisierten) Modulkopplungen mit dem Entwurf (d. h. den geplanten Modulkopplungen)
  Die Abweichungen können gewollt oder unabsichtlich — also vermutlich fehlerhaft — sein; das ist zu überprüfen, und zwar mit den Techniken von Kap. 12.1 und 12.2.

- Anzeige verdeckter Abhängigkeiten
  Verwaltet und exportiert z. B. ein Modul A eine (globale) Variable, die von zwei anderen Modulen B und C verwendet wird, so besteht zwischen B und C eine Abhängigkeit, die aus dem Programmtext nicht direkt zu entnehmen ist.

- Intermodulare Datenflußanalyse
  Bei dieser Vorgehensweise werden Anomalien im Datenfluß untersucht (siehe Abschnitt 12.2.2). Beim Integrationstest wird speziell der Datenfluß bei der Übergabe und Verarbeitung von **Schnittstellenvariablen** betrachtet (das sind die Parameter und globalen Variablen).

BEISPIEL 13.5.1 (DD-ANOMALIE BEI DER INTEGRATION)
Es seien die Module M1 und M2 wie folgt definiert:

```
M1: export P;
      ⋮
    procedure P(var out: int);
        begin
          ⋮
            out := result;
        end P;
M2: import P;
      ⋮
    begin
        ⋮
      P(outcome);
      outcome := x;
        ⋮
```

Beim Zusammenspiel von M1 und M2 entsteht eine dd-Anomalie, da die letzte Aktion in Prozedur P von M1 eine Wertzuweisung an den Ausgabeparameter ist (define) und die erste Aktion in M2 nach dem Aufruf der Prozedur P mit Ausgabeparameter out bzw. outcome wiederum eine Wertzuweisung (define) an outcome ist. Also liegt eine dd-Anomalie bei outcome vor.
Die Anomalie kann in diesem Fall durch getrennte Analyse von P und M2 allein gefunden werden: Die Analyse von P ergibt, daß out als Ausgabeparameter von P spezifiziert ist, der auch stets durch P einen Wert zugewiesen bekommt; die Analyse von M2 ergibt dann (unter der Annahme, daß P stets out bzw. outcome definiert) eine doppelte Definition von outcome.

Im allgemeinen Fall (wenn die Operationsparameter nicht genau als Eingabe- oder Ausgabeparameter deklariert sind) muß eine kombinierte Analyse der beiden Module bzw. Operationen erfolgen. Für einen Operationsaufruf bedeutet dies:

1. Im aufrufenden Modul müssen alle möglichen *letzten* Aktionen bzw. Zustände der Schnittstellenvariablen *vor* dem Aufruf ermittelt werden (*define, reference* oder *undefine*).

2. In der aufgerufenen Operation müssen alle möglichen *ersten* Aktionen der Schnittstellenvariablen ermittelt werden (*define, reference* oder *undefine*).

3. Kann als letzte Aktion vor dem Aufruf ein *define* vorkommen, liegt eine (potentielle[17]) *dd*-Anomalie vor. (Entsprechendes gilt für die *du*- und *ur*-Anomalie.)

Für die Rückkehr von einem Operationsaufruf sind analog zu obigem Vorgehen die möglichen *letzten* Aktionen in der Operation und die möglichen *ersten* Aktionen im aufrufenden Modul *nach* dem Operationsaufruf zu ermitteln. Durch Kombination ergeben sich wieder die (potentiellen) Datenflußanomalien.
Problematisch sind bei dieser Analyse globale Variablen, die nicht in der deklarierten Schnittstelle als Parameter vorkommen, da sie bei jedem Operationsaufruf eine Rolle spielen können. Diese Variablen sind also vorab für jede Operation zu bestimmen: es sind diejenigen Variablen, die nicht als Parameter oder lokale Variable deklariert sind, aber dennoch in der Operation benutzt werden.
Eine besondere Behandlung erfordern Werte, die bei einem Operationsaufruf unverändert durchgereicht werden. In diesem Fall ist der Kontrollfluß bis zum nächsten Operationsaufruf, bei dem der Wert verwendet wird, weiter zu verfolgen (evtl. über mehrere Aufrufebenen hinweg).

---

[17]Da nicht jeder Weg, für den eine Anomalie festgestellt wird, ausführbar ist, sind dies nur potentielle Anomalien, deren Ausführbarkeit durch symbolische Berechnung (vgl. Kapitel 12.3) oder durch Testen festgestellt werden muß.

13.5.2 Dynamische Integrationstestmethoden

Beim dynamischen Testen kann man den ablaufbezogenen (d. h. kontrollfluß- oder datenflußbasierten), den wertbezogenen und den funktionsbezogenen Integrationstest unterscheiden (vgl. Teil II und III des Buches).

13.5.2.1 Ablaufbezogener Integrationstest

Der ablaufbezogene Integrationstest wird danach differenziert, ob er auf dem Kontrollfluß oder dem Datenfluß aufsetzt.

Bei einer <u>kontrollflußbasierten</u> Vorgehensweise, die sich am Modulgraph (s. Kapitel 13.2) — bzw. Verfeinerungen oder Ergänzungen davon — orientiert, können folgende Beziehungen zwischen Modulen getestet werden:

DEFINITION 13.5.2.1 (KONTROLLFLUSSKRITERIEN)

1. **alle Module:** *jedes Modul muß mindestens einmal bei einem Test aufgerufen werden;*

2. **alle Relationen:** *jedes Modul muß mindestens einmal von jedem Modul (von dem es überhaupt aufgerufen wird) bei einem Test aufgerufen werden (dies entspricht der Ausführung jeder Kante im Modulgraph);*

3. **alle Relationen mehrfach:** *zu jeder Operation P, die von einem anderen Modul M aufgerufen wird, muß es einen Test geben, bei dem M Operation P mindestens einmal aufruft (dies entspricht der Ausführung jeder Kante im Modulgraph mit jedem als Markierung angegebenen Aufruf, vgl. Fußnote 4 in Kapitel 13.2);*

4. **alle Importe mehrfach:** *zu jeder Operation P, die von einem anderen Modul M aufgerufen wird, muß es Tests geben, bei denen jede Aufrufstelle von P in M mindestens einmal ausgeführt wird (dies erfordert eine Ergänzung des Modulgraphen aus Kapitel 13.2 um die Lage und Anzahl der Aufrufstellen von externen Operationen in den Modulen);*

5. **alle Aufrufreihenfolgen:** *jede mögliche Reihenfolge von Operationsaufrufen über Modulgrenzen hinweg ist bei einem Test auszuführen (d. h. alle Wege im Modulgraph sind auszuführen).*

BEISPIEL 13.5.2.1 (KONTROLLFLUSSKRITERIEN)
Betrachtet man die Modulstruktur aus Abbildung 13.1 und 13.2 nur aus Sicht von Modul EX, so gilt folgendes: Kriterium „alle Module" ist erfüllt, wenn die Prozedur P1 von IM1, IM2 <u>oder</u> IM3 aufgerufen wird; Kriterium „alle Relationen" erfordert dagegen, daß IM1, IM2 <u>und</u> IM3 Prozedur P1 aufrufen; gleiches gilt für „alle Relationen mehrfach", da EX nur eine Prozedur exportiert; um „alle Importe mehrfach" zu erfüllen, muß in IM2 sowohl der Aufruf P1(x) als auch P1(y)

*erfolgen und in IM3 müssen alle drei Aufrufe P1(i), P1(z) und P1(k) ausgeführt
werden, d. h. bei der Verzweigung muß $z > 0$ gelten und die while-Schleife muß
mindestens einmal (mit $k > j$) durchlaufen werden.*

Die in Definition 13.5.2.1 genannten Kriterien sind nach ansteigenden Anforderungen
angeordnet. Die ersten beiden Kriterien sind ziemlich schwach, das fünfte Kriterium verlangt evtl. unendlich viele Tests, falls Zyklen im Modulgraphen existieren.
In diesem Fall sind die Wege zu begrenzen — mit analogen Techniken wie beim
kontrollflußbezogenen Programmtesten (s. Abschnitt 7.2.4, Schleifenüberdeckung).
Alternativ dazu kann eine spezifikationsbezogene Auswahl von Aufrufreihenfolgen
erfolgen, um Fehler aufzudecken, die durch eine falsche Reihenfolge von Operationsaufrufen entstehen. Folgendes ist dafür zu ermitteln und zu testen:

1. Alle (graphentheoretisch) möglichen Reihenfolgen von Operationsaufrufen sind
   zu ermitteln (anhand der Kontrollflußgraphen, Operationsaufrufgraphen und Modulgraphen).

2. Nachdem alle Reihenfolgen ermittelt wurden, sind zumindest alle laut Spezifikation *verbotenen*, aber ausführbaren Reihenfolgen festzustellen. Falls die zulässigen
   Reihenfolgen durch einen Pfadausdruck P spezifiziert sind, können dazu (analog
   zum Vorgehen in Kapitel 5.1) die Folgen betrachtet werden, die im zugehörigen Automaten $A_v(P)$ in den Fehlerzustand führen. Ob sie in der Implementation ausführbar sind, kann durch Ausprobieren (Testen) oder durch symbolisches
   Ausrechnen festgestellt werden (siehe Kapitel 12.3).

Obwohl die beiden letzten Kriterien von Definition 13.5.2.1 umfangreiche Anforderungen an Tests stellen, sind entsprechende Tests nicht ausreichend, da jeder Operationsaufruf nur mit einer einzigen Wertekombination für die Schnittstellenvariablen
erfolgen muß. Spezielle Berechnungsfehler, die sich nur bei einem bestimmten Datenfluß fortpflanzen, werden also nicht erkannt.

Daher ist eine <u>datenflußbasierte</u> Vorgehensweise angebracht, der folgende Konzepte
zugrunde liegen:

1. Statisch festgestellte potentielle Datenflußanomalien sollen ausgeführt werden
   (siehe Fußnote 17 in Abschnitt 13.5.1).

2. Der Datenfluß bei Operationsaufrufen an der Schnittstelle von Modulen ist zu
   testen. Dabei wird eine analoge Vorgehensweise wie beim Ermitteln von Datenflußanomalien (s. Abschnitt 13.5.1) angewandt:

   (a) Im *aufrufenden* Modul müssen die letzten (bzw. ersten) Aktionen auf den
       Schnittstellenvariablen vor (bzw. nach) dem Aufruf ermittelt werden (*define*
       bzw. *reference*).

(b) In der *aufgerufenen* Operation müssen ebenfalls die ersten (bzw. letzten) Aktionen auf den Schnittstellenvariablen ermittelt werden (*reference* bzw. *define*).

Dann sind alle (bzw. einige) Wege von den ermittelten letzten *define*-Aktionen im aufrufenden Modul zu den ermittelten ersten *reference*-Aktionen in der aufgerufenen Operation beim Test auszuführen. Die Wegeauswahl kann sich dabei an den Datenflußkriterien aus Kapitel 8 orientieren (s. Übung 13.7). Entsprechendes gilt für Wege von den letzten *define*-Aktionen der aufgerufenen Operation zu den ersten *reference*-Aktionen des aufrufenden Moduls nach dem Aufruf.

13.5.2.2 Wertbezogener Integrationstest

Beim wertbezogenen Vorgehen werden *bestimmte* Werte für Parameter verwendet, mit denen mit größerer Wahrscheinlichkeit Fehler aufgedeckt werden können. Um Sonderfälle zur Ausführung zu bringen, die beim Modultest wegen der Platzhalterproblematik bisher nicht getestet wurden, kommen die folgenden herausragenden Werte in Frage:

- Grenzwerte (vgl. Abschnitt 4.2.2 und die Bereichsüberdeckung in Kapitel 9.2)

- Extremwerte (0, 1, -MAXINT, +MAXINT, etc.)

- Fehlerfälle (z.B. negative Werte)

Beim Integrationstest sind außerdem Fehler aufzudecken, die dadurch entstehen, daß eine Operation P mit falschen Werten der Schnittstellenvariablen aufgerufen wird (s. Beispiel 13.4.2 auf S. 362). Wenn die Operation P nur in gewissen Fällen darauf mit fehlerhaften Ergebnissen reagiert, werden diese Fälle beim Modultest des aufrufenden Moduls A meistens nicht getestet. (Beim Test von Operation P wird der Fehler natürlich auch nicht bemerkt, da ja P auf korrekte Eingaben richtig reagiert.) Damit stellt sich beim Integrationstest die Aufgabe, aus der (Kontroll- und Datenfluß-)Struktur der aufgerufenen Operation Werte für die Eingabevariablen abzuleiten, so daß sich ein Fehler bei einer Eingabevariablen *mit Sicherheit* als Fehler bei einer Ausgabevariablen bemerkbar macht.

13.5.2.3 Funktionsbezogener Integrationstest

Der funktionsbezogene Integrationstest ist ein spezifikationsorientierter Test, der das korrekte Zusammenspiel der von den einzelnen Modulen realisierten Teilfunktionen bzw. Abweichungen von der spezifizierten Funktionalität feststellen soll. Abweichungen können von folgender Art sein:

- mangelnde Funktionalität, d. h. ein Modul liefert erwartete Teilfunktionen nicht;

- zuviel Funktionalität, d. h. eine Teilfunktion wird vom Modul zusätzlich ausgeführt, obwohl dies nicht spezifiziert bzw. erwartet ist;

- die Funktionalität des Moduls ist falsch (vgl. das Beispiel des Sortiermoduls in Abschnitt 13.4.2, Seite 361).

Für jede exportierte Operation P eines Moduls sollte überprüft werden, ob die Funktionalität mit den Erwartungen aller Module, die P importieren, übereinstimmt bzw. davon abweicht. Diese Überprüfung sollte durch eine informelle Analyse (Inspektion, s. Kapitel 12.1) und durch Tests erfolgen, wobei die Testdaten aus den ablauf- und wertbezogenen Tests verwendet werden können.

13.5.2.4 Testdatenerzeugung für den Integrationstest

Die bisher vorgestellten Testmethoden für den Integrationstest haben nur Kriterien formuliert, *was* zu testen ist, ohne anzugeben, *wie* (mit welchen Testdaten) die Tests auszuführen sind.

Um Aufwand zu sparen, ist folgendes Vorgehen zu empfehlen, wenn eine Schnittstelle zwischen einem Modul M und einer aufgerufenen Operation P getestet werden soll:

1. Aus den bisher erstellten Testdaten für den Modultest von M sind diejenigen Testdaten auszuwählen, die den Aufruf von P (bzw. dessen Stellvertreter beim Modultest) zur Ausführung bringen.

2. Zu den ausgewählten Testdaten sind die Parameterwerte zu bestimmen, mit denen P bzw. sein Stellvertreter aufgerufen wird.

3. Wird mit den festgestellten Parameterwerten ein geforderter Pfad in P ausgeführt (z. B. von einer Variablendefinition zu einer -referenz bei der datenflußbasierten Vorgehensweise), ist ein Testdatum gefunden, das einen Aspekt eines Testkriteriums erfüllt, indem es einen entsprechenden Weg durch M und P ausführt.

4. Werden mit Schritt 3 nicht alle Aspekte eines Testkriteriums erfüllt, sind weitere Testdaten durch symbolische Ausführung der entsprechenden Wege durch Modul M und Operation P zu bestimmen (vgl. Kapitel 11.2 und 12.3).

Beim wertbezogenen Integrationstest müssen nicht unbedingt bestimmte Wege ausgeführt werden, dafür aber Anweisungen mit bestimmten Werten (z. B. Grenzwerten). Dies kann aber bei der symbolischen Berechnung beachtet werden (vgl. Kapitel 11.2).

Der allgemeine Ansatz der **Fehlerfortpflanzung** von falschen Eingabevariablewerten bis zu den Ausgabevariablen verlangt allerdings einen besonderen Lösungsansatz,

etwa die folgende Idee: Bei m Eingabevariablen[18] einer aufgerufenen Operation gibt
es nur m Arten, wie Eingabefehler auftreten können. Jeder Eingabefehler ist eine
(Linear-)Kombination dieser m Eingabe-Fehlerarten (genannt **Fehlerrichtungen**).

BEISPIEL 13.5.2.2
*$m = 2$, Eingabevariablen E1, E2, fehlerhafte Eingabevariablen: $E1' = E1+e1$, $E2' =
E2 + e2$. Dabei ist $(E1\ E2)^T$ der Vektor[19] der korrekten Eingabe und $(e1\ e2)^T =
e1*(1\ 0)^T+e2*(0\ 1)^T$ der „Fehler", wobei $(E1'\ E2')^T = (E1\ E2)^T+(e1\ e2)^T$ die feh-
lerhafte Eingabe ist. Die Fehlerrichtungen $(1\ 0)^T$ und $(0\ 1)^T$ sind dabei unabhängig.
(Vorausgesetzt ist die Unabhängigkeit von E1 und E2.)*

Das Vorgehen zum Finden von Integrationsfehlern besteht nun darin, möglichst nur
einen (höchstens m) Weg(e) durch den Kontrollflußgraphen der aufgerufenen Operation zu bestimmen, auf dem jeder Eingabefehler[20] zu einem in der Ausgabe erkennbaren Berechnungsfehler führt. Ein solcher Weg heißt **(fehler-)sensitiv**.

BEISPIEL 13.5.2.3 (BEREICHSFEHLER IM PROGRAMM VON BEISPIEL 13.4.2)
Eingabe: $c = mc$
Ausgabe: $a = ma$

*Die Grenze der beiden Wege (then-Zweig/else-Zweig) ist zu testen. Dafür sind zwei
Testdaten notwendig:*

> *t1: $c = mc = 4$ (auf der Grenze),*
> *t2: $c = mc = 4 - \epsilon$ (unterhalb der Grenze mit kleinstmöglichem $\epsilon > 0$).*

*Für die fehlerhafte Eingabe $c' = c + c_1$ erhält man dann (falls $|c_1| \geq \epsilon$, d. h. der
Fehler ist größer als die „Testgenauigkeit" ϵ):*

1. *$c_1 > 0$: Bei t2 wird statt des then-Zweigs $(ma = 1)$ im Fehlerfall der else-Zweig
   $(ma = 2)$ ausgeführt.*

2. *$c_1 < 0$: Bei t1 wird statt des else-Zweigs $(ma = 2)$ im Fehlerfall der then-Zweig
   $(ma = 1)$ ausgeführt. (Siehe Beispiel 13.4.2 auf S. 362: richtig ist $c = i + 1$, falsch
   ist $c = i = (i + 1) - 1$, d. h. der Fehler ist $c_1 = -1$).*

---

[18] Eingabeparameter und globale Variablen
[19] Ein Vektor $\left(\begin{smallmatrix} E1 \\ E2 \end{smallmatrix}\right)$ wird hier als transponiertes Tupel $(E1\ E2)^T$ geschrieben.
[20] jede Kombination der m Eingabefehlerarten, d. h. jede Abweichung von der korrekten Eingabe
in irgendeiner (oder mehreren) Fehlerrichtung(en)

Der vorgestellte Ansatz wirft leider viele ungelöste Probleme auf (genaueres siehe [HaZ 81]):

- Berechnung und Existenz der fehlersensitiven Wege,

- Testdatenerzeugung für das aufrufende Modul (oben wurden nur die Parameterwerte *beim Aufruf* bestimmt) (vgl. Kapitel 11.2),

- Das Auftreten eines Fehlers *nach* einem Operationsaufruf ist eventuell abhängig vom gewählten Weg im Kontrollflußgraphen der Operation.

Daher ist obige Methode bisher nur von theoretischem Interesse, d. h. es müssen alternative Verfahrensschritte erforscht werden.

13.6 System- und Abnahmetest sowie Verfahren in der Installations- und Wartungsphase

Der **Systemtest** ist der abschließende Test des Gesamtsystems aus Entwicklersicht. Bei der Übergabe des Systems an die Auftraggeber bzw. Käufer sollte von diesen ein **Abnahmetest** durchgeführt werden, bei Standard-Software ein entsprechender **Beta-Test** durch potentielle Benutzer. Die zu beachtenden Kriterien bei beiden Tests, die Unterschiede und Gemeinsamkeiten sind in Tabelle 13.1 aufgelistet.

Kriterium	Systemtest	Abnahmetest
Ziel	Zeigen, daß das System *nicht* einsatzbereit ist.	
Personen	Qualitätssicherungsabteilung des Entwicklers	Auftraggeber und/oder Benutzer
Prüfobjekt	System nach Modultest (mit 20–50 Fehlern pro 1000 Codezeilen)	System nach Systemtest: stabil bzw. reifend[21]
Testreferenz bzw.	Pflichtenheft, Benutzerhandbuch, Fehlbedienungshandlungen/-eingaben	
Testdatenquelle	Spezifikation	aktuelle Benutzerwünsche
Ziele	(a), (c) bis (i) von (2) aus Kapitel 13.1	
und Aspekte	—	Verträglichkeit mit der Organisation
Umgebung (Rechner)	Entwicklungsrechner	i. allg. Zielrechner
Anwendungsumgebung	i. allg. simuliert	i. allg. real
(juristische) Folgen eines akzeptablen Testergebnisses	Freigabe des Systems (Auslieferung an den Kunden)	Beginn der Garantiezeit (und Zahlungsverpflichtung)

Tab. **13.1** Unterschiede und Gemeinsamkeiten von Systemtest und Abnahmetest

In der Installations- und Wartungsphase sind weitere Operationen zu befolgen, um einen reibungslosen und möglichst sicheren Einsatz des Systems zu gewährleisten. Dazu gehören folgende Verfahren:

- Kontrollprozeduren für den laufenden Betrieb einführen (z. B. einen Systemmanager, der eine Ressourcen- und Benutzungskontrolle realisiert)

- Leistungsfähigkeit des Systems dokumentieren:

  - Bericht über die Leistungsfähigkeit

  - Statusbericht(e) über die Benutzung

  - Liste der nicht ausgeführten Änderungsanforderungen

- Softwareverbesserungen und -erweiterungen mit Hilfe eines Qualitätskontrollplans steuern: Eine Änderung wird vorgenommen, wenn eine Anforderung vom Entwicklungsmanagement bejaht wird. Die zu ändernde Software durchläuft dann folgende Phasen: bearbeiten, testen (durch Regressionstest[22]), formell freigeben, Testbibliothek ändern und die Dokumentationsbibliothek ändern.

13.7   Übungen

Übung 13.1:
Betrachten Sie die Modulhierarchien a) und b) aus Abbildung 13.5.

(a) Ermitteln Sie die Anzahl aller möglichen Reihenfolgen beim aufsteigenden und absteigenden Integrieren der Module.

(b) Welche dieser Reihenfolgen ist möglich, wenn die Eingabemodule und dann die Ausgabemodule möglichst früh integriert werden sollen?

(c) Geben Sie für Fall (a) Möglichkeiten zur Parallelarbeit an.

Übung 13.2:
Welche Vor- und Nachteile gegenüber dem absteigenden (top down) Testen hat das **modifizierte absteigende Testen**, bei dem erst alle Module einzeln getestet werden und dann das (normale) absteigende Testen angewandt wird?

Übung 13.3:
Um die Vorteile des absteigenden Testens und des aufsteigenden Testens zu kombinieren, bietet sich das **Sandwich-Testen** (mit folgenden Schritten) an:

---

[21]stabil: 0 bis 0,5 Fehler pro 1000 Codezeilen, reifend: 0,5 bis 3 Fehler pro 1000 Codezeilen
[22]s. Kapitel 13.1, Aspekt 1. (Genaueres dazu siehe in [RoH 94].)

- Zerlege die Benutzt-Hierarchie durch einen waagerechten Schnitt in zwei Teilmengen.

- Wende den absteigenden Test auf die Module oberhalb des Schnitts an und parallel dazu den aufsteigenden Test auf die Module unterhalb des Schnitts.

- Ersetze zum Schluß die Platzhalter für den oberen Teil komplett durch die Module des unteren Teils (oder nacheinander, falls dabei keine neuen Platzhalter erforderlich werden) oder ersetze nacheinander die Treiber für den unteren Teil durch Module (und Treiber) des oberen Teils.

(a) Für die Modulhierarchie b) aus Abbildung 13.5 sei der obere Teil A, B, C, D, E und der untere Teil somit F, G, H. Welche Reihenfolgen sind beim entsprechenden Sandwich-Testen möglich?

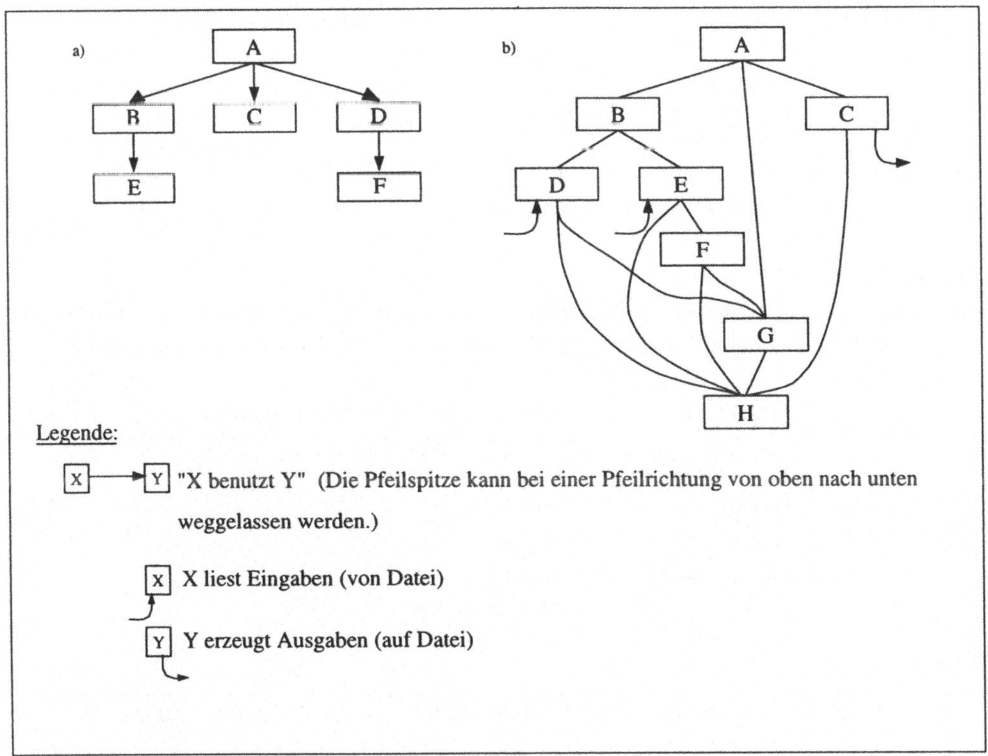

Abb. 13.5: Verschiedene Modulhierarchien [zu a) s. [Mye 79], Bild 5.7; zu b) vgl. [Mye 76], Fig. 10.5]

(b) Welche Reihenfolgen sind bei Aufgabe (a) möglich, wenn nur A, B, C den oberen Teil bilden?

(c) Welche Vor- und Nachteile hat das Sandwich-Testen gegenüber dem (reinen) aufsteigenden bzw. dem (reinen) absteigenden Testen? Welche Vor- und Nachteile hat eine Modifikation des Sandwich-Testens, bei der im oberen Teil das *modifizierte* absteigende Testen (s. Übung 13.2) angewandt wird?

Übung 13.4:

Das **vertikale Scheibentesten** besteht aus folgenden drei Schritten:

- Zerlege die Benutzt-Hierarchie in Teilgraphen, die jeweils die Spitze der ursprünglichen Hierarchie als Wurzel haben und insgesamt die Benutzt-Hierarchie überdecken.

- Teste parallel alle Teilgraphen (jeden Teilgraphen nach beliebiger inkrementeller Strategie).

- Teste die Integration der Teilgraphen (schrittweise oder alle auf einmal integriert).

1. Definieren Sie geeignete Teilgraphen für die Modulhierarchien von Abbildung 13.5 und wenden Sie darauf das vertikale Scheibentesten an.

2. Welche Vor- und Nachteile hat das vertikale Scheibentesten gegenüber den anderen inkrementellen Integrationsstrategien?

Übung 13.5:

Ermitteln Sie die potentiellen Datenflußanomalien für die Integration von Modul M und Prozedur P (siehe Abbildung 13.6) mit dem Verfahren aus Abschnitt 13.5.1.

```
Modul M                 procedure P (var x: integer);
...                     var y: integer;
var i: integer;         begin
begin                   read(y);
if k = 10               if y > 10
then i := k;            then y := x;
P(i);                   else x := 10;
...                     ...
```

Abb. 13.6: Integration von Modul M und Prozedur P (s. [Spi 92b], S. 95)

Übung 13.6:

Stellen Sie fest, ob der in Abbildung 13.7 angegebene Kontrollflußgraph des Programmsystems Reihenfolgen von Operationsaufrufen zuläßt, die laut Spezifikation nicht erlaubt sind. Die Spezifikation ist durch den Pfadausdruck $P = (Q|R|S)$ gegeben, wobei:

$$Q = (P1; ((P11; P21; P211); (P11; P21; P212)^+)^+; P3; P31; [P32; P211])$$

$$R = (P2; P21; P211; P3; P31; P32; P211)$$

$$S = (P2; [P21; P212]; P3; P31; [P32; P211])$$

Übung 13.7:

Wenden Sie die datenflußbezogenen Integrationstestkriterien, die den Kriterien *alle Definitionen, alle B-/einige E-Referenzen, alle E-/einige B-Referenzen* und *alle Referenzen* entsprechen (vgl. Kapitel 8.2 und Abschnitt 13.5.2.1), auf die Schnittstelle von Modul IM und Modul EX aus Abbildung 13.8 an. Geben Sie die entsprechenden Testfälle pro Kriterium an.

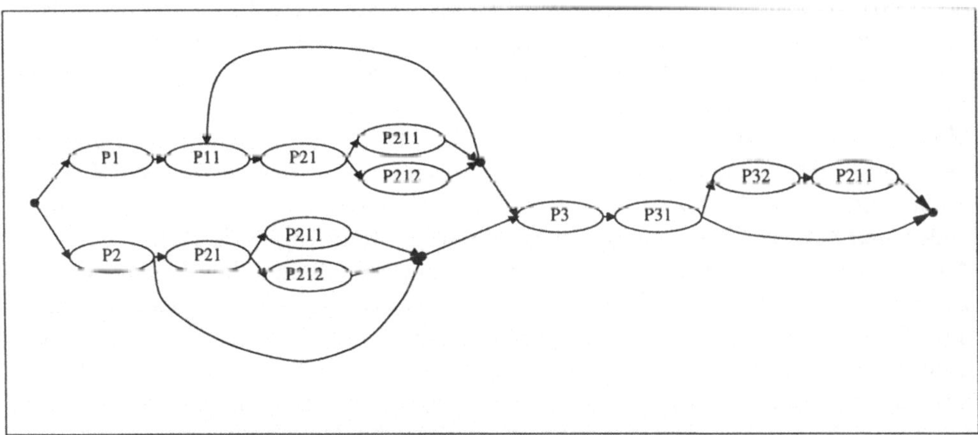

Abb. 13.7: System-Kontrollflußgraph (nach [Spi 90], Abb. 4)

```
Modul IM              Modul EX


import P;             procedure P (var x: integer);
...                   ...

var i: integer;       begin
begin                 read(y);
if k < 10             if y > 10
then i := k;          then y := y − x;
else i := k/10;       else if x < 10
P(i);                 then ...

...                   ...
```

Abb. 13.8: Aufrufendes Modul IM und aufgerufenes Modul EX (s. [Spi 95], S. 280)

13.8 Verwendete Quellen und weiterführende Literatur

Die verschiedenen **Aspekte,** die beim (Teil-)**Systemtest** zu beachten sind, beschreiben z. B. Myers und Wallmüller (s. [Mye 76], [Mye 79], [Wal 90]). Schmitz et al. zählen die Aufgaben des Testens und die Testphasen in Kapitel 3 und 4 von [SBM 82] auf.

Die benötigten **Modelle** für den **Integrationstest** werden von folgenden Autoren vorgestellt: Modulgraphen von Linnenkugel/Müllerburg (als „p-graphs", s. [LiM 90]), Aufrufreihenfolgebeschreibungen von Spillner (s. [Spi 90]), interprozedurale Flußgraphen (IFG) bzw. erweiterte DEF-REF-Graphen (*extended def-use graphs*) zur Datenflußbeschreibung von Harrold/Soffa und Ural/Yang (s. [HaS 89], [UrY 93]). Die exakte Bestimmung von Datenflußbeziehungen beim Verwenden von Zeigern (z. B. in C) nehmen Pande et al. vor (s. [PLR 94]).

Die Definition des **Modultests** stammt schon von Stevens et al. (s. [SMC 74]), sie wurde hier um die Benutzung der Typdefinition (Sortendefinition) eines anderen Moduls erweitert (siehe dazu, zu einer etwas anderen Definition von Modul und zur Frage der [nicht-]disjunkten Zerlegung eines Programms in Module [Kel 84], S. 3 ff.). Frühe Ansätze zur Automatisierung des Modultests mit Treibern und Platzhaltern finden sich z. B. bei Panzl und Sneed/Kirchhoff (s. [Pan 78], [SnK 79]).

Auf den Zweck des Integrationstests wird z. B. in [LiM 90] und [Spi 95] hingewiesen. Die möglichen **Strategien beim Integrationstest,** spezielle Vor- und Nachteile des **absteigenden** und des **aufsteigenden Tests** und die Vorschläge zur Strategieauswahl stammen von Myers ([Mye 76], Kap. 10; [Mye 79], Kap. 5). Das **vertikale Scheibentesten** wurde dagegen von Stephenson vorgeschlagen (s. [Ste 80]). Genaueres zu den Vorteilen des **inkrementellen Testens,** insbesondere zur Fehlerlokalisierung, findet man bei Haley und Zweben (s. [HaZ 81]). Die ambivalenten Eigenschaften des absteigenden Tests werden von Zweben angegeben, allerdings als Vorteile betrachtet (s. [Zwe 81]). Von Quirk stammt der Vorschlag, bei einem gründlichen Test beide inkrementellen Verfahren (absteigend und aufsteigend) nicht nur teilweise — wie beim **Sandwich-Testen** — sondern vollständig anzuwenden (s. [Qui 85], S. 134 f.).

Das **Aufwandproblem** für einen vollständigen Test eines (Teil-)Systems nach gängigen programmbezogenen Kriterien wird in [LiM 90], S. 712, angesprochen. Die zu beachtenden **Fehlerarten** und **Voraussetzungen** beim Integrationstest beschreibt Spillner (s. [Spi 95], S. 278 f.). Die Definition von speziellen **Integrationszeit-Bereichsfehlern** und **-Berechnungsfehlern** findet sich in [HaZ 81]. Die vorgestellten **statischen Integrationstestmethoden** stammen von Spillner und Harrold/Soffa (s. [HaS 89], [Spi 90], [Spi 92a]), die **ablaufbezogenen** Methoden finden sich in [HaS 89], [LiM 90] und [Spi 95]. Eine Einschränkung der **interprozeduralen Datenflußanalyse** auf bestimmte (vorgegebene) Wege nehmen Horwitz et al. vor (s. [HRS 95]). Die Konzepte zum **wertbezogenen** und **funktionsbezoge-**

nen Integrationstest sowie zur **Testdatenerzeugung** wurden von Spillner übernommen (s. [Spi 92a]). Der spezielle Ansatz der **Fehlerfortpflanzung** von falschen Eingabevariablenwerten stammt von Haley/Zweben (s. [HaZ 81]).

Eine gute Einführung in den **System-, Installations-** und **Abnahmetest** findet man in [Mye 79], Kapitel 6, sowie in [Myn 90], Kapitel 7.9. Ein systematischer Ansatz für Systemtest und Abnahmetest wird von A. Celentano[23] et al. in [CGL 81] beschrieben, weitere Hinweise dazu findet man z. B. in [PaR 91], Kapitel 8.5, und in [FLS 91b], Kapitel 3.3. Empfehlungen zum **Betriebstest** und zu Installation und **Wartung** geben Cave/Maymon in Kapitel 8.4 von [CaM 88]. McCabe und Schulmeyer stützen den Systemtest auf **Structured Analysis** (eine Art der Anforderungsanalyse, -dokumentation und -spezifikation durch Datenflußdiagramme); dabei soll gezeigt werden, daß alle „Funktionen" des Systems ausgeführt wurden. Dies entspricht dem Ausführen aller „Segmente" auf unterer Ebene, wobei die Entsprechung Funktion $\triangleq$ Segment vorliegt (siehe [McS 82]). Eine Bewertung verschiedener Techniken zur Auswahl von **Regressionstests** nehmen Rothermel/Harrold vor (s. [RoH 94]).

---

[23] Augusto Celentano, Polytecnico de Milano, nicht Adriano Celentano (Sänger und Schauspieler).

14 Testen nebenläufiger Systeme

14.1 Eigenschaften nebenläufiger Systeme und auftretende Fehler

Unter **nebenläufigen Softwaresystemen** werden Systeme verstanden, bei denen die Semantik der Programmiersprache keinen sequentiellen Ablauf verlangt. Das bedeutet, daß eine parallele Ausführung verschiedener Anweisungen möglich — aber nicht zwingend erforderlich — ist. Damit wird der Begriff der Nebenläufigkeit (Parallelität ist möglich) vom Begriff der (strikten) Parallelität (Gleichzeitigkeit ist zwingend vorgeschrieben) unterschieden.

Nebenläufig ausführbare Programmteile, die jeweils für sich sequentiell abgearbeitet werden, nennt man **Prozesse** oder (engl.) Tasks. Auf der obersten Beschreibungsebene eines nebenläufigen Softwaresystems ist es meist angebracht, das System als eine Menge von Prozessen zu beschreiben, die mit einer *cobegin-/coend*-Anweisung[1] zusammengefaßt sind.

BEISPIEL 14.1.1
Ein System aus drei Prozessen P1, P2, P3 läßt sich folgendermaßen beschreiben, wobei $\|$ das Trennzeichen für die drei Prozesse ist:
$$\textbf{cobegin } P1 \parallel P2 \parallel P3 \textbf{ coend}$$

Ein System nebenläufiger Prozesse hat i. allg. ein nichtdeterministisches Verhalten und erzeugt evtl. sogar undefinierte Ergebniswerte, wie folgendes Beispiel zeigt.

BEISPIEL 14.1.2
$$\textbf{cobegin } x{:=}y \parallel y{:=}x \textbf{ coend}$$

1. *Wenn $y{:=}x$ vor $x{:=}y$ ausgeführt wird, haben beide Variablen zuletzt den Anfangswert x_0 von Variable x.*

2. *Wenn $x{:=}y$ vor $y{:=}x$ ausgeführt wird, haben beide Variablen zuletzt den Anfangswert y_0 von Variable y.*

---

[1] *cobegin* ist die Abkürzung für „concurrent begin", *coend* für „concurrent end".

3. *Wenn der Anfangswert von y bei Ausführung von x:=y genau zu dem Zeitpunkt x zugewiesen werden soll, zu dem der aktuelle Wert von x (bei der Ausführung der rechten Seite von y:=x) ermittelt wird; dann ist der aktuelle Wert von x und damit der endgültige Wert von y unbestimmt oder undefiniert[2].*

Der Nichtdeterminismus ist eine Folge der (durch die Semantik der entsprechenden Programmiersprache) nicht festgelegten Reihenfolge der Ausführung einzelner nebenläufiger Anweisungen. Um diesen oft unerwünschten Nichtdeterminismus zu verhindern, sind Prozesse zu synchronisieren, d. h. sie müssen auf gewisse Zustände oder Ereignisse warten, was zu Blockierungen führen kann. Die Synchronisation kann durch Nachrichtenaustausch (message passing) erreicht werden[3]. Dabei wird das Senden und Empfangen von Nachrichten zur Synchronisation benutzt: der Prozeß, der eine Nachricht empfangen soll, muß so lange warten, bis sie abgeschickt wurde und daraufhin eingetroffen ist.

Beispiel 14.1.3 (Essende Philosophen)
In der Programmiersprache Ada läßt sich das in Kapitel 1.3 spezifizierte Verhalten der Philosophen und Gabeln wie folgt (auszugsweise) beschreiben (vgl. [TLK 92], S. 210):

FORKS : **array** *(1..5)* **of** *FORK;*

task body *FORK* **is**
1:   **begin**
2:      **loop**
3:         **accept** *UP;*
4:         **accept** *DOWN;*
5:      **end loop;**
6:   **end** *FORK;*

Zusätzlich sind fünf Philosophentasks vom Typ PHILOSOPHER zu erzeugen, wobei N jeweils die Werte von 1 bis 5 annimmt.

*Gemäß der Semantik der Sprache Ada werden die Anweisungen der einzelnen Prozesse bzw. Tasks sequentiell ausgeführt. Allerdings gibt es Synchronisationsanweisungen, die Wartebedingungen realisieren. In diesem Beispiel muß ein Philosoph bei dem Aufruf „FORKS(N).UP" darauf warten, daß die entprechende Gabel (FORK) mit Nummer N die Anweisung „accept UP" ausführen kann (und umgekehrt). Bei erfolgreicher Synchronisierung werden beide Anweisungen quasi gleichzeitig (als **Rendezvous**) ausgeführt. Stößt ein „accept UP" auf mehrere wartende Anweisungen*

---

[2]wenn der Speicherzugriffsmechanismus gleichzeitige Zugriffe auf eine Variable (bzw. Speicherzelle) erlaubt

[3]aber auch durch den gegenseitigen Auschluß sogenannter „kritischer Abschnitte" mit Hilfe von Semaphoren oder Monitoren. Genaueres dazu findet sich in der in Kapitel 14.7 angegebenen Literatur.

„FORKS(N).UP" *(von Philosoph N und N-1), dann wird ein mögliches Rendezvous nichtdeterministisch ausgewählt.*

```
package body PHILOSOPHER is
     EAT, THINK : constant := 10.0;
     task P;
     task body P is
0:   begin
1:      loop
2:         FORKS(N).UP;
3:         FORKS(1+N mod 5).UP;
4:         delay EAT;
5:         FORKS(N).DOWN;
6:         FORKS(1+N mod 5).DOWN;
7:         delay THINK;
8:      end loop;
9:   end P;
end PHILOSOPHER;
```

Eine **selektive Kommunikation** ergibt sich, wenn der empfangende Prozeß in alternativen Zweigen nur unter bestimmten Bedingungen von verschiedenen Prozessen Nachrichten empfängt. Diese Bedingungen werden auch **Wächter** (guards) genannt.

BEISPIEL 14.1.4 (SPEICHER MIT N PLÄTZEN)
Ein Speicher mit n Speicherplätzen läßt sich als ewig laufender Prozeß beschreiben, der auf folgende Nachrichten reagiert: ein schreibender Prozeß schickt die Nachricht „ablegen" (eines Wertes), ein lesender (konsumierender) Prozeß schickt die Nachricht „holen" (eines Wertes). Die beiden Wächter sind in diesem Fall „fuellung < n" und „fuellung > 0". Es gibt drei Fälle:

1. *Bei leerem Speicher (Wächter „fuellung > 0" nicht erfüllt) wird die Nachricht „holen" eines konsumierenden Prozesses nicht akzeptiert.*

2. *Bei vollem Speicher (Wächter „fuellung < n" nicht erfüllt) wird die Nachricht „ablegen" eines schreibenden Prozesses nicht akzeptiert.*

3. *Wenn der Speicher weder voll noch leer ist, sind beide Wächter wahr. In diesem Fall kann eine vorliegende Nachricht „ablegen" oder „holen" sofort akzeptiert werden. Liegen beide Nachrichtenarten vor, erfolgt eine nichtdeterministische Auswahl. Liegt keine Nachricht vor, wartet der Speicherprozeß auf die nächste Nachricht.*

Nebenläufige Programmsysteme können normalerweise alle Konstrukte enthalten, die auch in sequentiellen Systemen erlaubt sind. Daher sind entsprechende

Berechnungs- und Bereichsfehler (s. Definition 7.2.1 auf Seite 195) möglich. Besonders interessant sind hier aber die Fehler, die nur in nebenläufigen Systemen auftreten können. Es handelt sich dabei um Fehler, die mit der blockierenden Synchronisation und dadurch erzwungenem Warten zwischen Prozessen bzw. Programmteilen zu tun haben. Im Prinzip können zwei Arten von Fehlern (in Bezug auf das Warten) vorkommen: einerseits fehlendes Warten, andererseits zusätzliches Warten.
Die Fehlerart des fehlenden Wartens kommt in Teil 3 von Beispiel 14.1.2 vor: Wenn der lesende Zugriff auf Variable x (in y:=x) nicht auf den schreibenden Zugriff auf diese Variable in x:=y wartet, kann es zu einem unbestimmten (undefinierten) Wert bei der Ausführung von y:=x kommen.

Die Fehlerart des zusätzlichen Wartens eines Prozesses kann folgendes bedeuten:

(a) ein Prozeß wartet unnötig lange auf Nachrichten bzw. Zustandswechsel anderer Prozesse, aber das Warten hat schließlich ein Ende;

(b) ein Prozeß wartet unendlich lange auf Nachrichten bzw. Zustandswechsel anderer Prozesse.

Im Fall (a) liegt ein ineffizientes Verhalten vor, was höchstens bei Echtzeitsystemen (genaueres siehe Abschnitt 14.5.1) zu falschem Verhalten führt. Im Fall (b) ist der fragliche Prozeß für alle Ewigkeit blockiert. Dies ist i. allg. ein unerwünschtes Verhalten. Dabei können wieder mehrere Fälle unterschieden werden:

i. Das unendlich lange Warten ist nicht zwingend durch die Konstruktion des Gesamtsystems bedingt, sondern nur durch eine unglückliche (zufällige) Verkettung von Umständen bzw. ein unfaires Verhalten der anderen Prozesse. In diesem Falle spricht man von **Verhungern** (starvation bzw. livelock).

ii. In keinem Fall nimmt das Gesamtsystem in der Zukunft einen Zustand an, in dem das Warten des Prozesses ein Ende hat. In diesem Fall spricht man von **Verklemmung** (deadlock) des Prozesses. Wenn alle Prozesse eines Systems im Wartezustand sind, dann ist das gesamte System für alle Ewigkeit blockiert und man spricht von **globaler Verklemmung.** Warten dagegen nur einige Prozesse jeweils im Kreis auf Zustandswechsel, die nur eintreten können, wenn andere wartende Prozesse aus dieser Prozeßmenge fortschreiten, so wird von **zirkulärer Verklemmung** eines Teilsystems (von Prozessen) gesprochen.

Bei fehlendem Warten gibt es Operationsfolgen aus zwei verschiedenen Prozessen, die sich unzulässigerweise überlappen. Beim unendlich langen Warten (beim Verhungern und bei Verklemmungen) sind vorher Operationsfolgen ausgeführt worden, die nicht ausgeführt werden sollten, da sie in diese ungewollten Systemzustände geführt haben. Bei unnötigem Warten liegt dagegen der gegenteilige Fall vor: einige Operationsfolgen können nicht ausgeführt werden, obwohl sie — laut Spezifikation —

ausführbar sein sollten. In jedem Fall lassen sich die vorgestellten Fehler (fehlendes oder zusätzliches Warten) also abstrakt als **Synchronisationsfehler** bezeichnen.

Das Konzept der Synchronisationsfehler wird im folgenden formal definiert, wobei folgende Annahmen gemacht werden:

1. (a) Die Prozesse des Programmsystems P werden auf einem Monoprozessor ausgeführt (daher läßt sich eine *Folge* von Operationen beobachten), oder

   (b) die (auf einem Multiprozessor) nebenläufig ausgeführten Operationen werden — bei der Beschreibung — als Folge (sequentiell) angeordnet.

2. Es werden nur Systeme von Prozessen betrachtet, die über Nachrichtenaustausch kommunizieren (vgl. S. 379, s. dort Fußnote 3).

Das nichtdeterministische Verhalten solcher Systeme hängt nur davon ab, welche Ereignisse in den Kommunikations- bzw. Synchronisationsanweisungen (z. B. *send/receive*) auftreten. Daher kann von allen sonstigen Operationen abstrahiert werden und eine Ausführung des Programmsystems P kann als eine Folge von Synchronisationsereignissen beschrieben werden. Eine solche Folge wird **Synchronisationssequenz** bzw. kurz **SYN-Sequenz** genannt. SYN-Sequenzen werden danach unterschieden, ob sie tatsächlich in der Implementation auftreten können oder ob sie — laut Spezifikation — auftreten dürfen bzw. sollen.

DEFINITION 14.1.1 (GÜLTIGE/AUSFÜHRBARE SYN-SEQUENZ)
Sei S die Spezifikation, I die Implementation und x die Eingabe[4] eines nebenläufigen Systems P.

1. *Eine SYN-Sequenz f heißt* **gültig** *für P bei der Eingabe von x g. d. w. f laut Spezifikation S bei Eingabe von x in P erzeugbar sein sollte. (Andernfalls heißt f* **ungültig***). G(P, x) sei die Menge aller gültigen SYN-Sequenzen für P bei Eingabe von x.*

2. *Eine SYN-Sequenz f heißt* **ausführbar** *für P bei der Eingabe von x g. d. w. f bei Eingabe von x in I erzeugt werden kann. (Andernfalls heißt f* **unausführbar***.) A(P, x) sei die Menge aller ausführbaren SYN-Sequenzen bei Eingabe von x in die Implementation I von P.*

Wegen des nichtdeterministischen Verhaltens nebenläufiger Programmsysteme kann es zu jeder Eingabe x mehrere gültige bzw. ausführbare SYN-Sequenzen geben. Im Normalfall sollten die ausführbaren mit den gültigen SYN-Sequenzen übereinstimmen, d. h. es sollte $G(P,x) = A(P,x)$ gelten; andernfalls liegt ein Fehler vor.

---

[4]Zur Eingabe kann auch die Angabe des Zustands (Inhalts) einer Datei oder Datenbank gehören, außerdem kann die Eingabe bei interaktiven Programmen aus einer Folge von Eingabewerten bestehen (s. Definition 3.5.2.3 auf Seite 61).

DEFINITION 14.1.2
*Ein nebenläufiges Programmsystem P enthält einen **Synchronisationsfehler** genau dann wenn eine Eingabe x von P mit $G(P,x) \neq A(P,x)$ existiert.*

Falls $G(P,x) \neq A(P,x)$ gilt, ist mindestens eine der folgenden Aussagen wahr:

1. Es gibt mindestens eine ausführbare SYN-Sequenz f für P bei Eingabe von x, die nicht gültig ist.

2. Es gibt mindestens eine gültige SYN-Sequenz f für P bei Eingabe von x, die nicht ausführbar ist.

Der Fall 1 ist ein Fehler, bei dem sehr wahrscheinlich eine falsche Ausgabe produziert wird. Im Fall 2 wird normalerweise keine falsche Ausgabe produziert; das implementierte System hat aber unzulässige Einschränkungen und sollte deshalb auch als fehlerhaft angesehen werden.
Eine SYN-Sequenz, die zu einer Verklemmung führt, sollte normalerweise laut Spezifikation ungültig sein. Wenn sie dennoch ausführbar ist, liegt mit der Verklemmung ein spezieller Synchronisationsfehler (von Fall 1) vor.
Das folgende Beispiel erläutert einen Synchronisationsfehler für Fall 2.

BEISPIEL 14.1.5 (ERZEUGER-VERBRAUCHER-PROBLEM)
Ein nebenläufiges System EV zur Lösung des Erzeuger-Verbraucher-Problems mit der Puffergröße 2 (analog zum Speicher von Beispiel 14.1.4 spezifiziert) läßt sich — wie in Abbildung 14.1 dargestellt — veranschaulichen.

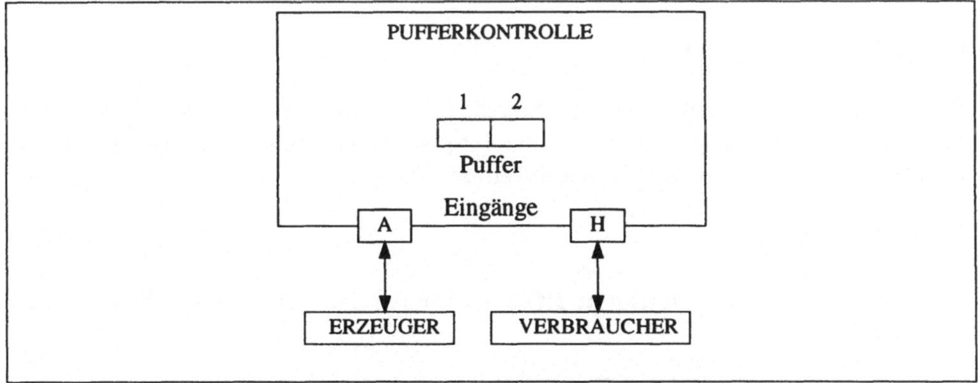

Abb. 14.1: Erzeuger-Verbraucher-System

Die Synchronisation der drei Prozesse PUFFERKONTROLLE, ERZEUGER und VERBRAUCHER erfolgt über die Operationen „Ablegen" und „Holen", die durch die Synchronisationsereignisse A und H dargestellt werden. (In Ada sind A und H z. B. jeweils ein entsprechendes Rendezvous.)

*Wenn der Prozeß ERZEUGER dreimal „Ablegen" aufruft und der Prozeß VER-
BRAUCHER dreimal „Holen" aufruft, gibt es genau vier gültige SYN-Sequenzen
(siehe Übung 14.2). Wenn die Implementation dagegen nur das Speichern eines
Elements (anstatt von zwei Elementen) im Puffer erlaubt, dann ist nur die SYN-
Sequenz AHAHAH ausführbar. Die vom Erzeuger abgelegten drei Elemente werden
vom Verbraucher in der richtigen Reihenfolge geholt. Das Verhalten des Systems
ist also korrekt. Dennoch hat das System mit Puffergröße 1 den Fehler, daß gültige
SYN-Sequenzen, z. B. AHAAHH, im System nicht ausführbar sind. In diesen Fällen
wird der ERZEUGER beim Ablegen unnötig blockiert (da die Teilsequenz AA nicht
möglich ist), und der VERBRAUCHER muß beim Holen ebenfalls unnötig warten
(da die Teilsequenz HH nicht ausführbar ist).*

14.2   Grundsätzliche Modelle, Probleme und Lösungen

14.2.1   Beschreibung von nebenläufigen Programmsystemen durch Modelle

Um Test- und Analyseverfahren in allgemeiner Form vorstellen zu können, müssen
Modelle vorliegen, die von den konkreten Ausprägungen der nebenläufigen Programme und Programmiersprachen abstrahieren und nur die benötigten, wesentlichen Eigenschaften der nebenläufigen Programme beschreiben. Bei sequentiellen Programmen sind dies z. B. Pfadausdrücke, endliche Automaten, Kontrollfluß- und Datenflußgraphen. Diese Modelle sind in angepaßter bzw. erweiterter Form ebenfalls für
nebenläufige Systeme geeignet.

14.2.1.1 Pfadausdrücke

Zur Spezifikation der zulässigen nebenläufigen Abläufe von Prozessen bieten sich
wieder Pfadausdrücke an, die gegenüber (sequentiellen) Pfadausdrücken um Konstrukte für nebenläufiges Ausführen erweitert sind.

DEFINITION 14.2.1

1. *Die Syntax der* **nebenläufigen Pfadausdrücke** *über einer Menge F ist folgendermaßen definiert:*

   (a) *Ein Pfadausdruck (nach Def. 5.1.1[5]) ist auch ein nebenläufiger Pfadausdruck.*

   (b) *Wenn P und Q nebenläufige Pfadausdrücke sind, so auch*

---

[5] Ein sequentieller Pfadausdruck nach Def. 5.1.1 ist ein leerer Pfadausdruck, ein Element aus F
oder wird daraus mit Sequenz, Alternative, Option oder Wiederholung gebildet.

    i. $P + Q$, *die* **Nebenläufigkeit** *von P und Q,*

   ii. $\{P\}$, *die* **Simultanität** *von P.*

(c) *Nur ein durch (a) und (b) gebildeter Ausdruck ist ein nebenläufiger Pfadausdruck, im folgenden auch einfach* **Pfadausdruck** *genannt.*

2. *Die Bedeutung der Pfadausdrücke entspricht der Namenswahl für die verschiedenen Ausdrücke:*

  (a) *Die Bedeutung von sequentiellen Ausdrücken ist in Teil 2 von Definition 5.1.1 erläutert.*

  (b)   i. *Bei der Nebenläufigkeit von P und Q dürfen die „Elementarereignisse aus F", die in P und Q enthalten sind, beliebig überlappt (d. h. nacheinander oder gleichzeitig) vorkommen, allerdings muß die durch P bzw. Q vorgeschriebene Reihenfolge eingehalten werden.*

      ii. *Bei der Simultanität von P dürfen die durch P spezifizierten Reihenfolgen beliebig oft nebenläufig zu sich selbst (d. h. gleichzeitig oder nacheinander) ausgeführt werden.*

14.2.1.2 Endliche Automaten und Flußgraphen

In vielen Fällen bietet sich — wie bei sequentiellen Systemen — eine Beschreibung des spezifizierten Verhaltens durch endliche Automaten (anstelle von Pfadausdrücken) an. Dabei beschränkt man sich meist auf die Beschreibung der gültigen SYN-Sequenzen, da eine Beschreibung der echten Nebenläufigkeit eine komplizierte Form von Automaten erfordert. Für das Erzeuger-Verbraucher-Problem (s. Beispiel 14.1.5) läßt sich z. B. ein endlicher Automat angeben, der die erlaubten Folgen der Operationen *Holen* und *Ablegen* beschreibt (s. Übung 14.3).

Zur Beschreibung von vorliegenden, implementierten, durch Nachrichtenaustausch kommunizierenden Systemen von parallelen Prozessen bieten sich — wie im sequentiellen Fall — Kontrollflußgraphen bzw. Datenflußgraphen für die einzelnen Prozesse an, wobei die Synchronisationen durch besondere Synchronisationskanten dargestellt werden.

DEFINITION 14.2.2
Ein System von parallelen Prozessen P_i, $i = 1, \ldots, n$, wird durch eine Menge von synchronisierten Flußgraphen F_i, $i = 1, \ldots, n$, mit zusätzlichen Synchronisationskanten S dargestellt.

1. *Dabei besteht jeder* **synchronisierte Flußgraph** $F_i = (N_i, K_i, a_i, E_i)$ *aus:*

- *einer Menge von Knoten N_i, wobei jeder Knoten eine Anweisung von P_i repräsentiert (die als nächstes ausgeführt werden kann)[6];*

- *einer Menge von gerichteten Kanten K_i, wobei jede Kante k von Knoten n nach Knoten m den möglichen Kontrollfluß zwischen den Anweisungen in P_i beschreibt, die zu den Knoten n und m gehören;*

- *einem Anfangsknoten a_i (ein Knoten, der die erste von P_i auszuführende Anweisung beschreibt);*

- *einer Menge E_i von Endknoten (Knoten, die eine letzte von P_i auszuführende Anweisung beschreiben), wobei E_i auch leer sein kann, wenn Prozeß P_i nie terminiert.*

2. *Die* **Synchronisationskanten** *von S verbinden Knoten aus verschiedenen Flußgraphen F_i und F_j, $i \neq j$. Diese Kanten sind — je nach Art der Synchronisation — gerichtet oder ungerichtet.*

- *Eine* **gerichtete** *Synchronisationskante von Knoten m nach Knoten n bedeutet, daß die entsprechenden Anweisungen so zu synchronisieren sind, daß erst nach Ausführung der zu m gehörenden Anweisung die zu n gehörende Anweisung ausgeführt werden darf.*

- *Eine* **ungerichtete** *Synchronisationskante zwischen Knoten m und Knoten n bedeutet, daß ein Rendezvous der zu m und n gehörenden Anweisungen erfolgen soll, d. h. die Anweisungen sollen „gleichzeitig"[7] stattfinden.*

3. *Bei* **reduzierten synchronisierten Flußgraphen** F_i^r *werden nur die auszuführenden Synchronisationsanweisungen[8] oder Strukturierungsanweisungen[9] durch Knoten dargestellt.*
Eine Kante führt von einem Knoten n zu einem Knoten m in F_i^r, wenn in dem (nicht reduzierten) Flußgraphen F_i ein Weg von n nach m existiert, der (außer n und m) keine Knoten des reduzierten Flußgraphen F_i^r enthält. Die Synchronisationskanten S sind dieselben wie bei den nicht reduzierten Flußgraphen $F_i, i = 1, \ldots, n$.

---

[6] Faßt man die Knoten (wie bei einem Automaten) als Zustände auf, sind die Anweisungen die „Transitionen", die eigentlich den Kanten zugeordnet werden müssen. Die hier vorgestellte Darstellung entspricht aber der üblichen Flußdiagrammnotation und erlaubt die Zuordnung der Synchronisationskanten (s. Teil 2) zu den Knoten.

[7] Bei Ausführung auf einem Monoprozessor bedeutet „gleichzeitig", daß die in F_i bzw. F_j jeweils folgende Anweisung erst ausgeführt werden darf, wenn beide zum Rendezvous gehörenden Anweisungen ausgeführt wurden.

[8] z. B. *accept, select, delay, task begin/end*

[9] *subprogram call/begin/end/return* oder *block begin/end*, wenn das Unterprogramm oder der Block Synchronisationsanweisungen enthalten.

Bei reduzierten synchronisierten Flußgraphen konzentriert man sich bei der Beschreibung also auf die Synchronisationsanweisungen und spart damit Knoten (und somit Beschreibungsaufwand) ein.

BEISPIEL 14.2.1 (ESSENDE PHILOSOPHEN)
Das Verhalten von zwei essenden Philosophen (2-Philosophen-Problem) läßt sich durch die reduzierten synchronisierten Flußgraphen aus Abbildung 14.2 beschreiben. Dabei stellt Zustand P_{ij} die Anweisung Nummer j (aus Beispiel 14.1.3) von Philosoph i dar. Entsprechend bezeichnet F_{ij} die j-te Anweisung von FORK i.

Wie in Abbildung 14.2 zu sehen, ist die Darstellung von nebenläufigen Systemen als reduzierte synchronisierte Flußgraphen zwar ziemlich kompakt, es fehlt aber eine schnelle Erfassung der möglichen Zustände und Übergänge des gesamten Systems auf einen Blick.

Diese Gesamtschau erhält man, wenn die Knoten der einzelnen (reduzierten) Flußgraphen F_i als Teilzustände des gesamten Systems aufgefaßt werden. Die Zustände sind also n-Tupel, deren Komponenten die Zustände (Knoten) aus den n Flußgraphen sind (evtl. ergänzt um den Zustand „inaktiv"). Von den Variablenwerten der einzelnen Prozesse wird dabei vollständig abstrahiert, was wiederum Beschreibungsaufwand einspart (allerdings auch Beschreibungsgenauigkeit einbüßt). In dem Gesamtsystem gibt es eine **Transition** (einen Zustandsübergang) von einem Zustand $z = (z_1, z_2, \ldots, z_n)$ zu einem Zustand $z' = (z'_1, z'_2, \ldots, z'_n)$, wenn für alle $i = 1, \ldots, n$ jeweils eine der folgenden vier Bedingungen gilt:

1. (z_i, z'_i) ist ein Übergang in F_i,

2. $z_i =$ inaktiv und $z'_i = a_i =$ Anfangszustand von F_i,

3. z_i ist Endzustand von F_i und $z'_i =$ inaktiv,

4. $z'_i = z_i$ (keine Änderung in F_i).

Da im Fall 4 nichts beim i-ten Prozeß passiert, muß für mindestens ein i $(1 \leq i \leq n)$ eine der Bedingungen 1, 2, oder 3 zutreffen, bei denen in F_i ein Übergang stattfindet. Im Fall 1 kann dabei der Transition t noch als **Beschriftung** die Anweisung zugeordnet werden, die im Knoten z_i von F_i als nächstes ausgeführt werden kann (beim Übergang nach z'_i).
In den Fällen 1, 2 und 3 sind die Übergänge nur erlaubt, wenn die zugehörigen Synchronisationskanten (siehe Teil 2 von Def. 14.2.2) dies zulassen. Bei einem Rendezvous zwischen Prozeß P_i und P_j muß also z. B. gleichzeitig Fall 1 für Flußgraph F_i und Flußgraph F_j vorliegen. Für ein nebenläufiges System von Prozessen P_i mit zugehörigen (reduzierten) Flußgraphen F_i $(i = 1, \ldots, n)$ wird der nach obigem Konzept konstruierte endliche Automat **(reduzierter) Nebenläufigkeitsautomat** (von $\{P_i\}$ bzw. $\{F_i\}$) genannt.

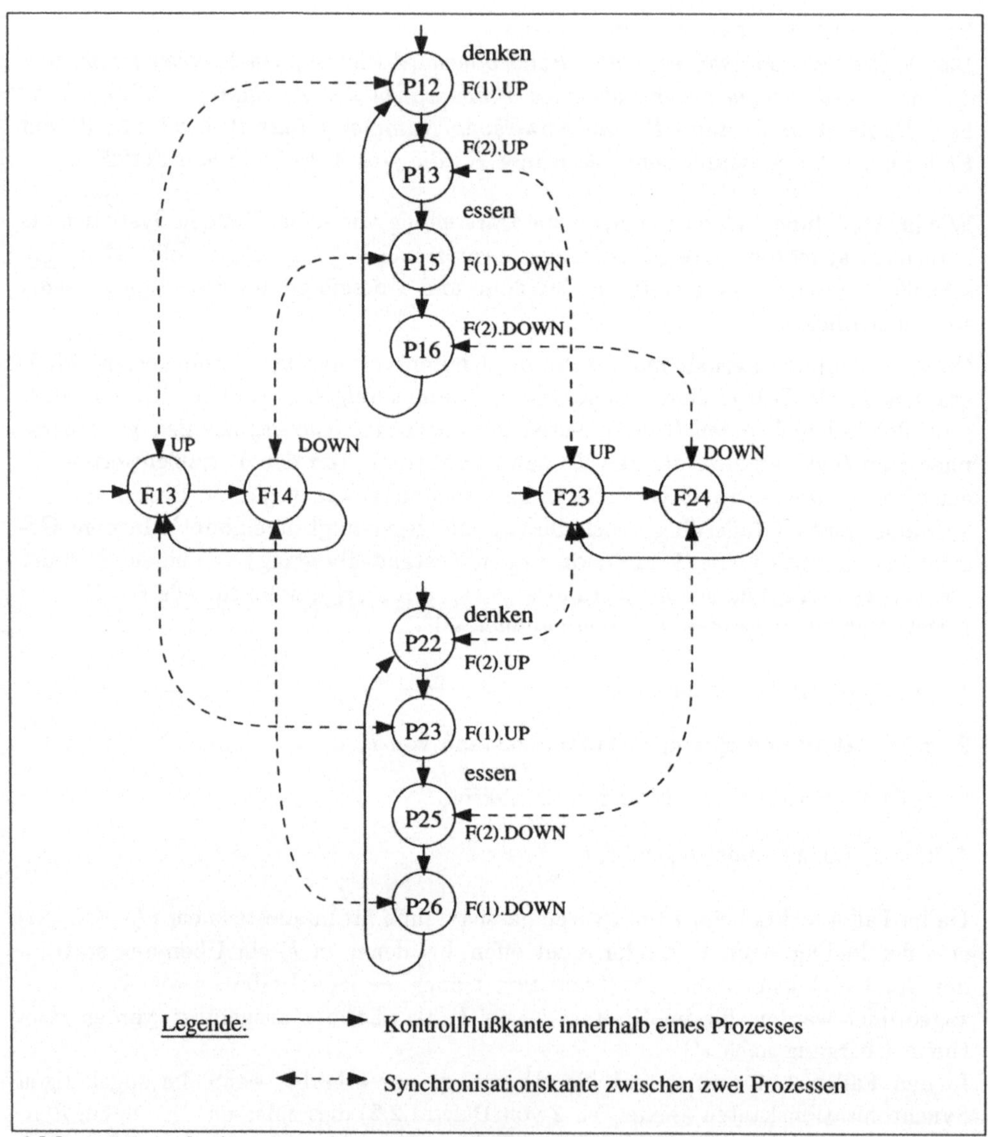

Abb. 14.2: reduzierte synchronisierte Flußgraphen für das 2-Philosophen-Problem

Beispiel 14.2.2 (Essende Philosophen)
Die reduzierten synchronisierten Flußgraphen aus Abbildung 14.2 ergeben den reduzierten Nebenläufigkeitsautomaten aus Abbildung 14.3, der das Verhalten von zwei essenden Philosophen beschreibt.

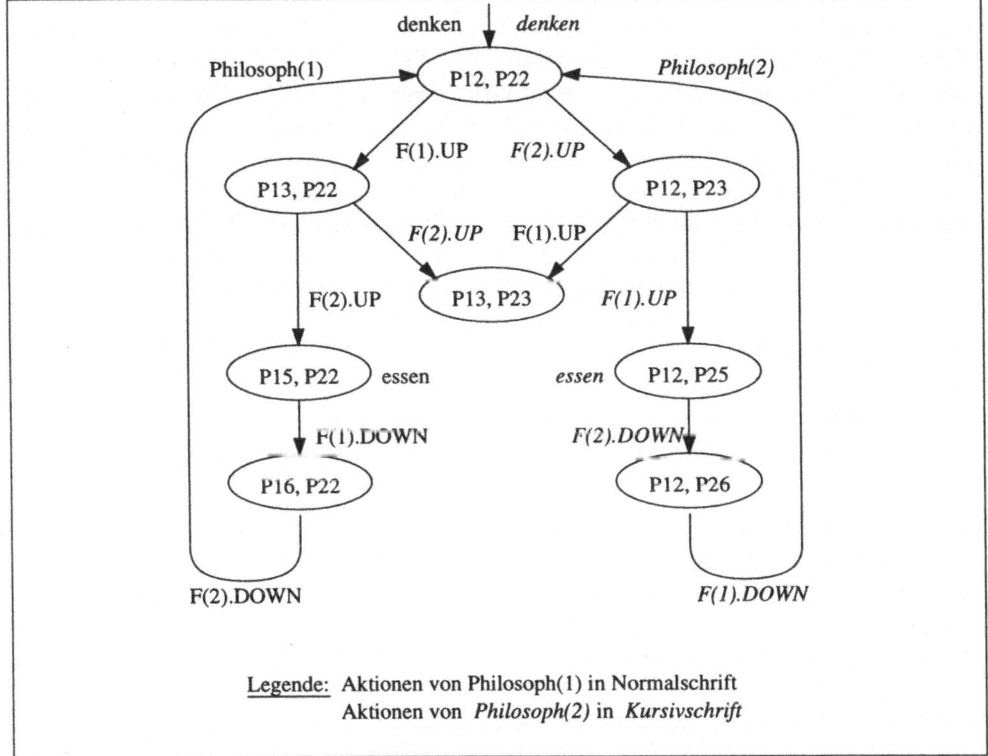

Abb. 14.3: reduzierter Nebenläufigkeitsautomat des 2-Philosophen-Problems

Bei der Modellierung mit Nebenläufigkeitsautomaten wird der Aufwand für die Analyse dadurch reduziert, daß alle Zustände mit gleichem Kontrollzustand aber unterschiedlichen Variablenwerten zu einem Zustand zusammengefaßt werden. Für eine genauere Datenflußanalyse und für eine genauere Analyse des sich verzweigenden Kontrollflusses zwischen Synchronisationsanweisungen eines Prozesses müssen die Variablenwerte aber berücksichtigt werden. Um den Analyseaufwand zu begrenzen, müssen einige Wege durch den Zustandsraum oder nur ein Teil der Zustände ausgewählt werden. Die Analyse kann daher natürlich nur gültige Aussagen über diesen Teil des Automaten (bzw. des repräsentierten Systems) machen. Dennoch kann ein solches Vorgehen nützlich sein, um sich z. B. zu vergewissern, daß kritische Systemteile oder -abläufe korrekt funktionieren.

Eine andere Möglichkeit zur Begrenzung des Analyseaufwands besteht darin, die möglichen Variablenwerte in endlichen Klassen zusammenzufassen (genaueres s. [Ber 95]).

Der Aufwand für die Konstruktion des Nebenläufigkeitsautomaten kann folgendermaßen abgeschätzt werden: wenn der i-te reduzierte synchronisierte Flußgraph F_i^r eine Anzahl von m_i Knoten bzw. Zuständen hat ($i = 1, \ldots, n$), dann kann der Nebenläufigkeitsautomat im schlimmsten Fall $\prod_{i=1}^{n} m_i$ Zustände haben. (Das ist der Fall, in dem jeder Zustand eines Flußgraphen in jeder Kombination mit den Zuständen der anderen Flußgraphen vorkommt.) Nimmt man an, daß alle Flußgraphen etwa gleich viele Zustände — nämlich m — haben, ist die Zustandsanzahl des Nebenläufigkeitsautomaten und damit der Berechnungsaufwand (Zeitaufwand) für den Algorithmus im schlimmsten Fall von der Ordnung $O(m^n)$; der Aufwand steigt also exponentiell mit der Anzahl n der Flußgraphen (bzw. der Anzahl der Prozesse). Nur wenn der Kontrollfluß innerhalb der Flußgraphen stark eingeschränkt ist, kann man mit einem (praktisch akzeptablen) linear wachsenden Berechnungsaufwand für den Algorithmus rechnen.

Der Berechnungsaufwand kann natürlich auch dadurch reduziert werden, daß man die Anzahl n der *gleichzeitig* zu betrachtenden Flußgraphen (bzw. Prozesse) klein hält. Das ist dann möglich, wenn Prozesse praktisch nicht miteinander kommunizieren.

Aus den (reduzierten) Nebenläufigkeitsautomaten lassen sich leicht die Folgen von (Synchronisations-)Operationen bzw. -Ereignissen ableiten, die in dem beschriebenen System von parallelen Prozessen möglich sind, d. h. die ausführbaren SYN-Sequenzen im Sinne von Definition 14.1.1.

DEFINITION 14.2.3
Sei A ein (reduzierter) Nebenläufigkeitsautomat.

1. *Eine endliche Folge $z = (z_0, \ldots, z_n)$ ist eine* **Zustandssequenz** *(von A) g. d. w. für alle $i = 1, \ldots, n$ der Übergang von z_{i-1} nach z_i ein erlaubter Zustandsübergang (eine Transition) in A ist.*

2. *Eine endliche Folge $t = (t_1, \ldots, t_n)$ ist eine* **Transitionssequenz** *(von A) g. d. w. es eine Zustandssequenz $z = (z_0, \ldots, z_n)$ von A gibt mit $t_i = (z_{i-1}, z_i)$ für alle $i = 1, \ldots, n$.*

3. *Eine endliche Folge $s = (s_1, \ldots, s_n)$ ist eine* **Synchronisationssequenz** *(von A) g. d. w. es eine Transitionssequenz $t = (t_1, \ldots, t_n)$ von A gibt, so daß für alle $i = 1, \ldots, n$ gilt: s_i ist die zu t_i gehörende Beschriftung mit einem Synchronisationsereignis.*

BEISPIEL 14.2.3 (ESSENDE PHILOSOPHEN)
*Für den Nebenläufigkeitsautomaten des Philosophenproblems aus Abbildung 14.3
ergeben sich z. B. die in Tabelle 14.1 (hier vertikal angeordneten) Sequenzen.
$P(i).F(j).UP$ bezeichnet dabei das Synchronisationsereignis, daß Philosoph i die Gabel (Fork) j aufnimmt (analog für DOWN).*

Zustandssequenz	Synchronisationssequenz
(P12, P22)	P(1).F(1).UP
(P13, P22)	P(1).F(2).UP
(P15, P22)	P(1).F(1).DOWN
(P16, P22)	P(1).F(2).DOWN
(P12, P22)	P(1).F(1).UP
(P13, P22)	P(2).F(2).UP
(P13, P23) (Endzustand)	(Verklemmung)

Tab. 14.1 Zustands- und Synchronisationssequenz des 2-Philosophen-Problems

Mit Hilfe von SYN-Sequenzen, nebenläufigen Pfadausdrücken, endlichen Automaten, Nebenläufigkeitsautomaten und Zustands-, Transitions- und Synchronisationssequenzen kann nun das spezifizierte oder realisierte Verhalten von parallelen Programmen beschrieben werden. Damit liegt eine Basis für die statische Analyse und die dynamische Analyse (das Testen) dieser Systeme vor.

14.2.2 Probleme und Lösungen beim Testen nebenläufiger Programme

Für das Testen von nebenläufigen Programmen hat das nichtdeterministische Verhalten eine gravierende Konsequenz: ein Test mit einem Testdatum (vgl. Definition 3.5.2.2 auf S. 61) ist nicht generell reproduzierbar, da bei der Ausführung verschiedener Wege i. allg. auch verschiedene Ergebnisse erzeugt werden. Dieses Problem läßt sich nur dadurch lösen, daß zunächst die Begriffe des Tests und des Testdatums angemessener gefaßt werden und in einem zweiten Schritt Konzepte vorgestellt werden, wie Tests (im neuen Sinne) ausgeführt und reproduziert werden können.

DEFINITION 14.2.4
Sei P ein System kommunizierender Prozesse.
Ein **(reproduzierbares) Testdatum** *t für P ist ein Tripel (x,s,y), wobei x ein Eingabedatum für P, s eine SYN-Sequenz von P bei Eingabe von x, y ein[10] zulässiges Solldatum bei Eingabe von x ist[11].*

---

[10] Wie in Definition 3.5.2.4 auf S. 61 sollen hier mehrere gewünschte Ergebnisse zugelassen werden.
[11] vgl. Seite 382 zum Begriff SYN-Sequenz und die Definitionen 3.5.2.3 und 3.5.2.4 auf S. 61 von Eingabedatum und Solldatum

Beim Testen mit reproduzierbaren Testdaten der Form (x, s, y) ist zu beachten, daß bei der Eingabe von x in die Implementation von P nur eine *ausführbare* SYN-Sequenz s erzeugt werden kann, die gültig oder ungültig sein kann (vgl. Definition 14.1.1). Im zweiten Fall („ungültig") wird damit ein Synchronisationsfehler aufgedeckt (siehe Definition 14.1.2). In beiden Fällen kann das tatsächlich erzeugte Ergebnis y' mit einem Solldatum y übereinstimmen oder davon unzulässig abweichen (Fehlerfall). Wenn s eine gültige, aber nicht ausführbare SYN-Sequenz für P bei Eingabe von x ist, gibt es zwei Möglichkeiten bei dem Versuch, den Test mit (x, s, y) auszuführen:

1. der Testvorgang führt zu einer Verklemmung,

2. der Testvorgang erzeugt eine ausführbare, verklemmungsfreie SYN-Sequenz s', die verschieden von s ist.

Bei einem unveränderten System P wird beim (dynamischen) Testen meist der Fall 2 auftreten. Wenn aber das System P oder seine Umgebung verändert wird, um eine reproduzierbare Ausführung von (x, s, y) zu erzwingen, wird Fall 1 auftreten.

Die reproduzierbare Ausführung von Tests (auf einem Monoprozessor) kann durch Scheduler-, Uhr- oder Aufrufkontrolle erzwungen werden.

Beim Ansatz der **Schedulerkontrolle** wird ausgenutzt, daß der Scheduler des Betriebssystems eines Monoprozessors wesentlichen Einfluß darauf hat, welcher Prozeß als nächster für die Verarbeitung ausgewählt wird. Durch gezielte Veränderung des Schedulers kann man also eine bestimmte Reihenfolge der Prozeßaktivierungen und Prozeßsuspendierungen und damit die gewünschte SYN-Sequenz s erzeugen.

Beim Ansatz der **Uhrkontrolle** wird der zeitliche Ablauf nebenläufiger Prozesse kontrolliert. Dazu muß für alle Prozesse eine virtuelle Zeit simuliert werden, etwa von einem entsprechenden „Uhr"-Monitor. Prozesse können sich damit für eine bestimmte Anzahl von (virtuellen) Zeiteinheiten — sogenannten **Ticks** — verzögern. Jeder Tick kann dabei andere verzögerte Prozesse wieder in Gang setzen. Definiert man für jeden Prozeß an den richtigen Stellen im Programmablauf Verzögerungsanweisungen mit passenden Verzögerungszeiten (Anzahl der Ticks), kann gerade das Gewünschte erreicht werden: Im Zeitintervall i (nach dem i-ten Tick) ist genau der Prozeß aktiv, der in der geforderten SYN-Sequenz an i-ter Stelle steht.

Der Ansatz der **Aufrufkontrolle** setzt voraus, daß die kommunizierenden Prozesse ihre Synchronisation über einen Monitor oder ähnliche Konstrukte (z. B. sogenannte *entry calls* in der Sprache Ada) abwickeln. Der Monitor nimmt die Prozeduraufrufe aller Prozesse entgegen, verzögert sie aber so, daß die gewünschte Ausführungsreihenfolge der Prozedurausführungen erzeugt wird.

Die drei vorgestellten Verfahren sind unterschiedlich aufwendig, automatisierbar und einsetzbar.

Die Schedulerkontrolle hat diverse Nachteile. Sie ist

- sehr aufwendig,

- nur wenig automatisierbar (da für jede SYN-Sequenz die Eingriffe in den Scheduler neu geplant werden müssen),

- nur mit detaillierten Betriebssystemkenntnissen implementierbar,

- nur bei Ausführung auf Monoprozessoren einsetzbar.

Von Vorteil ist, daß das reale Zeitverhalten des Systems wenig verfälscht wird.

Die Uhrkontrolle hat folgende Nachteile:

- Die Spezifikation der Verzögerungsanweisungen ist kompliziert und damit feh leranfällig, da die genaue Länge der notwendigen Verzögerungen nur mit Kenntnissen über den Scheduler bestimmt werden kann. Der Test selbst kann also zusätzliche Fehler erzeugen.

- Für jede SYN-Sequenz müssen neue Verzögerungsanweisungen definiert werden.

- Durch das Konzept der virtuellen Zeit wird das reale Zeitverhalten des Systems verfälscht.

Die Aufrufkontrolle hat ebenfalls den bei der Uhrkontrolle zuletzt genannten Nachteil:

- Durch den zusätzlichen Kontrollprozeß (Monitor) wird das reale Zeitverhalten des Systems verfälscht.

Von Vorteil ist die folgende Eigenschaft:

+ Das Verfahren ist gut zu automatisieren: Das Programmsystem P muß nur in ein System P' transformiert werden, bei dem alle Aufrufe von Prozeduren (oder „entry calls") zu einem Kontrollprozeß (Monitor) umgeleitet werden. Dieser Kontrollprozeß vergleicht die Aufrufe mit dem nächsten auszuführenden Ereignis der vorgegebenen SYN-Sequenz und stellt einen Aufruf zurück, wenn er noch nicht an der Reihe ist.

Die Schedulerkontrolle ist also nur für den (sehr) aufwendigen Test von Monoprozessorsystemen mit harten Realzeitbedingungen — ein unwahrscheinlicher Fall — zu empfehlen. Die Uhrkontrolle ist nur beim Testen von kleinen nebenläufigen Systemen oder für die Simulation von nebenläufigen Programmen sinnvoll einsetzbar, bei denen es auf die realen Zeitbedingungen nicht ankommt. Die Aufrufkontrolle ist wegen der guten Automatisierbarkeit bei großen Programmsystemen zu empfehlen.

Sie ist sogar bei verteilten Systemen einsetzbar, wenn die Realzeitbedingungen nicht hart sind (genaueres s. Kapitel 14.5).

Das Problem des unvorhersehbaren Programmverhaltens ist mit den drei vorgestellten Ansätzen im Prinzip gelöst. In der Praxis ist die Implementierung des Monitors oder die Veränderung des Schedulers sowie die Spezifikation der zu durchlaufenden SYN-Sequenzen aber eine zeitintensive, mühsame Aufgabe für das Testpersonal. Daher werden oft nur bestimmte, besonders fehleranfällige Situationen hergestellt. Ein Beispiel dafür sind sogenannte **Streßtests**, bei denen die Reaktion des Systems auf eine sehr große Last — eine Überlast — getestet wird. Dabei wird gleichzeitig eine Vielzahl von Anforderungen an das System herangetragen; beispielsweise werden viele schreibende Prozesse erzeugt, die gleichzeitig die Nachricht *ablegen* an den Speicher aus Beispiel 14.1.4 auf S. 380 schicken.

Ein Problem ist mit den drei vorgestellten Ansätzen zum reproduzierbaren Testen neu erzeugt worden: Das Zeitverhalten des Systems wird mehr oder minder stark verfälscht. Wenn die Einhaltung von Zeitbedingungen oder zeitlichen Abhängigkeiten getestet werden soll, ist zu prüfen, ob es toleriert werden kann, daß die Zeitbedingungen durch die vorgestellten Ansätze verändert werden. Dazu sind bei der Testplanung entsprechende **Toleranzwerte** zu definieren. Falls die Toleranzwerte beim Test mit den drei vorgestellten Ansätzen nicht eingehalten werden können, ist zusätzlich Hardware einzusetzen, die ohne Zeitverfälschung die entsprechende Testablaufsteuerung übernimmt.

14.2.3 Probleme und Annahmen bei der statischen Analyse und formalen Verifikation

Bei einer statischen Analyse von nebenläufigen Programmsystemen entfallen die Probleme des nichtreproduzierbaren Testens. Im Prinzip können alle möglichen Programmpfade (SYN-Sequenzen) unter allen möglichen Bedingungen überprüft werden. Die Ergebnisse gelten unabhängig von einer bestimmten Schedulerstrategie und von evtl. wechselnden Echtzeitbedingungen.

Dennoch ist mit dieser Vorgehensweise nicht der Stein der Weisen gefunden worden, da andere Einschränkungen und Probleme vorliegen:

1. Statische Analyse beschäftigt sich i. allg. nicht mit der funktionalen Korrektheit, sondern nur mit strukturellen Eigenschaften des Programmsystems.

2. Statische Analyse und formale Verifikation machen diverse Annahmen; z. B.:

    (a) Die Anzahl der erzeugten Prozesse darf eine vorgegebene Schranke nicht überschreiten (s. Abschnitt 14.3.1, Restriktion 3).

    (b) Alle Pfade durch das Programm sind ausführbar[12].

---

[12] Die Bestimmung nicht ausführbarer Wege ist i. allg. zu kompliziert und generell nicht entscheidbar (siehe Satz 11.2.2 auf S. 285).

3. Die Behandlung von dynamischen Strukturen und Arrays mit variablem Index bereitet Probleme, da die einzelnen Komponenten nicht statisch identifiziert werden können. Daher müssen solche Strukturen entweder ausgeschlossen werden oder (inadäquat) als eine Einheit behandelt werden (vgl. Abschnitt 12.2.2, S. 317).

4. Die Semantik der Programmiersprache muß eindeutig definiert sein. Das ist gerade bei den Aspekten Nebenläufigkeit, Nichtdeterminismus und Zeitverhalten schwierig und nicht bei allen Sprachen vollständig gelöst (vgl. Kapitel 12.3 und 12.4 für sequentielle Programme).

5. Trotz aller Einschränkungen benötigen die statischen Analyseverfahren für Systeme von kommunizierenden Prozessen einen mit der Problemgröße exponentiell steigenden Analyseaufwand (s. Abschnitt 14.2.1, S. 390).

14.3 Statische Analyse nebenläufiger Programme

Bei der statischen Analyse geht es darum, Fehler im Programm aufzudecken, ohne das Programm mit konkreten Daten auszuführen (vgl. Kapitel 12 für sequentielle Programme). Dazu muß das nebenläufige Programm in einer gut analysierbaren Form vorliegen. Es wird also ein Modell des nebenläufigen Programmsystems benötigt, welches das Systemverhalten möglichst vollständig und korrekt wiedergibt, aber einfacher analysierbar ist als der Programmtext. Da gezeigt werden kann, daß eine exakte Modellierung die Analyse zu komplex macht (sie ist dann NP-hart oder sogar unentscheidbar), müssen Abstriche gemacht werden. Dabei ist es sinnvoll, daß das Modell alle fehlerhaften Abläufe des Programmsystems beschreibt und möglicherweise auch fehlerhafte Abläufe, die im tatsächlichen Programmsystem nicht ausführbar sind. Damit ist man auf der sicheren (übervorsichtigen) Seite.

Bei der Modellierung des Programmsystems hat man — wie im sequentiellen Fall — die Alternative, das Verhalten durch endliche Automaten mit vielen Zuständen zu beschreiben oder durch ein Modell mit nur einem Zustand — aber sehr vielen Variablen und komplexen Bedingungen für die Transformation der Variablenwerte bei einem Schritt des Berechnungsablaufs. Dieser Ansatz entspricht dem axiomatischen Ansatz bei der Programmverifikation.

Der Ansatz mit den endichen Automaten ist gut geeignet, Kontrollfluß- und Synchronisationsprobleme zu beschreiben und entsprechende Fehler (Verklemmung, Terminierungsprobleme) aufzuzeigen. Der axiomatische Ansatz ist besser für den Nachweis der partiellen Korrektheit geeignet, d. h. dafür, daß das System bei korrekter Terminierung (oder korrektem ewigen Ablauf) die richtigen Variablenwerte berechnet.

14.3.1   Statische Analyse auf der Basis von endlichen Automaten

Als Vorbereitung für die statische Analyse ist die Konstruktion des (reduzierten oder nicht reduzierten) Nebenläufigkeitsautomaten aus dem vorliegenden nebenläufigen (Ada-)Programm erforderlich (s. Kapitel 14.2). Da der Nebenläufigkeitsautomat einen kompletten Überblick über die für die Synchronisierung relevanten Zustände des Gesamtsystems liefert, können mit seiner Hilfe die folgenden <u>Fragen</u> beantwortet werden:

1. Kann das System in eine globale Verklemmung geraten?

2. Kann ein Prozeß des Systems unendlich lange blockiert[13] werden, d. h. muß er unendlich lange auf ein Ereignis warten, das seinen Fortschritt erlaubt?

3. Kann ein bestimmtes Rendezvous zwischen zwei Prozessen auftreten bzw. wird es stets auftreten?

4. Welche Aktionen von Prozessen können parallel ausgeführt werden bzw. werden stets parallel ausgeführt? Gibt es dabei eine **gefährliche Parallelität**, d. h. das parallele Definieren und Referenzieren oder das parallele doppelte Definieren einer Variablen in zwei verschiedenen Prozessen?

Die Fragen 1 und 3 können direkt durch Betrachtung aller Zustände des (reduzierten) Nebenläufigkeitsautomaten A beantwortet werden: Das System kann in eine globale Verklemmung geraten, wenn A einen Endzustand (Zustand ohne Nachfolger) enthält, in dem nicht alle Prozesse ihren Endzustand (bzw. den Zustand „inaktiv") erreicht haben (vgl. Abbildung 14.3, Zustand $[P13, P23]$). Ein bestimmtes Rendezvous kann auftreten, wenn es einen Zustandsübergang in A gibt, der dieses Rendezvous beschreibt. Die Frage, ob ein bestimmtes Rendezvous stets auftreten wird, erfordert allerdings eine Nachbehandlung dieser Informationen mit graphentheoretischen Algorithmen (Propagierung der entsprechenden Informationen zum Anfangszustand von A, genaueres siehe [Tay 83], S. 375).
Frage 2 ist dann zu bejahen, wenn es einen Zyklus im Nebenläufigkeitsautomaten A gibt, d. h. wenn es eine Folge $t_1, \ldots, t_n$ von Transitionen (Zustandsübergängen) $t_i = (z_{i-1}, z_i)$ gibt $(i = 1, \ldots, n)$, die im selben Zustand $z_0 = z_n$ beginnt und endet, wobei für einen Prozeß P_j folgendes gilt: die j-te Zustandskomponente ist in allen Zuständen z_i $(i = 0, \ldots, n)$ identisch und beschreibt einen Zustand von Prozeß P_j, bei dem P_j auf das Eintreten eines Synchronisationsereignisses von einem anderen Prozeß wartet. Dies ist gerade der Fall, wenn P_j nicht im Endzustand (und nicht „inaktiv") ist (vgl. Abbildung 14.3, „linker" Zyklus mit identischer Zustandskomponente $P22$).
Die Frage 4 (nach parallelen Aktionen) kann ebenfalls durch genaue Betrachtung der Zustände des Nebenläufigkeitsautomaten A beantwortet werden. Für einen Zustand

---

[13]dies umfaßt Verklemmung und Verhungern

$z = (z_1, \ldots, z_r)$ von A, der ein System von r Prozessen beschreibt, sind jeder Zustandskomponente z_j die Anweisungen des Prozesses P_j zugeordnet, die als nächstes (in z_j) ausführbar sind. Für die Prozesse P_j und P_k sind also die den Zustandskomponenten z_j und z_k zugeordneten Anweisungen parallel ausführbar, wenn im Automat A das *nebenläufige* Verlassen der Zustandskomponenten z_j und z_k möglich ist. Das ist meistens der Fall, nur bei einem Rendezvous muß der Aufruf (*entry-call*) besonders behandelt werden (genaueres siehe [Tay 83], S. 374). Mit diesen Modifikationen können die möglichen parallelen Aktionen korrekt bestimmt werden. Die *stets* ausgeführten parallelen Aktionen erhält man wieder durch einen graphentheoretischen Algorithmus wie bei der Beantwortung von Frage 3 (Propagierung der entsprechenden Informationen zum Anfangszustand von A).

Die Analyseergebnisse sind allerdings nur unter gewissen Restriktionen für die beteiligten Prozesse und ihr Zusammenspiel gültig:

1. Die Prozesse müssen leicht identifiziert werden können. Eine Identifikation durch indizierte Ausdrücke mit variablem Index (z. B. Prozeß $P(i)$ mit Variable i) oder durch eine Kette von Zeigern auf entsprechende Objekte läßt sich i. allg. nicht statisch auflösen, d. h. es ist nicht statisch feststellbar, welcher Prozeß (welches Objekt) gemeint ist.

2. Echtzeitoperationen (z. B. Verzögerungsanweisungen) können nicht statisch ausgewertet werden, es sei denn, man kennt das exakte Verhalten von Hardware, Verteilalgorithmus (Scheduler) und Systemumgebung. Da dies meist nicht der Fall ist (weil die Zeiten unvorhersehbar schwanken können) kann nur eine *defensive* Analyse erfolgen: Die Analyseergebnisse gelten unter beliebigen Annahmen über das Zeitverhalten der Komponenten, d. h. es werden Fehler oder mögliche Fehler gemeldet, die unter den konkreten Bedingungen evtl. nicht auftreten können.

3. Bei der Modellierung wird eine feste Anzahl von Prozessen vorausgesetzt. Systeme mit dynamischer Erzeugung einer variablen Anzahl von Prozessen können also nicht richtig modelliert werden. Eine akzeptable Lösung des Problems besteht aber darin, die Anzahl der Prozesse, die simultan existieren können, zu begrenzen.

4. Die Gültigkeit der Antworten hängt davon ab, ob der (reduzierte) Nebenläufigkeitsautomat alle möglichen Verhaltensweisen modelliert. Eventuell werden bedenkliche Abläufe oder erreichbare Zustände moniert, die wegen bestimmter Variablenabhängigkeiten nicht auftreten können (vgl. Einleitung, S. 395, und Bemerkung zur Aufwandsreduzierung S. 389).

14.3.2 Axiomatischer Ansatz zur statischen Analyse

Der axiomatische Ansatz zur Beschreibung des Verhaltens nebenläufiger Systeme
erfordert — wie bei sequentiellen Systemen — als Basis eine Modellierung der Semantik der Programmiersprache durch Axiome und Schlußregeln. Dabei tritt wieder
das Problem auf, daß die Semantik aller Aspekte einer Sprache i. allg. nur mit erheb-
lichem Aufwand oder evtl. gar nicht formal beschrieben werden kann. Ein Beispiel
dafür sind Ausnahmen (exceptions) in Ada[14].

Das Vorgehen beim Beweis der partiellen Korrektheit eines Programmsystems basiert auf dem Vorgehen beim <u>formalen Verifizieren</u> sequentieller Programme (vgl.
Kapitel 12.4) und umfaßt folgende Schritte:

<u>Schritt 1</u> (lokaler Beweis):

Für jeden Prozeß des Systems wird das gewünschte Verhalten des Prozesses *unter
gewissen Annahmen über die anderen Prozesse* bewiesen.

<u>Schritt 2</u> (Kooperationsbeweis):

Die Beweise für die einzelnen Prozesse werden zu einem Beweis des Verhaltens des
Gesamtsystems kombiniert. *Dabei wird bewiesen, daß die Annahmen zutreffen, die
ein Prozeß bei Schritt 1 über die jeweils anderen Prozesse gemacht hat.*

Die kursiv hervorgehobenen Textstellen bezeichnen die Abweichungen vom Vorgehen bei sequentiellen Systemen, die (bei Schritt 1) nur Annahmen über ihr eigenes Verhalten (z. B. bei Schleifeninvarianten) machen müssen. Bei nebenläufigen
Systemen ist obiger Zusatz erforderlich. Falls die einzelnen Prozesse jederzeit auf
gemeinsame Variable zugreifen können, würde der Beweis sehr aufwendig. Bei jedem Berechnungsschritt des betrachteten Einzelprozesses müßte für alle möglichen
Berechnungen der anderen Prozesse gezeigt werden, daß die gewünschte Transformation der Variablenwerte erfolgt. Diesen Aufwand kann man nur vermeiden, wenn
man die Benutzung von gemeinsamen (globalen) Variablen verbietet — oder auf eng
beschränkte Abschnitte in den Prozessen einschränkt.

Eine Selektion von Teilen eines Beweises bei der Programmsystemverifikation führt
zu dem Vorgehen der <u>symbolischen Ausführung</u> von Programmen.

Bei nebenläufigen Systemen besteht der Ansatz darin, in einem ersten Schritt die einzelnen Prozesse symbolisch auszuführen. Dabei wird der symbolische Berechnungs-
zustand eines Prozesses dargestellt durch:

1. die symbolischen Werte der Variablen,

2. die Pfadbedingung,

3. den Programmzähler.

---

[14] Daher wird in der Literatur nur eine Teilmenge von Ada, die Sprache, ADA-CF (ADA concurrency fragment) betrachtet, die allerdings weiterhin die interessanten Konstrukte für die Prozeß-
synchronisierung durch Rendezvous (*call, accept, select*) enthält (s. [Dil 90a], [Dil 90b], [GeD 84]).

Eine symbolische Ausführung des Gesamtsystems kann nun in einem zweiten Schritt dadurch erfolgen, daß man alle beim Systemstart aktiven Prozesse unabhängig voneinander bis zur jeweils ersten Synchronisationsanweisung symbolisch ausführt. (Dabei muß wieder vorausgesetzt werden, daß es eine feste Anzahl von Prozessen gibt und keine gemeinsamen globalen Variablen während dieser Berechnungen verwendet werden.) Fallunterscheidungen und Schleifen in den einzelnen Prozessen sind dabei wie im sequentiellen Fall zu behandeln, d. h. für einen gewählten Zweig ist die Pfadbedingung um die entsprechende Zweigbedingung zu erweitern.

Bei Synchronisationsanweisungen sind (im Falle von Ada) passende *entry-call-* und *accept*-Anweisungen auszuwählen (falls es mehrere Möglichkeiten gibt), die Parameterwerte sind zu übergeben, der Rumpf der *accept*-Anweisung ist auszuführen und die Ausgabeparameterwerte sind zurückzugeben. Danach können die symbolischen Berechnungen wieder wie oben fortgesetzt werden. Nur bei *select*-Anweisungen mit Terminierungsalternative gibt es dabei Probleme, die besonders zu behandeln sind (genaueres s. [GeD 84], S. 190 ff.).

Der vorgestellte Ansatz der Verwendung von symbolischen Ausführungen und Zusicherungen für die formale Verifikation von nebenläufigen Programmsystemen (genannt: **Isolationsansatz**) hat folgende Vorteile:

1. Die Zahl der symbolisch auszuführenden Wege hängt nur linear von der Schleifenstruktur und der Anzahl der *accept*-Anweisungen der einzelnen Prozesse ab. Insbesondere steigt der Aufwand nicht exponentiell mit der Anzahl der Prozesse wie beim sogenannten **Verflechtungsansatz**, bei dem der Gesamtzustand aller Prozesse [gleichzeitig] schrittweise verfolgt wird. Der Aufwand steigt höchstens mit der Anzahl verschiedener Typen von Prozessen. Es ist also z. B. egal, ob ein System mit zwei oder fünf oder 100 essenden Philosophen zu verifizieren ist.

2. Die Beweise sind einfach zu komponieren. Bei Änderung eines Prozesses sind nur sein lokaler Beweis und die betroffenen Teile des Kooperationsbeweises zu ändern. Die lokalen Beweise der anderen Prozesse gelten weiterhin.

3. Durch entsprechend formulierte (globale) Zusicherungen lassen sich auch Beweise für die Verklemmungsfreiheit des Systems o. ä. führen (sogenannte **Sicherheitsbeweise**, genaueres s. [Dil 90b], S. 655 ff.).

Der Isolationsansatz kann allerdings im schlechtesten Fall ebenfalls einen mehr als linear steigenden Aufwand bei den Kooperationsbeweisen haben. (Bei dem Produzenten/Konsumenten-Problem mit begrenztem Puffer und den essenden Philosophen ist der Aufwand allerdings linear in der Anzahl der passenden „geklammerten Abschnitte", in denen gemeinsame Variablen von Prozessen benutzt werden.)

14.4   Dynamische Analyse nebenläufiger Programme

Eine Überprüfung von Programmen, die sich nicht auf die von statischen Analysatoren vorgegebenen Teilmengen der Programmiersprachen beschränkt, ist die dynamische Analyse — das Testen — der realen Programme in ihrer realen Umgebung (Hardware, Betriebssystem, Übersetzer, Binder, Laufzeitsystem), die allerdings nur stichprobenhaft vorgeht.

Die für einen Test benötigten Testdaten können — wie im sequentiellen Fall — aus der Programmspezifikation oder der Struktur des implementierten Programms abgeleitet werden.

14.4.1   Spezifikationsorientierte Testdatenauswahl

Für das nebenläufige Verhalten des Systems muß eine entsprechende Spezifikation vorliegen, z. B. durch nebenläufige Pfadausdrücke. Daraus lassen sich sowohl gültige als auch ungültige Synchronisationssequenzen (SYN-Sequenzen) ableiten. Entsprechendes gilt bei einer Spezifikation durch einen endlichen Automaten. Er sollte wie der Nebenläufigkeitsautomat aufgebaut sein, aber die Spezifikation des Gewünschten und nicht die Modellierung der Realisierung beschreiben.

Die Ableitung von gültigen und ungültigen SYN-Sequenzen aus einem Pfadausdruck geschieht in folgenden Schritten:

1. äquivalente Vereinfachung des Pfadausdrucks [z. B. $(A|A) = A$],

2. einschränkende Vereinfachung des Pfadausdrucks (z. B. bei Wiederholung und Simultanität),

3. Auswahl der SYN-Sequenzen.

Da bei den Vereinfachungen des Pfadausdrucks nur Möglichkeiten weggelassen werden, ist jede durch obige Schritte gebildete Sequenz also eine gültige SYN-Sequenz. Ungültige SYN-Sequenzen lassen sich konstruieren, wenn mit Hilfe der Techniken aus Kapitel 5.1 zu dem vereinfachten Ausdruck P ein unvollständiger endlicher Automat konstruiert wird bzw. der vorliegende Nebenläufigkeitsautomat verwendet wird. Durch die Vervollständigung des Automaten (mit einem „ungültigen" Fehlerzustand F) erhält man weitere Folgen, die (zum großen Teil) ungültige SYN-Sequenzen darstellen.

Die auszuwählenden gültigen und ungültigen SYN-Sequenzen lassen sich noch dadurch reduzieren, daß — wie im sequentiellen Fall (vgl. Kapitel 5.1) — für den konstruierten endlichen Automaten nur eine Teilmenge der möglichen Übergangsfolgen als SYN-Sequenzen gewählt werden.

Die Auswahlkriterien können wie in Kapitel 5.1 gewählt werden:

- alle Zustände müssen erreicht werden,

- alle Übergänge (Transitionen) müssen benutzt werden,

- alle Paare von Übergängen müssen benutzt werden, etc.

Eine andere Möglichkeit besteht darin, den Pfadausdruck direkt zu verändern: Bei Sequenzen kann jeweils ein Element der Folge weggelassen werden, die Nebenläufigkeit von zwei Teilausdrücken kann durch die Alternative der Teilausdrücke ersetzt werden (und umgekehrt). Damit erhält man in jedem Fall ungültige SYN-Sequenzen.

BEISPIEL 14.4.1
$A; B; C$ wird ersetzt durch $A; B$ sowie $A; C$ oder $B; C$.
$A|B$ wird ersetzt durch $A + B$. (Statt A oder B wird also A vor B oder B vor A oder A parallel zu B ausgeführt.)
$A + B$ wird ersetzt durch $A|B$.

Mit den vorgestellten Techniken wird also zu jedem Eingabedatum x eine Menge von gültigen und ungültigen SYN-Sequenzen erzeugt (vgl. Definition 14.1.1 auf Seite 382). Die gültigen SYN-Sequenzen müssen ausführbar sein; andernfalls liegt ein Synchronisationsfehler vor. Dies ist durch die Technik des reproduzierbaren Testens zu prüfen, d. h. für ein Eingabedatum x, eine SYN-Sequenz s und das erwartete (Soll-)Ergebnis y ist das reproduzierbare Testdatum (x, s, y) auszuführen (s. Definition 14.2.4 auf S. 391).
Die ungültigen SYN-Sequenzen dürfen nicht ausführbar sein, sonst liegt ein Synchronisationsfehler vor (vgl. Def. 14.1.2 auf S. 383). Beim Versuch, ungültige Sequenzen auszuführen, kann eine Verklemmung des Systems auftreten (vgl. Seite 392). Ist die SYN-Sequenz mit x ausführbar und gültig, ist zu überprüfen, ob eine Abweichung zwischen dem Istdatum y' und dem Solldatum y vorliegt; wenn ja, liegt ein Berechnungsfehler vor.

BEISPIEL 14.4.2
Beim Erzeuger-Verbraucher-System (vgl. Beispiel 14.1.5) besteht eine Eingabe x aus der Folge der Elemente, die der Erzeuger produzieren soll, z. B. $x = (7, 5, 11, 3, 2, 6)$. Bei einer spezifizierten Puffergröße von 2 sind z. B. die folgenden SYN-Sequenzen von A (Ablegen) und H (Holen) gültig (vgl. Übung 14.3):

$s1 = AHAHAHAHAHAH$, $s2 = AAHHAAHHAAHH$.

Ungültig sind dagegen die Sequenzen

$s3 = AAAHHHAAAHHH$, $s4 = AAAAAAHHHHHH$.

In beiden Fällen müssen in den Sequenzen je sechsmal die Operationen A und H vorkommen, da sechs Elemente erzeugt (und verbraucht) werden. Sequenzen mit weniger Operationen A (und H) würden nicht alle Elemente von x abarbeiten, Sequenzen mit mehr als sechs Operationen A (und H) passen dagegen nicht zur Eingabe x, da es einen Zugriffsfehler (auf nicht vorhandene Komponenten von x) geben würde.

Die Schwierigkeit bei dem vorgestellten Ansatz zum spezifikationsorientierten Testen besteht darin, für eine Eingabe x eine Menge relevanter SYN-Sequenzen zu bestimmen (s. obiges Beispiel 14.4.2). Werden umgekehrt zuerst die SYN-Sequenzen ausgewählt, so müssen alle möglichen Systemzustände des nebenläufigen Systems berücksichtigt werden. Eine Testdatenauswahl auf Basis einer vollständigen Systemzustandsmenge ist aber aus Komplexitätsgründen nicht praktikabel. Die Spezifikation muß also abstrakt und trotzdem aussagekräftig sein, um eine relevante Testdatenauswahl mit annehmbaren Aufwand zu ermöglichen. Darüberhinaus müssen meistens unterstützende, zusätzliche und nur für den Test relevante formale Beschreibungen hinzugefügt werden (s. [Sch 88a]). Die Testdatenauswahl auf der Basis der Spezifikation stellt also hohe Anforderungen an die Testpersonen, da die Erzeugung der Testdaten (fehlersensitive Eingabedaten x, SYN-Sequenzen s, erwartete Ausgaben y) nicht (voll) automatisiert werden kann.

Die Beschränkung auf SYN-Sequenzen hat einen Mangel: Es werden für die Nebenläufigkeit $p + q$ zweier Operationen p und q nur die möglichen Sequenzen $p; q$ und $q; p$ überprüft, nicht jedoch, ob p und q wirklich nebenläufig ausgeführt werden können. Dazu müßten einfache Aufrufe von Operationen in eine Sequenz aus *start(p)* und *end(p)* (für Operation p) zerlegt werden. Ein Aufrufkontrollprozeß müßte dann für die nebenläugigen Operationen p und q feststellen, ob z. B. die Sequenz *(start(p) σ start(q));(end(p) σ end(q))* ausführbar ist[15], d. h. p und q sind potentiell nebenläufig[16].

14.4.2 Implementationsorientierte Testdatenauswahl

Auf Basis der Programmstruktur wird zunächst eine Menge von ausführbaren SYN-Sequenzen ausgewählt. Für jede ausgewählte SYN-Sequenz wird eine fehlersensitive Menge von Eingabedaten bestimmt. Dies kann — wie im sequentiellen Fall (vgl. Kapitel 11.2) — von Hand, durch automatische, aber zufällige Erzeugung und schließlich durch symbolische Ausführung erreicht werden (vgl. Kapitel 12.3 und 14.3). Für die Auswahl von SYN-Sequenzen sollte versucht werden, sequentielle Methoden wie z. B. die konventionellen Überdeckungsmetriken anzuwenden. Für nebenläufige Programme ist die Auswahl jedoch weitaus schwieriger und komplexer, da die

---

[15] σ ist der Shuffle-Operator, d. h. $x \ \sigma \ y = (x; y)|(y; x)$; x und y finden also in beliebiger sequentieller Reihenfolge statt.

[16] Ob die einzelnen Anweisungen von p und q nebenläufig ausführbar sind, ist allerdings nur festzustellen, wenn auch ihre Ausführung vom Aufrufkontrollprozeß gesteuert werden kann. Das setzt aber einen Eingriff in die bestehenden Programme voraus, was i. allg. nicht praktikabel ist.

Menge der SYN-Sequenzen von der Gesamtmenge aller möglichen Systemzustände abhängt, d. h. die Zustände der einzelnen sequentiellen Teilprozesse reichen nicht aus. Als Grundlage sollte daher der Nebenläufigkeitsautomat zu einem Programmsystem herangezogen werden (s. Seite 387). Bezogen auf den Graphen des Nebenläufigkeitsautomaten können nun Überdeckungskriterien definiert werden, die analog zu den Kriterien für den Kontrollflußgraphen eines sequentiellen Programms gebildet werden (vgl. Kapitel 7.2).

DEFINITION 14.4.1 (ÜBERDECKUNGKRITERIEN NEBENLÄUFIGER PROGRAMME)
Sei A der Nebenläufigkeitsautomat zu einem nebenläufigen Programm P. Dann gibt es folgende Kriterien für die Menge W der auszuführenden Wege beim Testen von Programm P:

1. **alle Wege:** *P ist gleich der Menge aller Synchronisationssequenzen von A (vgl. Teil 3 von Definition 14.2.3, S. 390).*

2. **alle Anfangswege:** *P ist gleich der Menge aller Anfangswege. (Ein Anfangsweg ist eine Synchronisationssequenz, deren zugehörige Transitionssequenz [vgl. Teil 2 von Definition 14.2.3] mit dem Anfangszustand von A beginnt.)*

3. **alle Nebenläufigkeitszustände:** *Für jeden Nebenläufigkeitszustand z von A enthält P mindestens einen Anfangsweg, dessen Transitionssequenz den Zustand z enthält.*

4. **alle Transitionen:** *Für jede Transition t von A enthält P mindestens einen Anfangsweg, dessen Transitionssequenz die Transition t enthält.*

BEISPIEL 14.4.3
Für das Problem der beiden essenden Philosophen (vgl. Beispiel 14.2.2 und Abbildung 14.3) gilt folgendes:

1. *Für das Kriterium „alle Nebenläufigkeitszustände" reicht ein Weg: (P12, P22), (P13, P22), (P15, P22), (P16, P22), (P12, P22), (P12, P23), (P12, P25), (P12, P26), (P12, P22), (P13, P22), (P13, P23). Dies bedeutet: erst ißt Philosoph(1), dann Philosoph(2), dann nehmen beide die linke Gabel (Verklemmung).*

2. *Für das Kriterium „alle Transitionen" reichen zwei Wege: ein Weg wie oben bei „alle Nebenläufigkeitszustände", dann noch ein Weg mit der anderen Transition in den Verklemmungszustand, d. h. zum Schluß (P12, P22), (P12, P23), (P13, P23), statt (P12, P22), (P13, P22), (P13, P23).*

3. *Die Kriterien „alle Anfangswege" und „alle Wege" sind mit einer endlichen Menge von Wegen nicht zu erfüllen, da der Graph des Nebenläufigkeitsautomaten Zyklen enthält. Diese Kriterien sind also nur sinnvoll für Graphen ohne Zyklen bzw. die Anzahl der Schleifendurchläufe ist zu begrenzen (vgl. Abschnitt 7.2.4).*

Vor einer reproduzierbaren Testausführung mit einer Eingabe x und einer SYN-Sequenz s ist durch Vergleich mit der Spezifikation festzustellen, ob die Sequenz s gültig ist; falls nein, liegt ein Synchronisationsfehler vor. Im anderen Falle ist das Ergebnis y' der reproduzierbaren Ausführung (mit Eingabe x und gültiger Sequenz s) mit der Sollausgabe y zu vergleichen um festzustellen, ob ein Berechnungsfehler vorliegt.

Mit diesem Vorgehen können also sowohl Synchronisationsfehler als auch Berechnungsfehler aufgedeckt werden. Allerdings werden nur ausführbare ungültige SYN-Sequenzen erkannt, nicht jedoch gültige unausführbare SYN-Sequenzen. (Dazu dient das spezifikationsorientierte Testen, s. Abschnitt 14.4.1). Die Überprüfung, ob eine SYN-Sequenz gültig ist, setzt voraus, daß die Spezifikation entsprechend formal vorliegt (z. B. durch Pfadausdrücke). Die Auswahl passender Eingabedaten ist relativ schwierig und nicht automatisierbar.

14.5   Analyse von verteilten und Echtzeitsystemen

Bei den bisher betrachteten (nebenläufigen) Systemen spielten Zeiten für die Abarbeitung von Anweisungsfolgen und die Verteilung der Berechnungen auf mehrere Prozesse keine Rolle für die Korrektheit der Systeme.
Im Gegensatz dazu zeichnen sich **Echtzeitsysteme** durch **harte Zeitbedingungen** aus. Das bedeutet, daß sie nur korrekt arbeiten, wenn gewisse Anweisungen in bestimmten Zeitintervallen abgearbeitet werden. Dabei geht es nicht um **interne Zeitbedingungen**, d. h. darum, daß die Systemausgaben möglichst schnell erzeugt werden, nachdem die Eingaben vorliegen. Vielmehr geht es bei Echtzeitsystemen um **externe Zeitbedingungen**, d. h. darum, daß die Systeme in gewissen Zeitintervallen Informationen aus der Umwelt erhalten oder an sie abgeben. Die Verarbeitungsschritte des Programmsystems müssen also mit den externen Eingaben synchronisiert werden. Ein Beispiel dafür ist ein Verkehrszählungssystem, das für jeden Verkehrsteilnehmer Zähldaten aufnehmen und statistisch verarbeiten muß. Werden die Daten nicht rechtzeitig verarbeitet oder zwischengespeichert, gehen Informationen verloren und die Verkehrszählung ist falsch. Noch kritischer sind Echtzeitanforderungen bei **eingebetteten Systemen**. Das sind Systeme, die mit technischen oder biologischen Prozessen verbunden sind und die auf Ereignisse oder veränderte Zustände dieser Prozesse rechtzeitig reagieren müssen, damit der Zustand des realen Systems in tolerierbaren, spezifizierten Grenzen bleibt. Abhängig von den Eigenschaften der zu regelnden Prozesse müssen also Spezifikationen für die Reaktionszeiten des Programmsystems erstellt werden. Besonders kritisch ist die Obergrenze für die Reaktionszeit, aber Untergrenzen können auch relevant sein: Bei einem Doppelklick mit einer (Computer-)Maus darf der erste Klick nicht zu schnell (im Vergleich zum zweiten) verarbeitet werden, da der Doppelklick sonst als zwei einzelne Klicks interpretiert wird. Beispiele für eingebettete Systeme sind

Steuerungsanlagen für chemische oder thermische Prozesse, aber auch Steuerungen von Robotern, (Stahl-)Walzstraßen, Flugzeugen und Raketen, sowie Geräte zur Diagnose und Therapie in der Medizin. Bei diesen Systemen haben (Regelungs-)Fehler direkte Auswirkungen auf Leben und Gesundheit der jeweils betroffenen Menschen.

Die Verteilung der Berechnung auf mehrere Prozesse wird dann zu einem besonderen Problem, wenn es sich um **verteilte Systeme** handelt. Sie zeichnen sich durch dezentralisierte Systemkontrolle, verteilte Verarbeitungseinheiten und verteilte Betriebsmittel aus. Die räumliche, geographische Verteilung der Systemkomponenten ist dagegen kein zwingendes Kriterium für ein verteiltes System. (Außerdem ist unklar, wo die Grenze zu ziehen wäre: bei einem maximalen Abstand von 5 Metern, 10 Metern, 100 Metern?) Ein Multiprozessorsystem mit strenger Kopplung zwischen den Einzelprozessoren ist also demnach kein verteiltes System. Abstrakt formuliert besteht ein verteiltes System aus einem System kooperierender, parallel ablaufender Prozesse mit jeweils lokalem Speicher, bei dem die Prozesse keine identische Sicht des globalen Systemzustands haben. Außerdem gibt es keinen Prozeß, der dafür sorgen könnte, daß alle anderen Prozesse eine solche konsistente und identische Sicht des globalen Systemzustands erhalten (es sei denn, man toleriert eine [starke] Verlangsamung des Systemablaufs und setzt ein zuverlässiges Übertragungsmedium für Nachrichten voraus). Daher versagen die bisher vorgestellten Analysemethoden, die das Konzept eines globalen Systemzustands benutzen, bei den meisten Anwendungen.

14.5.1 Analyse von Echtzeitsystemen

Die dynamische Analyse (das Testen) von Echtzeitsystemen wirft spezielle Probleme auf:

1. Wenn externe Unterbrechungen (interrupts) zu jeder Zeit auftreten können, ist es praktisch nicht möglich, alle möglichen Eingabesituationen vorherzusagen.

2. Die Interpretation der Ausgaben und Reaktionen des Systems kann sehr schwierig sein; insbesondere kann die Instrumentierung der Programme für die Zwecke der Überdeckungsmessung oder Fehlerlokalisierung das normale Zeitverhalten verfälschen, weil der Testvorgang mit der normalen Prozeßausführung *interferiert*. Damit wird also nicht mehr das tatsächliche, sondern ein modifiziertes Programmsystem analysiert.

Problem 1 ist nicht aus der Welt zu schaffen, wenn es reale Ereignisse gibt, auf die sofort reagiert werden muß, um eine Katastrophe zu verhindern. Andernfalls sollten natürlich (bei der Programmierung) strukturierte Formen der Ereignisverarbeitung verwendet werden.

Problem 2 kann aber dadurch abgemildert oder praktisch beseitigt werden, daß zusätzliche Hardware eingesetzt wird. Dabei werden die internen Busse des Hardwaresystems „angezapft", so daß sämtliche Programmablaufinformationen aufgezeichnet werden können. Falls der Speicher für die Aufzeichnungen eines Testlaufs ausreicht, kann dann im Nachhinein der gesamte Programmablauf noch einmal analysiert werden, ohne daß die befürchtete Interferenz mit den realen Abläufen auftritt. In realistischen Anwendungen können allerdings nicht alle Informationen gespeichert werden. Daher sind interessante Zeitausschnitte oder Prozeßzustände auszuwählen. Damit können zwar nicht alle, aber wenigstens die kritischen Systemzustände und -übergänge untersucht werden.

Wegen der Probleme des Testens von Echtzeitsystemen bietet sich also die statische Analyse oder formale Verifikation solcher Systeme an. Dazu sind natürlich Modelle, Sprachen und Techniken erforderlich, mit denen die Echtzeitanforderungen beschrieben werden können. Beispiele dafür sind synchrone Datenflußsprachen wie LUSTRE, asynchrone Spezifikationen wie ATP, zeitbehaftete Automaten oder Petri-Netze oder kommunizierende Echtzeitzustandsmaschinen (communicating real-time state machines, CRSM), die auch Eigenschaften der Umgebung spezifizieren können und ausführbar sind (genaueres siehe [BuV 95], [FMM 94], [KeG 92]).

Ein Problem bei der Spezifikation von Zeitbeschränkungen ist die Behandlung der Zeit selbst. Synchrone Modelle verwenden nur diskrete Zeitpunkte, z. B. Zehntelsekunden. Asynchrone Modelle lassen dagegen beliebig dicht folgende Zeitpunkte zu — was für manche Anwendungen erforderlich ist, da ein minimaler Abstand zwischen realen Ereignissen nicht immer garantiert werden kann.
Damit Zeitangaben und das Verhalten der Systeme (über einen Zeitraum hinweg) formal behandelt werden können, ist eine logische Notation für Zeit notwendig. Dazu reicht die Sprache der klassischen Logik nicht aus, vielmehr ist eine sogenannte **temporale Logik** (oder für absolute Zeitangaben eine **Echtzeitlogik** [Real Time Logic, RTL]) nötig. Es gibt dazu verschiedene Ansätze, um über zukünftige oder vergangene Ereignisse reden zu können, z. B. die temporalen Operatoren *Futur* und *Past* (Vergangenheit) (genaueres siehe [FMM 94]; [GFB 93], Kap. 3 und [JaM 94]).

Eine Spezifikation des Zeitverhaltens mit Formeln der temporalen Logik kann für verschiedene Zwecke benutzt werden:

1. Widersprüche in der Spezifikation aufdecken:
   Widersprüche liegen dann vor, wenn die Formeln nicht erfüllbar sind, d. h. in keinem konkreten Fall (bei einer bestimmten zeitlichen Anordnung von Ereignissen) richtig sein können.

2. Überprüfung, ob ausführbare Ereignisfolgen eines vorliegenden Systems gültig sind, d. h. ob sie die Spezifikation in Form der temporalen Formeln erfüllen (engl.: history checking):
   Die Ereignisfolgen werden dabei meistens aus entsprechenden endlichen Automaten (mit Zeitangaben) abgeleitet.

3. Testdatenerzeugung für ein vorliegendes System:
   Dazu können die Ereignisfolgen und Variablenwerte benutzt werden, die beim
   Versuch, die Erfüllbarkeit der Formeln zu beweisen, konstruiert werden müssen
   — bei Zweck 1.

Das Vorgehen bei Zweck 1 (Widersprüche aufdecken) und Zweck 2 (history checking)
führt i. allg. zu unentscheidbaren Problemen. Sie sind aber dann entscheidbar, wenn
die Wertebereiche der Variablen endlich sind oder wenn eine Quantifikation über die
Zeit („zu allen Zeitpunkten gilt ... ") verboten wird. Die Modelle und Spezifikationen sind also entsprechend einzuschränken, was in vielen Fällen möglich ist.
Bei komplexen Systemen ist die Lösung der (entscheidbaren) Probleme allerdings
meist immer noch zu aufwendig. Daher muß wieder versucht werden, die Spezifikation zu modularisieren, etwa mit objektorientierten Techniken (wie Klassenbildung,
Vererbungsbeziehungen und generischen Klassen).

Für den Modul-, Integrations- und Systemtest von Echtzeitsystemen gilt im Prinzip
das gleiche wie bei zeitunkritischen Systemen (vgl. Kapitel 13). Die Integrations-
schritte sind nur weiter zu differenzieren:

<u>Schritt 1: Testen der Module und Komponenten in einer simulierten Umgebung</u>
Da ein Test der (noch unzuverlässigen) Software mit der realen Umgebung zu kost-
spielig und gefährlich ist, sind die folgenden Aspekte bzw. Komponenten zu simulieren: Eingaben aus der realen Umgebung, Hardware-Funktionen und das Programm
zur Steuerung aller Systemteile.

<u>Schritt 2: Testen mit dem Steuerungsprogramm</u>
Reichte bei Schritt 1 für jedes Modul oder jede Komponente eine einfache Simulation
der entsprechenden Steuerprogrammteile, wird nun das komplette Steuerungspro-
gramm eingebunden. Damit sollten die Komponenten noch einmal getestet werden
und eventuell eine weitere Zusammenfassung von Komponenten.

<u>Schritt 3: Teilsystemtest</u>
Bei großen Systemen mit vielen Komponenten gibt es meistens (zur Bündelung von
Dateneingabe und -ausgabe) Kommunikationsmultiplexer. Diese sind beim Testen
der Teilsysteme einzubinden. Dabei sind neue, zufällig erzeugte Folgen und Mischun-
gen von Aktionen von Teilkomponenten zu testen. (Bei den ersten beiden Schritten
wurden genau bekannte Arten und Folgen von Aktionen getestet, um die Bewertung
der Testergebnisse zu vereinfachen.) Die zeitliche Dichte bzw. Menge von Systemein-
gaben wird nicht mehr beschränkt, damit auch die Systemreaktion auf Überlast
getestet wird.

<u>Schritt 4: Integrations- und Systemtest</u>
Beim (Teil-)Systemtest sind hier die simulierten Eingaben durch echte Eingaben zu
ersetzen. Das bezieht sich auf die Form der Eingaben, aber auch auf die Auswahl der
Daten aus einem realen Betrieb — falls es schon vorher ein ähnliches System gab. Zuletzt sind die Teilsysteme zu integrieren, insbesondere die Echtzeitteilsysteme (die als

Schnittstelle Sensoren und Aktoren haben) mit den Anwendungsteilsystemen. Dabei ist speziell zu testen, ob die Anwendungsteilsysteme richtig auf Unterbrechungen durch die Echtzeitteilsysteme reagieren.

Schritt 5: Akzeptanztest/Abnahmetest

Bei diesem Test geht es nicht nur um die funktionale Korrektheit, sondern insbesondere um die globale Einhaltung der Leistungskriterien.

14.5.2 Analyse verteilter Systeme

Verteilte Systeme können nur mit Hilfe von Nachrichten kommunizieren, die jeweils ein Prozeß sendet und ein anderer Prozeß empfängt. Verteilte Systeme haben daher eine ähnliche Eigenschaft wie Systeme in der Relativitätstheorie: Es gibt keinen globalen Zustand, keine globalen Uhren und somit keine globale Zeit mit einer totalen Ordnung. Daher ist für je zwei Ereignisse der Art *senden* oder *empfangen* nicht immer klar, ob sie nacheinander oder exakt gleichzeitig stattfinden. Stattdessen muß eine partielle zeitliche Ordnung von Ereignissen angenommen werden (die mit **Präzedenz** bezeichnet wird).

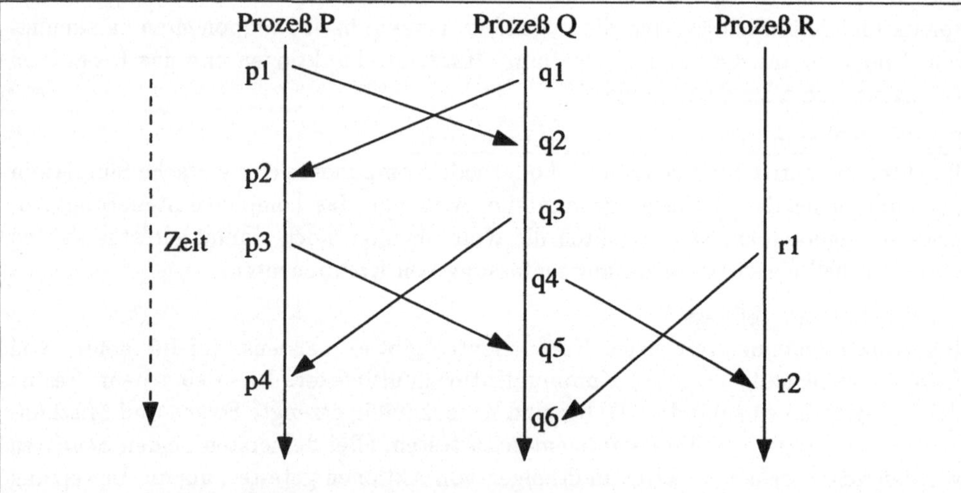

Legende: Quer bzw. diagonal verlaufende Pfeile führen von einem Sendeereignis zu einem Empfangsereignis, z. B. von p1 nach q2.

Abb. 14.4: Beispiel einer Präzedenzrelation „→" (nach [ChY 83], S. 712)

Für die Präzedenzrelation „→" und alle Ereignisse e, f, g gilt folgendes:

1. Wenn e und f zum selben Prozeß gehören und e vor f stattfindet, dann gilt $e \to f$. (Beispiel: p1 $\to$ p2 in Abbildung 14.4)

2. Wenn e ein Sendeereignis in P_i für P_j ist und f das entsprechende Empfangsereignis in P_j ist, dann gilt: $e \to f$. (Beispiel: p1 $\to$ q2 in Abbildung 14.4)

3. $e \to f$ und $f \to g$ impliziert $e \to g$ (Beispiel: $p1 \to q2$, $q2 \to q3$, also $p1 \to q3$ in Abb. 14.4)

Gegenüber der temporalen Logik (TL) hat die Verwendung der Präzedenzrelation folgende Vorteile:

- es gibt keine komplizierten globalen Invarianten und nicht so viele temporale Operatoren (wie in TL),

- bessere Verständlichkeit der Präzedenzrelation.

Gegenüber den SYN-Sequenzen hat die Präzedenzrelation folgende Vorteile:

- es ist keine totale Ordnung nötig,

- manche Eigenschaften (z. B. echte Nebenläufigkeit) sind nicht durch Sequenzen ausdrückbar,

- die Verklemmunsgfreiheit ist beweisbar.

Für das Testen verteilter Systeme ergeben sich eine Reihe neuer Probleme bzw. Fragen:

Steuerungsproblem: Wie kann das jeweilige Testobjekt gezielt beeinflußt und wie können die entsprechenden Reaktionen und Ausgaben aufgezeichnet werden, wenn Testobjekt und Testsubjekt (der Prozeß, der den Test steuert) auf verschiedenen Prozessoren des verteilten Systems residieren?

Beobachtungsproblem: Wie können Verfälschungen des Systemverhaltens (durch Messen und Beobachten beim Testen) verhindert oder zumindest begrenzt werden?

Informationsmengenproblem: Wie kann die beim Testen anfallende sehr große Informationsfülle verarbeitet oder reduziert werden?

Testdatenerzeugungsproblem: Welche speziellen Tests sind bei der Integration verschiedener Prozesse nötig und sinnvoll?

Die Steuerungs- und Beobachtungsprobleme können durch eine entsprechende Hard- und Softwarekonfiguration gelöst werden: Für jeden Prozessor und die darauf residierenden Prozesse des zu testenden Systems gibt es einen speziellen Test- und Diagnoseprozeß. Damit kann der Modul- und Integrationstest der Prozesse auf diesem Prozessor ohne Verzögerungs- und Beobachtungsprobleme durchgeführt werden.

Für den Integrationstest von Prozessen auf verschiedenen Prozessoren und den Gesamtsystemtest müssen die entsprechenden Testeingaben auf die einzelnen Prozessoren verteilt werden und die auf den einzelnen Prozessoren ermittelten Reaktionen und Ausgaben zentral ausgewertet werden. Dazu ist ein zentraler Testprozeß (auf irgendeinem Prozessor) notwendig, der diesen gesamten Testablauf steuert. Bei einer reinen Softwarelösung des Testproblems, d. h. bei dem üblichen Instrumentieren der Programme, um Ablaufinformationen zu erzeugen, ist das Beobachtungsproblem nicht gelöst: Durch die zusätzlichen Verzögerungen im Programmablauf auf den einzelnen Prozessoren können neue Synchronisierungsfehler auftreten oder bestehende Synchronisierungsfehler aufgehoben (maskiert) werden. Dieses Problem kann nur durch zusätzliche Hardware gelöst werden, welche die entsprechenden Ereignisse ohne Zeitverzögerung aufzeichnet (vgl. Lösung bei Echtzeitsystemen auf S. 406).

Bei der Wiederholung von Tests können natürlich immer noch Probleme bei einer echten nichtdeterministischen Auswahl zwischen Alternativen entstehen (z. B. bei *select*-Anweisungen mit mehreren erfüllten Rendezvous-Bedingungen) oder bei minimalen Zeitverschiebungen. Dieses Problem läßt sich mit lokalen Monitoren (je einer pro Prozessor) lösen, die eine einmal vorgegebene Synchronisierungssequenz erzwingen, indem sie zu früh eintreffende Ereignisse (z. B. bei *send/receive*) entsprechend zurückstellen. (Dieses Problem tritt auch schon bei nicht verteilten nebenläufigen Programmsystemen auf, vgl. Aufrufkontrolle in Abschnitt 14.2.2 für den Monoprozessorfall).

Wie bei Echtzeitsystemen kann das <u>Informationsmengenproblem</u> dadurch gelöst werden, daß nur kritische (d. h. wichtige) Ereignisse aufgezeichnet werden. Das sind Ereignisse, die andere Prozesse beeinflussen können wie z. B. Prozeßstart und Prozeßende, Nachrichtensenden (*send*) und Nachrichtenerhalten (*receive*). Beim Programmieren sollten ebenfalls entsprechende Ereignisse als wichtig deklariert werden, da die programmierende Person am besten weiß, was wichtig ist.

Für das <u>Testdatenauswahlproblem</u> können bei verteilten Systemen spezielle Kriterien für den Integrationstest angegeben werden.

DEFINITION 14.5.1 (ÜBERDECKUNGSKRITERIEN FÜR VERTEILTE SYSTEME)
Folgende Kriterien sind alternativ anwendbar:

1. **jedes Kommunikationsereignis:**
   Für je zwei Prozesse P_i und P_j muß jede mögliche Kommunikation zwischen P_i und P_j (mittels send/receive oder Rendezvous) in einem Testfall für P_i und P_j vorkommen.

2. **jede Kommunikationssequenz:**
   Für je zwei Prozesse P_i und P_j muß jede mögliche Sequenz von Kommunikationsereignissen für P_i und P_j, bei der sich keine Zustände wiederholen[17] (außer

---

[17]Dabei ist vorauszusetzen, daß der Nebenläufigkeitsautomat endlich viele Zustände hat.

dem Anfangs- und Endzustand des Teilsystems aus P_i und P_j), in einem Testfall für P_i und P_j vorkommen.

3. jeder zeitbeschränkte Zweig:

Für je zwei Prozesse P_i und P_j müssen Zweige in einem Prozeß P_i, die bei Überschreitung bzw. Unterschreitung einer Auszeit (time out) zu durchlaufen sind, in einem Testfall für P_i (und dem Prozeß P_j, der die Auszeit verursacht) vorkommen.

4. jede Prozessoraktivierungssequenz:

Für jede Aufgabe A und jede Folge $P_1, \ldots, P_k$ von Prozessen, die auf entsprechenden Prozessoren aktiviert werden müssen, um die Aufgabe A zu erfüllen, ist eine entsprechende Folge von Prozessoraktivierungen zu testen. (Dies ist nur notwendig, wenn die Prozesse $P_1, \ldots, P_k$ nicht dauernd aktiviert sind, sondern zwischenzeitlich ausgelagert werden, weil es zu wenig Prozessoren gibt.)

5. jedes Paar nichtsynchronisierbarer Kommunikationsereignisse:

Für jeden Prozeß P_i, der mit zwei anderen Prozessen P_j und P_k über Kommunikationsereignisse c und f kommuniziert, bei denen die Reihenfolge (e vor f oder f vor e) nicht determiniert ist, sollten beide Ereignisreihenfolgen getestet werden.

14.6 Übungen

Übung 14.1:

Geben Sie ein sequentielles Programm (für einen Monoprozessor) an, welches die strikt parallele Ausführung der folgenden n Zuweisungen (bei der zuerst gleichzeitig die rechten Seiten der Zuweisungen ausgewertet und dann diese Werte den linken Seiten zugewiesen werden) simuliert: $x_1 := y_1; x_2 := y_2; \ldots ; x_n = y_n$.
Dabei kann eine Variable $y_k, k = 1, \ldots, n$ mit einer der Variablen $x_i, i = 1, \ldots, n$ übereinstimmen.

Übung 14.2:

Geben Sie die gültigen SYN-Sequenzen für das Erzeuger-Verbraucher-Problem aus Beispiel 14.1.5 an, bei dem dreimal A (Ablegen) und dreimal H (Holen) aufgerufen wird. Begründen Sie Ihre Angaben.

Übung 14.3:

Geben Sie einen endlichen Automaten an, der die gültigen (erlaubten) SYN-Sequenzen der Operationen H (Holen) und A (Ablegen) beim Erzeuger-Verbraucher-Problem beschreibt. Nehmen Sie im Unterschied zu Beispiel 14.1.5 an, daß der Erzeuger und der Verbraucher jeweils beliebig oft die Operation H bzw. A aufrufen darf.
Wie viele Zustände sind erforderlich, wenn man den Fall beschreiben will, daß jeweils genau dreimal die Operation A und dreimal die Operation H ausgeführt wird (s. Beispiel 14.1.5)?

Übung 14.4:
Betrachten Sie die Nebenläufigkeit der Pfadausdrücke $P = (a; b; c)$ und $Q = (d; e)$.

(a) Welche (zehn) verschiedenen sequentiellen Reihenfolgen sind für $P + Q$ erlaubt?
(Eine Reihenfolge ist z. B. $a; d; e; b; c$.)

(b) Welche weiteren (15) Reihenfolgen sind bei $P + Q$ erlaubt, bei denen ein oder
zwei Paare von „Ereignissen" aus P und Q gleichzeitig stattfinden? (Ein Beispiel
ist $d; (a + e); b; c$. Dabei finden also a und e „gleichzeitig" statt.)

Übung 14.5:

(a) Geben Sie analog zu den Beispielen 14.2.1 und 14.2.2 die reduzierten synchronisierten Flußgraphen und den Nebenläufigkeitsautomaten A für das 2-
Philosophen-Problem an, wenn die Philosophen die Gabeln in beliebiger Reihenfolge (also nicht „links vor rechts") aufnehmen und ablegen dürfen.

(b) Geben Sie alle zu Aufgabe (a) gehörigen Synchronisationssequenzen, die *nicht*
in eine Verklemmung führen, in Form eines Pfadausdrucks an (s. Def. 5.1.1).

(c) Geben Sie analog zu Aufgabe (b) alle Synchronisationssequenzen an, die zum
Schluß in eine Verklemmung führen. Benutzen Sie dazu sowohl sequentielle als
auch nebenläufige Pfadausdrücke (s. Def. 5.1.1 und Def. 14.2.1).

(d) Geben Sie Synchronisationssequenzen zu Aufgabe (a) an, bei denen Philosoph
1 bzw. Philosoph 2 verhungert — oder zeigen Sie, daß dies nicht vorkommen
kann.

Übung 14.6:
Benutzen Sie den Nebenläufigkeitsautomaten A aus Aufgabe (a) von Übung 14.5,
um alle Tests bzw. Wege von A zu bestimmen, welche die Kriterien *alle Nebenläufigkeitszustände* bzw. *alle Transitionen* erfüllen (s. Teil 3 und 4 von Definition 14.4.1,
vgl. Beispiel 14.4.3).

Übung 14.7:

(a) Geben Sie für Abbildung 14.4 alle Ereignispaare (e, f) an, die in der Präzedenzrelation $e \rightarrow f$ stehen und für die gilt:

   i. e gehört zu Prozeß P, f zu Prozeß Q;

   ii. e gehört zu Prozeß Q, f zu Prozeß R;

   iii. e gehört zu Prozeß P, f zu Prozeß R.

(b) Geben Sie für Abbildung 14.4 und jedes Paar von Prozessen jeweils ein Ereig-
nispaar (e, f) an, das *nicht* in der Präzedenzrelation $e \rightarrow f$ steht.

14.7 Verwendete Quellen und weiterführende Literatur

Die ersten **Sprachkonstrukte für Nebenläufigkeit** bzw. Parallelität, *fork* und *join*, stammen von Conway (1963). Dijkstra schlug die strukturierte Klammerung mit *cobegin-coend* und **Semaphore** zur Implementierung von kritischen Abschnitten vor (1968) sowie **Wächter** (guards) für die nichtdeterministische, selektive Auswahl (1975). Hoare propagierte 1974 die **Monitore** und 1978 mit den kommunizierenden sequentiellen Prozessen (communicating sequential processes, **CSP**) das Konzept der selektiven Kommunikation (vgl. [SoM 87], Kapitel 9.1; [ZöH 88], Kapitel 2, 3, 5). Eine Implementation des begrenzten Speichers als „bounded buffer" findet man in [AnS 83], S. 31. Die Fehlerarten **Blockierung, Verklemmung** (deadlock) und **Verhungern** (livelock) werden vor allem im Zusammenhang mit Betriebssystemen und Petrinetzen betrachtet (siehe z. B. [Ric 85], Kap. 2.3; [Sta 90], Kap. 6 und 12; [Ger 84]). Tai hat die Konzepte der **Synchronisationssequenzen** und **Synchronisationsfehler** formalisiert und das Erzeuger-Verbraucher-Problem beispielhaft erläutert (s. [Tai 85], S. 311 f.).
Der **(nebenläufige) Pfadausdruck** als Erweiterung des (sequentiellen) Pfadausdrucks wurde von Seehusen definiert (s. [See 87]), der Shuffle-Operator von Shaw (s. [Sha 80]). **Reduzierte synchronisierte Flußgraphen** (*flowgraphs*) verwendet Taylor (s. [Tay 83], S. 364 f.) zur Beschreibung von Ada-Programmen; Long/Clarke definieren entsprechende Prozeßinteraktionsgraphen (*task interaction graphs*), bei denen jedem Knoten ein (Ada-ähnlicher) Pseudocode zugeordnet ist, der aus den auszuführenden Prozeßanweisungen besteht (s. [LoC 89], S. 44 ff.). Gerichtete Synchronisationskanten wurden von Taylor/Osterweil (als spezielle Kanten in *process augmented flowgraphs*) eingeführt (s. [TaO 80], S. 267 f.). Von dem Flußgraphen wurde der Begriff des **Nebenläufigkeitszustandsgraphen** (*concurrency state graph*) von Taylor abgeleitet bzw. von Long und Clarke als *task interaction concurrency graph* (**Nebenläufigkeitsautomat** in unserem Sinne) bezeichnet (s. [Tay 83], S. 366 f.; [LoC 89], S. 46 ff.; vgl. auch [Yo& 89], S. 202). Die Konstruktion des Nebenläufigkeitsautomaten basiert auf Vorschlägen von Taylor, sowie Long und Clarke (s. [Tay 83], S. 369 ff.; [LoC 89], S. 48). Die von mir definierten Begriffe **Zustands-, Transitions- und Synchronisationssequenz** entsprechen ungefähr dem von Taylor et al. vorgestellten Begriff der *concurrency history* (s. [Tay 83], S. 367), letzterer beschreibt allerdings nur die Folge der von einer Transitionssequenz durchlaufenen Zustände.
Bei der Ausführung von Programmen auf einem Monoprozessor reicht die serialisierte Beschreibung von parallelen Prozessen aus, die Tai eingeführt hat (s. [Tai 85], S. 311). Die Frage der korrekten Modellierung von fehlerhaften und nicht fehlerhaften Abläufen wird von Young et al. diskutiert (s. [Yo& 89], S. 201 f.). Sie haben auch das System der **essenden Philosophen** durch ein Ada-Programm und daraus abgeleitete Nebenläufigkeitsautomaten beschrieben (siehe [Yo& 89], [TLK 92]; vgl.

auch [LoC 89]). Dabei wurde vorgeschlagen, die Anzahl der Zustände zu reduzieren (bzgl. *rendezvous, delay*, und Prozeßaktivierung/-terminierung).

Das Konzept des **reproduzierbaren Tests** und die Ansätze zur reproduzierbaren Ausführung von Tests (Scheduler-, Uhr-, Aufrufkontrolle) stammen von Brinch Hansen und Tai (s. [Bri 78], [Tai 85]), die Tripel-Darstellung für reproduzierbare Testdaten von Schippers (s. [Sch 88a]). Zusätzlich hat Tai einen Ansatz vorgeschlagen (*accept control*), der die besonderen Probleme löst, die durch sich überlappende Ankünfte und Akzeptierungen von *entry calls* in Ada-Programmen entstehen (s. [Tai 85], S. 316). Weiterentwicklungen und Implementierungen der Verfahren (speziell für Ada-Programme) wurden von Brindle et al., Tai et al. und LeBlanc/Mellor-Crummey vorgestellt (s. [BTM 89], [TCO 91], [LeM 87]). Auf die Vor- und Nachteile der **statischen Analyse** hat z. B. Taylor hingewiesen (s. [Tay 84], S. 127–129). Auf das Problem der unklaren Semantik von nebenläufigen Programmiersprachen geht z. B. German in Bezug auf Ausnahmen (*exceptions*) in Ada ein (s. [Ger 84], S. 776).

Taylor, Long und Clarke haben **Analysetechniken** für Nebenläufigkeitsautomaten entwickelt, mit denen die Fragen nach möglichen Verklemmungen, Rendezvous und parallelen Aktionen beantwortet werden können (s. [Tay 83]; [LoC 89], Kap. 4). Eine empirische Untersuchung des Berechnungsaufwands für diese und andere Techniken (zur Feststellung von Verklemmungen) hat Corbett durchgeführt (s. [Cor 96]); dabei wurde festgestellt, daß keine Technik in allen Aspekten Vorteile gegenüber den anderen Verfahren aufweist. **Temporale Logik** wird in den Ansätzen von Young et al. verwendet; damit kann nicht nur über Zustände (wie bei [CES 86]), sondern auch über Ereignisfolgen argumentiert werden (s. [Yo& 89], S. 203 f.). Genaueres zur Technik der **Aufteilung (parceling)**, mit der bei der Konstruktion und Analyse des Nebenläufigkeitsautomaten die Komplexität reduziert wird, findet man bei Taylor (s. [Tay 83], S. 371 ff.).

Der axiomatische Ansatz zur **formalen Verifikation** und **symbolischen Ausführung** von nebenläufigen Programmen beruht auf den Arbeiten von Gerth/De Roever, die ein Beweissystem für eine Teilmenge von Ada und einen Beweis für das Erzeuger-Verbraucher-System angeben, sowie auf den Arbeiten von Dillon (s. [GeD 84], [Dil 90a], [Dil 90b]). Die komplizierte Semantik von Ada, insbesondere für Ausnahmen (*exceptions*), hat schon Hoare kritisiert (siehe Zitat bei [GeD 84], S. 159).

Petri-Netze anstelle von endlichen Automaten verwenden Morgan/Razouk für die Modellbildung und Analyse. Sie verweisen auf Projektionen, Reduktionen und Selektionen zur Verkleinerung bzw. Begrenzung des Zustandsraumes (s. [MoR 87]). Eine Kombination der Techniken *Analyse endlicher Automaten* und *axiomatische Verifikation* und ihre Anwendung zur Modellierung und Verifikation von Protokollen für asynchrone Botschaftenaustauschsysteme (*message passing systems*) stellen Joseph et al. vor (s. [JRT 86]). Eine Kombination der direkten symbolischen Ausführung der Einzelprozesse anhand der nicht reduzierten Flußgraphen und der statischen Analyse des Nebenläufigkeitsautomaten schlagen Young und Taylor vor (s. [YoT 86]). Ein ähnlicher Ansatz wird von Stavely et al. verfolgt, wobei die Suche nach tatsächlich erreichbaren Zuständen bzw. Knoten, die Verklemmungen oder gefährlichen Parallelismus von Aktionen repräsentieren, durch Boolesche Ausdrücke (für Zustände) und eine Art von Pfadausdrücken (Ereignisausdrücken) gesteuert wird (s. [St& 85]).

Die parallele Ausführung von Anweisungen, die dieselbe Variable definieren bzw. definieren und referenzieren, ist nur eine Form einer Datenflußanomalie (vgl. Kap. 12.2 für sequentielle Systeme). Frühe Ansätze zur Erkennung von **Datenflußanomalien** beziehen sich auf einfache Synchronisationsmechanismen, die andere Prozesse komplett anstoßen oder auf ihr Ende warten (s. [Br& 79], [TaO 80]). Für eine Art paralleles FORTRAN gibt McDowell ein Analyseverfahren an (s. [McH 89]). Für Systeme mit Rendezvous-Synchronisation präsentieren Long/Clarke Verfahren zur Datenflußanalyse (s. [LoC 91]).

Von Tai stammen die Vorschläge und Konzepte zur **dynamischen Analyse** (zum **Testen**) von nebenläufigen Programmen (s. [Tai 85]). Die Verwendung und Manipulation von Pfadausdrücken bei der Testdatenauswahl auf Spezifikationsbasis basiert auf den Arbeiten von Seehusen und Heerdt/Vesper (s. [See 87], [HeV 88]). Auf die Probleme bei der spezifikationsorientierten Testdatenauswahl hat z. B. Schippers hingewiesen (s. [Sch 88a]). Taylor/Kelly stellen die symbolische Ausführung als Technik zur implementationsorientierten Testdatenauswahl vor (s. [TaK 86], S. 167); von ihnen stammen auch die Überdeckungskriterien für nebenläufige Programme.

Einführungen in (bzw. Überblicke über) die Programmierung, Verifikation, Validierung und Analyse von **Echtzeitsystemen** geben Schaufelberger et al., Quirk und Zöbel (s. [SSW 85], [Qui 85], [Zöb 87]). Die besonderen Probleme (aber auch Vorteile) von Echtzeit-, verteilten und eingebetteten Systemen beschreiben Ghezzi et al. im Kapitel 2.3 von [GJM 91]. Auf Probleme beim Testen von Echtzeitsystemen weisen Bologna/Leveson hin (s. [BoL 86]). Eine Architektur zum nahezu interferenzfreien Testen von Echtzeit- und verteilten Systemen stellen Fang/Chang vor (s. [FaC 85]). Die Darstellung und Überprüfung des Verhaltens von **eingebetteten Systemen** mit reellwertigen Variablen (wie z. B. Zeit, Druck, Temperatur) durch „hybride" Automaten schlagen Alur et al. vor (s. [AHH 96]). Einen Modularisierungsansatz, bei dem kommunizierende **zeitbehaftete Petri-Netze** verwendet werden, stellen Bucci/Vicario in [BuV 95] vor. Modelle, Sprachen und Techniken zur Beschreibung von Echtzeitanforderungen finden sich bei [BoL 86] und [KeG 92]. Eine logische Notation für Zeit präsentieren Halbwachs et al. (s. [HLR 92]). Die **temporale Logik** mit den Operatoren *Futur*, *Past* (und weiteren) stammt von Felder/Morzenti (s. [FMM 94]). Genaueres zum Einsatz objektorientierter Techniken findet sich bei Morzenti/SanPietro (s. [MoS 91]). Hinweise zum **Integrations- und Systemtest** von Echtzeitsystemen gab Head schon 1964 (s. [Hea 64]). Eine Studie über Fehler in Echtzeitsystemen wurde von Perry/Stieg durchgeführt (s. [PeS 93]).

Die Darstellung der partiellen zeitlichen Ordnung von Ereignissen in **verteilten Systemen** durch eine **Präzedenzrelation** stammt von Chen/Yeh (s. [ChY 83]). Die neuen Probleme bei verteilten Systemen beschreibt Haban (s. [Hab 86]). Das Problem des Beobachtungseffekts bei nebenläufigen Systemen untersucht Gait (s. [Gai 86]), eine Lösung mit Hilfe eines Mechanismus zur Aufzeichnung der In-

terprozeßkommunikation und eines daraus konstruierten Zeitabhängigkeitsgraphen (*timing graph*) geben Gordon/Finkel an (s. [GoF 86]). Eine Lösung des **Testreproduktionsproblems** durch lokale **Monitore** präsentiert Fidge (s. [Fid 89], S. 184 f.). Vorschläge zur Lösung des Informationsmengenproblems machen Garcia-Molina et al. (s. [GGK 84], S. 214 f.). Die **Testkriterien** für verteilte Systeme stammen von Chang et al. (s. [CSW 90], S. 114 f.).
Überblicke über das Testen und Korrigieren nebenläufiger Programme und über die formale Spezifikation und Verifikation von Echtzeitsystemen geben McDowell/Helmbold und Ghezzi et al. (s. [McH 89], [GFB 93]). Spezielle Probleme beim Testen und Verifizieren von **Protokollen** behandelt der Tagungsband [DeS 95].

15 Fehlerlokalisierung und -korrektur

15.1 Problemstellung, Lösungsstrategien und Wissensarten

Fehlerbehebung ist ein zweiteiliger Prozeß, der nach der Durchführung erfolgreicher Tests, d. h. nach Hinweisen auf die Existenz von Fehlern, einsetzt:

Teil I: Bestimmung der exakten Natur des Fehlers und Lokalisierung des vermuteten Fehlers im Programmtext (ca. 95% des Aufwands).

Teil II: Korrektur des Fehlers (ca. 5% des Aufwands).

Wegen des geringen Aufwands für die Fehlerkorrektur wird im folgenden fast nur die Fehlerlokalisierung betrachtet.

Betrachtet man den Prozeß der Fehlerbehebung genauer, so sind folgende <u>Schritte</u> notwendig:

1. Erkennen der Fehlersymptome durch einen Soll/Ist-Vergleich von spezifiziertem (bzw. erwartetem) und implementiertem Verhalten.

2. Auffinden der Fehlerursachen, indem Funktion und Struktur des Programms, insbesondere die Programmausführung und -steuerung, betrachtet wird.

3. Effizientes und korrektes Abändern des Programms, wobei die Abänderung wiederum zu überprüfen ist, um sicherzustellen, daß der Fehler korrigiert wurde und daß keine weiteren Fehler erzeugt wurden.

Die Fehlerbehebung wird ungern ausgeführt, da bei Programmierern aus folgenden Gründen eine psychologisch bedingte Abneigung besteht:

1. Durch gefundene Fehler wird das Selbstwertgefühl empfindlich getroffen.

2. Fehler müssen meistens unter Zeitdruck behoben werden, und zwar

   (a) wegen der meist zu knapp kalkulierten Liefertermine,
   (b) durch vom Programmierer selbst erzeugten Druck, da er die „leidigen" Fehler möglichst schnell (wegen 1.) beheben will.

3. Fehlerbehebung ist intellektuell anstrengend; bei anderen Ingenieurdisziplinen
   (z. B. Fahrzeugbau) ist sie dagegen meistens einfach. Wenn ein Auto zum Beispiel
   öfter stehen bleibt (Symptom), kann man Autoradio und Tachometer als Fehlerquelle ausschließen und den Motorbereich als Fehlerquelle eingrenzen, wobei
   wiederum Wasserpumpe und Ölfilter ausgeschlossen werden können[1]. Bei Compu-
   terprogrammen kann dagegen die Fehlerursache für ein Fehlersymptom praktisch
   in jedem Programmteil liegen, in der Eingabe, in der Verarbeitung oder in der
   Ausgabe. Die Lokalisierung ist also fast hoffnungslos.

Glücklicherweise gibt es aber auch für die Lokalisierung von Fehlern in Programmen
hilfreiche Methoden. Sie beruhen darauf, daß man das Wissen über das Programm
und die möglichen Fehler systematisch sammelt, erweitert und strukturiert. Folgende
Wissensarten sind dabei relevant: W1) Wissen über das gewünschte (spezifizierte)
Programm, W2) Wissen über das vorliegende Programm, W3) Verständnis der Programmiersprache, W4) allgemeine Programmier-Erfahrung, W5) Wissen über den
Anwendungsbereich und W6) Kenntnis der (üblichen) Fehler.

Das Wissen kann sich dabei auf vier verschiedene Aspekte bzw. Ebenen eines Programms beziehen:

(a) Struktur des Programms, d. h. Komponenten und ihr Zusammenhang (z. B. der
    Kontrollfluß- und Datenflußgraph),

(b) Verhalten des Programms, d. h. die Folge der Berechnungen bei bestimmten
    Eingaben,

(c) Funktion des Programms, d. h. die Relation der Ausgaben (und Zustands-
    veränderungen) zu den Eingaben,

(d) Klassifikation des Verhaltens nach bestimmten Mustern (pattern matching).

Die Fehlerbehebungsmethoden beziehen sich auf die verschiedenen genannten Wissensarten und -ebenen und richten sich dabei nach einer oder mehrerer der folgenden
Strategien:

S1. Bei der **Verifikationsstrategie** wird das vorliegende Programm (W2) mit der
    Spezifikation des Programms bzw. mit dem gewünschten Programm (W1) bzgl.
    Berechnungsäquivalenz verglichen [siehe Ebenen (b), (c), (d)].
    Diese aufwendige Strategie verlangt viel Wissen über das gewünschte Programm
    und ist daher sehr aufwendig. Dieser Aufwand lohnt sich i. allg. nur bei Tutoren-
    Systemen, welche die Lösungen von Programmieranfängern zu vorgegebenen

---

[1]Generell lassen sich meist **Fehlerbäume** aufstellen, welche die Fehlerpropagierung zwischen
strukturellen Komponenten beschreiben. Damit werden Regeln der Art „wenn Teil 1 und Teil 2
und ... Teil n defekt sind, dann ist Teil A defekt" (bzw. entsprechendes mit „oder" statt „und")
repräsentiert (genaueres siehe z. B. in [NaV 87] und der dort zitierten Literatur).

Übungsbeispielen überprüfen sollen. Eine Alternative dazu sind vereinfachte Spezifikationen in Form von Zusicherungen.

S2. Bei der **Strukturkontrollstrategie** wird die konsistente Verwendung von Programmkonstrukten [z. B. Bezeichner, Typen; siehe W3 und Ebene (a)] überprüft, evtl. auch die Verträglichkeit mit übergeordneten Programmbauplänen (W5).
Der erste Teil kann nur *potentiell* fehleranfällige Programmstellen aufdecken, der zweite Teil setzt wieder eine aufwendige Wissensbasis und -verarbeitung voraus.

S3. Mit der **Filterungsstrategie** werden diejenigen Programmteile identifiziert, die beobachtetes Fehlverhalten *nicht* verursacht haben können bzw. (als Komplement) die Teile, die einen Fehler enthalten können. Dazu sind die Testabläufe zu analysieren, d. h. die durchlaufenen Kontrollflußwege und die veränderten Variablenwerte [siehe Ebene (b)].
Wird diese Strategie zuerst eingesetzt, können die anderen Strategien auf einer Teilmenge der zu betrachteten Programmkonstrukte operieren und damit Aufwand einsparen.

S4. Mit der **Strategie zur Erkennung stereotyper Fehler** werden (bekannte) Fehler erkannt, bei denen ein klarer Zusammenhang zwischen dem Fehlersymptom und der Fehlerursache besteht.
Dies setzt eine Wissensbasis entsprechender Fehler voraus, die natürlich nur eine Teilmenge der tatsächlich vorkommenden Fehler umfassen kann.

Im folgenden Unterkapitel werden einige Fehlerlokalisierungsmethoden vorgestellt, die sich an obigen Wissensarten, -ebenen und Strategien orientieren.

15.2   Methoden der Fehlerlokalisierung

„Das Gefühl findet, der Scharfsinn weiß die Gründe.“
— **Jean Paul**

Für das Problemlösen allgemein und also auch für das Problem der Fehlerlokalisierung gibt es zwei Methoden, die auf logischem Denken beruhen, sowie weitere Methoden (und Werkzeuge) zur genaueren Lokalisierung der Fehler. Das logische Denken kann induktiv oder deduktiv betrieben werden.

1. Induktion
Induktives Vorgehen bedeutet das Schließen vom Besonderen auf das Allgemeine. Bei der Fehlerlokalisierung sind Hinweise auf Fehlersymptome in einem oder mehreren Testläufen das „Besondere“ und Verbindungen zwischen den Symptomen sowie die Umstände, unter denen ein Fehler auftritt, sind das „Allgemeine“.

2. Deduktion

Deduktives Vorgehen bedeutet das Schließen vom Allgemeinen auf das Besondere. Bei der Fehlerlokalisierung sind allgemeine Hypothesen (Theorien bzw. Prämissen) über die Fehler(ursachen) das „Allgemeine" und die Eliminierung von Möglichkeiten, die Verfeinerung der Hypothesen (anhand von Beispielen) sowie das Schließen auf den vorliegenden Fall ist das „Besondere".

Das deduktive und induktive Verfahren der Fehlerlokalisierung läßt sich als Flußdiagramm formulieren (siehe Abbildung 15.1).

15.2.1 Induktionsmethode

Die Induktionsmethode umfaßt folgende Schritte (vgl. Abb. 15.1 links):

Schritt 1: Alle Symptome mit Hilfe der (Test-)Daten zusammenstellen.

Dabei ist folgendes zu beachten:

(a) Günstig sind ähnliche, aber unterschiedliche Testdaten, um den Fehler genauer einzugrenzen.

(b) Bei den Testdaten sollte vorab geklärt werden, ob sie zulässig sind, d. h.:

- Werden nur Testdaten mit Eingabedaten innerhalb des Definitionsbereichs verwendet?
- Werden die richtige Programmversion und die richtige Version der Daten verwendet, d. h., sind Handhabungsfehler (beim „Operating") ausgeschlossen?

Schritt 2: Die Abweichung zwischen dem Programmverhalten und der Programmspezifikation ist zu beschreiben bzw. zu klassifizieren.

Als Hilfsmittel dient dabei eine Symptom-Tabelle mit acht Feldern, d. h.

- vier Zeilen mit den Fragen „was", „wann", „wo", „welcher Umfang",
- zwei Spalten mit den Feststellungen „ist vorhanden", „ist nicht vorhanden".

Die Einteilung dient dazu, verschiedene Aspekte des Fehlers zu klassifizieren:

- Was ist der Fehler überhaupt (das Symptom)?
- Wann (bei welchen Tests bzw. Situationen) tritt der Fehler auf?
- Wo tritt der Fehler auf, d. h. in welchen Ausgabeteilen?
- In welchem Umfang tritt der Fehler auf (immer, manchmal, „zufällig")?

Obige Erklärungen beziehen sich auf die „ist vorhanden"-Spalte. Die „ist nicht vorhanden"-Spalte enthält Angaben, wo und wann dieser oder ähnliche Fehler *nicht* auftreten. (Dies entspricht der Filterungsstrategie.)

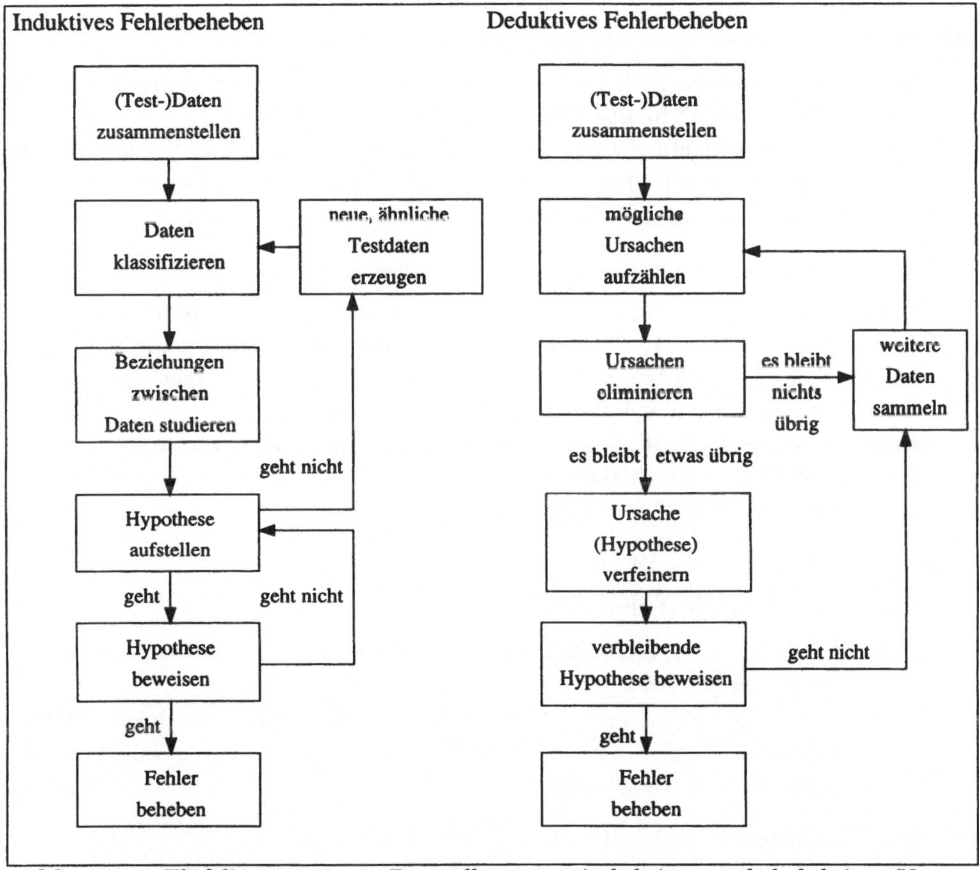

Abb. 15.1: Flußdiagramm zur Darstellung von induktiver und deduktiver Vorgehensweise (nach [Mye 79], Bild 7.1 und 7.4)

BEISPIEL 15.2.1
Eine Symptomklassifizierung kann etwa folgendermaßen aussehen:

was:	*ist vorhanden:*	*in Sätzen vom Typ A (Fehler)*
	ist nicht vorhanden:	*in Sätzen vom Typ B (kein Fehler)*
wo:	*ist vorhanden:*	*im ganzen zweiten Bericht*
Umfang:	*ist nicht vorhanden:*	*kein vorübergehender zeitweiser Fehler*

Schritt 3: Die Beziehungen zwischen den Daten sind zu studieren.

Dieser Schritt hat das Ziel, Unterschiede zwischen der „ist vorhanden"- und der „ist nicht vorhanden"-Spalte festzustellen.
Dies ist der wichtigste Schritt der Methode. Wenn die Fälle, wo der Fehler auftritt (und wo nicht), klar abgegrenzt werden können, dann kann i. allg. auch die Fehlerursache eingegrenzt werden.

Schritt 4: Eine Hypothese über die Fehlerursachen ist aufzustellen.

Das Aufstellen einer Hypothese ist wichtig, weil damit das weitere Suchen eingegrenzt wird. Dabei ist die Erfahrung des Programmierers bzw. Testers gefordert, um aus den aufbereiteten Testdaten auf eine mögliche Fehlerursache zu schließen. (Dies entspricht der Erkennung stereotyper Fehler.)
Eventuell müssen die in Schritt 3 erkannten Unterschiede verschärft werden durch neue Überlegungen oder neue Testdaten, damit alle acht Felder der Tabelle (gleichmäßig stark) ausgefüllt sind.

Schritt 5: Die Hypothese ist zu beweisen.

Dies umfaßt folgende Teilschritte:

(a) Es ist zu überprüfen, ob an der vermuteten Stelle im Programm wirklich ein Fehler existiert.

(b) Es ist zu verifizieren, daß die entdeckte Fehlerquelle alle beobachteten Fehlersymptome vollständig erklärt (durch manuellen „Walkthrough" mit einfachen Testdaten).

Dabei ist folgendes zu beachten:
Wenn die beobachtete Abweichung bei der Überprüfung tatsächlich die bisher ermittelten Fehlersymptome vollständig erklärt, dann ist der Fehler gefunden worden. Andernfalls hat man nur einen Teil der Fehlerursache gefunden oder gar keine Fehlerquelle. Dann sind neue, geänderte Hypothesen aufzustellen.
In keinem Fall sollte man diesen Schritt auslassen nach der Devise

„Es sieht so aus, als ob wir den Fehler gefunden haben. Wir probieren 'mal die folgende Korrektur und sehen dann nach, was passiert."

BEISPIEL 15.2.2 (FÜR DIE INDUKTIONSMETHODE)
Prüfungsauswertungsprogramm (nach [Mye 79])

Das Programm druckt den Median, den Mittelwert und die Standardabweichung der Noten, die als Punktwerte angegeben sind.

Schritt 1: *Symptome zusammenstellen*

Für 51 Studierende ergibt sich ein Mittelwert von 73,2 (korrekt), ein Median von 26 (falsch; 82 ist richtig) und eine Standardabweichung von 10,3 (korrekt). Für einen Studierenden ergibt sich ein Mittelwert von 68 (korrekt), ein Median von 1 (falsch) und eine Standardabweichung von 0 (korrekt). Für zwei und 200 Studierende werden Mittelwert, Median und Standardabweichung richtig berechnet. Die fehlerhaften Berechnungen treten (nur) in Report 3 auf[2].

Schritt 2: *Fehlersymptome bzw. Abweichungen klassifizieren*

Die in Schritt 1 gesammelten Symptome ergeben folgende Eintragungen in die Symptom-Tabelle (s. Tabelle 15.1).

Fragestellung	Symptom „ist" vorhanden	Symptom „ist nicht" vorh.
was	Der Median in Report 3 ist falsch.	Mittelwert und Standardabweichung sind korrekt.
wo	nur in Report 3	in den anderen Berichten
wann	für 1 und 51 Studierende	für 2 und 200 Studierende
in welchem Umfang	Median = 26 für 51 Studierende, Median = 1 für einen Studierenden	*Median* scheint *unabhängig* von den Noten (Punktwerten) zu sein

Tab. 15.1 Klassifikation der Fehlersymptome bei induktivem Vorgehen

Die Testdaten von Schritt 1 lassen im Feld „in welchem Umfang; Symptom ist nicht vorhanden" keinen gesicherten Eintrag zu. Daher muß ein neues Testdatum mit ähnlichen Werten [siehe Schritt 1.(a)], d. h. mit 51 bzw. einem Studierenden, aber anderen Noten (Punktwerten) durchgeführt werden. Wenn sich dann wieder als Median 26 bzw. 1 ergibt, kann folgende Hypothese aufgestellt werden:

„Median ist nicht abhängig von den Noten (Punktwerten)".

Schritt 3: *Beziehungen zwischen Daten studieren*

Dieser Schritt hat folgendes Ergebnis:

> (a) *Nur die Medianberechnung (in Report 3) ist falsch („was"- und „wo"-Zeile).*

---

[2]Dies ist allerdings nicht verwunderlich, denn nur in Report 3 werden Mittelwert, Median und Standardabweichung ausgegeben.

(b) *Die Medianberechnung ist nur für ungerade Anzahlen von Studierenden (1, 51) falsch, nicht für gerade Anzahlen („wann"-Zeile).*

(c) *Der Median ist (unabhängig von den Noten) gleich der aufgerundeten halben Studierendenanzahl ($\lceil\frac{51}{2}\rceil = 26$; $\lceil\frac{1}{2}\rceil = 1$; siehe „Umfang"-Zeile).*

<u>Schritt 4:</u> *Hypothese aufstellen:*
Die Noten der Studierenden sind in einer Liste aufsteigend sortiert abgelegt. Das Programm druckt die (Ordnungs-)Nummer des mittleren Studierenden[3] und nicht seine Note aus.

<u>Schritt 5:</u> *Die Hypothese aus Schritt 4 ist anhand des Programmcodes zu beweisen.*

Das Vorgehen beim induktiven Fehlerlokalisieren entspricht dem folgenden Vorgehen beim Lösen eines Mordfalls:

1. sorgfältiges Analysieren der Indizien,

2. Zusammensetzen anscheinend unbedeutender Einzelheiten, um Widersprüche und Ungereimtheiten aufzudecken.

Wenig erfolgversprechend ist dagegen die Kontrolle ganzer Straßenblöcke und die Untersuchung von Eigentumsverhältnissen einer Vielzahl von Personen.

15.2.2 Deduktionsmethode

Die deduktive Fehlerlokalisierung umfaßt folgende Schritte (s. Abb. 15.1 rechts).

Schritt 1: Relevante (Test-)Daten zusammenstellen

Schritt 2: Mögliche Ursachen („Hypothesen") für die fehlerhaften Testdaten aufzählen

Schritt 3: Ursachen (Hypothesen) eliminieren
Bleibt keine Hypothese übrig, sind neue (Test-)Daten zu sammeln. Bleiben mehrere Hypothesen übrig, so ist mit der „wahrscheinlichsten" Hypothese zu beginnen oder zusätzliche Testdaten sind zu untersuchen.

Schritt 4: Hypothese verfeinern

Schritt 5: Verbleibende Hypothese beweisen bzw. bestätigen
Es ist zu zeigen, daß die falschen und richtigen Testergebnisse sich mit Hilfe der Hypothese genau erklären lassen.

---

[3]Bei einer ungeraden Anzahl gibt es „den mittleren" Studierenden.

Bei der Lösung eines Mordfalls bedeutet deduktives Vorgehen zum Beispiel:

1. Eine Menge von Verdächtigen bestimmen.
   (Hypothese: Einer von ihnen muß der Täter sein.)

2. (a) Verdächtige ausscheiden. (Der Gärtner hat ein Alibi.)

   (b) Die Verdachtsmomente verfeinern. (Der Täter muß schwarze Haare haben.)

3. Schluß ziehen. (Der Butler war es.)

Bei der Induktionsmethode wurde bei Schritt 1(a) angemerkt, daß ähnliche, aber unterschiedliche Testdaten günstig für die Fehlerlokalisierung sind. Entsprechendes gilt für die Deduktionsmethode. Der Zweck solcher Testdaten ist es, möglichst nur eine einzige, aber jedenfalls nur wenige (Ein- oder Ausgabe-)Bedingungen zu testen. Dies steht im Gegensatz zu den Testdaten zum *Aufdecken* von Fehlern, die möglichst viele Bedingungen gleichzeitig abdecken sollen (vgl. Abschnitt 4.2.1, Äquivalenzklassen-Methode). Das Vorgehen besteht darin, die Testdaten zu variieren, die zum Aufdecken eines Fehler(symptom)s führten. Bei der Induktionsmethode dient dies zum Aufstellen oder Bestätigen von Hypothesen. Bei der Deduktionsmethode können damit vermutete Ursachen ausgeschlossen und verbleibende Hypothesen verfeinert oder bestätigt werden.

15.2.3 Fehlerlokalisierung durch Bestimmung der potentiellen Wege mit Fehlern

Falls mit der Induktions- oder Deduktionsmethode die fehlerhafte(n) Anweisung(en) nicht genau zu lokalisieren sind, empfiehlt sich folgendes Vorgehen, welches sich an dem Kontrollfluß des betrachteten Programms orientiert. Es operiert also auf Ebene (a) (Programmstruktur) und ist eine Filterungsstrategie.

Schritt 1:
   Ermittle zu den Testdaten $t_1, \ldots, t_n$, bei denen ein Fehlverhalten auftritt, die ausgeführten Wege $w_1, \ldots, w_n$ und jeweils die Menge A_i der Anweisungen, die auf dem Weg w_i liegen, $i = 1, \ldots, n$.

Schritt 2:

   (a) Falls genau eine fehlerhafte Anweisung a_f die Ursache für alle fehlerhaften Testergebnisse ist, liegt sie im Durchschnitt aller $A_i : a_f \in \bigcap_{i=1\ldots n} A_i$.

   (b) Falls mehrere fehlerhafte Anweisungen die Ursache sind, liegen sie in der Vereinigung aller A_i.

   Da man i. allg. die Fehleranzahl *nicht* kennt, muß man — falls man mit Schritt 2(a) keine Fehlerquelle findet — letztlich nach Schritt 2(b) vorgehen.

Das folgende Beispiel demonstriert das Vorgehen gemäß den Schritten 1 und 2.

BEISPIEL 15.2.3
*Für das Programm aus Abbildung 7.2, bei dem Anweisung 9 (LOW := MID + 1)
durch LOW := MID ersetzt wird, ergibt sich folgendes für $A = (2, 5, 7, 9, 12)$ und
$N = 5$, wenn F bei den Testdaten t_1 bis t_5 die angegebenen Werte hat:*

> t_1*: $F = 7$ ergibt NPOS = 3 (o. k.).*
> t_2*: $F = 5$ führt zu einer „Endlosschleife".*
> t_3*: $F = 2$ bewirkt NPOS = 1 (o. k.).*

*Aus diesen Angaben läßt sich schlecht eine Hypothese über die Fehlerursache(n)
ableiten. Wenn aber noch Angaben über die durchlaufenen Wege vorliegen, ist dies
eher möglich.*

> t_1*: Weg: 0, 1, 2, 3, 5, 6, 7, 11.*
> t_2*: Weg: 0, 1, 2, 3, 5, 8, 10, $(2, 3, 5, 8, 9)^*$ (endlos)*
> t_3*: Weg: 0, 1, 2, 3, 5, 8, 10, 2, 3, 5, 6, 7, 11.*

*Da nur bei t_2 ein Fehler auftritt, muß auf dem entsprechenden Weg eine fehlerhafte
Anweisung liegen. Bei einer* **optimistischen Strategie** *könnte man noch die Anweisungen ausschließen, die auf den Wegen liegen, die bei den fehlerfreien Testdaten
t_1 und t_3 ausgeführt werden. Damit bleibt nur die Anweisung 9 bei t_2 übrig, die in
der Tat den Fehler enthält.*
*Diese optimistische Strategie ist aber i. allg. falsch, wie die Betrachtung der Testda-
ten t_4 und t_5 und der zugehörigen durchlaufenen Wege zeigt:*

> t_4*: $F = 9$ ergibt NPOS = 4 (o. k.).*
> t_5*: $F = 12$ führt zu einer „Endlosschleife".*
> *Weg zu t_4: 0, 1, 2, 3, 5, 8, 9, 2, 3, 5, 6, 7, 11.*
> *Weg zu t_5: 0, 1, $(2, 3, 5, 8, 9)^*$ (endlos).*

*Die Wege, die zu den Testdaten t_1, t_3, t_4 (mit korrektem Ergebnis) gehören, enthalten
die Anweisungen 0, 1, 2, 3, 5, 6, 7, 8, 9, 10, 11, also alle außer 4. Die Wege, die zu
den Testdaten t_2 und t_5 (mit fehlerhaftem Ergebnis) gehören, enthalten nur die
Anweisungen 0, 1, 2, 3, 5, 8, 9, 10; d. h. eine Teilmenge der Anweisungen, die in
den fehlerfreien Fällen vorkommen. Gemäß der optimistischen Strategie dürfte also
keine Anweisung einen Fehler enthalten.*
*Der Fehlschluß wird dadurch hervorgerufen, daß bei der optimistischen Strategie
angenommen wird, daß ein Testdatum mit korrektem Ergebnis keine fehlerhaften
Anweisungen ausgeführt haben kann. Das ist aber nicht der Fall, wie Testdatum
t_4 zeigt. Es führt die fehlerhafte Anweisung 9 aus, ohne einen Ausgabefehler zu
erzeugen. Das liegt daran, daß der fehlerhafte Wert von LOW in Anweisung 9 (beispielsweise 3 statt 4) bei der Berechnung von MID in Anweisung 2 trotzdem ein*

richtiges Ergebnis MID = $\lfloor\frac{3+5}{2}\rfloor = \lfloor\frac{4+5}{2}\rfloor = 4$ berechnet. Der Fehler wird nämlich beim Abrunden mit $\lfloor\ \rfloor$ toleriert.

Man darf also (siehe Schritt 1 und 2 bei dem Vorgehen oben) nur die Wege der Testdaten mit *fehlerhaftem* Ergebnis betrachten.

Die Schritte 1 und 2(b) des obigen Vorgehens bestimmen eine Menge von *vollständigen* Wegen und zugehörigen Anweisungen als potentielle Fehlerquelle. Führt ein Test einen Weg *endlicher* Länge aus und erzeugt er einen fehlerhaften Wert einer Ausgabevariablen, können gewisse Anweisungen als Fehlerquelle ausgeschlossen werden, wenn der Datenfluß genauer betrachtet wird. Durch Rückwärtsverfolgung des Datenflusses[4] kann die minimale Menge von Anweisungen auf dem Weg ermittelt werden, welche für den gegebenen Test dasselbe Berechnungsergebnis für die (fehlerhafte) Ausgabevariable erzeugt. Diese Teilmenge wird (engl.) **slice** genannt (deutsch/wörtlich: „Scheibe, Schnitte" trifft den Bedeutungsgehalt nicht genau).

BEISPIEL 15.2.4
Man betrachte folgendes Programm:

```
read(i);
c := i;
read(d);
if d = 37
then begin a := c;
           b := 2;
      end;
else a := 2;
```

Um den Fehler $c := i$ (statt $c := i + 1$) zu finden, der (in einigen Fällen) als Ergebnis $a = i$ statt $a = i + 1$ liefert, ist mit $d = 37$ zu testen.
Dann ist folgende „slice" relevant:

```
read(i);
c := i;
read(d);
if d = 37
then a := c;
else ... ;
```

---

[4] vgl. Kapitel 8.1, Seite 212

15.2.4 Fehlerlokalisierung durch Soll/Ist-Vergleich der Berechnung auf einem Weg

Mit obigen Einschränkungen ist für einen Weg w_i immer noch nicht klar, *wo* sich auf dem Weg die fehlerhafte Anweisung befindet. Daher ist das genaue Verfolgen der Berechnung auf einem Weg notwendig.
Hierbei gibt es zwei Möglichkeiten:

A. Vorwärtsverfolgung des Weges,

B. Rückwärtsverfolgung des Weges.

Bei Tests, bei denen eine Schleife unendlich oft durchlaufen wird, kann natürlich nur die Vorwärtsverfolgung gewählt werden. Rückwärtsverfolgung empfiehlt sich, falls der Fehler in der hinteren Hälfte des Weges vermutet wird. Folgende Schritte 1. bis 3. sind bei beiden Methoden A und B jeweils durchzuführen.

A. Lokalisierung eines Fehlers durch Vorwärtsverfolgung:

1. Beginne mit den Werten der Eingabevariablen.

2. Berechne schrittweise die Werte der (Programm-)Variablen nach jeder Anweisung auf dem Weg (das ist der Programmzustand).

3. Vergleiche den tatsächlichen Programmzustand jeweils mit dem „richtigen" Programmzustand (wie er sein sollte).
   Bei der ersten *Abweichung* ist eine fehlerhafte Anweisung gefunden (spätestens bei der Ausgabe am Ende des Weges).

B. Lokalisierung eines Fehlers durch Rückwärtsverfolgung:

1. Beginne mit den (fehlerhaften) Werten der Ausgabevariablen.

2. Berechne schrittweise, wie die Werte der Programmvariablen vor jeder Anweisung auf dem Weg gewesen sind (das ist der Programmzustand).

   BEISPIEL 15.2.5
   Anweisung $x := x + 5$
   Wenn hinterher $x = 8$ gilt, muß vorher $x = 3$ gelten.

3. Vergleiche jeweils den tatsächlichen Programmzustand mit dem Soll-Programmzustand. Bei der ersten *Übereinstimmung* liegt eine fehlerhafte Anweisung vor.

Beide Methoden operieren also auf Wissensebene (b) (Programmverhalten) und versuchen eine Verifikationsstrategie. Dabei muß als letzte Aufgabe nur noch eine Antwort auf folgende Frage gefunden werden: Wie vergleicht man den tatsächlichen mit dem Soll-Programmzustand? Dabei ist das Hauptproblem die Ermittlung bzw. Spezifikation des Soll-Programmzustands.

Das Vergleichen des erwarteten (Soll-)Programmzustands mit dem tatsächlichen Programmzustand läßt sich durch den Einbau von **ausführbaren Zusicherungen** (executable assertions) in das Programm teilweise automatisieren. Die Zusicherungen werden während der Programmausführung abgeprüft und führen bei Abweichungen zu Fehlermeldungen bzw. zum Programmabbruch.
Die Zusicherungen haben z. B. die Form
  ASSERT <Boolescher Ausdruck> Anweisung.

Kompliziertere Zusicherungen können z. B. folgende Form haben:

ASSERT A[I] $\neq$ A[J] FOR ALL (I, J) (1:8) WHERE (I $\neq$ J)
  LIMIT 2 VIOLATIONS HALT

Dies bedeutet, daß das Programm beendet wird (HALT), wenn zum zweiten Mal (LIMIT 2) nicht alle ersten acht Elemente des Arrays A bei der Ausführung der ASSERT-Anweisung verschieden sind.

Folgendes <u>Vorgehen</u> ist beim Verwenden von ausführbaren Zusicherungen angebracht:

1. Nach jeder Initialisierung von Variablen, Arrays und sonstigen Datenstrukturen ist eine Zusicherung einzufügen, die den (spezifizierten) Wertebereich der Daten abprüft.

2. Zusicherungen sind an Anfang und Ende von internen Prozeduren einzubauen.

3. Zusicherungen sind vor und nach wichtigen Schleifen oder Prozeduraufrufen einzufügen.

4. Vor möglichen Singularitäten[5] sollten geeignete Zusicherungen plaziert werden, z. B. „ASSERT z $\neq$ 0“ vor einer Division durch z.

5. In wichtige Schleifen sind *induktive* Zusicherungen einzubauen (vgl. Kapitel 12.4).

Zusicherungen können **lebend** sein, d. h. sie werden tatsächlich ausgeführt, oder sie können als *Kommentar* behandelt werden.
Bei Produktionsläufen wird das Umwandeln von lebenden Zusicherungen in Kommentare aus Effizienzgründen oft empfohlen. Aber dies ist wie das Verhalten eines Matrosen, der seine Schwimmweste zu Trainingszwecken an Land anzieht, aber sie

---

[5]**Singularitäten** sind einzelne Werte, für die mathematische Funktionen nicht definiert sind.

auszieht, wenn er in See sticht. Die Zusicherungen sollten also lebend bleiben, allerdings nur bei sicherheitsrelevanten Anwendungen zum Programmabbruch (mit Rückfall in einen sicheren Zustand) führen. Die Verletzungen der Zusicherungen sollten (in einer Datei) aufgezeichnet werden, um dem Wartungsdienst als Diagnosehilfe zur Verfügung zu stehen.

15.2.5 Druckanweisungen einstreuen

Bei diesem Vorgehen wird die Dynamik des Programmablaufs durch die Folge der ausgeführten Druckanweisungen protokolliert. Diese Information wird insbesondere dann als Verhaltensbeschreibung [Ebene (b)] benötigt, wenn keine normalen Programmausgaben vorliegen oder das Programm in eine Endlosschleife gerät.

Bei einem unbedachten Einsatz dieser Methode treten folgende Probleme auf:

1. Eventuell werden beträchtliche Datenmengen und Ausgaben erzeugt, insbesondere bei Druckanweisungen in Schleifen.

2. Das Einfügen der Druckanweisungen erzwingt oder verleitet zu Programmänderungen. Dadurch können

   • Fehler verdeckt (maskiert) werden,

   • Ausführungszeiten in Realzeitprogrammen — und damit das Programmverhalten — verändert werden,

   • neue Fehler eingebaut werden.

3. Bei großen Programmen ist dieses Vorgehen ökonomisch nicht zu vertreten (zu hohe Kosten), bei Realzeit- oder Betriebssystem-Programmen können damit nicht alle Fehler eingegrenzt werden.

Damit Problem 1 nicht auftritt und die Vorteile voll zur Entfaltung kommen, sind folgende Anregungen zu beachten:

1. Jede Druckanweisung erzeugt einen **Schnappschuß** des Programmzustands an der entsprechenden Stelle, d. h. folgendes:

   (a) Identifikation des Programmteils,

   (b) Teile des Programmzustands [falls (a) nicht ausreicht].

   Dabei sollte das Drucken an- und abgeschaltet werden können (wegen Problem 1) und die Informationsmenge und -darstellung je nach Bedarf flexibel gewählt werden können.

2. Die Ausgabemenge ist zu minimieren, und zwar mit folgenden Strategien (z. T. alternativ):

(a) „minimale" Testdaten verwenden, z. B. Eingabedaten, die nur zu einem höchstens dreimaligen Durchlaufen einer Schleife führen. (Es ist unwahrscheinlich, daß ein Fehler erst bei einem k-maligen Durchlauf mit $k > 3$ gefunden wird, obwohl es natürlich solche Fälle gibt, die extra zu testen sind.) Wenn klar ist, daß die Schleife den Fehler nicht enthält, sollte die Ausgabe dafür völlig abgeschaltet werden bzw. beim Lesen des Protokolls ignoriert werden.

(b) Als Alternative zu (a) kann die Ausgabe z. B. nach dreimaligem Schleifendurchlauf abgeschaltet werden.

(c) Für Untermodule eines Moduls bzw. Unteroperationen einer Operation sollten die Schnappschüsse (der Trace) je nach Eingrenzung des Fehlers einzeln an- bzw. abgeschaltet werden.

BEISPIEL 15.2.6
Im Modul Λ werden in einer Schleife jeweils vier Operationen aufgerufen. Falls kein Integrationstest möglich bzw. sinnvoll ist, werden zuerst alle fünf „Schalter" (für jede Operation und für das Modul je einer) eingeschaltet („trace_on"). Wenn eine Operation offenbar fehlerfrei ist, wird ihr Schalter „abgeschaltet" („trace_off"). Beim Systemtest z. B. sind schließlich alle Operationsschalter abgeschaltet („trace_off").

(d) Werden zu viele Schnappschüsse bei einem Programmablauf erzeugt, sind jeweils nur die letzten k Schnappschüsse zu speichern (mit einstellbarem Wert von k). Alternativ kann man — bei einer sehr großen Anzahl auszuführender Schnappschüsse — diese hierarchisch ordnen und bei der Ausgabe nur Schnappschüsse bis zu einer bestimmten Hierarchie-Ebene berücksichtigen.

3. Inhalt und Plazierung des Schnappschusses
Für die Beantwortung der Frage, was im einzelnen bei einem Schnappschuß ausgegeben werden soll, und wo Schnappschüsse erforderlich bzw. sinnvoll sind, bieten sich folgende Regeln an:

(a) Protokollieren des Inhalts von Ein- und Ausgabe-Sätzen.
Druckausgabe wird natürlich immer schon protokolliert, aber alles andere sollte besonders protokolliert werden. Bei komplizierten Druckausgaben sollten alle Eingaben zur Druckprozedur protokolliert werden und Schnappschüsse in die Druckprozedur selbst eingebaut werden.

(b) Vor jeder wichtigen Programmverzweigung (z. B. bei Schleifen, insbesondere beim *exit*) sollten die in der entsprechenden Abfrage benutzten Variablen protokolliert werden, damit die Programmlogik kontrolliert werden kann.

(c) Der Verlauf von Berechnungen sollte bei Bedarf protokolliert werden, und zwar

- die Eingaben (bzw. Anfangswerte, falls vom Programm erzeugt),
- die Ergebnisse (Ausgaben),
- bei längeren Berechnungen die Zwischenergebnisse.

15.2.6   Werkzeuge benutzen

Der Aufwand für die Fehlerbehebung (engl.: debugging) hängt natürlich wesentlich von der diesbezüglichen Qualität der Werkzeuge, insbesondere des benutzten Compilers ab. Beim Testen sollte daher immer — falls verfügbar — eine entsprechende „Debugging"-Version des Compilers benutzt werden, die alle (Syntax-)Fehler im Modul-System erkennt und die Fehlerlokalisierung erleichtert.

Durch Werkzeugeinsatz kann folgendes Vorgehen unterstützt werden, das sich an Struktur und Verhalten des Programms [vgl. S. 418, Ebenen (a) und (b)] orientiert:

1. Setzen von Wiederanlaufpunkten („breakpoints")
   An Wiederanlaufpunkten wird der Kontrollfluß angehalten, und der Benutzer kann (im Dialog) den Zustand des Programms abfragen. Damit können also ganz *flexibel* Schnappschüsse angezeigt werden.

2. Die Änderung bestimmter Variablen und vorher bestimmte Befehle und Unterprogrammaufrufe werden stets (automatisch) protokolliert — wie beim Einstreuen von Druckanweisungen — aber man muß die Druckanweisungen nicht selbst einbauen.

Der Compiler bietet meist entsprechende Hilfen an, oder ein besonderer Vorübersetzer erledigt das.

Nachteilig ist bei diesem Vorgehen, daß eventuell wieder ungeheure Daten- bzw. Ausgabe-Mengen erzeugt werden. Der Werkzeugeinsatz ist allerdings effizient und nutzbringend, wenn er es erlaubt, Schnappschüsse nach den Regeln von Abschnitt 15.2.5 zu erzeugen. Wissensbasierte Werkzeuge, die auf den Ebenen (c) und (d) (Funktion und Verhaltensklassifikation) operieren, wären sehr nützlich. Sie sind aber noch im Forschungsstadium oder nur auf bestimmte, enge Problemfelder anwendbar.

15.2.7   Fehlerhafte Situationen

Die bisher genannten Fehlerlokalisierungsverfahren beziehen sich vor allem auf einen normalen Ablauf des Programms, bei dem nur falsche Ausgaben produziert werden bzw. falsche Wege im Kontrollflußgraphen ausgeführt werden. Es gibt aber ein ganzes Spektrum von fehlerhaften Situationen, das zu verschiedenen Arten der Fehlerlokalisierung Anlaß gibt:

1. Übersetzung durch Compiler nicht beendet, keine Fehlermeldung:

   Durch Änderung des Programms kann dieses Problem folgendermaßen gelöst werden (ohne Korrektur des Compilers, der fehlerhafterweise keinen Fehler meldet):

   (a) erfahrenen Kollegen um Hilfe bitten,

   (b) falls keiner verfügbar (als letzter Ausweg):

       i. Programm solange zerlegen (in „Abschnitte"), bis ein Abschnitt kompi-
          lierbar ist.

       ii. Die anderen Abschnitte schrittweise „integrieren" bis diese Teilmenge
           nicht mehr kompilierbar ist. Dann enthält der letzte Abschnitt einen
           Fehler.

       iii. Falls der Fehler beim Inspizieren dieses Abschnitts nicht gefunden wird,
            ist der Abschnitt wiederum zu zerlegen (rekursive Fortsetzung bei i, ii,
            ...) usw.

2. Ausführung des Programms, keine Programmausgabe, evtl. aber Ausgabe von
   Meldungen des Systems.

   In diesem Fall empfiehlt sich folgendes Vorgehen:

   (a) Bei Fehlern in der Programmlogik (zum Beispiel „*goto* Ende" vor jeder Druck-
       anweisung) ist wie bei der normalen Lokalisierung vorzugehen (siehe vorhe-
       rige Abschnitte).

   (b) Bei Hardware-, Betriebssystem- oder Programmfehlern (z. B. Division durch
       0, Array-Index außerhalb des zulässigen Bereichs), die zu einem Systemfehler
       führen und einen Systemfehler-Code ausgeben:

       i. Bei Hardware- oder Betriebssystem-Fehlern sind „alternative" Programm-
          me zu schreiben, d. h. es sind „Mutanten" des Programms zu bilden (vgl.
          Kapitel 9.3), so daß die Fehlerursachen umgangen werden bis der Fehler
          verschwindet oder gefunden wird. (Dies ist leider eine sehr aufwendige
          und problematische Technik.)

       ii. Bei Programmfehlern sind die normalen Techniken zur Fehlerbehandlung
           und -lokalisierung zu verwenden (siehe vorherige Abschnitte).

3. Vorzeitige Beendigung des Programmablaufs (abnormal end):

   In diesem Fall ist das Vorgehen aus den vorherigen Abschnitten angebracht. Bei
   geeigneter Werkzeugunterstützung ist ein Speicherauszug[6] sinnvoll, der vom „Debugger" zur genauen Lokalisierung der Fehlerstelle verwendet werden kann.

---

[6]Früher (d. h. bei Assembler-Programmen etc.) wurde dazu oft ein kompletter Speicherabzug
(„Postmortem"-Dump) erstellt und ausgewertet. Diese Technik ist aber selten zu empfehlen, da
sie immense Datenmengen und nur ein statisches Abbild der fehlerhaften Situation liefert und der
Fehler evtl. schon durch weiter ausgeführte Programmanweisungen überdeckt wird.

4. Unendliche Schleife (sozusagen das Gegenteil von 3):

In diesem Fall empfiehlt es sich, Druckanweisungen vor und hinter jede Schleife (nicht *in* die Schleife) einzufügen. Die letzte gedruckte Ausgabe „Anfang von Schleife x" kennzeichnet die unendliche Schleife (siehe Abschnitt 15.2.5).

15.2.8 Voraussetzungen und Prinzipien der Fehlerlokalisierung

Für eine erfolgreiche Fehlerlokalisierung müssen folgende Voraussetzungen gelten und folgende Maßnahmen und Prinzipien sind zu erfüllen:

1. Voraussetzung: konstruktive Maßnahmen und Prinzipien bei der Entwicklung:

   (a) Das Programm ist zu modularisieren, d. h. in relativ kleine Module zu zerlegen.

   (b) Die Codierung sollte den Test unterstützen.
       Fehler sind z. B. in der Hälfte der Zeit zu finden, wenn akzeptierte, verständliche Variablennamen (und nicht V1, V2, ...) verwendet werden.

2. Prinzip der Verwendung von Testhilfen:

   - Eine Liste der Variablen und Konstanten im Modul ist (zum Erkennen von Tippfehlern) zu benutzen.

   - Es sind Diagnosehilfen (Zusicherungen, Druckanweisungen o. ä., siehe Abschnitte 15.2.4 und 15.2.5) in das Programm einzubauen und zwar immer (nicht erst im Fehlerfall).

   - Die eingefügten Diagnose-Anweisungen sollten leicht unterscheidbar sein von anderen Anweisungen, z. B. durch besondere Anfangszeichen, so daß sie von einem Präprozessor in einen Kommentar umgewandelt werden können[7].

   - Die Diagnosehilfen sind frühestens im Produktionslauf zu entfernen[8].

3. Prinzipien der allgemeinen Vorgehensweise:

   - Probleme sind zu isolieren und eins nach dem anderen (nicht mehrere gleichzeitig) zu lösen.

   - Ein guter Diagnostiker sollte in der Lage sein, Fehler zu lokalisieren, *ohne* den Computer zu verwenden, d. h. Werkzeuge sollten nur als zusätzliche Hilfsmittel verwendet werden.

---

[7]Früher verwendete man dafür verschiedene Farben von Lochkarten.

[8]In kritischen Programmteilen sollten Diagnosehilfen o. ä. als Fehlermeldungen verbleiben (vgl. Abschnitt 15.2.4).

- Wenn man in eine gedankliche Sackgasse gerät, ist folgendes nützlich:

  - Nach einer ca. 30 Minuten dauernden erfolglosen Bearbeitung eines kleinen Programms sollte das Problem „überschlafen" werden.
    (Dann kann evtl. eine Lösung im Unterbewußtsein oder durch „frisches" Bewußtsein gefunden werden.)
  - Das Problem sollte einem Kollegen geschildert werden.
    (Dabei kommt man oft auf neue Gedanken und Ideen.)

4. Verwaltungs- und Management-Prinzipien:

- Die Ausgaben von verschiedenen Testläufen sind nach Datum, Uhrzeit und Version zu ordnen.

- Unnötige Testausgaben sind wegzuwerfen bzw. in der Testdatenbank zu löschen. Alte Versionen sind aber zu sichern, um eventuell falsche, sogenannte „Korrekturen" rückgängig machen zu können.

15.3 Prinzipien der Fehlerkorrektur und Fehleranalyse

Folgende Fehlerkorrekturprinzipien sind zu beachten:

1. In der Umgebung eines Fehlers sind noch weitere Fehler zu vermuten, da Fehler gehäuft auftreten.

2. Die Ursache des Fehlverhaltens (der Fehler) — nicht nur ein Symptom davon — ist zu beheben[9].

3. Die Fehler-„Korrekturen" sind strenger als das Originalprogramm zu testen, da die Wahrscheinlichkeit, daß die „Korrektur" richtig ist, deutlich weniger als 100% beträgt.

4. Die Fehler-„Korrekturen" sind bei großen Programmen besonders streng zu testen, da die Wahrscheinlichkeit, daß die Korrektur richtig ist, mit zunehmender Programmgröße sinkt.

5. Nach Fehler-„Korrekturen" müssen Regressionstests durchgeführt werden, da eine „Korrektur" nicht nur unvollständig sein kann, sondern auch neue Fehler als Nebeneffekt in anderen Programmteilen erzeugen kann. Daher muß nicht nur die Fehlersituation nach der Korrektur getestet werden, sondern das ganze Umfeld.

---

[9]Dieses Prinzip wird in anderen Wissenschaften leider auch häufig verletzt, z. B. in der Medizin bei psychosomatischen Leiden oder ernährungsbedingten Krankheiten.

6. Eine Fehlerkorrektur ist wie ein Programmentwurf zu behandeln, d. h. alle Vorgehensweisen, Methoden und Formalismen aus der Entwurfsphase sind auch bei der Fehlerbehebung anzuwenden (z. B. eine Spezifikation der Änderung, eine Inspektion und ein Test). Dies ist notwendig, weil Fehlerkorrektur eine Form des Programmentwurfs ist.

7. Das Programm darf nur in der Quellsprache geändert werden, weil sonst Quellcode und Objektcode nicht mehr zueinander passen, d. h. bei einer erneuten Compilierung kann der Fehler wieder auftreten.

Es ist unökonomisch, gewisse Fehler immer wieder zu machen und erst nach dem Testen mit viel Aufwand zu lokalisieren und zu korrigieren. Daher sind die eigentlichen Fehlerursachen zu ermitteln und zu beseitigen bzw. es sind Mittel anzugeben, mit denen solche Fehler wenigstens in früheren Entwicklungs- oder Testphasen (z. B. bei der Inspektion) entdeckt werden können. Dies entspricht der Idee, den Entwicklungsprozeß durch ein totales Qualitätsmanagement (total quality management TQM) zu verbessern und damit einen höheren Reifegrad des Prozesses zu erreichen, was mit dem modernen Schlagwort **Reifegradmodell** (capability maturity model, CMM) bezeichnet wird (vgl. Kapitel 2.6 und 3.7 zur Zertifizierung und Verbesserung des Reifegrades einer Entwicklungsinstitution).
Für die Prozeßverbesserung durch Fehleranalyse ist folgendes zu ermitteln:

1. In welcher Entwicklungsphase wurde der eigentliche Fehler gemacht? (Eine nicht eindeutige Spezifikation, die später zu einem Entwurfs- oder Codierfehler führt, ist z. B. der eigentliche Fehler.)

2. Durch welche mangelnden Kenntnisse, Fähigkeiten oder organisatorischen Regelungen wurde der Fehler verursacht bzw. durch welche Verbesserungen wäre er zu vermeiden? (Das zeigt Organisations- und Qualifikationsschwächen auf, die durch Umstellungs- und Schulungsmaßnahmen — nicht durch Maßregelungen — zu beheben sind.)

3. Warum wurde der Fehler nicht eher entdeckt bzw. wie hätte er eher entdeckt werden können? (Damit werden Hinweise auf Schwächen und Verbesserungsmöglichkeiten der analytischen Qualitätsmanagementmaßnahmen gegeben[10]).

4. Wie wurde der Fehler entdeckt?
Die Antwort auf diese Frage bezeichnet erfolgreiche Techniken der statischen und dynamischen Analyse, die unter ähnlichen Bedingungen wiederholt eingesetzt werden sollten. Dies ist also — im Unterschied zu den Punkten 1 bis 3 — eine *positive* Rückmeldung.

---

[10]vgl. Kapitel 12.1, Inspektion, Schritt 6, Seite 307

15.4   Übungen

Übung 15.1[11]:
Das Programm zum binären Suchen (siehe Abbildung 7.2) enthalte Fehler in den
Anweisungen 9 und 10, d. h. Anweisung 9 sei LOW := MID und Anweisung 10 sei
HIGH := MID.
Überlegen Sie sich die Auswirkungen auf die Testdaten t_1 bis t_5 von Beispiel 15.2.3
(ausgeführte Wege und Ergebnisse für NPOS). Welche Schlüsse könne aus den aus-
geführten Wegen gezogen werden, d. h. welche Anweisungen können fehlerhaft sein?
Betrachten Sie dazu auch die Testdaten t_6 mit $F = 3$ und t_7 mit $F = 8$.

Übung 15.2:
Ein modifizierter Textformatierer (vgl. Beispiel 7.3.1 auf S. 208) enthalte den Fehler,
daß die Reihenfolge der Anweisungen *bufpos := bufpos + 1* und *buffer[bufpos] := c* in
Zeile 24 vertauscht ist. Dieser Fehler wird schon beim Test mit einem Eingabetext,
der aus einem Buchstaben (z. B. „F") und *EOF* besteht (und *MAXPOS > 1*),
aufgedeckt, da dann die Anweisung *outchar(buffer[k])* in Zeile 16 ein undefiniertes
Zeichen (anstelle von „F") ausgibt.

(a) Verfolgen Sie die Datenfluß- und Kontrollflußkette von der fehlerhaften Ausgabe
in Zeile 16 rückwärts, ermitteln Sie die Anweisungen, die dazu einen Beitrag
leisten, und geben Sie ein entsprechend reduziertes Programm (die „*slice*") an.

(b) Geben Sie alternativ dazu ein Programm an, bei dem die verschiedenen Schleifendurchläufe der *slice* „abgewickelt" sind, d. h. sequentiell nacheinander aufgeschrieben werden.

(c) Geben Sie eine Zusicherung an, die den korrekten Zustand nach der fehlerhaften
Programmstelle beschreibt und damit die Abweichung aufdeckt.

---

[11] Aus Platzgründen werden hier keine umfangreichen Übungsbeispiele für die Induktions- und Deduktionsmethode angegeben (und kleine Beispiele sind zu trivial). Daher wird hier nur auf Beispiele
von Myers verwiesen, die sich auch als Übung eignen: Ein Fehler in einem DISPLAY-Kommando,
der mit Deduktion zu finden ist (s. [Mye 79], Kap. 7) und ein Fehler in einem Systemprogramm
(loader), der mit Induktion zu finden ist (s. [Mye 76], S. 248 ff.).

15.5   Verwendete Quellen und weiterführende Literatur

Die Definition des Begriffs **Fehlerbehebung** und die Einschätzung des Aufwands
für die Fehlerlokalisierung und -korrektur stammt von Myers (s. [Mye 79], Kapitel 7).
Experimente zur Fehlerbehebung, die den geringen Aufwand für die Fehlerkorrektur
bestätigen, führte Gould schon 1975 durch (s. [Gou 75]). Die Schritte einer Fehlerbe-
hebungsmethode sind in [BrS 73], S. 68 ff.; [Mye 76], Kap. 13 und [DuE 88], S. 163
aufgeführt. Die psychologisch bedingte Abneigung bei Programmierern gegenüber
der Fehlerbehebung ist in [Mye 79] erwähnt. Die Klassifikation der **Wissensarten, -ebenen** und **Fehlerbehebungsstrategien** findet sich in [DuE 88], S. 162;
[Duc 93] und [Mil 87], S. 334.
Die **Methoden der Fehlerlokalisierung** werden von Myers in Denkmethoden
und Holzhammermethoden eingeteilt. Zu letzteren zählt er die Methoden „Speicherabzug" (DUMP), „Einstreuen von Druckanweisungen" und „Werkzeuge benutzen" (siehe [Mye 79]). Die in [Mye 79] vorgestellte **Induktionsmethode** basiert
auf einer Methode von [BrS 73], genannt „The Method". Diese Methode ist wiederum eine Anpassung einer Problemlösungsstrategie für Manager (aus dem Jahre 1965) an das Problem der Fehlerbehebung in Programmen. Die Vergleiche mit
dem Vorgehen beim Lösen eines Mordfalls und das Beispiel 15.2.2 für die Induktionsmethode wurden von [Mye 79], Kap. 7, übernommen. Die **Fehlerlokalisierung
durch Rückwärtsverfolgung** wird von Myers für kleine Programme empfohlen,
die Vorwärtsverfolgung bzw. -propagierung von Milne, allerdings bei einer funktionsbezogenen Strategie (s. [Mye 79], Kap. 7; [Mil 87], S. 336). Die Verwendung von
komplizierten **Zusicherungen** und ein entsprechendes Vorgehen hat Stucki vorgeschlagen (s. [Stu 77]). Der Vergleich mit dem Umgang eines Matrosen mit seiner
Schwimmweste stammt von Knuth (zitiert nach [Mye 76], S. 295 u.). Vorschläge zur
Verwendung von speziellen Zusicherungen zur Aufdeckung bestimmter Fehlerarten
macht Rosenblum (s. [Ros 92]). Bei **Druckanweisungen** wurden die Anregungen
von [BrS 73], S. 41 ff., aufgegriffen. Die Aufstellung der fehlerhaften Situationen, die
zu verschiedenen Arten der Fehlerlokalisierung Anlaß geben, stammt aus [Tas 74].
Prinzipien der Fehlerlokalisierung finden sich in [BrS 73], [Gou 75], [Mye 79]
und [Tas 74]. Gould hat durch Experimente nachgewiesen, daß Fehler in der Hälfte
der Zeit zu finden sind, wenn akzeptierte, verständliche Variablennamen verwendet
werden (s. [Gou 75]). Die **Prinzipien der Fehlerkorrektur und Fehleranalyse**
stammen aus [Mye 79], Kap. 7.
Weitergehendes zum Problem der **Mehrfachfehler** und Ansätze mit vorverarbei-
tetem **(Lokalisierungs-)Wissen** findet man in [Mil 87], S. 335 f. Einen Überblick
über **neuere Ansätze** zur Fehlerlokalisierung, insbesondere von logischen und funktionalen Programmen und nebenläufigen und verteilten Systemen gibt der von Frit-
zen herausgegebene Tagungsband, insbesondere der Überblicksartikel von Ducassé
(s. [Fri 93], [Duc 93]).

16 Management des Testens und Prüfens

Ausgehend von den grundlegenden Problemstellungen und Lösungsansätzen des Qualitätsmanagements, Prüfens und Testens (Teil I) wurde in den Teilen II, III und IV dieses Buches eine Fülle von Test- und Prüfmethoden (also auch Analyse- und Verifikationsmethoden) mit ihren Stärken und Schwächen, Anwendungsbereichen und Einschränkungen vorgestellt, verglichen und bewertet. Für Software-Entwicklerinnen und -Entwickler drängen sich daher vermutlich die folgenden Fragen auf:

1. Können Kennzahlen für Softwareprogramme angegeben werden, von denen der Test- und Überprüfungsaufwand, aber auch die Art der anzuwendenden Test- und Prüfungsmethoden abgeleitet werden kann? (Entsprechende Komplexitätsmaße werden in Kapitel 16.1 und 16.2 vorgestellt.)

2. Wenn mehr als eine Softwaretest- oder -prüfmethode anzuwenden ist, wie sind die Methoden zu kombinieren? (Vorschläge dazu werden in Kapitel 16.3 gemacht.)

3. Wie kann die Anzahl der Restfehler im Programm bzw. die Zuverlässigkeit abgeschätzt werden? (Genaueres dazu wird in Kapitel 16.4 beschrieben.)

4. Welche speziellen Managementfragen sind bei der Durchführung des Testens und Prüfens zu beachten? (Empfehlungen dazu gibt Kapitel 16.5.)

16.1 Komplexitätsmaße für die Aufwandsermittlung

Die Komplexitätsmaße beziehen sich auf verschiedene textuelle und graphische Darstellungen von Programmen: Quelltext, Kontrollflußgraph, Datenflußgraph, Datenfluß an Modulschnittstellen, Anweisungen (als Anwendung von Operatoren auf Operanden).

Quelltextlänge
Als Quelltextlänge wird die *Anzahl der Zeilen* im Quelltext (engl.: lines of code = LOC) definiert. Dabei kann differenziert werden, indem Kommentarzeilen mitgezählt oder weggelassen werden.

<u>Vorteile des Maßes:</u>

- Es ist automatisch meßbar.

- Das Maß korreliert mit dem Aufwand zum Erstellen bzw. zum Verstehen des Programms.

- Es ist auf alle Programmiersprachen anwendbar.

<u>Nachteile des Maßes:</u>

- Es ist erst nach der Implementierung (Codierung) einsetzbar.

- Es berücksichtigt keine anderen Faktoren, wie z. B. den Unterschied zwischen sequentiellen und parallelen Programmen, obwohl letztere bei gleicher Länge schwerer zu verstehen sind.

Zyklomatische Zahl $v(G)$
Für einen zusammenhängenden Kontrollflußgraphen G ist definiert:

$$v(G) := e - n + 2,$$

wobei e = Zahl der Kanten (<u>e</u>dges), n = Zahl der Knoten (<u>n</u>odes) in G ist.
Es gelten folgende Beziehungen:

1. $v(G) = p + 1$ für strukturierte Programme, wobei p die Anzahl der Verzweigungsknoten ist. (In Abbildung 16.1 gilt: $p(G1) = 1$; $p(G2) = 3$.)

2. $v(G) = r$ = Anzahl der Gebiete, falls der Kontrollflußgraph planar ist. (**Gebiete** sind maximale zusammenhängende Punktmengen in der Ebene mit der Eigenschaft, daß je zwei Punkte durch eine Linie verbunden werden können, die keine Kante des Kontrollflußgraphen schneidet. In Abbildung 16.1 sind die Gebiete mit Nummern bezeichnet.
Ein Graph heißt **planar**, wenn er sich in der Ebene ohne Überschneidungen der Kanten darstellen läßt.)

3. $v(G) = f$ = Anzahl der fundamentalen (linear unabhängigen) Wege im Kontrollflußgraphen (vgl. S. 201).

<u>Vorteile der zyklomatischen Zahl:</u>

- Sie ist automatisch meßbar.

- Sie korreliert mit dem Erstellungs- und Verstehensaufwand, insbesondere mit dem Testaufwand beim Kriterium *alle fundamentalen Wege* (vgl. S. 201).

- Wenn beim Feinentwurf Pseudocode erstellt wird, ist sie schon dann — vor der Codierung — einsetzbar.

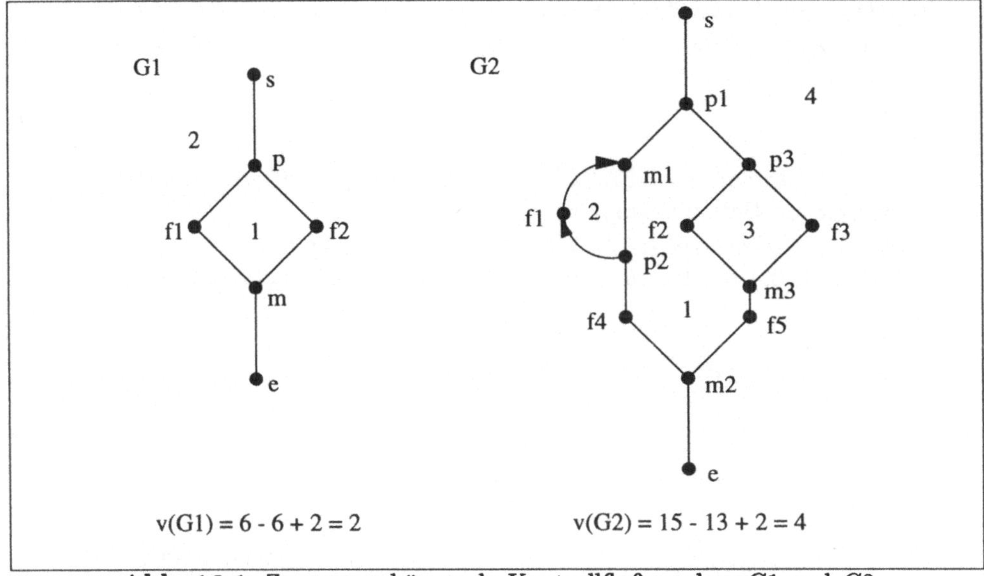

Abb. 16.1: Zusammenhängende Kontrollflußgraphen $G1$ und $G2$

<u>Nachteile der zyklomatischen Zahl:</u>

- Sie ist erst nach dem Algorithmenentwurf (und nur, falls dort Kontrollstruktur spezifiziert wird) einsetzbar.

- Es gibt keine Konstrukte für verteilte bzw. parallele Abläufe.

- Sie differenziert nicht zwischen unterschiedlich komplexen Verzweigungsprädikaten und unterschiedlichen Schachtelungen der Verzweigungen.

- Sie berücksichtigt nur die Anzahl der Verzweigungen im Kontrollfluß.

Um die Nachteile der zyklomatischen Zahl zu vermeiden, muß man Modifikationen vornehmen, welche z. B. *case*-Anweisungen und zusammengesetzte Entscheidungsprädikate höher bewerten als *if-then-else*-Anweisungen mit einfachen Entscheidungsprädikaten.

Datenflußkomplexität innerhalb eines Moduls

Bei diesem Ansatz werden Datenfluß- und Kontrollflußaspekte kombiniert. Grundlage des Maßes sind die Datenflußgraphen für die vorkommenden Variablen. Dabei entsteht ein **Datenflußgraph DFG(v) für eine Variable v** folgendermaßen aus dem Datenflußgraphen des Programms (s. Def. 8.1.1):

1. Er enthält nur die Knoten, in denen v referenziert (gelesen) oder definiert (verändert) wird, und den Anfangs- und Endknoten.

2. Ein Weg zwischen (nach 1) ausgewählten Knoten, auf dem v nicht angesprochen wird, wird durch eine Kante ersetzt.

Die **Datenflußkomplexität** eines Programms P mit Variablenmenge V ist definiert als die Summe aller zyklomatischen Zahlen der Datenflußgraphen für alle Variablen aus V.

BEISPIEL 16.1.1
Für das Suchprogramm SEARCH aus Abbildung 7.2 (auf Seite 193) erhält man z. B. folgende Datenflußgraphen DFG(v)[1]:
DFG(N): 3 Knoten (0, 1, 11), 2 Kanten (s. Abbildung 16.2)
DFG(NPOS): 4 Knoten (0, 1, 6, 11), 4 Kanten (s. Abbildung 16.2)

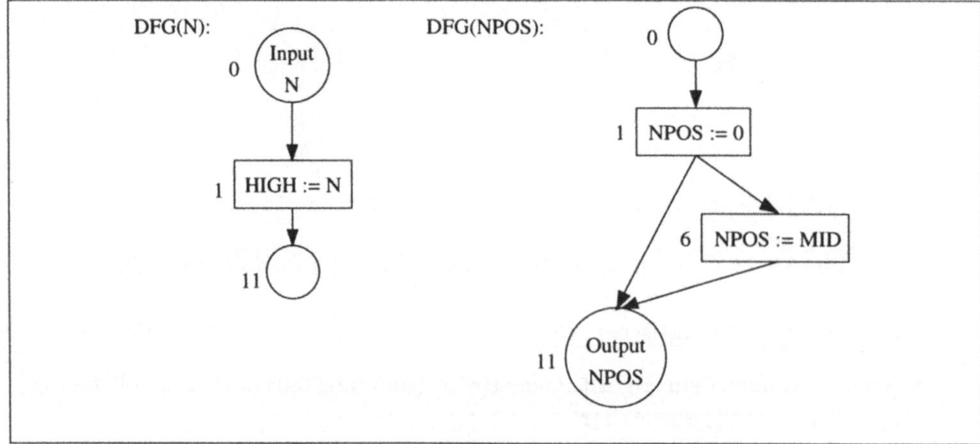

Abb. 16.2: Datenflußgraph für N und NPOS

Datenflußkomplexität zwischen Modulen

Die Komplexität des Datenflusses zwischen Modulen wird aufgrund der Komplexität der Schnittstellen berechnet. Transiente (nur durchgereichte) Daten werden gering bewertet (Gewicht 0,5), Eingabedaten etwas stärker (Gewicht 1), noch stärker die Ausgabedaten (Gewicht 2). Das höchste Gewicht (den Wert 3) erhalten Entscheidungsdaten. Das ergibt pro Modul die gewichtete Summe W.
Für iterative Aufrufe anderer Module werden noch die Entscheidungsdaten, die diese Iterationen steuern, betrachtet, zu einem Wert E gewichtet aufaddiert und als Repetitionsfaktor $R = 1 + \frac{E}{3}$ berücksichtigt (genaueres siehe [Cha 79]). Als **Datenflußkomplexität** $Q(M)$ des Moduls M wird das geometrische Mittel von beiden Werten, d. h. die Wurzel aus ihrem Produkt definiert:

$$Q(M) := \sqrt{W * R} = \sqrt{W * (1 + \frac{E}{3})}$$

---

[1]zur vollständigen Berechnung der Datenflußkomplexität s. Übung 16.1b.

Die **Datenflußkomplexität Q(P)** eines Programms P mit den n Modulen $M_1, M_2, \ldots, M_n$ wird als arithmetisches Mittel der Datenflußkomplexitäten der einzelnen Module definiert:

$$Q(P) = \frac{1}{n} * \sum_{i=1}^{n} Q(M_i).$$

Operatoren-/Operanden-Komplexität

Der Operatoren-/Operanden-Komplexität liegt folgende Idee zugrunde: Die Berechnung eines Programms besteht aus Operatoren und Operanden und sonst nichts. Dabei werden auch Kontrollkonstrukte wie *if, for, while, goto, ";"* (für *Sequenz*) und die *Klammerung* als Operator gezählt und Variablen und Konstanten sind Operanden. Von den folgenden vier Größen eines Programms können daher eine Reihe von Maßen abgeleitet werden:

O_1 = Zahl der verschiedenen Operatoren im Programm,
O_2 = Zahl der verschiedenen Operanden im Programm,
N_1 = Anzahl aller Operatorvorkommen im Programm,
N_2 = Anzahl aller Operandenvorkommen im Programm.

Davon abgeleitete Größen sind:

$O := O_1 \mid O_2$, das **Vokabular** des Programms,
$N := N_1 + N_2$, die **Länge** des Programms,
$D := \frac{N_2}{O_2}$, die **Datenhäufigkeit** im Programm.

In [Els 84] werden durch Korrelationsrechnungen vier Maße (aus 20 Maßen) als unabhängige Maße für verschiedene Programmeigenschaften bestimmt:

- $N = N_1 + N_2$ als Maß für die Größe,

- O_1 als Maß für die Nutzung der Programmiersprache,

- O_2 als Maß für die Datenverwendung,

- $D = \frac{N_2}{O_2}$ als Maß für die Datenflußkomplexität.

Mit diesen vier Maßen läßt sich der Aufwand *VA* (für das Verstehen) und der Aufwand *PA* (für das Programmieren) mit einer Konstanten S definieren:

$$VA = \log_2(O_1 + O_2) * O_1 * D * N$$

$$PA = \frac{\log_2(O_1 + O_2) * O_1 * D * (O_1 * \log_2 O_1 + O_2 * \log_2 O_2)}{2 * S}$$

PA ist die Zeit zum Codieren eines Programms, wobei die Zeit für Überlegungen, die mit Entwurfsfragen zu tun haben, nicht mitgezählt wird. In einem

Experiment wurde daher der Programmieraufwand folgendermaßen gemessen: Programmierern wurde ein ALGOL-Programm gegeben; zu schreiben war ein entsprechendes PL/I-, FORTRAN- oder APL-Programm. Frappierenderweise wurde dabei mit einer Abweichung von höchstens 8% der Wert von PA (ohne Tippaufwand etc.) in Sekunden erreicht, wobei mit $S = 18$, der (angeblichen) Anzahl der möglichen Unterscheidungen des menschlichen Gehirns (pro Sekunde), gerechnet wurde[2].

Diese Ergebnisse wurden in anderen Literaturstellen nur z. T. bestätigt, denn die zitierten Ergebnisse setzen anscheinend voraus:

- unstrukturierte, unkommentierte Programme, bei denen die Eingabe- und Ausgabeanweisungen und die Deklarationen nicht mitgezählt werden,

- wenig erfahrene Programmierer.

Bei diesen Voraussetzungen orientiert man sich als Programmierer notgedrungen an den Operanden und Operatoren des Programms und nicht an der Struktur des Programms (wie z. B. bei $Q(P)$, der anderen Definition von Datenflußkomplexität auf Seite 443).

Nutzen und Anwendung der Komplexitätsmaße:

- Besonders komplexe Programmteile, d. h. Komponenten, die schwierig zu überprüfen und zu modifizieren sind, können identifiziert werden. Bei diesen Programmteilen ist eine Erhöhung des Test- und Inspektionsaufwands oder eine Codeänderung angebracht. Eine hohe Datenhäufigkeit $D = \frac{N_2}{O_2}$ ist beispielsweise ein Indiz für eine Variablenverwendung mit mehreren Bedeutungen oder für lange Ausdrücke (die aufgeteilt werden sollten).

- Die Modulkomplexität sollte durch Zerlegung von Modulen mit sehr großer Komplexität reduziert werden. Allerdings darf dieses Vorgehen nicht übertrieben werden, da sonst (bei zu vielen Modulen) Probleme bei der interprozeduralen Kommunikation und der Dokumentation entstehen. (Publizierte Algorithmen [in den *CACM* etc.] mit einer Länge N von mehr als 260 haben typischerweise Fehler, kürzere Algorithmen nicht [nach Sullivan, zitiert nach [Cur 81], S. 214].)

Abschließend ist zu bemerken, daß Komplexitätsmaße nicht aussagen können, ob ein Programm besonders gut geschrieben ist, sondern lediglich, ob es besonders schlecht — nämlich zu komplex — ist.

---

[2]Zur Ableitung der Formel für PA $(= T)$ und zu den dabei gemachten Annahmen siehe [Hal 78].

16.2 Auswahl von Softwareprüfmethoden

„Wer sich nicht entscheiden kann, will sich nicht entscheiden."
— **Englische Spruchweisheit**

Generell sollten solche Prüfmethoden angewandt werden, die im allgemeinen den höchsten Prozentsatz von Fehlern bzw. von Fehlern einer bestimmten Art mit möglichst geringem Aufwand aufdecken. Da es keine Methode gibt, die für alle Fehlerarten die höchste Fehleraufdeckungsrate und den geringsten Aufwand hat (s. Kapitel 6, 11 bis 14), sind generell — unter Berücksichtigung von Kosten, Qualitäts- und Sicherheitsanforderungen — *mehrere* Prüfmethoden anzuwenden. Sollen alle möglichen Fehlerarten aufgedeckt werden, müssen sehr viele Prüfmethoden eingesetzt werden. In einem konkreten Fall liegen aber meist nur gewisse Fehlerarten vor und es reicht eine Teilmenge dieser Testmethoden. Da aber erst nach dem Prüfen die konkret vorliegenden Fehlerarten bekannt sind und sich manche Prüfkriterien (z. B. die Anweisungsüberdeckung aus Kapitel 7.2) nicht an konkreten Fehlerarten orientieren, ist das Fehlerkriterium als Entscheidungsgrundlage für die Auswahl nicht geeignet.

Es müssen also aus den vorliegenden Spezifikationen und Programmen auf möglichst einfache Art Entscheidungskriterien für die Prüfmethodenauswahl abgeleitet werden. Ein Hauptkriterium ist natürlich das Paradigma, nach dem spezifiziert oder programmiert wurde[3]. Nur auf algebraische Spezifikationen lassen sich z. B. die Methoden aus Kapitel 5.2 anwenden, nur auf imperative Programme mit Schleifen lassen sich die meisten Kriterien aus Abschnitt 7.2.4 anwenden. Für eine Spezifikations- oder Programmart lassen sich aber meistens mehrere Prüfmethoden anwenden. Günstig wäre es, wenn **Maßzahlen** bestimmt werden könnten, die sich leicht aus der Spezifikations- bzw. Programmstruktur ableiten lassen und als Entscheidungskriterium geeignet sind.

Für imperative Programmstrukturen wird im folgenden ein Satz von Maßzahlen vorgestellt, welcher eine Auswahl aus 42 bekannten Prüfmethoden erlaubt. (Durch geeignete weitere Maßzahlen läßt sich der Anwendungsbereich auf andere Prüfmethoden erweitern.) Die Grundidee dabei ist, daß überdurchschnittlich komplexe Programmkomponenten die potentiell fehlerhaften Komponenten sind. Also müssen entsprechende Komplexitätsmaße herangezogen werden, die sich aber — im Gegensatz zu Kapitel 16.1 — meist auf spezielle Programmstrukturen beziehen. Es handelt sich um zehn Kontrollfluß-, elf Datenfluß-, drei Datenstruktur- und zwei Arithmetikmaße. Dies orientiert sich an den Testkriterien in Teil III dieses Buches.

---

[3]vgl. dazu auch Abschnitt 17.2.1

16.2.1 Definition der Kontrollflußmaße

1. Komplexitätstyp *Entscheidungen*:

$$Z_1 = \frac{\text{Anzahl der } repeat\text{- und leeren } else\text{-Entscheidungen}}{\text{Anzahl aller Entscheidungen}}$$

$$Z_2 = \text{Anzahl der Entscheidungen}$$

Z_1 ist der Anteil der Entscheidungen, denen ein leerer Zweig zugeordnet ist, der bei der Anweisungsüberdeckung nicht unbedingt ausgeführt wird[4].

2. Komplexitätstyp *Entscheidungen/Anweisungen*:

$$Z_3 = \frac{\text{Anzahl der Entscheidungen}}{\text{Anzahl der Anweisungen}}$$

Z_3 beschreibt die Kontrollintensität.

3. Struktur von *Entscheidungen*:

$$P_1 = \frac{\text{Anzahl der atomaren Prädikate}}{\text{Anzahl der Entscheidungen}}$$

$$P_2 = \frac{\text{Anzahl der atomaren und nicht atomaren Prädikate}}{\text{Anzahl der Entscheidungen}}$$

$$P_3 = \frac{\text{Anzahl der atomaren und nicht atomaren Prädikate}}{\text{Anzahl der atomaren Prädikate}}$$

$$P_4 = \frac{\text{Anzahl der arithmetischen Relationen in atomaren Prädikaten}}{\text{Anzahl der atomaren Prädikate}}$$

P_1 ist die mittlere atomare und P_2 die mittlere prädikative Komplexität von Entscheidungen. P_3 ist die mittlere Schachtelungskomplexität der Prädikate und P_4 der Anteil der arithmetischen Relationen an den atomaren Prädikaten.

4. Struktur von *Schleifen*:

$$S_1 = \frac{\text{Anzahl der Schleifenentscheidungen}}{\text{Anzahl der Entscheidungen}}$$

---

[4]Wenn eine *repeat-until*-Schleife (ohne Verzweigungen im Rumpf) genau einmal durchlaufen wird, ist die Anweisungsüberdeckung erfüllt, nicht aber die Überdeckung des leeren Rücksprungs an den Schleifenanfang.

$$S_2 = \frac{\text{Anzahl der nicht eingeschachtelten Schleifenentscheidungen}}{\text{Anzahl der Schleifenentscheidungen}}$$

$$S_3 = \frac{\text{Anzahl der Zählschleifenentscheidungen}}{\text{Anzahl der Schleifenentscheidungen}}$$

S_1 ist die Schleifenintensität, S_2 die mittlere Schleifenschachtelung und S_3 beschreibt den Anteil der Zählschleifen[5].

Die Maßzahl Z_1 erfaßt die leeren Zweige, die gerade den Unterschied bei der Anweisungs- und Zweigüberdeckung ausmachen (vgl. Kapitel 7.2). Das Maß Z_2 stellt einen Aspekt der Kontrollflußkomplexität dar und korreliert mit der zyklomatischen Zahl (s. Kapitel 16.1). Die Maßzahl Z_3 unterscheidet kontrollintensive von anweisungsintensiven Programmen und kann daher die Eignung von kontrollflußorientierten Testverfahren für die zu prüfenden Programme bewerten.
Die Maße P_1 bis P_4 erfassen die strukturelle Komplexität von Entscheidungen. Bei P_1, P_2, P_3 geht es um das Verhältnis von atomaren und nichtatomaren (also zusammengesetzten) Prädikaten in Entscheidungen. Beispielsweise enthält der Ausdruck $a = 2$ *or* $(b < 10$ *und* $c \geq 0)$ die drei atomaren Prädikate $a = 2$, $b < 10$ und $c \geq 0$, sowie die nichtatomaren Prädikate $(b < 10$ *and* $c \geq 0)$ und $a = 2$ *or* $(b < 10$ *and* $c \geq 0)$ — das komplette Prädikat. Mit den Maßen wird also beurteilt, ob Testverfahren einzusetzen sind, die besonders auf die Überprüfung zusammengesetzter Entscheidungsprädikate zugeschnitten sind (bei P_1, P_2, P_3) oder (bei P_4) auf das Testen arithmetischer Relationen mit den Vergleichsoperatoren $<$, $>, \leq, \geq, =, \neq$ (vgl. Kapitel 9.1, S. 233). Der Einsatz von speziellen Testverfahren für Schleifen (vgl. Abschnitt 7.2.4) ist sinnvoll, falls ein gewisser Anteil der Entscheidungen die Schleifen betrifft (Maß S_1). Die Maße S_2 und S_3 korrelieren mit der Anzahl der Wege im Kontrollflußgraphen des Programms, d. h. bei kleinen Werten von S_2 und S_3 kann es viele Wege (durch häufige Schleifendurchläufe) geben. Bestimmte Testverfahren für Schleifen sind dann aus Komplexitätsgründen nicht praktikabel (vgl. Beispiel 7.2.9 auf Seite 206 und Satz 10.2.1, Nr. 2 auf Seite 257).

16.2.2 Definition der Datenflußmaße

1. Komplexitätstyp *Datenzugriffe/Anweisungen*:

$$F_1 = \frac{\text{Anzahl der Definitionen, B- und E-Referenzen}[6]}{\text{Anzahl der Entscheidungen}}$$

F_1 beschreibt die Datenflußintensität.

---

[5] Nur in Extremfällen — z. B. Anzahl der Entscheidungen $= 0$ — sind die Maße nicht definiert. In solchen Fällen ist das entsprechende Maß, z. B. Z_1, P_1, S_1, aber sowieso irrelevant.

[6] B-Referenzen sind Berechnungsreferenzen, E-Referenzen sind Entscheidungsreferenzen (vgl. Definition 8.2.4, S. 218).

2. Unterschiedliche Formen des *Datenzugriffs*:

$$F_2 = \frac{\text{Anzahl der Definitionen}}{\text{Anzahl der B-Referenzen} + \text{Anzahl der E-Referenzen}}$$

$$F_3 = \frac{\text{Anzahl der B-Referenzen}}{\text{Anzahl der Definitionen} + \text{Anzahl der E-Referenzen}}$$

$$F_4 = \frac{\text{Anzahl der E-Referenzen}}{\text{Anzahl der B-Referenzen} + \text{Anzahl der Definitionen}}$$

$$F_5 = \frac{\text{Anzahl der B-Referenzen}}{\text{Anzahl der B-Referenzen} + \text{Anzahl der E-Referenzen}}$$

$$F_6 = \frac{\text{Anzahl der E-Referenzen}}{\text{Anzahl der B-Referenzen} + \text{Anzahl der E-Referenzen}}$$

F_2, F_3 bzw. F_4 beschreiben das Verhältnis der Definitionen, B-Referenzen bzw. E-Referenzen zu den jeweils anderen beiden Zugriffsarten. F_5 bzw. F_6 ist die Relation der B-Referenzen bzw. E-Referenzen zu allen Referenzen.

3. Länge von *Datenflußketten*:

$$F_7 = \frac{\text{Gesamtlänge der } k\text{-DR-Interaktionen}}{\text{Anzahl der } k\text{-DR-Interaktionen}}$$

$$F_8 = \text{maximale Länge der } k\text{-DR-Interaktionen}$$

F_7 ist die mittlere Länge der k-DR-Interaktionen.

4. Datenzugriffe auf *bestimmte Datenstrukturen*:

$$F_9 = \frac{\text{Anzahl der Definitionen von Feldelementen, Zeigern und Dateien}}{\text{Anzahl der Definitionen}}$$

$$F_{10} = \frac{\text{Anzahl der E-Ref. von Feldelementen, Zeigern und Dateien}}{\text{Anzahl der E-Referenzen}}$$

$$F_{11} = \frac{\text{Anzahl der B-Ref. von Feldelementen, Zeigern und Dateien}}{\text{Anzahl der B-Referenzen}}$$

F_9, F_{10} bzw. F_{11} ist der Anteil der Definitionen, E-Referenzen bzw. B-Referenzen, die sich auf Strukturen (Feldelemente, Zeiger, Dateien) beziehen.

Die vorgestellten Datenflußmaße messen Eigenschaften, die mit der Eignung datenflußbezogener Testverfahren korrelieren. Sie können also für die Auswahl konkreter datenflußbezogener Testverfahren (s. Kapitel 8) herangezogen werden.

Die Maßzahl F_1 unterstützt z. B. die Entscheidung zwischen dem Einsatz von datenflußbezogenen oder kontrollflußbezogenen Testverfahren (s. Kapitel 7 oder 8). Die Maße F_2 bis F_6 ermitteln, welche der drei Zugriffsformen auf Variablen (Definition, B- oder E-Referenz) hauptsächlich vorkommen, was für den Einsatz eines entsprechenden Testverfahrens (s. Kapitel 8.2) relevant ist. Die Maßzahlen F_7 und F_8 unterstützen die Entscheidung, ob und mit welchem Wert von k mit dem Kriterium *alle k-DR-Interaktionen* getestet werden soll (s. Definition 8.3.3, Seite 222). Die Maße F_9 bis F_{11} messen den Anteil der unterschiedlichen Nutzungsformen von strukturierten Typen. Hohe Werte erschweren den Einsatz datenflußbezogener Testverfahren, da die betroffenen Komponenten der Datenstruktur nicht immer (statisch) ermittelt werden können (vgl. das Array-Problem, Kap. 12.2, S. 317).

16.2.3 Definition der Datenstrukturmaße

1. Komplexitätstyp *Datenstrukturen*:

$$D_1 = \frac{\text{Anzahl der Feld-, Zeiger- und Dateideklarationen}}{\text{Anzahl der Deklarationen}}$$

$$D_2 = \frac{\text{Anzahl der in F/D/Z deklarierten Datenelemente}^7}{\text{Anzahl der Deklarationen von Basistypen}}$$

D_1 beschreibt die Datenstrukturkomplexität, während D_2 die „Masse" dieser Datenstrukturdeklarationen mißt.

2. Komplexitätstyp *reelle Datentypen*:

$$D_3 = \frac{\text{Anzahl der Deklarationen reeller Datenelemente}}{\text{Anzahl der Deklarationen von Basistypen}}$$

D_3 mißt den Anteil der reellen Datentypen an den Deklarationen.

Da die Strukturen Feld, Zeiger und Datei bei der symbolischen Ausführung, der formalen Verifikation und bei datenflußbezogenen Testmethoden Schwierigkeiten bereiten, mißt D_1 den Anteil dieser Datentypen bzw. D_2 den Anteil entsprechender Datenelemente bei den Deklarationen. Entsprechendes mißt D_3 für reelle Daten, da sie bei der symbolischen Ausführung und Verifikation Probleme bereiten, s. Stichwort „Real-Arithmetik" auf S. 331. Hohe Werte von D_1, D_2 bzw. D_3 geben also die Entscheidungshilfe, die angesprochenen Prüfmethoden nicht einzusetzen.

---

[7] F/D/Z := Felder, Dateien und Zeiger

16.2.4 Definition der Arithmetikmaße

$$A_1 = \frac{\text{Anzahl der Zuweisungen}}{\text{Anzahl der Entscheidungen}}$$

$$A_2 = \frac{\text{Anzahl der arithmetischen Operatoren}}{\text{Anzahl der Zuweisungen}}$$

A_1 beschreibt die Berechnungsintensität, A_2 die Arithmetikkomplexität.

Bei kleinen Werten von A_1 reichen kontrollfluß- bzw. entscheidungsbezogene Testverfahren (s. Kapitel 7.2 und 9.2) aus, bei großen Werten von A_1 müssen dagegen berechnungsbezogene Verfahren (s. Kapitel 4.3 und 9.1) verwendet werden, insbesondere arithmetikbezogene Verfahren (s. Nr. 3 und 4 in Kapitel 9.1), wenn A_2 einen großen Wert hat.

16.2.5 Fünfstufige Maßwerte anstelle exakter Maßzahlen

Die ermittelten Komplexitätsmaße liefern Werte, die unnötig genau sind. Für die Auswahl der Testverfahren reichen dagegen Bewertungen der Form „die Komplexität ist minimal, gering, mittel, hoch oder maximal". Diese fünf Stufen ergeben sich durch geeignete Klassenbildung bei den exakten Werten[8]. Was „geeignet" ist, hängt von dem Einsatzzweck und gewonnenen Erfahrungen mit dieser Auswahlmethode ab. Die Klassenbildung sollte also veränderbar sein.

16.2.6 Beispiel: Anwendung der Komplexitätsmaße

Für drei kleine Module werden in den folgenden Absätzen nur die (deutlich verschiedenen) Maße angegeben. Modul 1 (GGT) berechnet den größten gemeinsamen Teiler zweier positiver ganzer Zahlen. Modul 2 (E/A), ein Modula-2-Bibliotheksmodul, dient der Ein- und Ausgabe natürlicher Zahlen. Modul 3 ist ein Numerikprogramm für die Integration nach der Simpson-Regel.

Modul 1 ist datenflußlastig ($F_1 = 12{,}5$ ist hoch), besitzt nur wenige Entscheidungen ($Z_2 = 2$ und $Z_3 = 0{,}14 = 14\%$ sind gering), die alle aus atomaren Prädikaten bestehen ($P_1 = P_2 = P_3 = 1$ ist minimal). Z_1, S_1, D_1, D_2, D_3 sind ebenfalls minimal ($= 0$); leere Zweige, Schleifen, strukturierte Daten und reelle Variablen sind also nicht vorhanden. (Die anderen Werte sind nicht relevant). Daher bieten sich einfache

---

[8]Dies entspricht der **Fuzzyfizierung** in der Theorie unscharfer Mengen und Werte (Fuzzy-Theorie, siehe z. B. [Alt 93], [KGK 95]). Hier reicht allerdings i. allg. eine strikte Klassenbildung aus, z. B. „Maß X hat den Wert *gering*". Unscharfe Aussagen der Form „Maß X hat den Wert *gering* zu 70% und den Wert *mittel* zu 40%" werden also nicht gebildet.

datenflußbezogene Testverfahren (z. B. *alle B-/einige E-Referenzen* oder *alle DR-Interaktionen*), formale Verifikation und symbolische Ausführung an.

Modul 2 ist dagegen kontrollflußlastig ($Z_2 = 28$ und $Z_3 = 0{,}27 = 27\%$ sind hoch bzw. mittel). Es besitzt zusammengesetzte (nicht atomare) Entscheidungsprädikate ($P_1 = 2{,}46$, $P_2 = 3{,}57$ und $P_3 = 1{,}45$ sind nicht minimal) und eine geringe Schleifenintensität ($S_1 = 0{,}11 = 11\%$), allerdings einen hohen Anteil leerer Zweige ($Z_1 = 0{,}57 = 57\%$). Es gibt Strukturen als Datentypen ($D_1 = 0{,}06$ und $D_2 = 0{,}48$ sind nicht minimal), sie werden jedoch nicht in Entscheidungs-Referenzen verwendet ($F_{10} = 0$). Die Datenflußintensität hat einen mittleren Wert ($F_1 = 4{,}89$). (Alle anderen Werte sind von untergeordneter Bedeutung.) Also muß ein Testverfahren eingesetzt werden, welches alle Zweige und zusammengesetzten Entscheidungen hinreichend testet (z. B. die [minimale] Mehrfachbedingungsüberdeckung). Als datenflußbezogenes Verfahren bietet sich das Kriterium *alle E-/einige B-Referenzen* an, da es (wegen der Nichtbenutzung strukturierter Daten in E[ntscheidungs]-Referenzen) keine Probleme bereitet.

Modul 3 ist noch stärker datenflußlastig als Modul 1 ($F_1 = 26{,}5$), wobei viele Berechnungs-Referenzen vorkommen ($F_3 = 1{,}21 > F_2 = 0{,}61 > F_4 = 0{,}08$). Es besitzt wenige, einfache Entscheidungen ($Z_2 = 2$, $P_1 = P_2 = P_3 = 1$ ist minimal). Dagegen ist es arithmetik- und berechnungsintensiv ($A_1 = 8{,}5$ ist hoch, $A_2 = 1{,}35$ mittel bis hoch) und verwendet sehr viele reelle Variablen ($D_3 = 0{,}85 = 85\%$). (Die anderen Werte sind in diesem Zusammenhang irrelevant.) Daher ist Modul 3 nicht gut formal zu verifizieren, jedoch gut mit dem Kriterium *alle B-/einige E-Referenzen* und arithmetikbezogenen Verfahren (wie z. B. dem additiven/multiplikativen Fehlerkriterium) zu testen.

16.2.7 Automatisierte Testmethodenauswahl

In obigem Beispiel 16.2.6 wurden die Bewertungen und Entscheidungen durch eine grobe, manuelle Interpretation der Komplexitätsmaße gewonnen. Diese Interpretation kann auch automatisch, durch ein regelbasiertes Expertensystem vorgenommen werden. Dieses geht von dem **Komplexitätsprofil** der zu prüfenden Software aus, welches durch die ermittelten 26 Maßzahlen gegeben ist. (Die Ermittlung der Maßzahlen ist ein Problem der statischen Analyse; vgl. Kapitel 12.2, S. 315). Durch die Anwendung von Regeln kann daraus einerseits eine Fehlerprognose für die Software abgeleitet werden; andererseits kann die Eignung der 42 Prüfverfahren für die vorliegende Prüfaufgabe ermittelt werden, indem Wissen über die Eigenschaften der Prüfverfahren und die Softwarekomplexität verwendet wird. In einem letzten automatischen Schritt werden Kombinationen von Prüfverfahren generiert, die alle prognostizierten Fehler abdecken, möglichst redundanzfrei sind und allgemein akzeptierte Anforderungen an Prüfungen (z. B. C_1-Überdeckung) erfüllen. (Genaueres siehe in [Lig 93a] bzw. [Lig 93b].)

16.3 Kombination von Softwareprüfmethoden

Die Kombination von Prüfmethoden kann relativ lose oder ziemlich streng gekoppelt sein.

Eine **lose** Kombination ist eine Anwendung von Prüfverfahren in bestimmter sequentieller Reihenfolge nacheinander oder unabhängig voneinander (nebenläufig bzw. parallel). Als sequentielle Reihenfolge empfiehlt sich (für jede Entwicklungsphase, falls möglich):

1. informelle Prüfung (s. Kapitel 12.1),

2. formale statische Analyse und symbolische Ausführung (s. Kapitel 12.2, 12.3),

3. spezifikationsbezogenes Testen (s. Kapitel 4 und 5),

4. implementationsbezogenes Testen (s. Kapitel 7 bis 9),

5. Überprüfung von Zusicherungen (dynamisch — s. Abschnitt 15.2.4 — oder statisch als formale Programmverifikation — s. Kapitel 12.4).

Auf alle Fälle sollte ein gutes Werkzeug zur statischen Analyse eingesetzt werden. Damit werden viele Fehler ohne die Mühe des Erstellens von Testfällen und Testdaten gefunden. Falls Spezifikation und Entwurf nicht formal sind, sollten sie sorgfältig informell geprüft werden — aber auch für Programme ist dies am Anfang günstig. Beim dynamischen Testen sollten Testfälle und Testdaten spezifikationsorientiert erstellt und später weitere Testdaten erzeugt werden, um hohe Werte für die ausgesuchten implementationsorientierten Überdeckungskriterien zu erreichen.

Zumindest bei kritischer Software, d. h. Software mit hohen Sicherheitsanforderungen, sollte mit Zusicherungen gearbeitet werden: Abprüfung von dynamischen Zusicherungen während des Programmlaufs und/oder manueller Induktionsbeweis bei (kritischen) Schleifen — eventuell unterstützt von geeigneten Werkzeugen. Umfangreiche Software muß natürlich modular und inkrementell getestet werden und zum Schluß müssen System- und Abnahmetests erfolgen (s. Kapitel 13).

Eine **strenge** Kopplung ist für Prüfmethoden möglich, die sich vordergründig auf verschiedene Aspekte beziehen, die aber bei geeigneter Abstraktion vergleichbar sind.

Ein Beispiel dafür ist eine spezifikationsorientierte Methode, die sich an Datenbereichen orientiert (Äquivalenzklassenbildung, s. Abschnitt 4.2.1) und eine implementationsorientierte Methode, die sich an Wegen durch den Kontrollflußgraphen orientiert, z. B. die Pfadüberdeckung (s. Abschnitt 7.2.4). Betrachtet man die Menge der Eingabedaten, die einen bestimmten Weg[9] durch den Kontrollflußgraphen ausführen, so erhält man eine **Weg-Äquivalenzklasse**: Es ist die Menge der Eingabedaten, die

---

[9]Bei *while*- und *repeat*-Schleifen sind wieder endlich viele Klassen von Wegen zu bilden (vgl. Abschnitt 7.2.4)

vom Programm äquivalent behandelt werden, während die spezifikationsorientierten Äquivalenzklassen Mengen von Eingabedaten sind, die äquivalent behandelt werden sollen. Seien $S_1, \ldots, S_n$ die n spezifikationsorientierten Äquivalenzklassen und $P_1, \ldots, P_m$ die sich (bei geeigneter Wegeklassenbildung bei Schleifen) ergebenden m Weg-Äquivalenzklassen. Dann gibt es mehrere Fälle für eine Weg-Äquivalenzklasse P_i:

1. $P_i = S_j$ für ein j $(1 \leq j \leq n)$, d. h. $P_i \cap S_j = P_i = S_j$:
   Der zu P_i gehörige Weg realisiert genau den durch S_j beschriebenen Fall. Der Datenbereich S_j ist also korrekt implementiert.

2. $P_i \subset S_j$ für ein j $(1 \leq j \leq n)$, d. h. $P_i \cap S_j = P_i \neq S_j$:
   Der zu P_i gehörige Weg realisiert einen „Unterfall" des durch S_j beschriebenen Falles. Das kann eine erlaubte oder sogar (aus Datenstrukturgründen) notwendige Verfeinerung sein. Ob das der Fall ist, sollte aber überprüft werden.

3. $P_i \cap S_j \neq \emptyset$ und $P_i \neq P_i \cap S_j \neq S_j$ für ein j $(1 \leq j \leq n)$:
   Der zu P_i gehörige Weg realisiert (nur) einen Unterfall des durch S_j beschriebenen Falles und auch noch Fälle, die durch andere spezifikationsorientierte Äquivalenzklassen ganz oder zum Teil beschrieben sind. Die entsprechenden Datenbereiche überlappen sich also nur teilweise. Das dürfte fast immer ein Fehler sein. Ob dies der Fall ist, kann durch Inspektion, symbolische Ausführung, (in-)formelle Verifikation oder durch Ausführung von Testdaten aus $P_i \cap S_j$, dem sogenannten **fehleraufdeckenden Teilbereich**, festgestellt werden.

16.4 Abschätzung von Fehleranzahl und Zuverlässigkeit

Das Testen kann beendet werden, wenn die (Rest-)Fehleranzahl im Programm bzw. die Wahrscheinlichkeit für ein Fehlverhalten — die Zuverlässigkeit — klein genug (idealerweise gleich Null) ist. Beide Werte sollten also ermittelt werden.

16.4.1 Abschätzung der Fehleranzahl

Es gibt zwei Methoden zur Abschätzung der Fehleranzahl:

- Fehlereinpflanzung (error seeding),

- Testen durch zwei unabhängige Gruppen.

Fehlereinpflanzung[10]

Die Methode der Fehlereinpflanzung umfaßt folgende Schritte:

1. Von Personen, welche die bisher gemachten Tests T nicht kennen, oder von Werkzeugen, die unabhängig von der Testdatengenerierung und Testdatenbewertung arbeiten, werden zusätzliche Fehler in das Programm P eingepflanzt, wodurch ein Programm P' entsteht.

2. Die Menge aller bisher für P durchgeführten Tests T wird mit P' durchgeführt.

3. Die beim Test von P' mit T gefundenen eingepflanzten Fehler werden bestimmt. Außerdem sind aus den bisherigen Tests die echten Fehler von P bekannt. Also kann notiert werden:

   GE = Anzahl der gefundenen eingepflanzten Fehler,
   E = Anzahl der eingepflanzten Fehler,
   GF = Anzahl der gefundenen echten Fehler.

4. Es wird unterstellt, daß echte und eingebaute Fehler mit derselben Rate gefunden werden. Dann gilt:

$$\frac{GF}{F} = \frac{GE}{E} \tag{16.1}$$

   wobei F die Anzahl aller echten Fehler ist.

5. Die Anzahl F der echten Fehler ergibt sich dann aus 16.1:

$$F = E * \frac{GF}{GE} \tag{16.2}$$

<u>Vorteile der Methode der Fehlereinpflanzung:</u>

- Der Testaufwand ist gering, da nur *ein* Programm zu testen ist. (Dies ist ein großer Vorteil gegenüber der Mutationsanalyse [vgl. Kapitel 9.3].)

- Man erhält eine Abschätzung der Anzahl der echten Fehler.

<u>Nachteile der Methode der Fehlereinpflanzung:</u>
Bei Schritt 3 ist (bei einem Fehlverhalten von P') die Ermittlung des verursachenden eingepflanzten Fehlers nicht immer eindeutig möglich; evtl. können mehrere Fehler das Fehlverhalten bewirken[11].
Bei Schritt 4 ist die Annahme der Gültigkeit von Gleichung 16.1 problematisch[12]. Sie setzt folgendes voraus, was bei Softwareprodukten meist nicht erfüllt ist:

---

[10]engl. „bebugging" — statt „debugging" — genannt
[11]Dieser Nachteil tritt bei der Mutationsanalyse (s. Kap. 9.3) nicht auf, da dort beim Erzeugen der Mutanten nur jeweils *ein* Fehler eingepflanzt wird.
[12]Eine Abschätzung der Wahrscheinlichkeit, daß Gleichung 16.1 gültig ist, selbst wenn die folgenden Voraussetzungen erfüllt sind, findet man bei Myers (s. [Mye 76], S. 337).

- eine sehr große Anzahl von Fehlern im Programm,

- eine gleichmäßige Verteilung der Fehler im Programm,

- eine Verteilung der eingepflanzten Fehler, die der Verteilung der echten Fehler entspricht,

- eine gleiche Wahrscheinlichkeit, echte und eingepflanzte Fehler mit Tests zu entdecken,

- keine Wechselwirkung zwischen den echten und den eingepflanzten Fehlern.

Testen durch zwei unabhängige Gruppen
Bei dieser Methode sind folgende Schritte auszuführen:

1. Zwei unabhängige Gruppen G_1 und G_2 entwickeln jeweils Testdatenmengen T_1 und T_2 für das Programm P.

2. Die Anzahl F_i der von der Gruppe G_i entdeckten Programmfehler (für $i = 1, 2$) und die Anzahl $F_{1 \cap 2}$ der Fehler, die sowohl von Gruppe G_1 als auch von Gruppe G_2 gefunden wurden, ist zu bestimmen.

3. Sei F die Anzahl aller in P vorhandenen Fehler. Dann dürfen unter der Annahme, daß beide Testgruppen bei allen Fehlern und beliebigen Teilmengen eine konstante **Testeffizienz** (Wahrscheinlichkeit der Aufdeckung von Fehlern) haben, folgende Gleichungen aufgestellt werden:

$$\frac{F_1}{F} = \frac{F_{1 \cap 2}}{F_2} = \text{Testeffizienz von Gruppe } G_1; \tag{16.3}$$

$$\frac{F_2}{F} = \frac{F_{1 \cap 2}}{F_1} = \text{Testeffizienz von Gruppe } G_2. \tag{16.4}$$

4. Aus der Gleichung 16.3 (und 16.4) ergibt sich für die in P vorhandenen Fehler:

$$F = \frac{F_1 * F_2}{F_{1 \cap 2}} \tag{16.5}$$

5. Die Zahl der noch nicht gefundenen Fehler ergibt sich folgendermaßen:

$$NF = F - F_{1 \cup 2} = F - (F_1 + F_2 - F_{1 \cap 2}), \tag{16.6}$$

wobei $F_{1 \cup 2}$ die Anzahl der von beiden Gruppen insgesamt gefundenen Fehler ist. Aus 16.5 und 16.6 erhält man:

$$NF = \frac{(F_1 - F_{1 \cap 2}) * (F_2 - F_{1 \cap 2})}{F_{1 \cap 2}} \tag{16.7}$$

Die bei den Gleichungen 16.3 und 16.4 unterstellte Konstanz der Testeffizienz ist problematisch. Vielmehr wird die Testeffizienz auf den von der jeweils anderen Gruppe *gefundenen* Fehlern i. allg. besser sein als auf den nicht gefundenen Fehlern, da sie leichter zu finden sind. Daher gilt:

$$\frac{F_{1\cap2}}{F_2} > \frac{F_1}{F} \quad \text{und} \quad \frac{F_{1\cap2}}{F_1} > \frac{F_2}{F}. \tag{16.8}$$

In jedem Fall also

$$F > \frac{F_1 * F_2}{F_{1\cap2}}. \tag{16.9}$$

Damit gibt es also nur eine *untere* Abschätzung für die Zahl der Fehler.

Die Methoden des Fehlereinstreuens und des Testens durch zwei unabhängige Gruppen liefern also nur den Hinweis, wann der Testvorgang weitergehen muß: Wenn noch nicht die geschätzte Anzahl der Fehler gefunden wurde. Dies ist ein wichtiger psychologischer Faktor beim Testen. Das Erreichen dieser Anzahl gibt aber keinen verläßlichen Hinweis darauf, ob aufgehört werden kann. Daher sind zusätzliche Verfahren anzuwenden (s. Kap. 9.3 und 16.5).

16.4.2   Zuverlässigkeit

Das stochastische Auftreten von Softwarefehlern im Ablauf der Zeit kann als Zählprozeß N beschrieben werden, wobei $N(t)$ die Zahl der zwischen dem Zeitpunkt $t_0 = 0$ und dem Zeitpunkt t aufgetretenen Fehler angibt (für $t \geq 0$).

Als **Zuverlässigkeit R(t)** wird dann die Wahrscheinlichkeit für ein fehlerfreies Arbeiten bis zum Zeitpunkt t, d. h. $N(t) = 0$, definiert.

Die verschiedenen Modelle für die Zuverlässigkeitsberechnung machen leider Annahmen, die in der Realität nicht stimmen oder nur schwer zu erfüllen sind, z. B.:

1. Die Zahl der anfänglichen Programmfehler kann zuverlässig geschätzt werden. (Dies gilt nur bei speziellen Voraussetzungen; siehe vorherigen Abschnitt 16.4.1.)

2. Die Fehlerrate ist proportional zur Zahl der verbliebenen Fehler. (Wenn die Fehlerrate z. B. auf die Hälfte sinkt, sind i. allg. aber noch mehr als 50% der anfänglichen Fehler vorhanden. Die restlichen Fehler sind nämlich schwerer zu entdecken, da sie meist unter Bedingungen auftreten, die seltener vorkommen.)

3. Die versuchte Korrektur eines Fehlers vermindert die Zahl der verbleibenden Fehler um 1. (Leider werden oft neue Fehler gemacht bzw. Fehlerursachen nur z. T. beseitigt.)

4. Die Programmgröße bleibt im Softwarelebenszyklus konstant. (Weil es Ergänzungen und Erweiterungen gibt, stimmt dies i. allg. nicht.)

Ein Hauptkritikpunkt an diesen Modellen ist der Ansatz, die Zuverlässigkeit eines *Produkts* (d. h. hier: eines Programms) bestimmen zu wollen. Die entsprechenden Modelle aus der Produktion von materiellen Gütern setzen aber alle eine große Stückzahl voraus. Durch Stichproben kann die Zuverlässigkeit des Produktionsprozesses und damit die Qualität der in Zukunft produzierten Güter abgeschätzt werden. (Beispielsweise wird jeder 100. Feuerwerkskörper testweise gezündet.) Ein Softwareprodukt wird aber nur einmal entwickelt. Es könnte höchstens versucht werden, die Zuverlässigkeit eines Programmierers oder eines Programmierteams zu bestimmen[13]. Dafür ist aber i. allg. die Zahl der geschriebenen Programme zu klein und die einzelnen Programmentwicklungen sind i. allg. nicht vergleichbar.

Man kann die **Zuverlässigkeit** von Software sinnvollerweise nur als das eher subjektive Maß des Vertrauens in das korrekte Operieren der Software definieren. Dies kann allerdings objektiviert werden, wenn man die Güte der Tests, mit der die Software getestet wurde, oder die Restfehleranzahl bestimmt. Ansätze dazu sind die Mutationsanalyse (s. Kapitel 9.3) und die Abschätzmethoden des vorherigen Abschnitts. Zuverlässigkeitsmodelle können noch unter folgendem Aspekt kritisiert werden: Es ist ziemlich egal, wie viele Fehler im Programm verblieben sind, von Interesse ist eigentlich nur folgendes (vgl. Kap. 2.2 und 2.3):

- wie und wann sich die Fehler auswirken,

- welche Kosten bzw. welchen Schaden die Fehler verursachen.

BEISPIEL 16.4.1
Eine Anekdote besagt, daß im Steuerprogramm der Venussonde „Mariner 1“ die folgende Zählschleife eines Fortran-Programmteils einen Fehler enthielt:

DO *3 I = 1, 3*

$\vdots$

3 **CONTINUE**

Das Komma war durch einen Punkt ersetzt worden, was eine Zuweisung des Wertes 1.3 an die Variable DO3I ergab. Als Folge davon kam die Venussonde vom Kurs ab und mußte am 22. Juli 1962 nach 290 Sekunden Flugzeit gesprengt werden. Damit waren 18,5 Millionen Dollar „verpulvert“ worden.

---

[13]vgl. CMM-Ansatz in Kapitel 3.7

16.5   Spezielle Managementfragen

Beim Testen großer Systeme ist das Projektmanagement gefordert:

- Tausende von Testdaten müssen definiert und ausgeführt und die entsprechenden Ergebnisse müssen überprüft werden.

- Tausende von Fehlern müssen korrigiert werden.

- Eine Vielzahl von Mitarbeitern ist zur gleichen Zeit über einen Zeitraum von einem halben Jahr oder mehr beschäftigt.

Aber auch bei kleineren Systemen ist die Planung des Testens notwendig. Um die Steuerung dieser Vorgänge in den Griff zu bekommen ist ein **Testplan** erforderlich, der folgende Inhalte haben sollte:

1. Definition der Zielvorstellung einer jeden Testphase. (Beispiel: Beim Testen von Modul D soll eine hundertprozentige Zweigüberdeckung erreicht werden.)

2. Auswahl von Komplexitätsmaßen für die Steuerung des Test- und Modifikations-prozesses (vgl. Kapitel 16.1, 16.2).

3. Kriterien für die Beendigung des Testens (vgl. Kapitel 9.3, 16.4).

4. Einen Zeitplan, der festlegt, wann die Testdaten definiert, ausgeführt bzw. über-prüft werden sollen. (Beispiel: Modultestdaten sollen schon am Ende der Ent-wurfsphase definiert werden).

5. Verantwortlichkeiten
   Dabei ist festzulegen, welche Mitarbeiter die Testdaten definieren, ausführen und überprüfen, wer die entdeckten Fehler behebt, wer als Schlichter fungiert, wenn unklar ist, ob ein Ergebnis der (zweideutigen) Spezifikation widerspricht.

6. Standards für das Entwerfen, Beschreiben und Speichern von Testdaten in Test-datenbibliotheken.

7. Angaben darüber, wer Testwerkzeuge entwickelt oder benutzt und wann und wie sie angewendet werden.

8. Planung der für jede Testphase benötigten Rechenzeit.

9. Planung der eventuell für das Testen zusätzlich benötigten Hardware.

10. Planung der Zusammensetzung der Programmteile beim Integrationstest (siehe Kapitel 13.3).

11. Vorgaben in der Form von Zeitplänen, Ressourcen und Beendigungsmerkmalen für die verschiedenen Aspekte des Testfortschritts und die Lokalisierung fehleranfälliger Module.

12. Mechanismen für die Fehlermeldung, Fehlerverfolgung und Fehlerkorrektur bei der Fehlerbehebung (siehe Kapitel 15).

13. Planung der Testdaten, die nach einer Programmänderung noch einmal — bei einem Regressionstest — ausgeführt werden sollen.

Kriterien für die Beendigung des Testens anzugeben, ist eines der schwierigsten Probleme. In der Praxis wird meistens die folgende bedeutungslose Regel angewandt, welche die Qualität der Testdatenmenge außer acht läßt:

Der Test wird beendet, wenn

(a) bei keinem Testlauf ein Fehler aufgetreten ist und

(b) die geplante Testzeit abgelaufen ist.

Das Testziel sollte jedoch positiv formuliert werden:

1. Festlegung der Anzahl der Fehler, die entdeckt werden sollen (z. B. bei der Inspektion vier bis acht Fehler pro 100 Anweisungen).

2. Festlegung des Testzeitraums.

Wenn die Zahl der Fehler bei obiger Festlegung überschätzt wurde (also nicht genügend viele gefunden wurden), ist von einem möglichst unabhängigen Prüfer zu beurteilen, ob die Testdaten eine genügend große potentielle Fehleraufdeckungsqualität hatten. (Dazu sind die Kriterien aus Teil II und III heranzuziehen.) Falls ja, kann der Test dennoch beendet werden, sonst ist die Testdatenmenge zu erweitern bzw. zu verbessern.

Zur Festlegung des Testzeitraums empfiehlt sich folgendes Vorgehen:

1. Festlegung eines Zeitraums aufgrund von Erfahrungswerten, z. B. 35% der Gesamtentwicklungszeit (vgl. [Boe 77], Figure 3).

2. Beobachtung des Testerfolgs über die Testzeit und gegebenenfalls Entscheidung, die Testzeit zu verlängern bzw. abzukürzen. Dazu ist die Fehlerfindungsrate (gefundene Fehler pro Tag bzw. Woche) zu ermitteln und über die Zeit aufzutragen.

Das Testen kann demnach beendet werden,

- wenn die geschätzte Zahl der Fehler gefunden wurde *oder*

- wenn die Testzeit abgelaufen ist und die Fehlerfindungsrate schon sehr klein (idealerweise gleich 0) ist.

16.6 Übungen

Übung 16.1:

(a) Ermitteln Sie für die Programme aus Abbildung 7.1 und 7.2 sowie aus Beispiel 7.3.1 (Kapitel 7.3) die zyklomatische Zahl $v(G)$.

(b) Berechnen Sie die Datenflußkomplexität des Programms SEARCH aus Abbildung 7.2 (vgl. Beispiel 16.1.1).

Übung 16.2:

Bestimmen Sie die Weg-Äquivalenzklassen (s. Kapitel 16.3) des folgenden Programms zur Dreiecksklassifikation und vergleichen Sie diese Klassen mit den Äquivalenzklassen, die zur Spezifikation gemäß Tabelle A.1 im Anhang A.1 gehören. Geben Sie alle fehleraufdeckenden Teilbereiche an.

```
procedure dreiecksklasse(A, B, C: integer);
    begin
        if A ≥ B and B ≥ C
        then if A = B or B = C
            then if A = B and B = C
                then writeln(„gleichseitig“);
                else writeln(„gleichschenklig“);
            else if A * A = B * B + C * C
                then writeln(„rechtwinklig“);
                else if A * A > B * B + C * C
                    then writeln(„stumpfwinklig“);
                    else writeln(„spitzwinklig“);
        else writeln(„illegal“);
    end;
```

16.7 Verwendete Quellen und weiterführende Literatur

Eine Übersicht über **Komplexitätsmaße** findet man z. B. bei Pocsay/Rombach sowie Curtis (s. [PoR 84], S. 37 ff.; [Cur 81]). Neuere Ansätze werden von Basili und Dumke/Zuse vorgestellt (s. [Bas 90] und [DuZ 94]), von Dumke insbesondere für Spezifikationsmaße, Maße für funktionale, logische und objektorientierte Programme, Maße zur Bestimmung des Testniveaus und der Zuverlässigkeit und Wartungsmaße (s. [Dum 92]). Die **zyklomatische Zahl** $v(G)$ stammt von McCabe (s. [McC 76]). Die Modifikationen dieses Maßes bzgl. der *case*-Anweisungen bzw. Schachtelung von Verzweigungen haben Myers und Basili/Reiter bzw. Roth/Lesshafft vorgeschlagen (s. [BaR 80], [Mye 77], [RoL 87]). Eine Modifikation, die auch die Reihenfolge im Programmtext berücksichtigt, beschreibt Woodward (s. [WHH 79]). Das Konzept der **Datenflußkomplexität** eines Programms findet sich bei Chapin und Sunokara et al. (s. [Cha 79], [Su& 81]). Ähnliche Konzepte präsentieren Rapps/Weyuker und Tai (s. [RaW 82], [Tai 84]). Chapin hat die Datenflußkomplexität zwischen Modulen definiert (s. [Cha 79]). Die **Operatoren-/Operanden-Komplexität** wurde von Halstead formuliert (siehe [Hal 78]). Die Voraussetzungen für die Anwendbarkeit des Maßes wurden experimentell von Curtis untersucht (s. [Cu& 79]). Experimente zur Aussagekraft der Komplexitätsmaße wurden u. a. von Elshoff und Potier et al. durchgeführt (s. [Els 84], [Po& 82]). Eine mathematische Formulierung der zu fordernden Eigenschaften der Maße für Größe, Länge, Komplexität, Kohäsion und Kopplung von Modulen wird von Briand/Morasca/Basili vorgestellt (s. [BMB 96]).
Die **Komplexitätsmaße für die Auswahl von Softwareprüfmethoden** stammen von Liggesmeyer (s. [Lig 93a], [Lig 93b]). Eine verständliche Einführung in die **Fuzzy-Logik** mit einer ausführlichen Beschreibung von Anwendungsbeispielen findet man in [Alt 93], eine formale, präzise Darstellung dieser unscharfen Logik dagegen in [KGK 95].
Weyuker/Ostrand haben vorgeschlagen, die spezifikationsorientierten Äquivalenzklassen mit den Weg-Äquivalenzklassen zu kombinieren, um fehleraufdeckende Teilbereiche zu erhalten (s. [WeO 80]). Die vorteilhaften Effekte der **Kombination** verschiedener Prüfmethoden hat Selby empirisch bestimmt (s. [Sel 86]).
Das Originalmodell zur **Fehlereinpflanzungsmethode** stammt von Mills (siehe [Mil 72]). Die hier verwendete Darstellung und die Methode des Testens durch zwei unabhängige Gruppen findet man bei Myers (s. [Mye 76]). Von Knight/Ammann wurden die Fehlereinpflanzungsmethoden experimentell bewertet (s. [KnA 85]).
Moawad hat das Auftreten von Softwarefehlern als Zählprozeß $N(t)$ beschrieben (s. [Moa 84]). Die Kritik bzgl. der gemachten Annahmen bei den **Zuverlässigkeitsmodellen** bezieht sich auf die Modelle von Musa, Goel/Okumoto und Littlewood/Verral (s. Referenzen in [TLP 95], S. 407). Ein kompliziertes Modell, welches diese Annahmen fast alle fallen läßt, stammt von Littlewood (s. [Lit 80]). Einen

Ansatz, der die Kosten von Fehlern berücksichtigt und gut bei Zustandsmodellen anwendbar ist, stellt Weyuker vor (s. [Wey 95]). Ein Konzept zur Zuverlässigkeitsmessung für umfangreiche kommerzielle Software und Hinweise auf neuere Literatur enthält [TLP 95].

Die Empfehlungen zum **Testmanagement** und Beenden des Testens orientieren sich an Myers und Daly (s. [Mye 76], Kap. 14; [Mye 79], Kap. 6; [Dal 77]). Dalal/McIntosh geben eine ökonomisch motivierte Regel für die Beendigung des Tests großer Systeme an, die von folgenden Parametern abhängt: der Zahl der gefundenen Fehler, den Testkosten pro Zeiteinheit, der exponentiell verteilten Fehlerfindungsrate μ und der Differenz der Kosten für die Fehlerbeseitigung beim Testen und „im Feld" [beim Kunden] (s. [DaM 94]). Weitere zu beachtende Aspekte — wie z. B. **Projektaudits** (zur Überprüfung der Wirksamkeit eines Qualitätsmanagementplans in einem Projekt), Erfassung der Fehlerkosten, Überwachung von Softwareänderungen, Konzepte der Personalführung und -schulung und des Werkzeugeinsatzes und, nicht zuletzt, die Erziehung zur Qualität — findet man in [FLS 91b], Kapitel 5 bis 7.

Eine **Übersicht** über das Messen (aber auch Prüfen und Bewerten) von Software in allen Phasen der Entwicklung geben Hausen et al. (s. [HMS 87]).

Im ESPRIT-Projekt **AMI** (application of metrics in industry) wurde eine Methode entwickelt, mit der Maße definiert und installiert werden können, die nicht nur testbezogen sind, sondern sich auch auf andere Aspekte — wie z. B. Produktivität, Zuverlässigkeit, Kosten — beziehen (s. [Sch 92]).

17 Zusammenfassung und Ausblick

17.1 Zusammenfassung

Die in diesem Buch vorgestellten spezifikationsorientierten Testmethoden haben sich an verschiedenen Spezifikationsarten orientiert: an Ein- und Ausgabe-Datenbereichen, funktionalen Formen, Datenflußdiagrammen, Petri-Netzen, endlichen Automaten, Pfadausdrücken und algebraischen Spezifikationen (siehe Kapitel bzw. Abschnitt 4, 5, 14.4.1 und 16.3).

Beim implementationsorientierten Testen wurde dagegen nur eine Implementationsart betrachtet: die Implementation als **imperatives** Programm. Ein solches Programm verwendet Variablen, die als Speicher für Werte dienen, und Anweisungen, die diese Werte lesen (referenzieren) und schreiben (definieren). Damit ist ein Datenfluß gegeben (s. Kapitel 8). Die Reihenfolge, in der die Anweisungen ausgeführt werden (können), wird als Kontrollfluß bezeichnet. Dabei wird meistens ein sequentieller, deterministischer Kontrollfluß verwendet (s. Kapitel 7). Ein nichtsequentieller, nebenläufiger Kontrollfluß ist zwangsläufig nichtdeterministisch (s. Kapitel 14.1). Die vorgestellten Prüfmethoden (insbesondere die Testmethoden von Kapitel 7 bis 9 und 13 sowie Abschnitt 14.4.2, aber auch die statischen Prüfmethoden von Kapitel 12 und 14.3, die Maße von Kapitel 16.1 und 16.2 sowie die Fehlerlokalisierungsmethoden der Abschnitte 15.2.3 bis 15.2.8) haben sich genau an den entsprechenden Programmstrukturen (Kontrollfluß, Datenfluß, Ausdrücke, Anweisungen und Datenstrukturen) orientiert.

17.2 Ausblick

17.2.1 Anpassung an neue Spezifikations- und Programmierparadigmen

Als Ausblick ist zu diskutieren, für welche Spezifikationsverfahren und Implementierungsverfahren keine angemessenen Prüfverfahren vorgestellt wurden bzw. wie die Prüfverfahren geeignet erweitert oder modifiziert werden können, um neuen Spezifikationsmethoden und Programmierparadigmen gerecht zu werden.

Beim **objektorientierten** Entwerfen und Programmieren (mit Klassen bzw. Objekten mit sogenannten Methoden und Vererbung) wirkt sich vor allem der Vererbungsmechanismus auf die Prüfverfahren aus. Die geeignete Reihenfolge und der

Zusatzaufwand beim Integrationstest von Modulen hängt jetzt nicht nur von der Benutztbeziehung zwischen Modulen, sondern auch von der Vererbungsbeziehung ab. Außerdem gewinnt der Integrationstest an Bedeutung, da die einzelnen Methoden/Operationen meist eine einfache Struktur haben und schlecht isoliert von der Aufrufumgebung anderer Methoden/Module getestet werden können (vgl. Kapitel 13.2 und 13.3).

Beim strikten **funktionalen** Programmieren entfällt das Konzept der Variablen und der Zuweisungen, also auch der Kontroll- und Datenfluß. Stattdessen gibt es

1. Argumente und Ergebnisse von Funktionen (anstelle von Eingabe- und Ausgabevariablen),

2. Schachtelung (Einsetzen) von Funktionen (anstelle von sequentieller Reihenfolge);

3. Fallunterscheidungen (anstelle von Verzweigungen des Kontrollflusses),

4. rekursive Funktionseinsetzungen (anstelle von Schleifen).

Die kontrollflußbezogenen Kriterien von Kapitel 7 sind also entsprechend anzupassen, d. h. die Entsprechungen *Funktionsschachtelung = Sequenz, Fallunterscheidung = Verzweigung, Rekursion = Schleife* sind zu verwenden. Das Kriterium *Zweigüberdeckung* wird also zum Kriterium *Fallunterscheidungsüberdeckung*, d. h. es muß soviel verschiedene Testdaten (Funktionsargumente) geben, daß jede Fallunterscheidung bei der Auswertung der Funktionsausdrücke[1] mindestens einmal vorkommt. Das Kriterium „jede Schleife genau 0-mal und mehr als einmal durchlaufen" wird beispielsweise zum Kriterium „jede Rekursion 0-mal und mehr als einmal ausführen."

Bei der **logischen** Programmierung werden **deklarative** Programme geschrieben: Es wird nicht mehr eine determinierte Folge von Zuweisungen (wie bei imperativen Programmen) oder von Termersetzungen (Funktionsschachtelung, Fallunterscheidung, Rekursion) vorgenommen. Stattdessen wird für die zu berechnenden Funktionen mit logischen Ausdrücken bzw. Prädikaten spezifiziert, welche Gleichungen sie erfüllen müssen bzw. welchen Regeln sie genügen müssen. Durch sogenannte **Unifikation** können solche Gleichungen gelöst werden. Auch in diesem Fall können einige Prüfkriterien entsprechend übertragen werden. Das Kriterium *Anweisungsüberdeckung* wird z. B. zum Kriterium *Gleichungsüberdeckung*, d. h. jede Gleichung sollte mindestens bei einer Unifikation verwendet werden.

Nicht zu unterschätzen ist auch der Einfluß der Datenstrukturen. Die Berechnung von Zahlwerten läßt sich einfach modellieren und daher auch testen, verifizieren und symbolisch ausführen; allerdings gibt es beim Typ „Real" schon Probleme mit der Rechengenauigkeit. Die Berechnung **nichtnumerischer** Werte (Texte, Listen, Bäume oder Verbünde von Werten) ist dagegen komplexer zu modellieren und entsprechend schwieriger zu überprüfen.

---

[1] Auswertung durch „Termersetzung"

Bei allen diesen Varianten des Programmierparadigmas oder der verwendeten Datenstrukturen ist natürlich wieder zu untersuchen, welche neuen, anderen Fehlerarten dabei auftreten können und üblicherweise auftreten und mit welchen Prüf- und Testmethoden diese Fehler zu finden sind.

17.2.2 Erforschung, Entwicklung und Erprobung von neuen Prüf- und Testmethoden

Das spezifikations- und entwurfsorientierte Testen leidet darunter, daß meist eine formale Basis fehlt. Daher sind formale Spezifikations- und Entwurfsverfahren zu entwickeln bzw. für das Testen nutzbar zu machen, z. B. zum (möglichst) automatischen Generieren der Testfälle und Testdaten.

Für die implementationsorientierten Testmethoden sind ebenfalls praktikable Verfahren zur (möglichst) automatischen Testdatenerzeugung zu entwickeln, da das Hilfsmittel „symbolische Ausführung" theoretische und praktische Probleme aufwirft (vgl. Kapitel 12.3). Denkbar wäre z. B. ein zufälliger Erzeugungsprozeß, der von „intelligenten" Suchstrategien (z. B. genetischen Algorithmen) gesteuert wird.

Außerdem ist der Soll-Ist-Vergleich der Testergebnisse zu automatisieren oder zu unterstützen:

1. durch Ableitung der Solldaten aus der (formalen) Spezifikation oder

2. durch Einsetzen der Ein- und (Ist-)Ausgabedaten in die Gleichungen oder Relationen einer entsprechenden Spezifikation (vgl. Kapitel 5).

Das Kosten/Nutzen-Verhältnis der bisher vorliegenden Testmethoden und Prüfmethoden („Aufwand für die Durchführung" zu „gefundene Fehler") sollte durch empirische oder analytische Untersuchungen ermittelt werden (s. Teilergebnisse in den Kapiteln 6, 10, 11 und an verschiedenen Stellen in den Kapiteln 12 bis 14). Dies ist als Grundlage für eine geeignete Auswahl von Test- und Prüfmethoden zu verwenden. Der Aufwand für die Durchführung eines Tests hängt natürlich von der Anzahl der zu generierenden Testdaten ab, aber auch von dem Aufwand für die Generierung, Ausführung und Auswertung eines einzelnen Testdatums und des zugehörigen Testlaufs. Dabei spielt die Verfügbarkeit geeigneter Software-Werkzeuge, Hardware und Methoden eine entsprechende Rolle.
Die Software-Werkzeuge wurden in diesem Buch nicht vorgestellt, da dies den Rahmen sprengen würde, Werkzeuge zudem schneller veralten als unterliegende Methoden und meist programmiersprachenabhängig sind. Die Testwerkzeugentwicklung wird also zwangsweise immer der Programmiersprachenentwicklung „hinterherhinken". Allerdings sollten Teile des Compilers (z. B. der Syntax-Parser) sofort für die notwendige statische Analyse zur Verfügung stehen.

Der Aufwand für die Testdurchführung läßt sich spürbar senken, wenn geeignete
Hardware zur Verfügung steht. Der immense Zeitaufwand für die Mutationsanalyse
läßt sich z. B. stark reduzieren, wenn ein Parallelrechner zur Verfügung steht, auf
dem die einzelnen Mutanten parallel getestet werden können (vgl. Kapitel 9.6).
Mit der Mutationsanalyse und dem Konzept der fehleraufdeckenden Teilbereiche (s.
Kapitel 9.3 und 16.3) wurden Methoden vorgestellt, die sich direkt an den Fehlern
bzw. Abweichungen im Programm orientieren. Da diese Methoden (noch) nicht praktikabel sind, andere Methoden (aus diesem Buch) aber nicht genügend fehlerorientiert sind, muß weiterer Aufwand für die Erforschung und Entwicklung praktikabler
und fehleraufdeckender Methoden und Werkzeuge getrieben werden. Es bleibt viel
zu tun ...

17.3   Verwendete Quellen und weiterführende Literatur

Sneed gibt in [Sne 95] einen Überblick über das **objektorientierte Testen**. Genaueres zum Vorgehen und zu den Problemen bei *nicht strikter* oder *Mehrfach-
Vererbung* findet man in [FLS 91a], Kap. 4.1. Eine detaillierte Fehlertaxonomie und
daran orientierte Methoden für den Modul- und Integrationstest objektorientierter Systeme präsentiert Overbeck in [Ove 93]. Ein Kapitel in [BeG 96] behandelt
den Test für logische Programmiersprachen. Genaueres zum Prüfen **logischer Programme**, insbesondere von Prolog-Programmen, findet man in [FLS 91a], Kap. 4.2.
Die Erzeugung von Testdaten durch **genetische Algorithmen** behandelt Jones
(s. [Jon 95]). Die Idee der Automatisierung des **Soll-Ist-Vergleichs** durch Einsetzen der Testdaten in die Spezifikation wird von Hörcher beschrieben (s. [Hör 95]).

Anstelle eines Nachwortes:

> *Ein Buch hat oft auf eine ganze Lebenszeit*
> *einen Menschen gebildet oder verdorben.*

> — **Herder**

A   Lösungen zu den Testaufgaben

A.1   Lösung zu Testaufgabe 1

Die Dreieckseigenschaften schließen sich nicht gegenseitig aus. Ein Dreieck kann z. B. gleichseitig und spitzwinklig sein.

Die Reaktion bei Fehlerfällen ist nicht spezifiziert, z. B. gibt es kein Dreieck mit den Seitenlängen 7, 2, 1.

Das Ergebnis einer Präzisierung obiger Unklarheiten sei die folgende Spezifikation:

Ein vorgeschaltetes Dialogprogramm sorgt dafür, daß dem geplanten Programm genau drei ganzzahlige Werte a, b, c übergeben werden, und zwar absteigend sortiert, d. h. $a \geq b \geq c$. Dann bleiben noch folgende Fehlerfälle:

F1: Die Werte sind nicht alle positiv, d. h. $c \leq 0$. Diese Eigenschaft heiße *illegal*.

F2: Alle Werte sind positiv, aber die Dreiecksungleichung $a < b + c$ ist nicht erfüllt (*kein Dreieck*).

Die Dreieckseigenschaften werden durch die folgenden Definitionen zu sich gegenseitig ausschließenden (disjunkten) Eigenschaften:

gleichseitig: alle Seiten haben die gleiche Länge,

gleichschenklig: genau zwei Seiten haben die gleiche Länge,

rechtwinklig: ein Winkel ist gleich 90 Grad (und alle Seiten haben verschiedene Länge[1]),

spitzwinklig: alle Winkel sind kleiner als 90 Grad und alle Seiten haben verschiedene Länge,

stumpfwinklig: ein Winkel ist größer als 90 Grad und alle Seiten haben verschiedene Länge.

Zur Klarstellung werden die zu behandelnden Fälle in Form einer Entscheidungstabelle angegeben (siehe Tabelle A.1). Für entsprechende Kombinationen der Bedingungen ist jeweils angekreuzt (mit einem $\times$), was ausgegeben werden soll. Bei den sieben Regeln, die in den sieben Spalten dargestellt sind, bedeutet dabei:

---

[1] Die Bedingung in Klammern ist eigentlich nicht nötig, denn es gibt kein rechtwinkliges, gleichschenkliges Dreieck mit *ganzzahligen* Seitenlängen.

Bedingungen	Regeln						
	1	2	3	4	5	6	7
B1) $a \geq b \geq c > 0$	N	J	J	J	J	J	J
B2) $a < b + c$		N	J	J	J	J	J
B3) $a = b$ oder $b = c$			N	N	N	J	J
B4) $a^2 < b^2 + c^2$			N	J	N		
B5) $a^2 > b^2 + c^2$			J	N	N		
B6) $a = b$ und $b = c$						N	J
Ausgabe							
A1) „illegal"	×						
A2) „kein Dreieck"		×					
A3) „stumpfwinklig"			×				
A4) „spitzwinklig"				×			
A5) „rechtwinklig"					×		
A6) „gleichschenklig"						×	
A7) „gleichseitig"							×

Tab. A.1 Bedingungen für das Dreiecksprogramm

N = Nein = Bedingung ist nicht erfüllt,
J = Ja = Bedingung ist erfüllt,
kein Eintrag = es ist egal, ob die Bedingung erfüllt ist oder nicht.

Bei Regel 5 wird beispielsweise durch die J-, N- und ×-Einträge in Spalte 5 angegeben, daß die Ausgabe A5 („rechtwinklig") erfolgt, wenn die Bedingungen B1 und B2 erfüllt sind und die Bedingungen B3, B4 und B5 nicht erfüllt sind.

A.2   Lösung zu Testaufgabe 2

Ihre Testdaten sollten neben der Eingabe auch die (erwartete) Ausgabe spezifizieren.

Sie sollten Testdaten wie in Tabelle A.2 vorsehen, die jeweils die korrekte Behandlung von Eigenschaften testen. Die in dieser Tabelle dargestellten Testdaten decken gerade die beiden Fehlerfälle F1 und F2 und die fünf Eigenschaften für Dreiecke ab, und zwar mit je einem Testdatum.

Für jeden dieser sieben Fälle sollten Sie daher noch weitere Testdaten mit Eingaben vorsehen, die als **Grenzwerte** oder als **Extremwerte** anzusehen sind; d. h., ändert man eine Zahl bzw. mehrere Zahlen nur um den Wert 1 ab, so erhält man ein „benachbartes" Testdatum, das zu einer anderen Eigenschaft bzw. zu einem anderen Fehlerfall gehört.

Bei *gleichseitigen*, *gleichschenkligen* und *rechtwinkligen* Dreiecken enthalten alle Testdaten notwendigerweise Grenzwerte, da die Spezifikation in diesen Fällen Gleichungen enthält (s. Tabelle A.1, wobei zu beachten ist, daß bei *rechtwinkligen* Drei-

Testnr.	Eingabe	Ausgabe
1.	(3, 2, -1)	*illegal*
2.	(6, 3, 2)	*kein Dreieck*
3.	(8, 6, 4)	*stumpfwinklig*
4.	(12, 10, 7)	*spitzwinklig*
5.	(17, 15, 8)	*rechtwinklig*
6.	(4, 4, 2)	*gleichschenklig*
7.	(3, 3, 3)	*gleichseitig*

Tab. A.2 Testdaten für sieben Dreieckseigenschaften

ecken die Negation der Bedingungen B4 und B5 zu der Gleichung $a^2 = b^2 + c^2$ führt).

Ein *illegaler* Grenzwert liegt bei einem Testdatum vor, bei dem genau eine Seite gleich 0 ist. Es gibt dabei die in Tabelle A.3 dargestellten Fälle 8 bis 10.

Testnr.	Eingabe	Ausgabe	ben. Testdatum	ben. Eigenschaft
8.	(3, 2, 0)	*illegal*	(3, 2, 1)	*kein Dreieck*
9.	(1, 1, 0)	*illegal*	(1, 1, 1)	*gleichseitig*
10.	(2, 2, 0)	*illegal*	(2, 2, 1)	*gleichschenklig*
11.	(6, 4, 2)	*kein Dreieck*	(5, 4, 2)	*stumpfwinklig*
12.	(2, 1, 1)	*kein Dreieck*	(1, 1, 1)	*gleichseitig*
			(2, 2, 1)	*gleichschenklig*
			(2, 1, 0)	*illegal*

Tab. A.3 Grenzwerte von *illegal, kein Dreieck* und benachbarte Werte

Illegale Grenzwerte zu *rechtwinkligen, spitzwinkligen* und *stumpfwinkligen* Dreiecken gibt es nicht.

Ein Grenzwert von *kein Dreieck* ist ein Tripel (a, b, c) mit $a = b + c$. Es gibt die in Tabelle A.3 dargestellten Testdaten 11 und 12. Einen Grenzwert von *kein Dreieck* mit benachbartem *spitzwinkligen* oder *rechtwinkligen* Dreieck gibt es (mit ganzzahligen Seitenlängen) nicht.

Für Grenzwerte eines *stumpfwinkligen* Dreiecks gibt es die in Tabelle A.4 aufgeführten Fälle 13 bis 15. *Stumpfwinklige* Dreiecke können keine Grenzfälle zu *gleichseitigen* oder *illegalen* Dreiecken sein.

Für Grenzwerte eines *spitzwinkligen* Dreiecks gibt es die in Tabelle A.4 aufgeführten Testdaten 16 und 17. *Spitzwinklige* Dreiecke können keine Grenzfälle zu *gleichseitigen* oder *illegalen* Dreiecken oder zum Fall *kein Dreieck* sein.

Für Grenzwerte eines *rechtwinkligen* Dreiecks gibt es das in Tabelle A.4 aufgeführte Testdatum 18 und Testdatum 5 aus Tabelle A.2 mit dem benachbarten *spitzwinkligen* Dreieck $(17, 15, 9)$. Bei ganzzahligen Seitenlängen kann ein *rechtwinkliges* Dreieck

Testnr.	Eingabe	Ausgabe	ben. Testdatum	ben. Eigenschaft
13.	(7, 5, 4)	*stumpfwinklig*	(7, 4, 4)	*gleichschenklig*
			(6, 5, 4)	*spitzwinklig*
14.	(17, 15, 7)	*stumpfwinklig*	(17, 15, 8)	*rechtwinklig*
15.	(7, 5, 3)	*stumpfwinklig*	(7, 4, 3)	*kein Dreieck*
16.	(6, 5, 4)	*spitzwinklig*	(6, 5, 5)	*gleichschenklig*
			(7, 5, 4)	*stumpfwinklig*
17.	(17, 15, 9)	*spitzwinklig*	(17, 15, 8)	*rechtwinklig*
18.	(5, 4, 3)	*rechtwinklig*	(5, 4, 4)	*gleichschenklig*
			(5, 4, 2)	*stumpfwinklig*

Tab. A.4 Grenzwerte von *stumpf-*, *spitz-* und *rechtwinklig* und benachbarte Werte

nicht „benachbart" sein zu einem *gleichseitigen* Dreieck. Gleiches gilt für die Fälle *illegal* und *kein Dreieck.*

Für Grenzwerte von *gleichschenkligen* und *gleichseitigen* Dreiecken sind die in Tabelle A.5 dargestellten Fälle 19 bis 23 zu unterscheiden. *Gleichseitige* Dreiecke können nicht zu *spitzwinkligen*, *stumpfwinkligen* und *rechtwinkligen* Dreiecken benachbart sein. Der Fall „benachbart zu *gleichschenkligem* Dreieck" wurde schon mit Testdatum 7 aus Tabelle A.2 abgedeckt.

Testnr.	Eingabe	Ausgabe	ben. Testdatum	ben. Eigenschaft
19.	(3, 3, 1)	*gleichschenklig*	(3, 3, 0)	*illegal*
			(3, 2, 1)	*kein Dreieck*
20.	(13, 13, 5)	*gleichschenklig*	(13, 12, 5)	*rechtwinklig*
			(14, 13, 5)	*stumpfwinklig*
21.	(11, 11, 5)	*gleichschenklig*	(12, 11, 5)	*spitzwinklig*
22.	(8, 7, 7)	*gleichschenklig*	(7, 7, 7)	*gleichseitig*
23.	(1, 1, 1)	*gleichseitig*	(1, 1, 0)	*illegal*
			(2, 1, 1)	*kein Dreieck*

Tab. A.5 Grenzwerte von *gleichschenklig* und *gleichseitig* und benachbarte Werte

Besonders erfolgversprechend sind erfahrungsgemäß Testdaten, die an der Grenze zu mehreren anderen Fällen liegen. Dafür gibt es bei Dreiecken folgende Möglichkeiten (neben den schon genannten Fällen 12, 13, 16, 18, 19, 20, 23):

24. Ein Grenzwert von *kein Dreieck* mit benachbartem *gleichschenkligen* Dreieck (bei dem $a = b > 2$ gilt) ist auch benachbart zu den Fällen *illegal* und *stumpfwinklig*. Ein Beispiel ist (5, 4, 1) mit den Nachbarn (4, 4, 1), (5, 4, 0) und (5, 4, 2).

25. Das Tripel (6, 4, 3) ist z. B. ein Grenzwert eines *stumpfwinkligen* Dreiecks, welches mit den Fällen *kein Dreieck* (6, 4, 2), *rechtwinklig* (5, 4, 3) und *gleichschenklig* (6, 4, 4) benachbart ist.

26. Das Tripel (13, 12, 6) ist ein Grenzwert eines *spitzwinkligen* Dreiecks, welches mit einem *rechtwinkligen Dreieck* (13, 12, 5) und einem *gleichschenkligen* Dreieck (13, 13, 6) benachbart ist.

27. Einen Grenzwert eines *gleichschenkligen* Dreiecks, welches mit den Fällen *rechtwinklig* und *gleichseitig* benachbart ist, stellt z. B. das Tripel (5, 4, 4) dar.

28. Das Tripel (5, 3, 3) ist ein Grenzwert eines *gleichschenkligen* Dreiecks, welches mit den Fällen *rechtwinklig* (5, 4, 3) und *kein Dreieck* (5, 3, 2) benachbart ist.

29. Das Tripel (0, 0, 0), bei dem alle Seitenlängen gleich 0 sind, ist ein illegaler Extremwert.

Wenn Sie von den Grenzfällen 8 bis 23 mindestens die Hälfte ausgewählt haben, gehören Sie schon zu den recht gründlichen Testpersonen. Entsprechendes gilt für die Testdaten 24 bis 29. Dabei ist Ihnen vielleicht aufgefallen, daß man etwas vom „Fach“, d. h. hier von der Mathematik der Dreiecke, verstehen muß. Nur dann kann man beurteilen, welche Fälle und welche Grenzwerte überhaupt möglich sind.

Ein weiteres Problem stellt die Spezifikation des vorgeschalteten Dialogprogramms dar. Können Sie sich darauf verlassen, daß das Dialogprogramm so arbeitet, wie es spezifiziert wurde? Als mißtrauischer bzw. defensiver Programmierer sollten Sie der Realisierung des Dialogprogramms auf den Zahn fühlen und noch folgende unerwartete Werte testen:

30. Ein Testdatum sollte mehr als drei Zahlen enthalten, z. B. vier Zahlen.

31. Ein Testdatum sollte weniger als drei Zahlen enthalten, z. B. zwei Zahlen.

32. Ein Testdatum sollte drei reelle Werte enthalten.

33. Ein Testdatum sollte Buchstaben statt Zahlen enthalten.

34. Ein Testdatum sollte drei verschiedene ganzzahlige Werte enthalten, die nicht absteigend sortiert sind, z. B. (5, 2, 4).

35. - 38. Wenn Sie ganz mißtrauisch sind, testen Sie sämtliche Permutationen der Zahlen von Testdatum 34, z. B. bei dem korrekten Zahlentripel (5, 4, 2) außer der Permutation (5, 2, 4) noch die Permutationen (4, 2, 5), (4, 5, 2), (2, 4, 5) und zuletzt (2, 5, 4).

A.3   Lösung zu Testaufgabe 3

1. Ein Wort ist eine maximale Zeichenfolge, die nicht die Zeichen BL und NL enthält.

2. Eine maximale Folge von BL- und NL-Zeichen ist durch *genau ein BL-Zeichen* zu ersetzen (bzw. durch ein NL-Zeichen, falls dies das letzte Zeichen in der auszugebenden Zeile ist). Ein NL-Zeichen spielt in der Eingabe also dieselbe Rolle wie ein BL-Zeichen, d. h. Zeilenumbrüche werden ignoriert.

3. Eine Folge von BL- und NL-Zeichen am Anfang des Textes ist *ersatzlos* zu entfernen.

4. Ein NL-Zeichen als letztes Zeichen in der auszugebenden Zeile wird bei der Berechnung der Zeichenanzahl und dem Vergleich mit der Maximalzahl MAXPOS *nicht* mitgezählt.

5. Wenn die Eingabe ein Wort (im Sinne von 1) enthält, welches mehr als MAXPOS Zeichen enthält, ist die Textformatierung abzubrechen, d. h. dieses Wort und alle weiteren Wörter werden nicht mehr ausgegeben.

6. An das Ende des auszugebenden Textes ist ein EOT-Zeichen (End-of-Text) anzuhängen.

A.4   Lösung zu Testaufgabe 4

(Vgl. [Hou 80], S. 327.)

<u>Änderung von Forderung 2:</u>
Das NL-Zeichen ist als Wunsch des Benutzers, eine neue Zeile anzufangen, zu respektieren. Der nachfolgende Text ist also in einer neuen Zeile zu plazieren. Dabei soll aber keine Leerzeile erzeugt werden.

<u>Änderung von Forderung 5:</u>
Ein zu langes Wort ist aufzubrechen in Teilwörter der Länge MAXPOS (bis auf den letzten Rest, der kürzer sein kann). Die Ausgabe für ein solches Wort hat dann folgende Form:

1. neue Ausgabezeile mit dem Text „*** überlanges Wort ***";

2. weitere $k-1$ Zeilen mit den Teilwörtern des Wortes, die jeweils die Länge MAXPOS haben, wobei gilt:

$$(k-1) * \text{MAXPOS} < \text{Länge des Wortes} \leq k * \text{MAXPOS};$$

3. eine Zeile mit den restlichen Zeichen des Wortes (linksbündig plaziert);

4. neue Ausgabezeile mit dem Text
   „*** Ende des überlangen Wortes ***".

Das nächste Wort beginnt in der nächsten Ausgabezeile. (Bei den Fehlermeldungen bei 1 und 4 wird unterstellt, daß sie in eine Ausgabezeile passen, d. h. MAXPOS $\geq$ 34 gilt; andernfalls sind die Fehlermeldungstexte selbst auf mehrere Zeilen zu verteilen.)

B Organisationen, Konferenzen, Zeitschriften und Standards

Kürzel	Vollständiger Name der Organisation
ACM	Association for Computing Machinery
DIN	Deutsches Institut für Normung e. V., gibt die Deutsche Industrie-Norm (DIN, s. u.) über den Beuth-Verlag heraus
GI	Gesellschaft für Informatik
IEEE	Institute of Electrical and Electronics Engineers
SIGSOFT	„Special Interest Group on Software Engineering" der ACM, beschäftigt sich mit solchen Aspekten der Software-Entwicklung, welche die Herstellung von Computerprogrammen mit hoher Qualität vorantreiben. Stichworte sind u. a. debugging, program validation, quality assurance.

Kürzel	Vollständiger Name der Konferenz
AFIPS	Conference Proceedings der American Federation of Information Processing Societies (zweimal pro Jahr, seit 1951)
COMPSAC	International Computer Software & Applications Conference (jährlich seit 1977 in Chicago, USA)
ECOOP	European Conference on Object-Oriented Programming (seit 1987)
ESEC	European Software Engineering Conference (seit 1987, alle zwei Jahre)
ICSE	International Conference on Software Engineering (2. Konferenz 1976 in San Francisco, seit 1987 jährlich)
LNCS	Lecture Notes in Computer Science, Hrsg.: Goos, Gerhard; Hartmanis, Juris, Springer Verlag, Berlin, Heidelberg, New York, (seit 1973 ca. 800 Bände)

PoPL

Annual Symposium on Principles of Programming Languages, ACM SIGPLAN-SIGACT (seit 1973, seit 1975 jährlich)

TAV 1

Proc. Workshop on Software Testing, 15.–17. Juli 1986, Banff, Kanada, ACM/IEEE

TAV 2

Proc. 2nd Workshop on Software Testing, Verification, and Analysis, 19.–21. Juli 1988, Banff, Kanada, IEEE

TAV 3

Proc. 3rd Symposium on Software Testing, Analysis, and Verification, 13.–15. Dez. 1989, Key West, Florida, USA, in: *SEN*, Vol. 14, No. 8, Dez. 1989

TAV 4

Proc. 4th Symposium on Software Testing, Analysis, and Verification, ACM SIGSOFT, Victoria, Kanada, Okt. 1991

<u>Kürzel</u>

<u>Vollständiger Name der Zeitschrift</u>

CACM

Communications of the ACM (Monatszeitschrift, seit 1958)

Computer

Monatszeitschrift der IEEE Computer Society
beschäftigt sich mit Informationstechnologie, aber auch mit elektronischen Produkten und Dienstleistungen (seit 1968)

CR

Computing Reviews
monatliches „Review Journal of the ACM", enthält Buchbesprechungen (seit 1964)

Inf.-Spektrum

Informatik-Spektrum
Organ der Gesellschaft für Informatik (seit 1978, sechsmal jährlich)

—

IEEE Software
Zeitschrift des IEEE (nicht des J. Wiley Verlags; vgl. **Software**)

SEN

Software Engineering Notes
„An Informal Newsletter of the <Special Interest Group on Software Engineering> (ACM SIGSOFT)" (erscheint vierteljährlich, seit 1976)

—

SIGPLAN Notices
monatliche Publikation der Special Interest Group on Programming Languages der ACM (seit 1966)

Software

Software Practice & Experience
Vierteljahreszeitschrift des Verlags John Wiley & Sons Ltd. (seit 1971, seit 1977 sechsmal pro Jahr, seit 1979 monatlich)

STT — Softwaretechnik-Trends, Mitteilungen der GI-Fachgruppe „Software-Engineering" (vierteljährlich, seit 1981)

ToC — IEEE Transactions on Computers (seit 1952, seit 1968 monatlich)

ToPLaS — ACM Transactions on Programming Languages and Systems (seit 1979 vier, seit 1994 sechs Ausgaben pro Jahr)

ToSE — IEEE Transactions on Software Engineering
(seit 1975 vierteljährlich, seit 1966 sechsmal pro Jahr, seit 1985 monatlich)

Standard/Norm	Vollständige Bezeichnung
ANSI/IEEE Std. 610.12	*Glossary of Software Engineering Terminology*, 1990
ANSI/IEEE Std. 829	*Standard for Software Test Documentation*, 1983
ANSI/IEEE Std. 1008	*Standard for Software Unit Test*, 1987
ANSI/IEEE Std. 1012	*Standard for Software Verification and Validation Plans*, 1986
IEEE Std. 730–1984	*Standard for Software Quality Assurance Plans*
IEEE Std. 828–1983	*Standard for Software Configuration Management Plans*
IEEE Std. 1028–1988	*Standard for Software Reviews and Audits*
IEEE Std. P-1044/D3	*A Standard Classification of Software Errors, Faults and Failures*, Techn. Commitee on Software Engineering, unapproved draft, Dez. 1987
DIN 55350–11	*Begriffe zu Qualitätsmanagement und Statistik, Teil 11: Begriffe des Qualitätsmanagement*, Ausgabe 8/95, 16 S.
DIN 66234, Teil 8	*Bildschirmarbeitsplätze — Grundsätze ergonomischer Dialoggestaltung*, 1988
DIN 66271	*Software-Fehler und ihre Beurteilung durch Lieferanten und Kunden*, Juni 1995, 7 S.
DIN EN ISO 8402	*Qualitätsmanagement und Darlegung des Qualitätsmanagementsystems — Begriffe*, Dreisprachige Fassung, Ausgabe 8/95, 34 S.

DIN EN ISO 9241	*Ergonomische Anforderungen für Bürotätigkeiten mit Bild-schirmgeräten*, 1996 (Teil 10: Grundsätze der Dialoggestaltung, Teil 11: Anforderungen an die Gebrauchstauglichkeit, Teil 12: Informationsdarstellung, Teil 13: Benutzerführung, Teile 14 bis 17: Dialogführung mittels Menüs/Kommando-sprachen/direkter Manipulation/Bildschirmformularen)
DIN ISO/IEC 12119	*Software-Erzeugnisse — Qualitätsanforderungen und Prüf-bestimmungen*, August 1995 (Ersatz für DIN 66285)
DIN ISO 9000–3	*Qualitätsmanagement- und Qualitätssicherungsnormen — Leitfaden für die Anwendung von ISO 9001 auf die Ent-wicklung, Lieferung und Wartung von Software*, 1991
DIN ISO 9001	*Qualitätssicherungssysteme — Modell zur Darlegung der Qualitätssicherung in Design/Entwicklung, Produktion, Montage und Kundendienst*, 1990
DIN [ISO] 66285	*Anwendungssoftware Gütebedingungen und Prüfbestim-mungen*, 1990.

Literaturverzeichnis

Die in der linken Spalte angegebenen Literaturkürzel bestehen aus den Anfangsbuchstaben der Nachnamen der Autoren, bei mehr als drei Autoren wird nur der erste Autor und das Zeichen „&" angegeben.
Bei Büchern und Monographien ist der *Titel* kursiv geschrieben, sonst der *Tagungsband* oder der *Zeitschriftenname*, wobei letzterer oft abgekürzt ist (siehe dazu Anhang B).

[AAE 82]   Ackerman, A. Frank; Ackerman, Amy S.; Ebenau, Robert G.: A Software Inspection Training Program, in: Proc. *COMPSAC* 82, 8.–12. Nov. 1982, S. 443–444

[ABC 82]   Adrion, W. Richard; Branstad, Martha A.; Cherniavsky, John C.: Validation, Verification, and Testing of Computer Software, *Computing Surveys*, Vol. 14, No. 2, Juni 1982, S. 159–192

[AdG 83]   Adler, M.; Gray, M. A.: A Formalization of Myers Cause-Effect Graphs for Unit Testing, *SEN*, Vol. 8, No. 5, Okt. 1983, S. 24–32

[AHH 96]   Alur, Rajeev; Henzinger Thomas A.; Ho, Pei-Hsin: Automatic Symbolic Verification of Embedded Systems, *ToSE*, Vol. 22, No. 3, März 1996, S. 181–201

[Alt 93]   von Altrock, Constantin: *Fuzzy Logic, Band 1, Technologie*, R. Oldenbourg, München, 1993, 247 S.

[And 79]   Andler, Sten: Predicate Path Expressions, in: Proc. 6th *PoPL*, San Antonio, Texas, 29. - 31. Jan. 1979, S. 226–236

[AnS 83]   Andrews, G. R.; Schneider, F. B.: Concepts and Notations for Concurrent Programming, *Computing Surveys*, Vol. 15, 1983, S. 3–43

[AWZ 92]   Afifi, Faten H.; White, Lee J.; Zeil, Steven J.: Testing for Linear Errors in Nonlinear Computer Programs, in: Proc. 14th *ICSE*, 11.–15. Mai 1992, Melbourne, S. 81–91

[Bak 57]   Baker, C.: Review of D. D. McCracken's: „Digital Computer Programming", *Mathematical Tables and other Aids to Computations 11*, Okt. 1957, S. 298–305

[Bal 82]   Balzert, Helmut: *Die Entwicklung von Software-Systemen. Prinzipien, Methoden, Sprachen, Werkzeuge*, BI, Mannheim, 1982, 523 S.

[BaP 84]   Basili, Victor R.; Perricone, Barry T.: Software Errors and Complexity: an Empirical Investigation, *CACM*, Vol. 27, No. 1, Jan. 1984, S. 42–52

[BaR 80]   Basili, V. R.; Reiter, R. W.: Evaluating automatable measures of software development, in: Proc. *Workshop on Quantitative Software Models for Reliability, Complexity and Cost*, IEEE, New York, 1980, S. 107–116

[BaR 87]   Basili, Victor R.; Rombach, H. Dieter: Tailoring the Software Process to Project Goals and Environments, in: Proc. 9th *ICSE*, Monterey, CA., USA, 30. März - 2. April 1987, IEEE, S. 345–357

[BaS 87]   Basili, V. R.; Selby, R. W.: Comparing the Effectiveness of Software Testing Strategies, *ToSE*, Vol. SE-13, No. 12, Dez. 1987, S. 1278–1296

[Bas 90]   Basili, Victor R.: Recent Advances in Software Measurement, in: Proc. 12th *ICSE*, Nizza, 26.–30. März 1990, S. 44–49

[BBL 76]   Boehm, B. W.; Brown, J. R.; Lippow, M.: Quantitative Evaluation of Software Quality, Proc. 2nd *ICSE*, San Francisco, 1976

[BeG 96]   Bergadano, Francesco; Gunetti, Daniele: Inductive Logic Programming: From Machine Learning to Software Engineering, MIT Press, 1996

[Bei 83]   Beizer, B.: *Software Testing Techniques*, Van Nostrand Reinhold, New York, 1983, 290 S.

[Ber 95]   Bernhard, Michael: *Ein Ansatz zur Synchronisationsanalyse nebenläufiger Programmsysteme*, Diplomarbeit, Univ. Dortmund, FB Informatik, 1995, 157 S.

[Bi& 86]   Bishop, Peter D. et al.: PODS — A Project on Diverse Software, *ToSE*, SE-12, No. 9, Sept. 1986, S. 929–939

[Bis 97]   Biskup, Thomas: *Entwicklung eines Werkzeugs zur Generierung von Testmustern aus einer Programmspezifikation unter Verwendung von Ursache/Wirkungsgraphen*, Diplomarbeit, Univ. Dortmund, FB Informatik, 1997

[BLS 78]   Budd, Timothy A.; Lipton, Richard J.; Sayward, Frederick G.: The design of a prototype mutation system for program testing, in: Proc. *AFIPS*, Vol. 47, 1978, S. 623–627

[BMB 96]   Briand, L. C.; Morasca, S.; Basili, V. R.: Property-Based Software Engineering Measurement, *ToSE*, Vol. 22, No. 1, Jan. 1996, S. 68–86

[Boe 77]   Boehm, Barry W.: The High Cost of Software, *COMPSAC* 1977, S. 4–15

[Boe 81]   Boehm, Barry W.: *Software Engineering Economics*, Prentice-Hall Inc., 1981 (deutsche Ausgabe: Wirtschaftliche Software-Produktion, Forkel, Wiesbaden, 1986, 680 S.)

[BoL 86]   Bologna, Sandro; Leveson, Nancy G.: Foreword: Reliability and Safety in Real-Time Systems, *ToSE*, Vol. SE-12, No.9, Sept. 1986, S. 877–878

[Bra 84]   Brauer, Wilfried: *Automatentheorie — Eine Einführung in die Theorie endlicher Automaten*, Teubner, Stuttgart, 1984, 493 S.

[Bre 88]   Breuer, Roland: Risikoeinschätzung und Risikobewältigung in der Datenverarbeitung, *Versicherungswirtschaft*, 1988, Heft 4, S. 275–279, Heft 5, S. 356–361

[Bri 78]   Brinch Hansen, P.: Reproducible testing of monitors, *Software*, Vol. 8, 1978, S. 721–729

[BrJ 95]   Broy, Manfred; Jähnichen, Stefan (Hrsg.): *KORSO: methods, languages and tools for the construction of correct software*: final report, LNCS 1009, Springer, Berlin, 1995, 449 S.

[BrS 73]   Brown, A. R.; Sampson, W. A.: *Program Debugging, The Prevention and Cure of Program Errors*, American Elsevier Inc., New York, 1973, 166 S.

[Br& 79]   Bristow, G. et al.: Anomaly Detection in Concurrent Programs, in: Proc. 4th *ICSE*, München, 17.-19. Sept. 1979, S. 265–273

[BTM 89]   Brindle, A. F.; Taylor, R. N.; Martin, D. F.: A debugger for Ada tasking, *ToSE*, Vol. 15, No. 3, März 1989, S. 293–304

[Bud 81]   Budd, T. A.: Mutation Analysis: Ideas, Examples, Problems and Prospects, in: [ChR 81], S. 129–148

[BuG 85]   Budd, Timothy; Gopal, Ajei S.: Program Testing by Specification Mutation, *Comput. Lang.*, Vol. 10, No. 1, 1985, S. 63–73

[BuV 95]   Bucci, Giacomo; Vicario, Enrico: Compositional Verification of Time-Critical Systems Using Communicating Time Petri Nets, *ToSE*, Vol. 21, No. 12, Dez. 1995, S. 969–992

[CaH 74]   Campbell, R. H.; Habermann, A. N.: The Specification of Process Synchronisation By Path Expressions, in: *LNCS 16*, Springer, 1974, S. 89–102

[CaM 88]   Cave, William C.; Maymon, Gilbert W.: *Leitfaden des Software-Projektmanagements*, Forkel-Verlag, Wiesbaden, 1988, 198 Seiten

[Can 81]   Canning, Richard G. (Hrsg.): Easing the Software Maintenance Burden, *EDP Analyzer*, Vol. 19, No. 8, August 1981, S. 1–12

[CES 86]   Clarke, E.M.; Emerson, E.A.; Sistla, A.P.: Automatic Verification of Finite-State Concurrent Systems Using Temporal Logic Specifications, *ToPLaS*, Vol. 8, No. 2, April 1986, S. 244–263

[CGL 81]   Celentano, Augusto; Ghezzi, Carlo; Liguori, Federica: A Systematic Approach to System and Acceptance Testing, in: [ChR 81], S. 279–287

[Cha 79]   Chapin, N.: A measure of software complexity, *AFIPS*, Vol. 48, 1979, S. 995–1002

[Cho 78]   Chow, T. S.: Testing Software Design Modeled by Finite-State Machines, *ToSE*, Vol. SE-4, Mai 1978, S. 178–187

[Chr 75]   Christofides, N.: *Graph Theory — An Algorithmic Approach*, Academic Press, New York, 1975, 400 S.

[ChR 81]   Chandrasekaran, B.; Radicchi, S. (Hrsg.): Computer Program Testing, in: Proc. *Summer School on Computer Program Testing, SOGESTA*, Urbino, Italien, 29. Juni – 3. Juli 1981, North Holland, 1981, 325 S.

[CHR 82]   Clarke, Lori A.; Hassell, Johnette; Richardson, Debra J.: A Close Look at Domain Testing, *ToSE*, Vol. SE-8, Juli 1982

[Chu 87]   Chusho, Takeshi: Test Data Selection and Quality Estimation Based on the Concept of Essential Branches for Path Testing, *ToSE*, Vol. SE-13, No. 5, Mai 1987, S. 509–517

[ChY 83]   Chen, Bo-Shoe; Yeh, R. T.: Formal Specification and Verification of Distributed Systems, *ToSE*, Vol. SE-9, No. 6, Nov. 1983, S. 710–722

[ChY 96]   Chen, T. Y.; Yu, Y. T.: On the Expected Number of Failures Detected by Subdomain Testing and Random Testing, *ToSE*, Vol. 22, No. 2, Febr. 1996, S. 109–119

[Ch& 92]   Chillarege, Ram et al.: Orthogonal Defect Classification — A Concept for In-Process Measurements, *ToSE*, Vol. 18, No. 11, Nov. 1992, S. 943–955

[Cl& 89]   Clarke, Lori A.; Podgurski, Andy; Richardson, Debra J.; Zeil, Steven J.: A Formal Evaluation of Data Flow Path Selection Criteria, *ToSE*, Vol. 15, No. 11, Nov. 1989, S. 1318–1332

[Col 95]   Coletta, A.: The SPICE Project: An International Standard for Software Process Assessment, Improvement and Capability Determination, in: [Nes 95], S. 49–63

[Cor 96]   Corbett, James C.: Evaluating Deadlock Detection Methods for Concurrent Software, *ToSE*, Vol. 22, No. 3, März 1996, S. 161–180

[Co& 88]   Coy, Wolfgang et al.: Informatik und Verantwortung, in: R. Valk (Hrsg.), GI – 18. Jahrestagung, Vernetzte und komplexe Informatik-Systeme, Hamburg, Oktober 1988, *Informatik-Fachberichte* 187, Springer, Berlin, 1988, S. 691–702

[CSW 90]   Chang, Carl K.; Song, Cheng-Chung; Wang, Rong-Fa: Distributed Software Testing with Specification, Proc. *COMPSAC* 90, S. 112–117

[Cu& 79]   Curtis, B. et al.: Measuring the Psychological Complexity of Software Maintenance Tasks with the Halstead and McCabe Metrics, *ToSE*, Vol. SE-5, März 1979, S. 96–104

[Cur 81]   Curtis, B.: The Measurement of Software Quality and Complexity, in: A. Perlis et al. (Eds.): *Software Metrics: An Analysis and Evaluation*, The MIT Press, Cambridge, Mass., USA, 1981, S. 203–224

[DaK 78]   Darringer, John A.; King, James C.: Applications of Symbolic Execution to Program Testing, *Computer*, April 1978, S. 51–60

[Dal 77]   Daly, E. B.: Management of Software Development, *ToSE*, Vol. SE-3, Mai 1977, S. 229–242

[DaM 91]   Dauchy, P.; Marre B.: Test data selection from algebraic specifications: application to an automatic subway module, in: Proc. *ESEC* '91, Mailand, Oktober 1991, *LNCS* 550, Springer, Berlin, S. 80–100

[DaM 94]   Dalal, S. R.; McIntosh, A. A.: When to Stop Testing for Large Software Systems with Changing Code, *ToSE*, Vol. 20, No. 4, April 1994, S. 318–323

[Dav 73]   Davis, M.: Hilbert's tenth problem is unsolvable, *American Mathematical Monthly*, Vol. 80, März 1973, S. 233–269

[DeJ 95]   Debler, Harry; Josub, Alexander: Software-Prozeßverbesserung — BOOTSTRAP im Kontext, *STT*, Bd. 15, Heft 4, Nov. 1995, S. 18–19

[DeM 79]   DeMarco, T.: *Structured Analysis and System Specification*, Yourdon Inc., New York, 1979, 352 S.

[DeM 89]   DeMillo, Richard A.: Test Adequacy and Program Mutation, in: Proc. 11th *ICSE*, 15.–18. Mai 1989, Pittsburgh, USA, S. 355 f.

[De& 87]   DeMillo, R. et al.: *Software Testing and Evaluation*, The Benjamin/Cummings Publ. Comp., Menlo Park, Kalifornien, 1987, 537 S.

[DeS 95]   Dembiński, Piotr; Średniawa, Marek (Hrsg.). *Protocol Specification, Testing and Verification XV*, Proc. 15th IFIP WG 6.1 Intern. Symp. on Protocol Specification, Testing and Verification, Warschau, Juni 1995, Chapman & Hall, London

[Deu 82]   Deutsch, M. S.: *Software Verification and Validation*, Prentice-Hall, Englewood Cliffs, N.J., 1982, 327 S.

[Dil 90a]   Dillon, Laura K.: Verifying General Safety Properties of Ada Tasking Programs, *ToSE*, Vol. SE-16, No. 1, Jan. 1990, S. 51–63

[Dil 90b]   Dillon, Laura K.: Using Symbolic Execution for Verification of Ada Tasking Programs, *ToPLaS*, Vol. 12, No. 4, Okt. 1990, S. 643–669

[DLP 79]   DeMillo, R. A.: Lipton, R. J.: Perlis, A. J.: Social Processes and Proofs of Theorems and Programs, *CACM*, Vol. 22, No. 5, Mai 1979, S. 271–280

[DLS 78]   DeMillo, R. A.; Lipton, R. J.; Sayward, F. G.: Hints on Test Data Selection: Help for the practicing Programmer, *Computer, Vol. 11*, No. 4, April 1978, S. 34–43

[Duc 93]   Ducassé, Mireille: A Pragmatic Survey of Automated Debugging, in: [Fri 93], S. 1–15

[DuE 88]   Ducassé, Mireille; Emde, Anna-Maria: A Review of Automated Debugging Systems: Knowledge, Strategies and Techniques, in: Proc. 10th *ICSE*, 11.–15. April 1988, Singapore, S. 162–171

[Dum 92]   Dumke, Reiner: *Softwareentwicklung nach Maß — Schätzen, Messen, Bewerten*, Vieweg, Braunschweig, 1992, 243 S.

[DuN 84]   Duran, J. W.; Ntafos, S. C.: An Evaluation of Random Testing, *ToSE*, Vol. SE-10, No. 4, Juli 1984, S. 438–444

[Dun 84]   Dunn, R.: *Software Defect Removal*, McGraw–Hill, New York, 1984

[DuW 79]   Duran, J. W.; Wiorkowsky, J. J.: Random Testing May Be Better Than You
Think, in: Proc. 8th *Texas Conf. on Comp. Systems*, 12.-13. Nov. 1979, Southern
Methodist University, IEEE, 1979, S. 6B-6 bis 6B-7

[DuZ 94]   Dumke, Reiner; Zuse, Horst (Hrsg.): *Theorie und Praxis der Softwaremessung*,
Dt. Univ.-Verlag, Wiesbaden 1994, 287 S.

[EGL 89]   Ehrich, H.-D.; Gogolla, M.; Lipeck, U.: *Algebraische Spezifikation abstrakter Datentypen*, Teubner, Stuttgart, 1989, 236 S.

[Elm 73]   Elmendorf, W. R.: *Cause-Effect Graphs in Functional Testing*, TR-00.2487, IBM
Systems Development Division, Poughkeepsie, N.Y., USA, Nov. 1973, 23 S.

[Els 84]   Elshoff, James L.: Characteristic Program Complexity Measures, in: Proc. 7th
ICSE, 26.-29. März 1984, Orlando, Florida, S. 288–293

[End 75]   Endres, A.: An Analysis of Errors and their Causes in System Programs, in:
Proc. Int. Conf. on Reliable Software, *SIGPLAN Notices*, Vol. 10, No. 6, Juni
1975, S. 327–336

[FaC 85]   Fang, Kwang-Ya; Chang, Carl K.: Noninterference Software Debugging and Testing for Real-Time Systems, in: Proc. *COMPSAC 85*, 9.-11. Okt. 1985, Chicago,
S. 326–331

[Fag 76]   Fagan, M.E.: Design and code inspections to reduce errors in program development, *IBM Systems Journal*, Vol. 15, No. 3, 1976, S. 182–211

[Fag 86]   Fagan, Michael E.: Advances in Software Inspections, *ToSE*, Vol. SE-12, No. 7,
Juli 1986, S. 744–751

[Fet 88]   Fetzer, J. H.: Program verification: the very idea, *CACM*, Vol. 31, Nr. 9, Sept.
1988, S. 1048–1063

[Fid 89]   Fidge, C. J.: Partial Orders for Parallel Debugging, *Sigplan Notices*, Vol. 24,
No. 1, Jan. 1989, S. 183–194

[Flo 67]   Floyd, R. W.: Assigning meanings to programs, in: Proc. *Symposium Applied
Math.*, Vol. 19, American Math. Society, 1967, S. 19–32

[Flo 85]   Floyd, Christiane: Wo sind die Grenzen des verantwortbaren Computereinsat-
zes?, *Inf.-Spektrum*, Bd. 8, 1985, S. 3–6

[FLS 91a]   Frühauf, Karol; Ludewig, Jochen; Sandmayer, H.: *Software-Prüfung — Eine
Fibel*, Verlag der Fachvereine/Teubner, Zürich, 1991, 184 S.

[FLS 91b]   Frühauf, K.; Ludewig, J.; Sandmayer, Helmut: *Software-Projektmanagement
und -Qualitätssicherung*, Teubner, Stuttgart, 1991, 131 S.

[FMM 94]   Felder, Miguel; Mandrioli, Dino; Morzenti, Angelo: Proving Properties of Real-
Time Systems Through Logical Specifications and Petri Net Models, *ToSE*, Vol.
20, No. 2, Febr. 1994, S. 127–141

[FoO 76]   Fosdick, L. D.; Osterweil, L. J.: Data Flow Analysis in Software Reliability, *Comp. Surveys*, Vol. 8, No. 3, Sept. 1976, S. 305–330

[For 84]   Forman, Ira R.: An Algebra for Data Flow Anomaly Detection, in: Proc. 7th *ICSE*, 26.–29. März 1984, Orlando, Florida, S. 278–286

[Fos 84]   Foster, K. A.: Sensitive Test Data for Logic Expressions, *SEN*, Vol. 9, No. 2, April 1984, S. 120–125

[Fos 85]   Foster, K. A.: Revision of an Error Sensitive Test Rule, *SEN*, Vol. 10, No. 1, Jan. 1985, S. 62–67

[Fri 93]   Fritzson, Peter A. (Hrsg.): *Automated and Algorithmic Debugging*, Proc. First Int. Workshop, AADEBUG '93, Linköping, Schweden, 3.–5. Mai 1993, *LNCS* 749, Springer, Berlin, 1993, 367 S.

[FrW 86]   Frankl, Phyllis G.; Weyuker, Elaine J.: Data Flow Testing in the Presence of Unexecutable Paths, *TAV1*, Juli 1986, S. 4–13

[FrW 93]   Frankl, P.; Weyuker, E.: A Formal Analysis of the Fault-Detecting Ability of Testing Methods, *ToSE*, Vol. 19, No. 3, März 1993, S. 202–213

[Gai 86]   Gait, Jason: A Probe Effect in Concurrent Programs, *Software*, Vol. 16, No. 3, März 1986, S. 225–233

[Gan 79]   Gannon, Carolyn: Error Detection Using Path Testing and Static Analysis, *Computer*, August 1979, S. 26–31

[Gan 86]   Gannon, J. D.: Testing Tools Using Formal Specifications and Coverage Metrics, *STT*, Heft 6–1, Juni 1986, S. 5–11

[GaM 88]   Gaudel, M.-C.; Marre, B.: Generation of test data from algebraic specifications, *TAV2*, Banff, Kanada, 1988, S. 138–139

[GeD 84]   Gerth, Rob; De Roever, Willem P.: A Proof System for Concurrent Ada Programs, *Science of Computer Programming*, Vol. 4, 1984, S. 159–204

[GeH 88]   Gelperin, David; Hetzel, Bill: The Growth of Software Testing, *CACM*, Vol. 31, No. 6, Juni 1988, S. 687–695

[Ger 84]   German, Steven M.: Monitoring for Deadlock and Blocking in Ada Tasking, *ToSE*, Vol. SE-10, No. 6, Nov. 1984, S. 764–777

[GeY 76]   Gerhart, Susan L.; Yelowitz, Lawrence: Observations of Fallibility in Applications of Modern Programming Methodologies, *ToSE*, Vol. SE-2, No. 3, Sept. 1976, S. 195–207

[GFB 93]   Ghezzi, Carlo; Felder, Miguel; Bellettini, Carlo: Real-Time Systems: A Survey of Approaches to Formal Specification and Verification, in: Proc. *ESEC '93*, *LNCS* 717, Springer, 1993, S. 11–36

[GGK 84]   Garcia-Molina, Hector; Germano, Frank; Kohler, Walter H.: Debugging a Distributed Computing System, *ToSE*, Vol. SE-10, No. 2, März 1984, S. 210–219

[GiW 86]   Girgis, M. R.; Woodward, M. R.: An Experimental Comparison of the Error Exposing Ability of Program Testing Criteria, in: *TAV1*, Banff, Kanada, 1986, S. 64–73

[GJM 91]   Ghezzi, Carlo; Jazayeri, Mehdi; Mandrioli, Dino: *Fundamentals of Software Engineering*, Prentice-Hall, 1991, 573 S.

[Gla 80]   Glass, Robert L.: A Benefit Analysis of Some Software Reliability Methodologies, *SEN*, Vol. 5, No. 2, April 1980, S. 26–33

[Gla 81]   Glass, R.: Persistent Software Errors, *ToSE*, Vol. SE-7, No. 2, März 1981, S. 162–168

[GMH 81]   Gannon, J.; McMullin, P.; Hamlet, R.: Data-Abstraction Implementation, Specification, and Testing, *ToPLaS*, Vol. 3, No. 3, Juli 1981, S. 211–223

[GMO 76]   Gabow, H. N.; Maheshwari, S. N.; Osterweil, L. J.: On Two Problems in the Generation of Program Test Paths, *ToSE*, Vol. SE-2, No. 3, Sept. 1976, S. 227–231

[GmV 86]   Gmeiner, L.; Voges, U.: Automatisierung des Software-Tests in der Entwurfs- und Implementierungsphase, *STT*, Juni 1986, S. 35–63

[GoF 86]   Gordon, Aaron J.; Finkel, Raphael A.: TAP: a tool to find timing errors in distributed programs, *TAV1*, 1986, S. 154–163

[GoT 86]   Good, D. I.; Texas, U. (Chair): Discussion Group „Cost Effectiveness", in: C. E. Landwehr et al. (Hrsg.): *Workshop on Testing and Proving*, Georgetown University, Washington, D. C., 9.–11. Juli 1986, in: *SEN*, Vol. 11, No. 5, Okt. 1986, S. 81–84

[Gou 75]   Gould, J. D.: Some Psychological Evidence on How People Debug Computer Programs, *Int. Journal Man-Machine Studies*, Vol. 7, No. 2, März 1975, S. 151–182

[Gru 72]   Gruenberger, F.: Program Testing: The Historical Perspective, in: [Het 72a], S. 11–14

[Hab 86]   Haban, Dieter: Eine Methode zum Testen von verteilten Systemen, *STT*, Heft 6-1, Juni 1986, S. 101–107

[HaK 76]   Hantler, S. L.; King, J.C.: An Introduction to proving the correctness of programs, *Computing Surveys*, Vol. 8, No. 3, Sept. 1976, S. 331–353

[Hal 78]   Halstead, Maurice H.: *Elements of Software Science*, Elsevier, North-Holland, New York, 2. Auflage, 1978, 127 S.

[Ham 77]   Hamlet, R. G.: Testing Programs With the Aid of a Compiler, *ToSE*, Vol. 3, No. 4, Juli 1977, S. 279–290

[Ham 89]   Hamlet, R.: Theoretical Comparison of Testing Methods, *TAV3*, in: *SEN*, Vol. 14, No. 8, Dez. 1989, S. 28–37

[Har 82]   Hart, Jolene J.: The Effectiveness of Design and Code Walkthroughs, *COMPSAC 82*, 8.–12. Nov. 1982, S. 515–522

[HaS 89]   Harrold, Mary Jean; Soffa, Mary Lou: Interprocedural Data Flow Testing, *TAV3*, Key West, Florida, 1989, S. 158–167

[Hat 95]   Hatton, Les: Unexpected (and Sometimes Unpleasant) Lessons from Data in Real Software Systems, in: [Sha 95], S. 249–259

[HaT 88]   Hamlet, D.; Taylor, R.: Partition testing does not inspire confidence, *TAV2*, Banff, Kanada, 1988, S. 206–215

[Hau 83]   Hausen, Hans-Ludwig: Anmerkungen zu den Grenzen der Prüftechniken in der Software-Qualitätssicherung, *STT*, Heft 3–1, April 1983, S. 48–57

[Hau 84]   Hausen, Hans-Ludwig (Hrsg.): *Software Validation*, Proc. Symposium on Software Validation, Darmstadt, 25.–30. Sept. 1983, North-Holland, Amsterdam, 1984, 375 S.

[HaZ 81]   Haley, Allen; Zweben, Stuart: Module Integration Testing, in: [ChR 81], S. 289–299

[Ha& 87]   Halpern, J. Daniel; Owre, Sam; Proctor, Norman; Wilson, William F.: Muse — A Computer Assisted Verification System, *ToSE*, Vol. SE-13, No. 2, Febr. 1987, S. 151–156

[He& 84]   Hesse, W.; Keutgen, H.; Luft, A. L.; Rombach, H. D.: Ein Begriffssystem für die Softwaretechnik, Vorschlag für eine Terminologie, *Inf.-Spektrum*, Bd. 7, Heft 4, Nov. 1984, S.200–213

[Hea 64]   Head, Robert V.: Testing Real-Time Systems, *Datamation*, Teil I: Juli 1964, S. 42–48, Teil II: August 1964, S. 54–57

[HeH 85]   Hedley, D.; Hennel, M. A.: The Causes and Effects of Infeasible Paths in Computer Programs, in: Proc. 8th *ICSE*, 28.–30. Aug. 1985, London, S. 259–266

[Her 76]   Herman, P. M.: A Data Flow Analysis Approach to Program Testing, *Australien Computer Journal*, Vol. 8, No. 3, Nov. 1976, S. 92–96

[Het 72a]   Hetzel, W. C. (Hrsg.): *Program Test Methods*, Proc. Computer Program Test Methods Symposium, Univ. of N. C., 21.–23. Juni 1972, Prentice Hall, Englewood Cliffs, N. J., 1973, 311 S.

[Het 72b]   Hetzel, W. C.: Principles of Computer Program Testing, in: [Het 72a], S. 17–28

[HeU 75]   Hecht, Matthew S.; Ullman, Jeffrey D.: A simple algorithm for global data flow analysis problems, *SIAM Journal Computers*, Vol. 4, No. 4, Dez. 1975, S. 519–532

[HeV 88]   Heerdt, Christian; Vesper, Thomas: *Testdatengenerierung für nebenläufige Systeme auf der Basis einer formalen Spezifikation*, Diplomarbeit, Universität Dortmund, FB Informatik, Aug. 1988, 190 S.

[HHR 84]   Hennell, M. A.; Hedley, D.; Riddle, I. J.: Assessing a Class of Software Tools, in: Proc. 7th *ICSE*, Orlando, Florida, 26.–29. März 1984, S. 266–277

[HLR 92]   Halbwachs, Nicolas; Lagnier, Fabienne; Ratel, Christophe: Programming and Verifying Real-Time Systems by Means of the Synchronous Data-Flow Language LUSTRE, *ToSE*, Vol. 18, No. 9, Sept. 1992. S. 785–793

[HMS 87]   Hausen, H. L.; Müllerburg, M.; Schmidt, M.: Über das Prüfen, Messen und Bewerten von Software — Methoden und Techniken der analytischen Software-Qualitätssicherung, *Inf.-Spektrum*, Band 10, Heft 3, Juni 1987, S. 123–144

[Hör 95]   Hörcher, Hans-Martin: Formale Spezifikationen beim Test sicherheitskritischer Anwendungen, *STT*, Bd. 15, Heft 4, Nov. 1995, S. 9–10

[Hoh 95]   Hohler, Bernd: Software-Qualitätsmodelle: Capability Maturity Model (SEI), Bootstrap-Methode, ISO 9000 ff., *Info.-Spektrum*, Band 18, Heft 6, Dez. 1995, S. 324–334

[Hou 80]   House, R.: Comments on Program Specification and Testing, *CACM*, Vol. 23, No. 6, Juni 1980, S. 324–331

[How 75]   Howden, William E.: Methodology for the Generation of Program Test Data, *ToC*, Vol. C-24, No. 5, Mai 1975, S. 554–559

[How 76]   Howden, W. E.: Reliability of the Path Analysis Testing Strategy, *ToSE*, Vol. SE-2, No. 3, Sept. 1976, S. 208–215

[How 77]   Howden, W. E.: Symbolic Testing and the DISSECT Symbolic Evaluation System, *ToSE*, Vol. SE-3, No. 4, Juli 1977, S. 266–278

[How 78a]   Howden, W. E.: A Survey of Dynamic Analysis Methods, in: [MiH 78], S. 185–206

[How 78b]   Howden, William E.: An Evaluation of the Effectiveness of Symbolic Testing, in: [MiH 78], S. 300–313

[How 78c]   Howden, W.E.: A Survey of Static Analysis Methods, in: [MiH 78], S. 82–96

[How 78d]   Howden, W. E.: Algebraic Program Testing, *Acta Informatica*, Vol. 10, 1978, S. 53–66

[How 78e]   Howden, William E.: Empirical Studies of Software Validation, in: [MiH 78], S. 280–285

[How 79]   Howden, W. E.: Effectiveness of Software Validation Methods, in: [Inf 79], S. 129–146

[How 80]   Howden, William E.: Functional Program Testing, *ToSE*, Vol. SE-6, No. 2, 1980, S. 162–169

[How 81]   Howden, W. E.: Completeness Criteria for Testing Elementary Program Functions, Proc. 5th *ICSE*, San Diego, 1981, S. 235–243

[How 82a]   Howden, W. E.: Weak Mutation Testing and Completeness of Test Sets, *ToSE*, Vol. SE-8, No. 4, Juli 1982, S. 371–379

[How 86]   Howden, W. E.: A Functional Approach to Program Testing and Analysis, *ToSE*, Vol. SE-12, No. 10, Okt. 1986, S. 997–1005

[How 87]   Howden, W. E.: *Functional Program Testing and Analysis*, McGraw-Hill, New York, 1987, 175 S.

[HRS 95]   Horwitz, Susan; Reps, Thomas; Sagiv, Mooly: Demand Interprocedural Dataflow Analysis, *SEN*, Vol. 20, No. 4, Okt. 1995, S. 104–115

[Hül 94]   Hülsmann, Hans Bernd: Wenn der schöne Schein verblaßt, *c't 1994, Teil 1:* Unzufriedene Kunden können sich wehren, Heft 6, S. 56–59, *Teil 2:* Fehlerhafte Ware vor dem Gesetz, Heft 7, S. 50–53, *Teil 3:* Rund um die Gewährleistung, Heft 8, S. 52–53

[Hua 75]   Huang, J. C.: An Approach to Program Testing, *Computing Surveys*, Vol. 7, No. 3, Sept. 1975, S. 113–128

[Hu& 94]   Hutchins, Monica; Foster, Herb; Goradia, Tarak; Ostrand, Thomas: Experiments on the Effectiveness of Dataflow- and Controlflow-Based Test Adequacy Criteria, in: Proc. 16th *ICSE*, 16.–21. Mai 1994, Sorrento, Italien, S. 191–200

[Inf 79]   *Infotech State of the Art Report, Software Testing, Volume 2: Invited Papers*, Infotech International, Maidenhead, Berkshire, England, 1979, 371 S.

[Jal 87]   Jalote, P.: Synthesizing Implementations of Abstract Data Types from Axiomatic Specifications, *Software*, Vol. 17, No. 11, November 1987, S. 847–858

[JaM 94]   Jahanian, Farnam; Mok, A. K.: Modechart: A Specification Language for Real-Time Systems, *ToSE*, Vol. 20, No. 12, Dez. 1994, S. 933–947

[Jon 89]   Jonas, Hans: *Das Prinzip Verantwortung*, Suhrkamp, Frankfurt/M., 1989, 414 S.

[Jon 95]   Jones, Bryan: Genetic Algorithms: a New Way of Evolving Test Sets, in: Proc. 3rd *Europ. International Conf. on Software Testing, Analysis & Review*, 27.–30. Nov. 1995, London

[JoT 93]   Johnson, Philip M.; Tjahjono, Danu: Improving Software Quality through Computer Supported Collaborative Review, in: Proc. *3rd European Conf. on Comp. Supp. Cooperative Work*, Mailand, Italien, Sept. 1993

[JRT 86]   Joseph, T. A.; Räuchle, T.; Toueg, S.: State Machines and Assertions: An Integrated Approach to Modelling and Verification of Distributed Systems, *Science of Computer Programming*, Vol. 7, 1986, S. 1–22

[KeG 92]   Kemmerer, Richard A.; Ghezzi, Carlo: Guest Editors' Introduction: Specification and Analysis of Real-Time Systems, *ToSE*, Vol.18, No.9, Sept. 1992, S. 766

[Kel 84]   Kelter, Udo: *Modularisierungen und Entwürfe von Programmen*, Forschungsberichte des FB Informatik der Universität Dortmund, Nr. 186, 1984, 17 S.

488 Literaturverzeichnis

[KeP 78] Kernighan, B. S.; Plauger, P. J.: *The Elements of Programming Style*, Mac Graw-Hill, New York, 1978

[KGK 95] Kruse, Rudolf; Gebhardt, Jörg; Klawonn, Frank: *Fuzzy-Systeme*, 2. Auflage, Teubner, Stuttgart, 1995, 273 S.

[Kil 73] Kildall, Gary A.: A Unified Approach to Global Program Optimization, in: Proc. *PoPL*, Boston, Mass., USA, 1.–3. Okt. 1973, S. 194–206

[KMR 88] Krauser, E. W.; Mathur, Aditya P.; Rego, Vernon: High Performance Testing on SIMD Machines, *TAV2*, 1988, S. 171–177

[KnA 85] Knight, John C.; Ammann, Paul E.: An Experimental Evaluation of Simple Methods for Seeding Program Errors, in: Proc. 8th *ICSE*, 28.–30. Aug. 1985, London, S. 337–342

[KnM 91] Knight, John C.; Myers, E. Ann: Phased Inspections and their Implementation, *SEN*, Vol. 16, No. 3, Juli 1991, S. 29–35

[Koc 89] Koch, F. A.: Produkthaftung für Software, *Inf.-Spektrum*, Bd. 12, Heft 6, Dez. 1989, S. 337–339

[Kre 88] Krebs, Heinrich: *Entwurf und quantitative Beschreibung diversitärer Software*, Verlag TÜV Rheinland GmbH, Köln, 1988

[Kre 92a] Kreowski, H.-J.: Ein Vorschlag zum Testen strukturierter algebraischer Spezifikationen, in: P. Liggesmeyer, H.M. Sneed, A. Spillner (Hrsg.): *Testen, Analysieren und Verifizieren von Software*, Informatik aktuell, Springer, Berlin, 1992, S. 130–142

[Kre 92b] Kreowski, H.-J. (Hrsg.): *Informatik zwischen Wissenschaft und Gesellschaft — zur Erinnerung an Reinhold Franck*, Informatik Fachbericht 309, Springer, 1992

[KrE 92] Krüger, Michael; Emonts, Kurt: Qualitäten, die Software-Qualität sichern, *Computer-Magazin* 3/92, S. 3 f.

[Krü 85] Krückeberg, Fritz: Prüfung von Software (I), *Computer und Recht*, Heft 1, 1985, S. 45–51

[Kuv 95] Kuvaja, P.: BOOTSTRAP: A Software Process Assessment and Improvement Methodology, in: [Nes 95], S. 31–48

[LaK 83] Laski, Janusz; Korel, Bogdan: A Data Flow Oriented Program Testing Strategy, *ToSE*, Vol. SE-9, No. 3, Mai 1983, S. 347–354

[Lam 94] Lamprecht, Walter: Die 20 Elemente der DIN ISO 9001 als Zertifizierungsgrundlage, *STT*, Bd. 14, Heft 2, Aug. 1994, S. 13–14

[Lan 87] Langer, Stefan F. J.: Leserbrief zu R. Valk: Der Computer als Herausforderung an die menschliche Rationalität, *Inf.-Spektrum*, Bd. 10, 1987, S. 280–281

[Lan 94] Langer, Heinz: Ein Vorgehen zur Reduzierung der Testfallanzahl bei Überdeckungstests, *STT*, Bd. 14, Heft 2, Aug. 1994, S. 43–51

[Las 82]   Laski, J.: On Data Flow Guided Program Testing, *SIGPLAN Notices*, Vol. 17, Sept. 1982, S. 62–71

[LeM 87]   LeBlanc, T. J.; Mellor-Crummey, J. M.: Debugging parallel programs with instant replay, *ToC*, Vol. C-36, No. 4, April 1987, S. 471–482

[Le& 93]   Leventhal, Laura M.; Teasley, Barbee M.; Rohlman, Diane S.; Instone, Keith: Positive Test Bias in Software Testing Among Professionals: A Review, Proc. *3rd Int. Conf. EWHCI '93*, Moskau, 3.-7. Aug. 1993, *LNCS* 753, Springer, Berlin, 1993, S. 210–218

[Lig 90]   Liggesmeyer, Peter: *Modultest und Modulverifikation — State of the Art*, BI, Mannheim, 1990, 321 S.

[Lig 93a]   Liggesmeyer, Peter: Software-Komplexitätsmetriken als Basis zur Auswahl von Prüfverfahren, in: Proc. Softwaretechnik 93, Dortmund, 8.-10. Nov. 1993, *STT*, Bd. 13, Heft 3, Aug. 1993, S. 103–110

[Lig 93b]   Liggesmeyer, Peter: *Wissensbasierte Qualitätsassistenz zur Konstruktion von Prüfstrategien für Software-Komponenten*, BI Wissenschaftsverlag, Mannheim, 1993, 344 S.

[Lig 94]   Liggesmeyer, Peter: Das Capability Maturity Model und die Bewertung von Software-Entwicklungsprozessen mit Assessments, *STT*, Bd. 14, Heft 2, Aug. 1994, S. 11–12

[LiM 90]   Linnenkugel, Ursula; Müllerburg, Monika: Test Data Selection Criteria for (Software) Integration Testing, in: Proc. 1st *Int. Conf. on Systems Integration*, Morristown, N. J., 23.-26. April 1990, IEEE, S. 709–717

[Lit 80]   Littlewood, B.: Theories of Software Reliability: How good are they and how can they be improved?, *ToSE*, Vol. SE-6, No. 5, Sept. 1980, S. 489–500

[LoC 89]   Long, Douglas L.; Clarke, Lori A.: Task Interaction Graphs for Concurrency Analsis, in: Proc. 11th *ICSE*, 15.-18. Mai 1989, Pittsburgh, Pennsylvania, USA, ACM, S. 44–52

[LoC 91]   Long, Douglas; Clarke, Lori A.: Data Flow Analysis of Concurrent Systems that use the Rendezvous Model of Synchronization, *TAV4*, 1991, S. 21–35

[Luf 88]   Luft, Alfred L.: *Informatik als Technik-Wissenschaft — Eine Orientierungshilfe für das Informatik-Studium*, BI, Mannheim, 1988, 338 S.

[Lut 94]   Lutterbeck, Bernd: Ethische Verantwortung bei der Gestaltung sicherer Informationssysteme — Der Beitrag ethischer Leitlinien, in: [Wol 94], S. 244–248

[Mar 87]   Marktscheffel, Renate: Software-Qualitätssicherung: Statische Analyse von C-Programmen, *Automatisierungstechnische Praxis*, 29. Jahrgang, Heft 6, 1987, S. 276–281

[MaT 90]   Martin, J.; Tsai, W. T.: N-Fold Inspection: A Requirements Analysis Technique, *CACM*, Vol. 33, No. 2, Febr. 1990, S. 225–232

[McC 76]   McCabe, Thomas J.: A Complexity Measure, *ToSE*, Vol. SE-2, No. 4, Dez. 1976, S. 308–320

[McG 83]   McMullin, P. R.; Gannon, J. D.: Combining Testing with Formal Specifications: A Case Study, *ToSE*, Vol. SE-9, No. 3, Mai 1983, S. 328–334

[McH 89]   McDowell, Charles; Helmbold, David P.: Debugging Concurrent Programs, *ACM Computing Surveys*, Vol. 21, No. 4, Dez. 1989, S. 593–622

[McS 82]   McCabe, Thomas J.; Schulmeyer, G. Gordon: System Testing aided by Structured Analysis (A Practical Experience), in: *COMPSAC* 82, 8.-12. Nov. 1982, S. 523–528

[Meh 84]   Mehlhorn, K.: *Graph Algorithms and NP-Completeness* (Data Structures and Algorithms 2), Springer, Berlin, 1984, 260 S.

[Mey 75]   *Meyers Enzyklopädisches Lexikon* (in 25 Bänden), 9. Auflage, Bibliographisches Institut, Mannheim, 1975

[MiH 78]   Miller, Edward; Howden, William (Hrsg.): *Tutorial: Software Testing & Validation Techniques*, IEEE, 1978, 425 S.

[Mil 72]   Mills, H. D.: *On the Statistical Validation of Computer Programs*, Report FSC-72-6015, Federal Systems Division, IBM, Gaithersburg, Md., USA, 1972

[Mil 77]   Miller, Edward F. Jr.: Program Testing: Art meets Theory, *Computer*, Vol. 10, Bd. 2, Juli 1977, S. 42–51

[Mil 78]   Miller, E.: Introduction to Software Testing Technology, in: [MiH 78], S. 3–14

[Mil 87]   Milne, Robert: Strategies for Diagnosis, *IEEE Trans. on Systems, Man, and Cybernetics*, Vol. SMC–17, No. 3, Mai/Juni 1987, S. 333-339

[MiM 78]   Miller, E. F.; Melton, R. A.: Automated Generation of Testcase Datasets, in: [MiH 78], S. 238–245

[Mi& 78]   Miller, E. F. Jr. et al.: Structural Techniques of Program Validation, in: [MiH 78], S. 262–265

[Moa 84]   Moawad, R.: Comparison of Concurrent Software Reliability Models, in: Proc. 7th *ICSE*, Orlando, 1984, S. 222–229

[Mol 85]   Molzberger, Peter: *Systemanalyse als therapeutischer Prozeß*, Bericht Nr. 8513, Universität der Bundeswehr München, Fakultät für Informatik, Neubiberg, August 1985, 29 S.

[MoP 90]   Morasca, Sandro; Pezzè, Mauro: Using high-level Petri nets for testing concurrent and real-time systems, in: *Real-Time Systems, Theory and Applications*, Elsevier Science, 1990, S. 119–131

[Mor 84]   Morganti, G.: Program Testing Using Miller's Coverage Method, in: Proc. *2nd Softw. Eng. Conf.*, 4.-6. Juni 1984, Nizza, S. 202–208

[Mor 86]   Morin, J.-M.: Generation de jeux de tests fonctionnels à partir d'une specification SADT (Generating function[n]al test scenarios from an SADT specification), *3ème Colloque-Exposition de Génie Logiciel*, Versailles, 27.-30. Mai 1986, INRIA, ACM, S. 213–225

[Mor 88]   Morell, Larry J.: Theoretical Insights into Fault-based Testing, *TAV2*, Banff, Kanada, 1988, S. 45–62

[MoR 87]   Morgan, E. Timothy; Razouk, Rami R.: Interactive State-Space Analysis of Concurrent Systems, *ToSE*, Vol. SE-13, No. 10, Okt. 1987, S. 1080–1091

[MoS 91]   Morzenti, Angelo; San Pietro, Pierluigi: An Object Oriented Logic Language for Modular System Specification, in: *ECOOP '91*, Genf/Geneva, 15.-19. Juli 1991, *LNCS 512*, Springer, Berlin, S. 39–58

[Mye 76]   Myers, Glenford J.: *Software Reliability — Principles and Practices*, John Wiley & Sons, New York, 1976, 360 S.

[Mye 77]   Myers, G. J.: An Extension to the Cyclomatic Measure of Program Complexity, *SIGPLAN Notices*, Vol. 12, No. 10, Okt. 1977, S. 61–64

[Mye 78]   Myers, G. J.: A Controlled Experiment in Program Testing and Code Walkthroughs/Inspections, *CACM*, Vol. 21, No. 9, Sept. 1978, S. 760–768

[Mye 79]   Myers, G. J.: *The Art of Software Testing*, John Wiley & Sons, New York, 1979 (deutsche Ausgabe: *Methodisches Testen von Programmen*, 5. Auflage, R. Oldenbourg Verlag, München, 1995)

[Mye 86]   Myers, Ware: Can software for the Strategic Defense Initiative ever be error-free?, *Computer*, Nov. 1986, S. 61–67

[Myn 90]   Mynatt Barbee T.: *Software Engineering with Student Project Guidance*, Englewood Cliffs, Prentice Hall, 1990, 429 S.

[NaV 87]   Narayanan, N. Hari; Viswanadham, N.: A Methodology for Knowledge Acquisition and Reasoning in Failure Analysis, *IEEE Trans. on Systems, Man, and Cybernetics*, Vol. SMC-17, No. 2, März/April 1987, S. 274–288

[NeL 89]   Neumann, Peter; Lang, Susanne: ITOS — ein integriertes Testsystem für objektorientierte Schnittstellen, *STT*, Bd. 9, Heft 1, April 1989, S. 16–22

[Nes 95]   Nesi, Paolo (Hrsg.): *Objective Software Quality*, Proc. 2nd Symposium on Software Quality Techniques and Acquisition Criteria, Florenz, Italien, Mai 1995, *LNCS 926*, Springer, 1995, 249 S.

[NiG 90]   Nicola, V. F.; Goyal, A.: Modeling of correlated failure and community error recovery in multiversion software, *ToSE*, Vol. SE-16, 1990, S. 350–359

[Nta 84a]   Ntafos, S.C.: An Evaluation of Required Element Testing Strategies, in: Proc. 7th *ICSE*, Orlando, 1984, S. 250–256

[Nta 84b]   Ntafos, S.C.: On Required Element Testing, *ToSE*, Vol. SE-10, No. 6, Nov. 1984, S. 795–803

[Nta 88]   Ntafos, S.C.: A Comparison of Some Structural Testing Strategies, *ToSE* Vol. 14, No. 6, Juni 1988, S. 868–874

[Off 90]   Offutt, A. J.: An Integrated System for Automatically Generating Test Data, in: Proc. *1st Int. Conf. on Systems Integration*, Morristown, N. J., USA, 23.–26. April 1990, IEEE, S. 694–701

[Off 92]   Offutt, A. Jefferson: Investigation of the Software Testing Coupling Effect, *ACM Trans. on Softw. Eng. and Methodology*, Vol. 1, No. 1, Jan. 1992, S. 5–20

[OfL 94]   Offutt, A. J.; Lee, S. D.: An Empirical Evaluation of Weak Mutation, *ToSE*, Vol. 20, No. 5, Mai 1994, S. 337–344

[OFT 81]   Osterweil, L. J.; Fosdick, L. D.; Taylor, R. N.: Error and Anomaly Diagnosis through Data Flow Analysis, in: [ChR 81], S. 35–64

[OmM 89]   Omar, A. A.; Mohammed, F. A.: Structural Testing of Programs: A Survey, *SEN*, Vol. 14, No. 2, April 1989, S. 62–70

[Op& 88]   Oppermann, R. et al.: Evaluation von Dialogsystemen — der softwareergonomische Leitfaden EVADIS, de Gruyter, Berlin, 1988, 229 S.

[ORZ 93]   Offutt, A. J.; Rothermel, G.; Zapf, C.: An Experimental Evaluation of Selective Mutation, in: Proc. 15th *ICSE*, 17.–21. Mai 1993, Baltimore, USA, S. 100–107

[OsW 93]   Ostrand, Thomas; Weyuker, Elaine (Hrsg.): *Proc. ISSTA*, Juni 1993, Cambridge, Mass., USA, in: *SEN*, Vol. 18, No. 3, Juli 1993

[Ove 93]   Overbeck, Jan: Testing Object-Oriented Software — State of the Art and Research Directions, in: Proc. *1st European Int. Conf. on Software Testing, Analysis and Review*, London, Okt. 1993

[Pan 78]   Panzl, D. J.: Automatic Software Test Drivers, *Computer*, April 1978, Vol. 11, No.4, S. 44–50

[Par 85]   Parnas, David L.: Software Aspects of Strategic Defense Systems, *American Scientist*, Sept.-Okt. 1985, S. 432–440.

[Par 87]   Parnas, D. L.: Warum ich an SDI nicht mitarbeite. Eine Auffassung beruflicher Verantwortung, *Inf.-Spektrum*, 1987, S. 3–10

[PaR 91]   Parrington, Norman; Roper, Marc: *Software Test — Ziele, Anwendungen, Methoden*, McGraw-Hill, Hamburg, 1991, 119 S.

[PaW 85]   Parnas, D. L.; Weiss, D. M.: Active Design Reviews: Principles and Practices, in: Proc. 8th *ICSE*, 28.–30. Aug. 1985, London, S. 132–136

[PaZ 95]   Parrish, A. S.; Zweben, S. H.: On the Relationships Among the All-Uses, All-DU-Paths, and All-Edges Testing Criteria, *ToSE*, Vol. 21, No. 12, Dez. 1995, S. 1006–1009

[PeS 93]   Perry, D. E.; Stieg, Carol S.: Software Faults in Evolving a Large, Real-Time System: a Case Study, in: Proc. *ESEC '93*, *LNCS* 717, Springer, 1993, S. 48–67

[PiR 76]   Pimont, Simone; Rault, J.-C.: A Software Reliability Assessment based on Structural and Behavioral Analysis of Programs, in: Proc. 2nd *ICSE*, 13.-15. Okt. 1976, San Francisco, S. 486-491

[PLR 94]   Pande, Hemant D.; Landi, William A.; Ryder, Barbara G.: Interprocedural Def-Use Associations for C Systems with Single Level Pointers, *ToSE*, Vol. 20, No. 5, Mai 1994, S. 385-403

[PoR 84]   Pocsay, A.; Rombach, H. D.: Ein Ansatz zur quantitativen Bewertung von Software Qualitätsmerkmalen, *STT*, Heft 4-2, Okt. 1984, S. 4-50

[Po& 82]   Potier, D. et al.: Experiments with Computer Software Complexity and Reliability, in: Proc. 6th *ICSE*, Tokyo, 1982, S. 94-103

[Po& 95]   Porter, A. et al.: An Experiment to Assess the Cost-Benefits of Code Inspections in Large Scale Software Development, in: Proc. SIGSOFT '95, Washington, D. C., in: *SEN*, Vol. 20, No. 4, Oct. 1995, S. 92-103

[PrM 87]   Prather, Ronald E.; Myers, J. Paul Jr.: The Path Prefix Software Testing Strategy, *ToSE*, Vol. SE-13, No. 7, Juli 1987, S. 761-766

[Pro 82]   Probert, R. L.: Optimal Insertion of Software Probes in Well-Delimited Programs, *ToSE*, Vol. SE-8, No. 1, 1982, S. 34-42

[PVB 95]   Porter, Adam A.; Votta, Lawrence G.; Basili, Victor R.: Comparing Detection Methods for Software Requirements Inspections: A Replicated Experiment, *ToSE*, Vol. 21, No. 6, Juni 1995, S. 563-575

[Qui 85]   Quirk, William J. (Hrsg.): *Verification and Validation of Real Time Software*, Springer Verlag, Berlin, 1985, 245 S.

[Ram 86]   Rampacher, Hermann H.: Ethik und Verantwortung in der Informatik, *IBM Nachrichten*, Vol. 36, Heft 282, 1986, S. 7-13

[RaW 82]   Rapps, Sandra; Weyuker, E. J.: Data Flow Analysis Techniques for Test Data Selection, in: Proc. 6th *ICSE*, Tokyo, 1982, S. 272-278

[RaW 85]   Rapps, S.; Weyuker, Elaine J.: Selecting Software Test Data Using Data Flow Information, *ToSE*, Vol. SE-11, No. 4, April 1985, S. 367-375

[RDB 75]   Rubey, R. J.; Dana, J. A.; Biché, P. W.: Quantitative Aspects of Software Validation, *ToSE*, Vol. SE-1, No. 2, Juni 1975, S. 150-155

[RHC 76]   Ramamoorthy, C. V.; Ho, S.-B. F.; Chen, W. T.: On the Automated Generation of Program Test Data, *ToSE*, Vol. SE-2, No. 4, Dez. 1976, S. 293-300

[Ric 85]   Richter, L.: *Betriebssysteme*, Teubner, Stuttgart, 2. Auflage, 1985, 293 S.

[Rie 86]   Riedemann, Eike Hagen: Minimale Mehrfachbedingung-Überdeckung als Methode zur Bewertung von white-box-Tests, *STT*, Juni 1986, S. 17-24

[Rie 92a]   Riedemann, Eike Hagen: Testen von Software durch Mutationsanalyse: „ja, bitte" wegen der hohen Qualität oder „nein, danke" wegen des Aufwands und der prinzipiellen Probleme?, in: [Kre 92b], Springer, 1992, S. 202–217

[Rie 92b]   Riedemann, Eike H.: Wie sollten Schleifen in Programmen (in endlicher Zeit) getestet werden?, in: *Forschungsbericht Nr. 449, Universität Dortmund, Fachbereich Informatik*, Okt. 1992, S. 98–112

[Rie 95]   Riedemann, E. H.: Softwaretestmethoden, in: M. G. Zilahi-Szabó (Hrsg.): *Kleines Lexikon der Informatik*, R. Oldenbourg, München, 1995, S. 519–525

[RiT 88]   Richardson, Debra J.; Thompson, Margaret C.: The RELAY Model of Error Detection and its Application, *TAV2*, 1988, S. 223–230

[RKC 75]   Ramamoorthy, C. V.; Kim, K.; Chen, W.: Optimal placement of software monitors aiding systematic testing, *ToSE*, Vol. SE-1, Juli 1975, S. 403–411

[RoH 94]   Rothermel, Gregg; Harrold, Mary Jean: A Framework for Evaluating Regression Test Selection Techniques, in: Proc. 16th *ICSE*, 16.–21. Mai 1994, Sorrento, Italien, S. 201–210

[RoL 87]   Roth, Christian; Lesshafft, Karl: Ein Verfahren zur Quantifizierung von Software-Komplexität, *Angewandte Informatik* 6/87, S. 227–234

[Ros 77]   Ross, D. T.: Structured Analysis: A Language for Communicating Ideas, *ToSE*, Vol. SE-3, No. 1, Jan. 1977, S. 16–34

[Ros 92]   Rosenblum, David S.: Towards a Method of Programming with Assertions, in: Proc. 14th *ICSE*, 11.–15. Mai 1992, Melbourne, S. 92–104

[Rot 66]   Roth, J. P.: Diagnosis of Automata Failures: A Calculus and a Method, *IBM Journal of Research and Development*, Vol. 10, Juli 1966, S. 278–291

[Rot 92]   Roth, P.: Every binary pattern of length six is avoidable on the two-letter alphabet, *Acta Informatica*, Vol. 29, Fasc. 1, 1992, S. 95–107

[RoZ 89]   Rowland, John H.; Zuyuan, Yu: Experimental Comparison of Three System Test Strategies: Preliminary Report, in: *TAV3*, 1989, S. 141–149

[Rus 91]   Russell, Glen W.: Experience with Inspection in Ultralarge-Scale Developments, *IEEE Software*, Vol. 8, Jan. 1991, S. 25–31

[SBB 87]   Selby, Richard W.; Basili, Victor R.; Baker, F. Terry: Cleanroom Software Development: An Empirical Evaluation, *ToSE*, Vol. SE-13, No. 9, Sept. 1987, S. 1027–1037

[SBM 82]   Schmitz, Paul; Bons, Heinz; van Megen, Rudolf: *Software-Qualitätssicherung — Testen im Software-Lebenszyklus*, Vieweg, Braunschweig, 1982, 205 S.

[Sch 88a]   Schippers, H.: *Vorschlag für eine Testumgebung für nebenläufige strikt modulare Softwaresysteme, Teil I: Beschreibung und Bewertung des Stands der Technik*, Universität Dortmund, FB Informatik, Februar 1988, 29 S., unveröffentlicht

[Sch 88b] Schnurer, K. E.: Programminspektionen — Erfahrungen und Probleme, *Inf.- Spektrum*, Bd. 11, 1988, S. 312–322

[Sch 92] Schippers, Herbert: Vorstellung der DIN-Testnorm 66285 und der AMI-Methode, *STT*, Bd. 12, Heft 4, Nov. 1992, S. 5–6

[See 87] Seehusen, Silke: *Bestimmung von Parallelitätseigenschaften in modularen Systemen mit Pfadausdrücken*, Dissertation, Universität Dortmund, FB Informatik, Forschungsbericht Nr. 246, 1987, 237 S.

[Sel 86] Selby, Richard W.: Combining Software Testing Strategies: An Empirical Evaluation, *TAV1*, 1986, S. 82–90

[Sen 60] Senko, M. E.: A control system for logical block diagnosis with data loading, *CACM*, Vol. 3, No. 4, April 1960, S. 236–240

[Sha 80] Shaw, A. C.: Software specification languages based on regular expressions, in: W. E. Riddle, R. E. Fairley (Hrsg.): *Software Development Tools*, Springer, New York, 1980, S. 148–175

[Sha 95] Shaw, R. (Hrsg.): *Safety and Reliability of Software Based Systems*, Twelfth Ann. CSR Workshop, Bruges, 12–15 Sept. 1995, Springer, London, 1997, 461 S.

[ShL 88] Shimeall, T. J.; Leveson, Nancy G.: An Empirical Comparison of Software Fault Tolerance and Fault Elimination, *TAV2*, 1988, S. 180–197

[SMC 74] Stevens, W. P.; Myers, G. J.; Constantine, L. L.: Structured design, *IBM Systems Journal*, Vol. 13, No. 2, 1974, S. 115–139

[Smi 90] Smith, Connie U.: Performance Engineering of Software Systems, Addison-Wesley, Reading, Mass., 1990, 570 S.

[Sne 86] Sneed, H. M.: Data Coverage Measurement in Program Testing, *TAV1*, Juli 1986, S. 34–40

[Sne 88] Sneed, H. M.: Software-Testen, Stand der Technik, *Inf.-Spektrum*, Bd. 11, Heft 6, Dez. 1988, S. 303–311

[Sne 95] Sneed, Harry M.: Objektorientiertes Testen, *Inf.-Spektrum*, Bd. 18, Heft 1, 1995, S. 6–12

[SnK 79] Sneed, H.M.; Kirchhoff, K.: Prüfstand — A Testbed for Systems Software Components, in: [Inf 79], S. 245–270

[SoM 87] Sommerville, I.; Morrison, R.: *Software Development with Ada*, Addison-Wesley, Wokingham/England, 1987, 360 S.

[Spi 90] Spillner, Andreas: *Dynamischer Integrationstest modularer Softwaresysteme*, Dissertation, Universität Bremen, Fachbereich Mathematik und Informatik, Dezember 1990, 120 + 33 Seiten

[Spi 92a]   Spillner, Andreas: Integrationstest großer Softwaresysteme, *Theorie und Praxis der Wirtschaftsinformatik* (ehemals: HMD), Forkel Verlag, Bd. 29, Heft 166, Juli 1992, S. 31–45

[Spi 92b]   Spillner, Andreas: Control Flow and Data Flow Oriented Integration Testing Methods, *Software Testing, Verification and Reliability*, Vol. 2, 1992, S. 83–98

[Spi 95]   Spillner, Andreas: Test criteria and coverage measures for software integration testing, *Software Quality Journal*, Vol. 4, 1995, S. 275–286

[SSW 85]   Schaufelberger, W.; Sprecher, P.; Wegmann, P.: *Echtzeit-Programmierung bei Automatisierungssystemen*, Teubner, Stuttgart, 1985, 173 S.

[Sta 90]   Starke, P. H.: *Analyse von Petri-Netz-Modellen*, Teubner, 1990, 253 S.

[Ste 80]   Stephenson, P. M.: *Program Testing Strategies*, Civil Service College, London, 1980, 19 S., unveröffentlicht

[Ste 81]   Stetter, Franz: *Softwaretechnologie — Eine Einführung*, BI, Mannheim, 1981, 303 S.

[StN 85]   Stahl, Stanley H.; Nomicos, Sylvana G.: *Cost-Effectiveness of Software Independant Verification and Validation*, Technical Report ATD 85167, Logicon, September 1985 (zitiert nach: *SEN*, Vol. 11, No. 5, Oktober 1986, S. 82)

[Stu 77]   Stucki, Leon G.: New Directions in Automated Tools for Improving Software Quality, in: R. Yeh (Hrsg.): *Current Trends in Programming Methodology, Vol. II, Program Validation*, Prentice Hall, Englewood Cliffs, 1977, S. 80–111

[St& 85]   Stavely, Allan M. et al.: A Collection of Software Tools for Analyzing Designs of Concurrent Software Systems, in: Proc. 8th *ICSE*, 28.–30. August 1985, London, S. 111–118

[Su& 81]   Sunokara, T.; Takano, A.; Uekara, K.; Okkawa, T.: Program Complexity Measure for Software Development Management, in: Proc. 5th *ICSE*, San Diego , 9.-12. März 1981, S. 100–106

[Tai 84]   Tai, Kuo-Chung: A Program Complexity Metric Based on Data Flow Information in Control Graphs, in: Proc. 7th *ICSE*, Orlando, USA, 26.-29. März 1984, S. 239–248

[Tai 85]   Tai, Kuo-Chung: On Testing Concurrent Programs, in: Proc. *COMPSAC 85*, S. 310–317

[Tai 93]   Tai, K.-C.: Predicate-Based Test Generation for Computer Programs, in: 15th *ICSE*, 17.–21. Mai 1993, Baltimore, USA, S. 267–276

[TaK 86]   Taylor, Richard N.; Kelly, Cheryl D.: Structural Testing of Concurrent Programs, in: *TAV 1*, Juli 1986, S. 164–169

[Tan 76]   Tanenbaum, Andrew S.: In Defense of Program Testing or Correctness Proofs Considered Harmful, *SIGPLAN Notices*, Vol. 11, No. 5, Mai 1976, S. 64–68

[TaO 80]   Taylor, Richard N.; Osterweil, Leon J.: Anomaly Detection in Concurrent Software by Static Data Flow Analysis, *ToSE*, Vol. SE-6, No. 3, Mai 1980, S. 265–278

[Tas 74]   van Tassel, D.: *Program Style, Design, Efficiency, Debugging, and Testing*, Prentice Hall, Englewood Cliffs, N. J., 1974, 256 S.

[Tay 83]   Taylor, Richard N.: A General-Purpose Algorithm for Analyzing Concurrent Programs, *CACM*, Vol. 26, No. 5, Mai 1983, S. 362–376

[Tay 84]   Taylor, R. N.: Analysis of Concurrent Software by Cooperative Application of Static and Dynamic Techniques, in: [Hau 84], S. 127–137

[TCO 91]   Tai, K.-C.; Carver, R. H.; Obaid, E. E.: Debugging concurrent Ada programs by deterministic execution, *ToSE*, Vol. 17, No. 1, Jan. 1991, S. 45–63

[TLK 92]   Taylor, R. N.; Levine, David L.; Kelly, Cheryl D.: Structural Testing of Concurrent Programs, *ToSE*, Vol. 18, No. 3, März 1992, S. 206–215

[TLN 78]   Thayer, J. A.; Lipow, M.; Nelson, E. C.: *A Study of Large Project Reliability*, North Holland, Amsterdam, 1978, 311 S.

[TLP 95]   Tian, Jeff; Lu, Reng; Palma, Joe: Test-Execution-Based Reliability Measurement and Modeling for Large Commercial Software, *ToSE*, Vol. 21, No. 5, Mai 1995, S. 405–414

[Und 95]   Underwood, Alan: A Framework for Certifying Critical Software Systems, in: [Sha 95], S. 419–438

[UOH 93]   Untch, Roland H.; Offutt, A. J.; Harrold, Mary J.: Mutation Analysis Using Mutant Schemata, in: [OsW 93]

[UrY 93]   Ural, Hasan; Yang, Bo: Modeling Software for Accurate Data Flow Representation, in: Proc. 15th *ICSE*, 17.-21. Mai 1993, Baltimore, USA, S. 227–286

[Val 87]   Valk, Rüdiger: Der Computer als Herausforderung an die menschliche Realität, *Inf.-Spektrum*, 1987, S. 57–66

[VMT 86]   Vouk, M. A.; McAllister, D. F.; Tai, K. C.: An Experimental Evaluation of the Effectiveness of Random Testing of Fault-Tolerant Software, *TAV1*, Banff, Kanada, Juli 1986, ACM/IEEE, S. 74–81

[Vou 90]   Vouk, M.A.: Back-to-back testing, *Inf. Software Technol.*, Vol. 32, 1990, S. 34–45

[Wal 90]   Wallmüller, Ernest: *Software-Qualitätssicherung in der Praxis*, Hanser, München, 1990, 306 S.

[WBM 95]   Wystrychowski, T.; Bandow, G.; Merchel, R.: STAN — a generator tool for code auditors, in: Proc. 4th Software Quality Conf., 4.-5. Juli 1995, University of Albertay, Dundee, Großbritannien

[Wed 87]   Wedekind, H.: Gibt es eine Ethik in der Informatik? Zur Verantwortung des Informatikers, *Inf. Spektrum*, 1987, S. 324–328

[WeF 93]   Weiss, S. N.; Fleyshgakker, V. N.: Improved Serial Algorithms for Mutation Analysis, in: [OsW 93], S. 149–158

[Weg 87]   Wegner, E.: Normenkonformität und Konformitätsprüfungen für Software, *Inf.-Spektrum*, 1987, S. 166

[Weg 93]   Wegener, Ingo: *Theoretische Informatik*, Teubner, Stuttgart, 1993, 235 S.

[Weg 96]   Wegener, Ingo: *Kompendium Theoretische Informatik — eine Ideensammlung*, Teubner, Stuttgart, 1996, 189 S.

[Weh 94]   Wehner, Theo: Positive Fehlerethik und Informatik — Widerspruch oder Herausforderung?, in: [Wol 94], S. 249–257

[Wei 71]   Weinberg, G. M.: *The Psychology of Computer Programming*, New York, Van Nostrand Reinold, 1971, 288 S.

[Wei 82]   Weiser, M. D.: Programmers Use Slices When Debugging, *CACM*, Vol. 25, No. 7, Juli 1982, S. 446–452

[WeO 80]   Weyuker, Elaine J.; Ostrand, T. J.: Theories of Program Testing and the Application of Revealing Subdomains, *ToSE*, Vol. SE-6, No. 3, Mai 1980, S. 236–246

[Wey 88a] Weyuker, Elaine J.: The Evaluation of Program-Based Software Test Data Adequacy Criteria, *CACM*, Vol. 31, No. 6, Juni 1988, S. 668–675

[Wey 88b] Weyuker, Elaine J.: An Empirical Study of the Complexity of Data Flow Testing, in: *TAV2*, Banff, Kanada, 1988, S. 188–195

[Wey 95]   Weyuker, Elaine J.: Using the Consequences of Failures for Testing and Reliability Assessment, *SEN*, Vol. 20, No. 4, Okt. 1995, S. 81–91

[WGM 85]   Weiser, M. D.; Gannon, J. D.; McMullin, R. R.: Comparison of Structural Test Coverage Metrics, *IEEE Software*, März 1985, S. 80–85

[WGS 94]   Weyuker, E.; Goradia, T.; Singh, A.: Automatically Generating Test Data from a Boolean Specification, *ToSE*, Vol. 20, No. 5, Mai 1994, S. 353–363

[WhC 80]   White, L.J.; Cohen, E. I.: A Domain Strategy for Computer Program Testing, *ToSE*, Vol. SE-6, No. 3, Mai 1980, S. 247–257

[Whi 81]   White, Lee J.: Basic Mathematical Definitions and Results in Testing, in: [ChR 81], S. 13–24

[WHH 79]   Woodward, M. R.; Hennell, M. A.; Hedley, D.: A measure of control flow complexity in program text, *ToSE*, Vol. SE-5, No. 1, Jan. 1979, S. 45–50

[WHH 80]   Woodward, M. R.; Hedley, D.; Hennell, M. A.: Experience with Path Analysis and Testing of Programs, *ToSE*, Vol SE-6, No. 3, Mai 1980, S. 278–286

[WiB 84]   Willmer, Heidemarie; Balzert, H.: *Fallstudie einer industriellen Software-Entwicklung*, BI, Reihe Informatik/39, Mannheim, 1984, 418 S.

[Wil 90] Wilk, Asher: On System Reliability and Verification, in: Proc. *Internat. Conf. on Comp. Systems and Softw. Eng. (CompEuro 90)*, Tel Aviv, 1990, S. 475–481

[WiV 95] Wing, Jeanette M.; Vaziri-Farahani, Mandana: Model Checking Software Systems: A Case Study, *SEN*, Vol. 20, No. 4, Okt. 1995, S. 128–138

[Wol 94] Wolfinger, Bernd (Hrsg.): *Innovationen bei Rechen- und Kommunikationssystemen — Eine Herausforderung für die Informatik*, (24. GI-Jahrestagung, Hamburg, 28. 8. – 2. 9. 1994), Informatik aktuell, Springer, Berlin, 1994, 533 S.

[Wo& 95] Wong, W. Eric et al.: Effect of Test Set Minimization on Fault Detection Effectiveness, in: 17th *ICSE*, 23.–30. April 1995, Seattle, USA, S. 41–50

[Xu 85] Xu, Ren Z.: An Empirical Investigation: Software Errors and Their Influence upon Development of WPADT, in: *COMPSAC* 85, S. 4–8

[YoT 86] Young, Michal; Taylor, Richard N.: Combining Static Concurrency Analysis with Symbolic Execution, *TAV 1*, Juli 1986, S. 170–178

[You 74] Youngs, E. A.: Human Errors in Programming, *Internat. Journal Man-Machine Studies*, 1974, Vol. 6, S. 361–376

[You 78] Yourdon, E.: *Structured Walkthroughs*, Yourdon Press, New York, 1978, 137 S.

[Yo& 89] Young, Michal et al.: Integrated Concurrency Analysis in a Software Development Environment, *TAV 3*, 1989, S. 200–209

[Zei 83] Zeil, S. J.: Testing for Perturbations of Program Statements, *ToSE*, Vol. SE-9, No. 3, Mai 1983, S. 335–346

[Zei 86] Zeil, Steven J.: The EQUATE Testing Strategy, *TAV1*, 1986, S. 142–151

[Zem 78] Zemanek, Heinz: Entwurf und Verantwortung, *IBM-Nachrichten*, Heft 241, 1978, S. 173–182

[Zem 85] Zemanek, Georg V.: *Programmierfehler als Chance und Herausforderung*, Bericht Nr. 8510, Univ. der Bundeswehr München, FB Informatik, Juni 1985, 25 S.

[Zhu 96] Zhu, H.: A Formal Analysis of the Subsume Relation Between Software Test Adequacy Criteria, *ToSE*, Vol. 22, No. 4, April 1996, S. 248–255

[Zim 90] Zimmermann, Werner: *Operations Research — Quantitative Methoden zur Entscheidungsvorbereitung*, 5. Aufl., R. Oldenbourg, München, 1990

[Zöb 87] Zöbel, D.: *Programmierung von Echtzeitsystemen*, R. Oldenbourg, 1987, 212 S.

[ZöH 88] Zöbel, Dieter; Hogenkamp, H.: *Konzepte der parallelen Programmierung*, Teubner, Stuttgart, 1988, 235 S.

[Zur 90] Zurwehn, Volker: *Die Methode der Anforderungsflußanalyse zur Qualitätssicherung bei der Entwicklung von Software-Produkten*, Dissertation, Universität Dortmund, FB Informatik, Forschungsbericht Nr. 361/1990, 271 S.

[Zwe 81] Zweben, Stuart H.: Computer Program Testing — An Introduction, in: [ChR 81], S. 3–12

— G —